Kolben- und Turbo-Kompressoren

Theorie und Konstruktion

Von

P. Ostertag

Dipl.-Ing., Professor am kantonalen Technikum
Winterthur

Dritte, verbesserte Auflage

Mit 358 Textabbildungen

Berlin
Verlag von Julius Springer
1923

ISBN-13: 978-3-642-90215-4 e-ISBN-13: 978-3-642-92072-1
DOI: 10.1007/978-3-642-92072-1

Softcover reprint of the hardcover 4th edition 1923

Vorwort zur dritten Auflage.

Die in rascher Folge nötig gewordene dritte Auflage enthält wieder als ersten Teil eine kurze Zusammenstellung der Grundgesetze über die Wärmevorgänge, soweit sie für das Verständnis der Kompressoren zweckdienlich sind. Hiervon werden namentlich Anfänger Nutzen ziehen, denen damit ein Zurückgreifen auf andere Werke erspart ist.

Im zweiten Teil sind die Ausführungsbeispiele vermehrt worden, und zwar haben namentlich die Hochdruck-Kolbenkompressoren zur Herstellung flüssiger Luft eine eingehende Darstellung gefunden. Im übrigen ist die Theorie der Kolbenkompressoren nun derart vollständig ausgebaut, daß keine großen Veränderungen mehr in Betracht fallen.

Eine Umgestaltung und bedeutende Erweiterung ist dem Abschnitt über Turbokompressoren zuteil geworden unter Berücksichtigung der neuesten Forschungen. Es sei besonders hingewiesen auf die Abweichungen von der bisherigen theoretischen Behandlung, auf das labile Verhalten und seine Verhütung und auf die mannigfaltigen Fragen des Regulierproblems. Neue Beispiele ausgeführter Gebläse und Turbokompressoren lassen die Fortschritte erkennen, die sich immer noch auf diesem jungen Gebiete des Maschinenbaues entwickeln und die zu sehr bemerkenswerten Konstruktionen geführt haben.

Bei allen Betrachtungen ist wieder der Entropiebegriff zunutze gezogen worden, der deutlich zeigt, wie rasch und übersichtlich sich alle Fragen mit der Entropietafel für Luft lösen lassen. Bekanntlich kann man dieselbe Tafel auch für die Behandlung der Probleme mit beliebig anderen Gasen oder Gasmischungen verwenden. Ihre Benützung ergibt eine bedeutende Zeitersparnis gegenüber den rein rechnerischen Methoden, sie ist deshalb für Schule und Praxis zur Anwendung zu empfehlen.

Winterthur, Oktober 1922.

P. Ostertag.

Inhaltsübersicht.

Erster Teil.

Grundgesetze aus der technischen Wärmelehre.

Zweiter Teil.

Kolbenkompressoren.

Dritter Teil.

Turbokompressoren.

Erster Teil.

Grundgesetze aus der technischen Wärmelehre.

A. Die Zustandsgrößen der Gase.

1. Gasarten.

Ein Körper wird als gasförmig bezeichnet, wenn seine Teilchen sich nach allen Seiten gleichmäßig auszubreiten streben, bis sie durch feste Wände daran verhindert werden. Dabei sind die vorkommenden Temperaturen meistens so hoch, daß auch die größten anwendbaren Pressungen eine Verflüssigung des Gases nicht herbeizuführen vermögen.

Weitaus am häufigsten kommt in Kompressoren die atmosphärische Luft zur Verwendung, deren Hauptbestandteile Sauerstoff und Stickstoff meistens noch mit etwas überhitztem Wasserstoff gemischt sind. Die Verwendung der Druckluft erfolgt entweder zur Energieübertragung (Druckluftwerkzeuge, Luftmotoren) oder für chemische Prozesse (Gebläse für Hochofen, Stahlwerke). Hochgespannte Luft ist nötig zur Herstellung von Stickstoff (Dünger), sowie als Sprengmittel.

Auch andere Gasgemische werden der Verdichtung unterzogen (Leuchtgas, Kraftgas, Gichtgas); von den einfachen Gasen sind zu nennen: Sauerstoff O_2, Stickstoff N_2, Wasserstoff H_2, Kohlenoxyd CO. Innerhalb der im Kompressor auftretenden Temperaturen darf auch Kohlensäure als Gas aufgefaßt werden.

Jedes Gas kann durch genügende Abkühlung und gleichzeitige Verdichtung in den sog. Sättigungszustand übergeführt werden, und wird dann als Dampf bezeichnet. Dieser Stoff ist unbeständig, denn eine kleine Abnahme von Druck oder Temperatur leitet eine Kondensation ein. Der Dampf tritt damit vom trockenen in den feuchten Zustand, die entstandenen Flüssigkeitsteilchen befinden sich in mehr oder weniger gut verteiltem Zustand als Nebel im gasförmigen Körper. Man kann also feuchten Dampf als eine Mischung von trockenem Dampf und Flüssigkeit ansehen.

Führt man dem ersteren Wärme zu, so entsteht überhitzter Dampf, d. h. ein Gas, das sich in der Nähe über dem Sättigungszustand befindet. Zwischen feuchtem und überhitztem Dampf bildet der trocken gesättigte Dampf einen Grenzzustand.

Kompressoren für Verdichtung von Dämpfen finden namentlich in der Kältetechnik Verwendung. In neuerer Zeit wird entspannter Dampf gesammelt und verdichtet, um ihn zu Heizzwecken nutzbar zu machen (Wärmepumpe).

2. Zustandsgrößen.

Der Zustand eines Gases wird in technischer Hinsicht als gegeben angesehen, wenn bekannt sind:

a) das Volumen der Gewichtseinheit (v), kurz das spezifische Volumen genannt; es ist dies der Raum, den 1 kg des Gases einnimmt (cbm/kg). Statt v kann das Gewicht der Volumeneinheit γ (spezifisches Gewicht) angegeben werden, denn es ist

$$v \cdot \gamma = 1 \qquad (1)$$

Kennt man das Gesamtvolumen V des eingeschlossenen Gases (Kesselinhalt), so gibt sich mit v oder γ das Gesamtgewicht

$$G = \gamma \cdot V = \frac{V}{v} \quad \ldots \ldots \ldots \ldots (2)$$

b) Der Druck (p), den das Gas auf die Flächeneinheit der Wandung ausübt. Der Berechnung ist stets der absolute (wahre) Druck zugrunde zu legen, während bei den Messungen meistens der Überdruck oder der Unterdruck über oder unter dem äußeren Luftdruck (Barometerstand) abgelesen wird (Manometer, Vakuummeter).

Der Druck kann auch auf eine zweite Art angegeben werden, nämlich als Flüssigkeitssäule; es ist dies die Höhe h desjenigen Flüssigkeitsprismas, dessen Gewicht gleich dem Druck auf die gewählte Flächeneinheit ist. Ist γ_f das Gewicht der Volumeneinheit dieser Flüssigkeit, so ist das Gewicht dieses Prismas von der Querschnittsfläche 1 (qm) $\gamma_f \cdot h$; man erhält demnach zwischen Druck und Druckhöhe die Beziehung

$$p = h \cdot \gamma_f.$$

Für Wasser ist $\gamma_f = 1000$ kg/cbm, für Quecksilber $\gamma_f = 13595$ kg/cbm.

Ist z. B. $\quad p = 1 \text{ kg/qcm} = 10000 \text{ kg/qm},$

so ergeben sich die entsprechenden Flüssigkeitssäulen

$$\text{Wasser } h = \frac{10000}{1000} = 10 \text{ m}, \quad \text{Quecksilber } h = \frac{10000}{13595} = 0{,}7356 \text{ m}.$$

Bei kleinen Druckunterschieden erfolgt die Messung meistens durch das offene Flüssigkeitsmanometer (U-förmig gebogenes Rohr). Enthält das Rohr Wasser, so entspricht einem Höhenunterschied von

$$h = 1 \text{ mm WS} = 0{,}001 \text{ m}$$

einem Druck von $\quad p = \gamma_f \cdot h = 1000 \cdot 0{,}001 = 1 \text{ kg/qm}.$

Diese Art der Druckmessung ist demnach besonders vorteilhaft.

c) Die Temperatur (t) gemessen in Graden Celsius. Mißt man diese Temperatur von einem Nullpunkt aus, der 273° C unter dem gewöhnlichen Nullpunkt (Schmelzpunkt des Eises liegt), so nennt man diesen Wert die absolute Temperatur $T = 273 + t$.

Temperaturmessungen an Gasen führen leicht zu unrichtigen Ergebnissen. Das vor Gebrauch geeichte Thermometer taucht nur zum Teil in den Meßraum mit hoher Temperatur ein, dann muß eine Fadenkorrektion vorgenommen werden (s. Hütte II 1919, S. 325). Gewöhnlich taucht das Thermometer in ein am Ende geschlossenes Kupferröhrchen, das in den Meßraum einragt. Fehler können entstehen durch Luftzirkulation in diesem Röhrchen (Ölfüllung), durch Stauung der rasch fließenden Gase am Röhrchen, durch Bestrahlung des Thermometers von wärmern Körpern aus usw.

3. Gesetze von Boyle und Gay-Lussac.

Wird das Volumen eines Gases derart vergrößert oder verkleinert, daß die Temperatur zwischen zwei betrachteten Zuständen unverändert bleibt, so ändert sich der Druck im umgekehrten Verhältnis der Volumen (Boyle 1662, Mariotte 1679). Sind also p, v die Zustandsgrößen am Anfang, p und v am Ende seiner Änderung, so gilt

$$p_1 v_1 = p_2 v_2 = \text{konst.} \quad \ldots \ldots \ldots \ldots (3)$$

Wird das Gas bei gleichbleibendem Druck erwärmt oder abgekühlt, so ändert sich sein Volumen, und zwar steht diese Änderung im gleichen Verhältnis zu der Temperaturänderung. Ist v_0 das Volumen von 1 kg Gas bei 0^0 C, so ist das Volumen v_1 bei $t_1{}^0$

$$v_1 - v_0 = \alpha \cdot t_1,$$

hierin ist die Ausdehnungsziffer $\alpha = 0{,}003663 = \frac{1}{273}$ in weiten Grenzen konstant und für alle Gase gleich groß. Für eine andere Temperatur t_2 ist ebenso

$$v_2 = v_0 (1 + \alpha t_2) \quad \ldots \ldots \ldots \ldots (4)$$

Man kann die beiden Gesetze vereinigen, indem man sich ein Gas mit dem Anfangszustand p_1, v_1, t_1 in den Endzustand p_2, v_2, t_2 dadurch übergeführt denkt, daß sich zuerst p_1 und v_1 bei gleichbleibender Temperatur auf $p_2\, v$ ändern, wobei

$$\frac{v}{v_1} = \frac{p_1}{p_2}.$$

Alsdann soll das Gas bei konstantem Enddruck p_2 vom Volumen v auf v_2 gebracht werden, wobei

$$\frac{v_2}{v} = \frac{1 + \alpha t_2}{1 + \alpha t_1}.$$

Durch Multiplikation beider Gleichungen ergibt sich die allgemeine Form

$$\frac{p_2 v_2}{p_1 v_1} = \frac{1 + \alpha t_2}{1 + \alpha t_1} = \frac{273 + t_2}{273 + t_1} = \frac{T_2}{T_1} \quad \ldots \ldots \ldots (5)$$

als Beziehung zwischen den drei Zustandsgrößen am Anfang und am Ende eines Prozesses.

4. Allgemeine Zustandsgleichung.

Die gefundene Beziehung kann in die Form geschrieben werden

$$\frac{p_2 v_2}{T_2} = \frac{p_1 v_1}{T_1} = \frac{p\, v}{T} = \text{konst.} = R,$$

damit ergibt sich die allgemeine Zustandsgleichung der Gase

$$p \cdot v = R \cdot T \quad \ldots \ldots \ldots \ldots \ldots (6)$$

Diese Gleichung gibt den Zusammenhang zwischen Druck, Temperatur und spezifischem Volumen (oder spez. Gewicht) in jedem Augenblick einer Änderung. Durch Messung von Druck und Temperatur läßt sich jederzeit das spezifische Gewicht berechnen.

Führt man das Gesamtgewicht ein, so folgt

$$p \cdot V = G \cdot R \cdot T \quad \ldots \ldots \ldots \ldots \ldots (7)$$

Die Gaskonstante R richtet sich nach den Maßeinheiten. Wird der Druck in kg/qm und das spez. Volumen in cbm/kg eingesetzt, so beträgt die Gaskonstante z. B.

für atm Luft (trocken)	$R =$ 29,27
Sauerstoff	$=$ 26,47
Stickstoff	$=$ 30,13
Wasserstoff	$=$ 422,6
Wasserdampf (stark überhitzt)	$=$ 47,0.

Das Gesetz von Mariotte ist für sehr hohe Pressungen nicht mehr genau, doch beginnen die Abweichungen erst von 200 at an fühlbar zu werden. Für diese Fälle gilt grundsätzlich die Zustandsgleichung von van der Waals[1]).

[1]) Siehe Schüle, Thermodynamik, II. Bd., Julius Springer 1920.

1. Beispiel: Zur Berechnung des spezifischen Volumens bzw. des spez. Gewichtes der Außenluft ist nur nötig, den Barometerstsnd b und die Temperatur t abzulesen. Es sei

$$b = 735{,}6 \text{ mm Q.S. (Quecksilbersäule)}, \quad t = 15^0 \text{ C}.$$

Der absolute Druck p ist das Gewicht einer Quecksilbersäule von 1 qm Querschnitt und 0,7356 m Höhe, daher ist

$$p = 0{,}7356 \cdot 13\,595 = 10\,000 \text{ kg/qm}, \qquad T = 273 + 15 = 288$$

$$v = \frac{29{,}27 \cdot 288}{10\,000} = 0{,}844 \text{ cbm/kg}, \qquad \gamma = \frac{1}{v} = 1{,}185 \text{ kg/cbm}.$$

Ändern sich die beiden gemessenen Größen auf

$$t = 0^0 \text{ C} \qquad b = 760 \text{ mm Q.S.},$$

so wird

$$p = 0{,}76 \cdot 13\,595 = 10\,333 \text{ kg/cbm}$$

$$v = \frac{29{,}27 \cdot 273}{10\,333} = 0{,}774 \text{ cbm/kg} \qquad \gamma = \frac{1}{0{,}774} = 1{,}293 \text{ kg/cbm}.$$

2. Beispiel: Ein Kompressor liefere 150 kg/Min. Luft in den Druckbehälter. Es soll das minutliche Ansaugevolumen berechnet werden, wenn im Saugstutzen ein Unterdruck von 125 mm WS und eine Temperatur von 12° C herrscht. Barometerstand 720 mm QS. Die Zustandsgrößen sind

$$p = 0{,}720 \cdot 13\,595 - 0{,}125 \cdot 1000 = 9664 \text{ kg/qm}$$

$$T = 273 + 12 = 285, \qquad v = \frac{29{,}27 \cdot 285}{9664} = 0{,}835 \text{ cbm/kg}.$$

Das Ansaugevolumen ist demnach

$$V = G \cdot v = 150 \cdot 0{,}835 = 125 \text{ cbm/Min}.$$

Würde derselbe Kompressor unter sonst gleichen Umständen für Wasserstoff benützt, so könnte er bei gleichem Druck und gleicher Temperatur im Saugstutzen dasselbe Volumen ansaugen wie bei Betrieb mit Luft. Das spezifische Volumen für Wasserstoff beträgt aber

$$v = \frac{422{,}6 \cdot 285}{9664} = 12{,}5 \text{ cbm/kg},$$

demnach wird an Gewicht nur $G = 125/12{,}5 = 10$ kg/Min. geliefert.

5. Zustandsgleichung bezogen auf das Kilogramm-Molekül.

Die Zustandsgleichung kann für jedes Gas angewendet werden, dessen Gaskonstante R bekannt ist. Betrachtet man zwei Gase, die gleichen Druck und gleiche Temperatur aufweisen, so ist

$$p\,v = R\,T, \qquad p\,v_0 = R_0\,T,$$

woraus

$$\frac{v}{v_0} = \frac{\gamma_0}{\gamma} = \frac{R}{R_0}.$$

Nach dem Gesetz von Avogadro verhalten sich aber die spez. Gewichte wie die Molekulargewichte (m und m_0). Man erhält damit

$$\frac{\gamma_0}{\gamma} = \frac{m_0}{m} = \frac{R}{R_0} \quad \ldots\ldots\ldots\ldots \quad (8)$$

d. h. die Gaskonstanten zweier Gase sind umgekehrt proportional ihren Molekulargewichten, oder

$$m \cdot R = m_0 \cdot R_0 = \text{konst.} = \mathfrak{R},$$

damit kommt die Zustandsgleichung auf die Form

$$p(vm) = (Rm)T \quad \text{oder} \quad p\mathfrak{V} = \mathfrak{R}T.$$

Hierin gilt für alle Gase eine einzige Gaskonstante $\mathfrak{R}$ und $\mathfrak{V}$ ist das Volumen einer Gasmenge, deren Anzahl Kilogramme mit der Zahl des Molekulargewichtes übereinstimmt. Man nennt diesen Wert das Volumen eines Kilogramm-Moleküls. Die Zustandsgleichung gilt nun für alle Gase mit $\mathfrak{R} = 848$, wenn das Volumen nicht auf 1 kg bezogen wird, sondern auf m kg, d. h. auf 1 kg-Mol.

Aus der Zustandsgleichung ergibt sich, daß $\mathfrak{V}$ für alle Gase gleich groß ist bei gleichem Druck und gleicher Temperatur. Es ist z. B. bei $p = 1$ at und $t = 15^0$ C

$$\mathfrak{V} = \frac{848.288}{10000} = 24{,}4 \text{ cbm/kg-Mol}.$$

Diesen Raum nehmen ein: 2 kg Wasserstoff, 32 kg Sauerstoff, 28 kg Kohlenoxyd usw.

Für die Gaskonstante einiger Stoffe erhält man z. B.:

Sauerstoff	$m = 32$,	$R = 848/32 = 26{,}5$,
Kohlenoxyd	$m = 28$,	$R = 848/28 = 30{,}28$,
Kohlensäure	$m = 44$,	$R = 848/44 = 19{,}25$,
Schwefligsäure	$m = 64$,	$R = 848/64 = 13{,}25$.

6. Gasgemische.

Nach dem Gesetz von Dalton ist der Gesamtdruck eines Gasgemisches gleich der Summe der Pressungen, die jedes Gas für sich in demselben Raum bei derselben Temperatur ausüben würde.

Nehmen also zwei Gasgewichte G_1 und G_2 dieselben Volumen V bei gleich großen Temperaturen ein, so herrschen in den Räumen die Pressungen p_1 und p_2, und zwar ist

$$p_1 V = G_1 R_1 T, \qquad p_2 V = G_2 R_2 T.$$

Werden nun beide Gase in ein und demselben Raum V vereinigt, so entsteht nach Dalton der Druck

$$p = p_1 + p_2 \quad \text{oder} \quad p \cdot V = T(G_1 R_1 + G_2 R_2)$$

und es gilt für die Mischung die Zustandsgleichung

$$pV = (G_1 + G_2) R T.$$

Aus beiden Gleichungen folgt für die Gaskonstante der Mischung

$$R = \frac{G_1 R_1 + G_2 R_2}{G_1 + G_2} = \frac{G_1 R_1 + G_2 R_2}{G} \quad \ldots \ldots \quad (9)$$

Aus diesen Gleichungen ergeben sich ferner die Einzelpressungen

$$p_1 = p \cdot \frac{G_1 R_1}{G R}, \qquad p_2 = p \, \frac{G_2 R_2}{G R} \quad \ldots \ldots \quad (10)$$

und die Gewichte der Gasbestandteile

$$G_1 = \frac{R - R_2}{R_1 - R_2} \cdot G, \qquad G_2 = \frac{R - R_1}{R_2 - R_1} \cdot G \quad \ldots \ldots \quad (11)$$

3. Beispiel: Für einen Kompressor stehe Luft mit einem Feuchtigkeitsgehalt von 5 v. H. zur Verfügung. Wie groß ist die Gaskonstante und das spezifische Volumen bei 15° C und 735,6 mm QS?

Für trockene Luft ist $R_1 = 29{,}27$ $G_1 = 0{,}95\,G$
für überhitzten Wasserdampf $R = 46{,}95$ $G_2 = 0{,}05\,G$.

Damit ergibt sich für die Gaskonstante

$$R = \frac{G_1 R_1 + G_2 R_2}{G} = 29{,}27 \cdot 0{,}95 + 46{,}95 \cdot 0{,}05 = 30{,}15$$

und

$$v = \frac{30{,}15 \cdot 288}{10\,000} = 0{,}868 \text{ cbm/kg}.$$

Diese Gaskonstante ist gegenüber derjenigen bei trockener Luft um 3,9 v. H. gewachsen, das spezifische Volumen um 12 v. H. gestiegen (siehe 1. Beispiel). Dadurch sinkt aber das von demselben Kompressor zu fördernde Luftgewicht. Die Leistungsfähigkeit der Kompressoren wird also durch Ansaugen von Luft mit großem Feuchtigkeitsgrad herabgemindert.

4. Beispiel: Gewichtsverhältnis der Luft.

Die Luft besteht der Hauptsache nach aus Sauerstoff und Stickstoff. Nun ist

für Luft . . $R = 29{,}27$,
„ Sauerstoff $R_1 = 26{,}47$,
„ Stickstoff $R_2 = 30{,}13$.

Daher ergibt sich nach Gl. 11 für die Gewichte der Bestandteile

$$\text{Sauerstoff } G_1 = \frac{29{,}27 - 30{,}13}{26{,}47 - 30{,}13} \cdot G = 0{,}2356\,G,$$

$$\text{Stickstoff } G_2 = (1 - 0{,}2356)\,G = 0{,}7644\,G,$$

d. h. in 100 Gewichtsteilen Luft sind 23,56 Teile Sauerstoff und 76,44 Teile Stickstoff enthalten.

Die Teilpressungen betragen nach Gl. 10

$$p_1 = \frac{0{,}2356 \cdot 26{,}47}{29{,}27} = 0{,}213\,p,$$

$$p_2 = (1 - 0{,}213)\,p = 0{,}787\,p,$$

d. h. der Luftdruck wird zu 78,7 v. H. vom Stickstoff und zu 21,3 v. H. vom Sauerstoff gebildet.

Die Zusammensetzung von Gasgemischen ist gewöhnlich durch die Volumenverhältnisse gegeben, daraus können die Gewichtsverhältnisse berechnet werden.

Zu diesem Zweck denkt man sich jedes Einzelgas für sich unter gleichen Druck und gleiche Temperatur gebracht, dann nehmen sie verschieden große Volumen ($V_1, V_2, \ldots$) ein und es ist für die Einzelgase

$$p V_1 = G_1 R_1 T, \qquad p V_2 = G_2 R_2 T,$$

für die Mischung

$$p V = G R T.$$

Hieraus ergeben sich die Beziehungen

$$\frac{G_1}{G} = \left(\frac{V_1}{V}\right) \frac{R}{R_1}, \qquad \frac{G_2}{G} = \left(\frac{V_2}{V}\right) \frac{R}{R_2}, \quad \ldots \ldots \ldots \quad (12)$$

womit die Gewichtsverhältnisse $\frac{G_1}{G}, \frac{G_2}{G}$ aus den gegebenen Volumenverhältnissen $\left(\frac{V_1}{V}\right), \left(\frac{V_2}{V}\right)$ bestimmt sind.

Meistens kennt man die Gaskonstante R der Mischung nicht, dagegen die spez. Gewichte der Einzelgase bei bestimmtem Zustand (15°, 1 at) und kann daraus das spez. Gewicht der Mischung erhalten. Es ist nämlich

$$G = G_1 + G_2 + \dots$$

oder

$$\gamma V = \gamma_1 V_1 + \gamma_2 V_2 + \dots,$$

woraus

$$\gamma = \gamma_1 \left(\frac{V_1}{V}\right) + \gamma_2 \left(\frac{V_2}{V}\right) + \dots \qquad (13)$$

damit auch

$$\left(\frac{G_1}{G}\right) = \left(\frac{V_1}{V}\right)\frac{\gamma_1}{\gamma}, \qquad \frac{G_2}{G} = \left(\frac{V_2}{V}\right)\frac{\gamma_2}{\gamma} \text{ usw.} \qquad (14)$$

Für Gasmischungen läßt sich der Begriff Kilogramm-Molekül ebenfalls benützen, wenn das mittlere Molekulargewicht m der Mischung eingeführt wird. Man erhält damit

$$\frac{\gamma_1}{\gamma} = \frac{m_1}{m}; \qquad \frac{\gamma_2}{\gamma} = \frac{m_2}{m} \text{ usw.}$$

in Gl. 13 eingesetzt, gibt

$$m = m_1 \left(\frac{V_1}{V}\right) + m_2 \left(\frac{V_2}{V}\right) + \dots \qquad (15)$$

Sind statt der Volumenteile die Gewichtsteile G_1, G_2, G_3 der einzelnen Bestandteile gegeben, so bestimmt man zunächst die Zahl der Kilogramm-Moleküle jedes Teiles

$$n_1 = \frac{G_1}{m_1}, \qquad n_2 = \frac{G_2}{m_2}, \qquad n_3 = \frac{G_3}{m_3} \text{ usf.}$$

Ihre Summe muß gleich der Anzahl Kilogramm-Moleküle der Mischung sein

$$\frac{G}{m} = \frac{G_1}{m_1} + \frac{G_2}{m_2} + \frac{G_3}{m_3} + \dots = n_1 + n_2 + n_3 + \dots,$$

woraus

$$m = \frac{n_1 m_1 + n_2 m_2 + n_3 m_3 + \dots}{n_1 + n_2 + n_3 + \dots} \qquad (16)$$

Das scheinbare Molekulargewicht der Mischung bietet ein Mittel zur raschen Berechnung der Gaskonstanten.

5. Beispiel: Zur Bestimmung der Volumverhältnisse der atmosphärischen Luft kann angenommen werden, die Luft bestehe (abgesehen von kleinen Beimengungen) aus 23,56 Gewichtsteilen Sauerstoff und 76,44 Teilen Stickstoff (siehe 4. Beispiel).

Da die Gaskonstanten der Mischung und diejenigen der Einzelgase bekannt sind, kann Gl. 12 benutzt werden.

Hierbei ist für Sauerstoff

$$\frac{G_1}{G} = 0{,}2356 \qquad \frac{R_1}{R} = \frac{26{,}47}{29{,}27},$$

folglich

$$V_1 = \frac{26{,}47}{29{,}27} \cdot 0{,}2356\, V = 0{,}213\, V;$$

für Stickstoff

$$\frac{G_2}{G} = 0{,}787 \qquad \frac{R_2}{R} = \frac{30{,}13}{29{,}27},$$

$$V_2 = \frac{30{,}13}{29{,}27} \cdot 0{,}2346\, V = 0{,}787\, V.$$

Die Luft besteht aus 21,3 Volumteilen Sauerstoff und aus 78,7 Volumteilen Stickstoff.

6. Beispiel: Es soll für Leuchtgas von bekannten Volumverhältnissen das spezifische Gewicht bei 1 Atm. und 15° C berechnet werden, ferner die Gewichtsverhältnisse und die Gaskonstante.

In der Zahlentafel 1 sind in der ersten senkrechten Reihe die bekannten Volumverhältnisse angegeben, und zwar für $V = 1$ cbm, die zweite Reihe enthält die Gaskonstanten R und die dritte die spezifischen Gewichte γ der Einzelgase (siehe Hütte), bezogen auf 1 Atm. und 15° C. Die Produkte der ersten und dritten Kolonne geben die Werte $\gamma_1 V_1$, $\gamma_2 V_2$ usw., bezogen auf $V = 1$; die Summe dieser Werte ist somit das spezifische Gewicht γ der Mischung. Mit γ berechnen sich nach Gl. 14 die Gewichtsverhältnisse der Einzelgase (letzte Reihe), wenn die Werte der vierten Reihe durch γ dividiert werden.

Für die Gaskonstante der Mischung benützt man einfach die Zustandsgleichung

$$R = \frac{p}{\gamma T} = \frac{10000}{0{,}4732 \cdot 288} = 73{,}6$$

oder aber Gl. 9, indem man die Gaskonstante jeden Bestandteiles mit dem Gewichtsverhältnis multipliziert und die Produkte addiert.

Zahlentafel 1.

Gasart	$V = 1$ cbm enthält cbm	Gaskonst. R	Spez. Gew. γ bei 1 Atm. 15° C	$\gamma_1 V_1$ usw. für $V = 1$ cbm	1 kg enthält kg
H	0,4850	422,6	0,0827	0,0401	0,0848
CH_4	0,3500	52,8	0,6570	0,2300	0,4865
CO	0,0700	30,26	1,1480	0,0804	0,1700
C_2H_4	0,0450	30,20	1,149	0,0517	0,1084
CO_2	0,0200	19,14	1,804	0,0361	0,0763
O	0,0025	26,47	1,312	0,0033	0,0071
N	0,0275	30,13	1,151	0,0316	0,0669
	1,0000			0,4732	1,0000

7. Beispiel: Die in Beispiel 6 für Leuchtgas von bekannter Zusammensetzung berechnete Gaskonstante läßt sich einfacher aus dem mittleren Molekulargewicht (Gl. 15) bestimmen, wie dies Zahlentafel 2 zeigt.

Zahlentafel 2.

Gasgemisch	Mol.-Gew. m	$\frac{V_1}{V}$, $\frac{V_2}{V}$ usf.	$m_1 \frac{V_1}{V}$, $m_2 \frac{V_2}{V}$ usf.
H	2	0,4850	0,97
CH_4	16	0,3500	5,60
CO	28	0,0700	1,96
C_2H_4	28	0,0450	1,26
CO_2	44	0,0200	0,88
O	32	0,0025	0,08
N	28	0,0275	0,77
		1,0000	11,52

Das mittlere Molekulargewicht ist somit

$$m = 11{,}52$$

und die Gaskonstante

$$R = \frac{848}{11{,}52} = 73{,}6\,.$$

7. Feuchte Luft.

Die atmosphärische Luft enthält stets eine kleine Menge Wasserdampf; dieser Bestandteil ist als Gas mit geringem Teildruck anzusehen, wenn er sich in der klaren Luft im ungesättigten Zustand befindet.

Im Grenzzustand ist die Luft mit Wasserdampf gesättigt; 1 cbm enthält nun so viele kg Dampf (γ_s kg/cbm), als der Lufttemperatur zugehört. Bei gesättigter Luft stimmt demnach der Gehalt an Wasserdampf mit seinem spezifischen Gewicht γ_s überein, das nur von der Temperatur des Gemisches abhängt und ihrem Zahlenwert entsprechend aus der Dampftabelle zu entnehmen ist. (Hütte 1919, S. 403.)

Bei weiterer Steigerung des Dampfgehaltes wird die Luft übersättigt und naß, die Feuchtigkeit zeigt sich als Nebel.

Enthält 1 cbm Luft eine kleinere Dampfmenge γ_d (kg/cbm) als γ_s, so ist sie ungesättigt; man nennt das Gewicht γ_d die absolute Feuchtigkeit und das Verhältnis

$$x = \frac{\gamma_d}{\gamma_s}$$

die relative Feuchtigkeit.

Bestimmt man auf dem Versuchswege den Teildruck p_d des Dampfes in der zu untersuchenden Luft, so läßt sich x berechnen, da die Zustandsgleichung auch für Wasserdampf mit genügender Genauigkeit anwendbar ist:

$$\frac{p_d}{\gamma_d} = R_d\,T \qquad \frac{p_s}{\gamma_s} = R_d\,T$$

$$x = \frac{\gamma_d}{\gamma_s} = \frac{p_d}{p_s}, \quad \ldots \ldots \ldots \ldots \quad (17)$$

wobei p_s und γ_s aus der Dampftabelle entsprechend der Lufttemperatur t zu entnehmen sind.

Für $x = 1$ ist die Luft mit Wasserdampf gesättigt. Bei $x < 1$ kann 1 cbm noch $(1 - x)\gamma_s$ Gramm Wasserdampf aufnehmen. Ergibt die Rechnung $x > 1$, so ist bei der Zustandsänderung Wasser niedergeschlagen worden und x ist gleich 1.

Auf einfache Weise kann die relative Feuchtigkeit mit Benützung von zwei genauen Thermometern gemessen werden, an denen Zehntels-Grade ablesbar sind (Psychrometer). Zu diesem Zweck umwickelt man die Kugel des einen Thermometers mit einem feuchten Läppchen und bewegt beide Thermometer in der ruhenden Luft etwas hin und her. Es wird sich nun bald ein konstant bleibender Temperaturunterschied $t - t_f$ zwischen dem trockenen und dem befeuchteten Thermometer einstellen. Sind p_d und p_f die entsprechenden Dampfspannungen, die aus der Dampftabelle zu entnehmen sind, so berechnet sich x aus[1])

$$\left.\begin{aligned} x\,p_s &= p_f - 0{,}60\,(t - t_f), \text{ wenn } t > 0 \\ x\,p_s &= p_f - 0{,}52\,(t - t_f), \text{ wenn } t < 0 \end{aligned}\right\} \quad \ldots \ldots \quad (18)$$

Die Feuchtigkeit der Luft ändert die Gaskonstante. Die Berechnung mit den gemessenen Werten geschieht mit Benutzung des Gesetzes von Dalton

$$p_l = p - p_d = p - x\,p_s\,.$$

[1]) Siehe Taschenbuch „Hütte" 1919, S. 404.

Das in 1 cbm der Mischung befindliche Gewicht an trockener Luft beträgt

$$\gamma_l = \frac{p - x p_s}{R_l T}.$$

Für den Bestand an Wasserdampf ist

$$\gamma_d = \frac{x p_s}{R_d T}.$$

Für die Mischung

$$\gamma_l + \gamma_d = \frac{p}{R T}.$$

Aus diesen Gleichungen folgt

$$\gamma_l + \gamma_d = \frac{p}{R_l T}\left[1 - x\frac{p_s}{p}\left(1 - \frac{R_l}{R_d}\right)\right].$$

Setzt man hierin

$$R_l = 29{,}27; \qquad R_d = 47{,}1,$$

so erhält man die Schlußgleichung

$$R = \frac{29{,}27}{1 - 0{,}377 \cdot x \cdot \frac{p_s}{p}} \quad \ldots\ldots\ldots\ldots \quad (19)$$

8. Beispiel: Die Untersuchung der Luft mit dem beschriebenen Psychrometer hat am trockenen Thermometer $t = 25^0$ und am befeuchteten $t_f = 23{,}2^0$ ergeben bei einem Barometerstand von 746 mm QS. Wie groß ist die Feuchtigkeit und die Gaskonstante?

Nach der Dampftabelle ist:

Dampfdruck bei 25^0: $p_s = 23{,}8$ mm QS (0,0324 Atm. abs.),
spezifisches Gewicht: $\gamma_s = 0{,}0231$ kg/cbm,
Dampfdruck bei $23{,}2^0$: $p_f = 21{,}3$ mm QS,
relative Feuchtigkeit nach Gl. 18: $x = \frac{21{,}3 - 0{,}60\,(25 - 23{,}2)}{23{,}8} = 0{,}85$,
absolute Feuchtigkeit: $\gamma_d = x \cdot \gamma_s = 0{,}85 \cdot 0{,}0231 = 0{,}01965$ kg/cbm
(1 cbm Luft enthält somit 19,65 g Wasserdampf),
Dunstdruck: $p_d = x \cdot p_s = 0{,}85 \cdot 23{,}8 = 20{,}3$ mm QS.
Temperatur dem Dunstdruck entsprechend $22{,}5^0$.

Sinkt also die Lufttemperatur von 25^0 auf $22{,}5^0$, so ist der Taupunkt erreicht, die Luft ist gesättigt.

Für die Gaskonstante ergibt sich nach Gl. 19:

$$R = \frac{29{,}27}{1 - 0{,}377 \cdot 0{,}85 \cdot \frac{23{,}8}{746}} = 29{,}56.$$

Dieser Wert ist gewachsen, folglich besitzt feuchte Luft ein größeres spezifisches Volumen oder ein kleineres spezifisches Gewicht als trockene Luft bei gleichem Druck und gleicher Temperatur.

Wird feuchte Luft von einem bekannten Zustand (p, t, x, p_s) durch eine beliebige Änderung auf einen andern Druck p' und eine andere Temperatur t' gebracht, so ändert sich auch die relative Feuchtigkeit auf einen andern Wert x'.

Bei steigender Temperatur nimmt x rasch ab; der Einfluß des Wasserdampfes vermindert sich also während der Kompression. Ist aber die Temperatur im

Druckbehälter wieder auf den Betrag der Außenluft gesunken, so wächst x und kann bis gegen 1 ansteigen. Darüber hinaus hat natürlich der Begriff seine Bedeutung verloren.

Um den Zusammenhang zwischen den Größen im Anfangs- und im Endzustand zu erhalten, kann mit genügender Genauigkeit angenommen werden, die Gaskonstante der Mischung bleibe unverändert. Dann ist für die Mischung

$$\frac{p}{\gamma} = R\,T \quad \text{und} \quad \frac{p'}{\gamma'} = R\,T'$$

oder

$$\frac{T'}{T} = \frac{p'}{p} \cdot \frac{\gamma}{\gamma'}$$

ebenso für Wasserdampf

$$\frac{T'}{T} = \frac{p_d'}{p_d} \cdot \frac{\gamma_d}{\gamma_d'}$$

$$\frac{p'}{p} \cdot \frac{\gamma}{\gamma'} = \frac{p_d'}{p_d} \cdot \frac{\gamma_d}{\gamma_d'} .$$

Hierin darf man setzen

$$\frac{\gamma}{\gamma'} = \frac{\gamma_d}{\gamma_d'}, \quad p_d = x\,p_s \quad \text{und} \quad p_d' = x'\,p_s',$$

folglich wird

$$x' = x\,\frac{p'}{p} \cdot \frac{p_s}{p_s'} \qquad \text{(20)}$$

9. Beispiel: Die in Beispiel 8 erwähnte Luft werde auf 1,5 Atm. abs. verdichtet und nehme dabei die Temperatur 60° C an. Wie groß ist die relative Feuchtigkeit?

Für den Anfangszustand ist

$$p = 1{,}015 \text{ Atm.}, \qquad p_s = 0{,}0324 \text{ Atm.}, \qquad t = 25^0, \quad x = 0{,}85 .$$

Für den Endzustand

$$p' = 1{,}5 \text{ Atm.}, \qquad p_s' = 0{,}202 \text{ Atm.}, \qquad t' = 60^0.$$

Demnach ist

$$x' = 0{,}85 \cdot \frac{1{,}5}{1{,}015} \cdot \frac{0{,}0324}{0{,}202} = \sim 0{,}2 .$$

Die relative Feuchtigkeit nimmt somit während der Kompression stark ab; die Gaskonstante im Endzustand ist daher nicht merklich verschieden von derjenigen für trockene Luft.

Aus der Dampftabelle folgt weiter für $t' = 60^0$

$$\gamma_s' = 0{,}130 \text{ kg/cbm},$$

damit ist die absolute Feuchtigkeit

$$\gamma' = 0{,}2 \cdot 0{,}13 = 0{,}026 \text{ kg/cbm}.$$

Im Druckbehälter steigt die relative Feuchtigkeit wieder bei abnehmender Temperatur. Sie erreicht den Wert $x' = 1$, wenn (Gl. 21)

$$p_s' = 0{,}85 \cdot \frac{1{,}5}{1{,}015} \cdot 0{,}0324 = 0{,}041 \text{ Atm.}$$

Zu diesem Druck gehört laut Dampftafel die Temperatur $t' = 29^0$ C. Ist die Temperatur auf diesen Betrag gesunken, so ist der Taupunkt im Druckbehälter erreicht. Sinkt die Temperatur noch tiefer, so schlägt sich Wasser nieder.

B. Wärme und Arbeit.

8. Erster Hauptsatz.

Als erster Hauptsatz der mechanischen Wärmetheorie wird das Erfahrungsgesetz von der Gleichwertigkeit von Wärme und Arbeit bezeichnet.

Benützt man als technische Wärmeeinheit (kcal) diejenige Wärme, die nötig ist, um 1 kg Wasser von 0^0 auf 1^0 C zu erwärmen, ferner als technische Arbeitseinheit das Meterkilogramm, so lautet der erste Hauptsatz oder das Energiegesetz: Wenn auf irgendeine Weise aus Wärme mechanische Arbeit entsteht, so erhält man aus jeder umgesetzten Wärmeeinheit eine Arbeit von 427 mkg (Rob. Mayer, 1842).

Für Kompressoren gilt die Umkehrung: Wenn durch Arbeitsaufwand Wärme entsteht, so ergibt jedes Meterkilogramm eine Wärmemenge von 1/427 Kalorien. Die an den Kompressor abgegebene Arbeit findet sich demnach im abziehenden Gase und im Kühlwasser als gleichwertige Wärme vor.

Man nennt $1/A = 427$ das mechanische Äquivalent der Wärme. Der Energiesatz bestätigt das Prinzip von der Unzerstörbarkeit der Energie für Verwandlungen zwischen Wärme und Arbeit. Das Problem der Umstoßung dieses Satzes heißt „Perpetuum mobile erster Art“.

9. Zweiter Hauptsatz.

Verwandelt man mechanische Arbeit in Wärme, z. B. durch Bremsen eines Motors, so kann die ganze Energie restlos in die gleichwertige Wärme umgesetzt werden.

Ganz anders verhält es sich mit der Verwandlung von Wärme in Arbeit; hier wird erfahrungsgemäß nur ein Bruchteil der verfügbaren Wärme als gleichwertige Arbeit verwandelt, auch wenn von allen Verlusten durch Wärmeleitung und zufolge Widerstände abgesehen wird. Es ist nämlich nicht möglich, Wärme in Arbeit umzusetzen, wenn nicht gleichzeitig eine zusätzliche Wärme aufgewendet wird, die nicht an der Umwandlung teilnimmt.

Eine solche Umsetzung kann überhaupt nur stattfinden, falls ein Temperaturunterschied vorhanden ist; die Verwandlung vollzieht sich um so günstiger, je größer das im Prozeß auftretende Temperaturgefälle ist. Die gewaltigen Wärmemengen in der atmosphärischen Luft und im Meere können nicht zur Arbeitsleistung in Betracht fallen, da das Temperaturgefälle fehlt.

Verläuft der Prozeß in umgekehrtem Sinne, d. h. soll Wärme von einem stark abgekühlten Körper auf die höhere Temperatur der Umgebung gebracht werden (Kälteerzeugung), so kann dies nicht ohne Verbrauch an mechanischer Arbeit geschehen, wie es auch nicht möglich ist, aus Wärme Arbeit zu gewinnen ohne zusätzliche Wärmeaufwendung. Man nennt diese Erfahrungstatsachen den zweiten Hauptsatz der mechanischen Wärmetheorie. Würde man nämlich ohne Arbeitsaufwand Wärme auf eine höhere Temperatur bringen können, so wäre damit ein Wärmegefälle geschaffen und der empfangende Körper könnte alsdann einen Teil dieser Wärme in Arbeit umsetzen. Man würde damit Energie aus Nichts erhalten, ohne daß der erste Hauptsatz verletzt wäre (Perpetuum mobile zweiter Art).

Über die Bedeutung des zweiten Hauptsatzes auf umkehrbare und nicht umkehrbare Kreisläufe geben die Abschnitte 20 und 21 Auskunft.

10. Die Wärmegleichung der Gase.

Eine Zustandsänderung ist im allgemeinen verbunden mit einer Wärmezufuhr oder Wärmeentziehung, durch die sie hervorgerufen wird.

Denkt man sich 1 kg Gas in einem Kessel eingeschlossen, dessen Volumen sich nicht ändern kann, so wird das Gas durch eine Wärmezufuhr dQ die Temperaturerhöhung dT erfahren. Die Versuche zeigen, daß diese Wärme innerhalb mäßiger Temperaturgrenzen proportional der Temperaturerhöhung dT ist, demnach den Betrag $c_v \cdot dT$ besitzt. Der Faktor c_v bedeutet hierbei diejenige Wärme, die zur Temperaturerhöhung um 1^0 C nötig ist. Sie heißt spezifische Wärme bei konstantem Volumen.

Irgendeine andere Zustandsänderung verlangt erfahrungsgemäß ebenfalls die Wärme $c_v \cdot dT$, um die Temperatursteigerung dT für sich hervorzurufen; man kann sich deshalb den Vorgang so vorstellen, daß zunächst nur die Temperaturerhöhung bei gleichbleibendem Volumen stattfindet; darauf hat sich die Änderung des Volumens anzuschließen, und es kann dabei der Druck als unveränderlich angenommen werden, falls dQ genügend klein ist.

Diese Volumenänderung denkt man sich in der Weise ermöglicht, daß an beliebig vielen Stellen der Kesselwandung reibungslose Kolben eingebaut sind, deren von außen einwirkende Kräfte dem inneren Gasdruck das Gleichgewicht halten.

Eine Wärmezufuhr dQ wird außer der Temperaturerhöhung eine Volumenzunahme hervorrufen, die sich durch das Auswärtsschieben der Kolben vom Querschnitt f um den Weg ds äußert.

Diese Zunahme hat den Betrag $dv = f ds$.

Der auf die Kolbenflächen f wirkende Gegendruck $p \cdot f$ muß längs des Weges ds überwunden werden, verlangt also die Arbeit

$$dL = p \cdot f \cdot ds = p \cdot dv.$$

Die nach außen abzugebende Gesamtarbeit zwischen zwei Zuständen 1 und 2 hat die Form

$$L = \int_1^2 p\,dv$$

und muß als Wärme zugeführt werden, verlangt daher $A \cdot L$ kcal. ($A = 1/427$).

Für eine Zustandsänderung innerhalb kleiner Grenzen ist die gesamte Wärme, die zur Temperaturerhöhung und zur Ausdehnung nötig ist,

$$dQ = c_v \cdot dT + A\,dL = c_v\,dT + A\,p\,dv \quad \ldots \ldots \quad (21)$$

Für den endlich begrenzten Prozeß bei konstantem Wert c_v ist

$$Q = c_v (T_2 - T_1) + A\,L \quad \ldots \ldots \quad (22)$$

(Wärmegleichung der Gase).

Die äußere Arbeit L kann erst bestimmt werden, wenn der Zusammenhang zwischen p und v bekannt ist.

Trägt man in einem Koordinatensystem v als Abszissen und p als Ordinaten ab, so entsteht die Drucklinie im sog. pv-Diagramm. Die Arbeit L ist dargestellt durch die Fläche zwischen der Drucklinie, den beiden Ordinaten durch Anfangs- und Endpunkt und durch die Abszissenachse, Abb. 1.

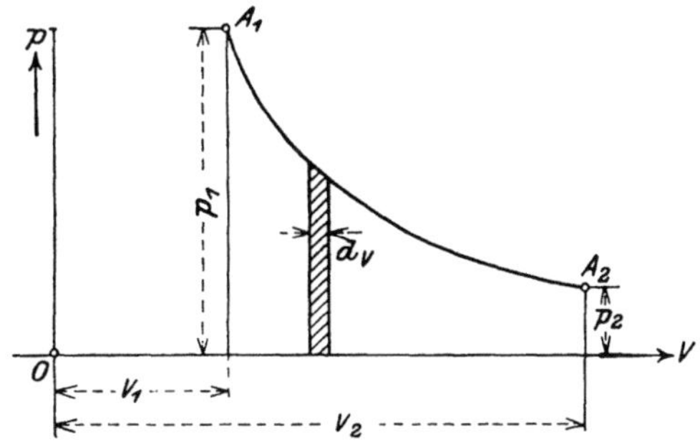

Abb. 1.

Findet als Sonderfall eine Temperaturerhöhung bei konstantem Druck statt, so ist die Arbeitsfläche im pv-Diagramm ein Rechteck und man erhält

$$L = \int_1^2 p\,dv = p\,(v_2 - v_1)\,,$$

oder mit Hilfe der Zustandsgleichung

$$L = R\,(T_2 - T_1)\,.$$

Für $T_2 - T_1 = 1^0$ C wird

$$L = R,$$

d. h.: Die Gaskonstante ist diejenige mechanische Arbeit, die 1 kg Gas nach außen abgibt, wenn es bei konstantem Druck in der Temperatur um 1^0 C erhöht wird.

Soll 1 kg eines Gases in der Temperatur um 1^0 C erhöht werden, so ist hierzu eine Wärmemenge nötig, die je nach der Art der Zustandsänderung verschiedene Werte annehmen kann. Von diesen spezifischen Wärmen (Wärmekapazität) sind zwei Sonderwerte wichtig; es sind dies die schon genannte spezifische Wärme c_v bei konstantem Volumen und die spezifische Wärme c_p bei konstantem Druck.

Der Zusammenhang zwischen beiden Werten bestimmt sich aus der Wärmegleichung 22, in der für die Wärmezufuhr Q der Wert c_p gesetzt wird; ferner ist $T_2 - T_1 = 1^0$ C und $L = R$.

Für diesen Fall lautet daher die Wärmegleichung

$$c_p = c_v + AR \quad \ldots\ldots\ldots\ldots \quad (23)$$

Wie ersichtlich, ist c_p stets größer als c_v, und zwar um den Wärmewert der nach außen abgegebenen Arbeit R. Mit dem wichtigen Verhältnis

$$k = c_p : c_v$$

folgen zwei weitere Formen aus Gl. 23, nämlich

$$c_v = \frac{AR}{k-1} \quad \ldots\ldots\ldots\ldots \quad (24)$$

und

$$c_p = \frac{k}{k-1}\,AR \quad \ldots\ldots\ldots\ldots \quad (25)$$

11. Zahlenwerte der spezifischen Wärme.

Innerhalb mäßiger Temperaturgrenzen (bis etwa 100^0 C) und mäßiger Druckgrenzen (bis etwa 10 Atm.) können die spezifischen Wärmen eines Gases konstant angenommen werden. Einige Werte finden sich in

Zahlentafel 3.

	Zeichen	Mol.-Gew. m	c_v	c_p	k
Luft	—	28,95	0,170	0,238	1,405
Sauerstoff	O_2	32	0,155	0,217	1,400
Wasserstoff . . .	H_2	2,016	2,42	3,41	1,405
Stickstoff	N_2	28,08	0,176	0,247	1,408
Stickoxyd	NO	30,04	0,165	0,231	1,400
Kohlenoxyd . . .	CO	28,00	0,172	0,242	1,410
Kohlensäure . . .	CO_2	44,00	0,160	0,21	1,28
Schweflige Säure .	SO_2	64,06	0,120	0,15	1,25
Ammoniak	NH_3	17,06	0,41	0,53	1,28

Diese Zahlen sind für die Berechnung der Turbokompressoren meistens genügend genau; dagegen sind die Druck- und Temperaturunterschiede in den Kolbenkompressoren häufig so groß, daß auf die Veränderlichkeit der spezifischen Wärme Rücksicht zu nehmen ist.

Eingehende Versuche in dieser Richtung liegen nur für Luft vor, und zwar zeigen Versuche von Langen u. a., daß die spezifische Wärme mit der Temperatur etwas zunimmt. Der Zusammenhang ist gegeben durch die Gleichung

$$c_p = c_{p0} + bt, \qquad (26)$$

worin für Luft

$$b = 0{,}0000366, \qquad c_{p0} = 0{,}239\,.$$

Die spezifische Wärme ist auch vom Druck keineswegs unabhängig, wie bisher angenommen wurde, sondern nimmt bei hohen Drücken stark zu, wie die neuesten Forschungen von L. Holborn und M. Jakob in der Physikalisch-Technischen Reichsanstalt in Berlin zeigen[1]). Diese Versuche wurden mit Luft von 60° C durchgeführt und Spannungen von 1 bis 300 Atm. angewendet. Für die Berechnung der spezifischen Wärme c_p bei 60° ist die Beziehung aufgestellt worden:

$$10^4 c_p = 2413 + 2{,}86p + 0{,}0005p^2 - 0{,}000\,01p^3,$$

wenn p in kg/qcm eingesetzt wird.

In Zahlentafel 4 sind einige Werte von c_p nach diesen Gleichungen ausgerechnet, woraus sich der Einfluß der Temperatur und namentlich des Druckes erkennen läßt.

Zahlentafel 4.

Werte der spezifischen Wärme c_p für Luft.

kg/qcm	0°	60°	120°	180°	240°
1	0,2394	0,2416	0,2438	0,2460	0,2482
25	0,2463	0,2485	0,2507	0,2529	0,2551
50	0,2534	0,2556	0,2578	0,2600	0,2622
100	0,2672	0,2694	0,2716	0,2738	0,2760
150	0,2797	0,2819	0,2841	0,2863	0,2885
200	0,2903	0,2925	0,2947	0,2969	0,2991
300	0,3002	0,3024	0,3046	0,3068	0,3090

Will man die absolute Temperatur in die Gleichung von Langen einsetzen, was für gewisse Rechnungen vorteilhaft ist, so erhält man

$$c_p = c_{p0} + b\,(T - 273)\,.$$

Bezeichnet man mit

$$a_p = c_{p0} - b \cdot 273,$$

so ist

$$c_p = a_p + bT,$$

worin

$$10^4 a_p = 2391 - 0{,}366 \cdot 273 = 2291\,.$$

In gleicher Weise setzen wir

$$a_v = a_p - AR = 0{,}2391 - 0{,}0684 = 0{,}1607\,.$$

Durch Einführung der absoluten Temperatur hat sich nur das erste Glied der Gl. 26 geändert.

[1]) Siehe Z. d. Vereins d. Ing. 1914, S. 1429.

12. Spezifische Wärmen von Gasgemischen.

Zur Berechnung der spezifischen Wärme c_v und c_p eines Gasgemisches wird folgendes Grundgesetz benützt:

Erfahren verschiedene Gase von gleichem Druck, gleichem Volumen und gleicher Temperatur dieselbe Temperaturerhöhung, so ist dazu dieselbe Wärme nötig.

Nun verhalten sich die Gewichte von solchen Gasen wie ihre Molekulargewichte; nimmt man daher von jedem Einzelgas so viel Kilogramm, als das Molekulargewicht Einheiten besitzt, so ist das Volumen ($\mathfrak{V}$) jeden Gases gleich groß. Diese Gase genügen somit den Bedingungen des obigen Grundgesetzes, die Wärmen zur Erhöhung der Temperatur um 1° C sind folglich gleich groß, man erhält

$$m_1 c_{v1} = m_2 c_{v2} = m_3 c_{v3} = \ldots,$$

wenn m_1, $m_2 \ldots$ die Molekulargewichte, c_{v1}, $c_{v2} \ldots$ die dazu gehörigen spezifischen Wärmen bedeuten.

Aus dieser Beziehung folgt der Satz: Die spezifische Wärme, bezogen auf das Kilogramm-Molekül, ist für alle (einfachen) Gase gleich groß.

Man erhält somit aus Gl. 26 durch Multiplikation der Zahlenwerte a und b mit dem Wert 28,95 (scheinbares Molekulargewicht der Luft) für die einfachen Gase nach den Versuchen von Langen

$$(m c_v) = 4{,}6 + 0{,}0011\, T.$$

Für Kohlensäure wurde gefunden . . . . (27)

$$m c_v = 5{,}42 + 0{,}0052\, T.$$

Neuere Versuche zeigen etwelche Abweichungen von diesen Zahlenwerten; es ist daher eine Abklärung dieser Fragen anzustreben. Hierbei ist der Einfluß des Druckes außer acht gelassen.

Dieser einfache Weg kann nicht verfolgt werden, wenn die Mischung erhebliche Mengen Kohlensäure oder sonstige Verbrennungsprodukte enthält, da für diese Gase die auf das Kilogramm-Molekül bezogene spezifische Wärme einen andern Wert hat. Für diesen Fall ist das Gesetz zu Hilfe zu ziehen, wonach die Wärme der Mischung gleich ist der Summe der Wärmen der Einzelgase:

$$c_v \cdot G = c_{v1} \cdot G_1 + c_{v2} \cdot G_2 + \ldots$$

$$c_v = c_{v1}\left(\frac{G_1}{G}\right) + c_{v2}\left(\frac{G_2}{G}\right) + \ldots \qquad (28)$$

Man kann damit c_v aus den Gewichtsverhältnissen der Bestandteile und ihrer spezifischen Wärmen finden.

Zwischen c_v und c_p besteht nach Gl. 23 die Beziehung

$$m c_p - m c_v = m A R = \frac{848}{427} = 1{,}99 = \sim 2,$$

d. h. der Unterschied der beiden spezifischen Wärmen, bezogen auf das Kilogramm-Molekül, ist für alle Gase gleich groß, und zwar 1,99.

Die Gl. 23 erhält damit die neue Form

$$c_p = c_v + \frac{1{,}99}{m} \qquad (29)$$

Daher ist das Verhältnis

$$k = c_p : c_v = 1 + \frac{1{,}99}{m c_v} \qquad (30)$$

für die einfachen Gase und für mäßig große Druckunterschiede; mit Gl. 27 wird

$$k = 1 + \frac{1,99}{4,6 + 0,0011\,T},$$

für $t = 0 \quad 100 \quad 200^0$ C

ist $k = 1,406 \quad 1,397 \quad 1,388.$

Wie ersichtlich, ändert sich dieser Wert wenig, so daß in der Tat der Mittelwert $k = 1,4$ für einfache Gase meistens genügen wird.

10. Beispiel: Es soll die mittlere spezifische Wärme von Leuchtgas berechnet werden, das die in Beispiel 6, Zahlentafel 1, angegebene Zusammensetzung aufweist und in den Temperaturgrenzen 20 und 100° verdichtet wird.

Da in Beispiel 6 aus den gegebenen Volumverhältnissen die Gewichtsverhältnisse berechnet wurden, kann Gl. 28 benutzt werden. Dabei ist nicht nötig, die spezifischen Wärmen der Einzelgase zu kennen, wenn nur ihre Molekulargewichte gegeben sind. Für jeden Bestandteil an einfachem Gas setzen wir mit $T = 273 + 60 = 333$

$$c_v = \frac{4,6 + 0,0011 \cdot 333}{m} = \frac{4,97}{m}$$

und für Kohlensäure

$$c_v = \frac{5,42 + 0,0052 \cdot 333}{m_k} = \frac{7,15}{m_k}.$$

Die ganze Summe, aus der c_v (Gl. 28) zusammengesetzt ist, läßt sich aus zwei Gruppen bilden; die erste berücksichtigt die spezifischen Wärmen der einfachen Gase, die andere Gruppe die spezifische Wärme der Kohlensäure, deren Gewicht G_k und deren Molekulargewicht m_k sein soll.

Man erhält

$$c_v = \left(\frac{G_1}{G m_1} + \frac{G_2}{G m_2} + \ldots\right) 4,97 + \frac{G_k}{G m_k} \cdot 7,15.$$

Die Ausrechnung läßt sich an Zahlentafel 5 verfolgen.

Zahlentafel 5.

Gasart	$\frac{G_1}{G}$ usw.	m_1, m_2 usw.	$\frac{G_1}{G m_1}$ usw.	$\frac{V_1}{V}$ usw.	$m_1 \frac{V_1}{V}$ usw.
H	0,0848	2	0,0424	0,4850	0,970
CH_4	0,4865	16,03	0,0303	0,3500	5,610
CO	0,1700	28,0	0,0061	0,0700	1,960
C_2H_4	0,1084	28,93	0,0038	0,0450	1,302
O	0,0071	32	0,0002	0,0200	0,640
N	0,0669	28,08	0,0024	0,0025	0,070
			0,0852		
CO_2	0,0763	44	0,0017	0,0275	1,210
	1,0000			1,0000	11,762

Mit den gefundenen Zahlen ergibt sich

$$c_v = 0,0852 \cdot 4,97 + 0,0017 \cdot 7,15 = 0,435$$

$$c_p = c_v + AR = 0,435 + \frac{73,4}{427} = 0,607$$

$$k = 0,607 : 0,435 = 1,394.$$

In Zahlentafel 5 ist der Ausdruck

$$m = m_1 \frac{V_1}{V} + m_2 \frac{V_2}{V} + \ldots = 11{,}762$$

berechnet worden. Würde die Kohlensäure ebenfalls zu den einfachen Gasen gehören, so hätte man c_v finden können, ohne daß es nötig geworden wäre, die gegebenen Volumverhältnisse vorerst auf Gewichtsverhältnisse umrechnen zu müssen. Mit dieser Annäherung ist

$$c_v = 4{,}97 : 11{,}762 = 0{,}423$$

statt des genaueren Wertes von 0,435.

Spezifische Wärme der feuchten Luft.

Die spezifische Wärme einer Mischung von trockener Luft und überhitztem Wasserdampf kann nach Gl. 28 berechnet werden. Sie lautet

$$c = c_l \cdot \frac{G_l}{G} + c_d \frac{G_d}{G},$$

hierbei ist nach früherem (siehe Abschnitt 7)

für trockene Luft $$G_l = \frac{p - x p_s}{R_l} \frac{V}{T},$$

für Wasserdampf $$G_d = \frac{x \cdot p_s}{R_d} \cdot \frac{V}{T},$$

für feuchte Luft $$G = \frac{p}{R} \frac{V}{T}.$$

Diese Werte eingesetzt ergibt

$$c_v = \frac{c_l \cdot R}{p R_l} \left[p - x p_s \left(1 - \frac{c_d \cdot R_l}{c_l \cdot R_d} \right) \right].$$

Für die Anwendungen dürfen die spezifischen Wärmen als unveränderlich angesehen werden; und zwar ist

$$c_d = 0{,}39 \qquad c_l = 0{,}17$$
$$R_d = 47 \qquad R_l = 29{,}27\,.$$

Benützt man ferner den in Gl. 19 dargestellten Wert für die Gaskonstante der Mischung, so ist einfach

$$c_v = 0{,}17 \frac{p + 0{,}43 \cdot x p_s}{p - 0{,}377 \cdot x \cdot p_s} \quad \ldots\ldots\ldots\ldots (31)$$

hierin bedeutet x die relative Feuchtigkeit beim Druck p der Luft und p_s der dem Sättigungszustand entsprechende Dampfdruck (aus der Tafel für Wasserdampf).

11. Beispiel: Die in Beispiel 8 erwähnte Luft ergibt für

$x = 0{,}85$ $p = 1{,}015$ Atm. $p_s = 0{,}0324$ Atm. (entsprechend 25° C)

$$c_v = 0{,}17 \frac{1{,}015 + 0{,}43 \cdot 0{,}85 \cdot 0{,}0324}{1{,}015 - 0{,}377 \cdot 0{,}85 \cdot 0{,}0324} = 0{,}175$$

$$c_p = 0{,}175 + \frac{29{,}56}{427} = 0{,}244$$

$$k = 0{,}244 : 0{,}175 = 1{,}39\,.$$

13. Druck und Temperatur von Gasmischungen.

In den Räumen V_1 und V_2 seien verschiedene Gase mit den Pressungen p_1 bzw. p_2 und den Temperaturen t_1 bzw. t_2 eingeschlossen. Es ist Druck und Temperatur nach der Vermischung beider Gase zu bestimmen.

Die Räume sollen bei der Mischung derart vereinigt werden, daß ein einziger Raum

$$V = V_1 + V_2$$

entsteht. Das Gesamtgewicht beträgt

$$G = G_1 + G_2 .$$

Nun ist der Wärmeinhalt der Mischung gleich der Summe der Wärmeinhalte der Gase vor der Vereinigung:

$$G c_v T = G_1 c_{v1} T_1 + G_2 c_{v2} T_2 ,$$

hierbei ist nach Gl. 28 $$G c_v = G_1 c_{v1} + G_2 \cdot c_{v2} ,$$

daher die Mischtemperatur $$T = \frac{G_1 c_{v1} T_1 + G_2 c_{v2} T_2}{G_1 c_{v1} + G_2 c_{v2}} \qquad (32)$$

Zur Einführung der Volumen statt der Gewichte schreibt man

$$G_1 = \frac{p_1 V_1}{R_1 T_2} \qquad G_2 = \frac{p_2 V_2}{R_2 T_2} .$$

Setzt man diese Werte in Gl. 32 ein und berücksichtigt, daß wenigstens für alle schwer kondensierbaren Gase

$$\frac{m_1 c_{v1}}{m_1 R_1} = \frac{m_2 c_{v2}}{m_2 R_2} = \ldots ,$$

so ist $$T = \frac{p_1 V_1 + p_2 V_2}{\frac{p_1 V_1}{T_1} + \frac{p_2 V_2}{T_2}} \qquad (33)$$

Um den Mischdruck zu erhalten, setzt man in dieser Gleichung

$$\frac{p_1 V_1}{T_1} = G_1 R_1 \qquad \frac{p_2 V_2}{T_2} = G_2 R_2$$

und nach Gl. 9 $$G_1 R_1 + G_2 R_2 = G R ,$$

so ist $$G R T = p_1 V_1 + p_2 V_2$$

oder $$p \cdot V = p_1 V_1 + p_2 V_2 \qquad (34)$$

womit der Mischdruck p bestimmt ist.

14. Entropie.

Wie der erste Hauptsatz lehrt, ist Wärme eine Energieform besonderer Art. Hat ein Körper Wärme empfangen, so ist seine Arbeitsfähigkeit größer geworden; der Wärmeträger zeigt eine größere Temperatur und besitzt nun einen Energievorrat gegenüber seiner Umgebung in Form von Wärme. Je heißer der Wärmeträger, desto höher ist der Wert der zur Arbeitsleistung verfügbaren Wärme. Die Temperatur ist demnach als Intensität dieser Energieform aufzufassen, sie entspricht der treibenden Kraft bei mechanischer Energie, oder dem Druck einer gespannten Flüssigkeit, oder der Gefällshöhe eines Stauweihers.

Als Folge dieser Erfahrungstatsache läßt sich der kleine Betrag dQ der Wärmeenergie zusammengesetzt denken als das Produkt zweier Faktoren; der eine ist die Temperatur T (absolut), dem andern hat man den Namen „Entropiezuwachs“ dS gegeben. Er erklärt sich durch die Gleichung

$$dQ = T \cdot dS,$$

die der Gleichung

$$dL = p \cdot dv$$

für die Arbeit entspricht.

Für endlich begrenzte Vorgänge ist

$$Q = T_m (S_2 - S_1),$$

wenn T_m als Mittelwert der veränderlichen Temperatur gilt.

Der Vergleich zwischen Temperatur der Wärmeenergie und dem Druck einer gespannten Flüssigkeit trifft zu bezüglich der Natur des Energieträgers: beide Intensitäten sind von den Eigenschaften des Stoffes nicht beeinflußt, sondern sind nur ein Kennzeichen des augenblicklichen Zustandes.

Berechnet man den Entropiezuwachs zwischen einem Anfangs- und einem Endzustand, so ergibt die Wärmegleichung

$$dQ = T dS = c_v dT + A p dv,$$

$$dS = c_v \frac{dT}{T} + A p \frac{dv}{T} = c_v \frac{dT}{T} + A R \frac{dv}{v}.$$

Nehmen wir die spezifischen Wärmen als unveränderlich an, wie dies innerhalb mäßiger Druck- und Temperaturgrenzen gestattet ist, so folgt

$$S_2 - S_1 = c_v \ln \frac{T_2}{T_1} + A R \ln \frac{v_2}{v_1} \quad \ldots\ldots\ldots \quad (35)$$

Das Ergebnis zeigt, daß der Entropiezuwachs abhängig ist von der Natur des betreffenden Gases, ferner von den Zustandsgrößen zu Beginn und am Schluß der Änderung. Dagegen ist dieser Wärmefaktor unabhängig von der Art der Änderung. Er unterscheidet sich darin wesentlich von Q oder von L, deren Größenwerte auch noch von den Zwischenzuständen bedingt sind. Mit $c_p = c_v + AR$ entsteht eine zweite Form

$$S_2 - S_1 = c_p \ln \frac{T_2}{T_1} - A R \ln \frac{p_2}{p_1} \quad \ldots\ldots\ldots \quad (36)$$

und eine dritte durch Wegschaffen von $\frac{T_2}{T_1}$

$$S_2 - S_1 = c_p \ln \frac{v_2}{v_1} + c_v \ln \frac{p_2}{p_1} \quad \ldots\ldots\ldots\ldots \quad (37)$$

Trägt man die berechneten Entropiewerte als Abszissen, die absoluten Temperaturen als Ordinaten ab, so erhält man die Entropietafel. In ihr stellt der Flächeninhalt eines schmalen Streifens von der Breite dS und der Höhe T die Wärme $dQ = T \cdot dS$ dar. Für eine endliche Zustandsänderung ist die Wärme sichtbar als ganzer Flächenstreifen zwischen Anfangs- und Endordinate.

Der Entwurf einer solchen TS-Tafel geschieht dadurch, daß ein beliebiger Anfangspunkt gewählt wird, dann berechnet man zu verschiedenen Ordinaten die Abszissen unter Annahme $v_1 =$ konst.

Für ein anderes spezifisches Volumen v_2 unterscheiden sich die Abszissen $S_2 - S_1$ nur durch das Glied $A R \ln \frac{v_2}{v_1}$. Man erhält damit eine zweite Punktreihe, deren Abszissen um gleiche Beträge von der ersten Linie abstehen, usf. Die Punkte je zweier solcher v-Linien laufen — wagrecht gemessen — in gleichen Abständen[1]).

In ähnlicher Weise ist Gl. 36 zu benützen, um die p-Linien zu zeichnen: sie verlaufen weniger steil als die v-Linien. In jedem Schnittpunkt einer p-Linie mit einer v-Linie kann p, v und t unmittelbar abgelesen werden. Die drei zusammengehörigen Werte müssen der Zustandsgleichung genügen. Für Punkte zwischen zwei Linien lassen sich die entsprechenden Werte leicht abschätzen.

Soll die Tafel zur Berechnung der Turbokompressoren verwendet werden, wo nur mäßige Temperaturerhöhungen auftreten, so dürfen c_v und c_p konstant angenommen werden. Da die Grenzen der Zustandsänderung in ein und demselben Laufrad sehr enge sind, müssen die Maßstäbe genügend groß gewählt werden. Auch für Kolbengebläse mit mäßigen Enddrücken ist die TS-Tafel mit Vorteil zu benützen.

Bei großen Druck- und Temperaturgrenzen ist die Veränderlichkeit der spezifischen Wärme zu berücksichtigen, wie sie durch Gl. 26 gegeben ist. In diesem Fall sind die Entropiewerte für eine größere Zahl von p- und v-Linien zu berechnen, dadurch entstehen Kurvenscharen, die nicht mehr ganz wagrecht verschiebbar sind.

Für eine solche Tafel hat es sich als zweckmäßig erwiesen, statt der Temperaturen als Ordinaten die Wärmeinhalte

$$i = c_p\, t$$

abzutragen, so daß sich die Zunahme des Wärmeinhaltes von einem Anfangspunkt zu einem andern als senkrechte Strecke abgreifen läßt. Man vermeidet damit ein Ausmessen von Flächen, und die spezifische Wärme c_p muß nicht mehr für jede Aufgabe besonders berechnet werden. Diese JS-Tafel eignet sich hauptsächlich für Untersuchungen an Kolbenkompressoren, namentlich wenn hohe Enddrücke auftreten.

Man kann den Ausdruck für die Entropie auf ein Kilogramm-Molekül beziehen, wenn man beide Seiten der Gleichung mit dem Wert des Molekulargewichts des betreffenden Gases multipliziert:

$$m S_2 - m S_1 = (m c_v) \ln \frac{T_2}{T_1} + A\,(m R) \ln \frac{v_2}{v_1}.$$

Hierin ist die für zweiatomige Gase (und für Luft)

$$m c_v = 4{,}6 \qquad m R = \mathfrak{R} = 848.$$

Der Entropiezuwachs bleibt für diese ganze Gruppe von Gasen derselbe. Würde man daher eine Entropietafel entwerfen mit diesen Vorzahlen für die Abszissen, so würde sie für alle (einfachen) Gase gelten; die daraus zu entnehmenden Wärmeinhalte würden sich auf die Menge 1 kg-Mol. beziehen. Nun ist aber eine solche Tafel entbehrlich, wenn man sich erinnert, daß die gewöhnlichen Entropiewerte verschiedener Gase — bezogen auf 1 kg — das gleiche Verhalten zeigen, wie die spezifischen Wärmen oder wie die Wärmeinhalte. Diese Größen sind nämlich den Molekurgewichten umgekehrt proportional.

Da das mittlere (scheinbare) Molekulargewicht m_0 der Luft bekannt ist ($m_0 = 28{,}95$), so erhält man für ein beliebiges Gas mit dem Molekulargewicht m den Wärmeinhalt i, indem man diese Größe i aus der Tafel für Luft bestimmt und mit dem Verhältnis $\frac{m_0}{m}$ multipliziert.

---

[1]) S. Ostertag, Die Entropietafel für Luft usw. II. Auflage. Berlin, Julius Springer, 1917.

Die Entropietafel für Luft kann demnach auch für andere einfache Gase benützt werden. Bei stark überhitzter Kohlensäure und eben solchem Wasserdampf ist ein abweichendes Verhalten beobachtet worden, deshalb sind für solche Gase besondere Tafeln zu zeichnen.

C. Zustandsänderungen.

15. Vorgang bei unveränderlichem Volumen.

Wird einem Kilogramm eines Gases die Wärme Q zugeführt, um seinen Anfangszustand (p_1, t_1, v) auf den Endzustand (p_2, t_2, v) zu verändern, so kann geschrieben werden

$$p_1 v = R T_1 \qquad p_2 v = R T_2,$$

woraus

$$\frac{p_2}{p_1} = \frac{T_2}{T_1}, \quad \ldots \ldots \ldots \ldots \ldots (38)$$

d. h. die Pressungen verhalten sich wie die absoluten Temperaturen. Bei unveränderlichem Volumen ist die äußere Arbeit

$$L = 0 \quad \ldots \ldots \ldots \ldots \ldots (39)$$

Die Änderung der Entropie beträgt nach Gl. 35

$$S_2 - S_1 = c_v \ln \frac{T_2}{T_1} = c_v \ln \frac{p_2}{p_1} \quad \ldots \ldots \ldots \ldots (40)$$

Die Wärmegleichung heißt für diesen Fall

$$Q = c_v (T_2 - T_1) \quad \ldots \ldots \ldots \ldots (41)$$

Im pv-Diagramm verläuft die Drucklinie parallel zur Ordinatenachse (Abb. 2).

Im Entropiediagramm wird der Vorgang dargestellt durch eine v-Linie. Benützt man die TS-Tafel, so ist der Anfangspunkt A_1 (Abb. 3) durch p_1 und t_1 bestimmt. Soll das Gas auf den Enddruck p_2 gebracht werden, so findet sich der zugehörige Punkt der Tafel im Schnitt der v-Linie mit der p_2-Linie. Nun kann auch die Endtemperatur als Ordinate des Punktes A_2 abgelesen werden. Die zugeführte Wärme Q zeigt sich als Flächenstreifen (//////) unter dem ausgenützten Stück $A_1 A_2$ der v-Linie bis zur Achse durch den absoluten Nullpunkt und seitlich begrenzt von den Ordinaten durch A_1 und A_2. Es ist meistens unnötig, diese Wärme durch Ausmessen der Fläche zu bestimmen, sie berechnet sich einfacher aus $Q = c_v (t_2 - t_1)$.

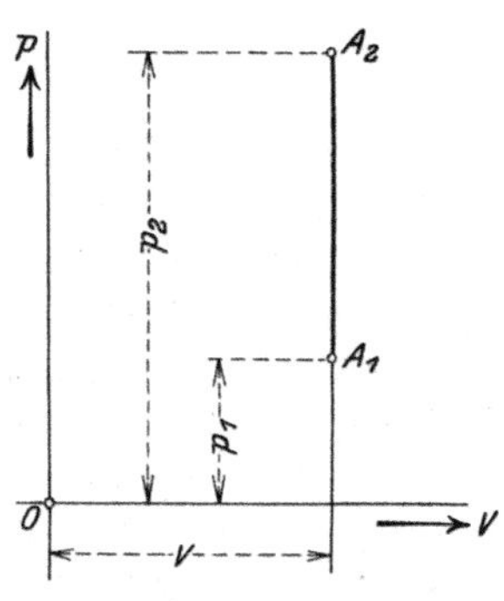

Abb. 2.

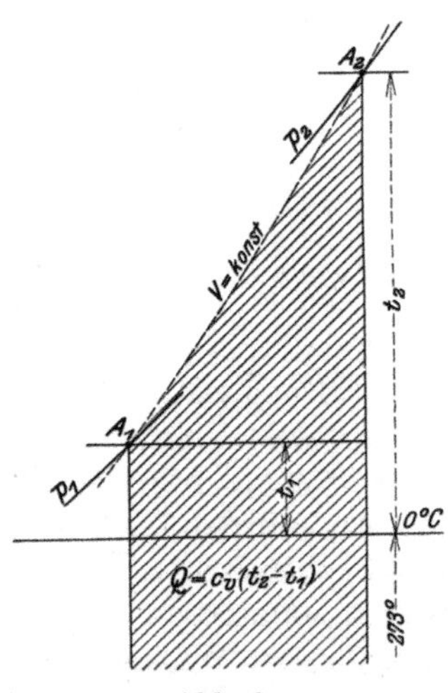

Abb. 3.

In der JS-Tafel ergibt sich dasselbe Bild mit dem Unterschied, daß die Ordinaten die Wärmeinhalte $c_p t$ bedeuten. Wäre c_p unveränderlich, so wären die Darstellungen in beiden Tafeln bis auf die Maßstäbe identisch. Im JS-Diagramm lassen sich die Temperaturen aus den beinahe wagrecht verlaufenden t-Linien ablesen. Die Wärme Q ist allerdings hier nicht unmittelbar abzulesen, sondern man muß vom Unterschied der Wärmeinhalte den Betrag $AR(t_2 - t_1)$ subtrahieren, um die Wärme $c_v (t_2 - t_1)$ zu erhalten.

Verläuft die Zustandsänderung umgekehrt, von A_2 nach A_1, so muß die Wärme Q entzogen werden, die Zahlenwerte bleiben dieselben.

16. Zustandsänderung bei gleichbleibendem Druck (Isobare).

Vergleicht man die Zustandsgrößen am Anfang und am Ende dieses Vorganges, so ist

$$p v_1 = R T_1 \qquad p v_2 = R T_2,$$

woraus

$$\frac{v_2}{v_1} = \frac{T_2}{T_1}, \quad \ldots \ldots \ldots \ldots (42)$$

d. h. die Volumen verhalten sich wie die absoluten Temperaturen. Bei einer Volumenzunahme (Expansion) nimmt auch die Temperatur zu, bei einer Volumenabnahme (Kompression) nimmt sie ab.

Die äußere absolute Arbeit beträgt für 1 kg Gas

$$L = p(v_2 - v_1) = R(T_2 - T_1), \quad \ldots \ldots \ldots (43)$$

die Entropie erhält den Wert

$$S_2 - S_1 = c_p \ln \frac{T_2}{T_1} = c_p \ln \frac{v_2}{v_1}, \quad \ldots \ldots \ldots (44)$$

und endlich ist der Wärmeübergang für 1 kg Gas nach Gl. 22

$$Q = c_v(T_2 - T_1) + AL = (c_v + AR)(T_2 - T_1) = c_p(T_2 - T_1) \quad \ldots (45)$$

Im pv-Diagramm ist die Drucklinie eine Parallele zur Abszissenachse und die Arbeit L ist dargestellt als Rechteck unter der Drucklinie zwischen Anfangs- und Endordinate (Abb. 4).

Im Entropiediagramm zeigt sich der Vorgang auf einer p-Linie (Abb. 5). Benützt man das TS-Diagramm, so ist durch den Punkt A_1 (p, t_1, v_1) der Anfangszustand bestimmt; soll das Gas vom spez. Volumen v_1 auf den größeren Betrag v_2 gebracht werden, so ist der Endpunkt A_2 bestimmt als Schnitt der p-Linie mit der v_2-Linie. Die Ordinate von A_2 gibt die Endtemperatur t_2. Die zum Vorgang nötige Wärme Q zeigt sich als Flächenstreifen unter dem ausgenützten Stück $A_1 A_2$ der p-Linie, wieder gemessen bis zur Achse durch den absoluten Nullpunkt.

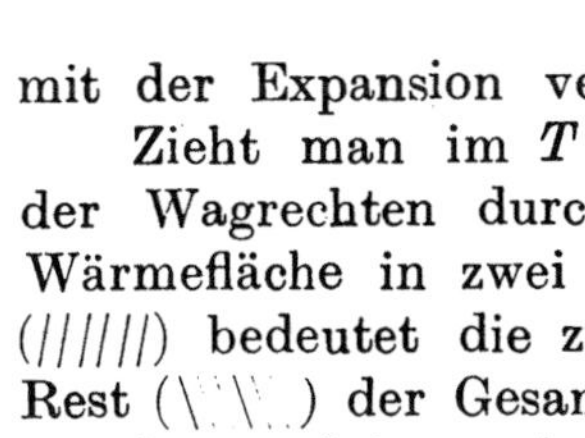

Abb. 4.

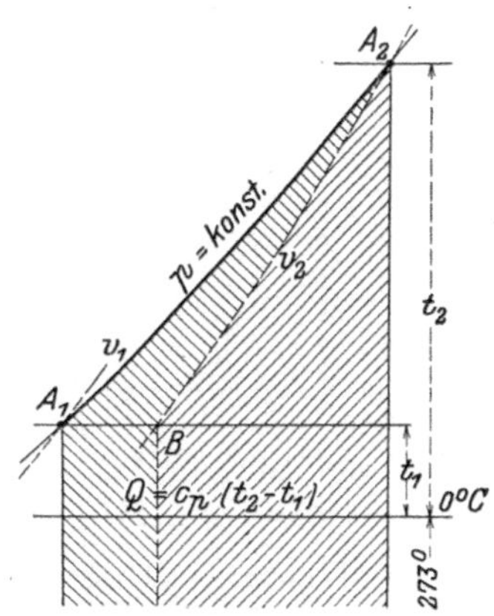

Abb. 5.

Bei einer Volumenzunahme ($v_2 > v_1$) liegt die v_2-Linie rechts von der v_1-Linie, deshalb kommt der Endpunkt A_2 höher zu liegen als A_1. Die mit der Expansion verbundene Temperaturzunahme ist damit deutlich sichtbar.

Zieht man im TS-Diagramm die v_2-Linie durch A_2 bis zum Schnitt B mit der Wagrechten durch A_1 und durch B die Senkrechte abwärts, so wird die Wärmefläche in zwei Abschnitte geteilt. Der unter $A_2 B$ liegende Flächenstreifen (//////) bedeutet die zur Temperaturerhöhung allein nötige Wärme $c_v(t_2 - t_1)$, der Rest (\\\\\\) der Gesamtfläche ist zufolge der Wärmegleichung die bei der Volumenzunahme geleistete Arbeit, in Wärmeeinheiten gemessen, nämlich

$$AL = Q - c_v(T_2 - T_1) = (c_p - c_v)\, T_2 - T_1).$$

Die umgekehrte Zustandsänderung von A_2 nach A_1 findet statt, wenn sich das im Kompressor auf den Druck p gebrachte und dabei erwärmte Gas im Druckbehälter auf die Anfangstemperatur abkühlt, bevor es zu den Verbrauchsstellen weiterfließt. Die Wärme Q wird an die Umgebung abgegeben und der Kompressor hat die Volldruckarbeit L zu leisten, damit der Druck nicht sinkt. Im TS-Diagramm sind beide Glieder der Wärmegleichung sichtbar, im pv-Diagramm nur die Arbeit L.

Benützt man die JS-Tafel, so ergibt sich dieselbe Darstellungsart, wobei die Ordinaten die Wärmeinhalte bedeuten:

für A_2 $\quad i_2 = c_p t_2;$
für A_1 $\quad i_1 = c_p t_1,$

$$Q = i_2 - i_1 = c_p (t_2 - t_1).$$

Man kann somit die Wärme Q als Länge unmittelbar abgreifen. Eine Darstellung beider Bestandteile ist hier nicht vorhanden.

17. Zustandsänderung bei gleichbleibender Temperatur (Isotherme).

Bleibt die Temperatur im Verlaufe eines Vorganges konstant, so ändern sich die Größen p und v, und zwar erhält man aus der Zustandsgleichung für $T_1 = T_2$

$$p_1 v_1 = p_2 v_2 = \text{Konst.}, \qquad (46)$$

d. h. Druck und Volumen sind umgekehrt proportional.

Im pv-Diagramm ist die Drucklinie dargestellt durch eine gleichseitige Hyperbel (Abb. 6).

Ist A_1 gegeben, so findet man zu v_2 den Druck p_2, indem die Ordinate v_2 zum Schnitt B mit der Wagrechten durch A_1 gebracht wird. Der Strahl OB schneidet auf der Senkrechten durch A_1 den gesuchten Wert p_2 ab.

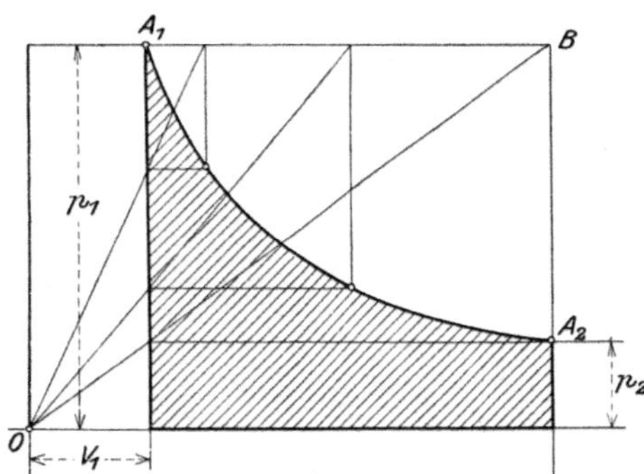

Abb. 6.

Die äußere absolute Arbeit L ist im pv-Diagramm dargestellt als Fläche unterhalb der Drucklinie, begrenzt durch Anfangs- und Endordinate, sowie durch die Abszissenachse.

Die Wärmegleichung vereinfacht sich mit $T_2 = T_1$ auf

$$Q = AL, \qquad (47)$$

d. h. bei einer Volumenvergrößerung muß die ganze nach außen abgegebene Arbeit in Form von Wärme zugeführt werden.

Bei einer isothermischen Kompression ist die Verdichtungsarbeit als Wärme durch das Kühlwasser abzuleiten.

Die Größe von Q oder L ergibt sich aus der Wärmegleichung

$$dQ = A\,dL = A\,p\,dv = A\,R\,T\frac{dv}{v},$$

woraus

$$Q = A \cdot R \cdot T \ln \frac{v_2}{v_1} = A\,p_1\,v_1 \ln \frac{p_2}{p_1}$$

oder

$$L = p_1 v_1 \ln \frac{p_2}{p_1} \qquad (48)$$

Setzt man in dieser Gleichung statt des spez. Volumens v_1 das Volumen 1 cbm, so erhält man

$$L' = p_1 \ln \frac{p_2}{p_1}.$$

Es ist dies die Arbeit bezogen auf 1 cbm Gas im Anfangszustand. Wie ersichtlich, ist dieser Ausdruck unabhängig von der Natur des Gases.

Man erhält also den Satz: Die Arbeit der isothermischen Kompression, bezogen auf 1 cbm des angesaugten Gases, ist für alle Gase bei gleichen Grenzzuständen gleich groß.

Für den Entropiezuwachs ergeben Gl. 36 oder 37

$$S_2 - S_1 = A\,R \ln \frac{v_2}{v_1} = A\,R \ln \frac{p_1}{p_2} \quad . \; . \; . \; . \; . \; . \; . \; . \quad (49)$$

Im Entropiediagramm zeichnet sich die Zustandsänderung als eine Parallele zur Abszissenachse, wenn die TS-Tafel benützt wird, oder als t-Linie in der JS-Tafel.

Der Wärmeübergang Q oder der Wärmewert der äußern Gasarbeit ist im TS-Diagramm dargestellt als Flächeninhalt des Rechteckes unter der Zustandslinie $A_1 A_2$, begrenzt von Anfangs- und Endordinate und der Achse durch den absoluten Nullpunkt (Abb. 7).

Im JS-Diagramm ist diese Wärme nicht besonders sichtbar.

Statt also Q oder L aus Gl. 48 auszurechnen, kann $S_2 - S_1$ unter Berücksichtigung des Entropiemaßstabes aus jeder der beiden Tafeln abgestochen werden, alsdann ist

$$Q = A\,L = (S_2 - S_1) \cdot T \quad . \; . \; . \quad (50)$$

Man erhält demnach Q und L wie bei den beiden vorangehenden Zustandsänderungen als das Produkt zweier Faktoren.

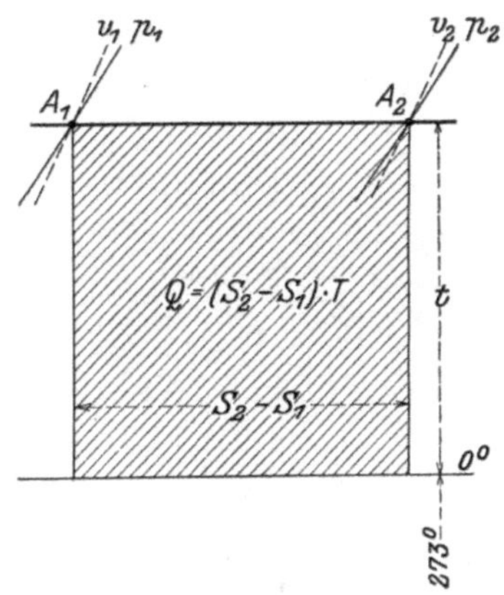

Abb. 7.

Wie die Wärmegleichung 47 zeigt, wird die ganze zugeführte Wärme in Arbeit umgesetzt, man erhält daher aus dieser Wärme die größte Arbeit zwischen den beiden Grenzen A_1 und A_2.

Bei der isothermischen Kompression von A_2 nach A_1 ist der Arbeitsaufwand am kleinsten um den Druck von p_2 auf p_1 zu erhöhen. Man kann deshalb alle übrigen Verdichtungsarten mit diesem Idealprozeß vergleichen.

Aus dem Vorstehenden lassen sich zwecks einer einfachen Erklärung der wärmetechnischen Bedeutung des Entropiebegriffes folgende zwei Sätze aufstellen, je nachdem eine Ausdehnung oder eine Verdichtung zugrunde gelegt wird; für die erstere sei A_1 als Ausgangspunkt der Entropiemessung gewählt, für letztere A_2 (Abb. 7).

Die Entropie des Punktes A_2 (bezogen auf A_1) ist derjenige Leistungsfaktor, der mit der absoluten Temperatur in A_2 die größte vom Gas zu leistende Arbeit (in Wärmeeinheiten) ergibt, wenn der Zustand A_1 auf den Zustand A_2 verändert wird. Oder: Die Entropie des Punktes A_1 (bezogen auf A_2) ist derjenige Leistungsfaktor, der mit der absoluten Temperatur in A_1 die kleinste Arbeit (in WE) ergibt, die mindestens an das Gas abgegeben werden muß, um es vom Zustand A_2 in den Zustand A_1 zu bringen.

In den Gl. 35 bis 37 finden sich zur Berechnung der Entropie $S_2 - S_1$ nur Größen, die dem Anfangs- und Endzustand angehören. Hieraus folgt, daß die

Entropie unabhängig ist vom Wege, auf dem das Gas von einem zum andern Zustand übergeführt wird. Die Entropie des Punktes A_2 gegenüber A_1 ist also ein weiteres Kennzeichen für den Zustand A_2, wie dies p_2, v_2, T_2 sind.

18. Zustandsänderung bei unveränderlicher Entropie (Adiabate oder Isoentrope).

Wird während des ganzen Verlaufes einer Zustandsänderung weder Wärme zugeführt noch abgeführt und von irgendwelchen Verlusten abgesehen, so bleibt die Entropie unverändert, denn es ist

$$dQ = T\,dS = 0\,,$$

was nur möglich, wenn $dS = 0$.

Aus der Gleichung

$$dS = c_v \frac{dT}{T} - AR\frac{dv}{v} = 0$$

erhält man

$$dT = -\frac{ART}{c_v} \cdot \frac{dv}{v}\,,$$

d. h. jede Zunahme des Volumens bedingt eine Abnahme der Temperatur. Umgekehrt ist eine adiabatische Verdichtung mit einer Erwärmung verbunden.

Benützt man Gl. 37 für die Entropie unter Voraussetzung konstanter spezifischer Wärme

$$S_2 - S_1 = c_v \ln\frac{p_2}{p_1} + c_p \ln\frac{v_2}{v_1} = 0\,,$$

so ist

$$\ln\frac{p_2}{p_1} = -\frac{c_p}{c_v} \cdot \ln\frac{v_2}{v_1}\,,$$

woraus

$$p_1 v_1^{\,k} = p_2 v_2^{\,k} = \text{Konst.}\,, \qquad (51)$$

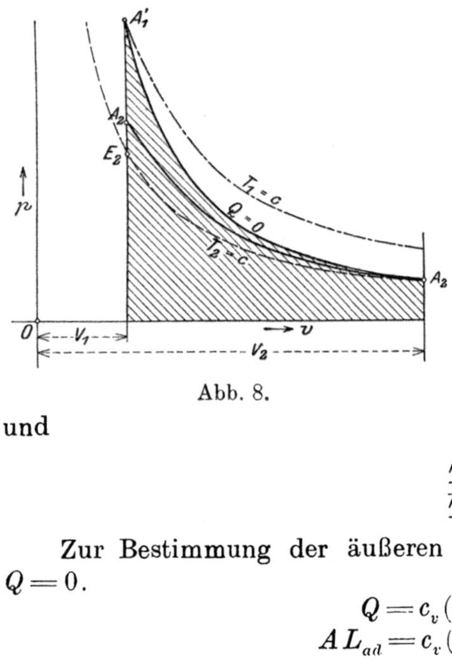

Abb. 8.

womit die Gleichung der Adiabate im pv-Diagramm gefunden ist.

Aus Gl. 51 folgt, daß diese Drucklinie von einem gegebenen Anfangspunkt A_1' an bei Expansion rascher fällt als die Isotherme durch A_1'.

Bei einer Kompression von einem Anfangspunkt A_2 aus steigt die Adiabate rascher als die Isotherme durch A_2 (Abb. 8).

Mit Gl. 51 und der Zustandsgleichung ergeben sich die Gleichungen

$$\frac{T_2}{T_1} = \left(\frac{v_1}{v_2}\right)^{k-1} \qquad (52)$$

und

$$\frac{T_2}{T_1} = \left(\frac{p_2}{p_1}\right)^{\frac{k-1}{k}} \qquad (53)$$

Zur Bestimmung der äußeren Arbeit wird die Wärmegleichung benützt für $Q = 0$.

$$Q = c_v (T_2 - T_1) + AL = 0$$

$$AL_{ad} = c_v (T_1 - T_2) \qquad (54)$$

Bei der Expansion geschieht also die Arbeitsleistung auf Kosten der Temperatur.

Mit der Zustandsgleichung

$$R(T_1 - T_2) = (p_1 v_1 - p_2 v_2)$$

und der Gl. 24 erhält L die neue Form

$$L_{ad} = \frac{1}{k-1}(p_1 v_1 - p_2 v_2) \quad \ldots \ldots \ldots \quad (55)$$

oder mit Gl. 51

$$L_{ad} = \frac{p_1 v_1}{k-1}\left[1 - \left(\frac{p_2}{p_1}\right)^{\frac{k-1}{k}}\right] \quad \ldots \ldots \ldots \quad (56)$$

Setzt man $v_1 = 1$ cbm, so erhält man die Arbeit, bezogen auf 1 cbm des Gases im Anfangszustand; diese Arbeit ist ebenfalls unabhängig von der Natur des Gases, wie bei der Isotherme.

Im Entropiediagramm wird die Adiabate dargestellt als eine Parallele zur Ordinatenachse, und zwar sowohl im TS- als auch im JS-Diagramm.

Soll das Gas vom gegebenen Anfangsdruck p_1 auf den kleinern Enddruck p_2 gebracht werden, so lassen sich aus dem Entropiediagramm die zugehörigen Temperaturen T_1 und T_2 ablesen oder man kann unmittelbar $T_1 - T_2$ abstechen (Abb. 9). Damit ist nach Gl. 54 der Wärmewert $c_v(T_1 - T_2)$ der Expansionsarbeit bestimmt.

Wird umgekehrt von A_2 nach A_1' verdichtet, so ist derselbe Wärmewert als Arbeit während des eigentlichen Verdichtungsvorganges einzuführen.

Man erhält auch hier den Wärmewert der äußern Arbeit als das Produkt zweier Faktoren, von denen der eine $(T_1 - T_2)$ unmittelbar aus der Entropietafel entnommen werden kann.

Die Berechnung von Potenzen mit gebrochenen Exponenten ist damit vermieden.

Für Rechnungen mit großen Temperaturgrenzen bietet sich der weitere Vorteil, daß die Veränderlichkeit der spezifischen Wärmen in der Tafel berücksichtigt wird, ohne die Rechnung umständlicher zu gestalten.

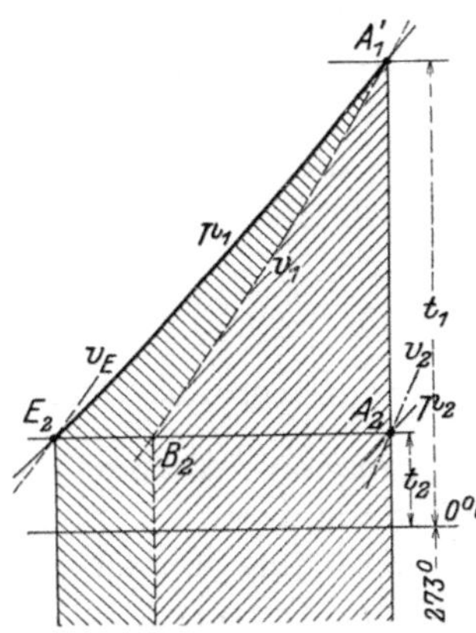

Abb. 9.

Der Wärmewert AL_{ad} der eigentlichen Verdichtungsarbeit ist in Abb. 9 dargestellt als Flächenstreifen unter der Linie $A_1' B_2$ (//////). Dies ist aber nicht die gesamte zuzuführende Arbeit. Die Besprechung der Zustandsänderung bei konstantem Druck (Abschnitt 16) hat gezeigt, daß der Kompressor auch noch die Gleichdruckarbeit mit dem Wärmewert $(c_p - c_v)(T_1 - T_2)$ zu leisten hat, die in Abb. 9 durch den Flächenstreifen zwischen $A_1' E_2$ und $A_1' B_2$ (\\\\\\\\) dargestellt ist.

Die Gesamtarbeit setzt sich daher zusammen aus der adiabatischen Kompressionsarbeit und der Gleichdruckarbeit, der Wärmewert beträgt folglich insgesamt $c_p(T_1 - T_2)$.

Diese Tatsache bleibt auch bestehen, wenn sich das Gas im Druckbehälter nicht auf die Anfangstemperatur abkühlt, sondern an der Verwendungsstelle sogar im Zustand A_1', also bei der hohen Temperatur arbeiten könnte. Der Grund liegt darin, daß nach dem II. Hauptsatz der Wärmelehre die ganze Änderung der Größen p, t und v einzig durch Arbeitsaufwand geschehen kann. Wird zunächst eine isothermische Kompression angewendet, so ist E_2 der Endzustand, und die Fläche unter $A_2 E_2$ wird als Arbeit eingeführt, um den Enddruck p_1 zu erhalten.

Steigt aber bei der Kompression die Temperatur von T_2 auf T_1, so kommt die Wärmefläche $A_2 E_2 A_1'$ als Arbeit dazu, d. h. die Gesamtarbeit ist durch die Fläche unter $A_1' E_2$ dargestellt, ihr Wärmewert beträgt in der Tat $c_p (T_1 - T_2)$, auch wenn das Gas in heißem Zustande verwertet wird.

Könnte an einen derart arbeitenden Luftkompressor unmittelbar eine verlustfreie Luftexpansionsmaschine angeschlossen werden, so würde darin die Zustandsänderung von A_1' nach A_2 erfolgen und die ganze in den Kompressor eingeführte Arbeit, nämlich $c_p (T_1 - T_2)$ würde wieder erhalten.

Man darf also mit Recht den Ausdruck $c_p (T_1 - T_2)$ als „Unterschied des Wärmeinhaltes" bezeichnen.

19. Polytropische Zustandsänderung.

Die bisher behandelten Zustandsänderungen können als Sonderfälle eines allgemeinen Vorganges aufgefaßt werden, der abhängig ist von der Größe des Wärmeüberganges und von der Verteilung desselben während des Verlaufes.

Wird während der Verdichtung von V_2 nach V_1 (Abb. 8) Wärme entzogen, aber weniger, als zur isothermischen Verdichtung nötig ist, so liegt die Drucklinie im pv-Diagramm zwischen Isotherme und Adiabate.

Wird während der Verdichtung Wärme zugeführt, so verläuft die Drucklinie steiler als die Adiabate.

Da diese Linien ähnlich verlaufen, wie die Isotherme ($pv =$ Konst.) und die Adiabate ($pv^k =$ Konst.), so kann ihr Gesetz allgemein mit

$$p \cdot v^m = \text{Konst.} \quad \ldots \ldots \ldots \ldots \quad (57)$$

anerkannt werden. Der Exponent m ist kleiner als $k = \frac{c_p}{c_v}$, wenn während der Kompression Wärme entzogen wird; wird aber Wärme zugeführt, so ist m größer als k.

Besonders einfach gestaltet sich die Behandlung, wenn zunächst angenommen wird, der Exponent m bleibe während des Verlaufes konstant.

Für diesen Fall können zur Bestimmung der eigentlichen Kompressionsarbeit die Gleichungen 55 und 56 benützt werden, wenn in ihnen statt k der neue Wert m gesetzt wird. Man erhält insbesondere

$$L_p = \frac{1}{m-1}(p_1 v_1 - p_2 v_2) = \frac{R}{m-1}(T_1 - T_2) \quad \ldots \ldots \quad (58)$$

Die während der Kompression abzuleitende Wärme ist nach der Grundgleichung 22

$$Q = c_v (T_2 - T_1) + A L_p = \left(\frac{AR}{m-1} - c_v\right)(T_1 - T_2) = c_v \frac{k-1}{m-1} \cdot (T_1 - T_2) \quad \ldots \quad (59)$$

Man kann daher

$$c = c_v \frac{k-1}{m-1}$$

als die spezifische Wärme der polytropischen Zustandsänderung auffassen.

Zu der eigentlichen Kompressionsarbeit (Gl. 58) kommt auch hier die Gleichdruckarbeit, so daß der Wärmewert der gesamten Verdichtungsarbeit den Betrag annimmt

$$A L = \frac{AR}{m-1}(T_1 - T_2) + (c_p - c_v)(T_1 - T_2) = \left(c_v \frac{k-m}{m-1} + c_p\right)(T_1 - T_2) \quad . \quad (60)$$

Aus der Gleichung der Polytrope erhalten wir den Exponenten m, wenn Anfang- und Endzustand des Gases bekannt sind (p_2, v_2 und p_1, v_1). Es ist auch nach Gl. 57

$$m = \ln \frac{p_1}{p_2} : \ln \frac{v_1}{v_2} \quad \ldots \ldots \ldots \ldots \quad (61)$$

Einfacher und übersichtlicher gestaltet sich die Behandlung dieser Zustandsänderung unter Benützung des Entropiediagramms.

Dehnt sich das Gas vom bekannten Anfangszustand (p_1, v_1, t_1) (Abb. 10) derart aus, daß der Enddruck den kleinern Wert p_2 annimmt, so erfolgt die Zustandsänderung adiabatisch von A_1 nach D, wenn kein Wärmeübergang stattfindet; dabei wird die ganze Wärmefläche unter A_1E in Arbeit umgesetzt.

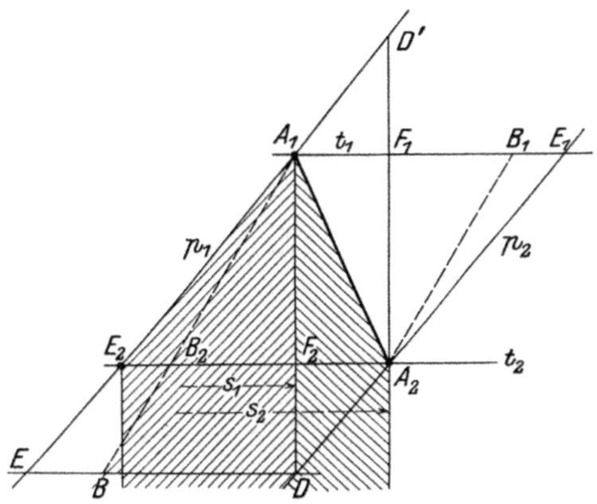

Abb. 10.

Wird dem Gas während der Ausdehnung diejenige Wärme von außen zugeführt, die in Arbeit verwandelt wird, so bleibt die Temperatur und damit der Wärmeinhalt unveränderlich. Diese Ausdehnung verläuft von A_1 nach E_1. Wird aber weniger Wärme zugeführt, als zur isothermischen Ausdehnung nötig ist, so verläuft die Zustandsänderung zwischen der Isotherme A_1E_1 und der Adiabate A_1D und kann je nach der Verteilung dieser Wärme irgendwelchen Verlauf nehmen. Durch diese Wärmezufuhr sinkt die Temperatur nicht so stark, wie bei der adiabatischen Ausdehnung. Bringt man die Wärmegleichung

$$Q = c_v (T_2 - T_1) + A L_p$$

in die Form

$$A L_p = Q + c_v (T_1 - T_2),$$

so ist ersichtlich, daß während des Verlaufes der Ausdehnung die ganze zugeführte Wärme Q und außerdem noch ein Teil $c_v (T_1 - T_2)$ des Wärmeinhaltes in Arbeit umgesetzt wird.

Eine einfache Lösung gibt die Annahme, die Zustandsänderung verlaufe nach der Geraden A_1A_2 (Abb. 10).

Der Endpunkt A_2 ist bestimmt, sobald zum Druck p_2 noch die Temperatur t_2 oder das spez. Volumen v_2 bekannt ist. Die während der Ausdehnung zugeführte Wärme ist als Flächenstreifen unter der Geraden A_1A_2 dargestellt (\\\\\\\\). Damit wird die Art dieser Wärmezufuhr sichtbar gemacht.

Die Größe dieser Wärme ergibt sich mit dem Entropiezuwachs $S_2 - S_1$ der Punkte A_1 und A_2 als Inhalt des Trapezes unter A_1A_2

$$Q = (S_2 - S_1)\left(\frac{T_1 + T_2}{2}\right) \quad \ldots \ldots \ldots \ldots \quad (62)$$

Zu dieser Wärme ist der Betrag $c_v (T_1 - T_2)$ zu addieren, um die Expansionsarbeit zu erhalten, hierzu kommt noch die Gleichdruckarbeit $(c_p - c_v)(T_1 - T_2)$, so daß die Gesamtarbeit bestimmt ist mit

$$A L = (S_2 - S_1)\left(\frac{T_1 + T_2}{2}\right) + c_p (T_1 - T_2) \quad \ldots \ldots \quad (63)$$

Das zweite Glied ist als Fläche unter A_1E_2 dargestellt (////////).

Die Gl. 63 hat dieselben Bestandteile wie Gl. 60.

Man kann aus dem Entropiediagramm den Exponenten m herauslesen, falls mäßige Druck- und Temperaturgrenzen auftreten. Dabei ist zu erinnern, daß die p-Linien der Tafel — wagrecht gemessen — in gleichen Abständen verlaufen, solange wenigstens mit mäßigen Druckunterschieden gearbeitet wird. Ein Punkt der p_2-Linie ist von dem in gleicher Höhe liegenden Punkt der p_1-Linie um den Betrag $-AR\ln\frac{p_2}{p_1}$ entfernt (siehe Gl. 36).

Daher ist in Abb. 10

$$A_1E_1 = A_2E_2 = -AR\ln\frac{p_2}{p_1}.$$

Ebenso sind die v-Linien gleichlaufend, aber wagrecht verschoben, und zwar ist nach Gl. 35

$$A_1B_1 = A_2B_2 = AR\ln\frac{v_2}{v_1}.$$

Das Verhältnis beider Strecken beträgt damit

$$\frac{A_1E_1}{A_1B_1} = \frac{A_2E_2}{A_2B_2} = \frac{\ln\frac{p_1}{p_2}}{\ln\frac{v_2}{v_1}} = m,$$

wie Gl. 61 zeigt.

Zieht man also durch A_1 die p- und die v-Linie und bringt sie zum Schnitt mit der Wagrechten durch A_2, so ergeben sich zwei Abschnitte A_2E_2 und A_2B_2, deren Verhältnis der Exponent m ist. Damit ist der Zusammenhang zwischen der Polytrope A_1A_2 im Entropiediagramm und im pv-Diagramm hergestellt.

Wie schon betont, gilt dieses Ergebnis nur innerhalb mäßiger Druckunterschiede. Setzt man das Verfahren für weitere Druckunterschiede fort, so zeigt sich, daß das Verhältnis m etwas zunimmt im Sinne des abnehmenden Druckes. Will man das Verfahren umgekehrt anwenden unter Annahme eines unveränderlichen Wertes m, so erhalten die Strecken A_1A_2 in den einzelnen Druckabschnitten eine zunehmende Neigung im Sinne des abnehmenden Druckes. Diese Abweichungen sind aber derart gering, daß für die Anwendungen unbedenklich der geradlinige Verlauf der Polytrope im Entropiediagramm angenommen werden kann. In Wirklichkeit kommen überdies Nebeneinflüsse zur Geltung, so daß die Linie A_1A_2 gekrümmt ausfällt. Der Exponent m ist dann veränderlich.

Je schräger die Expansionslinie A_1A_2 verläuft, je mehr sich also der Punkt A_2 dem Punkt E_1 nähert, desto mehr nähert sich die Polytrope der Isotherme. Verschiebt sich die Strecke A_1A_2 ganz nach A_1E_1, so fällt B_1 mit E_1 zusammen, d. h. für die Isotherme wird $m = 1$.

Je steiler A_1A_2 verläuft, je mehr also A_2 an den Punkt D rückt, desto näher kommt die Polytrope der Adiabate. Fällt A_2 mit D zusammen, so ergeben sich nach Gl. 35 und 36 für die Entropien der Punkte E und B, gemessen vom Punkt D aus, die Werte

$$DB = c_v\ln\frac{T_2}{T_1}; \qquad DE = c_p\ln\frac{T_2}{T_1},$$

das Verhältnis ist also

$$\frac{DE}{DB} = \frac{c_p}{c_v} = k,$$

womit der Exponent für die Gleichung der Abiabate gefunden ist.

Soll die umgekehrte Zustandsänderung stattfinden, d. h. soll die Luft vom Anfangszustand A_2 auf den Enddruck p_1 verdichtet werden, so ist die kleinste Arbeit nötig, wenn die Kompression isothermisch von A_2 nach E_2 erfolgt. Dies ist aber nur möglich, wenn die ganze der aufgewendeten Arbeit gleichwertige Wärme während des Verlaufes der Änderung durch das Kühlwasser entzogen wird.

Wird weniger Wärme entzogen, so steigt die Temperatur, aber doch nicht so hoch, als bei der adiabatischen Kompression von A_2 nach D'. Die Zustandslinie A_2A_1 verläuft alsdann schräg links aufwärts, und die unter ihr liegende Fläche (Abb. 10 \\\\\\) stellt die während der Kompression abzuleitende Wärme dar. Den anderen Teil der entstehenden Wärme (Fläche unter A_1E_2 //////) trägt das verdichtete Gas in den Druckbehälter. Die gesamte Betriebsarbeit für die Verdichtung entspricht der unter dem Linienzug $A_2A_1E_2$ liegenden Fläche.

Eine polytropische Zustandänderung entsteht auch dadurch, daß während der Ausdehnung Wärme entzogen wird. In diesem Fall verläuft die Zustandslinie links von der Adiabate, die sich als Senkrechte durch den gegebenen Anfangspunkt A_1 ziehen läßt (Abb. 11).

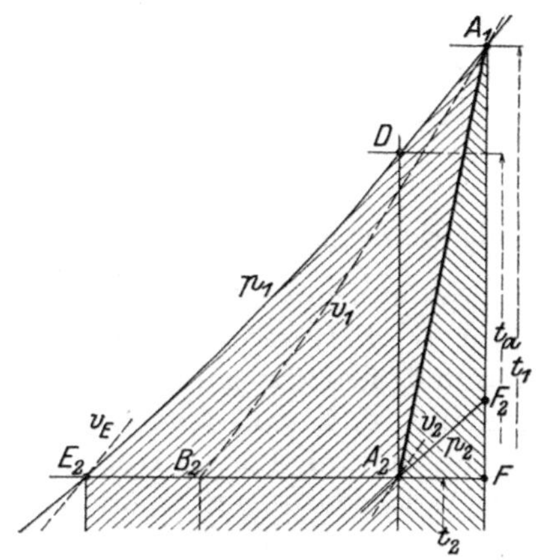

Abb. 11.

Die während dieser Zustandsänderung von A_1 nach A_2 abzuführende Wärme ist als Flächenstreifen unter A_1A_2 dargestellt (\\\\\\) und wird nicht in äußere Arbeit umgesetzt. Der Wärmewert $c_p(T_1 - T_2)$ der Gesamtarbeit ist diesem Streifen entsprechend zu verkleinern, um die in äußere Arbeit umgesetzte Wärme (//////) zu erhalten.

Für den Exponenten in der Gleichung der pv-Linie ergibt sich ebenfalls

$$m = \frac{A_2E_2}{A_2B_2},$$

er ist in diesem Falle größer als $k = 1{,}403$.

Auch diese Zustandsänderung kann im umgekehrten Sinne verlaufen, indem die Verdichtung von A_2 und A_1 unter Wärmezufuhr erfolgt.

Bezüglich der Ausführungsmöglichkeiten lassen sich hierbei zwei Fälle unterscheiden.

Denkt man sich den Mantel eines Kolbenkompressors derart geheizt, daß die Kompression nach der Geraden A_2A_1 (Abb. 11) erfolgen kann, so ist die gesamte Betriebsarbeit gleichwertig dem Wärmeinhalt von A_1 gegenüber A_2, also $c_p(T_1 - T_2)$, vermindert um die Wärmefläche unter A_2A_1.

Dieses Ergebnis folgt — wie bei der Besprechung der Expansionsarbeit erläutert — aus der Wärmegleichung. Um es unmittelbar aus der Abbildung einzusehen, ist nur nötig, die Fläche unter A_2A_1 in schmale, senkrecht laufende Streifen eingeteilt zu denken. Dann läßt sich die Zustandsänderung A_1A_2 ersetzen durch eine Summe von kurzen adiabatischen Verdichtungen und zwischenliegenden isothermischen Ausdehnungen. Erstere geben den Gesamtbetrag $c_p(T_1 - T_2)$, letztere bedeuten in ihrer Gesamtfläche die zugeführte Wärme, deren Arbeitswert von der adiabatischen Arbeit abzuziehen ist, da sie als Expansionsarbeit zurückgewonnen wird.

Aus der Abbildung ist ersichtlich, daß diese Mantelheizung nicht nur keinen Zweck hat, sondern schädlich ist, indem die Kompressionsarbeit gegenüber der Adiabate A_2D vergrößert wird um das Stück A_2DA_1; außerdem geht die zugeführte Wärme (Fläche unter A_2A_1) verloren.

Eine zweite Möglichkeit, die Verdichtung nach der Linie $A_2 A_1$ (Abb. 11) durchzuführen, besteht darin, daß Wärme nicht von außen zugeführt wird, sondern daß sie während der Zustandsänderung als Reibungswärme im Innern entsteht (Kolbenreibung, Reibungswiderstände der Luft im Laufrad des Turbo-Gebläses). Es ist dies eine nicht umkehrbare Zustandsänderung (siehe Abschnitt 21). In der Darstellung (Abb. 11) ändert sich dabei nichts, nur ist die unter der Linie $A_2 A_1$ liegende Wärmefläche als Arbeit von außen zuzuführen. Der Wärmewert der Gesamtarbeit beträgt demnach $c_p(T_1 - T_2)$ ohne irgendwelchen Abzug und wird dargestellt durch die Fläche unter $A_1 E_2$.

Da diese Arbeit größer ist als diejenige der adiabatischen, d. h. reibungsfreien Kompression zwischen denselben Druckgrenzen ($A_2 D$), so kann das Verhältnis beider Wärmewerte als **Gütegrad** oder adiabatischer Wirkungsgrad eingeführt werden, und zwar ist

$$\eta_{ad} = \frac{(t_a - t_2) c_p}{(t_1 - t_2) c_p} = \frac{A_2 D}{A_1 F}.$$

Man kann aus dem Entropiediagramm den Gütegrad unmittelbar abstechen, wenn die Zustandslinie $A_2 A_1$ gegeben ist. Umgekehrt ergibt sich für einen gewählten Gütegrad η_{ad} die Neigung der Geraden $A_2 A_1$, wenn Anfangspunkt A_2 und Enddruck p_1 gegeben sind.

20. Bemerkungen über umkehrbare Zustandsänderungen und Kreisprozesse.

Wie schon betont, können die besprochenen Zustandsänderungen in dem einen Sinn oder rückläufig vollzogen werden. Bei der isothermischen Expansion verwandelt sich die ganze zugeführte Wärme in Arbeit. Verläuft dieser Vorgang umgekehrt, d. h. soll das Gas isothermisch verdichtet werden, so wird Arbeit aufgewendet und Wärme frei, die auf das Kühlwasser zu übertragen ist. Sollen beide Zustandsänderungen aneinander geschlossen werden, so erreicht das Gas im Idealfall nach erfolgter Kompression den Anfangszustand wieder und hat die bei der Expansion entwickelte Arbeit wieder aufgezehrt. Bedingung ist dabei, daß in jedem Augenblick die Temperatur des Gases mit der Temperatur des Heiz- oder des Kühlkörpers übereinstimmt, daß ferner abgesehen wird von Reibung, Stoß und allen sonstigen Arbeits- und Wärmeverlusten. Die gleichen Bedingungen gelten für die anderen Zustandsänderungen.

Wird der Anfangszustand auf einem andern Weg erreicht, d. h. fallen Expansion und Kompression nicht in denselben Linienzug, dann entsteht ein umkehrbarer Kreislauf. Ein solcher stellt sich im Entropiediagramm als ein geschlossener Linienzug dar. Während der Expansion wird Wärme in Arbeit umgesetzt, und zwar ist die zuführte Wärme Q_1 sichtbar als Fläche, die durch den oberen Linienzug begrenzt ist. Die Breite dieser Fläche stellt den gesamten Entropiezuwachs $\int \frac{dQ_1}{T_1}$ dar. Auf dem Rückweg ist die nicht in Arbeit umgesetzte Wärme Q_2 als Fläche unter dieser Linie sichtbar; sie besitzt die Entropieabnahme $\int \frac{dQ_2}{T_2}$ von derselben absoluten Größe, da die Breiten gleicher Flächenstreifen einander gleich sind.

Das vom ganzen Linienzug umschlossene Flächenstück stellt die im Prozeß in Arbeit umgewandelte Wärme dar

$$AL = Q_1 - Q_2.$$

Dieser Betrag ist um so größer, je kleiner die abzuführende Wärme Q_2 ausfällt, je schmaler und höher also der Flächenstreifen ist, der die zugeführte Wärme darstellt.

Da die Breiten beider Wärmeflächen einander gleich sind, folgt für den umkehrbaren Kreisprozeß

$$\int \frac{dQ_1}{T_1} - \int \frac{dQ_2}{T_2} = 0$$

oder für die algebraische Summe allgemein

$$\int \frac{dQ}{T} = 0 .$$

Da die drei dargestellten Wärmen den Inhalt des zweiten Hauptsatzes bilden, darf diese Gleichung als der kürzeste Ausdruck dieses Grundgesetzes angesehen werden. Wendet man diesen Hauptsatz auf Kreisprozesse an, so lautet er in seiner einfachsten Fassung: Im idealen Kreisprozeß bleibt die Gesamt-Entropie unverändert (Entropiegesetz).

Ein umkehrbarer Kreisprozeß besteht in der Verbindung eines Luftkompressors mit einem Druckluft-Motor unter Annahme verlustfreien Vorganges in allen Teilen, wie er in Abb. 12 dargestellt ist.

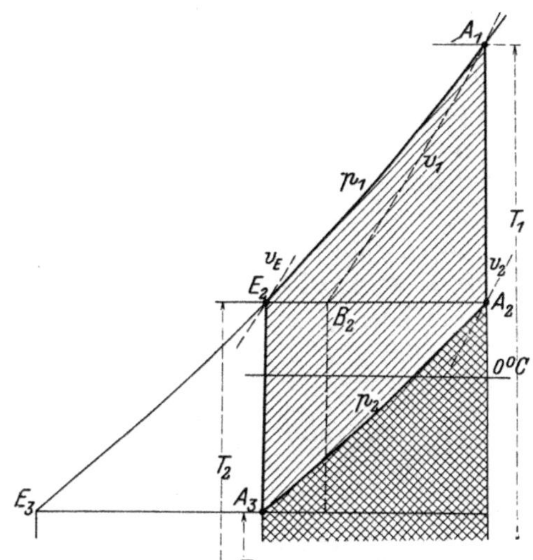

Abb. 12.

Im Kompressor vollziehe sich die adiabatische Verdichtung A_2A_1, wozu die Arbeit

$$A L_c = c_p (T_1 - T_2)$$

nötig ist, im TS-Diagramm dargestellt durch die Fläche unter A_1E_2. Der Wärmewert AL_c ist bei konstant bleibendem Druck zu entfernen und die Druckluft kühlt sich dabei auf die Anfangstemperatur T_2 ab (Punkt E_2). Nach verlustfreiem Überleiten in den Motor führt die Druckluft die adiabatische Expansion E_2A_3 aus, wobei der Druck p_1 auf den Außendruck p_2 sinkt, die Temperatur aber einen sehr kleinen Betrag T_3 annimmt. Die nun geleistete Arbeit ist

$$A L_e = c_p (T_2 - T_3).$$

Beim darauf folgenden Ausstoßen der Luft in die freie Atmosphäre nimmt sie so viel Wärme auf, als eben in Arbeit umgesetzt wurde (A_3A_2) und gelangt so wieder in den Anfangszustand. Damit ist der umkehrbare Kreisprozeß vollzogen, und zwar wird im ganzen die Arbeit $AL_c - AL_e$ aufgewendet, um die Wärme $c_p(T_2 - T_3)$ aus tieferen Temperaturen — nämlich im Interval $(T_2 - T_3)$ — auf die Temperatur der Umgebung zu bringen. Der ganze Vorgang dient somit zur Kälterzeugung mittels Luft. Eine andere Anwendung ist die Energieübertragung durch Druckluft für die Luftexpansionsmaschine.

21. Nicht umkehrbare Zustandsänderungen.

Eine vollkommen umkehrbare Zustandsänderung oder ein zusammengesetzter Prozeß ist ein idealer Vorgang, der sich in Wirklichkeit nicht vollziehen kann.

Betrachten wir z. B. die isothermische Verdichtung und Ausdehnung, so könnte der erstere Vorgang nur umkehrbar gedacht werden bei sehr langsamer Verdichtung, unbegrenzt großer Kühlfläche und Kühlwassermenge. Nur dann wäre die in das Kühlwasser eingetretene Wärme in der Lage, bei der darauf folgenden Ausdehnung in das Gas zurückzufließen, um die Arbeit zu leisten, die bei der Verdichtung nötig war.

Tatsächlich kann aber Wärme nicht ohne einen endlichen Temperaturabfall durch eine Fläche fließen, um von einem Körper zu einem andern zu gelangen. Das Kühlwasser zeigt eine tiefere Temperatur T_0 als das Gas (T), die von der aufgenommenen Wärme Q angenommen wird, ohne daß sie die entsprechende Arbeit leistet. Der Rückweg derselben Wärme Q erfolgt bei der umgekehrten Zustandsänderung wieder mit einem Temperatursturz; daher verläuft die isothermische Expansion bei einer wesentlich tieferen Temperatur, als die Kompression, der Vorgang ist also nicht umkehrbar.

Die nicht umkehrbare isothermische Verdichtung kennzeichnet sich somit dadurch, daß die Entropie des Gases um $\frac{Q}{T}$ abnimmt, die des Kühlwassers um $\frac{Q}{T_0}$ zunimmt; da aber stets $T_0 < T$, so ist der Unterschied $\frac{Q}{T_0} - \frac{Q}{T}$ immer positiv.

D. h. Jede Entwertung der Wärme durch Temperatursturz ist mit einer Entropievermehrung verbunden.

Ein anderer nicht umkehrbarer Vorgang entsteht durch Vernichtung von Strömungsenergie zufolge Widerstände bei der Bewegung von Gasen (Reibung, Wirbel, Stoß). Diese Energie wird dabei in Wärme umgesetzt, die als innere Wärmeentwicklung dQ_v in Rechnung gesetzt werden kann neben der für die umkehrbare Zustandsänderung maßgebende äußere Wärme dQ. Die Änderung der Entropie beträgt nun

$$dS = \frac{dQ + dQ_v}{T}.$$

Wird von außen weder Wärme zu- noch abgeführt, so ist

$$dQ = 0, \quad \text{daher} \quad dS = \frac{dQ_v}{T}.$$

Man erkennt, daß bei der nicht umkehrbaren adiabatischen Zustandsänderung eine Zunahme der Entropie stattfindet, hervorgerufen durch die Strömungsverluste. Ein solcher Vorgang verläuft also nicht isentropisch. Weiter folgt die wichtige Tatsache, daß auch das Entropiediagramm verwendbar ist zur Darstellung nicht umkehrbarer Vorgänge, da nicht nur die von außen zu- oder abgeführten Wärmen Q als Flächenstreifen sichtbar sind, sondern auch die Widerstandswärmen Q_v.

Für die nicht umkehrbaren Vorgänge lautet nun die allgemeine Fassung des zweiten Hauptsatzes der mechanischen Wärmetheorie:

Bei allen wirklich vorkommenden Umsetzungen wächst die Entropie und strebt einem Maximum zu.

Zu den nicht umkehrbaren Zustandsänderungen gehört die Überströmung von Druckluft in ein Gefäß mit geringerem Druck, ferner jede Drosselung oder sonstige Druckabnahme zufolge Widerstände bei der Bewegung von Gasen. Diese Zustandsänderungen erfolgen bei konstantem Wärmeinhalt. Die beim Durchfluß durch das Drosselorgan aus dem Wärmeinhalt entwickelte Strömungsenergie wird durch die Widerstände wieder in Wärme zurückgebildet, so daß die zuerst gesunkene Temperatur wieder auf den Anfangswert steigt. Der Druck hat aber abgenommen und könnte nur durch Arbeitsaufwand auf den früheren Betrag steigen. Der Endpunkt der Zustandsänderung liegt auf einer Kurve gleichen Wärmeinhaltes und auf einer p-Linie rechts vom Ausgangspunkt, die Entropie hat auch hier zugenommen.

Eine nicht umkehrbare Zustandsänderung ist bereits im Abschnitt 19 behandelt und in Abb. 11 dargestellt. Soll vom Anfangspunkt A_2 aus eine Kompression nach A_1 stattfinden, wobei während derselben eine innere Wärme Q_v durch Reibung entsteht, so ist die Endtemperatur t_1 größer als diejenige der verlustlosen adiabatischen Kompression t_a. Die Reibungswärme Q_v ist dargestellt als Flächenstreifen unter der Linie A_1A_2; sie zeigt den Entropiezuwachs A_2F gleich der Breite des Streifens.

Soll sich an diesen Vorgang die umgekehrte Zustandslinie anschließen, so kann die Expansion aus A_1 im besten Fall verlustlos nach der Adiabate A_1F_2 laufen. Damit ist aber schließlich der Ausgangspunkt der vorangegangenen Kompression nicht erreicht. Dies geschieht erst, wenn nachträglich noch eine Wärmeentziehung bei konstantem Druck p_2 stattfindet, wobei außerdem Arbeit aufzuwenden ist.

Eine andere nicht umkehrbare Zustandsänderung erfolgt dadurch, daß die Druckluft nach erfolgter Abkühlung vom Druck p_1 (Punkt E_2 Abb. 11) durch Drosselung auf den Anfangszustand gebracht wird (A_2E_2). Dabei bleibt der Wärmeinhalt konstant, er ist aber entwertet, da die Druckabnahme ohne Arbeitsleistung erfolgt.

Wird hingegen der Anfangszustand A_2 durch eine umkehrbare Zustandsänderung erreicht, etwa durch die isothermische Expansion E_2A_2 in einem Druckluftmotor, so ist der Kreisprozeß immer noch nicht umkehrbar, da die Kompression A_2A_1 mit innerer Wärmeentwicklung, d. h. mit einem Entropiezuwachs verbunden ist.

D. Strömende Bewegung der Gase.

22. Ausfluß aus Düsen.

Auf die Strömungsgesetze im allgemeinen soll nur so weit eingetreten werden, als dies für die Messung der Liefermengen von Kompressoren notwendig ist. Bei dieser Frage sind drei Fälle auseinanderzuhalten, die je nach der Größe des Druckunterschiedes vor und nach der Düse verschiedene Lösungen erfahren.

a) Am meisten angewendet wird die gut abgerundete Mündung mit derart großem Lochdurchmesser, daß nur ein kleiner Stau vor der Düse entsteht. Ist der Druckabfall vom Innern des Gefäßes oder der Rohrleitung gegen außen nicht größer als

$$p_1 - p = 150 \text{ mm WS},$$

so darf die Änderung des spezifischen Volumens während des Durchflusses unberücksichtigt bleiben. Die in Strömungsenergie umgesetzte Arbeit wird mit dieser Voraussetzung wie bei Wasser nur durch die Druckabnahme geleistet, daher

$$\frac{p_1 - p}{\gamma_1} = v_1(p_1 - p) = \frac{w_0^2}{2g}.$$

Hieraus ist die theoretische Ausflußgeschwindigkeit

$$w_0 = \sqrt{2g\,v_1(p_1 - p)} = \sqrt{2g\,R\,T_1\left(1 - \frac{p}{p_1}\right)} \quad . \; . \; . \; . \; . \quad (64)$$

Durch den Querschnitt f fließt in der Sekunde das Volumen

$$V = \mu f w_0 = \mu f \sqrt{2g\,R\,T_1\left(1 - \frac{p}{p_1}\right)}, \quad . \; . \; . \; . \; . \; . \; . \quad (65)$$

worin T_1 die vor der Düse gemessene absolute Temperatur bedeutet.

Diese Beziehungen gelten unter der Voraussetzung, daß die Geschwindigkeit im Zuleitungskanal verschwindend klein sei gegenüber w_0. Diese Annahme ist meistens zutreffend; im übrigen wird der Einfluß der Kanalgeschwindigkeit bei der Eichung der Düse berücksichtigt oder bei der Druckmessung.

Die Ausrundung der Düse ist nach den „Normen für Leistungsversuche an Ventilatoren und Kompressoren“ zu formen, wobei das äußerste Ende der Mündung in ein kurzes zylindrisches Stück (Länge 6 v. H. des Lochdurchmessers) auslaufen soll, um parallelen Austritt zu gewährleisten.

Zum Einbau der Düse kann die Saugleitung oder die Druckleitung benutzt werden. Im ersteren Fall wird die Messung nur richtig, wenn ein genügend großer luftdichter Behälter zwischen Düse und Saugleitung eingeschaltet wird. Nur dadurch kann der Unterdruck im Kessel hinreichend konstant gehalten werden.

Häufiger geschieht der Einbau der Düse auf der Druckseite. Zunächst der Maschine wird am Druckstutzen der Drosselschieber angesetzt, daran folgt ein Rohrstück von genügender Länge, an dessen Ende die Düse eingebaut wird. Die durch den Drosselschieber hervorgerufenen Wirbelungen sollen im Rohrstück (oder in einem Beruhigungskessel) ausgeglichen werden. Zweckmäßig ist es, ein sternförmiges Leitblech in das Rohr einzusetzen, damit die Neigung zu einer zusätzlichen Drehbewegung beseitigt wird. Ein im Rohr zugeschalteter Windkessel erhöht die Meßgenauigkeit.

Für die Ausflußziffer kann genommen werden

$$\mu = 0{,}97 \text{ bis } 0{,}98\,.$$

Bei großen Abmessungen hat die Eichung bis zu 0,99 ergeben.

Für die Druckmessung außerhalb des Rohres dient ein genaues Barometer. Der Druck in der Leitung wird mit einem Pitot-Rohr bestimmt, an das sich ein Flüssigkeitsmanometer anschließt. Das letztere besteht meist aus einem U-förmig gebogenen Rohr. Die Mündung des einragenden Rohrbogens des Pitot-Rohres ist dem Gasstrom entgegenzurichten, so daß nicht nur der statische Druckanteil, sondern auch der durch die Kanalgeschwindigkeit bedingte dynamische Druck angezeigt wird.

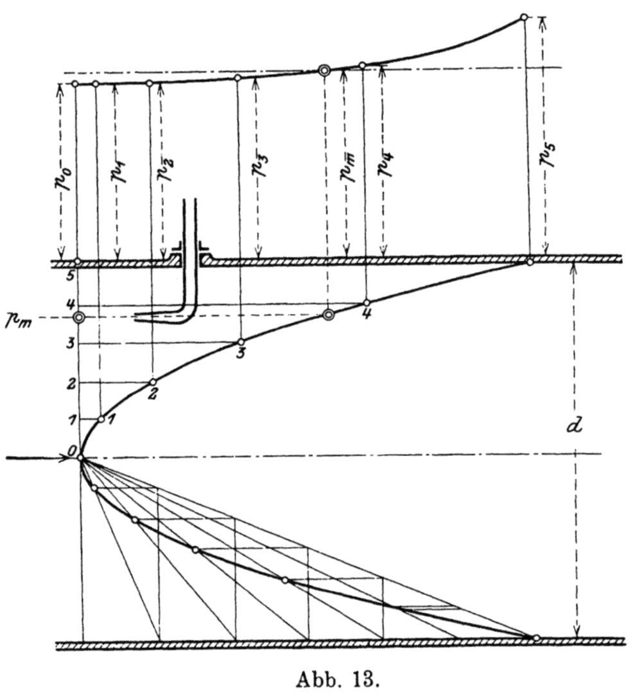

Abb. 13.

Bezüglich der Wahl der Meßstelle gilt die Bedingung, daß in ihrer Nähe regelmäßige Strömungsverhältnisse in der Leitung herrschen müssen. Solche sind im Saugrohr meistens leichter herzustellen als im Druckrohr.

Bei großen Querschnitten ist der Druck in jedem Punkt des Querschnittes nicht gleich groß.

Man hat daher die Druckmessung an verschiedenen Stellen eines Durchmessers auszuführen, deren Abstände so klein sind, daß der Druck zwischen zwei Punkten auf der dadurch gebildeten Ringfläche f als unveränderlich angesehen werden darf. Für die Berechnung der Liefermenge kommt der mittlere Druck

$$p_m = \frac{\Sigma p f}{\Sigma f}$$

in Betracht.

Man erhält dadurch zwei Stellen im Querschnitt, an denen der gemessene Druck (Unterdruck im Saugrohr, Überdruck im Druckrohr) gleich ist dem mittleren (Abb. 13). Das Verfahren braucht aber nur einmal als Vorversuch über den ganzen Querschnitt ausgedehnt zu werden, um jene Stellen zu finden. Für weitere Messungen schiebt man das Pitot-Rohr an die betreffende Stelle, an der es den mittleren Druck unmittelbar anzeigt.

Man kann auch das Verhältnis des Druckes in der Rohrachse zum mittleren Druck einführen. Dann ist das Pitot-Rohr stets in die Rohrachse zu schieben.

Teilt man den Durchmesser in gleiche Stücke, so ergibt sich die zugehörige Flächeneinteilung durch Einzeichnen einer beliebigen Parabel über dem Durchmesser, deren Achse mit der Rohrachse zusammenfällt. Die Höhen der Parabelpunkte stellen die entsprechenden Flächenstücke dar, über denen die Werte p abzutragen sind, um p_m als Mittelwert zu erhalten (Abb. 13).

Die Druckmessung mit dem offenen U-förmigen Flüssigkeitsmanometer ist einfach und genau, wenn das Meßröhrchen überall denselben Querschnitt aufweist. Als Flüssigkeit wird Quecksilber, Wasser oder Alkohol benutzt, wobei das spezifische Gewicht dieser Flüssigkeit unter Berücksichtigung der Temperatur bekannt sein muß.

12. Beispiel: Bei der Abnahme eines Turbokompressors sind folgende Werte gemessen worden:

Durchmesser der Düse	225,5 mm
Überdruck vor Düse	95 mm WS
Temperatur vor Düse	50° C.

Für den Zustand der Luft ergibt sich bei 758,2 mm Barometerstand

hinter der Düse	$p = 13596 \cdot 0{,}7582 = 10310$ kg/qm	$t = 20{,}1^0$	$v = 0{,}833$ cbm/kg
vor der Düse	$p_1 = 10310 + 95 = 10405$ kg/qm	$t_1 = 50^0$	$v_1 = 0{,}91$ cbm/kg

$$\frac{p}{p_1} = \frac{10310}{10405} = 0{,}99,$$

die theoretische Durchflußgeschwindigkeit beträgt

$$w_0 = \sqrt{2g \cdot 0{,}91 \cdot 95} = 41{,}2 \text{ m/sek},$$

mit $f = 0{,}03992$ qm und $\mu = 0{,}97$ ist das Durchflußgewicht

$$G = \frac{0{,}97 \cdot 41{,}2 \cdot 0{,}03992 \cdot 3600}{0{,}91} = 6324 \text{ kg/h},$$

oder das Volumen, bezogen auf Ansaugeverhältnisse

$$V = 6324 \cdot 0{,}833 = 5270 \text{ cbm/h}.$$

b) **Ausfluß für größere Druckunterschiede.** Die gut abgerundete Mündung kann mit Vorteil auch für größere Druckunterschiede zur Messung benutzt werden, solange das Druckverhältnis nicht unter einen gewissen Wert sinkt, der für Luft 0,528 beträgt und das kritische Druckverhältnis genannt wird. Innerhalb dieser Bedingung findet stets die Expansion in der Düse auf den Druck der Umgebung statt, der Druck hinter der Düse ist dann gleich demjenigen im Mündungsquerschnitt.

Solche Düsen lassen sich in die Saugleitung nicht einsetzen, sondern nur in die Druckleitung, sie ergeben das ausgestoßene Gasgewicht.

Die reibungsfreie Strömung kann als adiabatische Expansion aufgefaßt werden, so daß zur Volldruckarbeit die Expansionsarbeit hinzukommt.

Es ist daher

$$L = 427 \cdot c_p (T_1 - T) = \frac{w_0^2}{2g} = 427 (i_1 - i)$$

oder

$$w_0 = \sqrt{2g \cdot 427 \cdot c_p} \sqrt{T_1 - T} = 91{,}5 \sqrt{i_1 - i} \quad \ldots \ldots \quad (66)$$

Da bei den vorliegenden Messungen keine großen Temperaturunterschiede auftreten, darf unter allen Umständen c_p als unveränderlich eingesetzt werden.

Für die Temperatur T ist hierin die Endtemperatur der adiabatischen Expansion einzusetzen, die durch die Ausdehnung von p_1 auf p entsteht. Sie ist nicht zu verwechseln mit der Gastemperatur hinter der Düse, die für die Messung belanglos ist.

Am einfachsten läßt sich der Temperaturunterschied aus der Entropietafel abstechen, womit eine weitere Verwertung der Tafeln gegeben ist.

Für Luft ist mit $c_p = 0{,}239$

$$w_0 = 44{,}7\sqrt{T_1 - T} = 100\sqrt{0{,}2\,(T_1 - T)} \quad \ldots\ldots \quad (67)$$

Damit ist das Ausflußgewicht bestimmt

$$G = \mu \cdot f \cdot \frac{w_0}{v} \quad \ldots\ldots\ldots\ldots \quad (68)$$

worin v das spezifische Volumen im Mündungsquerschnitt bedeutet. Diese Größe ist für den Endpunkt der adiabatischen Expansion aus der Entropietafel zu entnehmen oder mit der Zustandsgleichung zu berechnen.

Will man w_0 aus dem Druckverhältnis berechnen, so ist (s. S. 27)

$$L = 427\,c_p(T_1 - T) = \frac{k}{k-1}\,p_1 v_1\left[1 - \left(\frac{p}{p_1}\right)^{\frac{k-1}{k}}\right] = \frac{w_0^2}{2g}$$

$$w_0 = \sqrt{2g\frac{k}{k-1}\,p_1 v_1\left[1 - \left(\frac{p}{p_1}\right)^{\frac{k-1}{k}}\right]} \quad \ldots\ldots\ldots\ldots \quad (69)$$

mit
$$v = v_1\left(\frac{p}{p_1}\right)^{\frac{1}{k}}$$

wird
$$G = \mu f\frac{w_0}{v} = \mu f\sqrt{2g\frac{k}{k-1}\,\frac{p_1}{v_1}\left[\left(\frac{p}{p_1}\right)^{\frac{2}{k}} - \left(\frac{p}{p_1}\right)^{\frac{k+1}{k}}\right]} \quad \ldots\ldots \quad (70)$$

Man erkennt die rasche Lösung der Aufgaben über Ausfluß von Gasen mit Hilfe der Gleichungen 64 bis 65 und der Entropietafel gegenüber den Gleichungen 69 und 70.

Die Eichung der unter a) und b) angeführten Düsen geschieht zurzeit unter Anwendung des Auffüllverfahrens. Für Turbogebläse mit den nötigen weiten Düsen kommen die großen, freistehenden Gasbehälter der Leuchtgasfabriken in Betracht. Das Steigen oder Sinken der Gasglocke ist ein Maß für die ein- oder ausströmende Gasmenge. Hierbei sind die Gastemperaturen im Innern des Behälters an einigen Stellen zu messen, namentlich diejenige an der Eintrittsmündung des Rohres. Diese Werte zeigen häufig namhafte Verschiedenheiten, hervorgerufen durch den Einfluß der Sonnenstrahlung auf die Metallwände, sowie durch die kühlere Wassermasse am Boden der Glocke, die den Abschluß bildet. Zudem sind Undichtheiten am Behälter wohl unvermeidlich. Diese Einflüsse lassen sich ihrer Größe nach dadurch bestimmen, daß man zwischen den einzelnen Versuchen die Rohrleitung zum Behälter dicht abschließt und die Bewegung der Glocke verfolgt.

Diese Methode kann zur unmittelbaren Bestimmung der Liefermenge dienen; sie ist aber ziemlich umständlich und daher nur für Düseneichungen im Gebrauch.

Die Druckmessung geschieht, wie unter a) beschrieben, mit Pitot-Rohr.

13. Beispiel: Die Liefermenge eines Turbokompressors ist mit einer Düse von 130 mm Dmtr. gefunden worden, die am Ende des Druckrohres saß, und zwar wurde gemessen:

Druck außerhalb der Düse (Barometerstand) $p = 10120$ kg/qm
Druck vor der Düse $p_1 = 10120 + 1990 = 12110$ kg/qm
Verhältnis $\frac{p}{p_1} = 0{,}836$
Temperatur vor der Düse (im Druckrohr) $t_1 = 48^0$
Endtemperatur der Adiabate beim Druck p aus der Entropietafel entnommen $t = 30{,}5^0$
Zugehöriges spezifisches Volumen $v = 0{,}876$ cbm/kg
Theoretische Ausflußgeschwindigkeit $w_0 = 100\sqrt{0{,}2\,(48 - 30{,}5)} = 176$ m/sek

mit
$$f = 0{,}0133 \text{ qm} \quad \text{und} \quad \mu = 0{,}98$$
wird
$$G = 0{,}98 \cdot \frac{0{,}0133 \cdot 176}{0{,}876} = 2{,}6167 \text{ kg/sek} = 157 \text{ kg/min}.$$

Da im Saugrohr der Luftzustand gegeben ist durch
$$t_a = 15^0 \qquad p_a = 9700 \text{ kg/qcm} \qquad v_a = 0{,}87 \text{ cbm/kg},$$
so wird das Fördervolumen, bezogen auf Ansaugeverhältnisse,
$$V = 157 \cdot 0{,}87 = 136{,}5 \text{ cbm/min}.$$

c) **Laval-Düse.** Mit Hilfe der Entropietafel läßt sich für jedes beliebig große Druckgefälle die entsprechende Ausflußdüse berechnen, indem man in Gl. 66 nacheinander verschiedene Temperaturunterschiede einsetzt und die den zugehörigen Druckabnahmen entsprechenden Geschwindigkeiten bestimmt. Zu jedem Wert gehört ein spezifisches Volumen und damit ein Querschnitt f. Da zunächst w_0 rasch und v langsam zunimmt, vermindert sich f; im Verlaufe der Expansion kehrt sich diese Veränderung um, w_0 nimmt langsam zu und v rasch, so daß der Querschnitt f wächst. Im sogenannten kritischen Druck p_k erhält f seinen kleinsten Wert f_k. Damit ergibt sich die von de Laval für Dampfturbinen ausgeführte Düse, bestehend aus einer gut abgerundeten Mündung und einem darangesetzten konisch divergierendem Rohrstück.

Aus Gl. 70 folgt, daß für den kleinsten Querschnitt f_k der Ausdruck unter der Wurzel einen Höchstwert annehmen muß, die Ableitung ist also gleich Null zu setzen, damit ist
$$\frac{2}{k}\left(\frac{p}{p_1}\right)^{\frac{2}{k}-1} - \frac{k+1}{k}\left(\frac{p}{p_1}\right)^{\frac{1}{k}} = 0,$$
woraus
$$\frac{p_k}{p_1} = \left(\frac{2}{k+1}\right)^{\frac{k}{k-1}} \quad \ldots\ldots\ldots\ldots \quad (71)$$

Für Luft und zweiatomige Gase ist $k = 1{,}405$, damit ist das kritische Verhältnis
$$p_k = 0{,}528\, p_1 \quad \ldots\ldots\ldots\ldots \quad (72)$$

Mit diesem Wert für den kritischen Druck gibt Gl. 69 die Geschwindigkeit an der engsten Stelle den Betrag
$$w_k = \sqrt{2g\frac{k}{k+1}}\sqrt{p_1 v_1} \quad \ldots\ldots\ldots\ldots \quad (73)$$
für Luft
$$w_k = 3{,}39\sqrt{p_1 v_1} = 3{,}39\sqrt{RT_1} \quad \ldots\ldots\ldots \quad (74)$$

und $$\frac{v}{v_k} = \left(\frac{p_k}{p_1}\right)^{\frac{1}{k}} = \left(\frac{2}{k+1}\right)^{\frac{k}{k-1}} \quad \ldots\ldots\ldots\ldots (75)$$

für Luft $$\frac{v_1}{v_k} = 0{,}639 \quad \ldots\ldots\ldots\ldots\ldots\ldots (76)$$

Setzt man diese Werte in Gl. 70 ein, so ist das Durchflußgewicht

$$G = \mu f_k \sqrt{2g\frac{k}{k+1}\left(\frac{2}{k+1}\right)^{\frac{2}{k-1}}}\sqrt{\frac{p_1}{v_1}} \quad \ldots\ldots\ldots (77)$$

für Luft wird $$G = \mu f_k \frac{2{,}15 \cdot p_1}{\sqrt{RT_1}} = \frac{\mu f_k \cdot p_1}{\sqrt{6{,}346\, T_1}} = \frac{\mu \cdot d_k^2 \cdot p_1}{\sqrt{10{,}288\, T_1}} \quad \ldots\ldots (78)$$

wenn d_k der Durchmesser im kleinsten Querschnitt bedeutet. Setzt man p_1 in kg/qcm ein, so wird d_k in cm erhalten.

Aus diesen Gleichungen geht hervor, daß sowohl der kritische Druck als auch die Geschwindigkeit und die Durchflußmenge unabhängig von den Verhältnissen hinter der engsten Stelle sind. Bis zu diesem Ort ist der Strömungsverlust nicht größer als bei einer gut abgerundeten Mündung, die Ausflußziffer steigt also sehr nahe an 1 heran.

Die Messung vereinfacht sich dadurch, daß nur Druck und Temperatur vor der Düse im Druckrohr abzulesen sind, und ist daher für Turbokompressoren mit höheren Enddrücken zu empfehlen. Auch bei Kolbenkompressoren läßt sich die Liefermenge genauer bestimmen, als aus den Indikatordiagrammen.

Da der Druck vor der Düse weit höher als bei einfachen Mündungen belassen werden kann, ist seine Messung mit einfachen Mitteln durchzuführen. Die Geschwindigkeit des Gases im Rohr an der Meßstelle hat dabei weniger Einfluß als bei kleinen Druckunterschieden. Ein weiterer Vorteil entsteht dadurch, daß Düsen mit mäßigem Durchmesser schon bedeutende Gasmengen durchlassen.

Für größere Liefermengen kann man eine Anzahl Düsen von gleichen Abmessungen in die Stirnwand eines Kessels einsetzen, der am Ende des Druckrohres angeschlossen ist. Durch Zu- oder Abschalten einzelner Düsen läßt sich die Liefermenge verändern. Die Eichung einer solchen Düse geschieht mit Wasserdampf, der unter denselben Bedingungen durch die Düse fließt wie das Gas und nachher behufs Gewichtsbestimmung kondensiert wird. Der Dampf wird vor der Düse durch den Schieber auf den Druck des Gases gedrosselt, so daß er bis über den kritischen Druck hinaus überhitzt bleibt; somit verläuft die Expansion unter ähnlichen Bedingungen, wie sie das Gas vollführt.

14. Beispiel: Es soll die in Beispiel 12 angegebene Luftmenge von

$$G = 6324 \text{ kg/h} = 1{,}755 \text{ kg/sek}$$

mittels einer Hochdruckdüse derart bestimmt werden, daß der Enddruck der Kompression von 6,53 Atm. absol. durch den Drosselschieber auf 2,5 Atm. absol. herabgemindert werde. Die Temperatur betrage im Druckrohr vor der Düse 50° C.

Zu berechnen ist die Bohrung der Düse an der engsten Stelle.

Gegeben ist

$$p_1 = 2{,}5 \text{ kg/qcm} \qquad T_1 = 273 + 50 = 323.$$

Wählt man $$\mu = 0{,}99\,,$$

so wird aus Gl. 78 $$G = 1{,}755 = \frac{0{,}99 \cdot d_k^2 \cdot 2{,}5}{\sqrt{10{,}29 \cdot 323}}\,,$$

woraus $$d_k = 64 \text{ mm}.$$

Die Luft vermindert bis zur engsten Stelle ihren Druck von 2,5 Atm. auf

$$p_k = 0{,}528 \cdot 2{,}5 = 1{,}32 \text{ Atm. absol.}$$

Die Geschwindigkeit an jener Stelle beträgt

$$w_0 = 3{,}39 \sqrt{29{,}27 \cdot 323} = 330 \text{ m/sek.}$$

Wie Gl. 78 zeigt, ist das Ergebnis von einer genauen Druckmessung abhängig; dagegen hat die Größe der Temperatur eine untergeordnete Bedeutung, da zu ihr 273° zu addieren ist und dieser Wert unter der Quadratwurzel steht.

23. Bestimmung der Liefermenge durch Geschwindigkeitsmessung.

Für große Gebläse besteht eine einfache Messung der Liefermenge durch die Bestimmung der Geschwindigkeiten des Gasstromes in einem geeigneten Querschnitt, wie dies längst bei Ventilatoren gebräuchlich ist. Der besondere Vorteil beruht darin, daß sich die Untersuchung während des normalen Betriebes der Anlage ohne jegliche Störung durchführen läßt.

Als Querschnitt ist ein solcher mit regelmäßigen Strömungsverhältnissen auszusuchen, wobei die Saugseite vorzuziehen ist. Der Querschnitt ist in derselben Weise einzuteilen, wie dies für die Druckmessung zu geschehen hat (S. 36). Wird die Fläche in Ringe gleichen Inhaltes eingeteilt, so kann aus den Geschwindigkeiten der Flächenstücke das arithmetische Mittel gezogen werden, um die mittlere Geschwindigkeit zu erhalten. Um möglichst genaue Ergebnisse zu erreichen, sind die Messungen der Geschwindigkeiten auf Punkte auszudehnen, die auf zwei zueinander senkrechten Durchmessern liegen.

Für die Bestimmung der Geschwindigkeiten in einem Punkt des Querschnittes sind zweierlei Meßgeräte in Gebrauch:

a) unmittelbar anzeigende Meßgeräte (Anemometer usw.),
b) Staugeräte, die die Geschwindigkeit mittelbar durch Messung von Druckunterschieden ergeben.

Zu letzteren gehört das in Abb. 14 gezeichnete Pitot-Rohr besonderer Bauart. Der dem Gasstrom entgegengerichtete Schenkel des Rohres ist von einem Mantel umkleidet, dessen Zwischenraum durch seitliche Löcher mit dem Gasstrom verbunden ist. Der im Kernrohr auftretende Druck ist somit nahezu um die dynamische Druckhöhe größer als der im Mantel herrschende Druck.

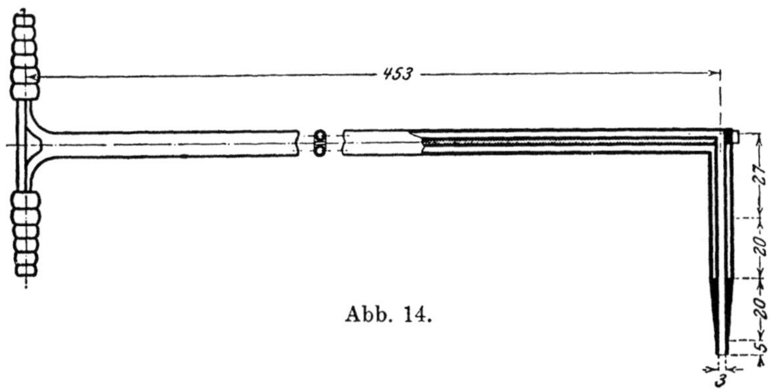

Abb. 14.

Sein Zusammenhang mit der Geschwindigkeit an der betreffenden Stelle ist gegeben durch

$$\Delta p = \xi \gamma \frac{w^2}{2g} \quad \ldots \ldots \ldots \ldots \ldots (79)$$

Die Vorzahl ξ ist durch den Eichversuch zu bestimmeu.

Neuere Untersuchungen haben ergeben, daß ξ sehr nahe an 1 herangeht und für praktische Messungen $\xi = 1$ gesetzt werden darf.

Für die hier auftretenden kleinen Druckunterschiede verwendet man Mikromanometer, es sind dies Flüssigkeitsmanometer mit geneigtem Rohr, womit die Ablesung von $^1/_{10}$ mm bequem möglich wird.

Das in den Abb. 15 und 16 dargestellte Mikromanometer ist von R. Fueß in Steglitz nach den Vorschlägen von Dr. Brabbée hergestellt. Es besitzt einen hochglanzpolierten Mantel mit Luftzwischenraum, um den Inhalt vor Wärmeleitung und -strahlung zu schützen. Die Glasröhre ist mit weißer Emaille belegt, um den Flüssigkeitsfaden bequem beobachten zu können. Der zwischen 0 und 50° einstellbare Winkel der Glasröhre kann mit Hilfe eines Nonius genau abgelesen werden.

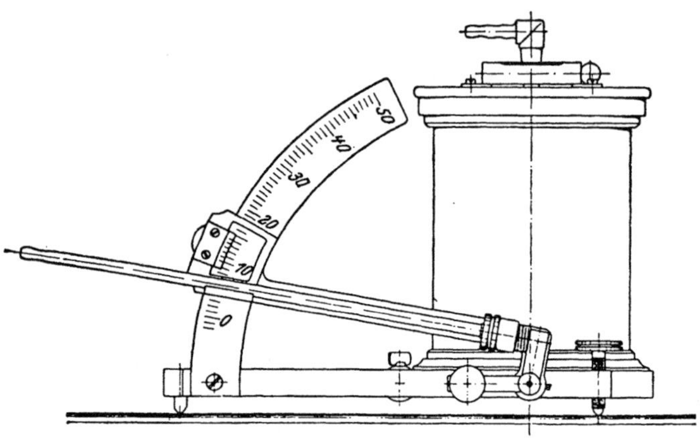

Abb. 15.

Die Glasröhre wird mit dem Mantelraum des Pitot-Rohres verbunden, das Gefäß des Mikromanometers mit dem Kernrohr.

Als Flüssigkeit eignet sich Alkohol oder Petroleum. Wasser haftet an den Glasoberflächen etwas unregelmäßig und zeigt daher geringe Druckunterschiede leicht fehlerhaft an.

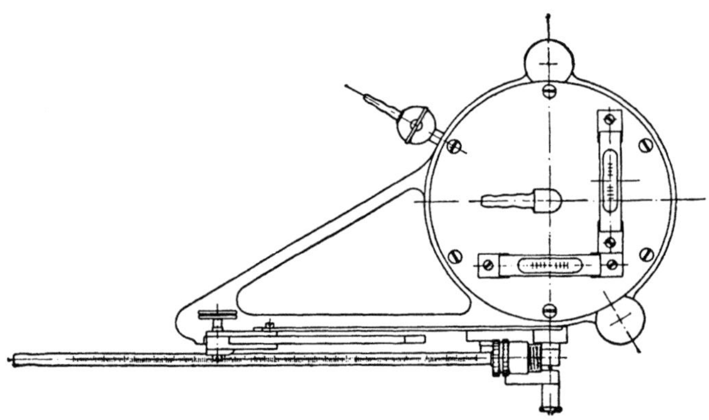

Abb. 16.

Sämtliche Meßgeräte sind vor ihrem Gebrauch zu eichen; die Ergebnisse werden in einer Eichkurve zusammengestellt. Für das beschriebene Mikromanometer sind die Abszissen der Eichkurve die Winkel, die Ordinaten bedeuten die Faktoren, mit denen die Höhenunterschiede der Flüssigkeitsspiegel zu multiplizieren sind, um die Druckhöhe in mm Wassersäule zu erhalten.

24. Drosselorgane im Durchfluß.

Im Gegensatz zur Anordnung einer Düse am Anfang oder am Ende einer Leitung eignet sich jedes Drosselorgan in der Leitung für den normalen Betrieb und zwar nicht nur für Luft, sondern ebenso gut für jedes andere Gas, das der Kompressor zu verdichten hat. Die Drosselscheibe wird in eine Flanschverbindung der Druckleitung eingeschoben, ohne daß es nötig ist, den in der Maschine erzeugten Druck zu vernichten. Beim Durchfluß durch das Drosselorgan entsteht ein an sich ganz kleiner Spannungsabfall $p_1 - p$, der vom Gesamtbetrag des Druckes unabhängig ist, eine Störung im Betrieb der Anlage findet dabei nicht statt.

Die Druckentnahme verlangt Vorsicht. Bohrt man die Leitung zu beiden Seiten in gewissen Abständen an, wo man wirbelfreie Strömung vermutet, so sind die Ergebnisse ungenau, da die Stellen nicht bekannt sind, wo sich die Druckumsetzung vollzogen hat. Ferner zeigt die Strömung von Flüssigkeiten in Röhren Querschwingungen und Turbulenz-Erscheinungen, die eine Druckablesung beeinträchtigen. Es ist daher besser, die Druckentnahme bei Anwendung einer Stauscheibe unmittelbar zu beiden Seiten der Scheibe anzuordnen (Abb. 18), und sie vor Querschwingungen zu schützen. Da nicht an allen Stellen des Rohrumfanges der gleiche Druck auftritt, ist es zweckmäßig, einen Ringraum außerhalb des Strömungsgebietes zu schaffen, in dem sich der Druck ausgleichen kann, wie dies die Anordnung Abb. 18 zeigt. Für die Anbohrung an irgendeiner Stelle dieses Ringraumes genügt ein Loch von 2 mm, ist das Loch größer, so könnte die dort auftretende Strömung einen Einfluß auf die Druckablesung ausüben.

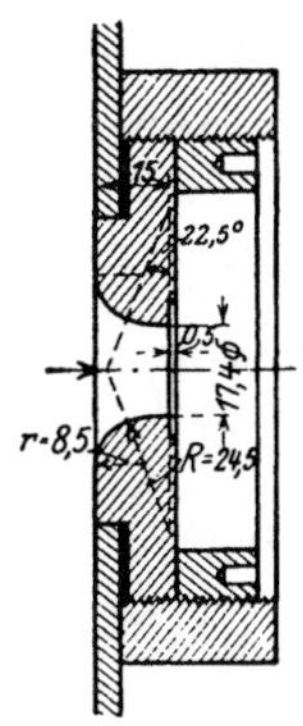

Abb. 17.

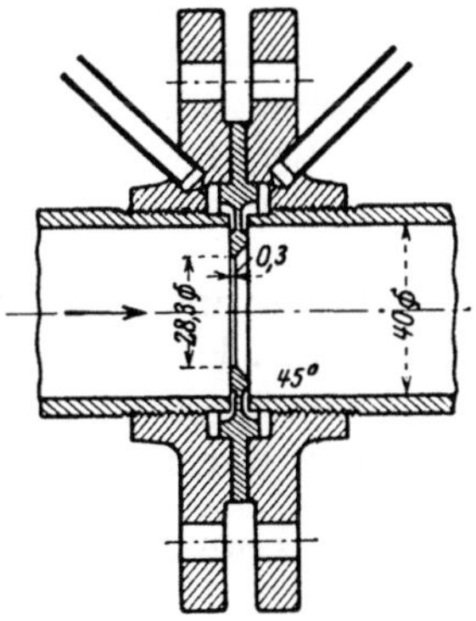

Abb. 18.

Wird eine **Stauscheibe** mit scharfen Kanten nach den Angaben von Brandis ausgeführt (Hütte II, 1919, S. 318), so kann die Durchflußziffer μ nach der empirischen Formel

$$\mu = \frac{1{,}02 \cdot e}{(1 + m^{\varepsilon})^{0{,}25} \sqrt{2\,g}} \quad \ldots \ldots \ldots \quad (80)$$

berechnet werden, die sich aus den Versuchen von Brandis ergeben hat. Hierin ist

$$e = 2{,}718\,, \qquad g = 9{,}81\,, \qquad m = \frac{f}{F}$$

$$\varepsilon = 1{,}17 + \frac{D^2}{0{,}36} \quad \ldots \ldots \ldots \quad (81)$$

wenn f der Durchgangsquerschnitt in der Stauscheibe und F der Rohrquerschnitt (Durchm. D) bedeutet. Die Formel von Brandis enthält allerdings noch eine Additionskonstante (C), die aber vernachlässigt werden darf, sobald die Geschwindigkeit in der Leitung 5 m/sek überschreitet, was meistens zutrifft.

15. Beispiel: Die in Abb. 18 dargestellte Stauscheibe wurde zur Bestimmung der Durchflußmenge von Druckluft benützt, die ein kleiner Kolbenkompressor lieferte[1]).

Mit der Öffnung von 28,3 mm in der Scheibe und dem Durchmesser $D = 40$ mm im Rohr beträgt der Exponent

$$\varepsilon = 1{,}17 + \frac{D^2}{0{,}36} = 1{,}17 + \frac{0{,}04^2}{0{,}36} = 1{,}1744$$

und

$$\frac{f}{F} = \left(\frac{28{,}3}{40}\right)^2 = 0{,}5\,,$$

damit ist

$$\mu = 0{,}725\,.$$

Die Eichung der Scheibe mit Wasser hat $\mu = 0{,}734$ ergeben, also 1,25 v. H. mehr, als die Versuchsformel von Brandis. Obschon im allgemeinen die Widerstandszahlen der Hydraulik von der Natur der Flüssigkeit unabhängig sind — abgesehen von der verschieden großen Zähigkeit —, so darf man doch nicht ohne weiteres das Eichergebnis mit den Versuchen an Luft gleichstellen. Der austretende

---

[1]) Ostertag, Schweiz. Technikerzeitung 1921, Nr. 7—10.

Wasserstrahl behält nämlich seinen Zusammenhang noch etwas bei, der ins Freie austretende Luftstrahl schält sich dagegen sofort an seiner Oberfläche etwas ab, was durch beigemischten Rauch gezeigt werden kann. Damit ist der Unterschied zwischen Eichung und Formel erklärlich. Da aber die Formel von Brandis für die vorliegenden kleinen Abmessungen nicht absolut sicher ist, soll das Eichergebnis weiter benützt werden.

Zur Bestimmung des Durchflußgewichtes G wurde gemessen:

Temperatur der Luft vor der Scheibe	$t = 22{,}6^0$, $T = 295{,}6$.
Überdruck „ „ „ „ „	245 mm WS.
Barometerstand	728 mm QS.
Druck der Luft (absolut)	$p_1 = 0{,}728 \cdot 13596 + 245 = 10145$ kg/qm.
Spez. Volumen der Luft vor Scheibe	$v_1 = \dfrac{29{,}3 \cdot 295{,}6}{10145} = 0{,}853$.

Durch Division des Volumens durch das spez. Volumen erhält man das Durchflußgewicht

$$G = \frac{3600\,\mu f}{v_1}\sqrt{2g(p_1 - p)v_1} = \frac{3600 \cdot 0{,}734 \cdot 6{,}29 \cdot 4{,}43}{10000}\sqrt{\frac{p_1 - p}{v_1}}$$

$$= 7{,}36\sqrt{\frac{p_1 - p}{v_1}} \text{ kg/h}.$$

Der Druckabfall an der Scheibe wurde mit einem Mikromanometer gemessen, das mit Alkohol gefüllt war ($\gamma = 0{,}825$). Der unter 30^0 geneigte Schenkel ergab einen Unterschied in den Ablesungen der Flüssigkeitsstände von 95,06 mm, demnach ist

$$p_1 - p = 95{,}06 \cdot 0{,}5 \cdot 0{,}825 = 39{,}21 \text{ mm WS},$$

damit erhält man für das durchfließende Luftgewicht

$$G = 7{,}36\sqrt{\frac{39{,}21}{0{,}853}} = 49{,}9 \text{ kg/h}.$$

An Stelle der Scheibe mit scharfen Kanten kann auch die gut abgerundete Mündung (Abb. 17) zwischen die Flanschen in die Leitung eingeschoben werden mit dem Vorteil, daß diese Öffnung einer Verletzung weniger ausgesetzt ist. Für die Berechnung der Durchflußmenge darf dieselbe Ziffer μ benützt werden, wie sie für Ausfluß gefunden wurde; dagegen muß die Geschwindigkeit im Rohr berücksichtigt werden. Mit der Kontinuitätsgleichung ist

$$w \cdot f = w_1 \cdot f_1$$

und mit der Energiegleichung

$$\varDelta p = \frac{w^2 - w_1^2}{2g}\gamma = \frac{w^2}{2g}\gamma\left[1 - \left(\frac{f}{f_1}\right)^2\right]$$

oder

$$w = \sqrt{\frac{2g}{1 - \left(\dfrac{f}{f_1}\right)^2}}\sqrt{\frac{\varDelta p}{\gamma}}, \quad . \; . \; . \; . \; . \; . \; . \; . \; . \; . \; . \; . \quad (82)$$

damit ist das Gewicht

$$G = \mu \cdot f \cdot w \cdot \gamma = \frac{\mu f w}{v}.$$

16. Beispiel: Die im vorigen Beispiel mitgeteilte Luftmessung wurde wiederholt unter Benützung einer gut abgerundeten Mündung von 17,4 mm Durchm. (Abb. 17), deren Ausflußziffer zu $\mu = 0{,}96$ durch Eichung mittels Wasser gefunden wurde. Mit dem Leitungsdurchmesser von 40 mm wird

$$\frac{f}{f_1} = \frac{2{,}378}{12{,}55}, \qquad \frac{\mu}{\sqrt{1-\left(\frac{f}{f_1}\right)^2}} = \frac{0{,}96}{0{,}981} = 0{,}978.$$

Mit der Verschmelzung des Einflusses der Geschwindigkeit im Rohr erhält die Formel die gleich einfache Gestalt wie die bisherigen und zwar ist

$$G = 0{,}978\,\frac{2{,}378}{10\,000}\cdot 4{,}43\cdot 3600\sqrt{\frac{\Delta p}{v}} = 3{,}71\sqrt{\frac{\Delta p}{v}}.$$

Der Druckabfall wurde zu $\Delta p = 155$ mm WS gemessen, die Bestimmung von Druck und Temperatur im Rohr führt zu $v = 0{,}846$ cbm/kg, damit wird

$$G = 3{,}71\sqrt{\frac{155}{0{,}846}} = 50{,}2 \text{ kg/h}.$$

Der Unterschied gegenüber der Messung mit Stauscheibe liegt unter 1 v. H

25. Auffüllverfahren zur Messung von Liefermengen.

Der Vollständigkeit halber sei das Auffüllverfahren erwähnt, das zur Messung selbst großer Gasmengen unter Benützung von Leuchtgasbehältern dienen kann.

In der Druckleitung wird ein Drosselventil eingebaut, durch dessen Einstellung der gewünschte Belastungsdruck erzeugt und auf unveränderlicher Höhe erhalten werden muß, gleichgültig, welchen Betrag der Gegendruck hinter dem Ventil annimmt.

Es empfiehlt sich, zwischen diesem Ventil und dem Kompressor einen kleinen Windkessel einzuschalten, der zum Massenausgleich dient. An ihn lassen sich Drosselventil, Manometer und Thermometer bequem anbringen.

Zur eigentlichen Messung wird die abgedrosselte Luftmenge in einen möglichst großen Meßkessel am Ende der Druckleitung geführt, der von einem bestimmten Augenblick an geschlossen gehalten wird, bis der Druck vom Anfangswert p_a auf den Endwert p_e gestiegen ist. Gleichzeitig ist die zugehörige Temperatursteigerung $t_e - t_a$ zu messen, wozu mindestens an zwei Stellen des Meßkessels tief einragende Thermometer benützt werden. Mißt man außerdem die Zeit zum Ausfüllen des Kessels von bekannten Volumen, so ist das in der Zeiteinheit eingefüllte Luftgewicht bestimmt.

Während des Versuches ist das Drosselventil derart zu regeln, daß trotz des allmählich steigenden Druckes hinter dem Ventil der Belastungsdruck vor dem Drosselventil unveränderlich bleibt. Bei Beginn der Messung wird der Ablaßhahn geschlossen, und das Ventil in der Druckleitung langsam derart geöffnet, daß der Druck in der Druckleitung unveränderlich bleibt. Ist durch das Anfüllen der Druck im Meßkessel in die Nähe des Druckes hinter dem Kompressor gestiegen, so ist der Versuch beendet. Aus Zeit und Hubzahl des Kompressors bestimmt sich der Liefergrad.

Mit den Druck- und Temperaturmessungen am Anfang und am Ende des Auffüllens ergeben sich die spezifischen Gewichte des Gases

$$\gamma_e = \frac{p_e}{RT_e}, \qquad \gamma_a = \frac{p_a}{RT_a}.$$

Ist V_k das Volumen des Meßkessels, so beträgt das aufgefüllte Gewicht

$$G = G_e - G_a = V_k(\gamma_e - \gamma_a) = \frac{V_k}{R}\left(\frac{p_e}{T_e} - \frac{p_a}{T_a}\right) \quad . \; . \; . \; . \; . \quad (83)$$

Meistens wird statt des Fördergewichts das auf Ansaugeverhältnisse (p_0, t_0, v_0) bezogene nutzbare Volumen verlangt. Dann ist

$$V_n = G\, v_0 = G \frac{R\,T_0}{p_0} \quad . \; . \; . \; . \; . \; . \; . \; . \; . \; . \; . \quad (84)$$

oder mit Umgehung der Berechnung von G

$$V_n = V_k\left(\frac{p_e}{p_0}\frac{T_0}{T_e} - \frac{p_a}{p_0}\frac{T_0}{T_a}\right), \quad . \; . \; . \; . \; . \; . \; . \; . \; . \quad (85)$$

worin häufig $p_0 = p_a = 1$ Atm. ist.

Wird die Messung an Luftkompressoren vorgenommen, so spielt die Luftfeuchtigkeit eine nicht zu vernachlässigende Rolle, da die relativen Feuchtigkeiten x_a und x_e am Anfang und am Ende des Auffüllens verschieden groß sind und sich von dem Wert x_0 beim Ansaugen unterscheiden.

Um einen richtigen Vergleich der Meßergebnisse zu ermöglichen, wird dasjenige nutzbare Volumen V_n berechnet, das der Kompressor ansaugen könnte, wenn trockene Luft zur Verfügung wäre. Es sind also die spezifischen Gewichte des trockenen Anteiles der Luft einzusetzen. Für diese ist nach Abschnitt 7, wenn $R = 29{,}27$ die Gaskonstante der trockenen Luft bedeutet,

$$\gamma_a' = \frac{p_a - x_a p_{sa}}{R\,T_a}, \qquad \gamma_e' = \frac{p_e - x_e p_{se}}{R\,T_e} \quad . \; . \; . \; . \; . \; . \quad (86)$$

für die Luft im Ansaugezustand

$$\gamma_a' = \frac{p_0 - x_0 p_{s0}}{R\,T_0},$$

damit wird

$$V_n = V_k \frac{\gamma_e' - \gamma_a'}{\gamma_0'} \quad . \; . \; . \; . \; . \; . \; . \; . \; . \; . \; . \quad (87)$$

Mit der Volumenverminderung durch die Kompression wird meistens der Taupunkt erreicht oder überschritten, dann hat die relative Feuchtigkeit den Betrag 1 erreicht.

17. Beispiel: In den Mitteilungen über Forschungsarbeiten, Heft 58, hat Heilemann bei Versuch Nr. 47 folgende Werte gemessen:

Inhalt des Meßgefäßes

$$V_k = 8{,}469 \text{ cbm}.$$

Vor der Luftuhr (Beginn der Saugleitung)

$p_0 = 1{,}017$ kg/qcm, $t_0 = 23{,}3^0$ C, $x_0 = 0{,}83$.

Im Meßkessel:

Anfang $p_a = 1{,}017$ kg/qcm, $t_a = 25{,}9^0$, $x_a = 1$;
Ende $p_e = 4{,}91$ „ $t_e = 28^0$, $x_e = 1$.

Aus der Tafel für gesättigten Wasserdampf ergibt sich durch graphische Interpolation

$p_{s0} = 0{,}029$ kg/qcm, $p_{sa} = 0{,}034$ kg/qcm, $p_{se} = 0{,}038$ kg/qcm.

Damit wird

$p_0 = x_0 p_{s0} = 1{,}017 - 0{,}029 \cdot 0{,}83 = 0{,}993$ kg/qcm $=$ 9930 kg/qm
$p_a = x_a p_{sa} = 1{,}017 - 0{,}034 = 0{,}983$ „ $=$ 9830 „
$p_e = x_e p_{se} = 4{,}91 - 0{,}038 = 4{,}872$ „ $=$ 48720 „

Mit den Gl. 86 und 87 ergeben diese Werte die Liefermenge an trockener Luft vom Anfangszustand (p_0, t_0):

$$V_n = 8{,}469 \cdot \frac{296{,}3}{9930}\left(\frac{48\,720}{301} - \frac{9830}{298{,}9}\right) = 32{,}66 \text{ cbm}.$$

Ohne Rücksicht auf die Luftfeuchtigkeit ist nach Gl. 85

$$V_n = \left(\frac{4{,}91}{1{,}017} \cdot \frac{296{,}3}{301} - \frac{296{,}3}{298{,}8}\right) \cdot 8{,}469 = 31{,}95 \text{ cbm}.$$

Der Unterschied beträgt somit 2,23 v. H.

Die Zahl der Umdrehungen während des Auffüllens betrug für den Kompressor 1343,5 und die Auffüllzeit 148,4 Sekunden, daher ist $n = 54{,}3$ Uml./min. Das stündliche nutzbare Ansaugevolumen beträgt somit

$$V_n' = \frac{32{,}66}{1343{,}5} \cdot 54{,}3 \cdot 60 = 79{,}24 \text{ cbm/h}.$$

E. Wärmeübertragung und Druckabfall in Kühlrohren.

26. Wärmeübergang.

Die Wärmeübertragung zweier sich berührender Körper ist proportional der Zeit, der Berührungsfläche und dem Temperaturunterschied beider Körper.

Fließt die Wärme Q in der Stunde von einem Gas durch die Wandung F (qm) an das Kühlwasser, so setzt sich die Übertragung aus drei Vorgängen zusammen:

a) Übergang vom Gas an die Wandung

$$Q = F \cdot \alpha_1 (t_1 - \vartheta_1), \quad \ldots \ldots \ldots \ldots \quad (1)$$

worin t_1 die unveränderliche Temperatur des heißen Gases und ϑ_1 die Temperatur der Wand an der Eintrittsstelle ist; α_1 heißt Wärmeübergangszahl.

b) Durchgang durch die Wand

$$Q = F \frac{\lambda}{\delta} (\vartheta_1 - \vartheta_2), \quad \ldots \ldots \ldots \ldots \quad (2)$$

worin δ die Wandstärke in m und λ die Wärmeleitungszahl bedeuten.

c) Übergang von der Wandung an das Kühlwasser mit der unveränderlichen Temperatur t_2

$$Q = F \alpha_2 (\vartheta_2 - t_2), \quad \ldots \ldots \ldots \ldots \quad (3)$$

worin ϑ_2 die Temperatur der Wandung an der Austrittsstelle bedeutet.

Aus Gl. 1, 2 und 3 ergibt sich die allgemeine Gleichung für den ganzen Wärmedurchgang

$$Q = \varkappa F (t_1 - t_2), \quad \ldots \ldots \ldots \ldots \quad (4)$$

worin die Wärmedurchgangszahl $\varkappa$ die Bedeutung hat

$$\varkappa = \frac{1}{\frac{1}{\alpha_1} + \frac{1}{\alpha_2} + \frac{\delta}{\lambda}} \quad \ldots \ldots \ldots \ldots \quad (5)$$

Die Wandtemperaturen betragen

$$\vartheta_1 = t_1 - \frac{\varkappa}{\alpha_1}(t_1 - t_2) \quad \ldots \ldots \ldots \ldots \quad (6)$$

$$\vartheta_2 = t_2 + \frac{\varkappa}{\alpha_2}(t_1 - t_2) \quad \ldots \ldots \ldots \ldots \quad (7)$$

Für die Zwischenkühler der Kompressoren kommen meistens dünnwandige Messingrohre (Wandstärke 1 bis höchstens 3 mm) zur Verwendung: Das Glied $\frac{\delta}{\lambda}$ in Gl. 5 wird daher sehr klein und kann häufig vernachlässigt werden $\left(\lambda = 50 \text{ bis } 60,\quad \delta = 0{,}003 \text{ m},\quad \frac{\delta}{\lambda} = \frac{0{,}003}{50} = 0{,}000\,06\right)$.

Damit vereinfacht sich Gl. 5 auf

$$\varkappa = \frac{1}{\frac{1}{\alpha_1} + \frac{1}{\alpha_2}} = \frac{\alpha_1 \alpha_2}{\alpha_1 + \alpha_2} \quad \dots \dots \dots \dots \quad (8)$$

Die Werte α_1 und α_2 sind hauptsächlich von der Geschwindigkeit der Flüssigkeit abhängig.

Für den Übergang von Luft an Metall ist nach Joule

$$\alpha_1 = 2 + 10\sqrt{w_1} \quad \dots \dots \dots \dots \quad (9)$$

Die Übergangszahl wird aber noch durch eine Reihe anderer Faktoren in sehr hohem Maße beeinflußt, die Formel von Joule stellt demnach nur einen recht rohen Überschlagswert dar.

Nach den grundlegenden Versuchen von Nusselt ist die Übergangszahl nicht nur von der Geschwindigkeit w_1 des Gases abhängig, sondern vom Rohrdurchmesser d (m), ferner von der spezifischen Wärme c_p, dem spezifischen Gewicht γ und der Wärmeleitungsfähigkeit λ des Gases. Die von Nusselt[1]) auf Grund seiner Versuche aufgestellte Formel in der von ten Bosch[2]) vereinfachten Form lautet

$$\alpha_1 = 18{,}1 \frac{\lambda}{d} \left(\frac{w_1 d \gamma c_p}{\lambda}\right)^{0{,}8} \quad \dots \dots \dots \dots \quad (10)$$

Die Wärmeleitfähigkeit λ ist abhängig von der Temperatur

$$\lambda = \lambda_0 (1 + a\,t), \quad \dots \dots \dots \dots \quad (11)$$

worin für t der Mittelwert zwischen der Temperatur der Wandung und derjenigen des Gases einzusetzen ist. Die Wandungstemperatur muß zunächst geschätzt werden; da ihr Einfluß nicht groß ist, kommt dieser Unsicherheit keine Bedeutung zu. Bei Kühlern liegt sie jedenfalls nur wenig höher als die mittlere Wassertemperatur.

Für die Werte λ_0 und a gelten folgende Zahlen:

Gasart	Luft	Kohlensäure	Ammoniak	Leuchtgas
$\lambda_0 =$	0,020	0,0121	0,0165	0,0506
$a =$	0,0023	0,00385	0,0054	0,0030

Das Auftreten des spezifischen Gewichtes γ in der Formel für α_1 läßt erkennen, daß die Übergangszahl mit zunehmendem Druck stark wächst; bei hohem Druck haben sich die Gasmoleküle einander genähert und übertragen die Wärme besser an die Wandung.

Für überhitzten Wasserdampf ist nach Nusselt[3])

$$\lambda = 0{,}00578 \frac{c_v \sqrt{T}}{1 + \frac{327}{T}}, \quad \dots \dots \dots \dots \quad (13)$$

worin für c_v die spezifische Wärme bei konstantem Volumen (nach den Münchner Versuchen) einzusetzen ist.

---

[1]) Z. V. D. I. 1911, S. 2021.

[2]) M. ten Bosch: Die Wärmeübertragung, Berlin, Julius Springer, 1922.

[3]) Z. V. D. I. 1917, S. 687.

Die Übertragung von Metall an Wasser bietet bedeutend weniger Widerstand; eine häufig gebrauchte Formel heißt

$$\alpha_2 = 300 + 1800\sqrt{w_2}\,, \quad \ldots \ldots \ldots \ldots (13)$$

worin w_2 die Wassergeschwindigkeit bedeutet.

Nach Soenecken ist genauer

$$\alpha_2 = 2020\,(1 + 0{,}014\,t)\,\frac{w_2^{\,0,9}}{d^{\,0,1}} \quad \ldots \ldots \ldots \ldots (14)$$

Die zur Berechnung des Wärmedurchganges durch die Fläche F dienende Gl. 4 gilt für unveränderliche Temperaturen des wärmeabgebenden und des wärmeaufnehmenden Körpers. Bei den Kühlern der Kompressoren ist dies aber nicht der Fall; das Gas kühlt sich vom Eintritt zum Austritt von t_1' auf t_1'' ab, das Wasser dagegen erwärmt sich von t_2' auf t_2'' im Gleichstrom oder von t_2'' auf t_2' im Gegenstrom, dann ergibt sich die Kühlfläche aus

$$Q = kF\,\frac{(t_1' - t_2') - (t_1'' - t_2'')}{\ln \dfrac{t_1' - t_2'}{t_1'' - t_2''}} \quad \ldots \ldots \ldots \ldots (15)$$

In vielen Fällen ist genügend genau

$$Q = kF\left(\frac{t_1' + t_1''}{2} - \frac{t_2' + t_2''}{2}\right) \quad \ldots \ldots \ldots \ldots (16)$$

Sind ferner G_1 und G_2 die stündlichen Durchflußgewichte von Gas und Wasser, c_p und c ihre spezifischen Wärmen ($c = \sim 1$), so gilt

$$\left.\begin{aligned} Q &= c_p G_1 (t_1' - t_1'') \\ Q &= c\,G_2 (t_2' - t_2'') \end{aligned}\right\} \quad \ldots \ldots \ldots \ldots (17)$$

Bei Zwischenkühlern der Kompressoren kann meistens α_2 gegen α_1 vernachlässigt werden, so daß $k = \sim \alpha_1$. Als Kühlfläche ist die von den Gasen bestrichene Oberfläche der Rohre zu nehmen, die der Wärme einen größeren Widerstand bietet als die Fläche auf der Wasserseite.

18. Beispiel: Nusselt verwendete ein gezogenes Messingrohr mit 22/26 mm Durchmesser; bei Versuch Nr. 6 betrug $w_1 = 6{,}21$ m/sek.

Nach Gl. 9 ist

$$\alpha_1 = 2 + 10\sqrt{w_1} = 27$$

nach Gl. 13 mit $w_2 = 2$ m/sek

$$\alpha_2 = 300 + 1800\sqrt{w_2} = 2840\,,$$

damit wird

$$k = \frac{\alpha_1\,\alpha_2}{\alpha_1 + \alpha_2} = 26{,}75\,.$$

Die Durchgangszahl k ist also nur unbedeutend kleiner als α_1.

Soll α_1 nach der genaueren Gl. 10 berechnet werden, so ist einzusetzen

$$\left.\begin{aligned} &\text{Lufttemperatur} && t = 45{,}7^0 \\ &\text{Wandungstemperatur} && t_0 = 103{,}5^0 \end{aligned}\right\} t_m = 74{,}6^0.$$

$$\lambda = 0{,}02\,(1 + 0{,}0023 \cdot 74{,}6) = 0{,}0234\,,$$

$$\alpha_1 = 18{,}1\,\frac{0{,}0234}{0{,}022}\left(\frac{6{,}21 \cdot 0{,}022 \cdot 0{,}242 \cdot 1{,}10}{0{,}0234}\right)^{0,8} = 27{,}1$$

(mit dem Wert von Gl. 9 zusammenfallend).

19. Beispiel: In ein Rohrbündel (20 mm Durchm.) trete Luft mit 120° ein und kühle sich beim Durchfluß auf 20° ab, das Wasser erwärme sich von 10° auf 30°, so daß eine Wanderungstemperatur von etwa 30° zu erwarten ist. Das Mittel aus der mittleren Lufttemperatur (70°) und der Wanderungstemperatur ist demnach 50° C, damit wird $\lambda = 0{,}023$. Um den großen Einfluß der Geschwindigkeit und des Luftdruckes zu erkennen, rechnen wir mit der Gleichung von Nusselt für verschiedene Luftgeschwindigkeiten w_1 und spez. Gewichte γ die Übergangszahl α_1:

	w_1 m/sek	p at abs.	γ kg/cbm	α_1 kcal/qm/° C
$d = 20$ mm	10	1	1,06	39
	20	1	1,06	59,5
$\lambda = 0{,}023$	10	10	10,6	248
	20	10	10,6	429
$t_m = 50°$	40	10	10,6	755

20. Beispiel: Ein zweistufiger, doppeltwirkender Luftkompressor (450/725 Zyl.-Durchm.,800 mm Hub, 88 Uml./min, 6 at Überdruck, 311 PS_i) ist mit einem Zwischenkühler von 55 qm Kühlfläche ausgerüstet. Die Luft durchfließt die Messingröhren und kühlt sich von $t_1' = 124°$ auf $t_1'' = 22°$ ab; das Kühlwasser erwärmt sich dabei von $t_2'' = 11°$ auf $t_2' = 36°$. Mit dem Ansaugevolumen von 3365 cbm/h und dem spezifischen Volumen von 0,8 cbm/kg beträgt das stündliche Durchflußgewicht

$$G_1 = 4200 \text{ kg/h}$$

und die Wärmeabgabe

$$Q = 0{,}24 \cdot 4200\,(124 - 22) = 102\,000 \text{ kcal/h}.$$

Der Kühlwasserbedarf ergibt sich damit zu

$$G_2 = \frac{102\,000}{36 - 11} = 4080 \text{ kg/h}.$$

Der Kompressor hat 13,1 kg Kühlwasser auf PS_i benötigt.

Da die Kühlfläche bekannt ist, kann die Durchgangszahl k aus dem Versuch berechnet werden. Es ist in vorliegendem Fall

$$t_1' - t_2' = 124 - 36 = 88°, \qquad t_1'' - t_2'' = 22 - 11 = 11°,$$

$$\ln \frac{t_1' - t_2'}{t_1'' - t_2''} = 2{,}303 \log \frac{88}{11} = 2{,}08,$$

damit

$$k = \frac{102\,000 \cdot 2{,}08}{55\,(88 - 11)} = 50{,}2.$$

Dieser Wert wird aus der Formel von Nusselt erhalten, wenn man als Mittelwert der Lufttemperatur 73° und als Mittel aus der Wandungstemperatur von 30° und 73° den Wert 50° einsetzt. Damit ist $\gamma = 3{,}2$ ($p = 3$ at abs.), ferner $w = 5$ m/sek und $\lambda = 0{,}023$. Das durch die Rohre fließende Volumen beträgt $V = \frac{4200}{3600 \cdot 3{,}2} = 0{,}366$ cbm/sek, es sind demnach 90 Rohre von 32 mm l. Weite nötig, um diese Luft mit der Geschwindigkeit w durchzulassen.

Die Versuche von Nusselt geben die Durchgangszahl für glatte Rohre, in welchen das Gas strömt und die vom Wasser umspült werden. Häufig kommt aber die umgekehrte Anordnung im Kühler vor: durch ein Bündel enger Rohre fließt das Wasser, zwischen den Rohren bewegt sich das Gas. Durch Querwände wird dafür gesorgt, daß das Gas einigermaßen senkrecht auf die Rohrflächen trifft und den Kessel in Schlangenlinien durchfließt; immerhin ist die erreichbare Gasgeschwindigkeit nicht groß.

Für derartige Anordnungen liegen noch wenig Versuche vor, man findet gewöhnlich

$$k = 20 \text{ bis } 25.$$

21. Beispiel: Der in Beispiel 15 erwähnte Versuch an einem kleinen Kompressor lieferte $G = 50{,}2$ kg/h Luft und verlangte für den Zwischenkühler (Rohrbündel $F = 1{,}05$ qm mit durchfließendem Wasser) 246,9 kg/h Wasser, das sich von $t_2'' = 12{,}7^0$ auf $t_2' = 17{,}3^0$ erwärmte, das Wasser hat also an Wärme aufgenommen

$$Q_w = 246{,}9\,(17{,}3 - 12{,}7) = 1140 \text{ kcal/h}.$$

Da die Temperatur im Maschinensaal (21^0) höher stand als die mittlere Temperatur (15^0) am Kühler, so ist etwas Wärme von außen durch den Mantel (0,56 qm) eingedrungen, sie beträgt $20 \cdot 0{,}56\,(21 - 15) = 50$ WE/h, wenn für die Durchgangszahl 20 genommen wird. Die in der ersten Stufe verdichtete Luft hat demnach nur 1090 WE/h mitzubringen und wird von t_1'' auf $t_1' = 30^0$ abgekühlt. Die erstere Temperatur liegt tiefer als die Endtemperatur (180^0) der Kompression und wird aus

$$Q = G c_p (t_1'' - t_1')$$

erhalten:

$$t_1'' = \frac{1090}{0{,}24 \cdot 50{,}2} + 30 = 120^0\,\text{C}$$

Damit ist

$$\varDelta t = \frac{(t_1' - t_2') - (t_1'' - t_2'')}{\ln \dfrac{t_1' - t_2'}{t_1'' - t_2''}} = 48$$

und

$$k = \frac{Q}{F \cdot \varDelta t} = \frac{1090}{1{,}05 \cdot 48} = 21{,}7.$$

27. Druckabfall.

Der Druckabfall in den Röhren eines Zwischenkühlers wird hauptsächlich verursacht durch die Rohrreibung, deren Größe von der Durchflußgeschwindigkeit abhängig ist. Eine große Geschwindigkeit erhöht den Wärmedurchgang, vergrößert aber auch den Druckabfall; bei der Wahl der Abmessungen ist daher auf beide Werte Rücksicht zu nehmen.

Im nachfolgenden sei vorausgesetzt, das Gas durchziehe die Kühlrohre, das Wasser sei außerhalb derselben.

Für die hier vorliegende Aufgabe genügt es, den Druckabfall $\varDelta P$ auf der Rohrlänge l nach der auch für Wasser benützten Formel zu berechnen

$$\varDelta P = \beta \cdot \gamma \frac{l}{d} \cdot w^2, \quad \ldots \ldots \ldots \ldots \quad (18)$$

worin w die Durchflußgeschwindigkeit (m/sek), d den inneren Rohrdurchmesser und γ das spezifische Gewicht des Gases bedeutet.

Durch die Abkühlung verändern sich w und γ während des Durchflusses etwas, es sind also Mittelwerte einzusetzen, die sich aus den Zuständen am Anfang und am Ende der Rohre ergeben.

Nach Fritsche[1]) kann für die Reibungszahl β gesetzt werden

$$\beta = 6{,}02 \cdot d^{-026{,}9} \cdot (\gamma w)^{-0{,}148} \quad \ldots \ldots \ldots \ldots \quad (19)$$

[1]) Zeitschr. 1908, S. 1749.

Hierin ist die Konstante derart bemessen, daß behufs einfacher Rechnung d in mm, l in m, γ in kg/cbm und w in m/sek eingesetzt werden müssen, dann erhält man ΔP in mm Wassersäule (oder kg/qm).

Neuerdings hat auch Nusselt a. a. O. den Druckabfall in engen Messingrohren bestimmt, seine Werte liegen etwas unter denjenigen von Fritsche.

Da außer der Rohrreibung weitere Verluste am Eintritt in die Rohre, an Krümmern, Absperr- und Steuerorganen zwischen Niederdruck- und Hochdruckzylinder auftreten, sind die aus Gl. 19 ermittelten Werte entsprechend aufzurunden.

22. Beispiel: Ein Messingrohr von $d = 22$ mm innerem Durchm. wird von Luft mit $w = 22{,}2$ m/sek durchflossen. Wie groß ist der Spannungsabfall auf $l = 1$ m bei einem mittleren spezifischen Gewicht von $\gamma = 1{,}356$ kg/cbm? Man erhält

$$(\gamma \cdot w)^{0{,}148} = (22{,}2 \cdot 1{,}356)^{0{,}148} = 1{,}66$$

$$d^{0{,}269} = (22)^{0{,}269} = 2{,}3,$$

daher nach Gl. 20

$$\beta = \frac{6{,}02}{2{,}3 \cdot 1{,}66} = 1{,}58;$$

damit ergibt sich der Spannungsabfall nach Gl. 19

$$\Delta P = 1{,}58 \cdot 1{,}356 \cdot \frac{1}{22} \cdot 22{,}2^2 = 47{,}5 \text{ mm WS.}$$

Rechnet man die Ziffer β um nach der bekannten Formel der Hydraulik

$$\frac{\Delta P}{\gamma} = \lambda \frac{l}{d} \cdot \frac{w^2}{2g}$$

und setzt d in m ein, so folgt

$$\lambda = \frac{2g \cdot \beta}{1000} = \frac{19{,}62 \cdot 1{,}58}{1000} = 0{,}031,$$

was auch für Wasser als Mittelwert häufig gebraucht wird.

Zweiter Teil.

Kolbenkompressoren.

A. Der Energieumsatz im Kolbenkompressor.

28. Theoretischer Arbeitsvorgang im einstufigen Kompressor.

Für die Einführung in das Verständnis eines Arbeitsprozesses ist es zweckmäßig, wenn zunächst nur der Hauptvorgang in der einfachsten Form betrachtet wird, losgelöst von den Nebeneinflüssen, die einer besonderen Behandlung vorbehalten bleiben. Man gewinnt dadurch eine bessere Einsicht in die Hauptwirkung, die man als theoretischen Arbeitsprozeß bezeichnen kann; für viele Aufgaben, insbesondere für Entwurfsrechnungen genügt eine derartige Behandlung.

Der theoretische Arbeitsprozeß einer Kolbenmaschine zur Verdichtung von Gasen verlangt folgende Voraussetzungen:

a) Der ganze Zylinderinhalt werde vom Kolben wirklich beschrieben, d. h. der schädliche Raum bleibe unberücksichtigt.
b) Das während des Ansaugens in den Zylinder eintretende Gas zeige am Hubende denselben Zustand wie außerhalb desselben; Druck und Temperatur seien also bis zum Beginn der Kompression unverändert geblieben.
c) Die Kolbenreibung, Ventilwiderstände usw. seien zu vernachlässigen.
d) Das verdichtete Gas finde in einem Druckbehälter Aufnahme, in dem die Spannung unverändert bleibe. Der Behälter ist demnach sehr groß vorzustellen oder der Verbrauch an Druckgas muß in jedem Augenblick gleich der Fördermenge sein.

Das Gas strömt beim Ausschieben des Kolbens aus seinem innersten toten Punkt durch das geöffnete Saugventil in den Zylinder; das Hubvolumen V_1 hat sich mit Gas vom Außendruck p_1 und der Außentemperatur t_1 angefüllt, wenn der Kolben in seine äußerste Totlage gekommen ist. Dieser Vorgang ist daher nicht als eigentliche Zustandsänderung aufzufassen, da das Gas in thermischer Beziehung keine Veränderung erfahren hat.

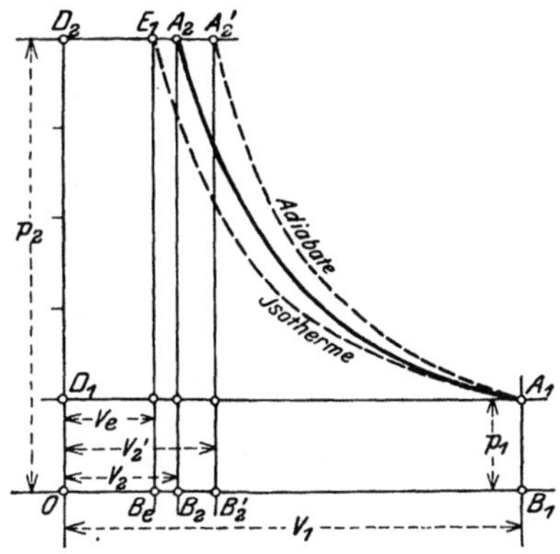

Abb. 19.

Im pv-Diagramm (Abb. 19) ist dieses Einfüllen durch eine Parallele zur Abszissenachse $(D_1 A_1)$ dargestellt; der Druck p_1 bedeutet den äußeren Luftdruck, falls Luft von außen eingenommen wird.

Beginnt der Kolben zurückzulaufen, so schließt sich sofort das Saugventil und die eingeschlossene Gasmenge wird verdichtet. Hat der Druck im Zylinder den Gegendruck p_2 in der Druckleitung erreicht, so öffnet sich das Druckventil (Punkt A_2) und das verdichtete Gas wird vom Kolben bei unveränderlichem Druck in den Behälter ausgeschoben.

Ist der Kolben wieder in seine anfängliche Totlage angelangt, so wiederholt sich der Prozeß innerhalb derselben Druckgrenzen von neuem, falls vom Druckbehälter dieselbe Gasmenge an die Verbrauchsstelle abfließt, die vom Kompressor zugeführt wird.

Die gesamte Kompressionsarbeit L wird im pv-Diagramm dargestellt als Fläche $D_1 A_1 A_2 D_2$; sie setzt sich aus drei Stücken zusammen: der absoluten Ansaugearbeit (Rechteck $O B_1 A_1 D_1$), der eigentlichen Kompressionsarbeit (Fläche $B_2 B_1 A_1 A_2$) und aus der Ausstoßarbeit (Rechteck $O B_2 A_2 D_2$). Letztere beiden haben gegenüber der ersteren entgegengesetzte Vorzeichen.

Zur Berechnung der Arbeit muß eine Annahme über die Art der Zustandsänderung während der Verdichtung gemacht werden.

a) Isothermische Verdichtung von A_1 nach E_1.

Die Behandlung dieser Zustandsänderung hat ergeben (Abschnitt 17)

$$L_{is} = p_1 V_1 \ln \frac{p_2}{p_1} + p_2 V_2 - p_1 V_1 .$$

Nun ist

$$p_2 V_2 = p_1 V_1 ,$$

daher

$$L_{is} = p_1 V_1 \ln \frac{p_2}{p_1} \quad . \quad . \quad . \quad . \quad . \quad . \quad . \quad . \quad . \quad . \quad . \quad . \quad (1)$$

Will man statt des natürlichen Logarithmus den Briggschen setzen, so ist auf der rechten Seite der Faktor 2,303 anzubringen.

Soll die Arbeit für 1 cbm angesaugtes Gas berechnet werden, so ist in die Gleichung $V_1 = 1$ cbm zu setzen. Soll aber die Arbeit sich auf $V_2 = 1$ cbm gefördertes Volumen beziehen, so ist als Faktor vor den Logarithmus statt p_1 der hohe Druck p_2 zu setzen. Die Kompressionsarbeit für 1 cbm ist bei gleichem Druckverhältnis für alle Gase gleich groß.

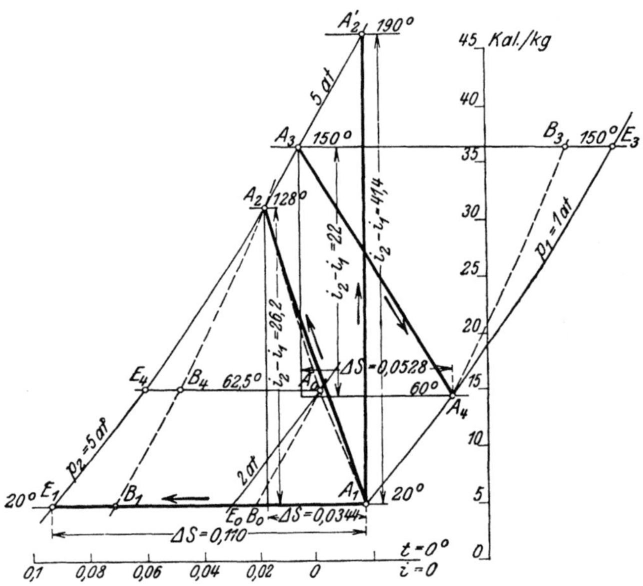

Abb. 20.

Will man die Arbeit für 1 kg Gas berechnen, so ist in Gl. 1 statt V_1 das spezifische Volumen v_1 zu setzen.

Im Entropiediagramm verläuft die Isotherme auf einer T-Linie von A_1 nach E_1 (Abb. 20); den Wärmewert der Kompressionsarbeit erhält man als Produkt zweier Faktoren

$$A L_{is} = (\Delta S) T_1 .$$

Im TS-Diagramm ist die T-Linie eine wagrechte Gerade und die Arbeit zeigt sich als Rechteckfläche mit der Breite $A_1 E_1 = \Delta S$ und der Höhe T_1; im JS-Diagramm sind die Entropiewerte als Abszissen beibehalten, als Ordinaten sind statt der absoluten Temperaturen die Wärmeinhalte aufgetragen. Für die Isotherme kann daher die Entropieabnahme ΔS in gleicher

Weise wie aus der TS-Tafel abgestochen werden, wobei in der JS-Tafel die Fläche allerdings ihre Bedeutung verliert.

Sowohl aus dem pv-Diagramm als auch aus dem Entropiediagramm ist ersichtlich, daß die isothermische Verdichtung den kleinsten Arbeitsaufwand für 1 kg Fördergewicht verlangt.

b) Adiabatische Verdichtung von A_1 nach A_2'.

Nach früherem hat der Wärmewert der eigentlichen Verdichtungsarbeit (Fläche $B_2' B_1 A_1 A_2'$, Abb. 19) den Betrag $c_v (T_2' - T_1)$. Dazu kommt noch die Gleichdruckarbeit

$$p_2 v_2 - p_1 v_1 ,$$

so daß die Gesamtarbeit nötig ist

$$L_{ad} = \frac{c_v}{A} (T_2' - T_1) + p_2 v_2 - p_1 v_1 .$$

Mit den Gleichungen

$$p_1 v_1 = R T_1 , \qquad p_2 v_2 = R T_2'$$

und

$$c_v = \frac{AR}{k-1}$$

wird

$$L_{ad} = \frac{k}{k-1} (p_2 v_2 - p_1 v_1) \quad \ldots \ldots \ldots \ldots \quad (2)$$

und mit

$$c_p = c_v + AR$$

$$L_{ad} = \frac{c_p}{A} (T_2' - T_1) \ldots \ldots \ldots \ldots \quad (3)$$

Eine dritte Form folgt aus Gleichung

$$L_{ad} = \frac{k}{k-1} R (T_2' - T_1) = \frac{k R T_1}{k-1} \left(\frac{T_2'}{T_1} - 1 \right)$$

$$L_{ad} = \frac{k}{k-1} p_1 v_1 \left[\left(\frac{p_2}{p_1} \right)^{\frac{k-1}{k}} - 1 \right] \quad \ldots \ldots \ldots \quad (4)$$

Setzt man in Gl. 4 statt des spezifischen Volumens v_1 das Gesamtvolumen V_1, so erhält man die Gesamtarbeit auf V_1 cbm; wird $V_1 = 1$ cbm eingeführt, so ergibt sich die Arbeit auf 1 cbm angesaugtes Gas. Die entwickelten Gleichungen gelten für unveränderliche Werte von c_v und c_p.

Rascher als mit diesen Formeln mit gebrochenen Exponenten löst sich die Aufgabe mit Hilfe der Entropietafel. Die adiabatische Verdichtung zeichnet sich darin als Senkrechte von A_1 nach A_2'. Aus der TS-Tafel ergibt sich die gesamte Kompressionsarbeit auf 1 kg nach Abstechen der Endtemperatur T_2' als das Produkt zweier Faktoren

$$A L_{ad} = c_p (T_2' - T_1) ,$$

worin die Veränderlichkeit der spezifischen Wärme c_p durch Einsetzen eines Mittelwertes berücksichtigt wird.

In der JS-Tafel erhält man $A L_{ad}$ unmittelbar als Abstand des Endpunktes A_2' vom Anfangspunkt A_1, da der Wärmewert gleich dem Unterschied der Wärmeinhalte

$$A L_{ad} = i_2 - i_1$$

ist. In Zahlentafel 6 sind diese Ergebnisse für die Druckverhältnisse von 2 bis 10 enthalten, wie sie sich aus der JS-Tafel ergeben; der gleichen Quelle entstammen die Endtemperaturen unter Annahme einer Anfangstemperatur von 20° C. Bei Druckverhältnissen über 4 nehmen die Endtemperaturen unzulässig hohe Werte an. Dividiert man die Größen $i_2 - i_1$ durch $t_2' - t_1$, so findet man die mittleren spezifischen Wärmen; man erkennt ihr Ansteigen mit zunehmenden Druck- und Temperaturgrenzen.

Zahlentafel 6.

Wärmewerte der adiabatischen und isothermischen Arbeit für 1 kg Luft.

	Anfangszustand $p_1 = 1$ Atm.; $t_1 = 20°$ C								
$\frac{p_1}{p_2}$	2	3	4	5	6	7	8	9	10
$A L_{ad}$ kcal	15,6	25,6	34,0	41,4	47,4	52,8	57,6	62	66,2
t_2' °C	85	124	160	190	214,2	235	254,3	271,5	288,5
c_{pm}	0,240	0,240	0,242	0,243	0,244	0,245	0,246	0,247	0,247
ΔS	0,0474	0,0745	0,0945	0,110	0,1225	0,1335	0,1422	0,151	0,158
$A L_{is}$	13,9	21,8	27,7	32,2	35,9	39,1	41,6	44,3	46,3
$\frac{A L_{is}}{A L_{ad}}$	0,891	0,874	0,814	0,778	0,758	0,741	0,722	0,714	0,70
	Anfangszustand $p_1 = 10$ Atm.; $t_1 = 20°$ C								
p_2 Atm.	20	30	40	50	60	70	80	90	100
$A L_{ad}$ kcal	14,9	25,6	34,0	41,2	46,7	51,8	56,0	60,2	63,6
t_2' °C	80	123,2	154,6	178,6	199	215,5	228,5	241,2	252
c_{pm}	0,248	0,248	0,252	0,260	0,261	0,265	0,268	0,272	0,274

Die Zahlentafel 6 enthält ferner die zu jedem Druckverhältnis gehörige Entropieänderung und damit die isothermische Verdichtungsarbeit $A L_{is}$ auf 1 kg Luft. Das Verhältnis beider Arbeiten nimmt mit zunehmendem Druckverhältnis stetig ab. Endlich ist die Bestimmung der Arbeit bei adiabatischer Verdichtung wiederholt mit denselben Druckverhältnissen, aber vom Anfangsdruck $p_1 = 10$ Atm. ausgehend. Der Wärmewert $A L_{ad}$ auf 1 kg Luft wird nur wenig beeinflußt, obschon die spezifische Wärme c_p wesentlich gewachsen ist, dafür sind die Endtemperaturen t_2 nicht mehr so hoch.

c) Polytropische Verdichtung.

Wird der Zylinder sowohl an der Mantelfläche als auch an den Deckeln gut gekühlt, so kann die Kompressionslinie $A_1 A_2$ zwischen Isotherme und Adiabate verlaufen.

Für die Gleichung der Drucklinie im pv-Diagramm darf gesetzt werden

$$p v^m = \text{Konst.},$$

worin der Exponent m zwischen 1 und $k = \frac{c_p}{c_v}$ liegt. Setzt man für ungefähre Entwurfsberechnungen m konstant voraus, so lassen sich zur Berechnung der Arbeit die Gl. 2 oder 4 benützen, wenn statt k der kleinere Wert m eingesetzt wird.

Im Entropiediagramm darf mit genügender Genauigkeit die Polytrope als gerade Strecke gezeichnet werden, die von A_1 aus schräg links aufwärts läuft ($A_1 A_2$, Abb. 19). Legt man durch A_2 die v_2-Linie bis zum Schnitt B_1 mit der Wagrechten $A_1 E_1$, so findet sich der Exponent m aus den Abschnitten $A_1 E_1$ und $A_1 B_1$

$$m = \frac{A_1 E_1}{A_1 B_1}.$$

Würde man dieses Verfahren wiederholt auf Teilstücken der ganzen Strecke $A_1 A_2$ anwenden, so würde man finden, daß m sich ganz wenig ändert. Da aber die Bedingung eines gleich bleibenden Wertes m eine ziemlich willkürliche ist, darf der Einfachheit halber die Gerade $A_1 A_2$ als Zustandslinie beibehalten werden.

Mit Benützung der TS-Tafel ergibt sich die Kompressionsarbeit

$$A L_p = c_p (T_2 - T_1) + (S_2 - S_1) \left(\frac{T_1 + T_2}{2} \right) \quad \ldots \ldots \quad (5)$$

Aus der JS-Tafel wird das erste Glied als senkrechter Abstand der Punkte A_1 und A_2 abgestochen; das zweite Glied bedeutet die während der Verdichtung aus dem Zylinder abzuführende Wärme und wird mit Ablesen von $(S_2 - S_1)$ aus einer der beiden Tafeln berechnet.

23. Beispiel: Ein Kompressor sauge in der Minute 100 cbm Wasserstoff von 20^0 C an und verdichte das Gas von 1 Atm. auf 8 Atm. absol. Es soll der Energiebedarf bei adiabatischer Verdichtung berechnet werden.

Lösen wir zunächst die Aufgabe unter der Annahme, die Maschine sauge Luft von außen an, was gewöhnlich bei Abnahmeversuchen tatsächlich der Fall ist, so ergibt die Entropietafel für Luft oder Zahlentafel 6

Luft:

Spez. Volumen Anfang Verdichtung $v_1 = 0{,}86$ cbm/kg

Fördergewicht . . . . $G = \frac{100}{0{,}86} = 116{,}3$ kg/min.

Kompressionsarbeit . . . . . $i_2 - i_1 = A L_{ad} = 57{,}6$ kcal/kg

Energiebedarf . . . . $N_{ad} = \frac{57{,}6 \cdot 427 \cdot 116{,}3}{60 \cdot 75} = 638$ PS.

Die Entropietafel für Luft kann hier ebenfalls benützt werden zur Bestimmung der Kompressionsarbeit, wenn das Ergebnis mit dem Verhältnis der Molekulargewichte multipliziert wird. Für Luft ist $m_0 = 28{,}95$, für Wasserstoff $m = 2$, man erhält damit

Wasserstoff:

Spez. Volumen Anfang Verdichtung $v_1 = 0{,}86 \frac{28{,}95}{2} = 12{,}45$ cbm/kg

Fördergewicht . . . . $G = \frac{100}{12{,}45} = 8{,}02$ kg/min.

Kompressionsarbeit . . . . . $A L_{ad} = 57{,}6 \frac{28{,}95}{2} = 833{,}7$ kcal/kg

Energiebedarf . . . . $N_{ad} = \frac{833{,}7 \cdot 428 \cdot 8{,}02}{60 \cdot 75} = 638$ PS.

Wie zu erwarten war, ist der Energiebedarf gleich groß, ob Wasserstoff oder Luft gefördert wird, ebenso ist die Ansaugemenge dem Volumen nach dieselbe; dagegen zeigt sich der große Unterschied in den Fördergewichten, die sich wie die Molekulargewichte verhalten.

24. Beispiel: In Abb. 20 sind die drei besprochenen Arten der Zustandsänderungen zwischen den Pressungen $p_1 = 1$ Atm. und $p_2 = 5$ Atm. mit Benützung der JS-Tafel gezeichnet. Vorausgesetzt ist trockene Luft mit $t_1 = 20^0$, $v_1 = 0{,}86$ cbm/kg.

Für die Isotherme $A_1 E_1$ ist

$$\Delta S = 0{,}11; \qquad A L_{is} = 0{,}11 \cdot 293 = 32{,}23 \text{ kcal/kg}.$$

Die Adiabate $A_1 A_2'$ erreicht eine Endtemperatur von 190° und verlangt die Arbeit (Strecke $A_1 A_2'$)

$$A L_{ad} = 41{,}4 \text{ kcal/kg}.$$

Die Polytrope ist unter Annahme eines Exponenten $m = 1{,}25$ gezeichnet. Macht man $B_1 A_1 = \frac{E_1 A_1}{1{,}25}$, so ist der Punkt B_1 bestimmt; die v-Linie durch B_1 schneidet die p_2-Linie im gesuchten Endpunkt A_2 der Polytrope. Diese Zustandsänderung ergibt eine Endtemperatur von $t_2 = 128^0$ ($T_2 = 401$) und verlangt die Arbeit

$$A L_p = 26{,}2 + 0{,}0344 \cdot \frac{293 + 401}{2} = 26{,}3 + 11{,}9$$
$$= 38{,}2 \text{ kcal/kg}.$$

Während der Kompression sind vom Kühlwasser 11,9 kcal/kg aus dem Zylinder abzuführen (abgesehen von Kolbenreibung und Nebeneinflüssen). Gegenüber der Adiabate vermindert sich der Arbeitsbedarf um 3,7 kcal/kg oder um 7,8 v. H.

Wendet man das Verfahren zur Einzeichnung der Polytrope für Zwischenpunkte an, z. B. für $p = 2$ Atm., so erhält man den Linienzug $A_1 A_0 A_2$, der als Zustandslinie für konstanten Exponenten m anzusehen ist. Die Abweichung von der Geraden $A_1 A_2$ ist unbedeutend und die Annahme über die Unveränderlichkeit des Exponenten überhaupt recht willkürlich. Wie später gezeigt wird, verläuft die Kurve des wirklichen Prozesses gewöhnlich rechts von der Geraden $A_1 A_2$ vorbei, selten aber links davon.

29. Schädlicher Raum.

Stellt man den Kolben des Kompressors in das Hubende, so bildet sich im Zylinder zwischen Kolben und Deckel der schädliche Raum, dessen Größe mit dem Hubvolumen verglichen wird. Dieser Raum läßt sich an der fertigen Maschine durch Wasserfüllung abmessen oder aus der Zeichnung des Zylinders berechnen; er hängt nicht nur ab vom Abstand zwischen Kolben und Deckel in der Totlage, sondern auch noch von der Bauart der Abschlußorgane und ihrer Lage zum Zylinder, da die Höhlungen bis zu den geschlossenen Steuerungsorganen zum schädlichen Raum zugehören.

Es soll nun der Einfluß dieses vom Kolben nicht beschriebenen Teiles des gesamten Zylindervolumens auf den Arbeitsprozeß untersucht werden.

Läuft der Kolben beim Rückgang in den toten Punkt, so ist das Ausstoßen der verdichteten Menge beendet und es bleibt ein Rest im schädlichen Raum zurück. Nun geht der Kolben wieder vorwärts, kann aber erst eine neue Menge von außen ansaugen, wenn das verdichtete Restgas sich auf den Ansaugedruck ausgedehnt hat.

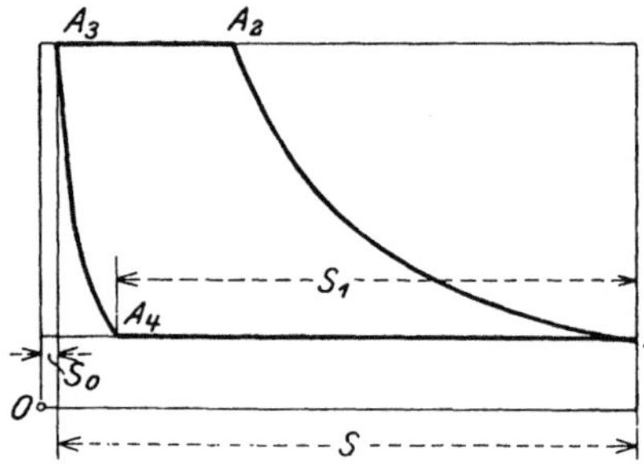

Abb. 21.

Diese Expansion der Restmenge aus dem schädlichen Raum bewirkt zweierlei, sie beeinflußt nämlich die Fördermenge bzw. die Zylinderabmessungen und den Energiebedarf. Im pv-Diagramm Abb. 21 ist die Expansionslinie $A_3 A_4$ sichtbar; sie trifft die Ansaugelinie in A_4, von wo das Einströmen beginnt, das durch die Strecke $A_4 A_1$ dargestellt ist. Die Ansaugemenge hat sich vermindert im Verhältnis der Strecke $A_4 A_1 = s_1$ zur Strecke s, die das Hubvolumen darstellt. Man nennt das Verhältnis

$$\lambda_0 = \frac{s_1}{s}$$

den volumetrischen Wirkungsgrad. Bedeutet V_h das vom Kolben in der Zeiteinheit durchlaufene Hubvolumen, so heißt $\lambda_0 V_h$ „indizierte Saugleistung“, da λ_0 durch die Strecken s_1 und s unmittelbar aus dem Indikatordiagramm abgemessen wird

Die Liefermenge ist um den Faktor λ_0 kleiner als das Hubvolumen oder es muß beim Entwurf einer Maschine für vorgeschriebene Fördermenge das Hubvolumen entsprechend größer ausfallen. Ein kleiner volumetrischer Wirkungsgrad erhöht somit die Anlagekosten.

Man erkennt aus Abb. 21, daß λ_0 nicht nur von der Größe $\varepsilon_0 = \frac{s_0}{s}$ des schädlichen Raumes abhängt, sondern auch vom Druckverhältnis. Je weiter der Anfangspunkt A_3 der Expansion nach rechts und je höher er liegt, desto kleiner wird s_1.

Man kann λ_0 berechnen, wenn man das Druckverhältnis kennt oder wenn sich die spezifischen Volumen v_3 und v_4 am Anfang und am Ende der Expansion aus der Entropietafel ablesen lassen. Hat sich nämlich die Restluft auf den Ansaugedruck ausgedehnt, so ist vom Zylindervolumen nur noch $\lambda_0 s$ zur Aufnahme einer neuen Menge befähigt, da der Kolben bereits den Raum $s - \lambda_0 s$ während der Expansion beschrieben hat. Zu Beginn der Expansion ist die Restmenge auf den Raum s_0 zusammengedrängt, am Ende hat sie sich ausgedehnt auf den Raum $s_0 + s - \lambda_0 s$; da sich diese Räume wie die zugehörigen spezifischen Volumen verhalten, folgt

$$\frac{v_4}{v_3} = \frac{s_0 + s - \lambda_0 s}{s_0}.$$

Setzt man $\varepsilon_0 = \frac{s_0}{s}$, so ist

$$\lambda_0 = 1 - \varepsilon_0 \left(\frac{v_4}{v_3} - 1\right) \quad \ldots \ldots \ldots \ldots \quad (6)$$

Für die Bestimmung von v_3 und v_4 ist noch die Frage zu entscheiden, nach welchem Gesetz sich die Expansion vollzieht. Vielfach nimmt man der Einfachheit halber die Adiabate, namentlich wenn dies für die Kompressionslinie ebenfalls geschehen ist; dann ist $v_3 = v_2$ und $v_4 = v_1$. Im Entropiediagramm gilt dann dieselbe Senkrechte als Expansionslinie, die für die Kompression gezeichnet wurde. Auf den indizierten Energiebedarf hat alsdann der schädliche Raum keinen Einfluß. Der Vorgang läßt sich so vorstellen, als ob im Zylinder zwei Mengen nebeneinander verdichtet würden, von denen die wirklich geförderte Menge auf der Strecke s_1 angesaugt und auf dem Wegstück $A_2 A_3$ fortgedrückt würde, während der andere Teil als Restgas stets im Zylinder bleibt und den Kreisprozeß $A_1 A_2 A_3 A_4$ wiederholt zurücklegt.

Richtiger ist es — wie später gezeigt wird —, wenn die Expansionslinie als Polytrope gezeichnet wird. Setzt man in Gl. 6 das Druckverhältnis ein, so erhält man

$$\lambda_0 = 1 - \varepsilon_0 \left[\left(\frac{p_2}{p_1}\right)^{\frac{1}{m}} - 1\right].$$

Die Temperatur der Restgase zu Beginn der Ausdehnung (A_3) ist etwas kleiner als am Ende der Verdichtung (A_2); ferner strömt im Verlauf der Ausdehnung meistens Wärme von den Wandungen an das Gas. Im Entropiediagramm Abb. 20 zeigt sich daher die Expansionslinie als eine schräg nach rechts abfallende Gerade $A_3 A_4$. Ferner bedeutet die Fläche unter dem Linienzug $A_4 A_3 E_4$ die zurückgewonnene Expansionsarbeit $A L_e$ auf 1 kg Gas, die nun nicht mehr übereinstimmt mit der Kompressionsarbeit $A L_c$.

Nun sind aber die arbeitenden Mengen verschieden. Die Arbeit L_e wird vom Restgewicht G_r geleistet, die Arbeit L_c von der Summe aus Nutzgewicht G_n und Restgewicht G_r verbraucht; bedeutet nun L die Gesamtarbeit bezogen auf 1 kg Nutzgewicht, so folgt

$$A L G_n = A L_c (G_n + G_r) - A L_e G_r.$$

Nun findet sich die nutzbare Fördermenge aus dem Hubvolumen V_h

$$G_n = \frac{\lambda_0 V_h}{v_1}$$

und die Restmenge

$$G_r = \frac{\varepsilon_0 V_h}{v_3},$$

folglich ist

$$A L = A L_c + \frac{\varepsilon_0 v_1}{v_3 \lambda_0} (A L_c - A L_e) \quad . \; . \; . \; . \; . \; . \; . \; . \; . \quad (7)$$

Bei gleichem Verlauf beider Kurven (beide Adiabaten) fällt das zweite Glied weg und der ganze Arbeitsbedarf ist gleich der Kompressionsarbeit auf 1 kg Nutzgewicht, d. h. der schädliche Raum ist ohne Einfluß auf den Energiebedarf. Das zweite Glied kann aber positiv oder negativ ausfallen, je nachdem die Kompressionsarbeit größer oder kleiner als die Expansionsarbeit wird. Findet eine kräftige Heizung des Gases während der Ausdehnung statt, so fällt das zweite Glied negativ aus, was für den Arbeitsbedarf günstig ist. Immerhin bleibt der Gewinn stets in bescheidenen Grenzen, da der Arbeitsunterschied mit der kleinen Verhältniszahl ε_0 multipliziert werden muß.

Man erhält hieraus die wichtige Erkenntnis, daß dem schädlichen Raum bezüglich der Arbeit nicht die hohe Bedeutung zukommt, wie dies z. B. bei der Dampfmaschine der Fall ist. Die schädliche Wirkung besteht nur in der Verkleinerung der Liefermenge bzw. in der Vergrößerung der Hauptabmessungen. Bei kleineren schnellaufenden Maschinen hat auch diese Wirkung keine große Bedeutung.

Besitzt das Restgas am Ende der Ausdehnung eine höhere Temperatur als die einströmenden Gase, so entsteht durch die Mischung beider Mengen eine mittlere Temperatur

$$t_m = \frac{G_n t_0 + G_r t_4}{G_n + G_r} \quad . \; . \; . \; . \; . \; . \; . \; . \; . \; . \; . \; . \quad (8)$$

Im Innern des Zylinders herrscht demnach eine höhere Temperatur als im Saugrohr, sie kann eine weitere Steigerung erfahren durch Wärmeaufnahme von den Wandungen während des Ansaugens, so daß die Temperatur t_1 zu Beginn der Kompression noch über t_m gestiegen ist. Es ist daher selten richtig, die Außentemperatur t_0 zugrunde zu legen als Anfangszustand für die Kompression.

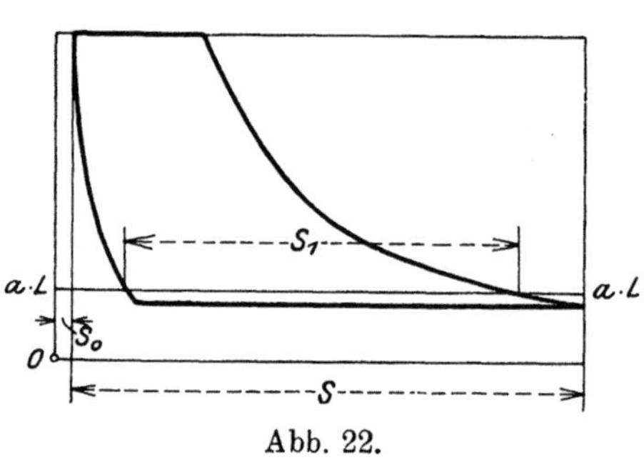

Abb. 22.

Sind Filter und sonstige Widerstände in die Saugleitung eingeschaltet, so stellt sich ein Unterdruck im Zylinder ein, alsdann liegt die Ansaugelinie im pv-Diagramm tiefer als die atmosphärische Linie (Abb. 22).

Entnimmt in diesem Fall der Kompressor Luft von außen, so entspricht der wirklich eingeführten Menge nur der Abschnitt s_1 auf der atmospärischen Linie zwischen den Kurven; der volumetrische Wirkungsgrad wird demnach durch die Widerstände in der Saugleitung vermindert; beim Entwurf von Luftkompressoren ist dieser Umstand stets in Rechnung zu ziehen.

Lange Saugleitungen können trotz der Rohrreibung einen günstigen Einfluß auf die Liefermenge ausüben, namentlich bei Maschinen mit großen Kolbengeschwindigkeiten. Während des ersten Teiles des Kolbenhubes müssen nämlich die Gasmassen im Saugrohr beschleunigt werden, der Unterdruck im Zylinder vergrößert sich dadurch (Abb. 23); im zweiten Teil des Ansaugehubes erzeugt die Strömungsenergie des sich verzögernden Gases ein Anwachsen des Druckes, so daß die Sauglinie im Diagramm gegen das Hubende über die atmosphärische Linie steigt. Der Zylinder enthält nun bei Beginn des Rückhubes, d. h. bei Beginn der eigentlichen Verdichtung eine größere Gewichtsmenge als bei kleinerem Druck der Fall wäre. Diese Erscheinung kann als eine dynamische Vorkompression des Gases während des Ansaugens aufgefaßt werden, die eine Vergrößerung der Liefermenge zur Folge hat. Der günstige Einfluß auf den volumetrischen Wirkungsgrad läßt sich im Diagramm dadurch sichtbar machen, daß man die Kompressionslinie bis zum Schnitt mit der atm. Linie verlängert (Abb. 23). Die Strecke s_1 wird nun größer und λ_0 kann sogar über 1 steigen ($s_1 > s$).

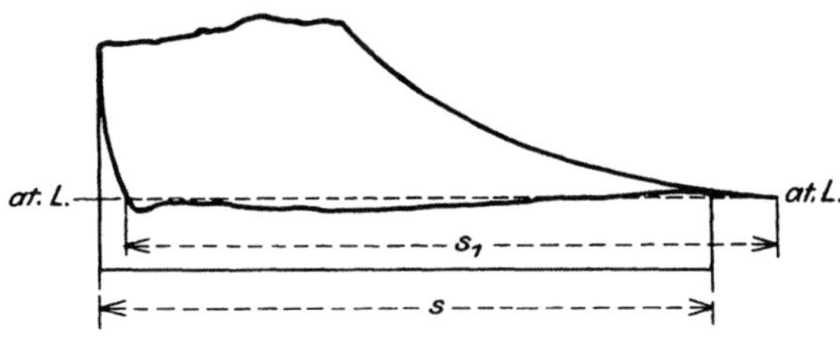

Abb. 23.

Bei Maschinen mit mäßigen Drehzahlen treten in langen Leitungen periodische Druckschwankungen auf, die in der Gestalt der Sauglinie sichtbar werden.

Zur einheitlichen Beurteilung von Luftkompressoren bei Abnahmeversuchen ist zu empfehlen, lange Saugleitungen auszuschalten.

25. Beispiel: Es soll der Einfluß eines schädlichen Raumes von $\varepsilon_0 = 5$ v. H. auf Ansaugevolumen und Energiebedarf ermittelt werden unter Benützung der in Beispiel 24 vorausgesetzten Verhältnisse.

Die in Abb. 20 eingezeichnete Polytrope $A_3 A_4$ ist entstanden unter der Annahme, das Gas kühle sich vom Beginn zum Ende des Ausstoßens von 190° auf 150° ab und erreiche am Ende der Expansion (A_4) eine Temperatur von 60°. Legt man durch A_4 die v-Linie bis zum Schnitt B_3 mit der Wagrechten durch A_3, so findet sich der Exponent

$$m = \frac{A_3 E_3}{A_3 B_3} = 1{,}18.$$

Für A_3 ist $t_3 = 150^0$ (423 abs.) $v_3 = \frac{29{,}3 \cdot 423}{50000} = 0{,}248$ cbm/kg

Für A_4 ist $t_4 = 60^0$ (333 abs.) $v_4 = \frac{29{,}3 \cdot 333}{10000} = 0{,}974$ cbm/kg

Damit beträgt der volumetrische Wirkungsgrad

$$\lambda_0 = 1 - 0{,}05\left(\frac{0{,}974}{0{,}248} - 1\right) = 0{,}853.$$

Aus Abb. 20 kann abgelesen werden

Kompressionsarbeit $A L_c = 26{,}2 + 0{,}0344 \frac{293 + 401}{2} = 38{,}2$ kcal/kg

Expansionsarbeit $A L_e = 22{,}0 + 0{,}0528 \frac{423 + 333}{2} = 42{,}0$ „

Überschuß an Exp.-Arbeit $A L_e - A L_c = 3{,}8$ „

Gesamtarbeit $A L = 38{,}2 - \frac{0{,}05 \cdot 0{,}86 \cdot 3{,}8}{0{,}248} = 37{,}54$ „

Die Expansion aus dem schädlichen Raum verursacht unter den obwaltenden Verhältnissen eine Ersparnis an Arbeit von 1,7 v. H. Zur Berechnung der Mischtemperatur bestimmen wir das Verhältnis

$$\frac{G_r}{G_n} = \frac{\varepsilon_0 v_1}{\lambda_0 v_3} = \frac{0{,}05 \cdot 0{,}86}{0{,}85 \cdot 0{,}248} = 0{,}204.$$

Setzt man eine Außentemperatur von 12° voraus, so wird

$$t_m = \frac{t_0 + \frac{G_r}{G_n} t_1}{1 + \frac{G_r}{G_n}} = \frac{12 + 0{,}204 \cdot 60}{1{,}204} = 20{,}3^0.$$

Die Temperatur des Gases zu Beginn der Kompression ist also wesentlich größer als im Saugrohr.

Würde die Expansion adiabatisch verlaufen, so wäre $v_3 = 0{,}272$, $v_4 = 0{,}86$; damit würde λ_0 auf 0,892 anwachsen, die Arbeit würde sich dagegen nicht ändern.

30. Liefergrad.

Die aus dem Indikatordiagramm bestimmte „indizierte Saugleistung" gibt uns nur die ungefähre Größe des angesaugten Gasvolumens; meistens ist die wirkliche Liefermenge noch kleiner und nähert sich nur bei tadelloser Maschine der indizierten. Ist z. B. der Kolben undicht, so entweicht durch ihn Druckluft aus dem Zylinder während des Ausstoßens und die Lieferung in das Druckrohr vermindert sich. Im Indikatordiagramm hat aber dieser Fehler eine gegenteilige Wirkung zur Folge; die Undichtheit verursacht nämlich ein rascheres Abfallen der Expansionslinie, also eine scheinbare Zunahme des volumetrischen Wirkungsgrades. Die gleiche Wirkung haben sonstige Fehler an der Betriebsmaschine, nämlich Undichtheiten in den Steuerorganen und in den Leitungsanschlüssen.

Für die Beurteilung der Leistungsfähigkeit eines Kompressors ist das wirklich in der Zeiteinheit geförderte Gasgewicht G_n maßgebend. Dieses in der Druckleitung fließende Nutzgewicht muß unmittelbar gemessen werden, wozu das Auffüllverfahren oder die Messung mittels Ausflußdüsen Verwendung finden. Für die Untersuchung während des normalen Betriebes kann eine Stauscheibe in die Druckleitung eingesetzt werden, nachdem sie vor Gebrauch geeicht worden ist.

Meistens gibt man statt des Nutzgewichts das entsprechende Volumen V_n an, bezogen auf „Ansaugeverhältnisse". Man hat zu diesem Zweck nur nötig, aus Druck und Temperatur das spez. Volumen v_0 im Saugstutzen zu berechnen und erhält

$$V_n = G_n \cdot v_0.$$

Nun läßt sich dieses nutzbare Ansaugevolumen mit dem Hubvolumen V_h vergleichen, das der Kolben in derselben Zeit beschreibt. Man nennt dieses Verhältnis $\lambda = \frac{V_n}{V_h}$ den Liefergrad des Kompressors. Diese Zahl ist aus den angeführten Gründen meist kleiner als der volumetrische Wirkungsgrad λ_0 und kann im besten Fall in seine Nähe rücken. Er kann aber bei längerer Betriebsdauer der Maschine wesentlich unter λ_0 sinken.

Wie bereits betont, erfolgt die Bestimmung des Liefergrades am genauesten durch Messung des geforderten Gewichts mittels Ausflußdüsen. Eine angenäherte Methode benützt das Indikatordiagramm, in das die am Druckmanometer abgelesene Pressung p_2 eingetragen wird. Mit dem Abschnitt s_2 dieser Linie (Abb. 24) ist das Fördergewicht proportional, daher beträgt das in einem Hub geförderte Gewicht

$$G_n = \frac{F s_2}{v_3},$$

worin F die nutzbare Kolbenfläche und v_3 das spezifische Gewicht über dem Druckventil bedeutet, entsprechend dem Druck p_2 und der Temperatur T_3. Das entsprechende Ansaugevolumen ist nun

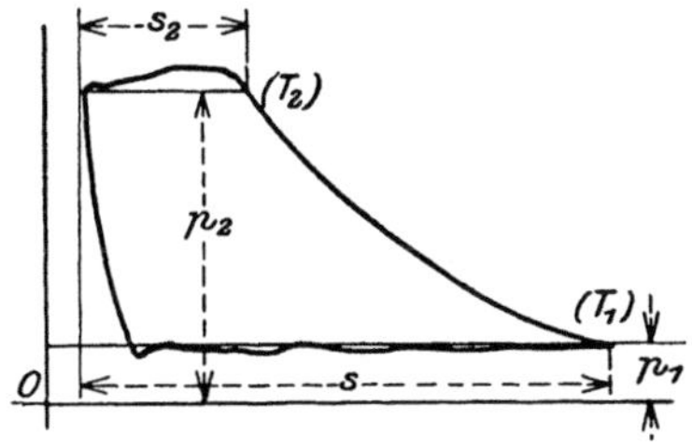

Abb. 24.

$$V_n = G_n v_0 = \frac{F s_2 v_0}{v_3},$$

daher

$$\lambda = \frac{V_n}{F s} = \frac{s_2}{s} \frac{v_0}{v_3} = \frac{s_2 T_0 p_2}{s T_3 p_0}, \quad . \quad . \quad . \quad . \quad . \quad . \quad . \quad . \quad . \quad . \quad (9)$$

worin T_0 und p_0 für den Zustand im Saugstutzen gelten.

Diese Bestimmung ist mit ähnlichen Mängeln behaftet, die bei der Bestimmung der Liefermenge aus der Ansauglinie s_1 betont worden sind. Bei undichtem Druckventil fließt das Gas in den Zylinder zurück, ohne daß s_2 im Diagramm kleiner wird; die Strecke kann sogar zunehmen, da sich die Kompressionslinie nach rechts verschiebt. Ferner bleibt die Temperatur während des Ausstoßens nicht ganz konstant, sondern nimmt vom Anfang zum Ende ab, so daß $t_3 < t_2$ ist. Da aber nur t_3 gemessen und in die Gleichung eingesetzt werden kann, ergibt sich λ etwas zu groß.

Häufig zeigt das Indikatordiagramm in seiner Ausstoßlinie Schwingungen an. Sie entstehen durch das stoßweise Eröffnen des Druckventils, das bei noch verhältnismäßig großer Kolbengeschwindigkeit stattfindet. Diese Schwingungen lassen sich durch stärkeres Drosseln des Gasdurchflusses, d. h. durch Verkleinerung des Ventilhubes vermeiden. Allerdings vergrößert sich dadurch die Arbeitsfläche, da nun die gleichmäßig verlaufende Ausstoßlinie wesentlich über die Linie des Betriebsdruckes zu liegen kommt.

31. Wirkungsgrad des Energieumsatzes.

Soll eine bestimmte Gasmenge V_n vom Anfangsdruck p_1 auf den Enddruck p_2 gebracht werden, so ist der Arbeitsbedarf am kleinsten, wenn die Verdichtung bei gleichbleibender Temperatur vor sich geht. Die Isotherme ist daher die bei allen Kompressoren zu erstrebende ideale Verdichtung.

Das Verhältnis der isothermischen Kompressionsarbeit zu der dem Kompressor zugeführten Energie heißt der isothermische Wirkungsgrad η_{is}. Er darf als Maßzahl für die Güte der Verdichtung angesehen werden und ist zum Vergleich aller Kompressoren untereinander zu benützen.

An den Kolbenkompressoren kann ferner der mechanische Wirkungsgrad unterschieden werden. Es ist dies das Verhältnis der mittels Indikatordiagramm bestimmten Leistung zur zugeführten Energie und zeigt uns die durch Maschinenreibung verlorene Energie an.

Geschieht der Antrieb durch Elektromotor, so ist die dem Kompressor zugeführte Energie aus den Schalttafelablesungen leicht zu bestimmen, wenn der Wirkungsgrad des Motors bekannt ist.

Bei Kolbenkompressoren mit unmittelbarem Antrieb durch Dampfmaschinen oder Gasmotoren können Antriebsmaschine und Kompressor indiziert werden. Das Verhältnis beider indizierten Leistungen läßt sich als mechanischer Wirkungsgrad der ganzen Anlage bezeichnen. Er ist ein Maß für die Reibungsarbeit der bewegten Teile von Motor und Kompressor.

Die indizierte Leistung des Kolbenkompressors wird wie bei Dampfmaschinen dadurch bestimmt, daß auf jeder Zylinderseite eine größere Zahl Diagramme während des Betriebes abgenommen werden, aus denen der mittlere Überdruck p_i mit dem Planimeter ausgemessen wird. Ist F die nutzbare Kolbenfläche (abzüglich Kolbenstangenquerschnitt), so ist die indizierte Leistung auf einer Zylinderseite

$$N_i = \frac{F S n p_i}{60 \cdot 75} \quad \ldots \ldots \ldots \ldots \quad (10)$$

Es empfiehlt sich, diese Rechnung für jeden Zylinder bzw. Zylinderseite gesondert durchzuführen und die erhaltenen Werte zu addieren.

Zur Beurteilung eines Kompressors mit **Dampfmaschinenantrieb** wird häufig das Dampfgewicht angegeben, das nötig ist, um 1 cbm Gas auf den verlangten Enddruck zu bringen.

Der isothermische Wirkungsgrad der ganzen Anlage gibt allein ein einwandfreies Urteil über die Maschinenanlage und kann zum Vergleich herangezogen werden, vorausgesetzt, daß die Liefermenge durch unmittelbare Messung bestimmt worden ist. Er ist das Verhältnis der isothermischen Kompressionsarbeit zu der im Dampf enthaltenen Energie, die bei verlustloser Maschine abgegeben werden könnte.

Bestimmt man demnach aus Anfangs- und Endzustand des Dampfes im Einström- bzw. Auspuffrohr das theoretische Wärmegefälle mit Hilfe der Entropietafel für Wasserdampf (Stodola oder Mollier) unter Annahme adiabatischer Expansion, so folgt damit der theoretische Dampfverbrauch für 1 PS/h. Mit dem wirklich gemessenen Dampfverbrauch ist dadurch die Dampfenergie, d. h. der Nenner des isothermischen Wirkungsgrades bestimmt.

26. Beispiel: Auf Zeche „Friedrich Ernestine" ist ein Verbundkompressor der Firma Pokorny & Wittekind zur Aufstellung gelangt[1]), an dem der Dampfkessel-Überwachungsverein im Oberbergamtsbezirk Dortmund Versuche durchgeführt hat. Die Dampfmaschine brauchte in der Stunde 5163,8 kg gesättigten Dampf von 10,4 Atm. absol. Eintrittsspannung und 1,1 Atm. Gegendruck. Der Wärmeinhalt beträgt daher am Eintritt 667 kcal., am Auspuff 576 kcal, das theoretische Wärmegefälle bei adiabatischer Expansion ist

$$H_0 = 667 - 576 = 91 \text{ kcal}$$

(nach Entropietafel von Stodola). Der theoretische Dampfverbrauch für 1 PS/h beträgt

$$D_0 = \frac{75 \cdot 60 \cdot 60}{427 \cdot H_0} = \frac{632}{H_0} = 6{,}95 \text{ kg},$$

somit ist die im Dampf enthaltene Arbeitsfähigkeit

$$N = \frac{5163{,}8}{6{,}95} = 743 \text{ PS}.$$

Der Kompressor hatte 1,6922 cbm/sek Luft (aus dem Indikatordiagramm bestimmt) von 1,01 Atm. auf 7 Atm. absol. zu verdichten. Die isothermische Kompressionsarbeit ist demnach

$$N_{is} = 1{,}6922 \cdot \frac{10\,100}{75} \cdot \ln \frac{7}{1{,}01} = 441{,}2 \text{ PS},$$

folglich beträgt der isothermische Wirkungsgrad der ganzen Anlage

$$\eta_{is} = 441{,}2 : 743 = 0{,}593.$$

[1]) Siehe Zeitschr. d. Ver. d. Ing. 1909, S. 1758.

32. Bestimmung der Hauptabmessungen.

Soll ein Kolbenkompressor entworfen werden, so ist außer dem Druckverhältnis das nutzbare Ansaugevolumen V_n für die Zeiteinheit, z. B. für die Minute, vorgeschrieben. Die Bestimmung der Zylinderabmessungen, d. h. Durchmesser D und Hub S geschieht in ähnlicher Weise wie bei Wasserpumpen nach der Gleichung

$$V_n = i F S n \lambda \quad \quad (11)$$

Hierin ist

$i = 1$ für einfach wirkende Kompressoren,
$i = 2$ für doppeltwirkende Kompressoren.

Der Liefergrad ist vorerst abzuschätzen, wobei der volumetrische Wirkungsgrad λ_0 einen Anhaltspunkt gibt, der seinerseits vom schädlichen Raum und vom Druckverhältnis abhängig ist. Zur Vorsicht ist λ stets kleiner als λ_0 zu wählen, um den fast unvermeidlichen Undichtheiten Rechnung zu tragen. Diese Fehler wachsen mit dem Druckverhältnis

Die Drehzahl n ist in weiten Grenzen beliebig wählbar; immerhin darf bei großen Maschinen die mittlere Kolbengeschwindigkeit

$$c_m = \frac{S n}{30} \quad \quad (12)$$

einen zulässigen Wert nicht überschreiten. Er bewegt sich in denselben Grenzen wie bei Dampfmaschinen, für große Gebläse ist schon 4 m/sek überschritten worden. Durch Wahl von c_m ist aus Gl. 11 die nutzbare Kolbenfläche F bestimmt und damit die Zylinderbohrung D. Geht die Kolbenstange durch den betreffenden Raum, so ist für die ganze Kolbenfläche ein kleiner Zuschlag zu machen (etwa 3 v. H.). Endlich ist zu beachten, daß $\frac{S}{D} \leqq 2$.

Die früheren Rechnungen zeigen, daß der Energiebedarf ohne Kenntnis der Zylinderabmessungen bestimmt werden kann. Vorzüglich hierzu eignet sich die Entropietafel, die den Wärmewert AL der Kompressionsarbeit auf 1 kg Gas abmessen läßt. Mit diesem Wert AL kann man den mittleren Überdruck p_i des pv-Diagramms ausrechnen, ohne das pv-Diagramm aufzeichnen zu müssen.

Es ist nämlich die vom Kolben aufgenommene Energie, wenn G das Fördergewicht in der Stunde bedeutet

$$N_i = \frac{(AL)\, 427\, G}{3600 \cdot 75}.$$

Für die doppeltwirkende Maschine mit dem mittleren Überdruck p_i ist auch

$$N_i = \frac{F S n p_i}{30 \cdot 75}.$$

Setzt man

$$G = \frac{\lambda V_h \cdot 60}{v_1} = \frac{\lambda}{v_1} 2 \cdot 60\, F S n,$$

so ergeben beide Beziehungen

$$p_i = \frac{\lambda (AL)\, 427}{v_1} \quad \quad (13)$$

Die Gleichung zeigt, daß der mittlere Überdruck als Arbeit auf 1 cbm wirklich angesaugter Menge aufgefaßt werden kann.

Kleine Kompressoren werden häufig als Schnelläufer gebaut und besitzen verhältnismäßig große hin und her gehende Gewichte G_0, namentlich wenn sie abgestufte Kolben aufweisen. In diesem Fall muß der Beschleunigungsdruck berücksichtigt werden, dessen größter Wert den Gegendruck des Gases nicht überschreiten darf.

Der Beschleunigungsdruck auf die Einheit der Kolbenfläche berechnet sich aus

$$q = \omega^2 r \left(\cos\alpha \mp \frac{r}{l} \cos 2\alpha\right) \frac{G_0}{F g}, \quad \dots\dots\dots \quad (14)$$

worin $\frac{r}{l}$ das Verhältnis des Kurbelhalbmessers zur Schubstangenlänge bedeutet $\left(\text{meistens } \frac{r}{l} \gtreqless \frac{1}{5}\right)$. Das positive Zeichen gilt für Hingang (Saugen), das negative für Rückgang des Kolbens (Kompression).

Setzt man zur Abkürzung

$$\frac{G_0}{F g} \omega^2 r = \left(\frac{\pi}{30}\right)^2 \frac{S n^2 G_0}{2 F g} = q_0,$$

so ergeben sich für q nach Gl. 14 folgende Werte während des Rückganges

$\alpha =$	0^0	45^0	90^0	135^0	180^0
$\left(\frac{r}{l} = 0\right)$	q_0	$q_0 \cos 45$	0	$-q_0 \cos 45$	$-q_0$
	$q_0 - \frac{r}{l} q_0$	$q_0 \cos 45$	$+\frac{r}{l} q_0$	$-q_0 \cos 45$	$-\left(q_0 + \frac{r}{l} q_0\right)$

Die Beschleunigungsdrücke verlaufen bei Vernachlässigung der endlichen Länge der Schubstange nach der Geraden $A'OB'$ (Abb. 25), bei Berücksichtigung von $\frac{r}{l}$ nach der Linie $AO'B$. Der größte Wert des Druckes entsteht als Verzögerungsdruck, wenn der Kolben am Ende des Ausstoßens in die innerste Totlage gekommen ist. Man erkennt aus Gl. 14, daß der Ausdruck $S n^2$ einen Höchstwert nicht überschreiten darf, damit die hin und her gehenden Massen nicht ungünstig auf den Gang der Maschine wirken. Das Verhältnis $\frac{S}{D}$ ist bei Schnelläufern recht klein zu halten, die Maschine soll also kurzhübig gebaut werden.

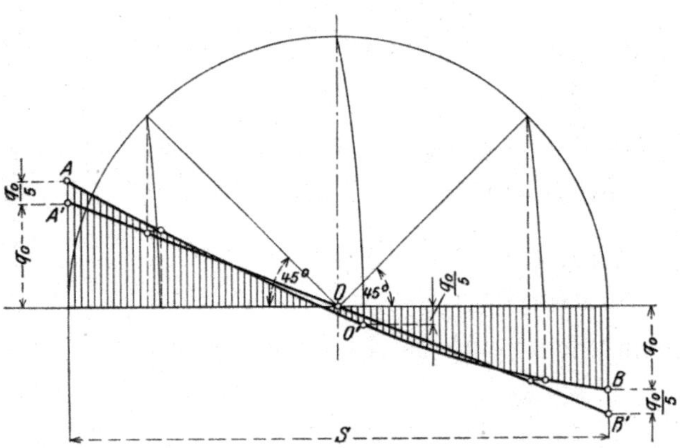

Abb. 25.

27. Beispiel: Es soll ein einstufiges doppeltwirkendes Kolbengebläse entworfen werden, das eine Luftmenge von 1200 cbm/min ansaugt und auf 1,6 Atm. abs. verdichtet.

Rechnet man für den schädlichen Raum 6 v. H. und isothermische Expansion der Restluft zufolge der Wärmezufuhr durch die große Oberfläche, so beträgt der volumetrische Wirkungsgrad nach Gl. 6, wenn statt des Volumverhältnisses das Druckverhältnis eingesetzt wird,

$$\lambda_0 = 1 - 0{,}06\,(1{,}6 - 1) = 0{,}964.$$

Entsprechend diesem Wert soll zur Sicherheit für den Liefergrad gesetzt werden

$$\lambda = 0{,}92.$$

Damit ergibt sich das Hubvolumen, bezogen auf die Sekunde

$$V_h = \frac{F S n}{30} = \frac{1200}{60 \cdot 0{,}92} = 21{,}8 \text{ cbm/sek.}$$

Zur Bewältigung der großen Luftmenge sei die mittlere Kolbengeschwindigkeit zu

$$c_m = 4{,}0 \text{ m/sek}$$

und die Drehzahl zu

$$n = 100$$

gewählt. Damit folgt für den Hub

$$S = \frac{30 \cdot 4}{100} = 1{,}2 \text{ m}$$

und die Kolbenfläche

$$F = \frac{V_h}{c_m} = \frac{21{,}8}{4{,}0} = 5{,}45 \text{ qm.}$$

Der ausgeführte Zylinderdurchmesser betrug 2640 mm, genügt daher der berechneten Fläche.

Für die indizierte Arbeit darf adiabatische Kompression vorausgesetzt werden, und zwar ist

Anfangszustand . . . . . $p_1 = 1{,}0$ Atm. $t_1 = 15^0$ C $v_1 = 0{,}85$ cbm/kg,
Endzustand . . . . . . $p_1 = 1{,}6$ Atm. $t_2' = 57^0$ C $v_2 = 0{,}6$ cbm/kg,
Arbeit . . . . $A L_{ad} = 0{,}239\,(57 - 15) = 10{,}0$ kcal/kg,

Fördergewicht . . . . . $G = \frac{V_n}{v_1}\,\frac{1200}{60 \cdot 0{,}85} = 23{,}6$ kg/sek,

Indizierter Energiebedarf $N_{ad} = \frac{(A L_{ad})\, 427\, G}{75} = \frac{10 \cdot 427 \cdot 23{,}6}{75} = 1350$ PS.

Der mittlere Überdruck ergibt sich aus $A L_{ad}$ ohne Benützung des pv-Diagramms nach Gl. 13

$$p_i = \frac{(A L_{ad})\, 427 \cdot \lambda}{v_1} = \frac{10 \cdot 427 \cdot 0{,}92}{0{,}85} = 4640 \text{ kg/qm (0,464 Atm.),}$$

damit folgt wieder als Energiebedarf

$$N_{ad} = \frac{F S n p_i}{30 \cdot 75} = \frac{5{,}45 \cdot 1{,}2 \cdot 100 \cdot 4640}{30 \cdot 75} = 1350 \text{ PS.}$$

28. Beispiel: Untersuchung eines einstufigen Kompressors auf dem Versuchsstand.

Ein einfachwirkender Kompressor hat folgende Meßwerte ergeben:

Zylinderdurchmesser .	$D = 360$ mm	Nutzbare Fläche . .	$F = 0{,}102$ qm,
Hub	$S = 400$ mm	Schädlicher Raum .	$\varepsilon_0 = 3{,}7$ v. H.,
Mittlere Drehzahl . .	$n = 140$	Hubvolumen . . .	$V_h = 5{,}7$ cbm/min,

Zustand im Saugstutzen . . . $p_1 = 1{,}02$ Atm. $t_0 = 18^0$ C $v_0 = 0{,}835$ cbm/kg,
Zustand im Druckstutzen . . . $p_2 = 7{,}0$ Atm. $t_3 = 193^0$ C $v_3 = 0{,}195$ cbm/kg,
Nutzbares Ansaugevolumen (gemessen) . $V_n = 4{,}3$ cbm/min,

Nutzbares Fördergewicht . . . . $G_n = \frac{4{,}3}{0{,}835} = 5{,}15$ kg/min,

Restgewicht im schädlichen Raum . . . $G_r = \frac{0{,}037 \cdot 5{,}7}{0{,}195} = 1{,}081$ kg/min,

Liefergrad (gemessen) . . . . $\lambda = \frac{4{,}3}{5{,}7} = 0{,}755.$

Aus den Indikatordiagrammen ist ein mittlerer Exponent der Polytrope von $m = 1{,}275$ für die Kompression und von $m = 1{,}1$ für die Expansionslinie gefunden worden. Mit p_2 und t_3 ist der Anfangspunkt A_3 der Expansionslinie (Abb. 26) bestimmt, die nun als Strecke $A_3 A_4$ in die Entropietafel eingezeichnet werden kann. Der Endpunkt A_4 zeigt

$$t_4 = 115^0\,\text{C} \qquad v_4 = 1{,}14\ \text{cbm/kg}$$

Volumetrischer Wirkungsgrad . . . . $\lambda_0 = 1 - 0{,}037\left(\frac{1{,}14}{0{,}195} - 1\right) = 0{,}821$,

Volumen der Restluft Ende der Expansion . $G_r \cdot v_4 = 1{,}081 \cdot 1{,}14 = 1{,}23$ cbm/min,
Zylinderinhalt am Hubende . . . . $(1 + \varepsilon_0)\,V_h = 1{,}037 \cdot 5{,}7 = 5{,}91$ cbm/min,
Volumen der angesaugten Luft . . . . $5{,}91 - 1{,}23 = 4{,}68$ cbm/min.

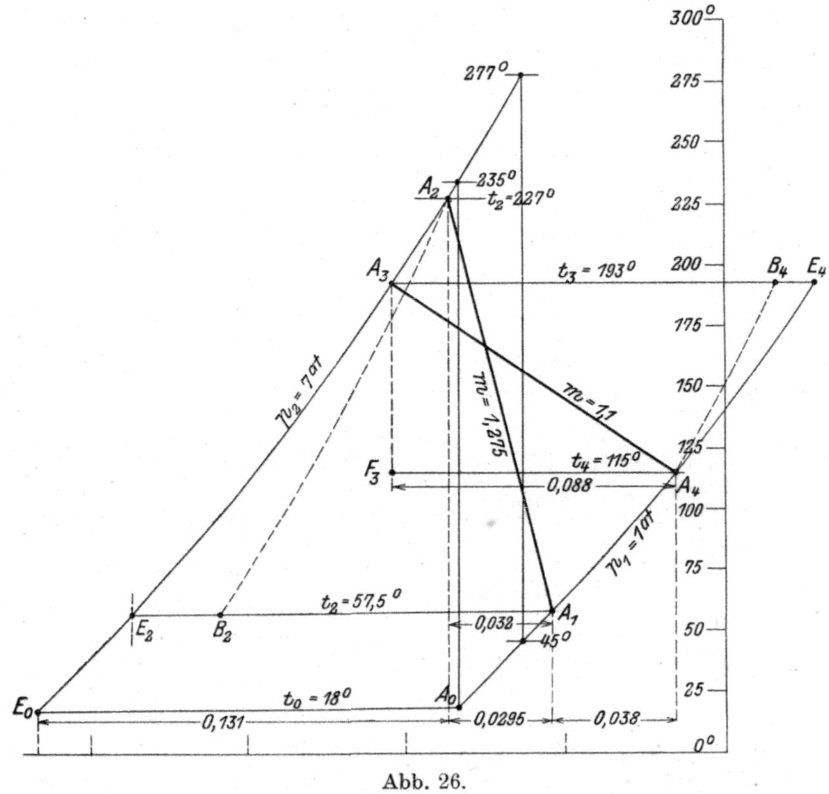

Abb. 26.

Da die gemessene Ansaugemenge 4,3 cbm/min beträgt, muß sich im Zylinder eine Raumvergrößerung auf 4,68 cbm/min bei konstantem Druck vollzogen haben, was durch die Wärmeaufnahme während des Ansaugens begründet ist. Dadurch entsteht eine höhere Temperatur von

$$T' = (273 + 18)\frac{4{,}68}{4{,}3} = 318 \qquad t' = 45^0\,\text{C}.$$

Eine weitere Temperaturerhöhung stellt sich infolge der Mischung der nutzbaren Luftmenge G_n mit der Restluft G_r ein, und zwar ist

$$t_1 = \frac{G_n t' + G_r t_4}{G_n + G_r} = \frac{5{,}15 \cdot 45 + 1{,}081 \cdot 115}{6{,}231} = 57{,}5^0\,\text{C}.$$

Die Temperatursteigerung während des Ansaugens ist demnach in vorliegendem Versuch beträchtlich und erklärt den kleinen Liefergrad.

Mit p_1 und t_1 liegt nun der Anfangspunkt A_1 der Kompression fest und die Polytrope $A_1 A_2$ kann mit $m = 1{,}275$ gezeichnet werden. Ihr Endpunkt A_2 gibt die Temperatur

$$t_2 = 227^0\ \mathrm{C}.$$

Während des Ausstoßens kühlt sich somit die Luft im Zylinder von 227° auf 193° ab.

Nun kann die Arbeit berechnet werden:

für die Kompression

$$A L_c = 0{,}242\,(227 - 57{,}5) + 0{,}032 \cdot 415{,}2 = 54{,}3\ \mathrm{kcal/kg},$$

für die Expansion

$$A L_e = 0{,}242\,(193 - 115) + 0{,}088 \cdot 427 = 56{,}5\ \mathrm{kcal/kg}.$$

Hieraus ergibt sich im ganzen

$$A L = \frac{(G_n + G_r)\,A L_c - G_r\,A L_e}{G_n} = \frac{6{,}231 \cdot 54{,}3 - 1{,}081 \cdot 56{,}5}{5{,}15} = 54\ \mathrm{kcal/kg}.$$

Durch den Einfluß des schädlichen Raumes wird der Arbeitsbedarf sogar etwas verkleinert (um 1 v. H.).

Der Energiebedarf beträgt

$$N = \frac{54 \cdot 427 \cdot 5{,}15}{60 \cdot 75} = 26{,}6\ \mathrm{PS}.$$

Die isothermische Verdichtung $(A_0 E_0)$ verlangt

$$A L_{is} = 0{,}131 \cdot 291 = 39{,}1\ \mathrm{kcal/kg},$$

womit sich der isothermische Wirkungsgrad zu

$$\eta_{is} = \frac{39{,}1}{54} = 0{,}725$$

ergibt, wobei die mechanischen Verluste der Maschine noch nicht berücksichtigt sind.

33. Mehrstufige Kompressoren.

Soll in einem Zylinder ein hoher Druck hergestellt werden, so steigt die Temperatur gegen das Ende der Verdichtung auf eine unzulässige Höhe, da die Kompression trotz der Zylinderkühlung in der Nähe der Adiabete verläuft. Die heiß gewordenen Gase erschweren die Schmierung des Kolbens und rufen Störungen im Betrieb hervor; der Arbeitsbedarf ist groß und der Einfluß des schädlichen Raumes wächst.

Diese Übelstände lassen sich wesentlich vermindern, wenn der Kompressor zwei- oder mehrstufig gebaut wird. Das im ersten Zylinder auf einen Teil des Enddruckes zusammengepreßte Gas wird in einen Behälter ausgestoßen und dort ausgiebig gekühlt, worauf die Verdichtung im zweiten Zylinder den gewünschten Druck herstellt, ohne daß die Endtemperatur höher steigen muß, als im ersten Zylinder. Bei drei- und vierstufigen Maschinen wiederholt sich dieser Vorgang.

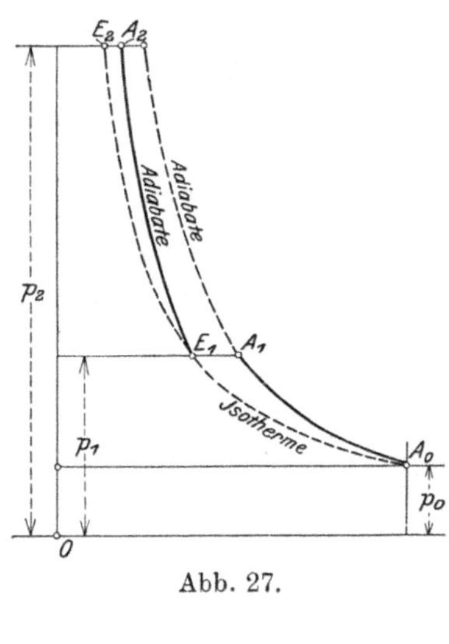

Abb. 27.

In Abb. 27 ist eine solche Verdichtung für einen zweistufigen Kompressor im pv-Diagramm dargestellt, wobei die schädlichen Räume sowie die Druckverluste vernachlässigt sind. Das Gas erfährt im Niederdruckzylinder eine erste Verdichtung von p_0 auf p_1 ($A_0 A_1$), wird alsdann im Zwischenkühler bei gleichbleibendem Druck auf die Anfangstemperatur t_0 abgekühlt, so daß der Anfangspunkt E_1 für die nächste Stufe auf der Isotherme durch A_0 liegt. Im Hochdruckzylinder erreicht das Gas den verlangten Enddruck p_2 ($E_1 A_2$).

Bequemer läßt sich die Wirkungsweise im Entropiediagramm verfolgen. Vermag die Zwischenkühlung in dem nach (Abb. 28) dargestellten Prozeß die Temperatur nach jeder Einzelverdichtung auf den Anfangswert zu vermindern, so liegen die Anfangspunkte A_1, A_3, A_5 der Kompressionslinien auf der gleichen Temperaturlinie. Die Einteilung der Druckstufen kann im allgemeinen in beliebiger Weise vorgenommen werden, wobei nur die Gesamtentropie zwischen A_1 und E aus Anfangs- und Enddruck gegeben ist. Auf alle Fälle erscheint es zweckmäßig, die Unterteilung so einzurichten, daß die Endpunkte A_2, A_4, A_6 der Adiabate gleiche Temperaturen enthalten, dann entsteht in jedem Zylinderraum dieselbe Temperaturzunahme.

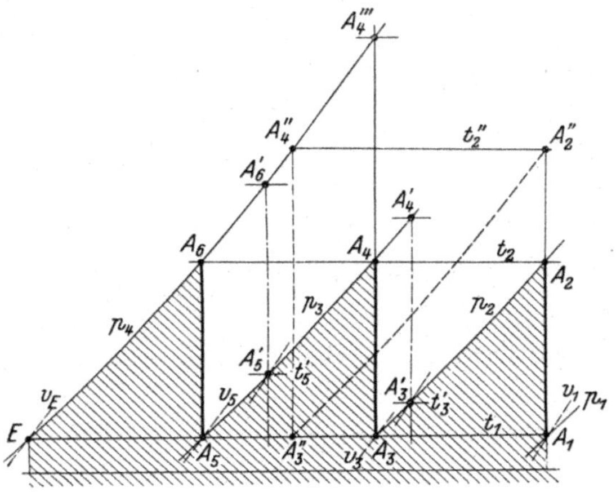

Abb. 28.

Unter diesen Bedingungen schneiden die p-Linien der Zwischenstufen die Gesamtentropie in gleichen Teilen. Für einen dreistufigen Kompressor hat man daher nur nötig, die Strecke $A_1 E$ in drei gleiche Stücke zu teilen ($A_1 A_3 = A_3 A_5 = A_5 E$), um die Kompressionslinien $A_3 A_4$ und $A_5 A_6$ zu erhalten. Ihre Endpunkte liegen auf derselben Temperaturlinie t_1 und die gefundenen Enddrücke p_2 und p_3 können abgelesen werden.

Sind die Entropiewerte der Einzelstufen einander gleich, so folgt aus Gl. 35 (I. Teil) für das Druckverhältnis

$$x = \frac{p_2}{p_1} = \frac{p_3}{p_2} = \frac{p_4}{p_3}, \quad \ldots \ldots \ldots \ldots \quad (15)$$

woraus

$$x = \sqrt[3]{\frac{p_4}{p_1}} \quad \ldots \ldots \ldots \ldots \ldots \quad (16)$$

In vorliegender Annahme liegen die Anfangspunkte der Einzelstufen auf einer Isotherme, daher ist auch

$$x = \frac{v_1}{v_3} = \frac{v_3}{v_5}.$$

Der Gesamtprozeß verläuft nach der Zickzacklinie $A_1 A_2 A_3 A_4 A_5 A_6 E$; die unter diesem Linienzug liegende Fläche stellt den Arbeitsbedarf dar. Erfolgt die Verdichtung in allen Zylindern nach demselben Gesetz zwischen denselben Temperaturgrenzen, so ist der Arbeitsbedarf für jede Stufe gleich groß. Ein dreistufiger Kompressor verlangt demnach bei adiabatischer Verdichtung einfach

$$A L_{ad} = 3 c_p (t_2 - t_1) = 3 (i_2 - i_1) \quad \ldots \ldots \ldots \quad (17)$$

Im ersten Zwischenkühler ist die Wärme abzuführen, die als Flächenstreifen unter $A_2 A_3$ dargestellt ist; der zweite Kühler entfernt die gleich große Wärme (Fläche unter $A_4 A_5$); die in der dritten Stufe gebildete Wärme (Fläche unter $A_6 E$) nimmt das Gas in den Druckbehälter mit, wo es sich allmählich auf die Anfangstemperatur abkühlen kann, falls seine Verwendung nicht vorher erfolgt.

Bei dieser idealen Verteilung der Temperaturgrenzen und der Druckverhältnisse ist der Arbeitsbedarf am kleinsten, der isothermische Wirkungsgrad am größten, was sich aus der Beziehung für den Entropiezuwachs und für die adiabatische Arbeit nachweisen läßt.

Berechnet man den isothermischen Wirkungsgrad unter Annahme der in Abb. 28 (schraffiert) dargestellten Verteilung, so erhält man beispielsweise mit $t_1 = 20$ und $p_1 = 1$ Atm. für verschiedene Enddrücke folgende Werte:

Enddruck Atm. abs.	2	2	5	5	8	8	60	60	200	200
Stufenzahl	1	2	1	2	1	2	2	3	3	4
Adiab. Endtemperatur °C . . .	85	50	190	95	254	123	231	148	205	150
$A L_{ad}$ kcal/kg	15,6	14,8	41,4	36,0	57,6	49,2	110,8	100	134	128
$A L_{is}$ kcal/kg	13,9	13,9	32,2	32,2	41,6	41,6	82,1	82,1	106	106
Isoth. Wirkungsgrad v.H. . . .	89	94	78	89,5	72	85	74,4	81,5	79	83

Wie ersichtlich, ist der Nutzen der Abstufung bei niederen Drücken nicht groß; zweistufige Kompression ist zur Erreichung von 8 Atm. geboten; für größere Enddrücke muß die Abstufung noch vermehrt werden, um auf gleichen Wirkungsgrad bei zulässigen Endtemperaturen zu kommen. Die berechneten Wirkungsgrade gelten nur unter den erwähnten idealen Verhältnissen und dienen zum Vergleich untereinander, die tatsächlichen Werte liegen tiefer.

Man erkennt, daß der nach dem gezackten Linienzug sich abspielende Prozeß eine wesentlich kleinere Arbeit verlangt, als bei einstufiger Verdichtung von p_1 auf p_4. Die Zickzacklinie nähert sich um so mehr der Isotherme, je größer die Stufenzahl ist. Wegen der Drosselverluste und der verwickelten Bauart wird die Stufenzahl 3 nur dann überschritten, wenn ein Enddruck von 200 bis 300 Atm. erreicht werden soll.

Ist die Zwischenkühlung nicht imstande, die Temperatur des Druckgases im ersten Zylinder auf ihren Anfangswert zu vermindern, so erfolgt die Verdichtung im zweiten Zylinder von einem höher liegenden Punkt A_3' (Abb. 28) aus; die Endtemperatur erhöht sich ebenfalls entsprechend (A_4'). Nun ist auch die Betriebsarbeit gewachsen um den Flächenstreifen $A_3' A_3 A_4 A_4'$. In der dritten Stufe ist die unvollkommene Kühlung durch die Lage des Anfangspunktes A_5' berücksichtigt. Auch in diesem Fall könnte man gleiche Endtemperaturen erzielen durch entsprechende Verschiebung der p_2-Linie und der p_3-Linie nach rechts, da die Unterteilung der einzelnen Stufen beim Entwurf des Diagramms nach Belieben geändert werden darf.

Will man statt des dreistufigen Kompressors einen zweistufigen für dieselbe Druckzunahme bauen, so ist nur nötig die Strecke $A_1 E$ in zwei gleiche Stücke zu teilen, die p-Linie durch den Teilpunkt A_3'' gibt den Anfangspunkt der zweiten Stufe an, die v-Linie durch diesen Punkt das zugehörige spezifische Volumen, womit das Zylinderverhältnis bestimmt ist. Dabei liegen die Endpunkte A_2'' und A_4'' wieder auf gleicher Höhe.

Würde die zweite Zwischenkühlung ausgeschaltet, so würde die Kompression nach $A_4 A_4'''$ verlaufen, die Mehrarbeit ist als Fläche $A_4 A_4''' A_6 A_5$ sichtbar.

Aus diesen Bemerkungen zeigt sich als ganz besonderer Vorteil, daß die zeichnerische Behandlung der Aufgabe mit Verwendung der Entropietafel stets sichtbar bleibt und durch Verschiebung weniger Striche so abgeändert werden kann, wie die besonderen Verhältnisse es zweckmäßig erscheinen lassen.

Dieser Vorteil sticht besonders bei mehrstufigen Kompressoren hervor, wo tatsächlich die Rechnung auf dem Zeichenbrett vor sich geht. Im Gegensatz zur alten Rechnungsart mit Potenzen sind hier die Temperaturen überall sichtbar, die man innerhalb zulässiger Grenzen halten kann.

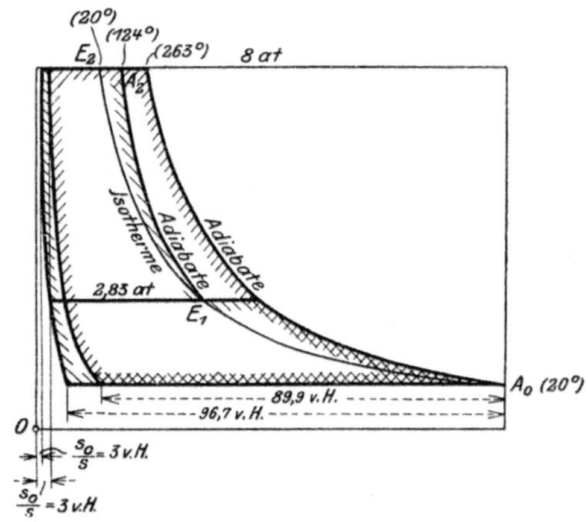

Abb. 29.

Der volumetrische Wirkungsgrad einer Stufe ist vom Druckverhältnis abhängig; man erhält daher bei mehrstufigen Maschinen keinen ungünstigeren Wert λ_0 als bei einstufigen mit demselben schädlichen Raum und demselben Druckverhältnis.

In Abb. 29 ist für einen schädlichen Raum von 3 v. H. und ein Gesamtdruckverhältnis $\frac{p_2}{p_0} = 8$ die adiabatische Expansionslinie eingezeichnet. Für die einstufige Maschine ergibt sich ein volumetrischer Wirkungsgrad von 89,9 v. H., bei der zweistufigen dagegen steigt er auf 96,7 v. H., da nun das Druckverhältnis einer Stufe auf $\sqrt{8} = 2{,}83$ vermindert ist. Die Endtemperatur der Adiabate steigt im ersten Fall auf 263° C, im zweiten Fall auf 124° C.

29. Beispiel: Zur Herstellung von Druckluft mit einer Endpressung von 200 Atm. bei einer Menge von 200 kg/h soll ein vierstufiger Kompressor gebaut werden.

Die Darstellung des zeichnerischen Berechnungsentwurfes mit Benutzung der *JS*-Tafel zeigt Abb. 30 unter Annahme der adiabatischen Verdichtung. Mit den gewählten Anfangstemperaturen und den geschätzten Druckverlusten in jeder Stufe ergeben sich die in Zahlentafel 7 angegebenen Werte.

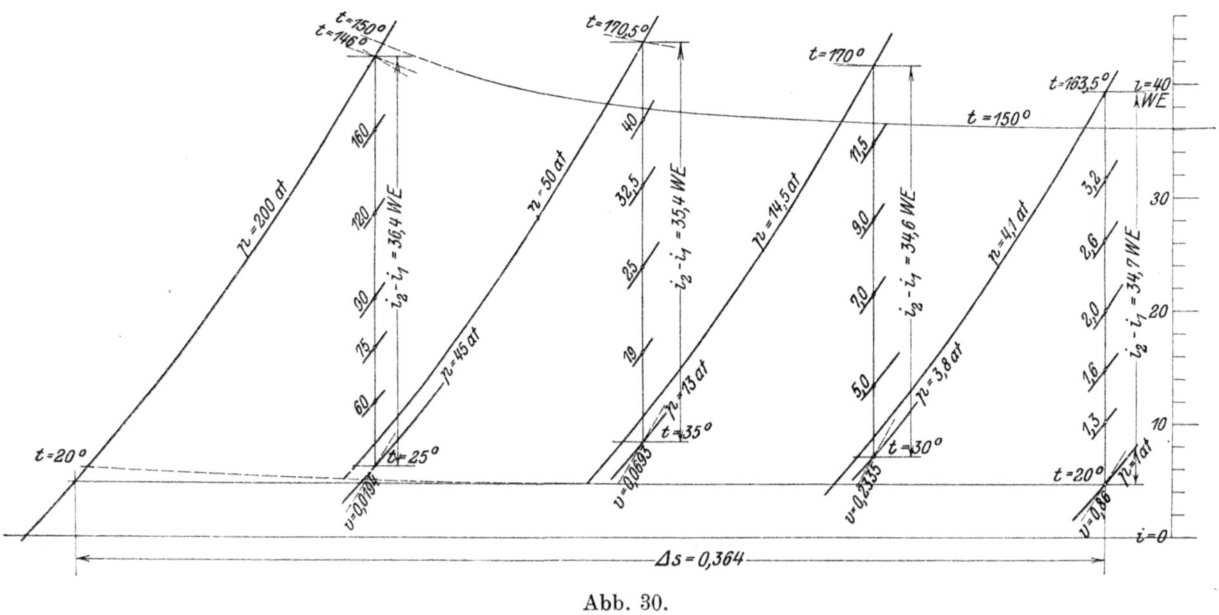

Abb. 30.

Zufolge der gewählten Druckverteilung ist die Zunahme an Wärmeinhalt in jeder Stufe beinahe gleich groß. Dabei ist nicht nötig für gleich bleibendes Druckverhältnis besorgt zu sein, nur darf die Endtemperatur nicht zu hohe und zu verschiedene Werte annehmen. Die Druckverluste zwischen den einzelnen Stufen sind so bemessen, daß der durch sie bedingte Entropiezuwachs ungefähr gleich groß ausfällt. In diesem Fall bleibt das Druckverhältnis dieses Verlustes gleich groß. Seine Größe ist bedingt durch die Verluste in den Ventilen und im Zwischenkühler.

Zahlentafel 7.

Stufen		I	II	III	IV
Anfangsdrücke	Atm. abs.	1,0	3,8	13	45
Enddrücke	„	4,1	14,5	50	200
Druckverhältnis		4,1	3,82	3,84	4,45
Anfangstemperaturen	°C	20	30	35	25
Endtemperaturen Adiabate . . .	„	163,5	170	170,5	146
Wärmeinhalt am Anfang i_1 . . .	kcal/kg	4,9	7,0	8,4	6,2
Wärmeinhalt am Ende i_2	„	39,6	41,6	43,8	42,6
Zunahme des Wärmeinhaltes $i_2 - i_1$	„	34,7	34,6	35,4	36,4
Spez. Volumen Anfang Kompr. .	cbm/kg	0,86	0,2335	0,0693	0,0194

Die Arbeit aller drei Stufen zusammen beträgt

$$AL = 34{,}7 + 34{,}6 + 35{,}4 + 36{,}4 = 141{,}1 \text{ kcal/kg}$$

und der Energiebedarf

$$N_{ad} = \frac{G\,A\,L}{632} = \frac{200 \cdot 141{,}1}{632} = 44{,}6 \text{ PS}.$$

Bei einem mechanischen Wirkungsgrad von $\eta_m = 0{,}85$ beträgt die erforderliche Energie für den Antriebsmotor

$$N_e = \frac{44{,}6}{0{,}85} = 52{,}5 \text{ PS}.$$

Für die ideale isothermische Verdichtung ist die wagrechte Gerade durch den Anfangspunkt bis zum Enddruck maßgebend:

$$A L_{is} = \varDelta S\, T_1 = 0{,}364 \cdot 293 = 106{,}6 \text{ kcal/kg},$$

$$N_{is} = \frac{106{,}6 \cdot 200}{632} = 33{,}7 \text{ PS}.$$

Der Wirkungsgrad gegenüber der Isotherme ist demnach

$$\eta_{is} = \frac{33{,}7}{52{,}5} = 0{,}64.$$

Das Entropiediagramm zeigt ferner die Wärmen, die von den Zwischenkühlern abzuleiten sind. Es ist dies für jeden Kühler der Unterschied des Wärmeinhaltes zwischen dem Endpunkt der einen Stufe und dem Anfangspunkt der nächstfolgenden. Für unser Beispiel erhält man

I. Zwischenkühler $Q_k = 39{,}6 - 7 \;\; = 32{,}6$ kcal/kg, im ganzen 6520 kcal/h
II. „ $Q_k = 41{,}6 - 8{,}4 = 33{,}2$ „ „ „ 6640 „
III. „ $Q_k = 43{,}8 - 6{,}2 = 37{,}6$ „ „ „ 7520 „

Für diesen Kompressor sollen noch die Hauptabmessungen bestimmt werden. Wir wählen zu diesem Zweck in Rücksicht auf die zu erwartenden Undichtsheitsverluste als Liefergrad $\lambda = 0{,}9$ und erhalten für das Hubvolumen der ersten Stufe

$$V_h = \frac{G\,v_1}{60\,\lambda} = \frac{200 \cdot 0{,}86}{60 \cdot 0{,}9} = 3{,}19 \text{ cbm/min}.$$

Mit der Umlaufzahl von $n = 150$ und dem Hub $S = 200$ mm ergibt sich der wirksame Querschnitt der ersten Stufe

$$f_1 = \frac{3{,}19}{0{,}2 \cdot 150} \cdot 10000 = 1062 \text{ qcm}.$$

Bei gleichem Liefergrad verhalten sich die Querschnitte wie die spezifischen Volumen zu Beginn einer jeden Kompression, damit folgt

$$\text{für die II. Stufe } f_2 = \frac{0{,}2335}{0{,}86} \cdot 1062 = 288 \text{ qcm}$$

$$\text{„ „ III. „ } f_3 = \frac{0{,}0693}{0{,}86} \cdot 1062 = 85{,}5 \text{ „}$$

$$\text{„ „ IV. „ } f_4 = \frac{0{,}0194}{0{,}86} \cdot 1062 = 24 \text{ „}$$

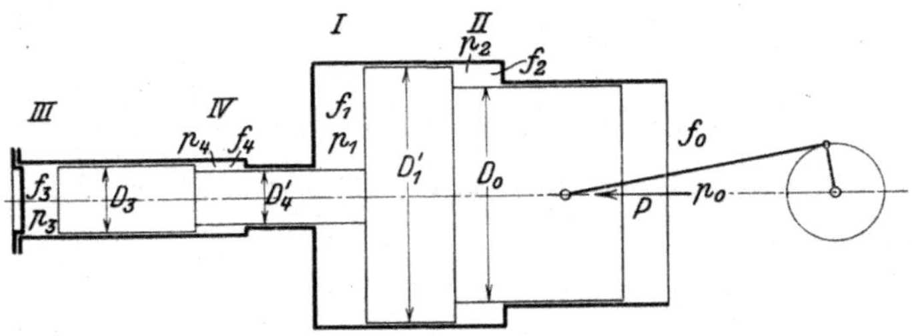

Abb. 31.

Hat der Kolben die in Abb. 31 gezeichnete Abstufung, so sind die einzelnen Durchmesser wie folgt bestimmt:

$f_3 = 85{,}5$ qcm	$D_3 = 104{,}5$ mm
$f_3 - f_4 = 85{,}5 - 24 = 61{,}5$ qcm	$D_4' = 88{,}5$ „
$f_1 + f_4' = 1062 + 61{,}5 = 1123{,}5$ „	$D_1' = 379$ „
$f_1' - f_2 = 1123{,}5 - 288 = 835{,}5$ „	$D_0 = 327$ „

34. Die wirklichen Vorgänge im Kompressor mit Rücksicht auf die Nebenerscheinungen.

Untersucht man den betriebsfähig aufgestellten Kolbenkompressor auf dem Prüffeld, so zeigen sich im Arbeitsprozeß in mehrfacher Hinsicht Abweichungen von den beim Entwurf zugrunde gelegten Annahmen.

Zur Erkennung der Vorgänge im Innern einer jeden Kolbenmaschine dient der Indikator; gleichzeitig mit dem Indizieren ist die Liefermenge durch den Ausflußversuch zu messen, ferner Druck und Temperatur im Saug- und Druckstutzen.

Das beste Mittel zur Verwertung dieser Zahlen und zur Förderung der Erkenntnis besteht in der Übertragung des Indikatordiagramms in die Entropietafel. Will man eine beliebige Linie des pv-Diagramms übertragen, so muß von jedem Punkt die Abszisse x und die zugehörige Ordinate p (kg/qcm) abgestochen werden; ferner muß von einem Punkt $(p_0 x_0)$ die Temperatur t_0 bekannt sein oder eingeschätzt werden können. Zwischen diesen Größen bestehen die Beziehungen

$$\frac{x}{x_0} = \frac{v}{v_0} = \frac{T\,p_0}{T_0\,p}$$

$$T = T_0 \frac{p\,x}{p_0\,x_0}.$$

Mit p und dem berechneten T (oder $i = c_p t$) ist der Zustandspunkt im Entropiediagramm bestimmt.

Will man mit der Übertragung der Kompressionslinie beginnen, so ist ausdrücklich zu berücksichtigen, daß für den Anfangspunkt der kleinste Druck p_0 während des Ansaugens einzusetzen ist und nicht der Druck am Hubende. Wie schon erwähnt, beschleunigt sich nämlich der Kolben im ersten Teil des Ansaugehubes und bringt im Zylinder einen Unterdruck hervor, der das Gas aus dem Ruhezustand in Bewegung setzt und die Widerstände in den Steuerorganen überwindet. Im zweiten Teil des Hubes verzögert sich der Kolben und die Ansaugemenge, so daß sich die zuerst erzeugte Strömungsenergie in Druck umsetzt. Am Hubende ist daher der Unterdruck ganz oder zum größten Teil wieder verschwunden. Diese Vorkompression zufolge dynamischer Vorgänge verlangt ebenfalls Arbeit, sie muß deshalb zur eigentlichen Verdichtung zugezählt werden, obschon sich diese erst beim Rückgang des Kolbens vollzieht.

Als Anfangsdruck der Kompressionslinie im Entropiediagramm gilt daher der Druck während des Ansaugens, der sich aus der Fläche des Indikatordiagramms unterhalb der atmosphärischen Linie durch Planimetrieren ergibt.

Im übrigen lassen sich keine Punkte der Sauglinie in das Entropiediagramm übertragen, da das Einfüllen in den Zylinder nicht als Zustandsänderung betrachtet werden kann.

Die Temperatur zu Beginn der Verdichtung ist wesentlich höher als im Saugrohr. Wie bereits früher hervorgehoben, besitzt das Restgas am Ende der Expansion häufig eine höhere Temperatur als die ankommenden Gase, ferner nehmen sie während des Ansaugens Wärme von den Wandungen auf. Diese Wärmeübergänge werden durch die Form des Gasvolumens begünstigt, der zylindrische Raum hat nämlich großen Durchmesser und kleine Höhe, besitzt folglich große Oberfläche, deren gußeißerne Wandungen Wärme vom vorangegangenen Spiel aufgespeichert haben. Wie in Beispiel 28 gezeigt, läßt sich die Endtemperatur des Ansaugens mittelbar bestimmen, wenn das Fördergewicht der Versuchsmaschine gemessen wird, als Anfangsabszisse x_0 ist die ganze Strecke von der Ordinatenachse bis zur Spitze des Diagramms abzustechen.

Der wirkliche Verlauf der Kompressionslinie im Entropiediagramm ist nicht geradlinig. Im ersten Teil der Verdichtung ist die Luft noch kälter als die Wandungen und der Kolbenkörper, die Wärmeabgabe setzt sich also fort. Dadurch steigt die Zustandslinie anfänglich rechts von der Adiabate aufwärts (A_1B, Abb. 32.) Erst wenn die Temperatur des Gases zufolge der Verdichtung genügend gestiegen ist, kehrt sich der Wärmeaustausch um: die heißen Gase geben Wärme durch die Wandungen an das Kühlwasser ab, so daß die Zustandslinie etwas nach links abbiegt (BA_2).

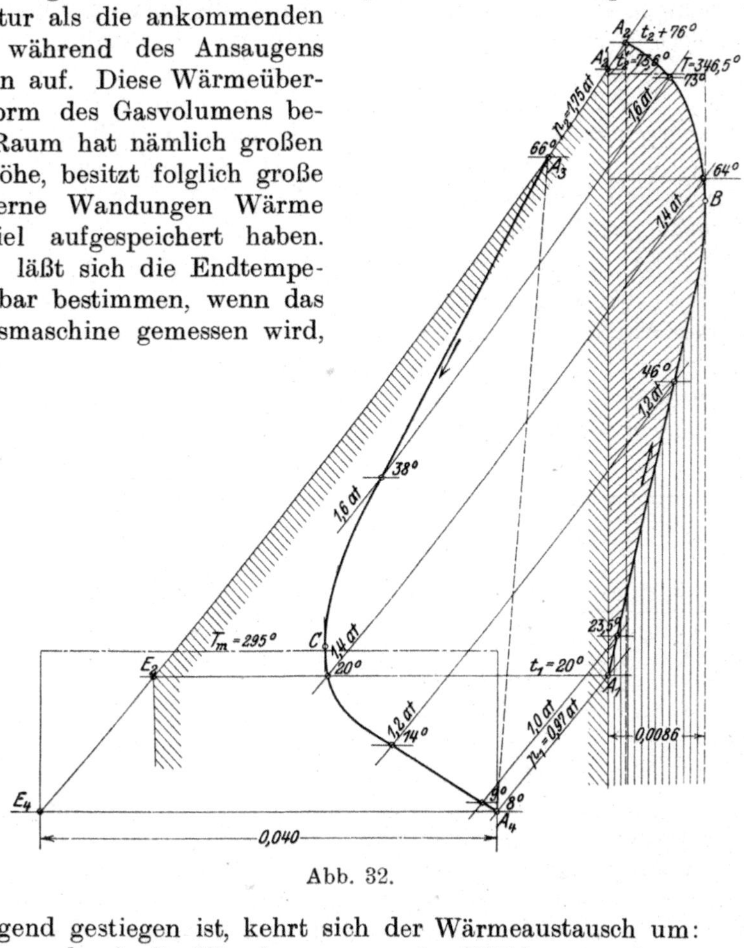

Abb. 32.

Aus der übertragenen Linie A_1BA_2 (Abb. 32) ersieht man, daß die übliche Annahme einer adiabatischen Verdichtung nur angenähert richtig ist. Sie gilt für den Fall, wenn die gekrümmte Linie A_1BA_2 zuerst rechts, dann links von der

Senkrechten durch A_1 ansteigt, wobei die Flächenabschnitte zu beiden Seiten dieser Senkrechten gerade einander inhaltsgleich sein müssen. Liegt die ganze Kurve rechts von der Senkrechten A_1A_2' wie in Abb. 32 gezeichnet, so bedeutet in der TS-Tafel das Flächenstück $A_1BA_2A_1'A_1$ (////////) die Mehrarbeit gegenüber der Adiabate. Zieht man an die Zustandslinie die senkrechte Tangente mit dem Berührungspunkt B, so schließt sie mit der Senkrechten durch A_1 einen Flächenstreifen ein, der als einfließende Wärme anzusehen ist. Zieht man durch den Endpunkt A_2 die Senkrechte, so stellt der unter A_2B liegende Streifen die vom Kühlwasser aufgenommene Wärme dar, beide Streifen sind bis zur Achse durch den absoluten Nullpunkt zu messen.

Während des Ausstoßens kühlt sich die Menge bereits etwas ab, die Ausdehnung der Restgase aus dem schädlichen Raum beginnt deshalb bei einer tieferen Temperatur (A_3). Häufig ist dabei auch eine Druckabnahme verbunden, dann verschiebt sich der Anfangspunkt A_3 nach rechts.

Die Ausdehnung verläuft zunächst links von der Senkrechten durch A_3, solange die Gase noch wärmer sind als die Wandung (Strecke A_3C). Mit der raschen Abnahme der Temperatur durch Arbeitsleistung wechselt der Austausch: die Gase nehmen Wärme auf, folglich biegt sich die Zustandslinie stark nach rechts aus (CA_4). Diese Wärmezufuhr kann unter Umständen ziemlich bedeutend sein, da die Oberfläche des kurzen Zylinderstückes gegenüber dem Rauminhalt groß ist.

Der Zusammenhang zwischen dem Endpunkt A_4 der Expansion und dem Anfangspunkt A_1 der Kompression kommt im Indikatordiagramm nicht zur Geltung, da dort die Temperaturen nicht sichtbar sind. Im Entropiediagramm ist deshalb eine Verbindungslinie zwischen A_4 und A_1 bedeutungslos, der Kurvenzug ist dort nicht geschlossen.

30. Beispiel: In Abb. 32 ist das Indikatordiagramm eines Kolbengebläses[1] ($D = 1070$ mm, $S = 1500$ mm, $n = 65$) in die TS-Tafel übertragen worden unter der Annahme einer Anfangstemperatur $t_1 = 20^0$ C für die Verdichtung und von $t_3 = 66^0$ C für die Ausdehnung. Die Ausmessung der Abszissen x zu den gewählten Ordinaten p des Indikatordiagramms und die daraus berechneten Temperaturen ergeben die in Zahlentafel 8 aufgeschriebenen Werte.

Zahlentafel 8.

Kompression					Expansion			
p kg/qcm	x mm	v cbm/kg	T °C	t °C	x mm	v cbm/kg	T °C	t °C
0,97	95,5	0,885	293	20	13,0	0,85	281	8,0
1,00	93,5	0,87	296,5	23,5	12,5	0,825	282	9,0
1,20	84,0	0,78	319	46,0	10,7	0,70	287	14
1,40	76,0	0,705	337	64	9,4	0,613	293	20
1,60	68,5	0,634	346	73	8,8	0,57	311	38
1,75	63,0	0,585	349	76	8,7	0,568	339	66

Mit den Werten p und t ist die Abb. 32 entstanden. Man erkennt die kräftige Heizung durch Kolben und Zylinderwandungen (A_1B); im oberen Teil der Verdichtung zeigt sich die Wirkung der Mantelkühlung (BA_2). Während der langen Ausstoßperiode kann sich die Gebläseluft von 76^0 auf 66^0 abkühlen. Im ersten Teil der Ausdehnung nehmen die Wandungen Wärme auf (A_3C), im zweiten Teil (CA_4) geben sie Wärme ab.

Die Verdichtungsarbeit AL_c setzt sich zusammen aus der Arbeit der Adiabate (\\\\\\\\), vermehrt um das Flächenstück $A_1BA_2A_2'A_1$; letzteres findet sich

[1]) Siehe Zeitschr. d. Ver. d. Ing. 1916, S. 61.

als Produkt in dem Entropiezuwachs 0,0086 mal dem Unterschied der mittleren absoluten Temperaturen der Flächenstücke unter BA_2A_2' und A_1B:

$$A L_c = 0{,}239\,(73{,}6 - 20) + 0{,}0086\,(346{,}5 - 310)$$
$$= 12{,}84 + 0{,}32 = 13{,}16 \text{ kcal/kg}.$$

Durch Ausmessen der Fläche $A_4CA_3E_4$ erhält man die mittlere Ordinate und damit die Ausdehnungsarbeit

$$A L_e = 0{,}04 \cdot 295 = 11{,}8 \text{ kcal/kg}.$$

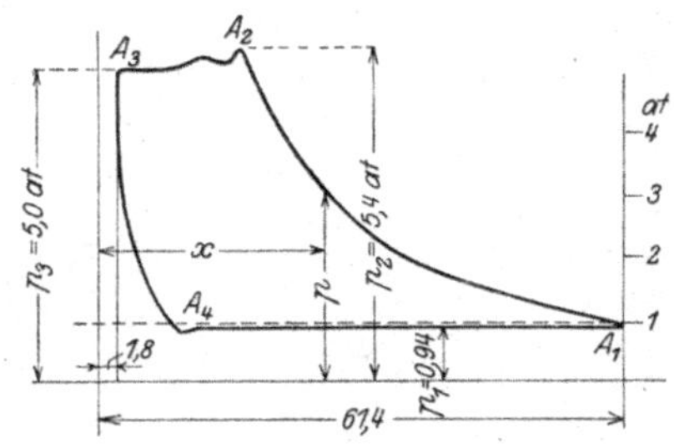

Abb. 33.

Der Wärmewert der Kompressionsarbeit, bezogen auf 1 kg der nutzbaren Fördermenge, beträgt mit 0,93 als Liefergrad und 0,1 als schädlichen Raum

$$A L = 13{,}16 + \frac{0{,}1 \cdot 0{,}885}{0{,}93 \cdot 0{,}568}(13{,}16 - 11{,}8)$$
$$= 13{,}39 \text{ kcal/kg}$$

oder 4,3 v. H. mehr als bei adiabatischer Verdichtung, bei der 12,8 kcal/kg als Arbeit nötig sind.

31. Beispiel: Aus dem Indikatordiagramm (Abb. 33) eines einstufigen Kompressors[1]) ($D = 450$ mm, $S = 500$ mm, $n = 145$, $\varepsilon_0 = 3$ v. H. schädlicher Raum) entsteht das in die JS-Tafel eingezeichnete Bild des Vorganges Abb. 34. Als Anfangstemperatur der Verdichtung wurden 40° C gewählt. Man erhält zu den Drücken p und den zugehörigen Abszissen x die in Zahlentafel 9 (S. 78) eingeschriebenen Werte. Aus dem Indikatordiagramm kann abgelesen werden

$$\lambda_0 = \frac{61{,}4 - 9{,}5}{61{,}4 - 1{,}8} = 0{,}871.$$

Dagegen ergibt sich mit $v_4 = 1{,}28$ und $v_3 = 0{,}248$, sowie mit $\varepsilon = 0{,}03$

$$\lambda_0 = 1 - 0{,}03\left(\frac{1{,}28}{0{,}248} - 1\right) = 0{,}875.$$

Die Übereinstimmung ist befriedigend.

Die Kompressionslinie verläuft auch hier zunächst rechts von der Adiabate A_1A_2', biegt aber dann nach links über die Senkrechte, so daß die Verdichtungsarbeit nur wenig von derjenigen der Adiabate abweicht. Man findet für die letztere als Abstand der Punkte A_1 und A_2'

$$A L_{ad} = 49 \text{ kcal/kg}.$$

Die aus dem Indikatordiagramm übertragene Linie $A_1BA_2A_3$ umschließt mit der p_3-Linie, A_3E_3 und den Senkrechten durch A_1 und E_3 die Kompressionsarbeit $A L_c$ ein. Ihre Bestimmung erfolgt am einfachsten dadurch, daß das Flächenstück

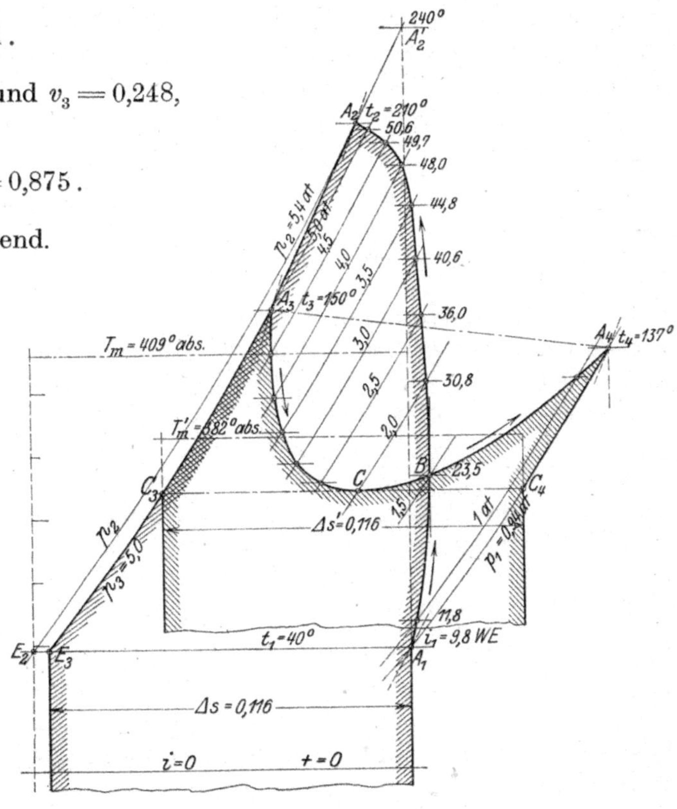

Abb. 34.

[1]) Siehe Zeitschr. d. Ver. d. Ing. 1913, S. 542, Abb. 21.

Zahlentafel 9.

Kompression						Expansion				
p kg/qcm	x mm	v cbm/kg	T °C abs.	t °C	i kcal/kg	x mm	v cbm/kg	T °C abs.	t °C	i kcal/kg
0,94	61,4	0,975	313	40	9,8	9,5	1,28	410	137	33,4
1,0	60,0	0,95	322,5	49,5	11,8	9,0	1,175	401	128	31,0
1,5	45,4	0,72	369,5	96,5	23,5	5,4	0,720	369,5	96,5	23,2
2,0	36,8	0,585	400	127	30,8	4,0	0,535	365,5	92,5	22,0
2,5	31,0	0,495	422	149	36,0	3,2	0,431	368	95,0	22,8
3,0	27,0	0,430	440	167	40,6	2,7	0,364	373	100	24,6
3,5	23,2	0,369	456,5	183,5	44,8	2,4	0,320	383	110	26,0
4,0	21,7	0,344	470	197	48,0	2,1	0,289	395	122	29,6
4,5	19,5	0,310	477	204	49,7	2,0	0,266	408	135	33,0
5,0	17,7	0,282	481	208	50,6	1,8	0,248	423	150	36,4
5,4	16,5	0,262	482	210	51,3	—	—	—	—	—

$A_1 B A_3 A_3 E_3$ mit dem Planimeter umfahren wird. Man erhält als mittlere Ordinate $T_m = 409^0$ (abs.) und als Abszisse $\Delta S = 0{,}116$ und damit

$$A L_c = 0{,}116 \cdot 409 = 47{,}4 \text{ kcal/kg}.$$

Die Ausdehnung beginnt bei dem kleineren Druck $p_3 = 5$ Atm. (Punkt A_3). Im ersten Teil der Ausdehnung wirkt der Mantel nur schwach kühlend; bald tritt eine kräftige Rückerwärmung durch die Umschließungswände ein, so daß die Temperatur gegen das Ende der Ausdehnung sogar wieder steigt. Dadurch wird eine Ausdehnungsarbeit zurückgewonnen, die eingeschlossen ist vom Linienzug $C_3 A_3 C A_4 C_4$ und von den Senkrechten durch C_3 und C_4. Die Ausmessung der Fläche gibt $T_m' = 382^0$ C abs., damit wird

$$A L_e = 0{,}116 \cdot 382 = 44{,}3 \text{ WE}.$$

Ferner ist

$$\frac{G_r}{G_n} = \frac{\varepsilon_0 v_1}{\lambda v_3} = \frac{0{,}03 \cdot 0{,}975}{0{,}27 \cdot 0{,}248} = 0{,}1356,$$

folglich

$$A L = 47{,}4 + 0{,}1356\,(47{,}4 - 44{,}3) = 47{,}82 \text{ WE}.$$

Die Rückerwärmung während der Ausdehnung vermehrt demnach den Arbeitsbedarf unbedeutend und wirkt schädlich auf den Liefergrad.

Durch die Mischung der Restluft und der mit 20^0 eintretenden Außenluft entsteht die Temperatur

$$t_m = \frac{20 + 0{,}1356 \cdot 137}{1{,}1356} = 34^0.$$

Während des Ansaugens muß sich demnach die Luft noch von 34^0 auf 40^0 erwärmen. Diese anfänglich gewählte Temperatur für den Beginn der Kompression war demnach richtig eingeschätzt.

Für den mittleren Druck des Indikatordiagramms erhält man

$$p_i = \frac{(A L)\, 427\, \lambda}{v_1} = \frac{47{,}82 \cdot 427 \cdot 0{,}87}{0{,}975} = 18300 \text{ kg/qm } (1{,}83 \text{ Atm.}).$$

32. Beispiel: Von dem Indikatordiagramm eines Verbundkompressors[1]) sollen die Kompressionslinien in die Entropietafel eingetragen werden (Anfangszustand 1 Atm., 23^0). Die Zwischenkühlung vermindere die Temperatur auf 25^0. Die aus x und p berechneten Werte t sind in Zahlentafel 10 zusammengestellt und in Abb. 35 eingetragen.

[1]) Diagramm siehe Seite 107, Abb. 95.

Zahlentafel 10.

Kompression Niederdruckzylinder				Kompression Hochdruckzylinder			
p kg/qcm	x mm	v cbm/kg	t °C	p kg/qcm	x mm	v cbm/kg	t °C
1,0	95,5	0,87	23	2,52	39	0,346	25
1,5	73	0,665	69	3,0	35,5	0,315	49
2,0	60	0,546	100	4,0	29,5	0,262	84
2,75	47	0,428	129	5,0	25,5	0,222	106
3,5				6,0	21,5	0,191	118
				7,0	19,0	0,168	130

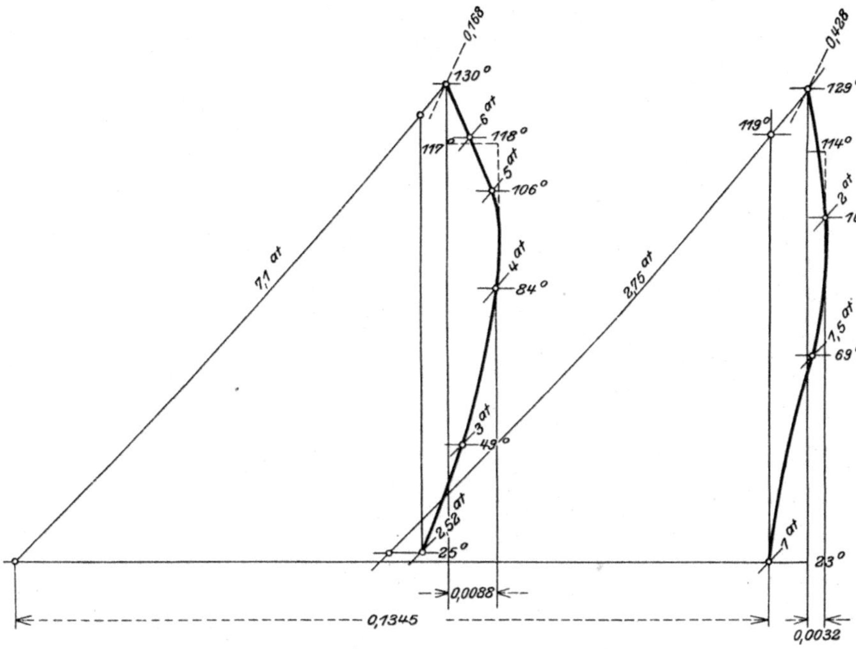

Abb. 35.

Zahlentafel 11.

Niederdruckzylinder Kompression						Niederdruckzylinder Expansion					
Punkt	p Atm. abs.	x mm	v cbm	T °C	t °C	Punkt	p Atm. abs.	x mm	v cbm	T °C	t °C
0	0,912	81,5	0,964	300	27	6	3,9	6,5	0,318	423	150
1	1,3	66,0	0,780	346	73	7	3,2	7,0	0,342	375	102
2	1,8	52,3	0,620	380	107	8	2,3	9,1	0,445	350	77
3	2,3	43,6	0,515	405	132	9	1,8	11,2	0,55	338	65
4	3,2	33,5	0,396	433	160	10	1,3	14,5	0,71	315	42
5	4,1	27,4	0,324	453	180	11	1,0	18,0	0,88	300	27
						12	0,912	19,4	0,95	293	23
Hochdruckzylinder Kompression						Hochdruckzylinder Expansion					
13	3,45	86,2	0,257	303	30	19	10,0	10,7	0,1093	373	100
14	5,0	69,7	0,208	355	82	20	9,0	11,7	0,119	365	92
15	7,0	53,2	0,159	381	108	21	7,0	14,2	0,145	346	73
16	9,0	43,5	0,130	400	127	22	5,0	18,7	0,191	326	53
17	10,0	40,7	0,121	412	140	23	3,67	24,7	0,253	317	44
18	10,7	38,2	0,114	416	143	24	3,26	28,0	0,286	318	45

33. Beispiel: Das Maschinenlaboratorium des Technikum Winterthur enthält einen Kompressor mit abgestuftem Kolben (200/170 mm Durchm., 150 mm Hub, 210 Uml./min), dessen schädlicher Raum im Niederdruck 8,7 v. H. und im Hochdruck 14,2 v. H. beträgt, wobei der Raum des angeschlossenen Indikators mit berücksichtigt ist.

Eines der Indikatordiagramme, das etwa 30 Minuten nach Erreichung des Beharrungszustandes abgenommen wurde, hat die in Zahlentafel 11 enthaltenen Abszissen und Ordinaten, aus denen die Temperaturen zu ermitteln sind.

Den Verlauf der Zustandsänderungen im Entropiediagramm zeigt Abb. 36 mit den ausgezogenen Kurven. Die gestrichelte Expansionslinie stammt von einem Indikatordiagramm, das zwei Stunden später abgenommen wurde. Die Erwärmung des Kolbens macht sich hier stärker fühlbar, so daß die Expansionslinie sich stark der Isothermen nähert. Die Mantelkühlung hat auf den Verlauf der Kompression keinen merklichen Einfluß mehr.

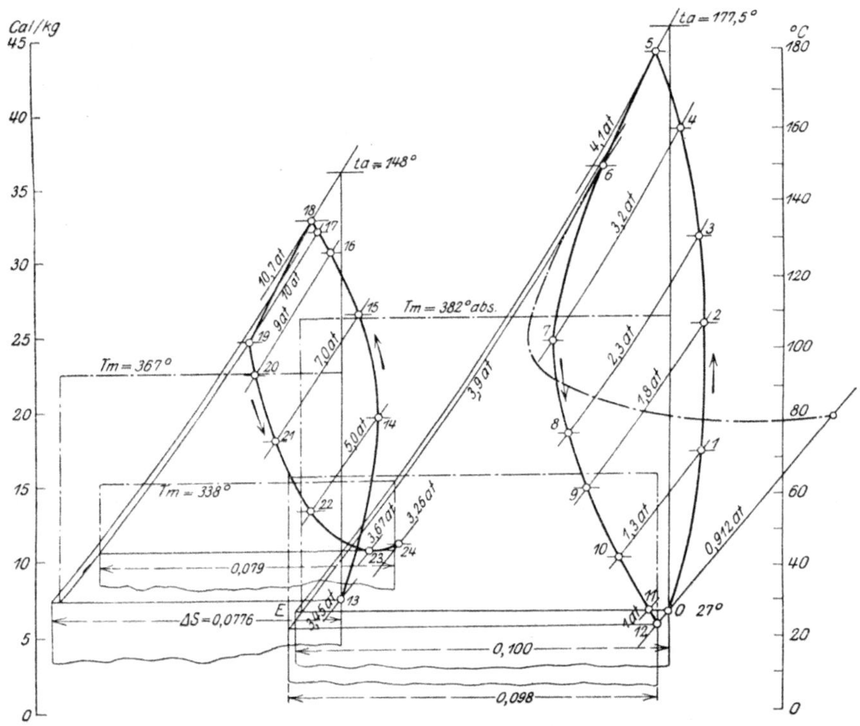

Abb. 36.

Zur Bestimmung der Arbeit aus dieser Abbildung hat man die Flächen nach links mit p-Linien zu begrenzen, die in der Mitte zwischen den Linien für den Enddruck der Kompression und den Anfangsdruck der Expansion liegen und alsdann die Flächen in Rechtecke zu verwandeln, deren Ordinaten die mittleren Temperaturen bedeuten. Mit den eingeschriebenen Maaßen ergibt sich:

Niederdruckzylinder $A\,L_c = 382 \cdot 0{,}101 = 38{,}6$ kcal/kg

$A\,L_e = 340 \cdot 0{,}098 = 33{,}3$ „

$A\,L_c - A\,L_e = 5{,}3$ „

$\varepsilon_0 = 0{,}087\,,\qquad v_0 = 0{,}964\,,\qquad v_3 = 0{,}318\,,\qquad \lambda_0 = 0{,}735\,,$

$$A\,L = 38{,}6 + \frac{0{,}087 \cdot 0{,}964 \cdot 5{,}3}{0{,}735 \cdot 0{,}318} = 40{,}5 \text{ kcal/kg}.$$

Hochdruckzylinder $A\,L_c = 367 \cdot 0{,}0776 = 28{,}7$ kcal/kg

$A\,L_e = 338 \cdot 0{,}079 = 26{,}7$ „

$A\,L_c - A\,L_e = 1{,}8$ „

$\varepsilon_0 = 0{,}142\,,\quad v_0 = 0{,}257\,,\quad v_3 = 0{,}1093\,,\quad \lambda_0 = 0{,}74\,.$

$$A\,L = 28{,}5 + \frac{0{,}142 \cdot 0{,}257 \cdot 1{,}8}{0{,}74 \cdot 0{,}1093} = 29{,}3 \text{ kcal/kg},$$

insgesamt $A\,L = 40{,}5 + 29{,}3 = 69{,}8$ kcal/kg.

Bei einer Liefermenge von $G = 50{,}2$ kg/h ist der Energiebedarf (indiziert)

$$N = \frac{69{,}8 \cdot 50{,}2}{632} = 5{,}54 \text{ PS}.$$

Nimmt man statt der genauen Berechnungsart nur die Adiabaten, so ist

$$A\,L_{ad} = 39{,}2 + 29{,}0 = 68{,}2 \text{ kcal/kg},$$
$$N_{ad} = 5{,}42 \text{ PS}.$$

Man ersieht daraus, daß die Berechnung nach der Adiabaten ohne Berücksichtigung der Expansionslinien zulässig ist, wenn das wirkliche Fördergewicht eingesetzt wird.

35. Einfluß der Größe des Zwischenkühlers auf das Indikatordiagramm.

In den Abschnitten 33 und 34 ist der thermische Einfluß des Zwischenkühlers auf die Kompressionslinie und auf den volumetrischen Wirkungsgrad eingehend behandelt.

Dabei wurde stillschweigend vorausgesetzt, die Ausstoßlinie im Indikatordiagramm für den Niederdruckzylinder verlaufe wagrecht, der Druck im Zwischenkühler ändere sich also nicht. Ebenso bleibe der Druck während des Einströmens im Hochdruckzylinder unverändert, im idealen Fall gleichgroß wie der Ausstoßdruck im Niederdruckzylinder, tatsächlich um einen bestimmten Drosselverlust unter dem Ausstoßdruck.

Diese Annahme eines unveränderlichen Behälterdruckes ist nur richtig für unendlich großes Behältervolumen. Bei vielen Kompressoren ist aber dieser Raum verhältnismäßig recht klein, sein Einfluß daher nicht unbedeutend.

Die Untersuchung dieser Verhältnisse kann in derselben Weise geschehen, wie sie für die Verbund-Dampfmaschinen üblich ist unter Benützung der Volumdiagramme für beide Zylinder.

In Abb. 37 ist die Aufgabe durchgeführt für einen einfachwirkenden Verbundkompressor mit abgestuftem Kolben, bei dem der Niederdruckraum von der großen Kolbenfläche, der Hochdruckraum von der Ringfläche beschrieben wird.

In der Wagrechten sind die Volumverhältnisse eingetragen, als Ordinaten im oberen Teil der Abbildung die Drehwinkel der Kurbel (Volumdiagramm), im unteren Teil die Drücke. Die Kompressionslinie 1—2 ist eine Polytrope, von 2 nach 3 findet Überströmen statt vom Niederdruck- zum Hochdruckzylinder; die Ordinaten von 2—3 liegen also auf gleicher Höhe mit den entsprechenden Punkten der Linie 7—8 im Hochdruckdiagramm, wenn vom Drosselverlust abgesehen wird. Die beiden Linien werden vom Punkt 8 ausgehend eingetragen, dessen Ordinate durch die Temperatur und das Volumen des gekühlten Gases am Ende des Einströmens bestimmt ist: $p_8\,V_h' = G\,R\,T_8$. Gleichzeitig kann die Linie 3—2 um den Spannungsverlust höher als 8—7 gelegt werden. Im Hochdruckzylinder ist 8—9 die Kompressionslinie, 5—6 die Expansion aus dem schädlichen Raum und 6—7 Expansion aus dem Zwischenkühler. Die letzte Linie muß von 7 aus gezeichnet werden, so daß Punkt 6 als Schnittpunkt beider Expansionslinien zuletzt erhalten wird. Da auf dem Wege 6—7 die Wände keinen wesentlichen Einfluß auf die

Zustandsänderung ausüben können, ist die Linie eine Polytrope, die der Adiabate nahekommt. Für die Überströmlinie gilt wie bei Mischungen das Gesetz $p \cdot V =$ Konst.

Die in diesem Beispiel gewählte Anordnung eines Stufenkolbens nach Abb. 117 Seite 116 hat den Vorteil, daß die im Niederdruckraum zum Ausstoßen gelangenden Gase sofort in dem sich vergrößernden Hochdruckraum Platz finden, so daß der Zwischenbehälter in mäßigen Abmessungen gehalten werden kann.

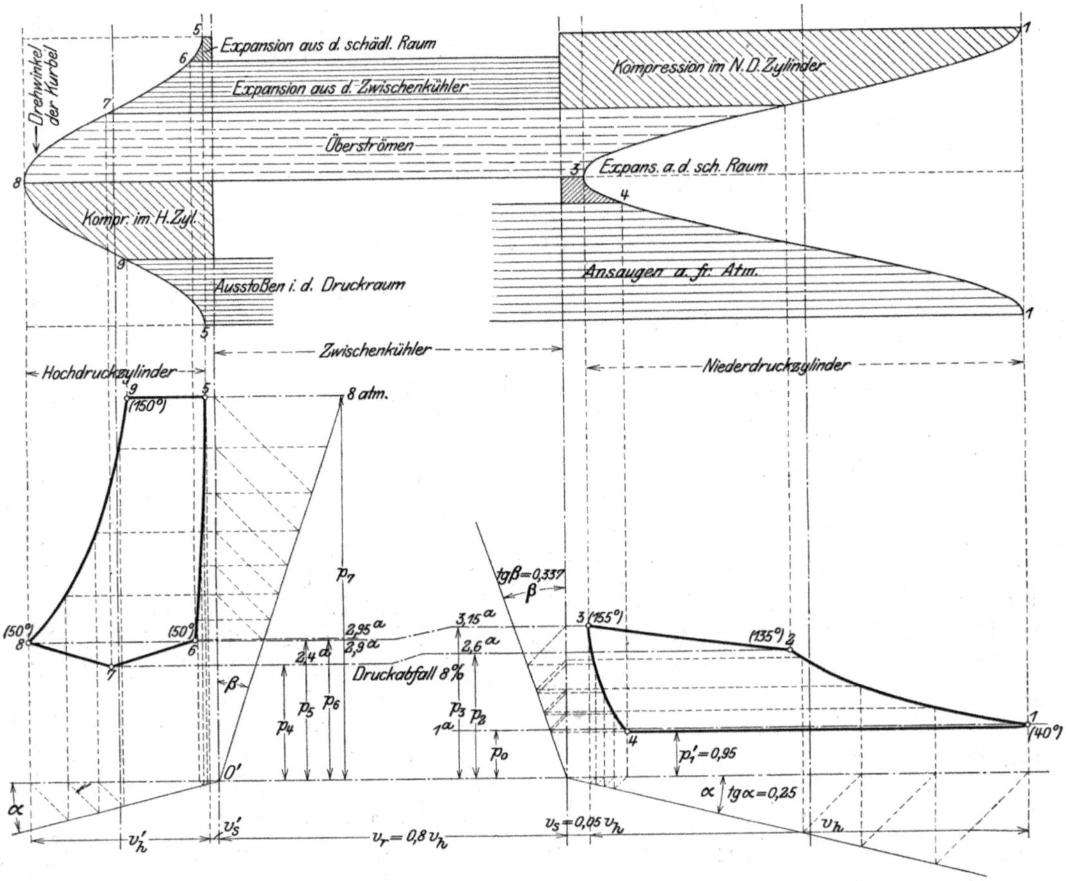

Abb. 37.

Benützt man dagegen die andere mögliche Anordnung nach Abb. 133 Seite 122, bei der umgekehrt der Niederdruckraum eine ringförmige Grundfläche bildet, so findet die Saugperiode gleichzeitig in beiden Stufen beim Hingang, die Druckperiode ebenfalls gleichzeitig beim Rückgang statt. Die im Niederdruckraum verdichtete Menge muß nun vollständig im Zwischenbehälter allein aufgespeichert werden, bis der Kolben das Hubende erreicht hat und die Einströmung in den Hochdruckzylinder beginnen kann. Der Druck im Zwischenkühler steigt daher während des Ausstoßens stark und die Linie 2—3, Abb. 37, ist tatsächlich eine Kompressionslinie mit O' als Nullpunkt des Achsensystems.

36. Kolbenkräfte.

Zur Bestimmung des Schwungradgewichtes und zur Untersuchung der Festigkeitsverhältnisse im Triebwerk ist die veränderliche Kraft zu ermitteln, die in der Kolbenstange wirkt. Sie ist in jeder Kolbenstellung gleich dem Unterschied der Gesamtdrücke auf jeder Seite der Kolbenfläche, wobei der Massendruck mit berücksichtigt werden muß.

Einstufige Kompressoren werden mit Vorteil doppeltwirkend ausgeführt. Die pv-Diagramme sind für beide Zylinderseiten annähernd dieselben, daher zeigen die Kolbenkräfte bei gleichen nutzbaren Flächen dieselben Werte für entsprechende Kolbenstellungen.

Dasselbe ist der Fall bei **zweistufigen** einfachwirkenden Maschinen mit abgestuftem Kolben, dessen Hochdruckraum ringförmig ausgeführt ist. Das Kolbenkraftdiagramm verläuft ähnlich wie dasjenige einer einstufigen doppeltwirkenden Maschine. Größere zweistufige Kompressoren erhalten gesonderte doppeltwirkende Zylinder für Niederdruck und Hochdruck. Wird jeder Kolben durch besondere Kurbeltriebe bewegt, so können beide die gleichen Abmessungen erhalten. In den beschriebenen Fällen ist das Triebwerk für Hin- und Rückgang gleich gut ausgenützt.

In Rücksicht auf die Beanspruchung des Triebwerkes sind zwei grundsätzlich verschiedene Antriebsarten zu unterscheiden.

a) Antrieb durch den Kurbelzapfen. Die Energie wird der Kurbelwelle zugeführt mittels Riemen oder Zahnradübersetzung, oder durch eine neben dem Kompressor aufgestellte Dampfmaschine, deren Kurbel auf der Hauptwelle des Kompressors sitzt.

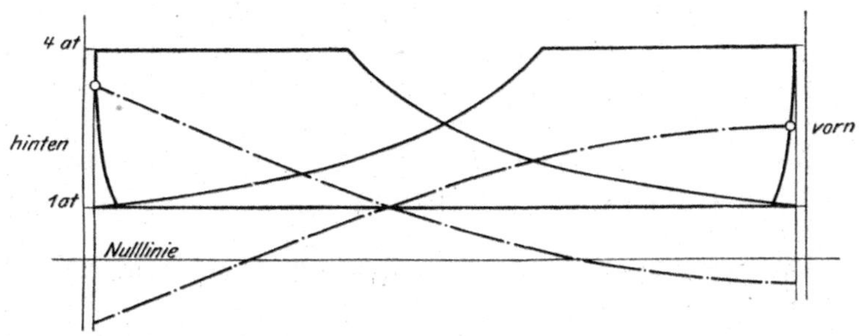

Abb. 38.

Das pv-Diagramm eines mit Riemen angetriebenen doppeltwirkenden und einstufigen Kompressors ist in Abb. 38 für beide Zylinderseiten dargestellt. Ferner ist die Massendrucklinie eingezeichnet. Die Kraftverteilung ist ziemlich ungünstig, weil die Druckwechsel in der Nähe der Totpunkte liegen.

Dieser Übelstand wird sichtbar, wenn das Diagramm umgezeichnet wird mit den Kurbelwegen als Abszissen, Abb. 39, die zugleich als Zeiten aufgefaßt werden können. Es zeigt sich nun, daß die Kurven der Massenkräfte die Kolbenkraftkurve unter großen Winkeln (α_1 und α_2) schneiden. Für diese Kraftabnahme steht daher sehr wenig Zeit zur Verfügung, was zu Stößen in den Lagern Veranlassung geben kann. Die Winkel sind um so größer, je kleiner die schädlichen Räume sind; fällt dagegen die Expansionslinie weniger steil ab, so läuft die Kurbel sanfter über den Totpunkt (α_1 und α_2 klein). Die Winkel würden am größten ausfallen ($\gamma_1 = \gamma_2 = 90^0$), wenn kein schädlicher Raum verhanden wäre, da der Druckausfall augenblicklich eintreten würde.

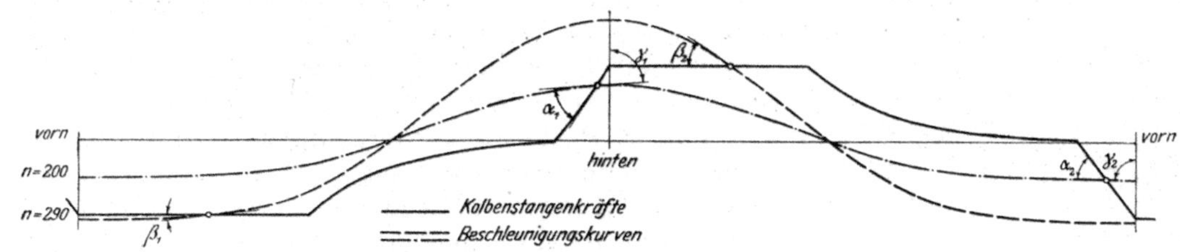

Abb. 39.

Bei großen Drehzahlen kann der Fall eintreten, daß die Massendrucklinie die Linie der Kolbenkräfte schneidet; dies geschieht alsdann unter kleinen Winkeln (β_1 und β_2), und der Kraftwechsel erfolgt unter günstigen Bedingungen.

b) Antrieb durch die Kolbenstange des Motors. Die für Dampf- und Gasmotorenantrieb meistens vorkommende Anordnung besteht darin, daß Luft- und Dampfzylinder in gleicher Achse hintereinander liegen (Tandem-Anordnung), so daß nur ein Kurbeltrieb für ein solches Paar nötig ist. Häufig befindet sich der Dampfzylinder vorn gegen die Kurbel zu, es kann dann der Luftzylinder hinten an eine Dampfmaschine normaler Bauart angeschlossen werden. Das Umgekehrte wird ebenfalls befürwortet; man schließt den mäßig warmen Luftzylinder an den Rahmen, damit sich der heiße Dampfzylinder nach hinten zu beliebig ausdehnen kann.

Die Bewegungsverhältnisse liegen insofern günstig, als hier die Summe von Dampf- und Luftkolbenkraft im Totpunkt zur Verfügung steht, um die großen Massen zu beschleunigen. Der Druckwechsel liegt erst ungünstig, wenn diese Summe zur Beschleunigung der Massen nicht ausreicht.

Für die Festigkeitsrechnung ist ausdrücklich zu betonen, daß die Summe von Dampf- und Luftdruck in der Kurbeltotlage maßgebend ist, da die Druckluft während der Expansion als treibende Kraft wirkt. Der Beschleunigungsdruck darf nicht subtrahiert werden, weil das Gestänge auch bei kleinen Umlaufszahlen genügende Festigkeit aufweisen muß. Aus diesem Grunde ist die Leergangsarbeit dieser Gruppe bedeutend, während sich die resultierenden Stangenkräfte um so mehr vermindern und um so weniger Reibung verursachen, je schneller die Maschine läuft.

Mehrstufige Kompressoren nach Antrieb a) oder b) verlangen eine besonders vorsichtige Bestimmung der Kolbenkräfte. Hat man die Hauptwerte der Berechnung eines solchen Kompressors im Entropiediagramm festgelegt, wie dies z. B. in Abb. 30 Seite 72 dargestellt ist, so zeigt sich das Aufzeichnen der pv-Diagramme in gegenseitig richtigen Volumenverhältnissen als unzweckmäßig, die die Abszissen des Niederdruckdiagramms sehr groß gewählt werden müssen, um das Hochdruckdiagramm nicht zu schmal zu erhalten.

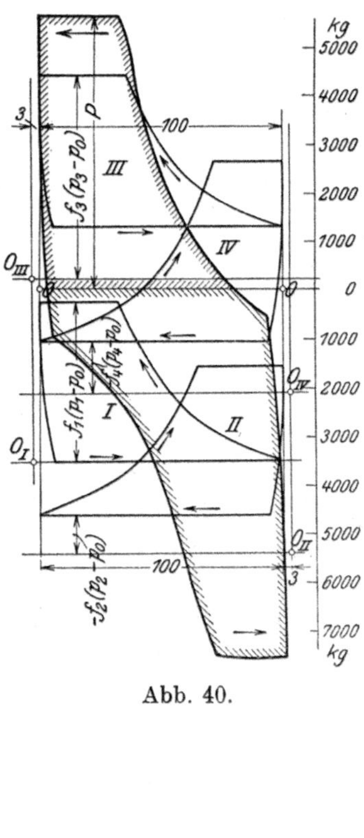

Abb. 40.

Bequemer ist es, die Drücke sofort mit den entsprechenden Kolbenflächen zu multiplizieren und diese Kräfte als Ordinaten zu behandeln, als Abszissen dafür die zugehörigen Kolbenwege anzusehen. Dadurch erscheinen die Diagramme gleichartig in ihren Abmessungen und es kann aus ihnen die resultierende Kraft durch einfache Addition der Ordinaten unter Berücksichtigung der Vorzeichen gefunden werden.

Soll z. B. für den vierstufigen Kompressor nach Abb. 31 Seite 74 die Stangenkraft in einer beliebigen Lage des Kolbens berechnet werden, so ergibt sich aus Abb. 31 mit den augenblicklichen Pressungen p_1, p_2, p_3, p_4 in den einzelnen Stufen und dem Außendruck p_0

$$P = p_1 f_1 + p_3 f_3 - p_2 f_2 - p_4 f_4 - p_0 f_0 \quad (17)$$

Bei der vorausgesetzten Anordnung ist

$$f_0 = f_1 - f_2 + f_3 - f_4 ,$$

daher

$$P = f_1(p_1 - p_0) + f_3(p_3 - p_0) - f_2(p_2 - p_0) - f_4(p_4 - p_0) \quad (18)$$

Die einzelnen Glieder dieser Gleichung bestimmen wir nun für eine Anzahl Zustandspunkte durch Entnahme der veränderlichen Werte p aus der Entropietafel. Mit den zugehörigen Werten v sind die Abszissen x der Kolbenkraftdiagramme für jedes Glied und jeden Punkt zu berechnen. Hierbei sind die Anfangspunkte für Kompression und Expansion bekannt. Wählt man z. B. als Diagrammlänge 100 mm, so entspricht bei einem schädlichen Raum von 3 v. H. dem Anfangsvolumen v_1 der Kompression eine Länge von 103 mm, einem anderen spezifischen Volumen v entspricht nun die Abzisse $x = 103 \frac{v}{v_1}$ mm.

Für die Expansionslinie muß vom Enddruck ausgegangen werden, dessen spezifisches Volumen v' der Länge 3 mm entspricht; eine andere Abszisse erhält den Betrag $x' = 3 \frac{v}{v'}$ mm.

In Zahlentafel 12 ist diese einfache Rechnung durchgeführt für den in Beispiel 29 berechneten vierstufigen Kompressor. Die Ergebnisse sind in Abb. 40 für die einzelnen Stufen aufgezeichnet sowie für die Gesamtkolbenkraft. Bei der Addition der Ordinaten muß wohl unterschieden werden zwischen treibenden und widerstehenden Kräften.

Dieses Verfahren empfiehlt sich ganz allgemein zur Anwendung, um aus dem Entropiediagramm Drucklinien rasch und genau in Funktion des Volumens oder des Kolbenweges zu bestimmen.

Zahlentafel 12.

I. Stufe							II. Stufe						
p Atm. abs.	$f_1(p_1-p_0)$ kg	t °C	T °C	v cbm/kg	x Kompr. mm	x Exp. mm	p Atm. abs.	$f(p_2-p_0)$ kg	t °C	T °C	v cbm/kg	x Kompr. mm	x Exp. mm
1,0	0	20	293	0,86	103	8,3	3,8	800	30	303	0,2335	103	7,9
1,3	319	43,6	316,6	0,71	85	—	5,0	1145	57,0	330	0,1930	85,5	6,5
1,6	638	68	341	0,624	73,5	6,0	7,0	1715	90,8	363,8	0,1520	67	—
2,0	1062	85	358	0,524	62,6	—	9,0	2290	117,5	390,5	0,1270	56	43
2,6	1700	109,6	382,6	0,432	51,7	4,2	11,5	3000	143,8	416,8	0,1065	47	—
3,2	2340	132,3	409,3	0,374	44,6	—	14,5	3860	170	443	0,0894	39,5	3,0
4,1	3300	163,5	436,5	0,312	37,2	3,0							
III. Stufe							IV. Stufe						
13	1050	35	308	0,0693	103	8,0	45	1060	25,0	298	0,0194	103	9,5
19	1540	68,4	341,4	0,0526	78,3	6,0	60	1420	48,4	321,4	0,0157	83,2	—
25	2050	98,0	371,0	0,0434	64,5	5,0	75	1780	65,0	338,0	0,0132	70,0	6,5
32,5	2700	125,5	398,5	0,0358	53,2	4,1	90	2140	80,7	353,7	0,0115	61,0	—
40	3340	147,5	420,5	0,0307	45,6	—	120	2860	106,0	379,0	0,00925	49,0	4,5
50	4200	170,5	443,5	0,0259	38,5	3,0	160	3820	129,4	402,4	0,00736	39,2	—
							200	4770	146,0	419,0	0,00613	32,5	3,0

37. Antrieb der Kolbenkompressoren durch Abdampfmaschinen.

In den Hüttenwerken wird häufig der Abdampf von Fördermaschinen und von Walzwerkmaschinen zum Antrieb von Kolbenkompressoren verwendet. Dampfzylinder und Luftzylinder liegen sowohl für Niederdruck als auch für Hochdruck hintereinander.

Das Hauptmerkmal einer solchen Gruppe besteht in der unbeschränkten Anpassung der Drehzahl an die vorhandene Dampfmenge, ohne daß der Enddruck der Verdichtung sich ändert. Daher kann der Kolbenkompressor bei entsprechender Bemessung der Antriebsdampfmaschine und ihrer Steuerung sich vollkommen selbst überlassen werden.

Ist viel Abdampf verfügbar, so läuft die Maschine mit größter Drehzahl und liefert die größte Luftmenge; mit abnehmender Dampfmenge sinkt auch die Drehzahl und damit die Liefermenge. Die Maschine bleibt stehen, wenn der Abdampf ausbleibt, und springt wieder an, wenn der Dampf von neuem zuströmt.

Die Dampfausnützung ist sehr befriedigend und unterscheidet sich unter gewissen Umständen nicht wesentlich von derjenigen eines Turbokompressors mit Dampfturbinenantrieb.

34. Beispiel: Nach Versuchen des Oberschlesischen Dampfkessel-Überwachungsvereins hat ein großer Kolbenkompressor für Abdampfbetrieb folgende Hauptergebnisse gezeigt:

Normale Liefermenge (angesaugt) $V = 12000$ cbm/h.
Druckerhöhung von 1 auf 7 Atm. abs., Drehzahl/min 91.
Dampfverbrauch für 1 cbm angesaugter Luft 1,176 kg.
Dampfdruck: Eintritt 1,0 Atm. abs., Austritt 0,09 Atm. abs.

Trägt man in die *JS*-Tafel für Wasserdampf (Mollier) den Anfangszustand des Dampfes ($p = 1{,}0$ Atm.) unter Annahme von 2 v. H. Feuchtigkeit (spezifische Dampfmenge $x = 0{,}98$) ein und zieht die Senkrechte bis zur Drucklinie $p = 0{,}09$ Atm., so gibt die Länge dieser Strecke das theoretische Wärmegefälle $H_0 = 84$ kcal/kg bei adiabatischer Expansion. Da 1 cbm angesaugter Luft eine Dampfmenge von 1,176 kg verlangt, beträgt das theoretische Wärmegefälle bezogen auf 1 cbm Luft

$$H_0' = 84 \cdot 1{,}176 = 98{,}6 \text{ kcal/cbm}.$$

Nun bestimmen wir mit der *JS*-Tafel für Luft die Arbeit bei isothermischer Kompression von 1 kg Luft auf der Linie $t = 20^0$ als Entropieunterschied zwischen den p-Linien und 7 Atm. und finden

$$A L_{is} = 293 \cdot 0{,}1335 = 39{,}1 \text{ kcal/kg}.$$

Das spezifische Volumen der Luft im Ansaugezustand beträgt

$$v = 0{,}86 \text{ cbm/kg},$$

folglich erreicht die Arbeit der isothermischen Kompression bezogen auf 1 cbm Luft den Wert

$$A L_{is}' = \frac{39{,}1}{0{,}86} = 45{,}5 \text{ kcal/cbm},$$

damit ergibt sich als Gesamtwirkungsgrad der Anlage

$$\eta = \frac{45{,}5}{0{,}86} = 0{,}46.$$

Hierbei ist ausdrücklich zu betonen, daß sich dieser Wert auf isothermische Verdichtung der Luft und adiabatisches Wärmegefälle des Dampfes bezieht. Der erwähnte Kompressor entstammt der Frankfurter Maschinenbau-A.-G. vorm. Pokorny & Wittekind.

B. Die Steuerungen der Kolbenkompressoren.

38. Ventilsteuerungen.

Als Steuerorgan der Kolbenkompressoren wird am häufigsten das selbsttätige Ventil benützt, dessen Schluß auf den Sitz durch Federbelastung bewirkt wird. Es läßt sich meistens als Saug- und als Druckventil in den gleichen Abmessungen verwenden und zwar für größere Maschinen in Gruppenanordnung; man kann daher zur Erreichung großer Durchflußquerschnitte die Zahl der Ventile entsprechend groß wählen.

Da die durchfließenden Gase weit kleinere Kräfte auf den Ventilteller entwickeln können, als dies bei Wasser möglich ist, muß die Masse des Ventiltellers auf das kleinste Maß beschränkt werden, ferner ist der Ventilhub unter allen Umständen ganz klein zu halten. Um trotzdem eine genügende Durchflußmantelfläche für das Ventil in geöffnetem Zustand zu erhalten, werden Ringventile gebaut. Die im Sitz befindlichen ringförmigen Spalten werden durch einen Stahlring von etwa 2 mm Dicke abgedeckt, der somit die Rolle eines Ventiltellers übernimmt. Der Ventilhub beträgt selten mehr als 4 mm.

Das Gewicht dieser Ringe ist gegenüber den sie belastenden Federn so klein, daß der Ventilsatz in jeder beliebigen Lage in den Kompressorzylinder eingebaut werden kann, die Hubbewegung darf sogar in wagrechter Richtung erfolgen.

Die Federbelastung hat die Ventilbewegung derart zu beeinflussen, daß sich die letztere genau der Kolbenbewegung anpaßt. Es ist einzig Sache des Versuches, diejenige kleinste Ventilbelastung zu findeu, die eine rechtzeitige Einleitung des Ventilschlusses hervorbringt. Ist die Feder zu hart, so sind die Widerstände zum selbsttätigen Öffnen zu groß; ist sie zu weich, so entsteht das sogenannte Flattern der dünnen Stahlplatten.

Der schädliche Raum beeinflußt die Ventilbewegung in günstigem Sinne; namentlich bewirkt die Expansion ein allmähliches Nachlassen des Druckes auf das Saugventil und dadurch ein sanftes Anheben der Teller.

Diese Steuerorgane verlangen eine sorgsame Überwachung, sie müssen daher leicht zugänglich gemacht werden.

Die Berechnung der Durchflußquerschnitte geschieht nach der Kontinuitätsgleichung

$$f = F\frac{c}{w}.$$

Für die mittlere Geschwindigkeit des Gases in den Ventilen wählt man gewöhnlich

$$w = 20 \text{ bis } 25 \text{ m/sek bis } 30 \text{ m/sek}.$$

Bei rasch laufenden Kompressoren ist die untere Grenze einzuhalten, bei großen langsam laufenden Kolbengebläsen die obere, doch sollte eine Geschwindigkeit von 30 m/sek nur ausnahmsweise überschritten werden.

In der Gleichung bedeutet ferner F die Kolbenfläche und c die Kolbengeschwindigkeit. Als solche kann für Saugventile die mittlere Kolbengeschwindigkeit $c_m = \frac{S \cdot n}{30}$ eingesetzt werden, da diese Organe während eines ganzen Hubes in Tätigkeit sind.

Die Druckventile zeigen in ihrer Bewegung ein abweichendes Verhalten; sie werden am Ende der Kompression plötzlich aufgestoßen, wenn der Kolben eine beträchtliche Geschwindigkeit besitzt. Das während des Ventilhubes auszustoßende Gasvolumen ist wohl kleiner als das Ansaugevolumen, es muß aber in viel kürzerer Zeit aus dem Zylinder gestoßen werden. Für die Berechnung des Druckventilquerschnittes f ist daher diejenige mittlere Kolbengeschwindigkeit einzusetzen, die sich aus der Bewegung des Kolbens während der Ausstoßperiode ergibt. Man erhält sie am einfachsten durch Auftragen der Kolbengeschwindigkeiten vom Ende der Kompression bis zum Totpunkt in Funktion des Drehwinkels der Kurbel oder der Zeit. Die mittlere Ordinate der Kurve ist die gesuchte mittlere Kolbengeschwindigkeit während des Ausstoßens des Druckgases. Man erhält damit für die Druckventile meistens einen kleineren Gesamtquerschnitt als für die Saugventile; im übrigen hängt das Ergebnis vom Druckverhältnis ab.

Im folgenden seien einige neuere Ventilkonstruktionen zur Darstellung gebracht.

Die Firma A. Borsig in Tegel-Berlin verwendet für ihre Kompressoren ausschließlich selbsttätige Ringventile nach Patent Lindemann, die in den Abbildungen 41 bis 44 dargestellt sind. Der Abschluß des Ventilsitzes *a* wird bewirkt durch eine ringförmige Stahlplatte *b* von $^3/_4$ bis 2 mm Stärke, die an zwei federnden Armen reibungslos geführt wird. Die zylindrische Stahldrahtfeder *d* legt sich zwischen Ventilplatte *b* und Hubfänger *c*. Saug- und Druckventile lassen sich gegeneinander verwechseln, da sie völlig gleichgestaltet sind. Man braucht also weniger Ersatzstücke.

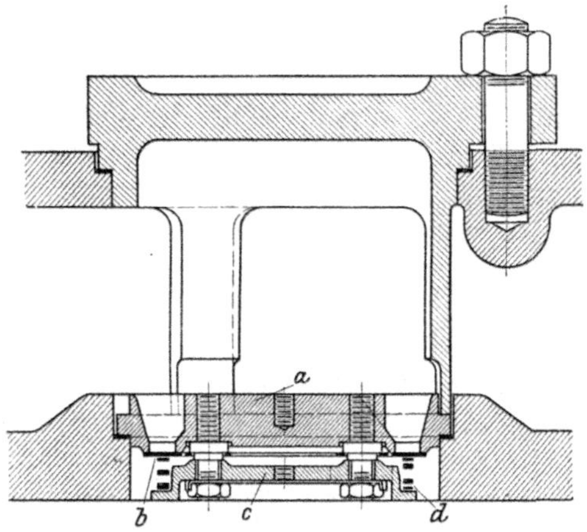

Abb. 41.

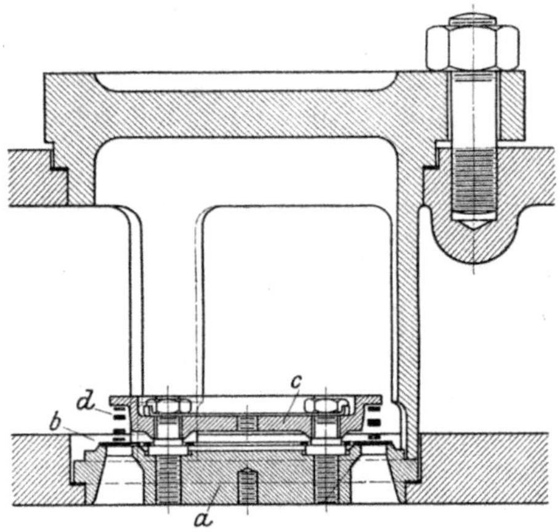

Abb. 42.

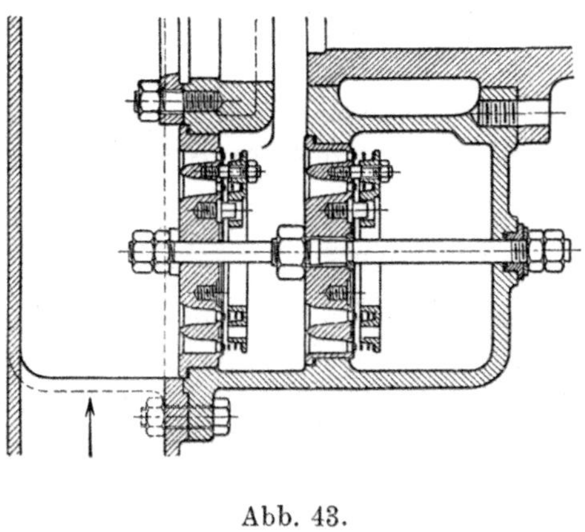

Abb. 43.

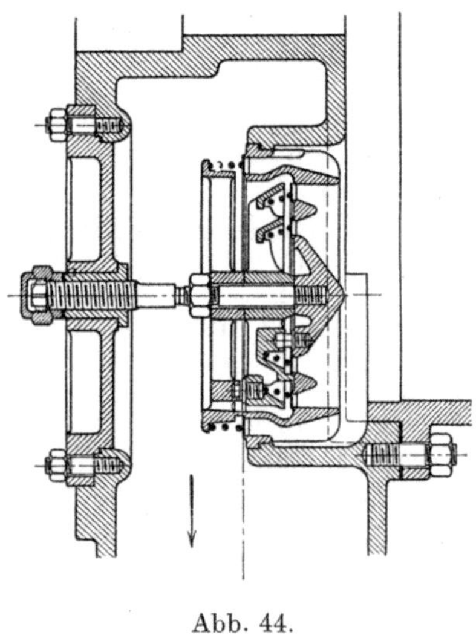

Abb. 44.

An einem Gebläsezylinder von 1630 mm Durchm. und 1200 mm Hub bei 80 Uml./min hat A. Borsig 11 Saugventile und 7 Druckventile verwendet. Jedes derselben besitzt eine freie Durchgangsfläche von $f = 340$ qcm, somit wird eine Durchflußgeschwindigkeit für das Ansaugen von $w = 18$ m/sek erreicht, wenn von einer Kontraktion abgesehen wird. Die Ventile haben bei 90 Uml./min ruhig gearbeitet. In den Abb. 43 und 44 sind zwei Ventile mit Durchgangsquerschnitten von 100 und 400 qcm gezeichnet, wobei der Einbau in den Gebläsezylinder ersichtlich ist. Ein ähnliches Ventil zeigt Abb. 45.

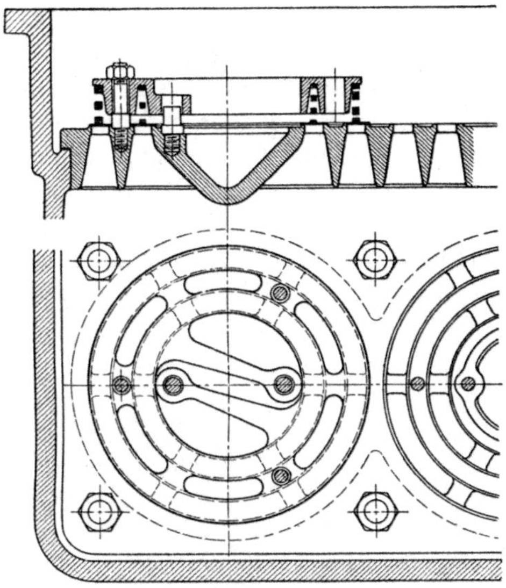

Abb. 45.

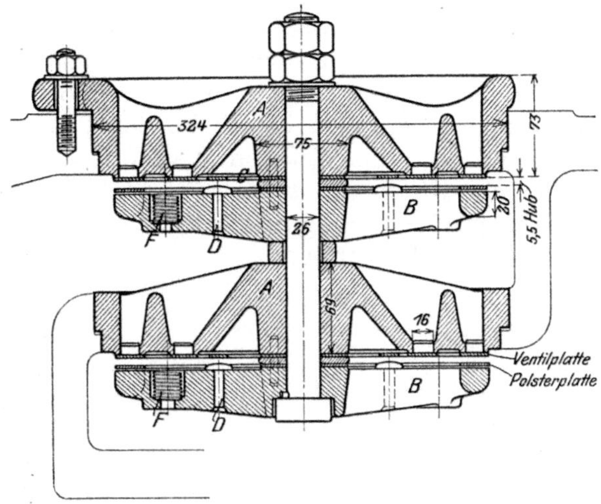

Abb. 46.

Abb. 47.

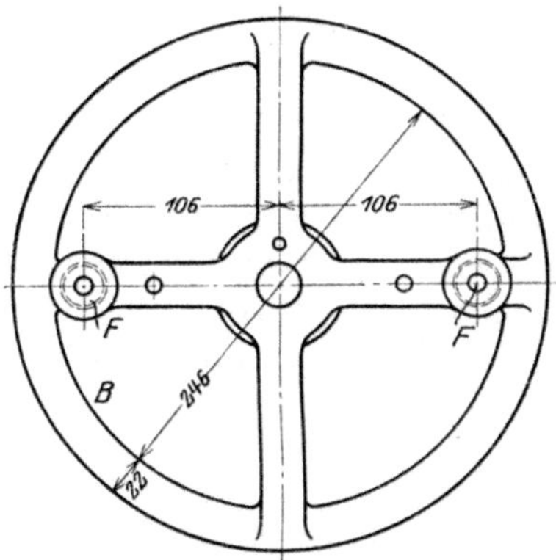

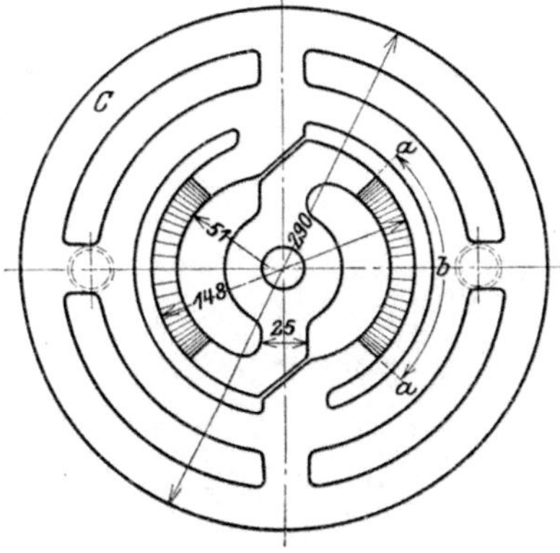

Abb. 48.

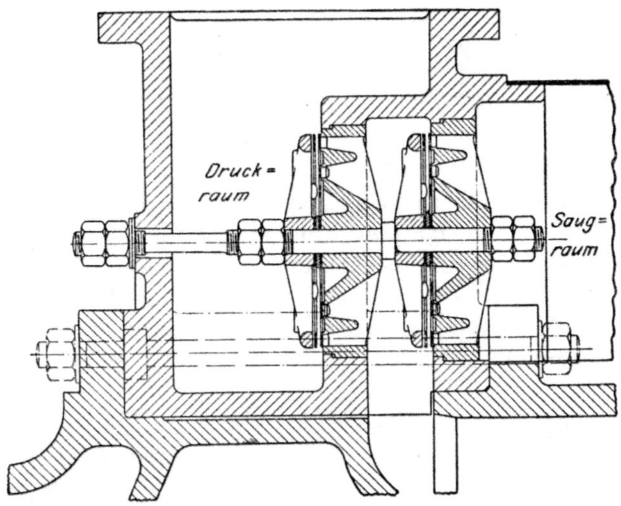

Abb. 49.

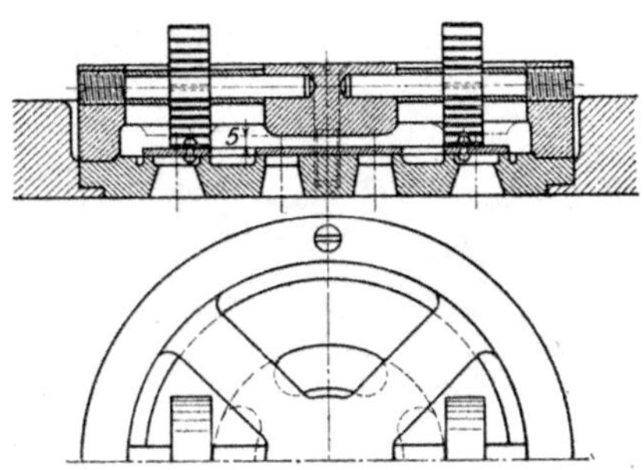

Abb. 50.

Hoerbiger-Ventil, gebaut von der Märkischen Maschinenbauanstalt Ludwig Stuckenholz A.-G., Wetter-Ruhr. In Abb. 46 ist ein Saug- und Druckventil im Schnitt dargestellt. Zwischen dem Ventilsitz A und dem Fänger B liegt die Ventilplatte C, deren Grundriß Abb. 48 zeigt. Diese Stahlplatte von 2 mm Dicke ist in der Mitte zwischen Ventilsitz A und Fänger B auf der Spindel eingeklemmt, besitzt aber in den bogenförmigen Stegen erhöhte Elastizität, da auf dem Bogen von a—a die Dicke von 2 auf 1 mm ausgeschliffen ist. Beim selbsttätigen Heben der äußeren Plattenringe schlagen diese dünner geschliffenen Teile gegen die Köpfe von Kupfernieten D, bevor der Hub der eigentlichen Plattenringe seinen größten Betrag erreicht hat, und bewirken damit ein gleichmäßiges Durchbiegen der Plattenringe.

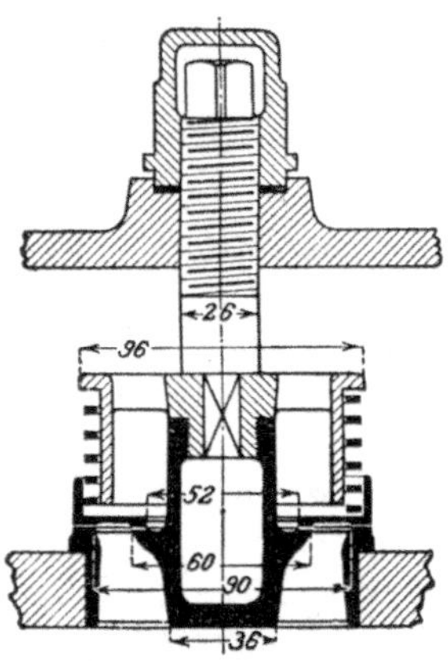

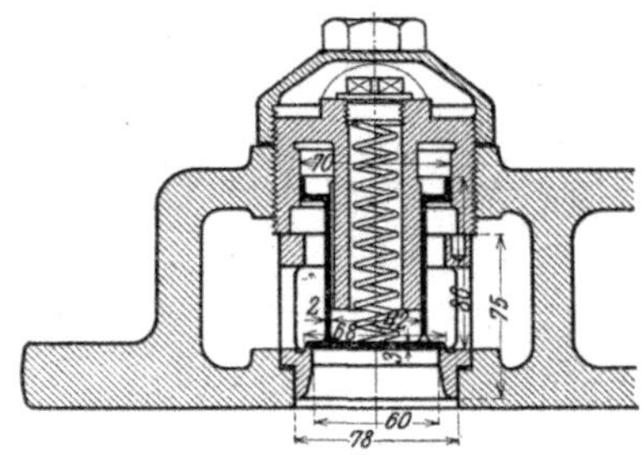

Abb. 52.

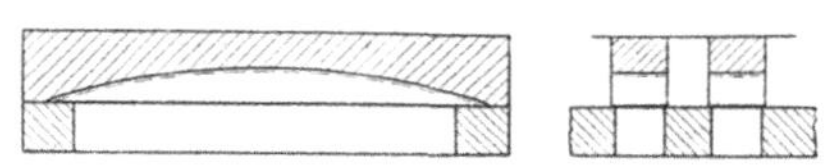

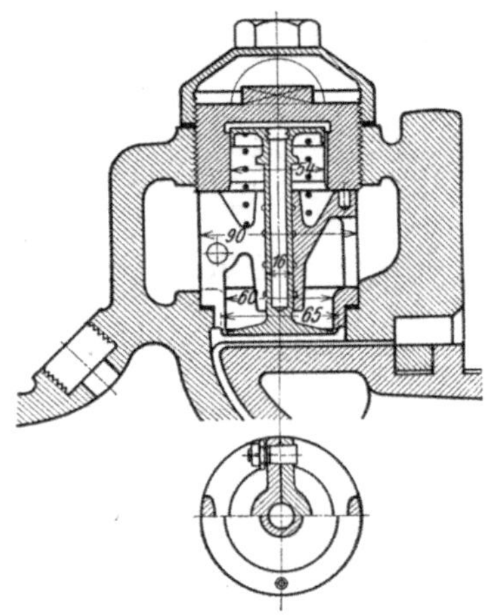

Abb. 51. Abb. 54. Abb. 53.

Vor dem rostförmigen Ventilfänger B (Grundriß Abb. 47) liegt eine Polsterplatte E mit 0,5 mm Spiel gegenüber der Begrenzungsebene des Fängers, die als Puffer dient und das Geräusch des Ventilspieles herabmindert. Als weiteres Polstermittel sind zwei Spiralfedern F in den Fänger B eingesetzt. Die Sorgfalt bei der Dämpfung der Ventilbewegung bezweckt die Verwendung an Maschinen mit größeren Umlaufzahlen.

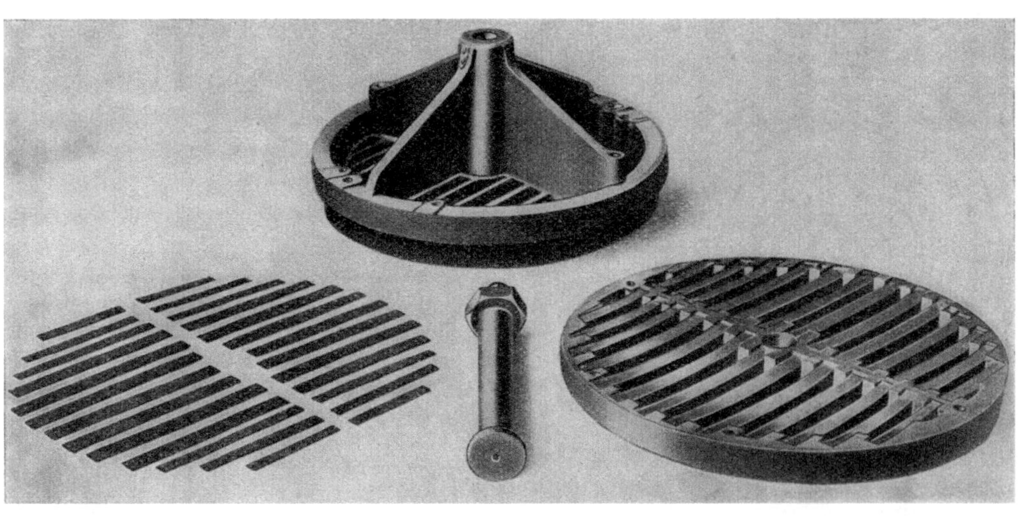

Abb. 55.

Den Einbau solcher Ventile in den Gebläsezylinder zeigt Abb. 49. Jeder Satz ist mit gemeinsamer Spindel im Ringkasten befestigt, so daß ein Auswechseln leicht möglich ist. Eine wirksame Versteifung des Ringkastens besorgen die durchgehenden Deckelschrauben.

Von der Maschinenfabrik Eßlingen wird ein Ventil verwendet (Abb. 50), das gedrängte Bauart zeigt. Der aus Stahlblech von 2 mm Dicke bestehende Ventilteller erhält seine Belastung durch zwei spiralförmig aufgewundene Biegungsfedern, die im Deckel durch radial gehaltene Stifte gehalten sind. Das gleiche Modell ist für Saug- und Druckventil benützbar, der Hub beträgt 5 mm.

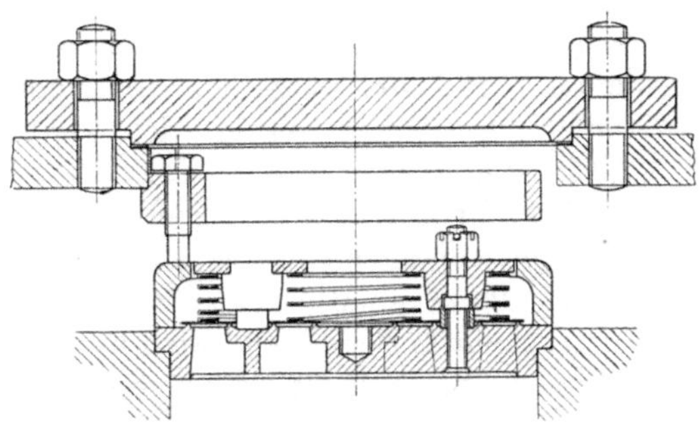

Abb. 56.

Ein einfaches Ventil mit Federbelastung (Abb. 51) entstammt der Maschinenbau A.-G. Balcke, Bochum, bei dem Ventilsitz und Fänger aus Rotguß und der Teller aus Duranametall bestehen.

Für kleinere Hochdruckkompressoren verwendet man einfache Tellerventile mit großem Hub, die aber besonders sorgfältige Ausführung verlangen. Ein Satz solcher Ventile ist in den Abb. 52 u. 53 gezeichnet und gehört zu der in Abschnitt 45

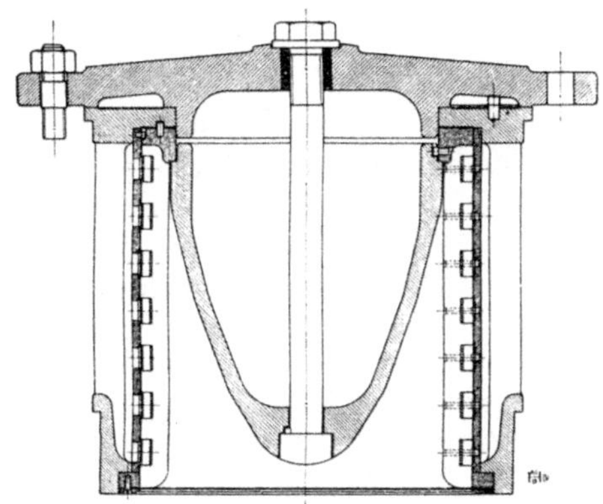

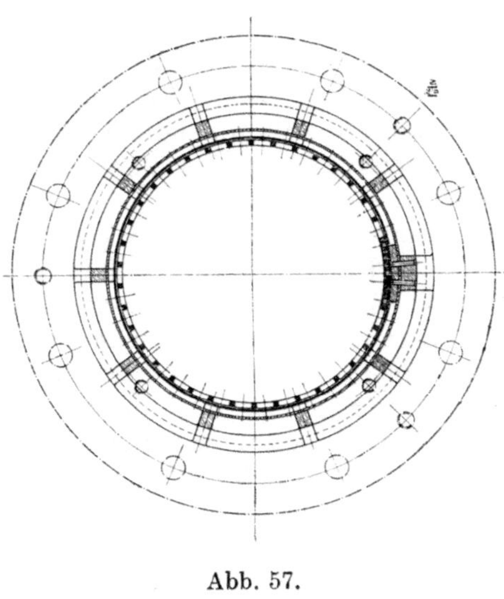

Abb. 57.

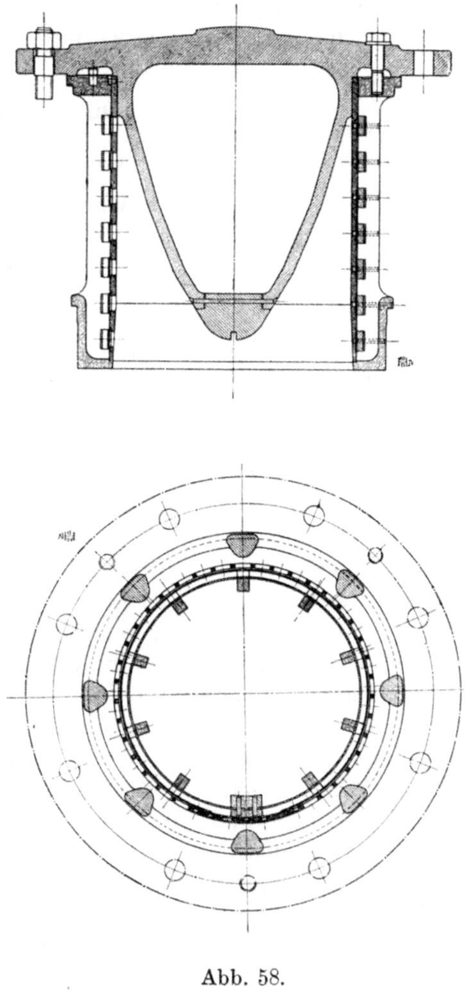

Abb. 58.

beschriebenen Maschine der Firma Breitfeld, Daněk & Cie. in Prag. Die Teller des Saug- und Druckventiles sind aus Nickelstahl herausgearbeitet und möglichst leicht gehalten. Um das Aufschlagen zu mildern, zeigen die Teller Führungskolben, die zugleich als Luftpuffer wirken. Da Kolben und Teller aus einem Stück bestehen, muß der Sitz des Saugventils in der Längsachse geteilt werden. Bei 60 mm lichter Weite beträgt der Ventilhub der Regel entsprechend 15 mm.

Für die ersten Stufen der Hochdruckkompressoren verwendet die Deutsche Maschinenfabrik Duisburg (Demag) Blattfederventile; den Abschluß bilden dünne Stahlblechstreifen, die fast masselos sind und sich beim Durchfluß der Luft zufolge ihrer Elastizität an die Bogenform des Plattenfängers (Abb. 54 und 55) anschmiegen. Das Ringventil derselben Firma Fig. 56 ist mit zwei unabhängig voneinander arbeitenden Stahlblechringen gedeckt, jede derselben ist mit besonderer Feder belastet.

Eine eigenartige Lösung hat die Maschinenfabrik Hohenzollern A.-G., Düsseldorf-Grafenberg, gefunden (Abb. 57 und Abb. 58). Als Sitz dient ein zylindrischer Rohrmantel, der mit Löchern versehen ist. Statt der ebenen Blechstreifen besorgen selbstfedernde dünne Stahlreifen den Abschluß. Diese zylindrischen Reifen sind dicht aufgeschliffen, die klaffenden Enden bewegen sich am Saugventil gegeneinander, beim Druckventil zueinander während der Eröffnung der Löcher.

Diese Ventile werden an den Enden der doppeltwirkenden Zylinder seitlich gruppenweise eingesetzt. Zwei der größten Kompressoren mit Dampfmaschinenantrieb zeigen folgende Abmessungen:

Anlage		I	II	
Luftzylinder	Durchmesser	720/1160	860/1370	mm
Dampfzylinder	„	675/1150	900/1325	„
„	Hub	1000	1300	„
„	Drehzahl	80	75	„
Ansaugemenge		154	250	cbm/min.

39. Klappen.

Die von Prof. M. F. Gutermuth in Darmstadt eingeführten Klappen zeigen sowohl in ihrer Einzeldurchbildung, als auch in der Art des Einbaues in den Kompressorzylinder ein eigenartiges Gepräge.

Als Abschlußorgan wird ein Stahl- oder Bronzeblech von 1 bis 1,5 mm Dicke benutzt, das nach Art der Spiralfedern auf einen Dorn aufgewickelt wird, in dessen Längsschlitz das eine Blechende eingreift. Das zum Verschluß des Schlitzes im Ventilsitz dienende andere Blechende bleibt eben und zeigt für hohe Drücke zuweilen eine etwas größere Blechstärke. Die innerste Spiralwindung ist etwas breiter gehalten als die übrigen, damit sich die anderen Windungen an den Wänden oder an den benachbarten Klappen nicht reiben.

Die zur Lagerung der Klappen dienende Spindel ist 1 mm dicker als der Wickeldorn zur Herstellung der Spirale, so daß die Feder fest in der Spindel sitzt und in ihren Längsschlitz eingreift. Eine weitere Befestigung ist für die Klappe nicht nötig. Die Spindeln werden durch Klammern oder Stellschrauben und dergleichen festgehalten; die Anordnung ist so zu treffen, daß das Drehen und Festklemmen der Spindel eine bequeme und sichere Einstellung der nötigen Federspannung ermöglicht. Da der Widerstand der Klappen gegen den durchgehenden Strom sehr gering ist, sind die Kraftwirkungen auf die Spindel klein.

Die aufsitzende Klappe kann trotz der geringen Blechstärke durch Ausbildung von Gittersitzen selbst gegen sehr hohe Pressungen widerstandsfähig gemacht werden. sie hat sich bei Kohlensäurekompressoren mit 60 bis 80 Atm. Druck gut bewährt.

Abb. 61.

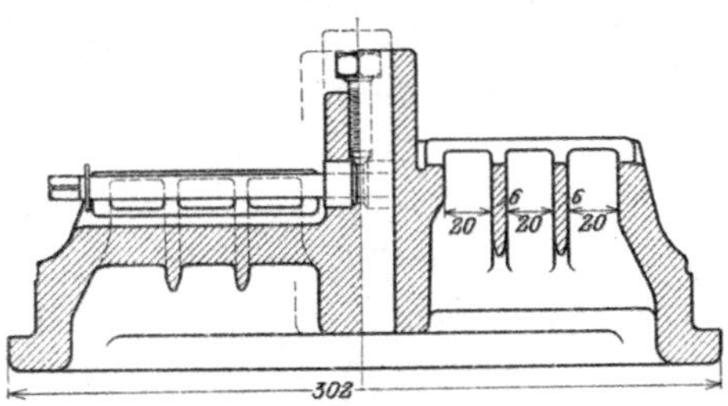

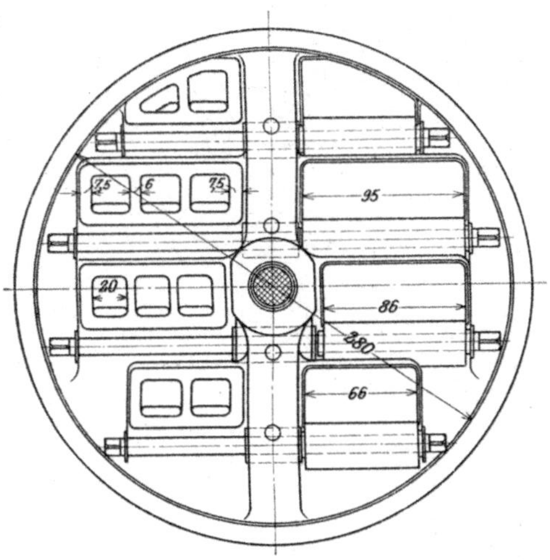

Abb. 60.

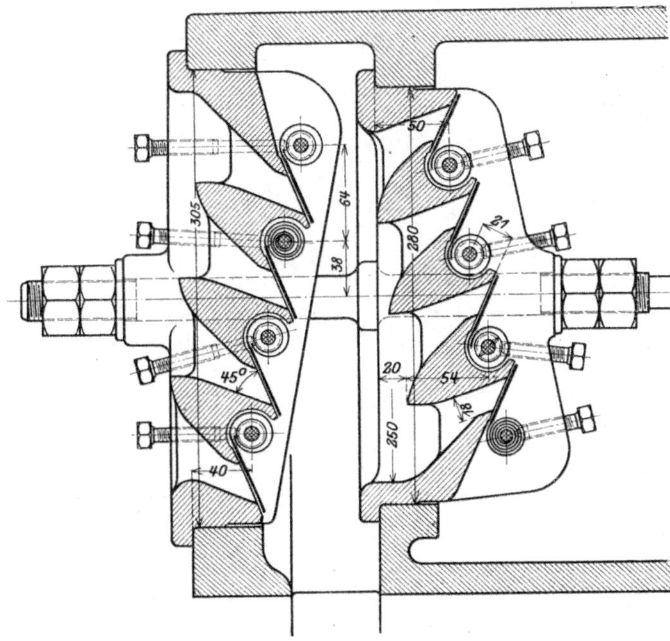

Abb. 59.

Die Kanäle der Sitze stoßen in einem spitzen Winkel gegen die Sitzfläche, damit die Flüssigkeit ohne wesentliche Richtungsänderung durchfließen kann. Dabei legt sich die Klappe in geöffnetem Zustand seitlich an den Strahl. Der Klappenhub wird durch die Strahldicke begrenzt und nicht durch den Belastungswiderstand. Dadurch kann der Hub groß ausfallen; beim Schließen nimmt die Hubhöhe nach den Windungen zu ab, so daß die Klappe auch bei großer Umlaufzahl der Hauptwelle sehr ruhig und mit kleinen Durchgangswiderständen arbeitet.

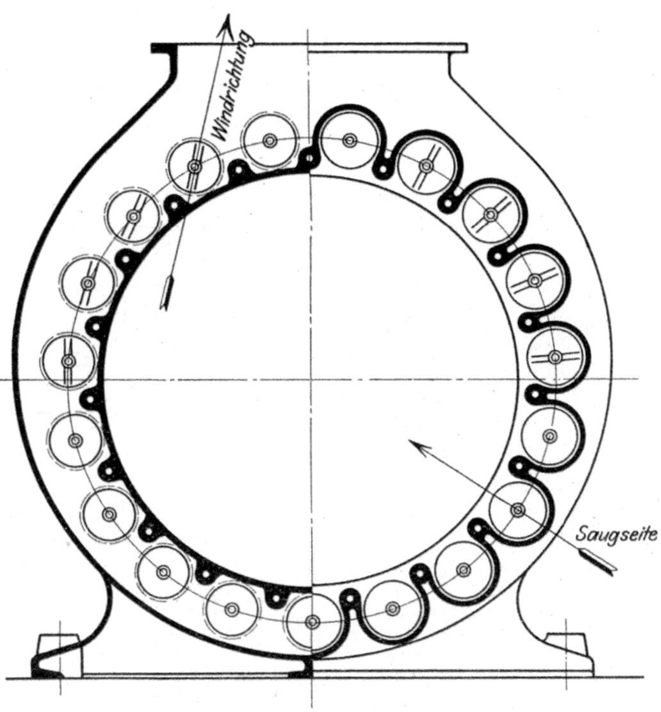

Abb. 62.

In den Abb. 59 bis 62 ist ein normaler Gebläseventilsatz dargestellt, bestehend aus einem Saug- und einem Druckventil in dem üblichen Zusammenbau. Auf der Kreisfläche jedes Ventiles sind 8 Klappen angeordnet. Die Kanalrichtung der Saugschlitze ist gegen die Zylindermitte gerichtet; die Richtung der Klappenspindeln ist für alle Saugventile tangential gestellt, so daß der eintretende Luftstrom seine Richtung möglichst beibehält. Aus dem gleichen Grunde sind an den Druckventilen die Klappenspindeln radial gerichtet, wie dies aus dem Querschnitt durch das Ventilgehäuse Fig. 62 hervorgeht.

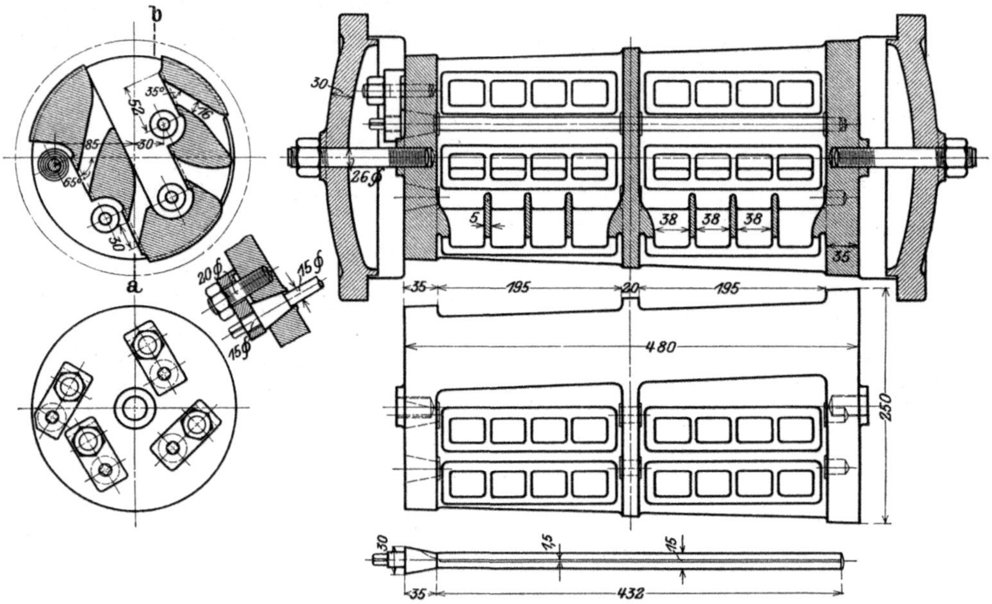

Abb. 63 bis 68.

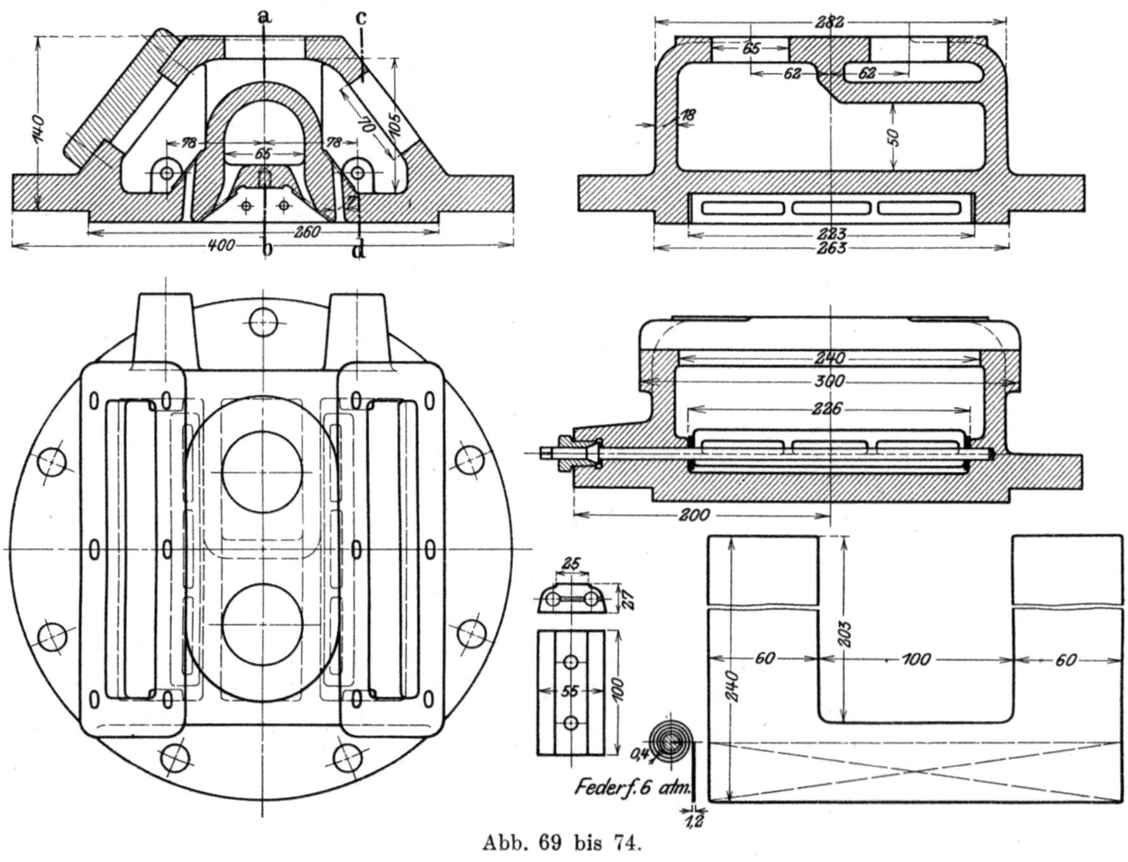

Abb. 69 bis 74.

Der Ventilsatz gehört zu einem Gebläse von 2200 mm Durchm., 1500 m Hub und 40 Uml./min.

Ein sehr bequemer Einbau in den Zylinder wird durch den konischen Klappeneinsatz erreicht, der in den Abb. 63 bis 68 abgebildet ist. Aus der ersten Abbildung ist erkenntlich, daß vier Schlitzreihen gebildet sind, von denen zwei für die Saugwirkung, die andern zwei für die Druckwirkung dienen. Die beiden Klappen einer Gruppe sitzen auf ein und derselben Spindel (Abb. 63) und lassen sich nach Wegnahme des linken Deckels von außen nachspannen. Die Art des Festklemmens geht aus den Abb. 67 und 68 hervor, während Abb. 67 die Spindel zeigt.

Dieser Klappeneinsatz gehört zu einem Niederdruckkompressor von 410 mm Zyl.-Durchm., 600 mm Hub, 160 bis 170 Uml/min, der gegen 6 Atm. arbeitet.

Bei kleineren Maschinen können auch die Klappen ohne besonderen Einsatz im Zylinderdeckel untergebracht werden. Ein derartiges Beispiel ist in den Abb. 69 bis 74 veranschaulicht. Die Spindeln der beiden Druckklappen lassen sich von außen anspannen (Abb. 72), die Spindeln der Saugklappen werden mit dem Klemmstück Abb. 73 in der gegen die Zylinderseite zugekehrten Wand befestigt.

Der Deckel gehört zu einer stehenden Maschine von 250 mm Durchm., 300 mm Hub, 170 Uml./min und 6 Atm. Überdruck. Die Klappe selbst in Abb. 74 gezeichnet.

40. Schiebersteuerungen.

Die Wirkungsweise der Schiebersteuerung besteht im wesentlichen darin, daß der Schieber den Beginn (*I*) und das Ende (*II*) des Saughubes, sowie den Abschluß des Hinausschiebens der Druckluft (*IV*) aus dem Zylinder regelt, während der Beginn des Hinausschiebens (*III*) durch ein selbsttätiges Ventil eingeleitet wird, das den Schieberraum vom Druckrohr trennt. Dieses Organ übernimmt den Dienst

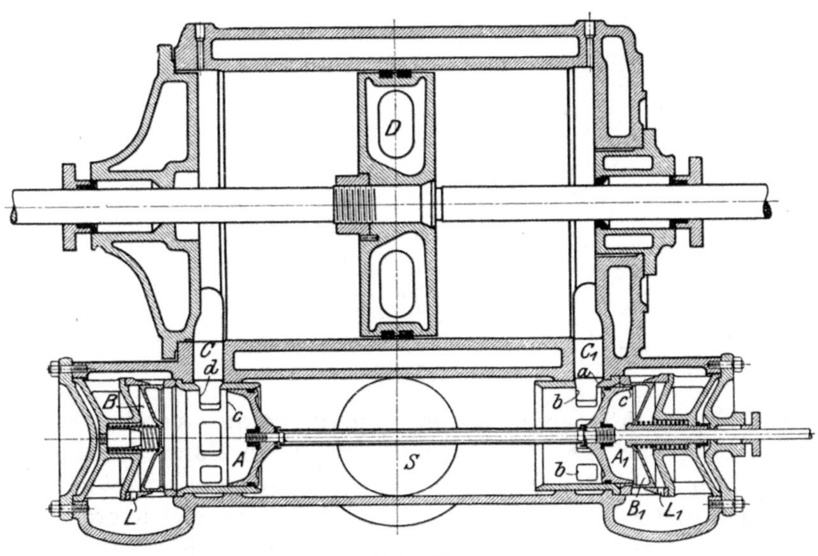

Abb. 75.

eines Rückschlagventiles; es fängt an sich zu öffnen, sobald der Druck im Zylinder — also vor dem Ventil — etwas über denjenigen hinter ihm gestiegen ist. Da dieses Ventil somit nur für das Öffnen in den Druckraum Bedeutung hat, kann sein natürlicher Hub voll ausgenützt werden und es läßt sich auch bei hoher Umlaufzahl ein geräuschloser Gang erzielen.

Kolbenschieber Patent Köster. Die Firma Pokorny & Wittekind in Frankfurt a. M. baut die Kolbenschiebersteuerung nach Patent Köster, wie sie im Längsschnitt Abb. 75 dargestellt ist. In der gezeichneten Stellung hält der Steuerkolben AA_1 den rechten Kanal C_1 für das Ansaugen aus der Leitung S offen. Ist der Hauptkolben an seinen linken Totpunkt gelangt, so schneidet die innere Schieberkante a die Kanalkante b ab. Bewegt sich der Hauptkolben D nach rechts, so öffnet der immer noch nach links laufende Kolbenschieber A_1 mit seiner äußeren Kante c den Kanal, so daß die Luft vom Kolben gegen das Rückschlagventil B_1 gedrückt wird und das Öffnen selbsttätig bewirkt, wenn der Druck im Zylinder genügend hoch gestiegen ist. Ist der Hauptkolben in den rechten Totpunkt gelangt, so hat der Schieber A_1 von links kommend den Kanal C_1 eben geschlossen und öffnet ihn mit der inneren Kante für das Ansaugen erst, wenn die Expansion aus dem schädlichen Raum den Atmosphärendruck angenommen hat.

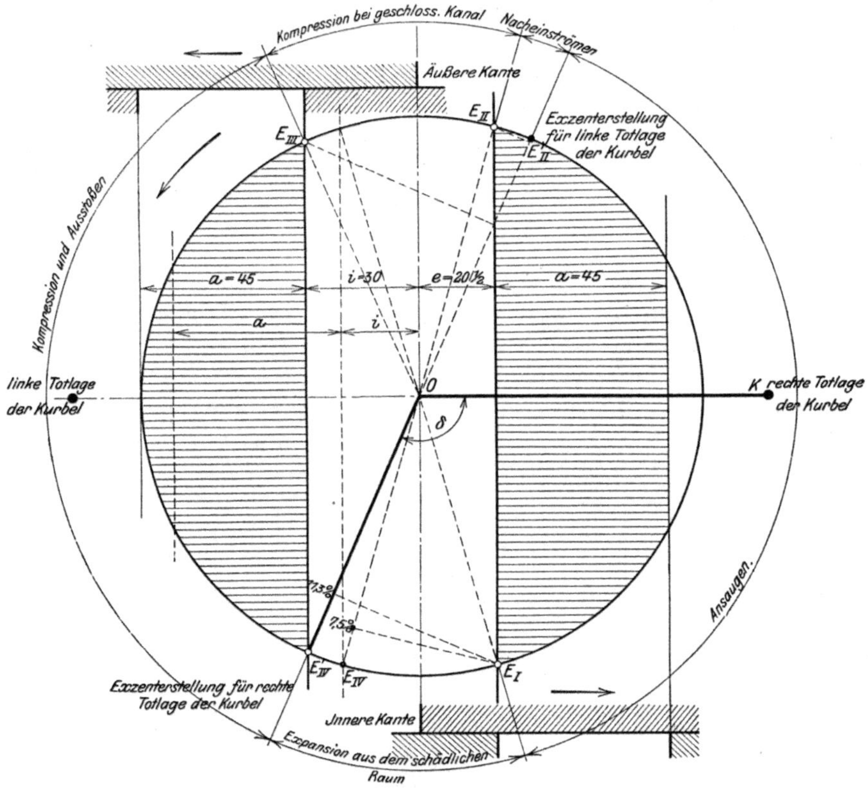

Abb. 76.

Diese Verhältnisse können in einem Steuerdiagramm sichtbar gemacht werden in ähnlicher Weise, wie dies für die Steuerungen an Dampfmaschinen üblich ist. Ein solches ist in Abb. 76 für die rechte Zylinderseite gezeichnet. Werden die Überdeckungen e und i des Schiebers in der Mittellage gleich groß ausgeführt, so ist OE_{IV} die Exzenterstellung für die Kurbelstellung OK. In der Stellung OE_I ist die Expansion aus dem schädlichen Raum beendet und das Eröffnen des Kanales C_1 durch die innere Schieberkante beginnt. In E_{II} gegenüber E_{IV} steht der Kolben im rechten Totpunkt und der Schieber schließt das Ansaugen ab, so daß die Kompression beginnt. E_{III} gibt die Exzenterstellung im Augenblick des Eröffnens des Druckraumes vor dem Rückschlagventil zwischen A_1 und B_1.

Zweckmäßig ist es, den Winkel zwischen Kurbel und Exzenter etwas größer zu halten als eben angegeben und die Überdeckungen ungleich auszuführen. Ist der Nacheilwinkel KOE'_{IV} größer als KOE_{IV}, so fällt die Expansion etwas größer aus als nötig, und es entsteht im Zylinder vor Beginn des Ansaugens ein kleines Vakuum; dadurch wird die Beschleunigung der Luftmassen befördert, sobald das Einströmen beginnt. Steht aber der Kolben im rechten Totpunkt (Exzenterstellung E'_{II}, so hat der Schieber den Kanal für das Einströmen noch etwas offen und die beschleunigte Luftmasse kann in den Zylinder nachströmen. Der Liefergrad wird dadurch auf einfache Weise erhöht, ohne daß wesentliche Energieverluste stattfinden.

Nun übt aber der Steuerschieber selbst eine Verdrängerwirkung aus, die man erkennt, wenn die Schieberbewegung noch weiter als die eine bis jetzt betrachtete Umdrehung hinaus verfolgt wird. Dreht sich das Exzenter von E'_{IV} nämlich weiter, so wird die zwischen A_1 und dem Ventil B_1 befindliche Druckluft in den Druckstutzen gefördert, bis der Schieber in seine rechte Totlage E_0 gekommen ist. Die in dieser Stellung zwischen A_1 und B_1 eingeschlossene Restluft (schädlicher Raum des Steuerkolbens) dehnt sich beim Rückgang des Schiebers nach links aus, bis in E_{III} die Verbindung mit dem Zylinder durch die äußere Schieberkante hergestellt wird und alsdann der Raum zwischen A_1 und B_1 durch die Kompression mit Druckluft angefüllt wird. Wird endlich das Ventil B_1 geöffnet, so beginnt die Förderung, die in E'_{IV} beendet ist.

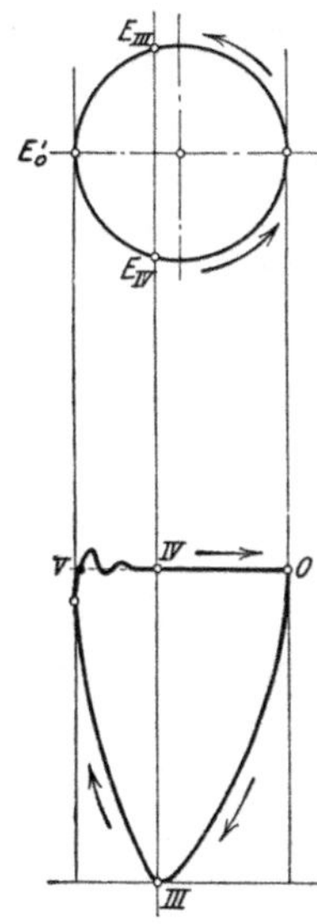

Abb. 77.

Diese Kompressorwirkung des Steuerkolbens läßt sich am Indikatordiagramm in Verbindung mit dem Steuerdiagramm erkennen (Abb. 77), von denen das erstere im Raume zwischen Schieber und Ventil abzunehmen ist. *OIII* ist die Rückexpansion, *III V* die Kompression; *V IV O* das Fortdrücken, wobei *IV O* allein das Fortdrücken aus dem Steuerkolbenraum bedeutet.

Die aus dieser Diagrammfläche sich ergebende Arbeit ist zur indizierten Leistung des Hauptzylinders zu addieren. Aus Versuchen hat sich diese Arbeit des Steuerkolbens zu etwa 2,5 v. H. der indizierten Hauptarbeit ergeben.

Das bereits mehrfach erwähnte Rückschlagventil wird bei der Steuerung von Köster aus einem geschmiedeten Stahlblock ausgedreht und kann in seinen Abmessungen sehr leicht gehalten werden. Damit es beim Öffnen nicht gegen seine Hubbegrenzung geschlagen wird, sind Öffnungen L und L_1 angeordnet (Abb. 75), durch die während des Anhebens die zwischen Ventil und Hubbegrenzung befindliche Luft hinausgedrückt wird. Sobald aber das Ventil diese Öffnungen L abdeckt, bildet sich ein Luftpuffer, der ein Anschlagen gegen die Ventilbegrenzung verhindert.

Aus der Abb. 76 ersieht man, daß nach Abschluß des Kanales C_1 durch die äußere Schieberkante (Exzenterstellung E'_{IV}, Schieberstellung *IV*) der Kolbenschieber die Verdrängerwirkung ausübt, bis er im rechten Totpunkt angelangt ist (Strecke *IV O*). Da aber diese Luftmenge nur etwa 1:40 des Hubvolumens des Hauptkolbens beträgt, so verringert sich der Hub des Ventils nach Abschluß des Kanales C_1 auf etwa $^1/_{30}$ bis $^1/_{40}$ des normalen Betrages; das Ventil ist also seinem Sitz bereits sehr nahe und hat in der Totlage (Exzenterstellung E_0) des Schiebers sicher geschlossen. Dadurch wird ein ganz allmähliches Schließen des Ventils bewirkt, wozu die Zeit eines ganzen Kolbenhubes zur Verfügung steht; es reicht folglich eine schwache Federbelastung (etwa 0,008 bis 0,01 kg auf 1 qcm Ventilfläche) aus.

Bei der Bemessung der Kanalquerschnitte soll eine mittlere Luftgeschwindigkeit von 35 m/sek nicht überschritten werden.

Um Steuerungsteile auf ihre Dichtheit zu prüfen, verwendet die Firma Pokorny & Wittekind die Vorrichtung Abb. 78. In einem gußeisernen Gefäß *G* ist beispielsweise das Rückschlagventil *V* mit seinem Sitz *S* untergebracht. Wird das Gefäß unter Luftdruck gesetzt, so kann die durch Undichtheiten der Ventilsitzfläche entweichende Luft nur durch das Röhrchen R_1 gehen und in das Glas-

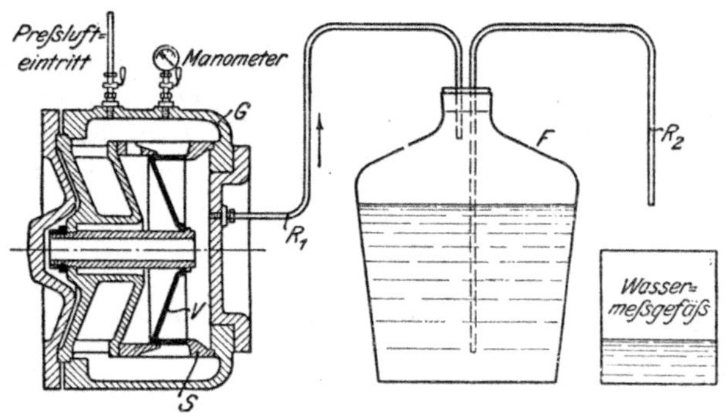

Abb. 78.

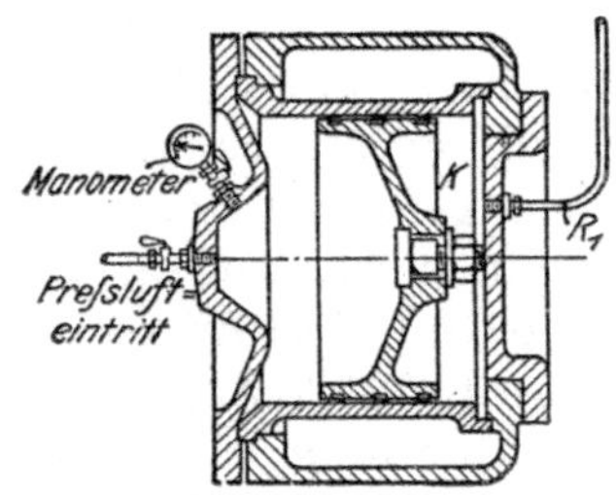

Abb. 79.

gefäß *F* treten, aus dem eine dem Luftvolumen entsprechende Wassermenge durch das Steigrohr R_2 verdrängt wird. Diese wird aufgefangen und abgewogen. Auf diese Weise können auch Steuerschieber *K* auf ihre Dichtheit geprüft werden, wie dies Abb. 79 zeigt.

Kolbenschieber Patent Icken (gebaut von G. A. Schütz in Wurzen i. S.). An jedem Zylinderende laufen quer zur Maschinenachse zwei Kolbenschieber (Abb. 80 und 81), die durch zwei Stangen miteinander starr verbunden sind und zwangsläufig von einem Exzenterantrieb hin und her geschoben werden.

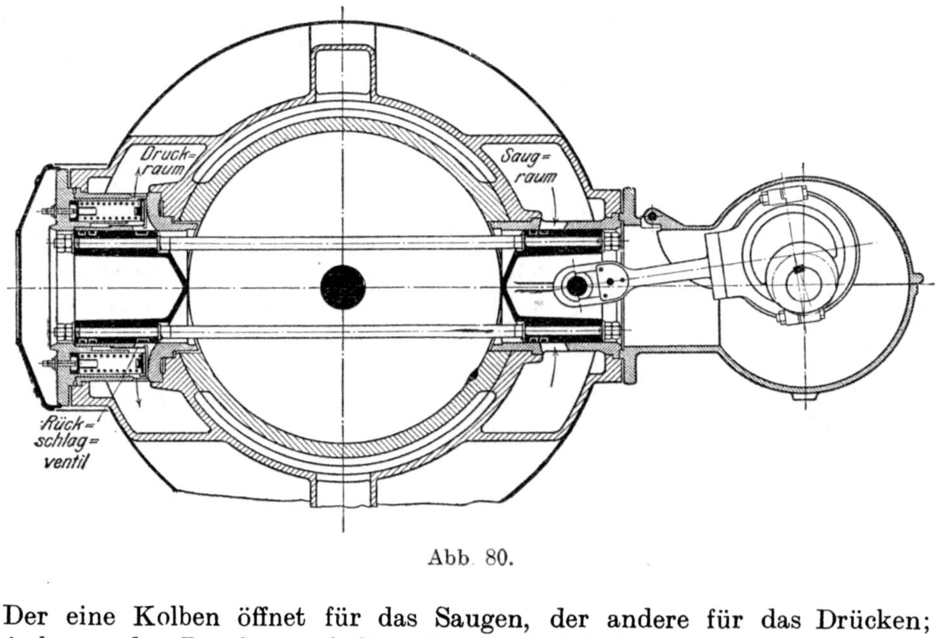

Abb. 80.

Der eine Kolben öffnet für das Saugen, der andere für das Drücken; konzentrisch um den Drucksteuerkolben ist das federbelastete Ringventil angeordnet.

Da der Antrieb der Exzenter eine Steuerwelle benötigt, so läßt sich diese Anordnung besonders zweckmäßig für Dampfmaschinenantrieb mit Ventilsteuerung verwenden.

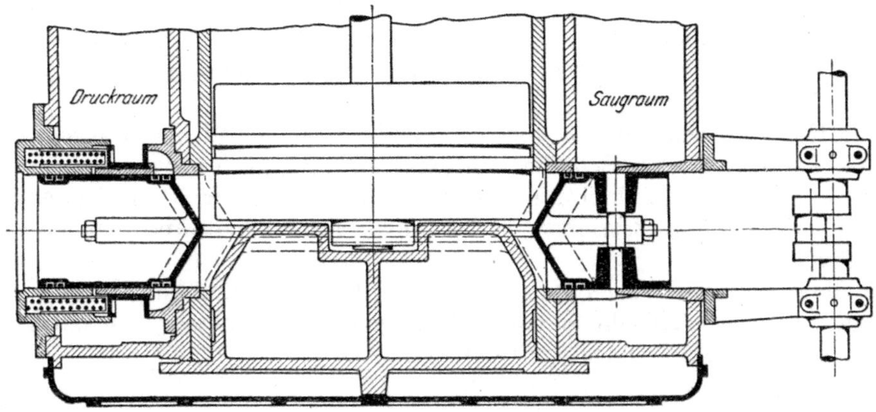

Abb. 81.

Die dargestellte Anordnung zeigt wie bei den Steuerungen mit Luftventilen getrennte Wege für die Saug- und die Druckluft; ein Anwärmen der Saugluft ist also weniger zu erwarten, als wenn dieselben Kanalwandungen auch von der heißen Druckluft bestrichen würden. Die Kanäle können kurz und weit gehalten werden, der Schieberweg wird klein, ebenso der schädliche Raum (4 v. H. zwischen Hauptkolben und Schiebern, 0,4 v. H. zwischen Druckschieber und Rückschlagventil). Für den Exzenterantrieb genügen kleine Abmessungen, da der Kolbenschieber vollkommen entlastet ist und keine Luftverdrängung bewirkt; aus demselben Grunde ist auch die Eigenreibung klein.

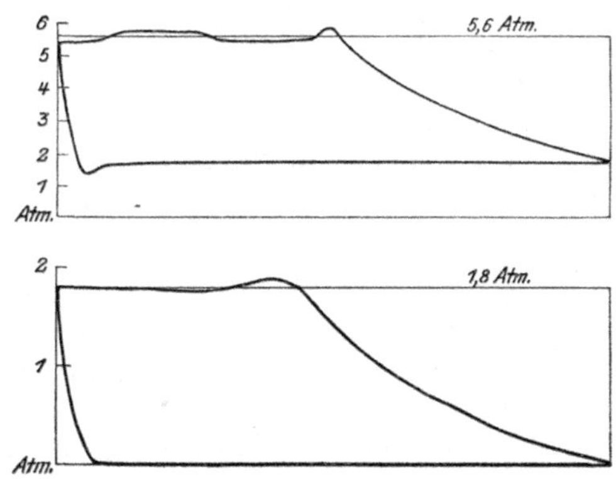

Abb. 82.

Die Rückschlagventile können bei dem angewendeten großen Umfang mit kleinem Hub auskommen, sie sind von außen durch Abnehmen eines Deckels zugänglich.

In Abb. 82 sind Indikatordiagramme abgebildet, deren Saug- und Drucklinien regelmäßigen Verlauf aufweisen. Sie entstammen einem doppeltwirkenden zweistufigen Kompressor, der bei 110 Uml./min eine stündliche Menge von 6000 bis 7000 cbm Luft ansaugt.

41. Schiebersteuerung mit Druckausgleich.

Um den volumetrischen Wirkungsgrad zu erhöhen, ist der Vorschlag entstanden, eine Überströmung von der Druck- nach der Saugseite in der Kolbentotlage herbeizuführen. Dies kann in einfacher Weise durch einen im Schieber eingegossenen Überströmkanal geschehen.

Dadurch fällt statt der Expansionslinie der Druck sofort steil ab und nimmt zu beiden Seiten des Kolbens denselben Wert an, der infolge der Mischung über dem Atmosphärendruck liegt.

Die Expansionsarbeit der Restluft wird in diesem Fall nicht zurückgewonnen. Der Energiebedarf ist deshalb größer als bei Maschinen gleicher Luftleistung ohne Druckausgleich.

Ein zweiter Nachteil besteht in der ungünstigen Wirkung der Kolbenkräfte, da die günstige Wirkung der Expansion fehlt. (Siehe Abschnitt 36.)

Nach beendigtem Druckhub bleibt Gas von hoher Spannung zwischen Schieberspiegel und Rückschlagventil eingeschlossen und strömt beim Öffnen des Druckkanales zu Beginn der nächsten Verdichtung in den Zylinder zurück, vergrößert damit den Druck nochmals.

Diese Nachteile hängen ab von der Größe des schädlichen Raumes, von der Größe des Raumes zwischen Schieber und Rückschlagventil und vom Druckverhältnis.

Trotzdem finden sich kleinere Schiebermaschinen vielfach in Verwendung namentlich in chemischen Betrieben, wo sie ihrer Einfachheit und Betriebssicherheit wegen beliebt sind.

Für Maschinen zur Erzeugung von luftverdünnten Räumen (Vakuum-Pumpen) ist dagegen der Druckausgleich von grundlegender Bedeutung; es soll hierauf in einem besonderen Abschnitt eingetreten werden.

C. Die Regelung der Kolbenkompressoren.

Die Kolbenkompressoren haben meistens gegen einen unveränderlichen Druck im Windkessel oder Drucknetz zu arbeiten, wobei die Liefermenge dem Bedarf entsprechend innerhalb gewisser Grenzen verändert werden soll.

Bei Kolbengebläsen für Hochofen- oder Kuppelofenbetrieb wird umgekehrt gleichbleibende Windmenge verlangt, während die Widerstandshöhe stark veränderlich ist, gegen die der Kompressor anzukämpfen hat.

Die Regelung der Liefermenge richtet sich nach der Art der Antriebsmaschine, und zwar lassen sich die Vorrichtungen in zwei Gruppen einteilen, je nachdem es möglich ist, die Antriebsmaschine mit verstellbarer Umlaufzahl zu versehen oder nicht.

42. Regelung der Liefermenge durch Änderung der Umlaufzahl.

Die natürliche Anpassung der Liefermenge an den Bedarf geschieht, wie bei den Wasserpumpen, durch Veränderung der Umlaufzahl, da diese beiden Größen einander proportional sind.

Als Antriebsmaschine kommt hauptsächlich die Dampfmaschine in Betracht, die sich für Kolbenkompressoren in vorzüglicher Weise eignet, namentlich in der Tandemanordnung für Luft- und Dampfzylinder. Die Umlaufzahl der Dampfmaschine läßt sich in weiten Grenzen verstellen, und zwar kann dies auf drei Arten geschehen, entweder von Hand oder mit Hilfe des Fliehkraftreglers oder endlich durch Einwirkung der Druckluft auf die Regelung der Dampfmaschine.

Die Einstellung von Hand ist deshalb möglich, weil der Kompressor mit Dampfbetrieb in gewissen Grenzen eine Selbstregelung zeigt. Wird nämlich der Dampfzylinder von Hand auf eine bestimmte Füllung eingestellt, so erzeugt der Kompressor einen gewissen Enddruck und paßt seine Luftmenge von selbst dem schwankenden Bedarf an; er läuft schneller, wenn mehr Luft gebraucht wird, wobei allerdings der Luftdruck infolge der größeren Widerstände etwas sinkt; die Maschine läuft langsamer, wenn weniger Luft gebraucht wird, wobei der Luftdruck etwas steigt.

Diese Selbstregelung des Kompressors ist bei gleichbleibendem Dampfdruck meistens ausreichend. Der Fliehkraftregler hat dann nur die Aufgabe, ein Durchgehen der Maschine bei Rohrbruch u. dgl. zu verhüten.

Bei schwankendem Dampfdruck wird die Füllung etwas über den nötigen Betrag erhöht und der Druck von Hand entsprechend gedrosselt.

Soll die Luftleistung mit Hilfe des Fliehkraftreglers eingestellt werden, so hat der Maschinist die Umlaufzahl durch Veränderung der Muffenbelastung dem Bedarf entsprechend einzustellen; eine Selbstregelung ist dabei nicht möglich.

Als Beispiel der dritten Regelungsart sei die selbsttätige Regelung auf gleichbleibenden Luftdruck beschrieben, ausgeführt von der Maschinenfabrik G. A. Schütz, Wurzen i. S. Die Anordnung benützt kleine zulässige Druckschwankungen, um die Dampfeinströmventile zu beeinflussen (Abb. 83). Der erzeugte Luftdruck wirkt auf den Boden *B* des beweglichen Zylinders *Z*, der den feststehenden Tauchkolben *P* umschließt. Steigt der Luftdruck bei vermindertem Luftbedarf etwas, so wird der Zylinder *Z* nach unten getrieben und nimmt durch die Stange *S* den Lenker *L* mit, so daß das Rollenstück *R* den Ventilhebel *H* am längern Hebelarm anfaßt und dadurch die Füllung verkleinert. Die Umlaufzahl nimmt daher der verminderten Leistung entsprechend ab. Mit der Schraube *s* kann das Nadelventil derart eingestellt werden, daß eine kleinste Füllung nicht unterschritten wird, die für den Leerlauf der Maschine nötig ist.

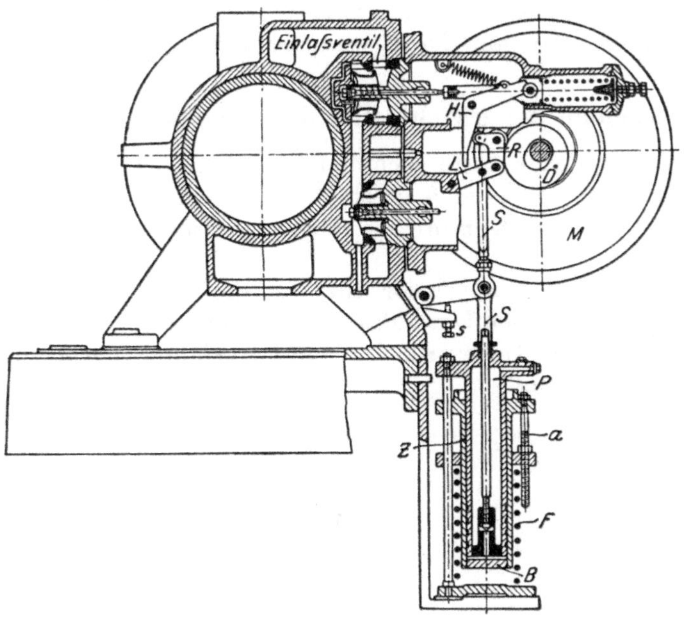

Abb. 83.

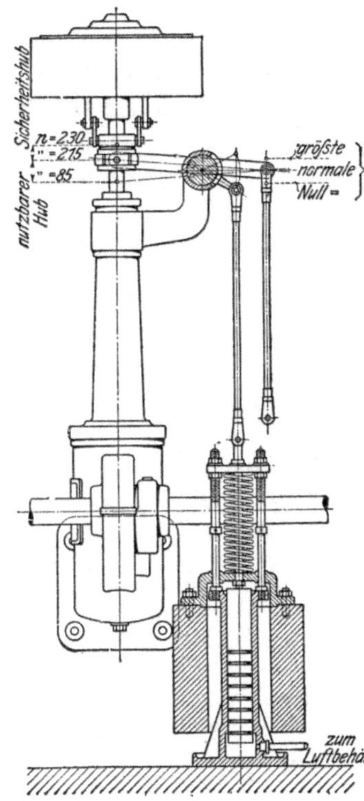

Abb. 84.

Diese Verstellung der Füllung tritt erst ein, wenn der Luftdruck sich so viel geändert hat, daß der Reibungswiderstand des Reglerkolbens überwunden wird. Innerhalb dieser Druckschwankung zeigt der Kompressor die oben besprochene Selbstregulierung bei unveränderter Füllung. Erst wenn die Reibung des Getriebes überwunden ist, bewirkt eine weitere Drucksteigerung sofort eine Abnahme der Füllung, so daß der Kompressor schneller die der kleineren Leistung entsprechende niedrigere Umlaufzahl erreicht, als dies bei Selbstregulierung möglich ist.

In gleicher Weise beeinflußt der Regler die Füllung bei Änderung des Dampfdruckes. Steigt der Dampfdruck, so fängt der Kompressor an, schneller zu laufen, daher steigt auch der Luftdruck, bis durch die Einwirkung des Reglerkolbens die Füllung verkleinert wird und die Umlaufzahl wieder abnimmt.

In Abb. 84 ist eine selbsttätige Druckregelung dargestellt, die von J. C. Breinl in Prag-Smichow vorgeschlagen wird.

Der Drehpunkt des Reglerhebels wird bei zunehmendem Luftdruck derart verstellt, daß die Füllung abnimmt. Zu diesem Zweck wird ein Leistungsregler mit stark statischer Wirkung verwendet. Die Druckluft wird in den Reglerzylinder geführt, der mit Öl angefüllt ist, sein Kolben wird zum größern Teil mit Gewichten und außerdem mit einer Feder belastet.

Die besprochenen Verhältnisse gelten bei einzeln arbeitenden Kompressoren. Sind zwei Maschinen parallel geschaltet, so ändern sich die Verhältnisse. In diesem Fall können die beiden Kompressoren nicht mit fester Füllung sich selbst überlassen bleiben, da in jedem derselben eine Schwankung im Luft- oder im Dampfdruck sich etwas anders äußert, wodurch sich die Arbeitsverteilung stark ändern würde.

Derartige Kompressoren werden daher meistens mit Leistungsreglern ausgerüstet, mit denen man die Verteilung der Arbeit einstellt.

Geschieht der Antrieb durch eine Gasmaschine, so kann auch hier die Umlaufzahl verstellt werden, wozu eine einfache Handregelung genügt. Allerdings sind die Grenzen enger als bei der Dampfmaschine, da bei Verwendung von Druckgas sich das Mischungsverhältnis von Luft zu Gas verkleinert, bei Sauggas vergrößert, sobald die Umlaufzahl abnimmt. In beiden Fällen erfolgt die Verbrennung nicht mehr unter den günstigsten Bedingungen, und kann sogar ganz versagen.

43. Regelung der Liefermenge bei gleichbleibender Umlaufzahl.

Die Umlaufzahl des Kolbenkompressors kann nicht oder nur in engen Grenzen verstellt werden, wenn der Antrieb durch Riemen geschieht; eine solche Änderung ist auch häufig unerwünscht, wenn der Kompressor mittels Gasmaschine oder Elektromotor angetrieben wird.

Bei derartigen Verhältnissen ist der Kompressor für die größte Liefermenge zu bemessen, die bei der konstant bleibenden Umlaufzahl gewünscht wird. Nimmt der Verbrauch ab, so hat der steigende Luftdruck im Sammelbehälter dafür zu sorgen, daß auch die Liefermenge abnimmt.

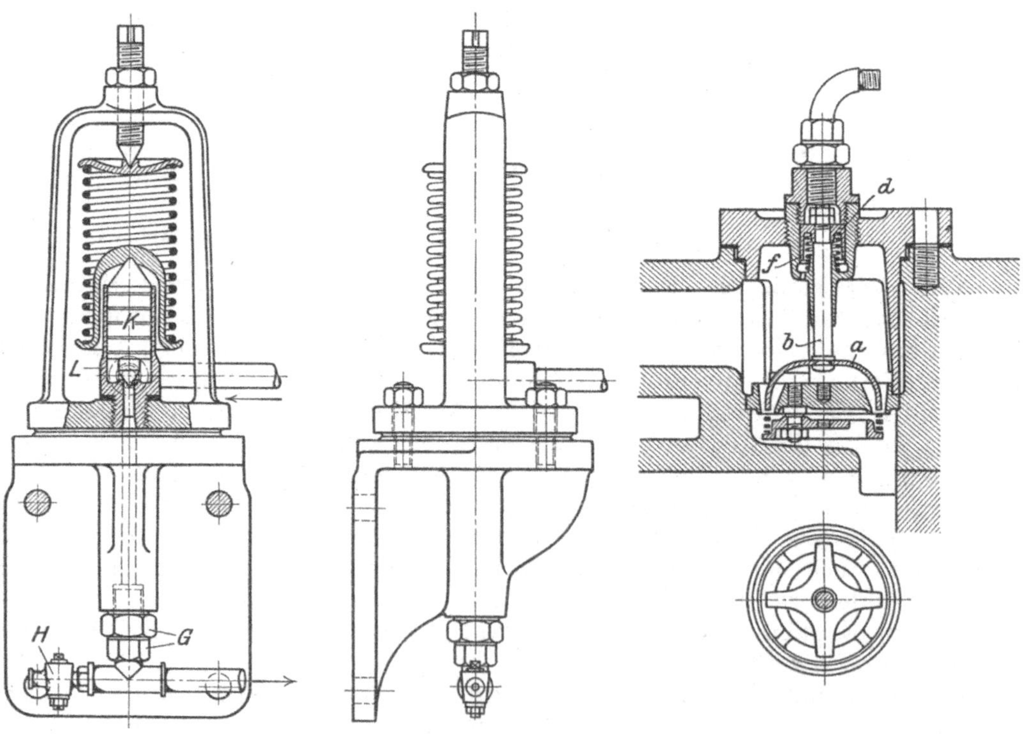

Abb. 85 bis 88.

Die gebräuchlichsten Anordnungen der hierbei zur Verwendung gelangenden Reglervorrichtungen sind folgende:

a) Regelung durch Aussetzer. Sobald der Druck seinen zulässigen Höchstwert überschreitet, werden durch ihn die Saugventile selbsttätig gehoben, damit die angesaugte Gasmenge wieder in den Saugraum zurückgeschoben wird. Sinkt der Druck im Behälter, so werden die Saugventile wieder freigegeben.

Der Arbeitsbedarf ändert sich dabei allerdings etwas stoßweise, doch kann bei doppeltwirkenden Maschinen zuerst nur auf einer Zylinderseite ein Aussetzer hervorgerufen werden und erst bei weiter steigendem Druck auf beiden Seiten.

Bei Stufenkompressoren muß sowohl am Niederdruck- als auch am Hochdruckzylinder die Vernichtung der Kompressionswirkung erfolgen.

Als Ausführungsbeispiel einer solchen Aussetzerregelung ist die Anordnung der Firma A. Borsig in Tegel-Berlin in den Abb. 85 bis 88 dargestellt. Die erste Abbildung zeigt den federbelasteten Kolben K mit dem Nadelventil L; der dazwischen abgeschlossene Zylinderraum ist mit dem Druckwindkessel verbunden.

Abb. 89.

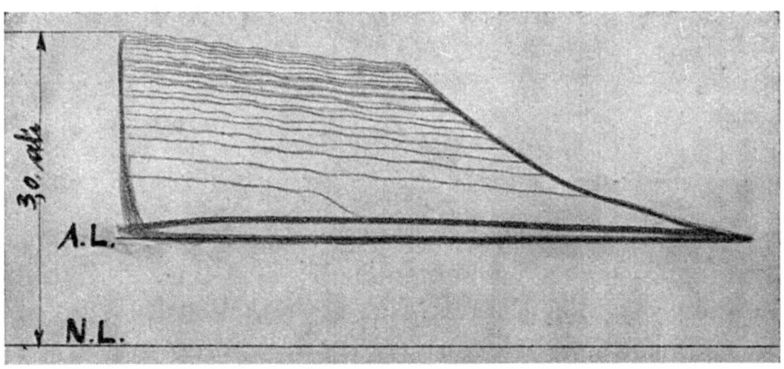

Abb. 90.

Bei normalem Enddruck wird die Federbelastung im Gleichgewicht gehalten; sobald aber der Druck merklich steigt, öffnet sich das Nadelventil infolge des Hebens des Kolbens K und die Druckluft strömt durch die Leitung G nach der Greiferstellung des Ventils (Abb. 87). Dort wird das Kölbchen d mit dem Greifer $a\,b$ gegen das Ventil geschoben und hält die Ventilplatte offen, bis der Druck im Windkessel wieder gesunken ist. Dadurch schließt sich das Nadelventil wieder und die in der Leitung befindliche Luft entweicht allmählich durch die Undichtheiten des Greiferkolbens, so daß ein Heben des Greifers durch die Hilfsfeder f stoßlos erfolgt. Diese Rückführung kann außerdem durch Einstellen des Hahnes H mehr oder weniger beschleunigt werden. Zweckmäßig ist es, die Zuleitung vom Windkessel mit der Verbindungsleitung zwischen Reglerkolben und Ventilen durch eine Umlaufleitung mit Hahn zu verbinden, damit sich die Maschine auch von Hand auf Leerlauf schalten läßt. Dadurch kann der Kompressor unbelastet anlaufen.

Die während der Regelperiode auftretenden Druckverhältnisse im Innern des Kompressors sind durch die Diagramme Abb. 89 und 90 veranschaulicht, die an einem Verbundkompressor mit Riemenantrieb (250 mm Hub und 200 Uml./min) abgenommen worden sind.

Das stark geschriebene Niederdruckdiagramm gilt für Leerlauf und zeigt daher nur geringe Höhe, das zugehörige Hochdruckdiagramm ist eine der atmosphärischen

Linie parallele Gerade. Der Arbeitsbedarf bei Leerlauf kann nicht bedeutend sein, er beträgt nach Angaben der Fabrik 8 bis 15 v. H. der normalen Verdichtungsarbeit.

Im ferneren zeigen die Diagramme, daß die Belastung der Maschine nach Ausschaltung der Aussetzer nicht plötzlich, sondern allmählich auf den vollen Wert wächst.

Bei doppeltwirkenden Maschinen läßt sich die Belastungsänderung dadurch mildern, daß zuerst auf einer Seite ein Aussetzer hervorgerufen wird und erst bei weiterem Steigen des Druckes auf beiden Seiten. Dazu können zwei Kolbenventile dienen, die mit verschieden großen Gewichten belastet sind.

Gegenüber der Federbelastung des Reglerkolbens hat die Gewichtsbelastung den Vorteil, daß der Kolbenhub genügend groß gemacht werden kann, ohne daß die Belastung zunimmt, wie dies bei Verwendung von Federn der Fall ist.

Allerdings bietet die gewöhnliche Gewichtsbelastung bei schwankendem Druck im Kessel nicht immer volle Gewähr, daß der sich hebende Kolben diese Bewegung auch bis zum Ende durchführt. Dies ist erst der Fall, wenn die Gewichtsbelastung während des Steigens des Kolbens abnehmen kann, um beim Sinken wieder zu wachsen.

Stahlwerksgebläse verlangen eine rasche Abstellbarkeit des Windes ohne den Motor zum Stillstand zu bringen, und zwar soll dieser Vorgang höchstens 10 Sekunden benötigen.

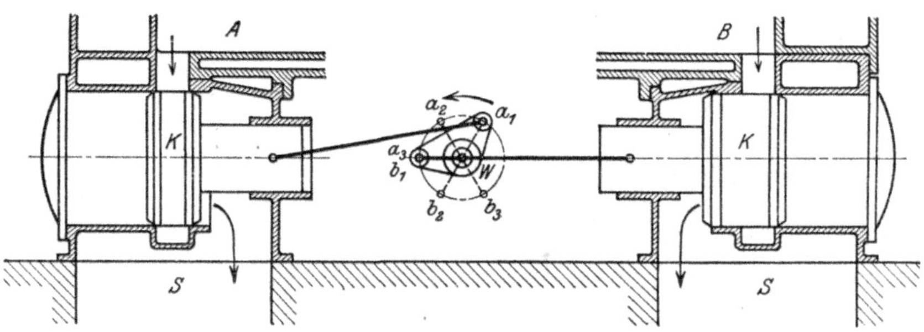

Abb. 91.

Solche doppeltwirkende Zwillingsgebläse besitzen eine Regelung der vier Abstufungen, wobei nacheinander 1, 2, 3 oder 4 Zylinderseiten ausgeschaltet werden können. In den Ansaugestutzen der Ventilkasten sind Kolbenschieber K (Abb. 91) so eingebaut, daß der Wind in den Saugraum S zurückgedrückt wird, wenn eine Entlastung erfolgen soll. Die Breiten der Schieber, sowie die Anordnung ihres Antriebs von der Steuerwelle w aus sind derart bemessen, wie Abb. 91 für einen Zylinder zeigt.

Bei voller Leistung halten beide Schieber eines Zylinders den Rücklaufkanal geschlossen — Stellung $a_1 b_1$ der Kurbel. Nach Drehung um 60^0 $(a_2 b_2)$ ist Zylinderseite A offen und B noch geschlossen: eine weitere Drehung $(a_3 b_3)$ öffnet beide Zylinderseiten. Die andere Hälfte der Drehung steuert in gleicher Weise den zweiten Zylinder.

Für das Stahlwerk des Peiner Walzwerkes hat die Siegener Maschinenbau-A.-G. vorm. A. & H. Oechelhäuser eine derartige Aussetzerregelung gebaut. Das doppeltwirkende liegende Zwillingsgebläse hat 1500 mm Zylinder-Durchm., 1500 Hub und saugt bei 80 Uml./min 800 cbm/min Luft an, die auf 2 Atm. verdichtet wird. Als normale Steuerorgane wirken selbsttätige Doppelsitzventile mit sehr geringem Eigengewicht des Ventiltellers, in jedem Saugraum sind 40, in jedem Druckraum 28 sog. Schirmventile angeordnet.

Zum Abstellen des Windes in den Arbeitspausen ist in jeder Saugkammer ein Rundschieber angebracht, der beim Öffnen die Luft wieder in den Saugraum zurückfließen läßt. Diese vier Hähne werden vom Führerstand aus von Hand eingestellt, wozu ein Servomotor mit Druckwasser von 30 Atm. zur Verfügung steht. In der Anfangsstellung des Steuerhebels sind alle Zylinderseiten offen, in der mittleren Stellung nur die beiden vorderen Zylinderseiten des Zwillingsgebläses, und in der Endstellung sind alle Hähne geschlossen. Bei genügendem Durchgangsquerschnitt der Rundschieber treten wesentliche Verluste im Leerlauf nicht auf.

Eine Aussetzerregelung ergibt sich auch dadurch, daß die Saugleitung selbsttätig abgesperrt wird, sobald der Druck seinen Höchstwert erreicht. Dadurch entsteht im Zylinder eine Luftleere beim Hingang des Kolbens, die beim Rückgang wieder verschwindet. Allerdings verursacht diese Regelung nur dann keine wesentlichen Arbeitsverluste, wenn die Druckventile absolut dicht halten. Man ordnet daher eine Umlaufleitung zwischen beiden Zylinderseiten an, die gleichzeitig mit dem Absperren der Saugleitung geöffnet wird.

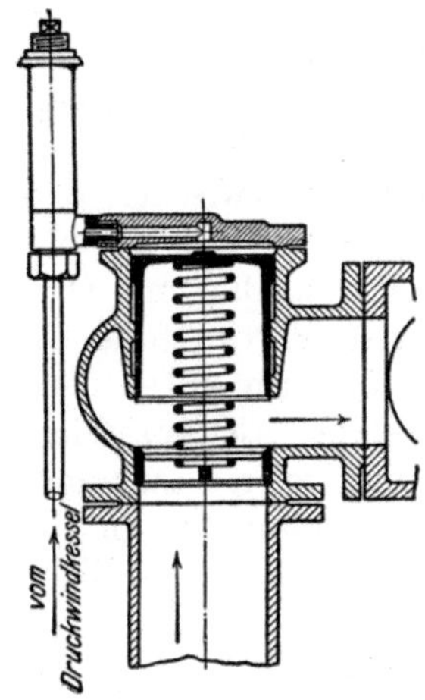

Abb. 92.

Ein solches Absperrventil in der Saugleitung ist in Abb. 92 in der Bauart der Firma Pokorny & Wittekind in Frankfurt a. M. abgebildet. Es hält unter dem Einfluß einer Feder den vollen Querschnitt offen, solange der Enddruck nicht überschritten wird. Ist aber der Bedarf geringer als die Luftlieferung, so steigt der Druck im Behälter und verstellt die Steuerung für das Kolbenventil derart, daß Druckluft auf die obere Seite

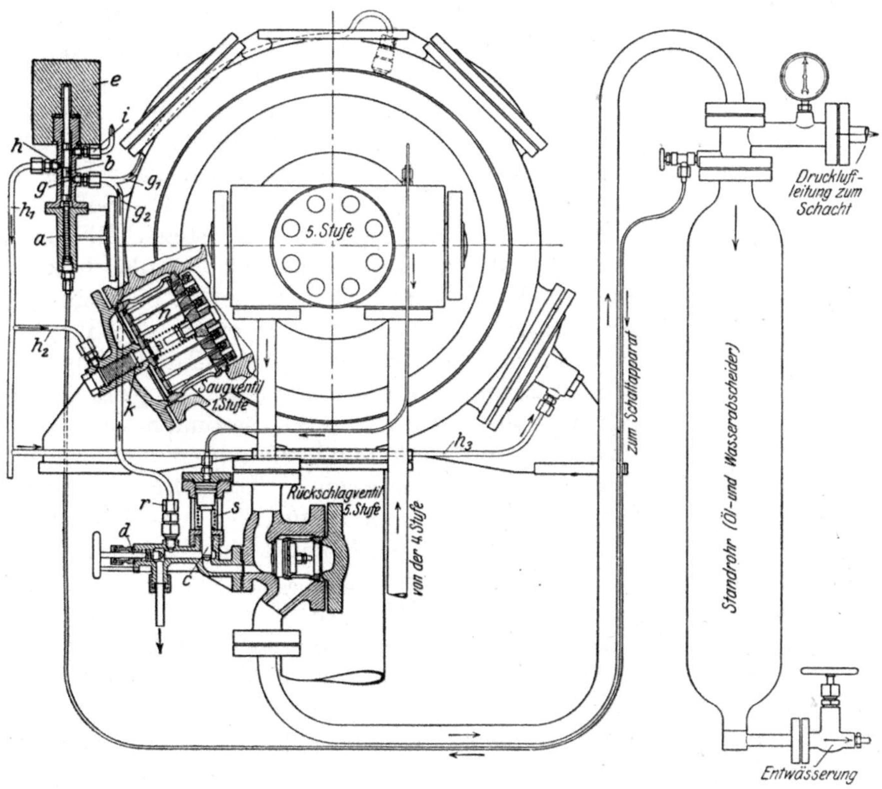

Abb. 93.

des Ventils eintreten kann und das Schließen besorgt. Ist der Druck wieder gesunken, so unterbricht die Steuerung die Verbindung, die Luft hinter dem Kolbenventil entweicht und es kann sich wieder öffnen. Für kleine Maschinen ist diese Anordnung zweckmäßig.

Die Berliner Maschinenbau A.-G. vorm. L. Schwartzkopff hat für ihre Hochdruck-Kompressoren mit elektrischem Antrieb die in Abb. 93 enthaltene Regelungsvorrichtung geschaffen. Sobald der Enddruck im Standrohr den zulässigen Betrag überschreitet, hebt die Druckluft die Steuerkolben *a* und *b*, bis die Verbindung zwischen den Öffnungen *g* und *h* hergestellt sind; dadurch kann die Druckluft der II. Stufe aus der Leitung g_1 nach h_1, h_2, h_3 gelangen und auf die Kolben *k* wirken, die mit Greiferstiften *n* die Saugventilplatten der I. und II. Stufe offen halten. Nun fallen die Drücke in allen Stufen und das Ausblaseventil *c* öffnet sich selbsttätig unter der Wirkung der Feder *s*, so daß die Druckluft ins Freie entweicht. Als Ausgleich für die unvermeidlichen Undichtheiten an den Kolben *k* ist noch eine weitere Luftquelle für den Steuerkolben *b* vorgesehen; die aus *c* strömende Luft wird nämlich vor ihrem Austritt durch Ventil *d* auf 2 Atm. gedrosselt und durch Leitung g_2 mit eingeschaltetem Rückschlagventil *r* dem Steuerkolben *b* zugeführt. Ist der Enddruck im Standrohr um 8 bis 10 Atm. gefallen, so drückt das Gewicht *e* den Steuerkolben *b* in seine ursprüngliche Lage, die Verbindung von *g* nach *h* wird unterbrochen und von *h* nach *i* hergestellt, so daß die Luft aus *k* ins Freie strömen kann. Nun hebt die Feder *o* die Stifte *n* wieder ab und die Saugventile beginnen zu spielen. Das Ausblaseventil bleibt aber noch offen, bis in der IV. Stufe ein bestimmter Druck erreicht ist, so daß der Kompressor nicht sofort gegen den vollen Druck arbeiten muß.

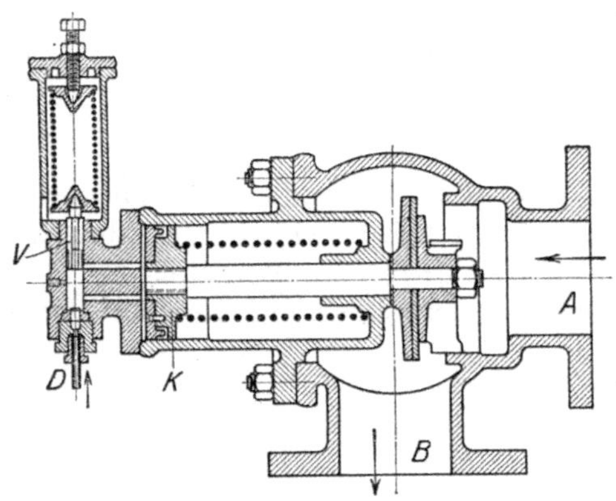

Abb. 94.

Die Maschinenbauanstalt Balcke A.-G. in Bochum baut eine Aussetzerregelung, die den Abschluß der Saugleitung besorgt (Abb. 94). Sobald der Luftdruck über seinen normalen Betrag steigt, wird das Vorsteuerkölbchen aufwärts bewegt, indem es zugleich die Gegenfeder zusammendrückt. Dadurch kann Druckluft auf den Kolben *k* wirken und das Ventil zum Schließen bringen.

Eine andere Aussetzerregelung erfolgt durch Absperren der Druckleitung und gleichzeitige Verbindung des Druckventilkastens mit der Saugleitung. Dabei wird die angesaugte Luft durch die Druckventile ausgestoßen und gelangt in den Saugraum zurück. Dieser Weg bedingt vermehrte Widerstände, besonders bei Verbundkompressoren, bei denen die Luft durch den Zwischenkühler hindurchgepreßt werden muß.

b) Regelung der Ansaugemenge innerhalb eines Kolbenhubes. Der Zylinder wird nach Vollendung des Ansaugens auf dem ersten Teil des Kolbenrückganges gegen den Saugraum offen gelassen, so daß die Kompression erst beginnt, nachdem ein Teil des Ansaugevolumens wieder ausgestoßen ist.

Die Firma Pokorny & Wittekind A.-G. in Frankfurt a. M. führt diese Aufgabe in der Weise aus, daß der Kompressor einen Hilfsschieber erhält, der die angesaugte Luftmenge während eines größeren oder kleineren, von Hand einstellbaren Teiles des Druckhubes wieder in den Saugraum entläßt.

Diese Füllungsregelung wird durch das Diagramm eines Verbundkompressors (Abb. 95) veranschaulicht, dessen Leistung von 8000 auf 4000 cbm/h herabgesetzt werden kann.

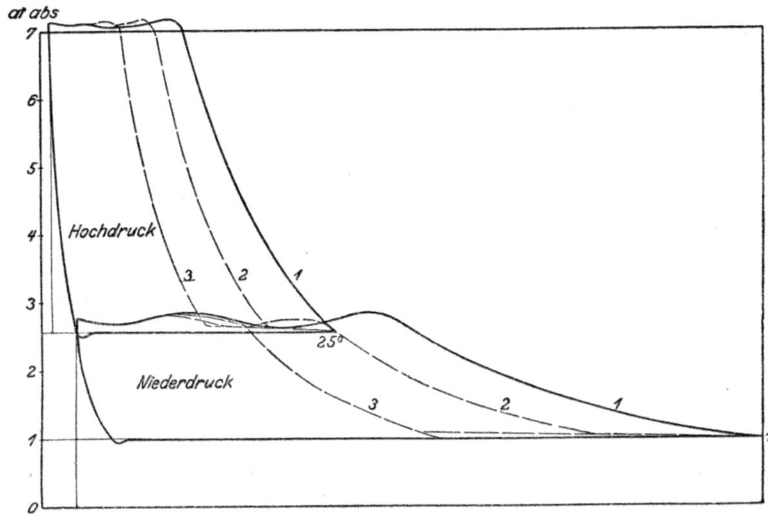

Abb. 95.

Bei Kompressoren mit selbsttätigen Ventilsteuerungen läßt sich dieses Verfahren dadurch anwenden, daß ein Schieber zwischen Zylinder und Saugraum eingebaut wird, der in Rücksicht auf die Raumverhältnisse meist nach Art der Corliß-Rundschieber ausgeführt ist. Seine Bewegung erfolgt durch eine Kulisse, um die Eröffnung des Hahnes angenähert unverändert zu erhalten, während der Schluß von Hand oder durch den Einfluß der Druckluft hinter den Totpunkt verlegt werden kann.

Statt der Beeinflussung der Steuerung von Hand kann hierzu ein Hilfsmotor benützt werden, der durch Druckwasser betätigt wird. Bei Hochofengebläsen steigt

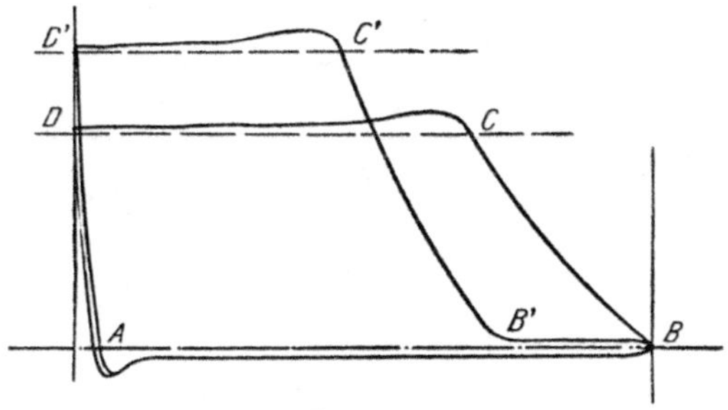

Abb. 96.

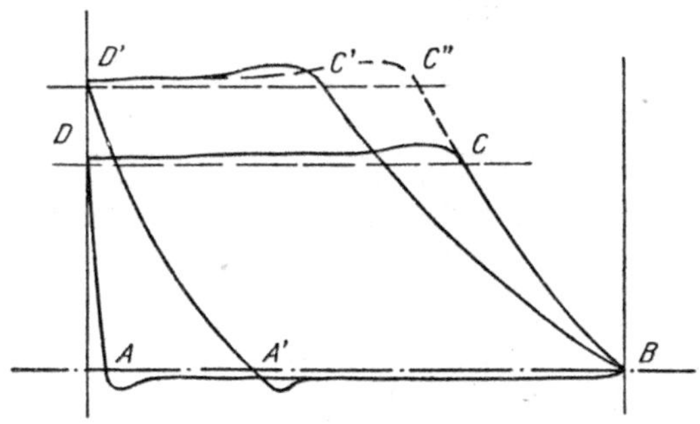

Abb. 97.

zuweilen die Widerstandshöhe bedeutend über den normalen Betrag. Geschieht der Antrieb mittels Gasmaschine, so läßt sich die indizierte Leistung nur in beschränktem Maße erhöhen. Das Gebläse muß daher so eingerichtet werden, daß die Windmenge abnimmt mit dem Wachsen des Winddrucks, damit die Verdichtungsarbeit annähernd dieselbe bleibt. In diesem Fall läßt sich ebenfalls die Füllungsregelung mit Vorteil anwenden.

In Abb. 96 ist ein normales Diagramm gezeichnet, sowie ein flächengleiches Diagramm für höheren Enddruck und kleinere Liefermenge. Die Kompressionslinie beginnt erst, nachdem der Kolben ein Stück seines Weges (BB') wieder zurückgegangen ist.

c) Vergrößerung der schädlichen Räume. Diese Regelung besteht darin, daß die schädlichen Räume künstlich vergrößert werden, so daß die Expansion aus denselben mehr oder weniger steil verläuft und dadurch die Liefermenge größer oder kleiner verläuft. Der volumetrische Wirkungsgrad wird also veränderlich.

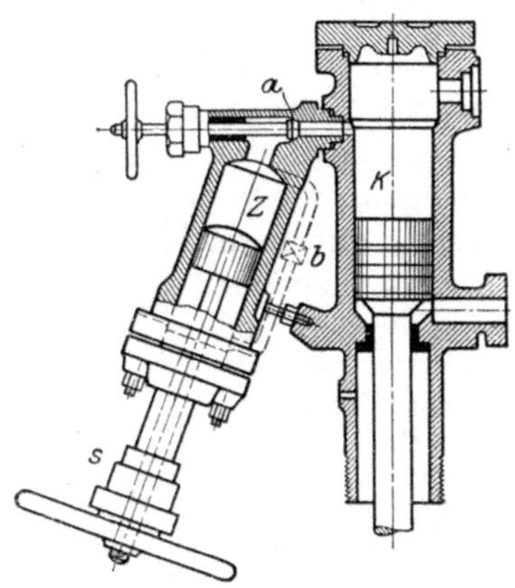

Abb. 98.

Auch diese Regelung kann bei Hochofengebläsen für unveränderliche Verdichtungsarbeit benützt werden, indem bei steigendem Druck der schädliche Raum vergrößert wird (Abb. 97).

Die Ausführung dieser Regelung geschieht dadurch, daß Räume angeordnet sind, die durch Absperrorgane mit dem Zylinderinnern verbunden werden können.

Die Firma L. A. Riedinger in Augsburg setzt an den Kompressorzylinder K (Abb. 98) einen Reglerzylinder Z, der durch Zuschaltventil a mit dem Arbeitszylinder verbunden werden kann. Ist die Umlaufleitung b geöffnet, so vergrößern beide Seiten des Zylinders Z den schädlichen Raum, wobei der Reglerkolben durch die Spindel s in der gewünschten Lage gehalten wird und der Leistung entsprechend genau eingestellt werden kann.

D. Ausgeführte Kolbenkompressoren.

44. Einstufige Kompressoren.

Zur Erzeugung mäßiger Enddrücke hat sich die doppeltwirkende Maschine allgemein eingebürgert. Die großen Kolbengebläse für Hüttenbetriebe (Hochofen oder Stahlwerke) zeigen die liegende Bauart; sie besitzen Gruppenventile, die sich in großer Zahl konzentrisch um den Zylindermantel lagern. Im Abschnitt 38 ist diese Anordnung bei Besprechung der Ventile erwähnt worden.

Um die gewaltigen Abmessungen solcher Maschinen zu erkennen, sind in Zahlentafel 13 die Hauptwerte zweier Ausführungen mitgeteilt; sie entstammen der Märkischen Maschinenbauanstalt Ludwig Stuckenholz A.-G. in Wetter-Ruhr.

Zahlentafel 13.

Hüttenwerk (Besteller)		Aachen	Dillingen
Durchmesser des Hochdruck-Dampfzylinders	mm	1500	1200
Durchmesser des Niederdruck-Dampfzylinders	"	2300	1800
Durchmesser der beiden Gebläsezylinder	"	2000	1600
Gemeinsamer Kolbenhub	"	1800	1600
Höchste Drehzahl pro Minute		60	80
Mittlere Kolbengeschwindigkeit	m/sek	3,6	4,27
Windpressung, Überdruck	Atm.	2,5	2,0
Dampfspannung im Kessel	"	10	8
Gesamtzahl der Windventile		8×20	8×18
Abmessungen der Hauptlager	mm	630×850	580×760
Abmessungen der Kurbelzapfen	"	400×400	360×360
Abmessungen des Kreuzkopfes		340×400	270×360
Durchmesser der Kolbenstange	"	250	210
Gesamtgewicht	Tons	465	340

Für eigentliche Kompressoren lassen sich einstufige doppeltwirkende Zylinder anwenden, wenn die Endspannung nicht über 5 Atm. Überdruck verlangt wird. Unter Umständen kann man allerdings auch höhere Pressungen in einem Zylinder erzeugen, wenn Mantel und Deckel ausgiebige Kühlung erhalten und wenn die Ventile mit besonderer Sorgfalt ausgeführt sind.

Die liegenden Maschinen der Firma A. Borsig in Berlin-Tegel sind in den Abb. 99 und 100 ersichtlich, ihre Hauptabmessungen betragen:

Zylinder-Durchm.	mm	200	300	275	440	350	350	500	500	650
Kolbenhub	"	200	200	250	250	350	400	400	600	600
Drehzahl		220	220	200	200	190	180	180	160	130
Zulässiger Druck	Atm.	7	3	7	2	4	7	2	4	2
Ansaugmenge	cbm/min	2,6	6,0	4,75	14,0	11,2	11,1	26,0	27,6	47,5
Saugrohr-Durchm.	mm	60	80	80	150	125	125	200	175	250
Druckrohr-Durchm.	"	50	70	70	125	100	100	175	150	225

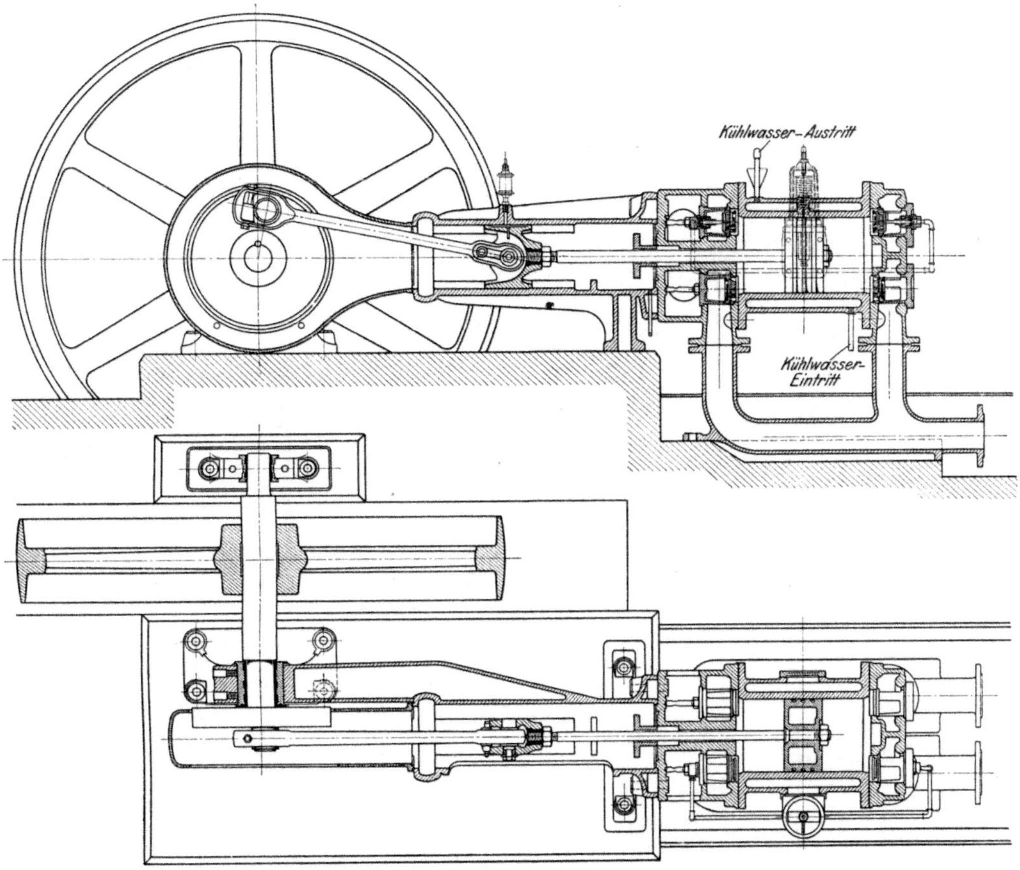

Abb. 99 u. 100.

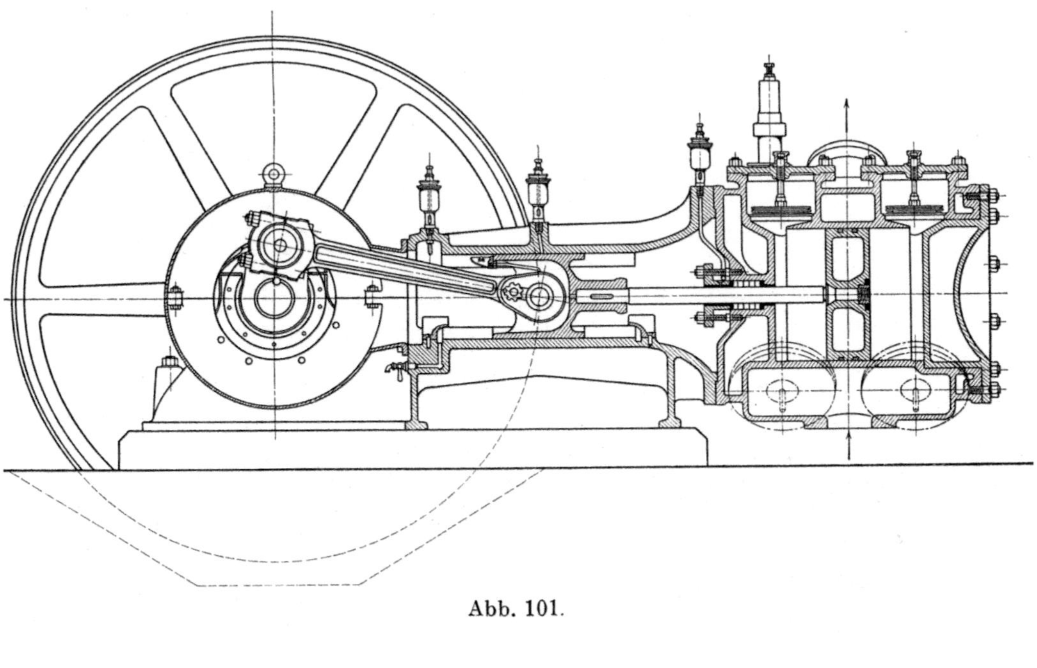

Abb. 101.

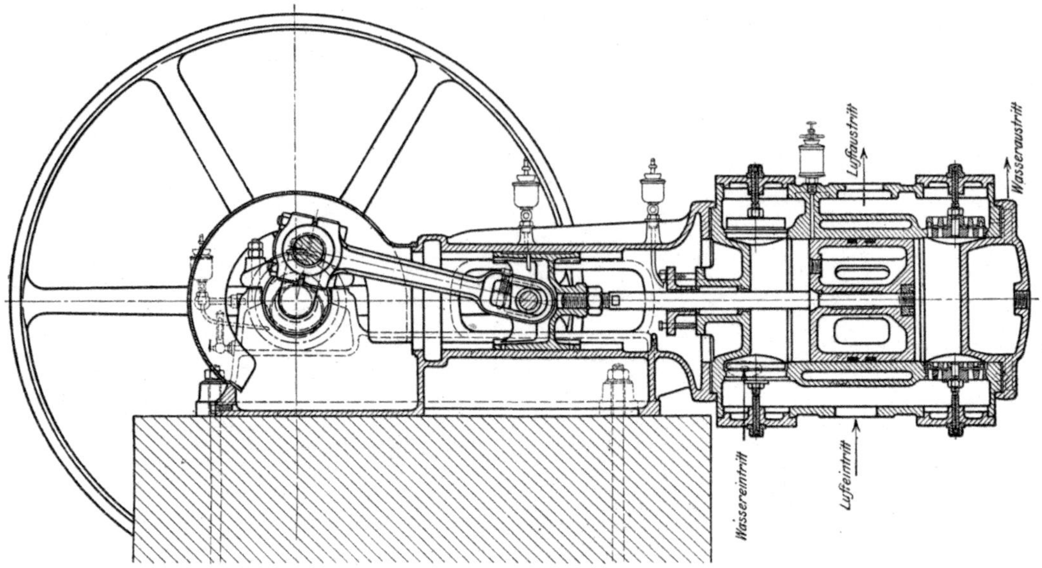

Abb. 102.

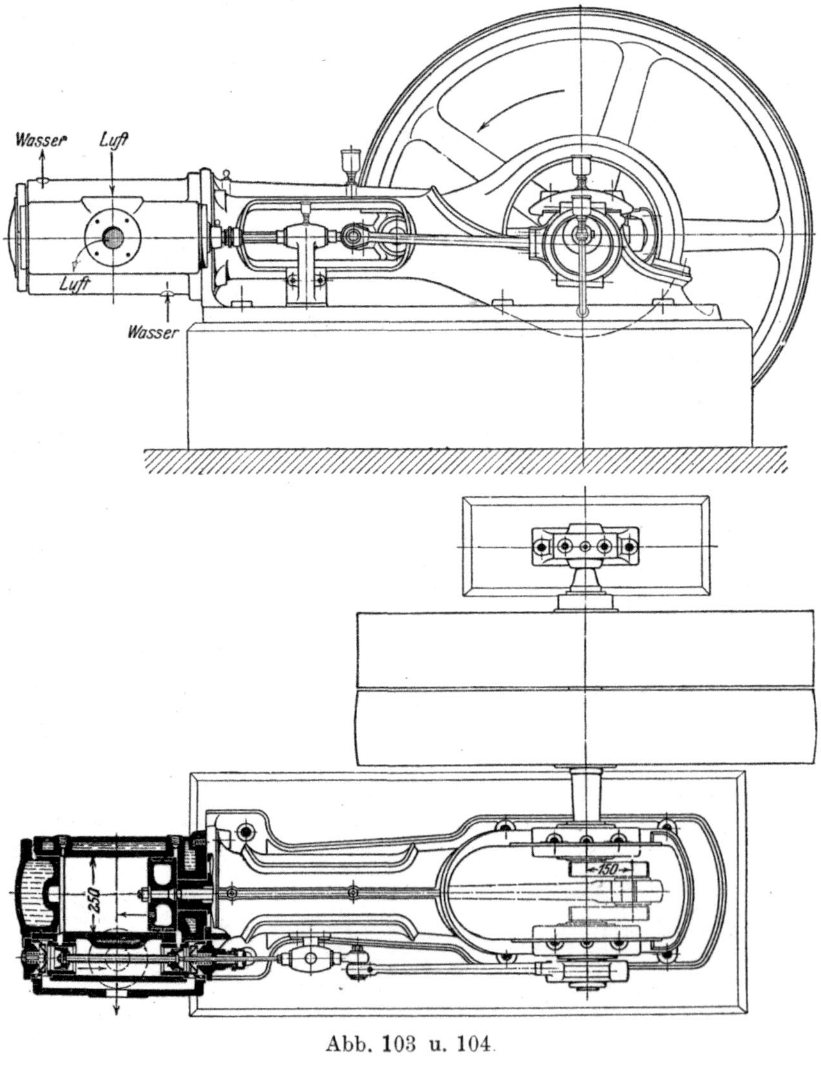

Abb. 103 u. 104.

Jede Stirnseite des Zylinders enthält zwei Saug- und zwei Druckventile in den hohlen Deckeln. Auf der Rückseite sind die Ventile leicht zugänglich, auf der Kurbelseite muß die Zugänglichkeit durch eine laternenartige Verlängerung des Deckels hergestellt werden. Die Gabelrohre zur Saug- und Druckleitung bilden zugleich die Stützen für den Zylinder.

Eine gedrängte Bauart und gute Zugänglichkeit erzielt man dadurch, daß die Ventile seitlich im Mantel eingesetzt sind. Auf diese Weise ist es möglich, den Deckel ausgiebig zu kühlen (Abb. 101, Kompressor der Sächsischen Maschinenfabrik vorm. Rich. Hartmann in Chemnitz, Durchm. 370 mm, Hub 300 mm).

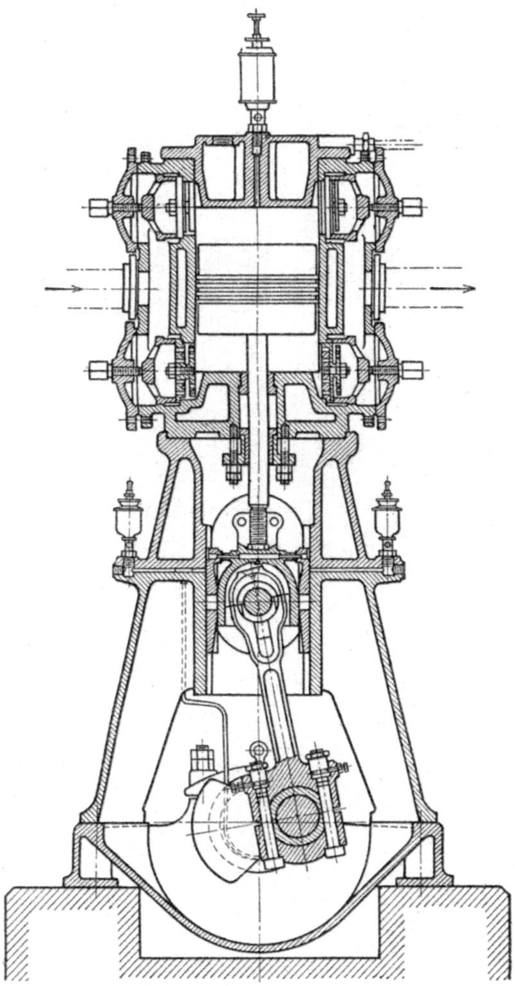

Abb. 105.

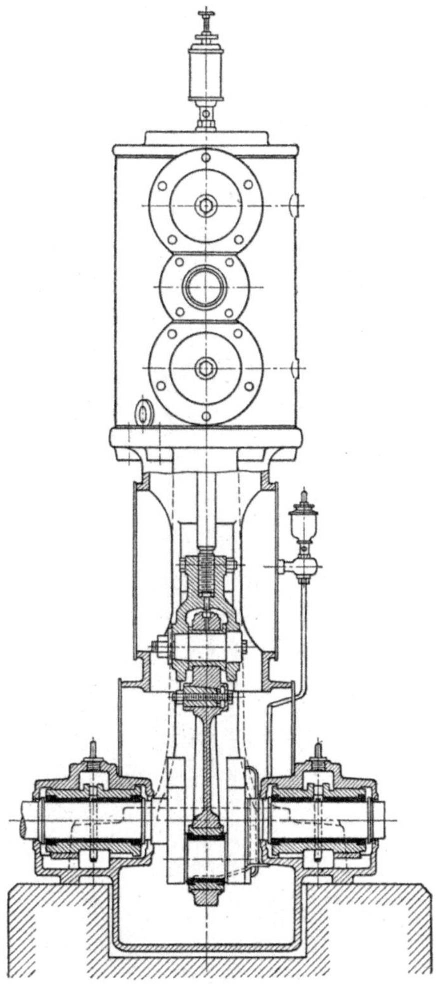

Abb. 106.

Eine gute Kühlung von Mantel und Deckel zeigt die Bauart Abb. 102 (Zwickauer Maschinenfabrik A.-G.).

Die Verwendung der in Abschnitt 40 behandelten Kolbenschieber, Bauart Köster, ist der Firma Pokorny & Wittekind in Frankfurt a. M. übertragen. Die Hauptabmessungen der doppeltwirkenden Maschinen (Abb. 103 u. 104) betragen:

Kolbenhub	mm	150	200	250	300	350	400
Zylinder-Durchm.	„	150	185	220	250	275	325
Drehzahl		240	225	200	175	160	150

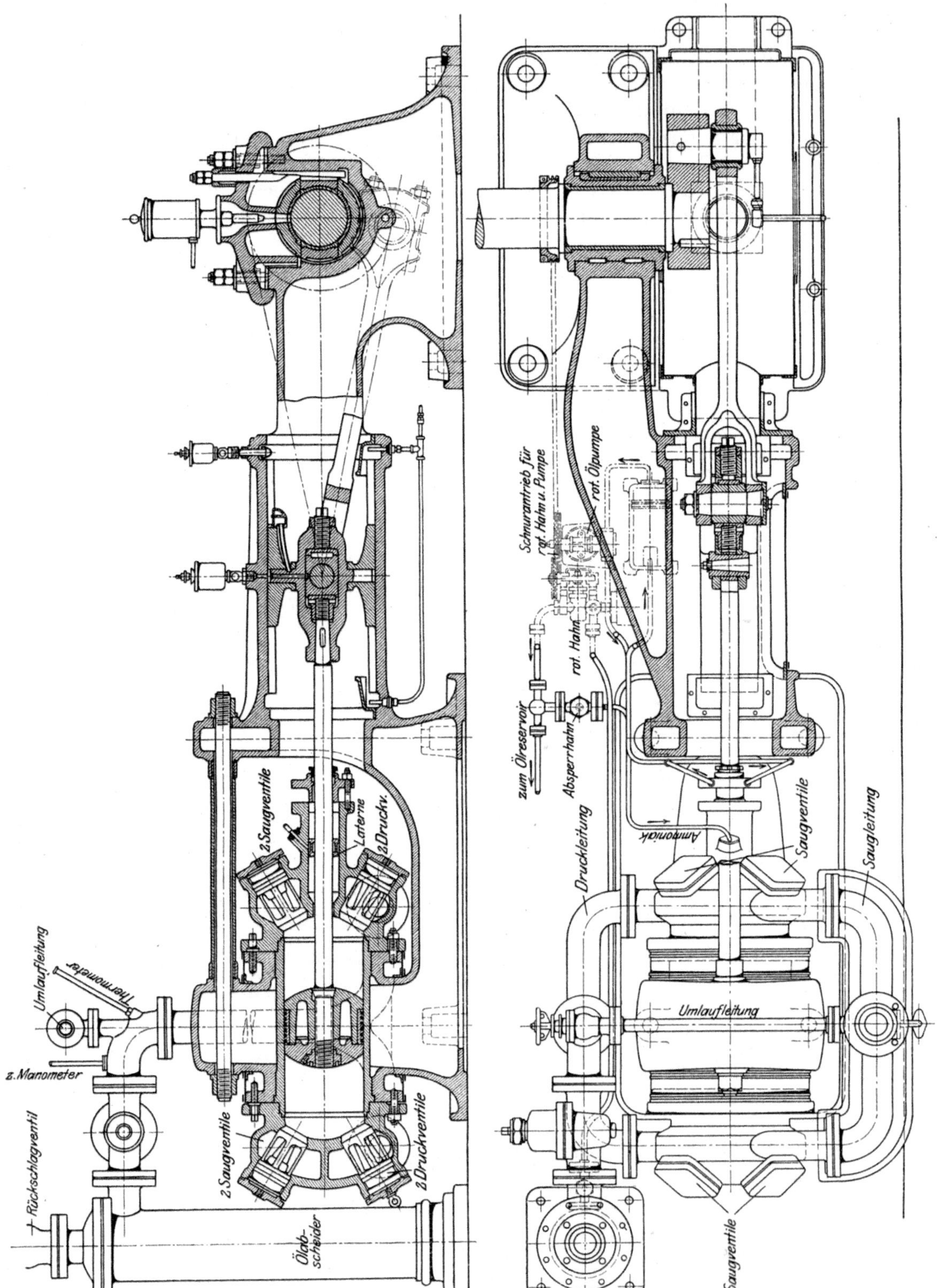
Umlaufleitung
Thermometer
z. Manometer
Rückschlagventil
Ölabscheider
2. Saugventile
2. Druckventile
2. Saugventile
Laterne
2. Druckv.
Schnurantrieb für rot. Hahn u. Pumpe
rot. Ölpumpe
rot. Hahn
Absperrhahn
zum Ölreservoir
Druckleitung
Ammoniak
Saugventile
Saugleitung
Umlaufleitung
Saugventile

Abb. 107 u. 108.

Einer steigenden Verwendung erfreuen sich die stehenden Maschinen, die wenig Grundfläche und kleine Fundamente benötigen. Da das Gewicht des Kolbens von der Stange aufgenommen wird, verlangt der Zylinder weniger Schmieröl als bei liegender Anordnung und wird weniger rasch undicht. Aus diesen Gründen kann mit der Drehzahl recht hoch gegangen werden.

Die Maschinenfabrik Burckhardt A.-G. in Basel baut die in Abb. 105 u. 106 dargestellten Maschinen bis zu 6 Atm. Überdruck; sie zeigen folgende Größen:

Kolbendurchmesser	mm	170	220	270	310
Kolbenhub	„	100	130	170	200
Drehzahl pro Minute		320	300	300	280
Ansaugemenge	cbm/min	1	2	4	6
Energieverbrauch	PS	6	16	32	48
Saug/Druckrohr-Durchm.	mm	50	65	76	100

Die beweglichen Teile sind eingekapselt. Mantel- und Deckelkühlung sind hier besonders wirksam, da die Bewegung des Kühlwassers von unten nach oben eine allseitige Umspülung ermöglicht, ohne daß Räume von der Wasserströmung abgeschnitten werden.

Zu den einstufigen Kompressoren können die für normale Kälteanlagen gebräuchlichen Maschinen gezählt werden. Sie unterliegen denselben Konstruktionsbedingungen wie andere Gaskompressoren und sind nach denselben Grundsätzen zu berechnen.

Als Beispiel ist der in Abb. 107 und 108 dargestellte Ammoniakkompressor gewählt, wie er von Gebrüder Sulzer A.-G. in Winterthur gebaut wird. Die Kreuzkopfführung endigt nach vorn im Hauptlager, nach hinten in einem hohlen Gestell, das den Zylinder umfaßt. Die gewölbten Deckel passen sich dem Kolben eng an, wodurch der schädliche Raum sehr klein ausfällt. Jeder Deckel trägt auf der oberen Hälfte zwei Saugventile und auf der unteren zwei Druckventile, die leicht zugänglich sind. Durch eine im Grundriß gezeichnete Umlaufleitung kann ein teilweiser oder vollständiger Leerlauf erzielt werden. Die verdichteten Gase werden in einen Ölabscheider geführt, aus dem sie nach oben durch ein Rückschlagventil abfließen. Letzteres ist im Betrieb offen und schließt sich selbsttätig, wenn der Gang durch Entfernen eines Ventils oder eines anderen Teiles unterbrochen wird.

Die am Boden sich ansammelnden Ölteile werden mit Hilfe eines rotierenden Hahnes in einen Ölbehälter gedrückt. Von dieser Leitung führt ein Zweigrohr zur Laterne in der Stopfbüchse und versorgt sie mit Schmieröl, führt aber zugleich die zur Laterne eingedrungenen Ammoniakgase in die Saugleitung zurück, wobei der Hahn als Steuerorgan dient. In der Laterne herrscht demnach nur der Druck der Saugleitung, wodurch die Abdichtung erleichtert wird. Die Stopfbüchsenbrille erhält eine Schmierölzufuhr durch eine gesonderte Leitung, und zwar erzeugt eine umlaufende Ölpumpe den durch Pfeile angedeuteten Kreislauf.

45. Mehrstufige Kompressoren mit abgesetztem Kolben.

Soll Luft auf 8 Atm. und höher verdichtet werden, so ist die Zustandsänderung in zwei Räumen zu vollziehen und eine Kühlung dazwischenzuschalten. Für kleinere und mittlere Liefermengen gibt die Anwendung eines einzigen abgesetzten Kolbens eine äußerst gedrängte Bauart; die Niederdruckstufe benützt den vollen Querschnitt auf der Deckelseite, die Hochdruckstufe befindet sich im Ringraum gegen die Kurbelseite zu (Abb. 109 bis 111); Bauart Königin Marien-Hütte Cainsdorf i. S. (Durchm. 450/360 mm, Hub 300). Allerdings muß nun der hohe Enddruck durch

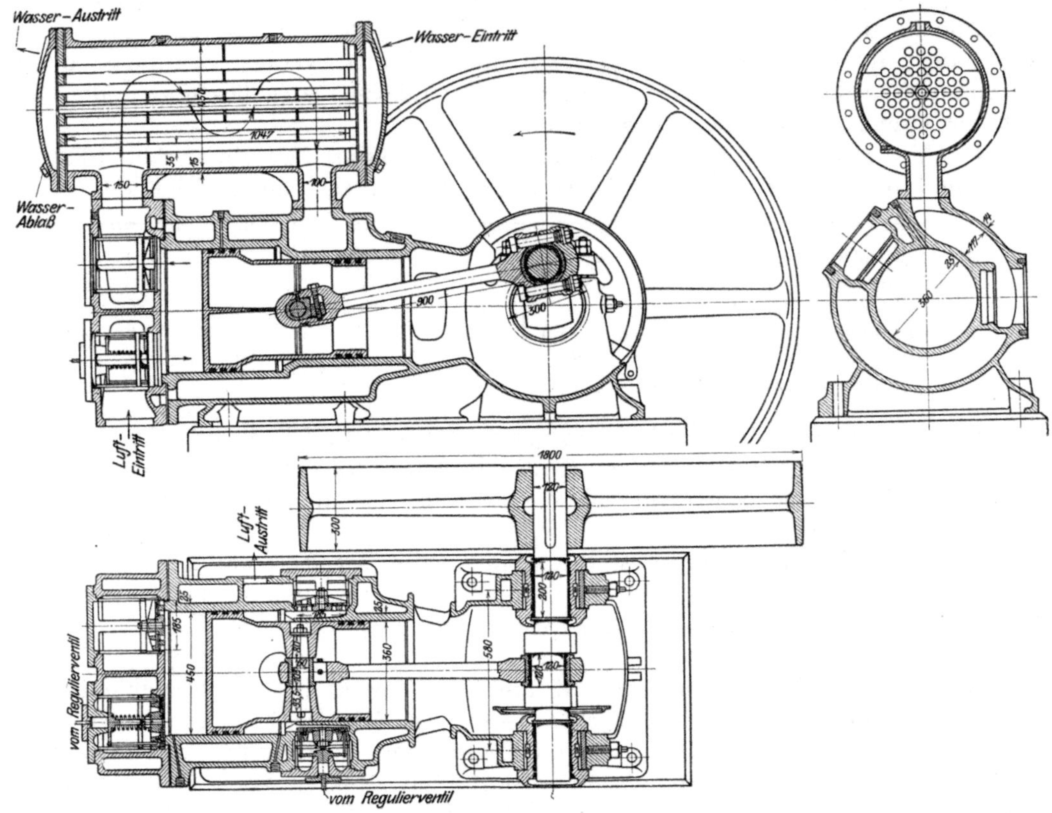

Abb. 109 bis 111.

Kolbenringe nach außen abgedichtet werden, was durch die Wirkung des Tauchkolbens als Kreuzkopf erschwert wird. Bei größeren Maschinen ergibt sich für den Kolben ein recht bedeutendes Gewicht, das bei liegender Ausführung den Druck auf die unteren Gleitflächen vergrößert; der Zylinder kann daher nur durch reichliche Schmierung vor Anfressen geschützt werden.

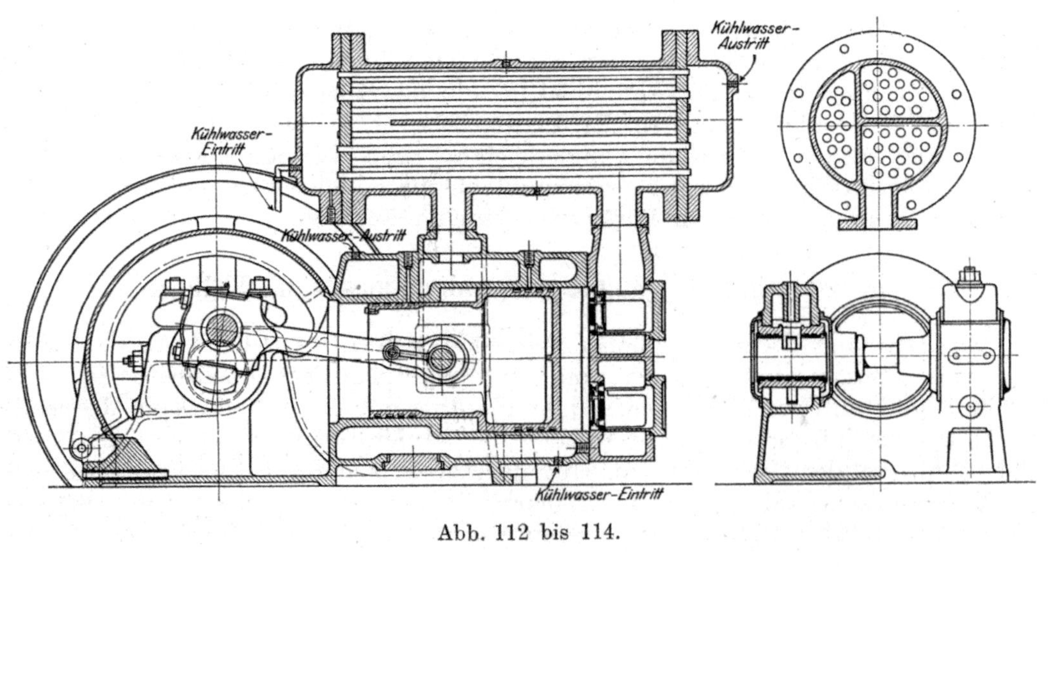

Abb. 112 bis 114.

Die Ventile der ersten Stufe lassen sich bequem in den Deckel einbauen, für die zweite Stufe sind sie seitlich anzubringen. Der Zwischenkühler findet seine Aufstellung meistens über der Maschine; die Luft umspült die Messingrohre und wird gezwungen, senkrecht auf die Kühlflächen zu treffen. Zur Reinigung soll das Rohrbündel mit den beiden Einsatzplatten nach Lösen der Deckel aus dem Gehäuse herausgezogen werden können.

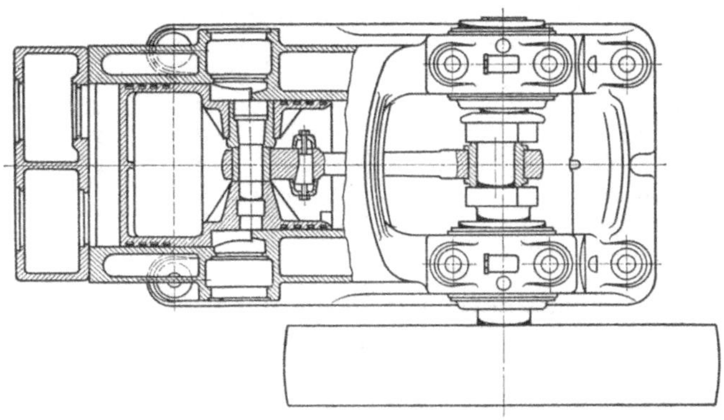

Abb. 115.

Eine ähnliche Bauart zeigt der Kompressor von A. Borsig, Berlin-Tegel (Abb. 112 bis 115); hier ist der Zwischenkühler durch Längswände unterteilt, um die Luft den drei Rohrgruppen entlang zu führen. In der ersten und dritten Rohrgruppe bewegen sich Luft und Wasser im Gegenstrom, um den Temperaturunterschied beider Stoffe möglichst groß zu halten.

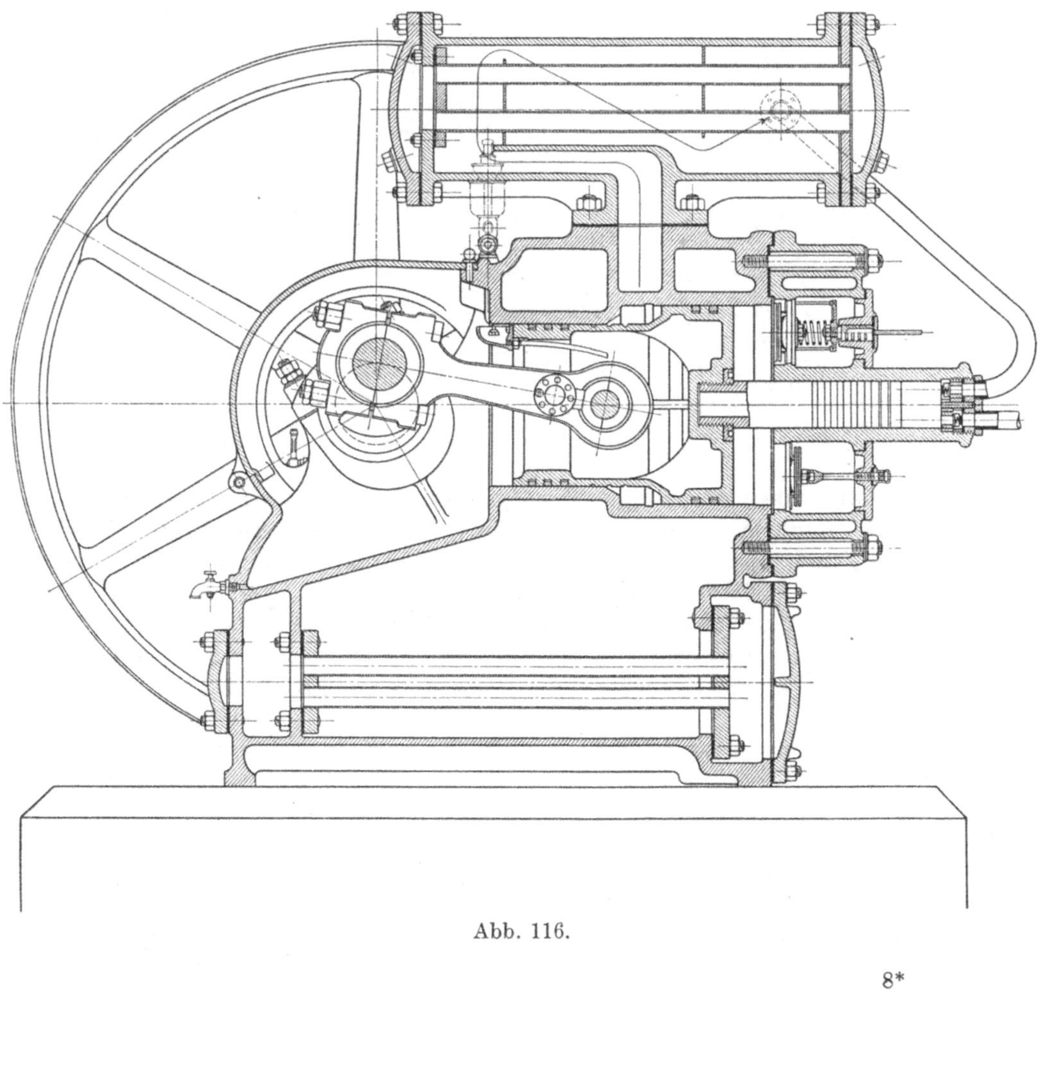

Abb. 116.

Die Hauptgrößen der gebräuchlichen Modelle enthalten folgende Werte:

Zylinder-Dmtr. . . .	mm	450/360	500/400	550/440	600/480	650/520	735/570
Hub	„	250	300	350	400	450	500
Drehzahl		210	200	190	170	160	150
Ansaugemenge	cbm/min	7,8	11,2	15,0	18,4	22,9	30,0
Enddruck	Atm. Überdr.	8	8	8	8	8	8
Saugrohr-Dmtr. . . .	mm	150	175	200	225	250	275
Druckrohr-Dmtr. . . .	„	80	90	100	125	125	150

Häufig benützt man den Fuß des Maschinengestelles als Zwischenkühler, wie dies Abb. 116 zeigt (Rich. Hartmann A.-G., Chemnitz). Zylinder-Dmtr. 520/420 mm, Hub 220 mm.

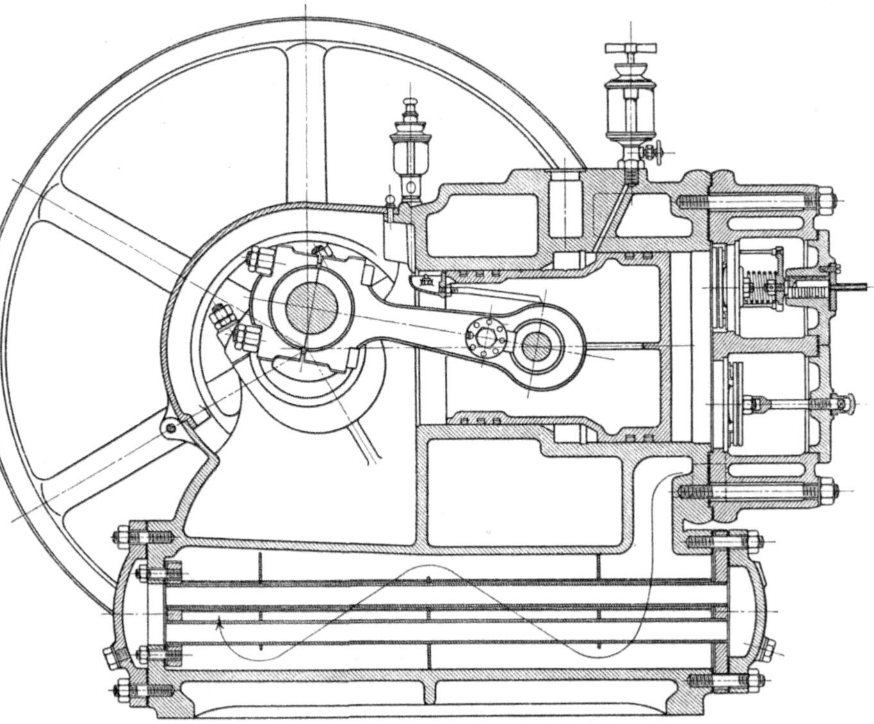

Abb. 117.

Als Beispiel eines dreistufigen Kompressors mit dreifach abgesetztem Kolben gilt Abb. 117 (Rich. Hartmann A.-G.). Der Hub dieser Ausführung beträgt nur 125 mm, die Durchmesser des Kolbens 540, 440 und 125 mm, was ein Querschnittsverhältnis von 1 : 2,82 : 6,2 ergibt. Zur Erzeugung von 100 Atm. Enddruck hat die erste Stufe auf 2,82 Atm. und die zweite auf 17,6 Atm. zu verdichten.

Von der Firma Pokorny & Wittekind, Frankfurt a. M., werden Stufenkompressoren mit einem Kolbenschieber gebaut (Abb. 118 und 119) mit folgenden Hauptmaßen:

Zylinder-Dmtr.	mm	200/170	300/256	400/340	450/385	500/400	555/450
Hub	„	150	250	350	400	400	450
Drehzahl		250	200	160	150	150	145

Die zweistufigen Kompressoren der Dinglerschen Maschinenfabrik Zweibrücken zeigen als besonderes Merkmal die seitliche Anordnung der Ventile, wie dies aus dem Grundriß Abb. 121 ersichtlich ist. Die schädlichen Räume fallen dadurch wohl etwas groß aus, dagegen kann der Deckel gut gekühlt werden. Bei der in Abb. 120 bis 123 dargestellten Maschine (Zylinder-Dmtr. 450/360 mm, Hub 400 mm, Drehzahl 150) besitzt der aus zwei Stücken zusammengesetzte Kolben ein beträchtliches Gewicht; die Gegengewichte an der gekröpften Welle zur Verminderung der Massenwirkung haben deshalb volle Berechtigung. Wie der Querschnitt Abb. 120 zeigt, finden sich entweder unten oder oben zwei Anschlüsse für das Saugrohr; die verdichtete Luft wird nach aufwärts abgeleitet. Über dem Zylinder sitzt der Kühler mit 7,7 qm Kühlfläche (80 Rohre 25/29 mm Dmtr.), das Rohrbündel kann nach Lösen der Schrauben herausgezogen werden.

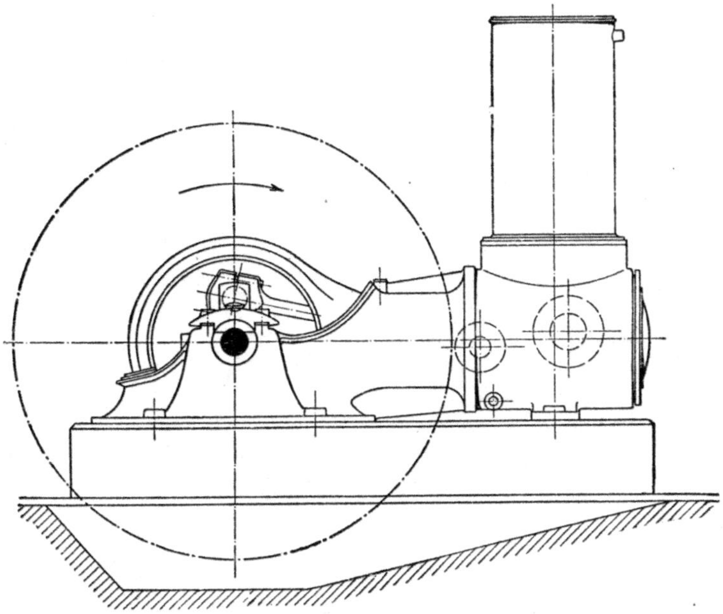

Abb. 118.

Dreistufige Kompressoren für größere Liefermengen zeigt die Bauart der Maschinenfabrik Burckhardt A.-G., Basel (Abb. 124 u. 125). Die Niederdruckstufe ist doppeltwirkend. Bei der gezeichneten Ausführung besitzt der dreifach abgesetzte Kolben 500, 360 und 175 mm Dmtr. und 500 mm Hub, die nach außen tretende Kolbenstange hat 80 mm Dicke. Die Maschine saugt bei 132 Uml./min eine Luftmenge von 800 cbm/h an und preßt sie auf einen Enddruck von 40 Atm.

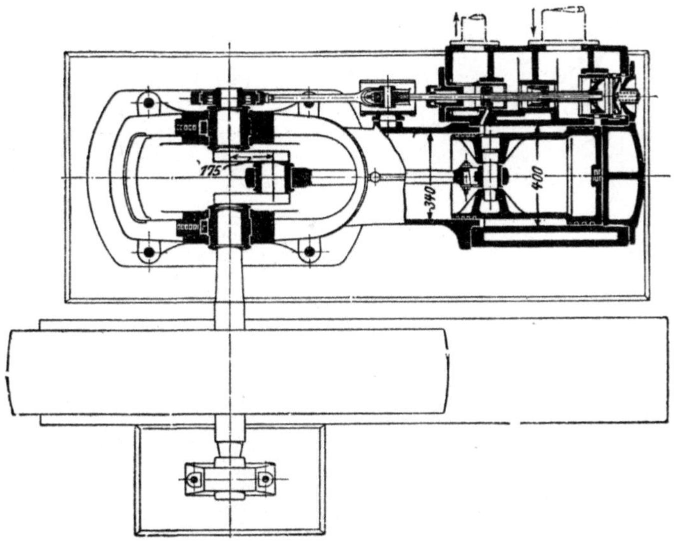

Abb. 119.

Als wirksame Kolbenflächen stehen demnach zur Verfügung

Niederdruckstufe, rechts	1963 — 240 =	1720 qcm
„ links	1018 — 50 =	968 „
Mitteldruckstufe	1963 — 1018 =	945 „
Hochdruckstufe		240 „

Die gewählte Anordnung gibt eine gute Verteilung der Kolbenkräfte auf Hin- und Hergang; die Abdichtung nach außen ist nur an der Kolbenstange vorzunehmen, was mit aller Sicherheit durch eine Metallpackung geschieht, der eine Weichpackung vorgelagert ist, um die Abdichtung des Gases auch im Stillstand

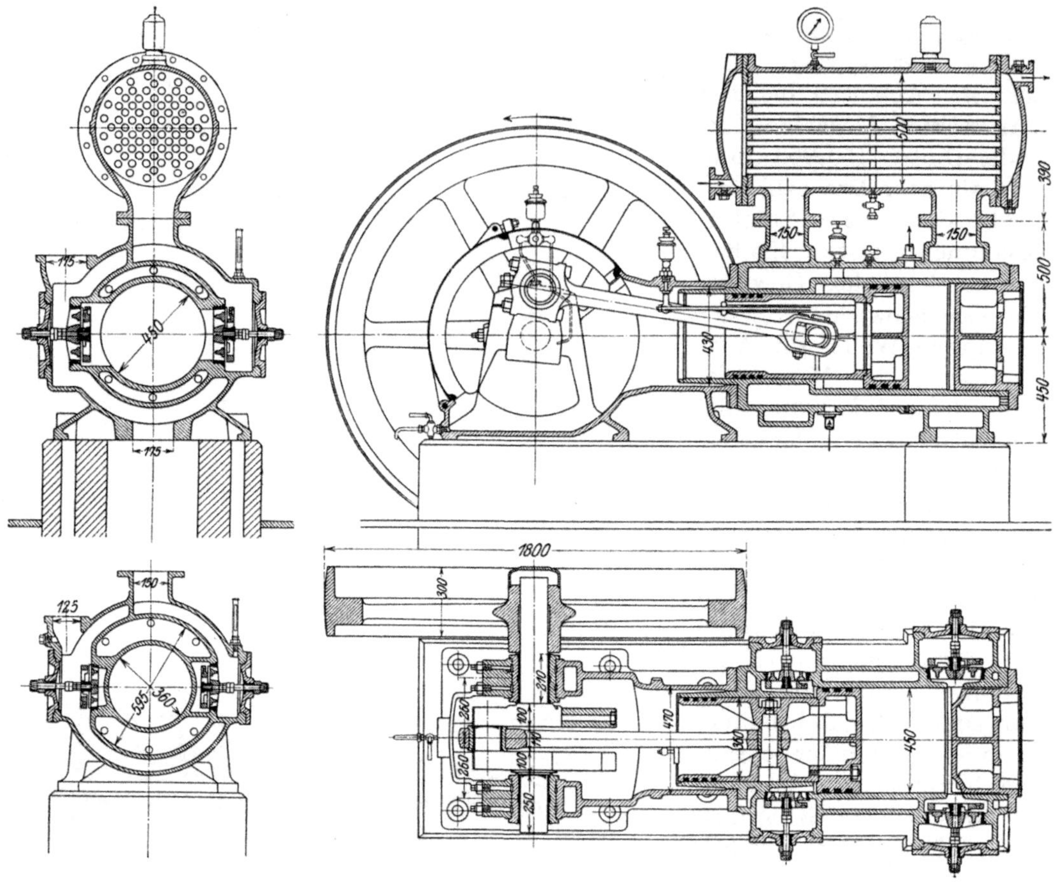

Abb. 120 bis 123.

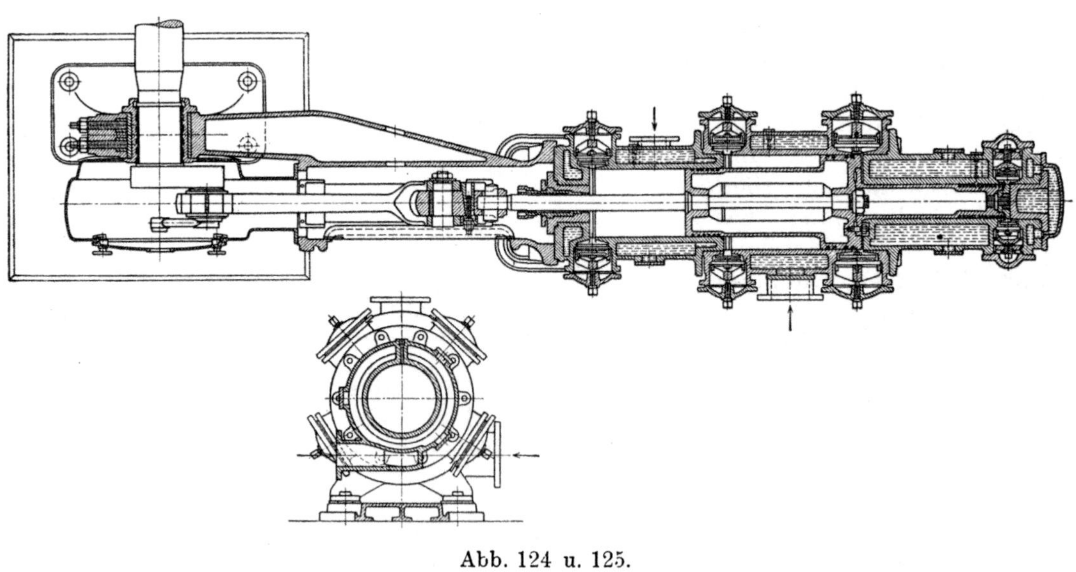

Abb. 124 u. 125.

der Maschine sicherzustellen. In Abb. 126 ist das Schema eines stehenden zweistufigen Kompressors dieser Firma abgebildet, Abb. 127 gibt die konstruktive Durchführung.

Eine eigenartige Bauart zeigt der Kompressor System Castelaine der Maschinenbau-A.-G. Breitfeld, Daněck & Cie., Prag (Abb. 128 und 129). Der Kolben besitzt drei verschiedene Durchmesser; die erste Verdichtung vollzieht sich im großen Ringraum an der Deckelseite. Das Gehäuse bildet dort einen Hohlwulst, der zur Aufnahme der Saug- und Druckventile dient, sie können in größerer Anzahl mit radial gerichteter Achse eingesetzt werden. Der zweite Ringraum auf der Kurbelseite ist mit dem Zwischenkühler verbunden ohne Benützung von Ventilen. Für die Hochdruckstufe dient der dritte Raum mit vollem Querschnitt im Deckelgehäuse.

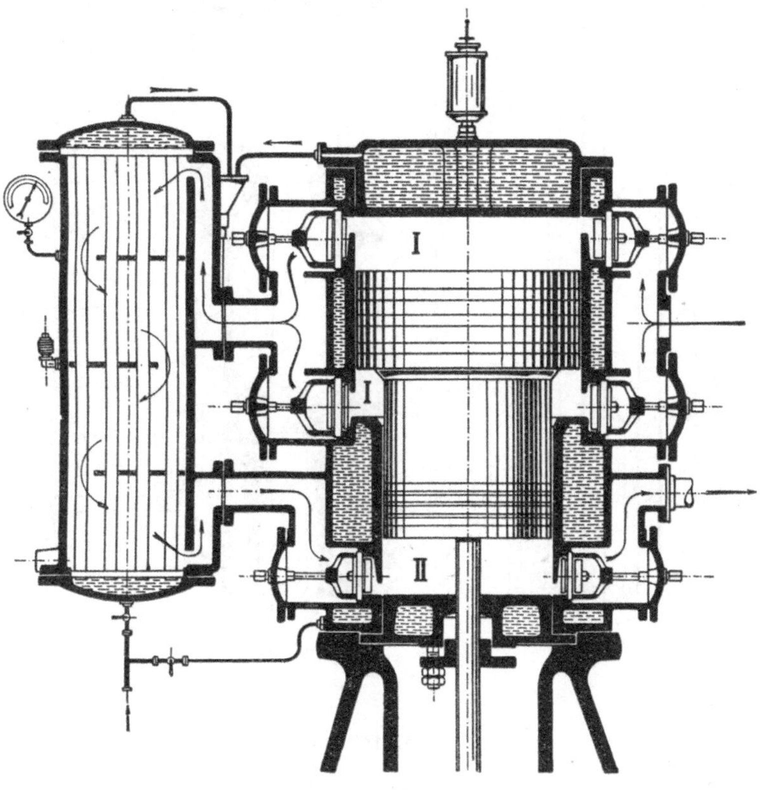

Abb. 126.

Durch die beschriebene Anordnung erhält man eine günstige Verteilung der Kolbenkräfte und eine Verdichterwirkung im zweiten Raum trotz des Fehlens der Ventile.

In Abb. 130 kann die Arbeitsweise an Hand des Druckdiagramms verfolgt werden. Geht der Kolben von links nach rechts, so findet im Raum I Ansaugen von außen statt (a—b), im Raum II Verdrängung in den Kühler und Druckzunahme (a—c), ein Teil dieser Menge findet Aufnahme im Raum III. Kehrt der Kolben zurück, so erfolgt Verdichtung im Raum I (b—e), gleichzeitig Expansion im Raum II (c—e), bis in beiden Räumen Druckausgleich erreicht ist und das Druckventil im Raum I aufgestoßen wird. Nun herrscht in I und II derselbe Druck (e—a), bis die Anfangsstellung des Kolbens wieder erreicht ist. Im Raum III erfolgt während dieser Rückbewegung Verdichtung (c—d) und Ausstoßen in den Behälter. Während des Prozesses durchströmt die Luft den Kühler zweimal (a—c und c—e) und wird dadurch kräftig gekühlt.

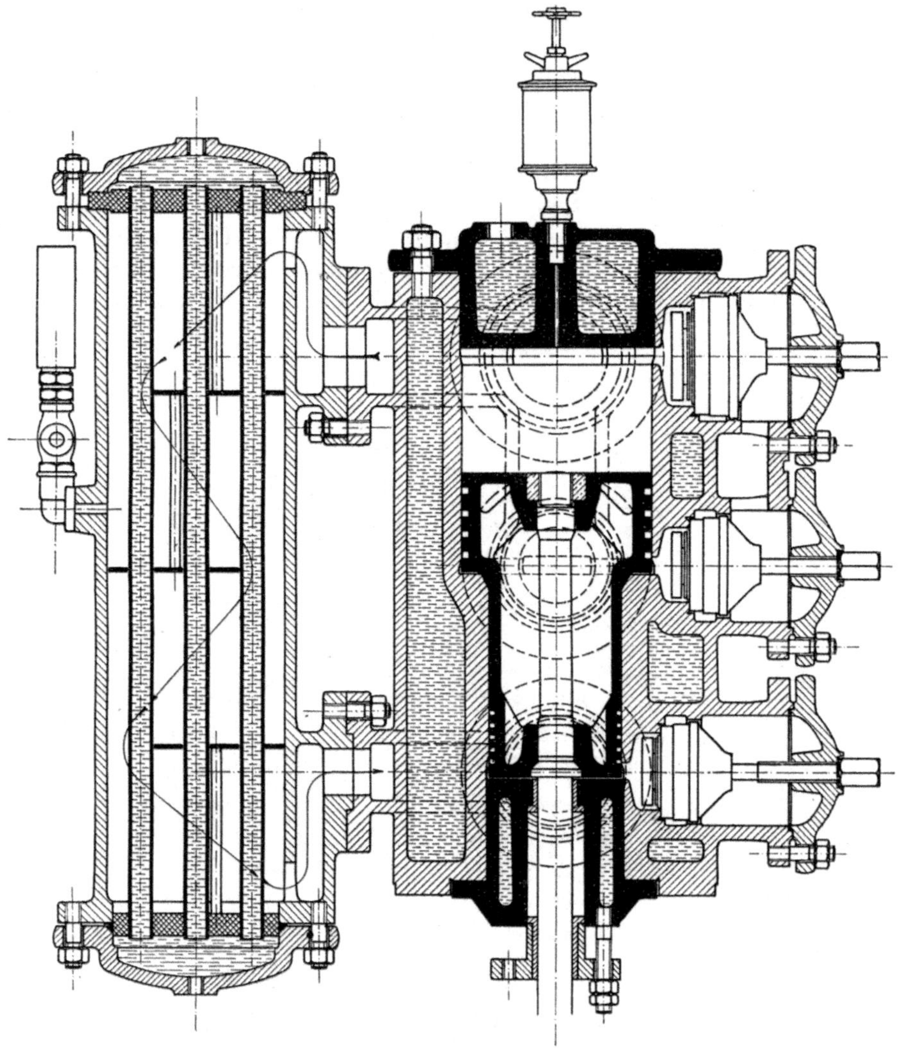

Abb. 127.

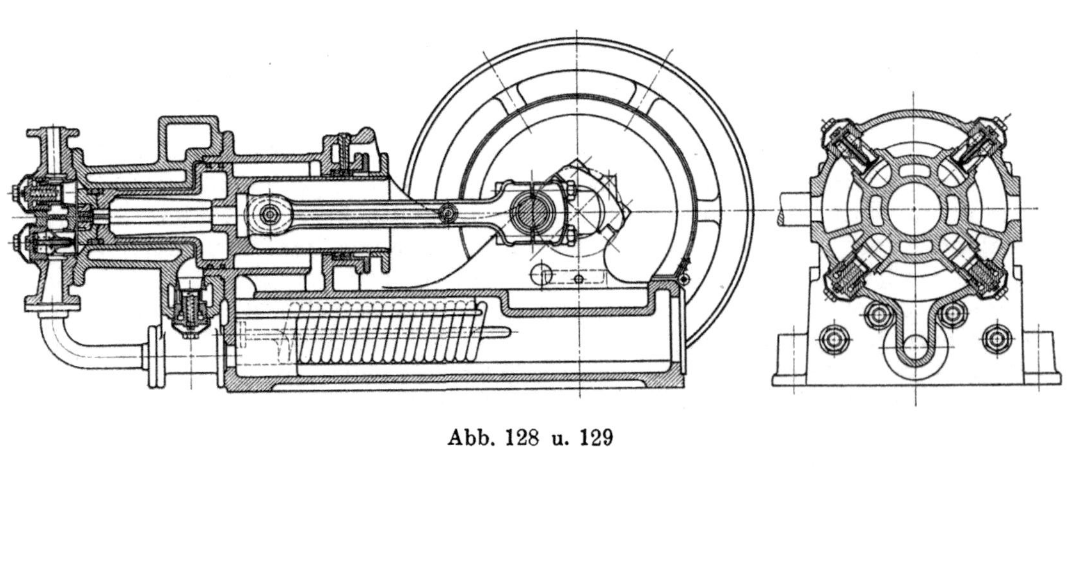

Abb. 128 u. 129

Der in Abb. 128 gezeichnete Kompressor besitzt einen Kolben mit 300, 220 und 150 mm Durchmesser, 250 mm Hub, er läuft mit 175 Uml./min und saugt 130 cbm/h an. Die nutzbaren Querschnitte betragen demnach 529, 325 und 176 qcm.

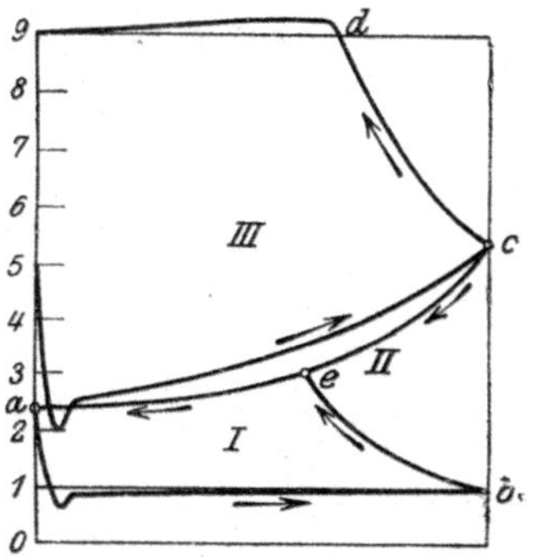

Abb. 130.

Die Wirkungsweise der drei Räume ist durch die Indikatordiagramme (Abb. 131) erkenntlich, die einer Maschine mit 500/240 Zylinder-Dmtr., 350 mm Hub und 125 Uml./min entnommen sind. Der Raum II ist als zweite Stufe mit sehr großem schädlichen Raum aufzufassen.

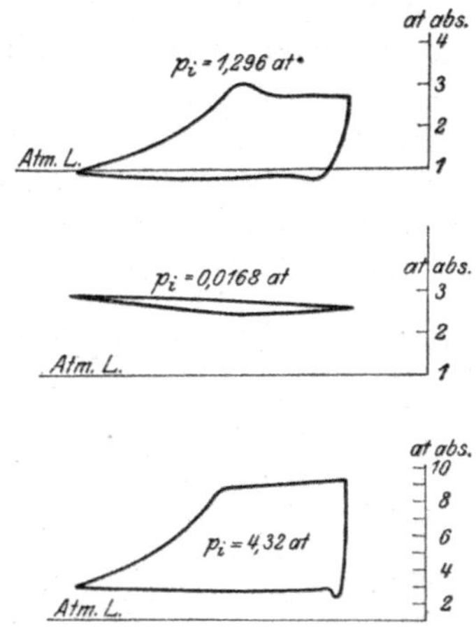

Abb. 131.

Die Fabrik baut diese Typen nach folgenden Modellen:

Zylinder-Dmtr. . . .	mm	300/150	400/200	500/240	600/300
Hub	„	250	350	350	450
Drehzahl		200	170	160	130
Ansaugemenge . . .	cbm/min	2,5	5,3	8,0	11,7
Überdruck	Atm.	8	8	8	8
Energiebedarf . . .	PS	19	40	60	90

Die stehende Bauart für mittlere Pressungen bis 12 Atm. zeigen die Kompressoren der Maschinenbau-A.-G. Balcke, Frankenthal (Abb. 132). Der Kühler ist im Maschinensockel untergebracht; für die Niederdruckstufe liegen die Ventile im Deckel, für die Hochdruckstufe in einem seitlich angeschlossenen Ventilkasten. Die Ausführungen zeigen folgende Verhältnisse:

Zylinder-Dmtr.	mm	150/125	180/150	240/200	265/215	290/240	345/285	370/300
Hub	„	100	100	100	100	150	200	200
Drehzahl . . .		375	365	320	315	290	215	215
Saugrohr . . .	mm	50	65	70	70	90	100	125
Druckrohr . .	„	30	38	38	38	50	65	70
Ansaugemenge .	cbm/min	0,6	0,8	1,25	1,5	2,5	3,5	4,0

Für höhere Pressungen bis zu 60 Atm. baut dieselbe Firma den in Abb. 133 erkennbaren Kompressor mit der umgekehrten Stufenanordnung. Hierbei ist der auf die Kolbenstange wirkende Widerstand stets abwärts gerichtet, so daß der schädliche Raum sehr klein gehalten werden kann. In der ersten Stufe fehlen die Saugventile, die Luft tritt durch Schlitze in den Zylinder, die vom Kolben geöffnet werden, nachdem beim Abwärtsgang ein luftverdünnter Raum entstanden ist. Die kleinen Typen erhalten ihre Zwischenkühlung im Ringraum, der sich um den Wassermantel der Hochdruckstufe legt. Bei größeren Modellen steht ein besonderer Kühler neben der Maschine. Die Hauptabmessungen betragen:

Zylinder-Dmtr. .	mm	110/40	130/45	160/60	200/70	220/75
Hub	„	100	150	160	200	200
Drehzahl		400	350	350	265	265
Ansaugemenge .	cbm/min	0,21	0,45	0,725	1,1	1,35

Einen liegenden Stufenkompressor besonderer Art baut die Oxhydric-A.-G. Sürth bei Köln (Abb. 134 u. 135), dessen Niederdruckteil doppeltwirkend ausgeführt ist. Ferner sind drei Kühler vorgesehen, die im Maschinensockel in leicht zugänglicher Weise Aufnahme gefunden haben.

Das Gas tritt aus Leitung *A* durch die Saugventile *B* in den Niederdruckzylinder *C—G*, fließt alsdann durch Leitung *E* und Kühler *F* in den Mitteldruckteil *H*, von da zum Kühler *K* und in den Hochdruckzylinder, wo der Enddruck

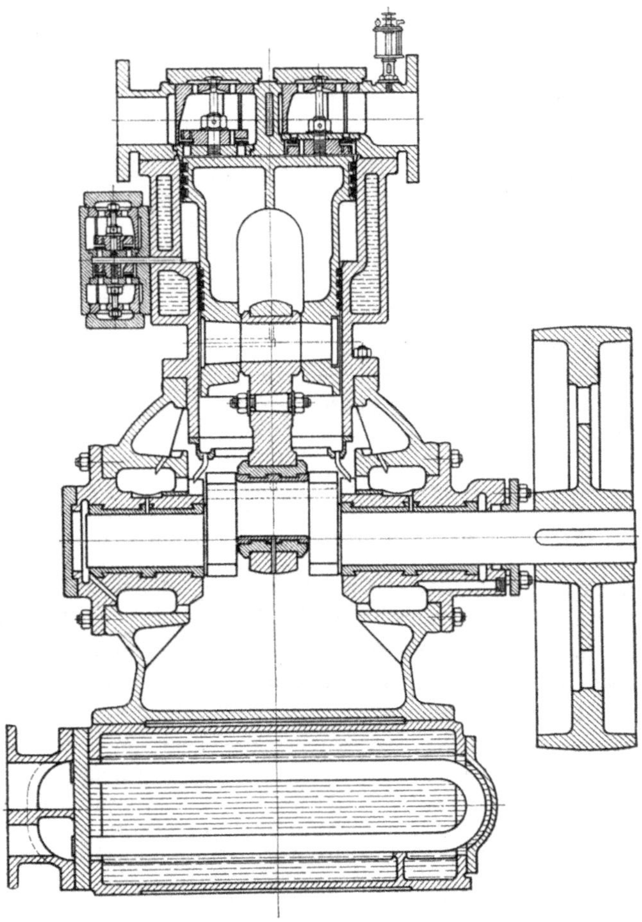

Abb. 132.

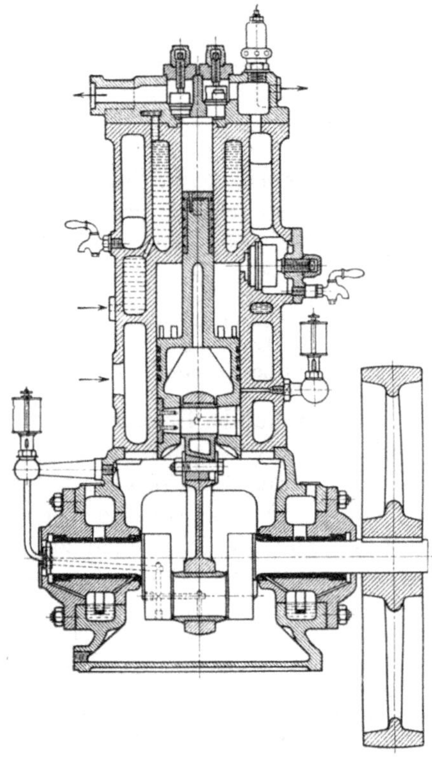

Abb. 133.

(220 Atm.) erreicht wird. Das fertige Gas kühlt sich vor der Verwendung in der Schlange *R* ab. Nach außen muß nur die aus dem Mitteldruckteil *H* tretende Kolbenstange abgedichtet werden, was durch Metallstopfbüchsen in zuverlässiger Weise geschehen kann. Zufolge der gewählten Anordnung gestalten sich die Kraftverhältnisse im Triebwerk günstig.

Diese Maschinen werden gebaut für

Ansaugemenge	cbm/h	10	15	20	30	45	60	80	100	200
Uml./min		160	155	150	150	150	145	140	135	130

46. Verdichtung in getrennten Zylindern.

Die bedeutenden Industriebetriebe der Neuzeit verlangen große Kompressorenanlagen, die zweistufig gebaut werden, sobald der Enddruck auf 6 Atm. oder höher steigen soll. Zur vollen Ausnützung von Platz und Material erhält jede Stufe einen besonderen doppeltwirkenden Zylinder.

Als Antrieb eignet sich die Kolbendampfmaschine vorzüglich, da sie sowohl nach Bauart als in Rücksicht auf die Drehzahl eine vollkommene Übereinstimmung der Bedingungen zeigt. Beide Maschinen dürfen mit derjenigen Kolbengeschwindigkeit laufen, die eine günstige Ausnützung des Triebwerks ermöglicht.

Genügt zum Antrieb eine Einzylinder-Dampfmaschine, so überträgt sie ihre Energie auf die Hauptwelle und von da auf die beiden hintereinander liegenden Zylinder des Kompressors; bei stehender Anordnung sind die drei Zylinder nebeneinander.

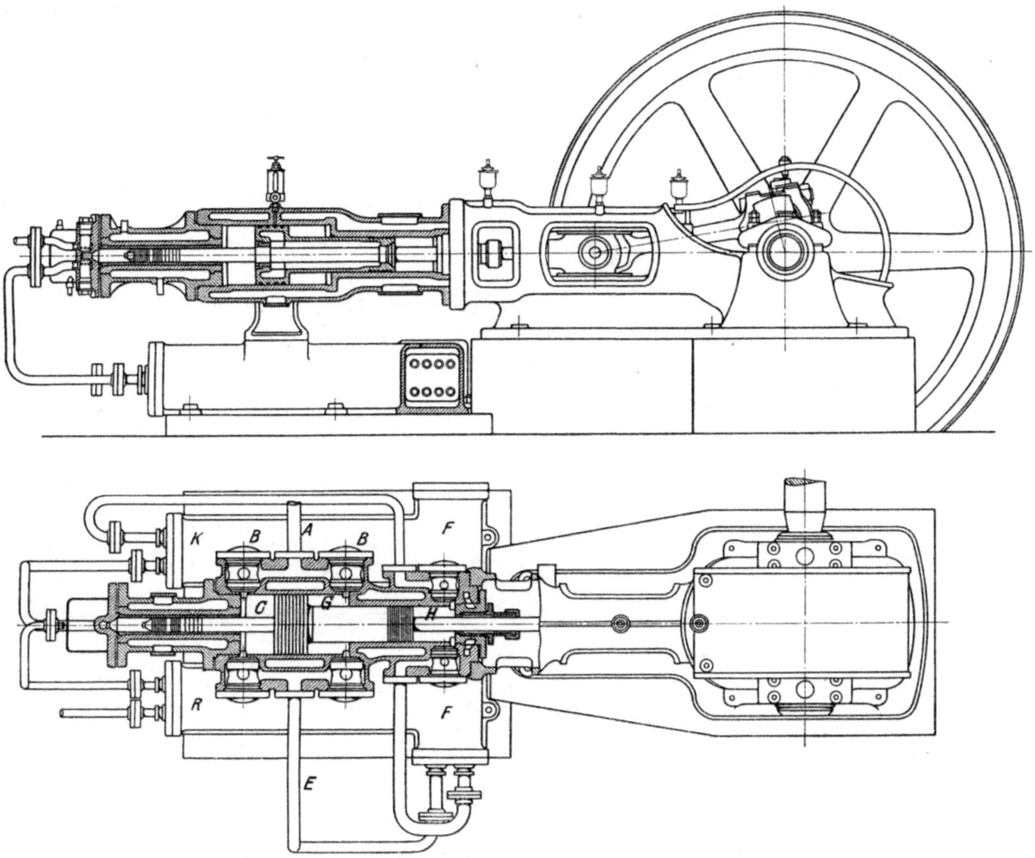

Abb. 134 u. 135.

Für Liefermengen über 50 cbm/min sind Dampfmaschinen mit zweifacher Expansion zu empfehlen. Dadurch entstehen vier Zylinder, so daß man die Niederdruckzylinder für Dampf und Luft hintereinander legen kann, ebenso die Hochdruckzylinder. Zwischen beide Paare kommt der Kühler für die Luft und der Aufnehmer für den Dampf unter den Maschinenboden.

Eine derartige Anordnung zeigt die Anlage von Pokorny & Wittekind, Frankfurt a. M. (Abb. 136) im Grundriß. Die Dampfzylinder befinden sich hinten, um der thermischen Ausdehnung Rechnung zu tragen; sie sind mit den Luftzylindern starr verbunden, können aber auf dem Fundamentrahmen gleiten. Als Steuerung erhalten die Luftzylinder Kolbenschieber mit Exzenterantrieb, die Dampfzylinder Ventile.

Bei den Kompressoren von G. A. Schütz, Wurzen können die querliegenden Schieber (s. Abb. 80) durch dieselbe Steuerwelle angetrieben werden, die zur Betätigung der Ventile an der Dampfmaschine dient. Dadurch erhalten diese Maschinen einen einheitlichen Aufbau.

Denselben Vorteil besitzt der von Gebrüder Sulzer A.-G., Winterthur gebaute zweistufige Kompressor, dessen Einzelteile die bewährten Sonderheiten der Sulzerschen Ventilmaschinen aufweisen. An den beiden doppeltwirkenden Luftzylindern (Zylinder-Dmtr. 575/375 mm, Hub 800 mm) befinden sich die Saugventile unten, die Druckventile oben. Sie erhalten ihre gesteuerte Hubbewegung durch unrunde Scheiben, die auf der gemeinsamen Steuerwelle für Luft und Dampf sitzen, unter Vermittlung von Stangen und Hebeln an den Ventilhauben.

Das Saugventil zeigt die normale Bauart der Sulzersteuerung mit Doppelsitz, eine Stange ist mit dem Steuerhebel nicht starr verbunden, damit die Feder die kraftschlüssige Verbindung in allen Lagen herstellen kann. Diese Steuerung erlaubt einen großen Ventilhub zu verwenden, der im vorliegenden Fall 24 bzw. 30 mm beträgt.

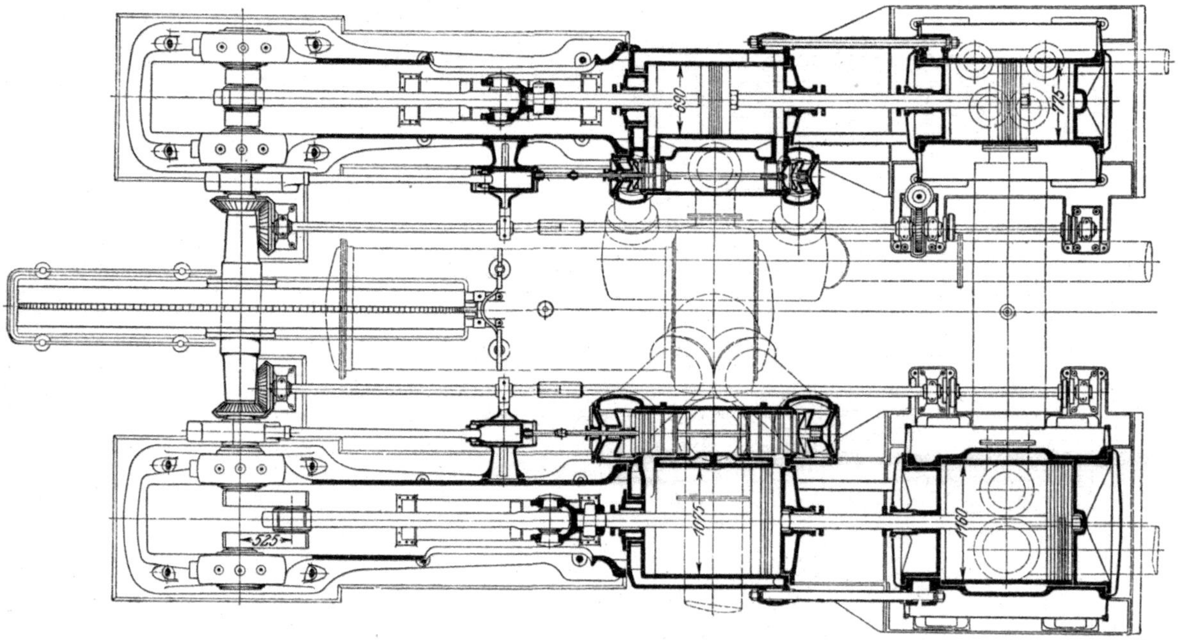

Abb. 136.

Das Druckventil hat ringförmige Durchgangsfläche und hebt sich bis auf 24 mm; auch hier kann beim Öffnen die Erhebung nur in dem Maße zunehmen, als der gesteuerte Ventilhebel dies zuläßt. Das Schließen erfolgt unter dem Einfluß einer Feder und wird gemildert durch den Luftpuffer, in dessen Zylinderraum beim Fallen eine Luftleere entsteht. Zufolge der großen Hübe ergeben sich verhältnismäßig kleine Durchgangsquerschnitte; sie betragen auf der Niederdruckseite für das Saugventil 240 qcm, für das Druckventil 210 qcm. In den Abb. 137 bis 141 ist der Hochdruckzylinder dargestellt. Die Luftzylinder liegen hinter den Dampfzylindern; um die Längenausdehnung des letzteren zu ermöglichen, hat der Luftzylinder eine starre Verbindung mit dem Führungsrahmen durch Stangen erhalten.

Mehrstufige Kompressoren mit getrennten Zylindern baut man auch für kleinere Liefermengen, wenn es sich darum handelt, Gase mit möglichst geringen Undichtheitsverlusten auf hohen Druck zu bringen. Wie die Erfahrungen an Kältemaschinen bestätigen, läßt sich eine Kolbenstange mit sorgfältig ausgeführten Metallstopfbüchsen nach außen zuverlässig abdichten, was bei der Abdichtung von Kolben mit federnden Ringen nicht in gleichem Maß der Fall ist.

Ein stehender Hochdruckkompressor der Deutschen Oxhydric-A.-G. Sürth bei Köln ist nach diesen Gesichtspunkten gebaut (Abb. 142 u. 143). Da Sauerstoff verdichtet werden soll, darf Gußeisen nicht in Berührung mit dem Gas kommen; deshalb bestehen die Kolben und Ventile aus Rotguß, die Leitungen aus Kupfer und die Zylinder erhalten Rotgußfutter. Bei allen drei Zylindern findet die Ver-

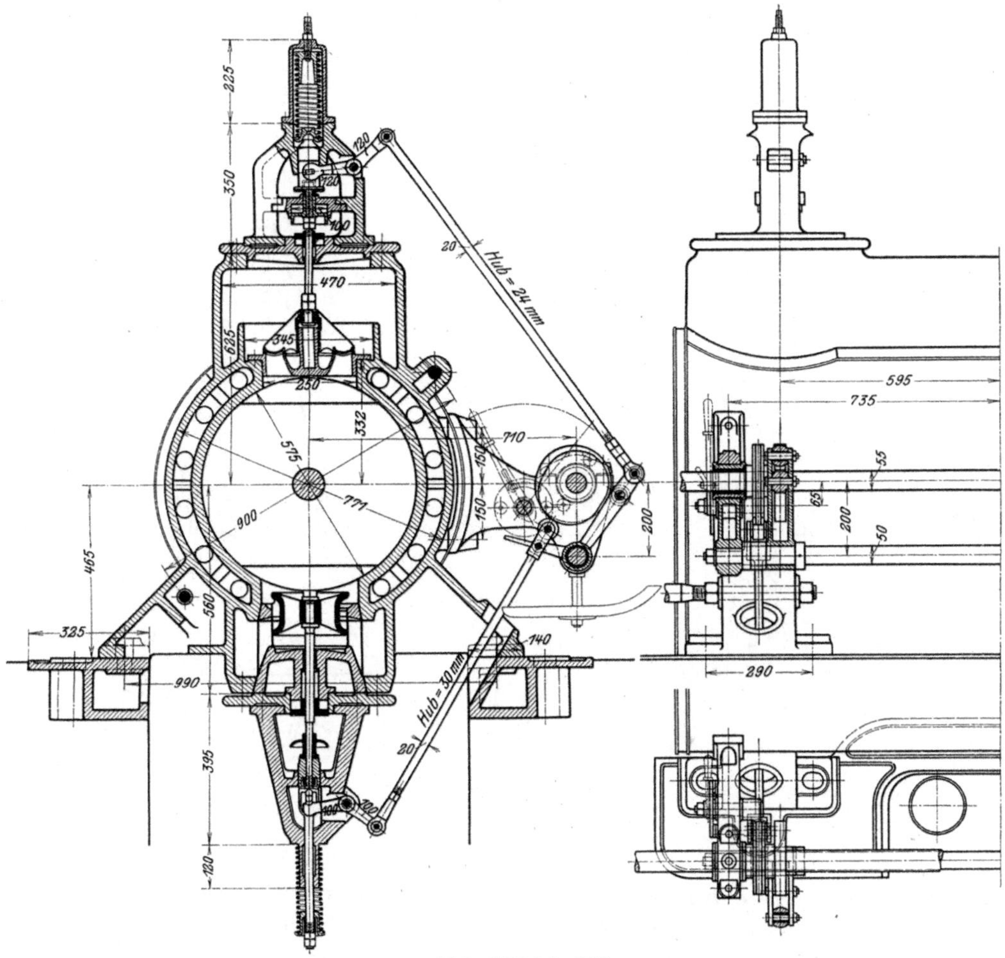

Abb. 137 bis 139.

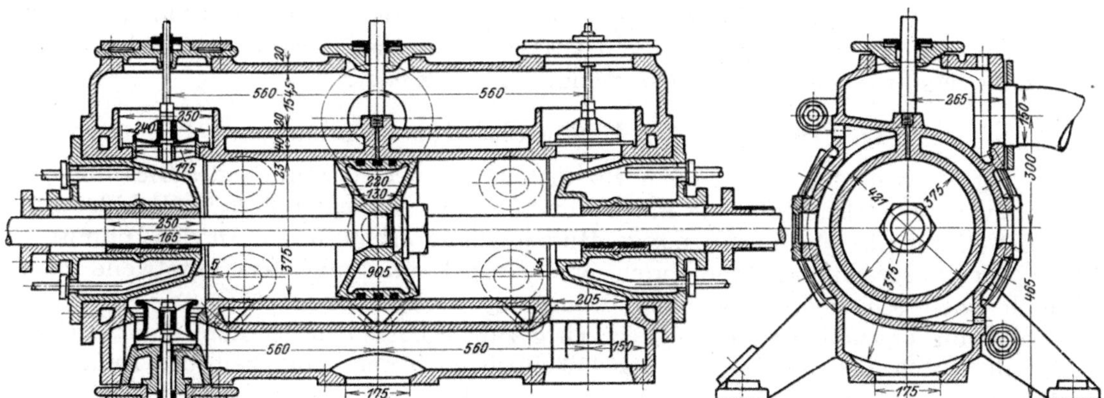

Abb. 140 u. 141.

dichtung nur auf der oberen Seite statt; die untere Seite des Niederdruckzylinders ist mit dem Saugraum ständig verbunden, so daß die Kolbenstange nur gegen den Druck in diesem Raum abzudichten hat.

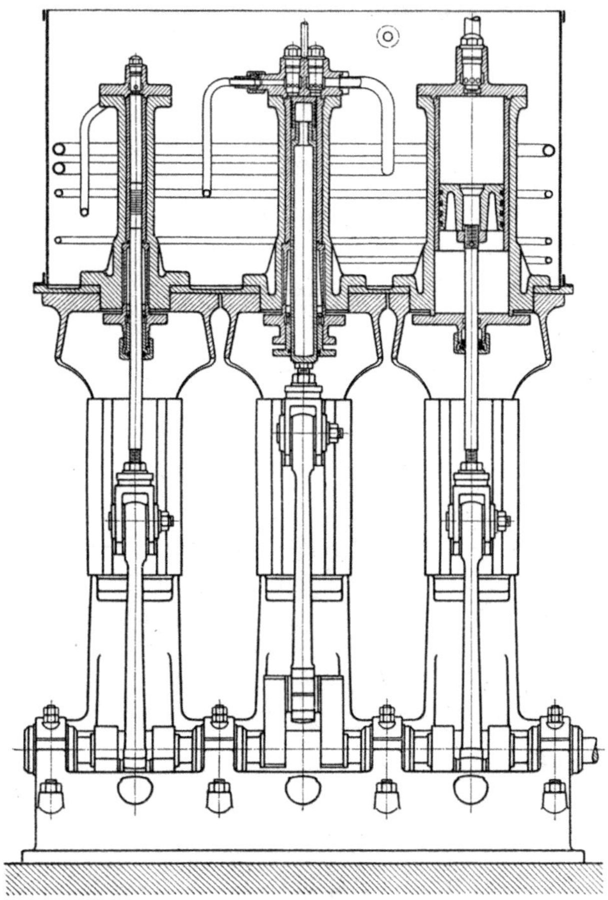

Abb. 142.

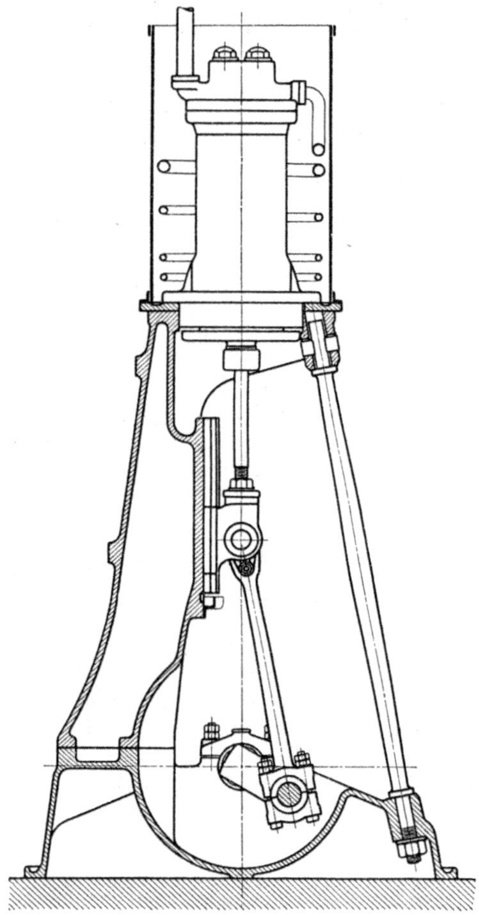

Abb. 143.

Die Kühlung der Zylinder geschieht durch Verwendung eines gemeinsamen, oben offenen Wasserkastens, in den auch die Rohrschlangen für die Zwischenkühlung untergebracht sind. In jedem Ventilkopf befindet sich ein Sicherheitsventil, das beim Überschreiten des Höchstdruckes abbläst und das Gas in die Saugleitung zurückführt. Da sich Öl entzünden könnte, erfolgt die Schmierung mit Wasser, dem ein geringer Zusatz von Glyzerin beigemengt wird, ein Ölabscheider entzieht dem verdichteten Gas das Schmiermittel wieder.

47. Erzeugung der Einblaseluft für Rohölmotoren.

Zur Zerstäubung des flüssigen Brennstoffs im Arbeitszylinder des Dieselmotors verwendet man Druckluft, die auf 60 bis 70 Atm. verdichtet und in Stahlflaschen aufbewahrt wird. Die hierzu nötige Hilfsmaschine erhält ihren Antrieb unmittelbar vom Verbrennungsmotor durch eine Kurbel am Ende der Hauptwelle oder durch einen Schwinghebel von der Schubstange des Motors aus.

Da die erzeugte Druckluft gleichzeitig zum Anlassen des Motors dient, richtet sich die Größe des Kompressors hauptsächlich nach der Häufigkeit des Anlassens. Man rechnet für ortfeste Viertaktmotoren ein Ansaugevolumen von 8 bis 10 l/min auf eine Motorenleistung von 1 PS_e; häufig wird das Hubvolumen des Kompressors mit demjenigen des Motors verglichen, dieses Verhältnis stellt sich etwa auf $^1/_{18}$ bis $^1/_{20}$. Schiffsmaschinen erhalten größere Kompressoren, da das Umsteuern viel Druckluft verlangt. Bei Zweitaktmotoren sind diese Zahlen zu verdoppeln.

Fast ausschließlich bevorzugt man wegen Platzersparnis die stehende Anordnung, die sich der stehenden Bauart der Motoren gut anpaßt. Bei kleineren Anlagen wird der Enddruck in zwei Stufen erreicht, größere erhalten drei Zylinderräume; in beiden Fällen muß auch die abfließende Luft gekühlt werden, bevor sie die Druckflasche aufnimmt.

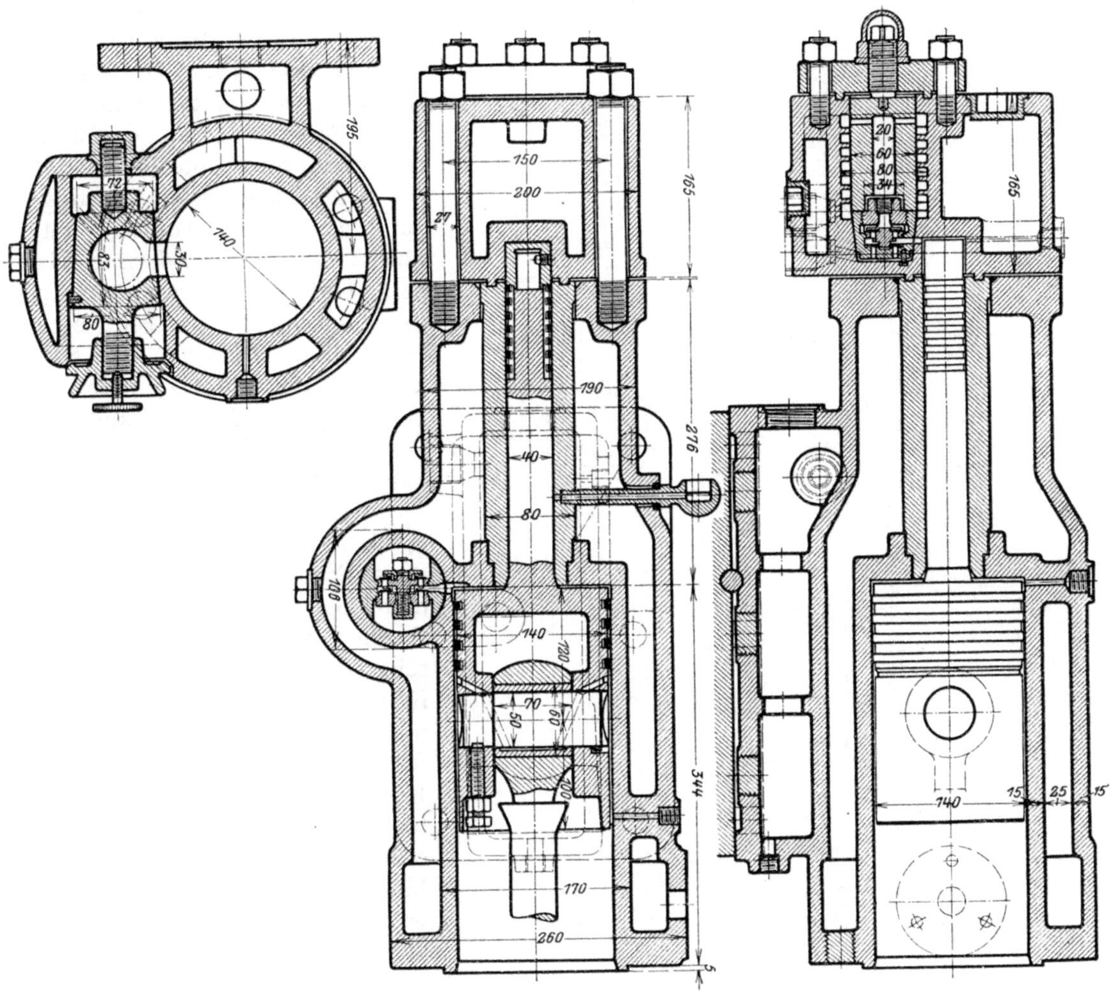

Abb. 144 bis 146.

Einen kleinen zweistufigen Kompressor der Firma Gebrüder Sulzer A.-G. in Winterthur zeigen die Abb. 144 bis 146 (Zyl.-Dmtr. 140/40 mm, Hub 180 mm). Er ist seitlich am Gestell des Motors befestigt und erhält seinen Antrieb durch Schwinghebel von der Schubstange aus.

Die Ventile bestehen aus einfachen Stahlplättchen; ein Satz derselben ist in einem konischen Stück untergebracht und mit ihm leicht auswechselbar, für die erste Stufe befindet sich dieses Stück seitlich, für die zweite Stufe im Zylinderdeckel angeordnet. Der hohle Fuß ist als Zwischenkühler ausgebildet und erhält eine Rohrschlange; die fertige Druckluft kühlt sich im Deckel ab, indem sie den Ventilkonus in einem spiralförmigen Kanal umfließt.

Da die Niederdruckstufe durch den Ringraum gebildet wird, findet die Verdichtung in beiden Stufen gleichzeitig beim Aufwärtsgang statt. Die Kolbenkräfte sind dadurch ungleich verteilt, wirken aber stets abwärts. Man darf deshalb den Spielraum zwischen Kolben und Deckel im Totpunkt ganz klein halten (unter 0,5 mm) ohne ein Anstoßen befürchten zu müssen, eine Abnützung in den Schubstangenlagern vergrößert diesen Spielraum.

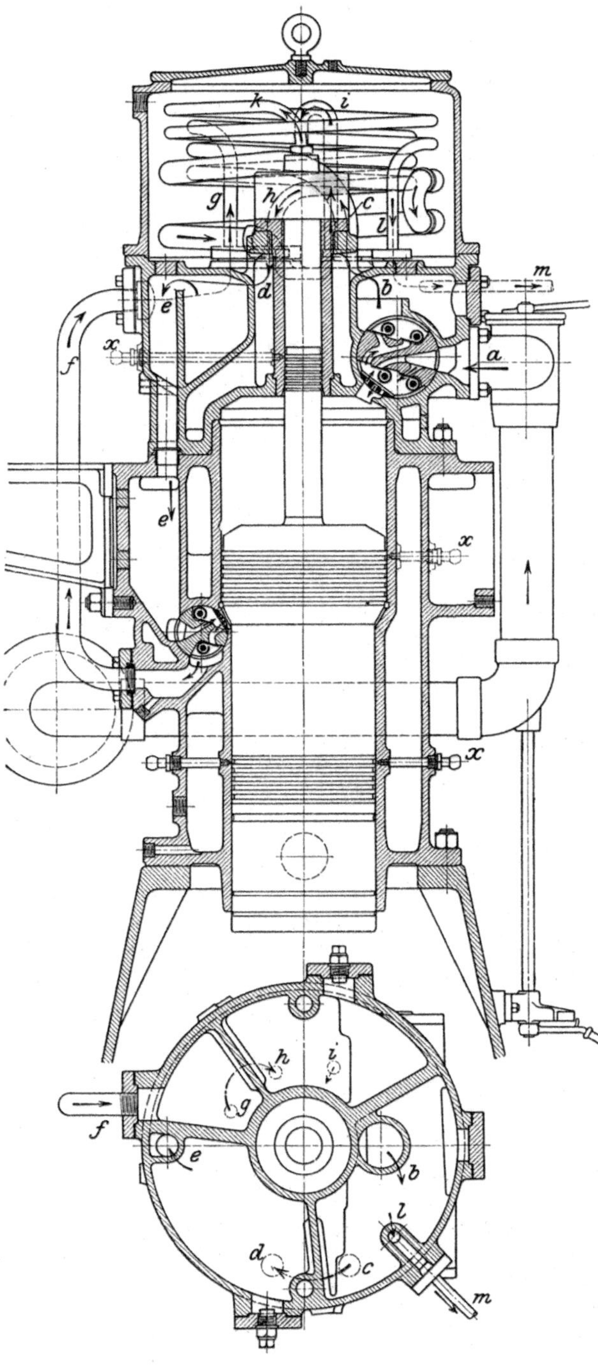

Abb. 147 u. 148.

Die **schweizerische Lokomotiv- und Maschinenfabrik Winterthur** baut für ihre größeren Dieselmotoren dreistufige Kompressoren (Abb. 147 u. 148), die bemerkenswerte Neuerungen aufweisen. Die beiden ersten Stufen sind durch federnde Klappen (Gutermuth) gesteuert, die in konischen Einsätzen eingebettet sind. Zwischen den Saugklappen und dem Zylinderraum befinden sich Gitter, damit beim Bruch einer Feder kein Blechstück in das Innere fallen kann.

Die Luft tritt durch die einstellbare Saugleitung bei *a* in die erste Stufe und nach der Verdichtung in den segmentartigen Raum *b*, von dem die erste Kühlschlange zum sackartigen Behälter führt (*c*—*d*). Um zum Saugventil der zweiten Stufe zu gelangen, muß die Luft durch den senkrechten Kanal *e* abfallen, der Zwischenbehälter *d* wirkt somit als Wasserabscheider der abgekühlten Druckluft, deren Taupunkt überschritten ist. Dadurch ist die Gefahr des Wasserschlages und des Einrostens im Innern des Mitteldruckzylinders vermieden, was besonders bei Aufstellung der Maschine in heißen Gegenden wichtig ist.

Diese Einrichtung wiederholt sich zwischen der zweiten und dritten Stufe, die Druckluft strömt durch die Leitung *f* in den Segmentraum *g*, von da durch die zweite engere Schlange nach *h* und durch das senkrecht ansteigende Rohr in den Hochdruckzylinder. Im gleichen Raum ist die dritte Schlange *k*—*l* untergebracht, die zur Kühlung der fertigen Druckluft dient, bevor sie durch *m* in die Flaschen abfließt.

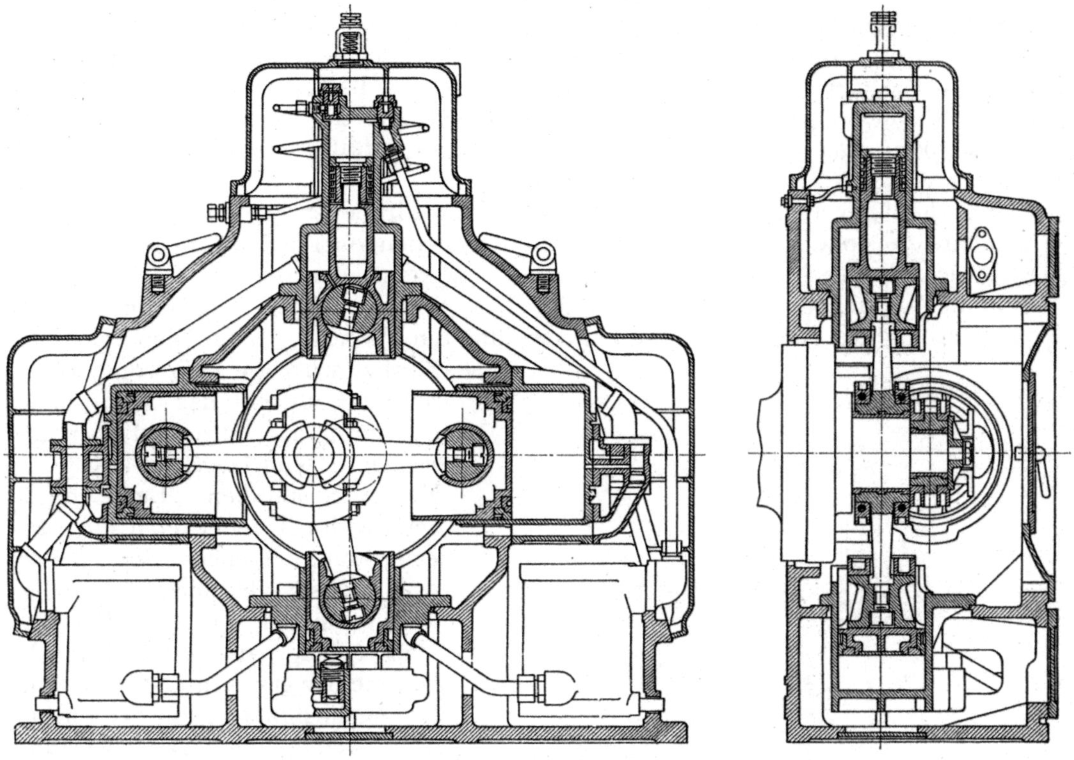

Abb. 149 u. 150.

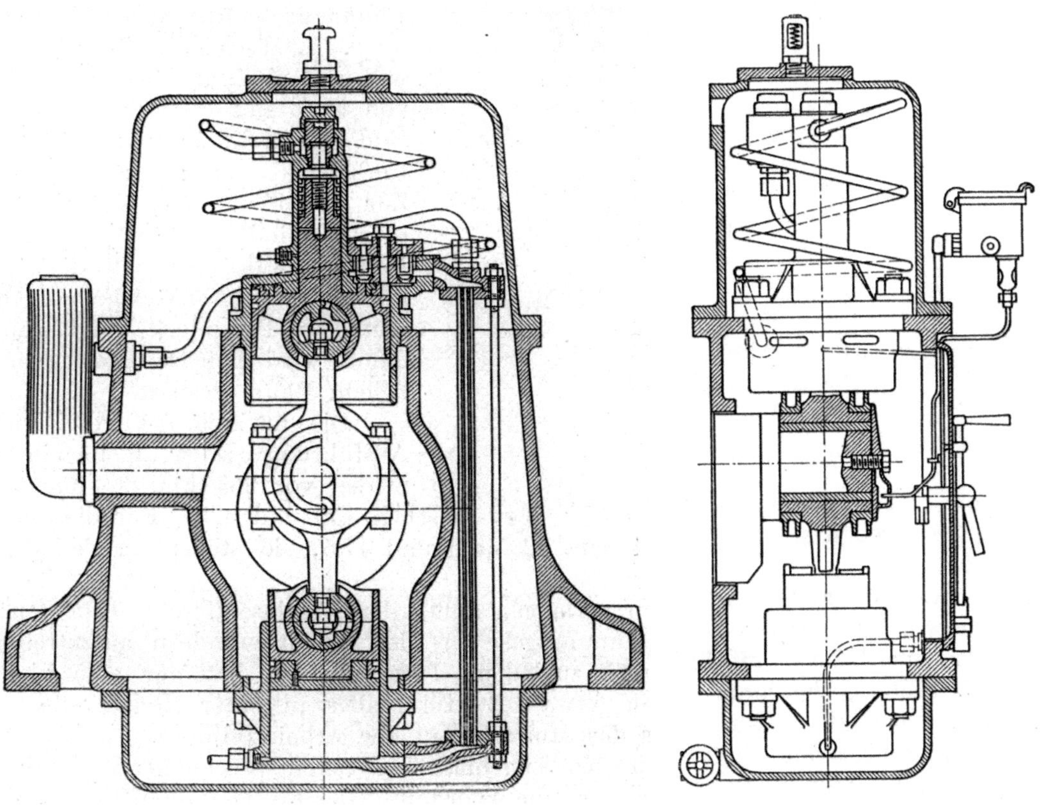

Abb. 151 u. 152.

Zu den bekannten Kompressoren für Dieselmotoren gehört die Bauart Reavell (Abb. 149 u. 150), die namentlich auf Schiffen wegen der gedrängten Form gebräuchlich ist. Die Niederdruckstufe ist geteilt und wird von beiden wagrecht hin und her gehenden Kolben beschrieben, der Mitteldruckzylinder ist unten, der Hochdruckzylinder oben. Das ganze Gehäuse ist mit Wasser gefüllt, daher werden die Verbindungsrohre aus Kupfer ausgiebig gekühlt.

Eine häufig verwendete Anordnung derselben Firma ist in den Abb. 151 u. 152 erkennbar, die erste und dritte Stufe wird durch den oberen Kolben gebildet; der Mitteldruckzylinder befindet sich unten und hat keine Ventile.

Beim Aufgang der Kurbel stößt der Niederdruckkolben die Luft durch das Druckventil in das Rohrbündel und in den unteren Zylinder. Beim Niedergang der Kurbel wird die Luft vom zweiten Zylinder durch das Rohrbündel und zum Hochdruckzylinder gestoßen. Gleichzeitig saugt der Niederdruckkolben Luft durch Schlitze im Kolbenzapfen ein. Die Anordnung gleicht der Bauart Abb. 128, sie gibt eine gleichmäßige Verteilung der Kolbenkräfte, und zwar erzeugt in der Totlage die Summe der ersten und dritten Stufe die gleiche Kraft, wie die zweite Stufe nach Abzug der Massenwirkung.

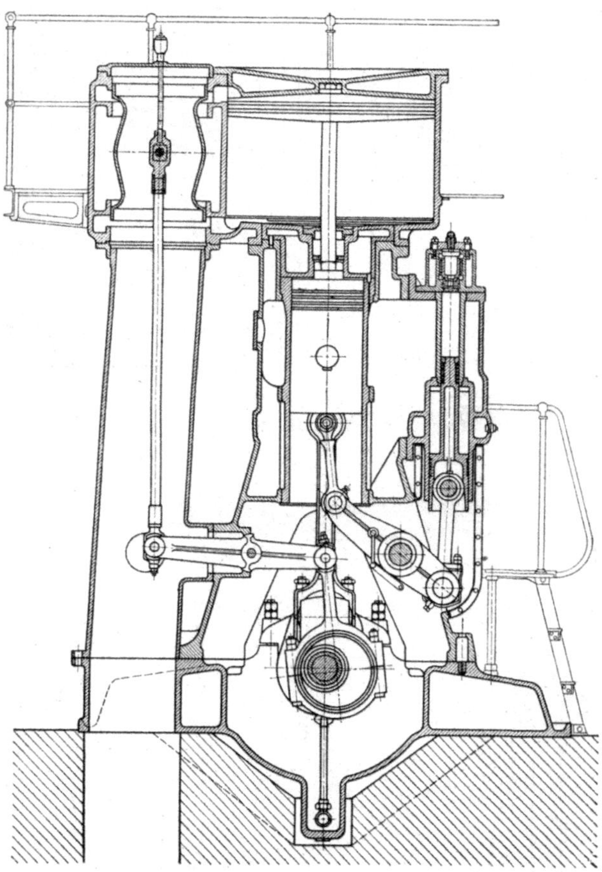

Abb. 153.

Allerdings sind die schädlichen Räume groß (Mitteldruckteil 25 bis 50 v. H., Hochdruckteil 10 v. H.); will man nun eine Druckverteilung von 4, 16 und 64 Atm. erhalten, so sind die Zylinderquerschnitte im Verhältnis 10 : 7 : 1 auszuführen. Zur Erhöhung der Kühlwirkung im Rohrbündel werden wenige enge Rohre gewählt, so daß die Luft mit einer mittleren Geschwindigkeit von etwa 100 m/sek durchströmt, damit wird gleichzeitig an schädlichem Raum gespart.

Die in Abb. 151 gezeichnete Ausführung zeigt Kolbendurchmesser von 254 mm, 203 mm und 78 mm, Hub 127 mm; die Drehzahl liegt zwischen 450 und 325. Für die Querschnitte ergeben sich somit 454 qcm, 323 qcm und 47,5, sie stehen im Verhältnis 9,5 : 6,8 : 1.

Die Zweitakt-Dieselmotoren verlangen außer der Einblaseluft eine bedeutende Menge Spülluft, um die Verbrennungsgase aus den Arbeitszylindern auszutreiben und sie gleichzeitig mit Frischluft zu laden. Dieses Gebläse hat nur eine kleine Druckerhöhung hervorzubringen (etwa 0,3 Atm.), aber in einer Menge, die um 40 bis 100 v. H. größer ist als das Hubvolumen der Arbeitszylinder.

Ein solches doppeltwirkendes Kolbengebläse in zweckentsprechender Verbindung mit dem Hochdruckkompressor zeigt die Anordnung der Firma Gebrüder Sulzer A.-G in Winterthur (Abb. 153). Der stehende Spülluftzylinder erhält seinen Antrieb von der gekröpften Hauptwelle des Dieselmotors und wird gesteuert durch einen Kolbenschieber, dessen Bewegung von einem Exzenter erfolgt unter Vermittlung einer Schwinge. Dieser Schwinghebel ragt in die Saugleitung, wobei seine Nabe den Abschluß gegen außen besorgt.

Der Kreuzkopf der Spülluftpumpe ist als Kolben ausgebildet, damit auf seiner oberen Seite der Niederdruckraum des dreistufigen Kompressors entsteht. Die zweite und dritte Stufe wird gebildet durch den seitlich angehängten Zylinder mit Antrieb von der Schubstange der Spülluftpumpe aus. Durch diese Anordnung ergibt sich ein guter Ausgleich der bewegten Massen.

Die gezeichnete Spülluftpumpe (Zyl.-Dmtr. 1100 mm, Hub 540 mm, Kolbenstange 80 mm) läuft mit 150 bis 167 Umdrehungen in der Minute, ihr Hubvolumen beträgt beinahe das Doppelte der Arbeitszylinder. Der Niederdruckzylinder des Kompressors (Zyl.-Dmtr. 380 mm, Hub 540 mm) zeigt etwa $^1/_{10}$ des Volumens der Arbeitszylinder; verglichen mit der Nutzleistung des Motors beträgt das Ansaugevolumen 19 Liter/min auf 1 PS. Mitteldruck- und Hochdruckzylinder haben 210 und 95 mm Bohrung bei 350 mm Hub; das Volumverhältnis beträgt somit 6 : 3,875 : 23,6.

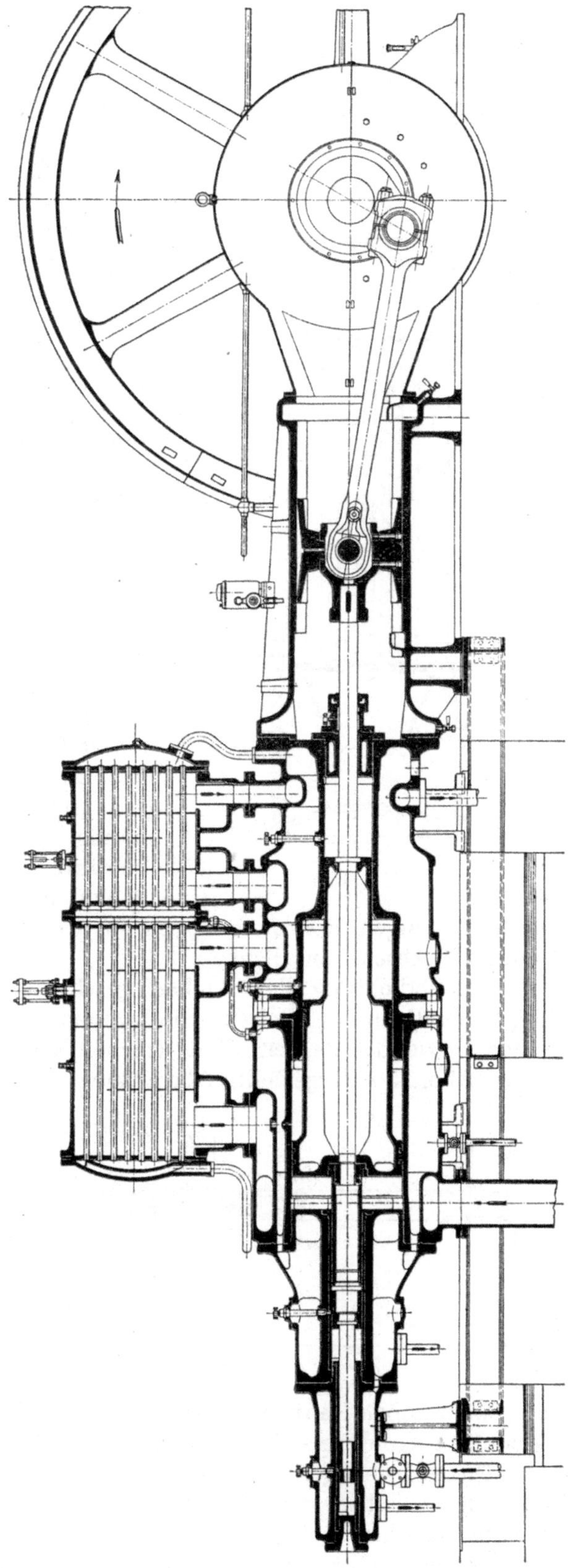

Abb. 154.

48. Hochdruck-Kompressoren.

Durch die Entwicklung der chemischen Industrie ist der Bau von Hochdruck-Kompressoren in bisher nicht geahnter Weise gefördert worden, eine Reihe neuer Verfahren verlangen die Verdichtung von Luft und anderen Gasen auf 200 bis 300 at in bedeutenden Mengen. Die Druckluft-Lokomotiven der Grubenbahnen und der Tunnelbauten arbeiten mit 150 bis 175 at. Als Hilfsmaschinen sind

Kompressoren zur Lieferung der Einblaseluft für Rohölmotoren nötig, die 60 bis 70 at herstellen.

Für die Wahl der Stufenzahl sind die gleichen Gesichtspunkte maßgebend, wie bei Zweistufen-Kompressoren: nicht zu starkes Anwachsen des Energiebedarfes und der Endtemperaturen, nicht zu große Verminderung des Liefergrades. Da diese mehrstufigen Maschinen meistens große Baulänge erhalten, muß Rücksicht genommen werden auf die Ausdehnung in axialer Richtung zufolge der Temperaturunterschiede.

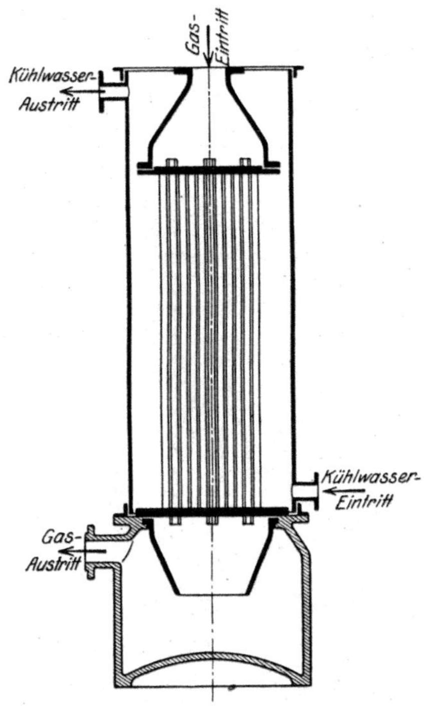

Abb. 155.

Neuzeitliche Ausführungen seien durch einige Beispiele zur Darstellung gebracht.

Die Berliner Maschinenfabrik vorm. L. Schwartzkopff baut ausschließlich derartige Kompressoren, von welchen Abb. 154 eine Ausführung zeigt (20 cbm/min auf 200 at). Alle fünf Stufen liegen in derselben Achse, die erste Stufe ist doppeltwirkend, die II und III vor der ersten, die IV und V hinter ihr. Die Maschine wird also lang und schmal, besitzt aber nach außen zu nur eine Stopfbüchse in der III. Stufe. Die Kühler der beiden ersten Stufen sind aneinander gesetzt und liegen über dem Zylinder, die Kühler der Hochdruckstufen werden als Stahlrohre gewunden und mehrere Windungen parallel geschaltet. Für Wasser- und Ölabscheidung ist an den Ein- und Austrittsstutzen der Kühler gesorgt.

In Rücksicht auf die Raumverhältnisse werden häufig stehend Kühler verwendet, die sich gut bewähren (Abb. 155). Bei der von Schwartzkopff gebauten Anordnung (Abb. 155) fließt das Gas durch die engen Rohre von oben im Gegenstrom zum Wasser, wobei der untere Raum als Abscheider dient.

Die Abdichtung der Kolben geschieht in bekannter Weise durch federnde Ringe aus dichtem Gußeisen. Sie können auch für die nach außen tretende Kolbenstange verwendet werden. Statt solchen Ringen benützt die Firma Schwartzkopff die in Abb. 156 dargestellte Abdichtung, bestehende aus U-förmigen Stulpen *a* aus Weißmetall; ihre Hohlräume werden durch eine elastische Masse *b* ausgefüllt, die fest genug ist, um den axialen Druck aufzunehmen und zugleich die Stulpenschenkel leicht anpreßt. Zweckmäßig ist der Einbau dieser Ringe in ein Gehäuse, das radial und kugelig beweglich ist und der Kolbenstange in jeder Richtung folgen kann.

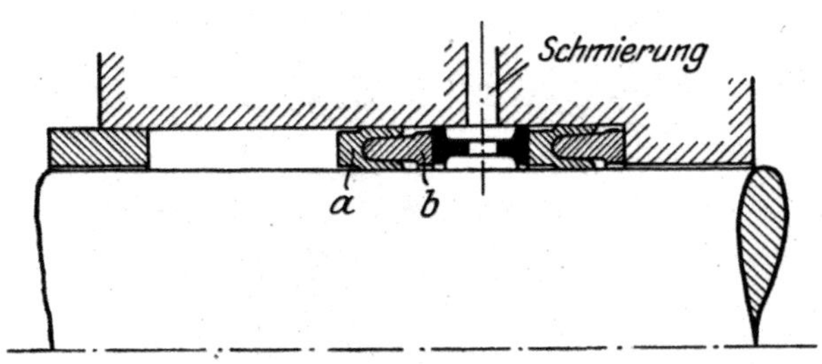

Abb. 156.

Bei knappen Raumverhältnissen wird stehende Bauart gewünscht. Einen solchen vierstufigen Kompressor von Schwartzkopff zeigt Abb. 157 (11 cbm/min auf 220 at). Sein Niederdruck-Zylinder besitzt einen Stufenkolben, im Hochdruck-Zylinder ist unter dem Kolben der III. Stufe der Ausgleichsraum, der gegen den Kühler der II. Stufe zu offen steht. Beide Kolben (Hub 400 mm) sind durch besondere Kreuzkopf-Führungen von Seitenkräften befreit.

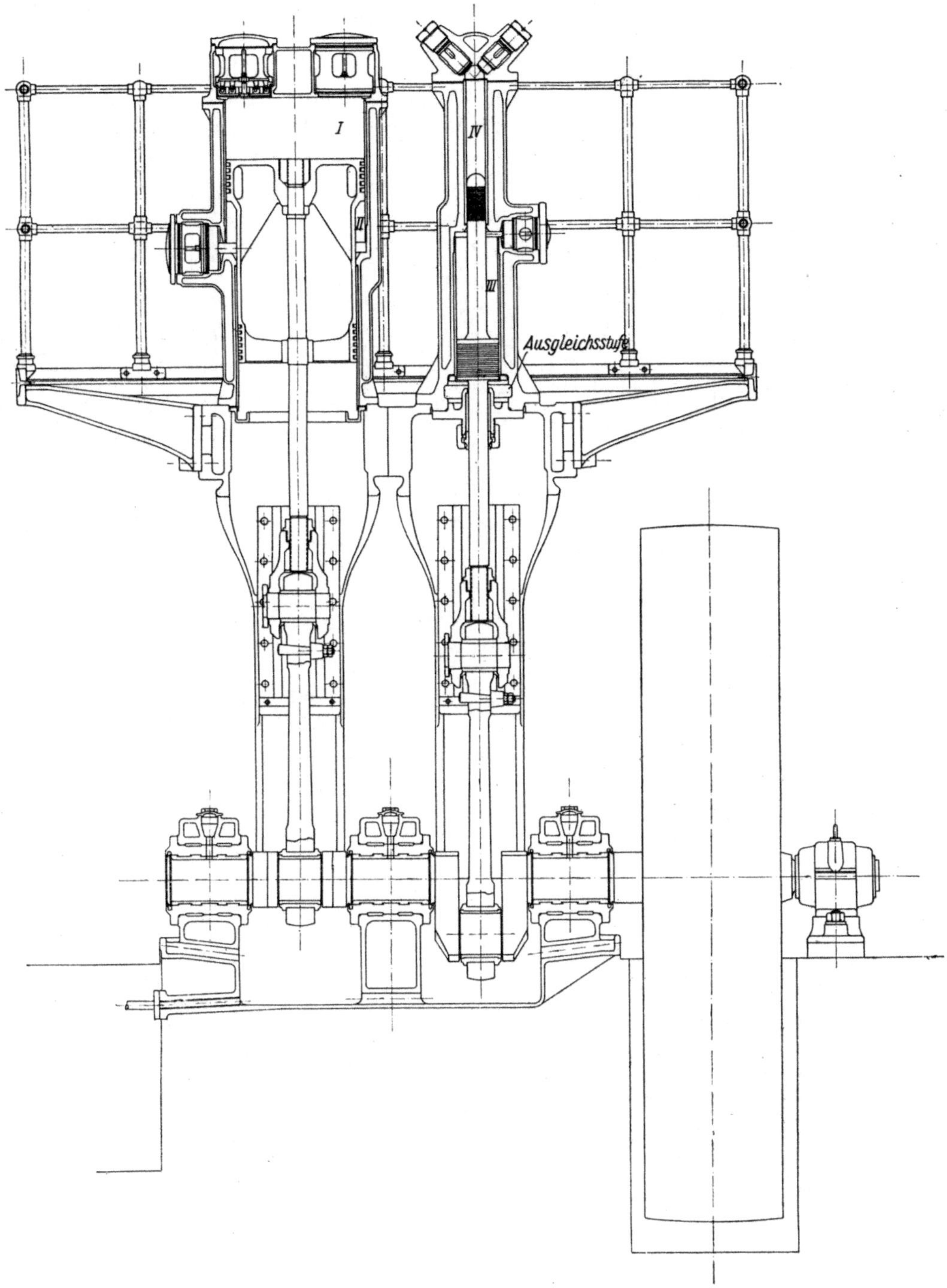

Abb. 157.

Der vierstufige Kompressor von A. Borsig, Berlin-Tegel (Abb. 158 bis 160) hat nur die beiden ersten Stufen in einem Zylinder vereinigt, die III. und die IV. Stufe besitzen einfache Plungerkolben, wodurch eine sichere Abdichtung durch Metallpackungen anwendbar ist (6 cbm/min auf 200 at, 300 Uml./min). Alle Zylinder sind von einem oben offenem Blechmantel umgeben, dessen Innenraum das Kühlwasser enthält. Dadurch ergeben sich sehr einfache Zylindermodelle und der

Wasserraum bietet genügend Platz, um die Schlangen der drei Zwischenkühler aufzunehmen.

Für große Liefermengen baut A. Borsig fünfstufige, liegende Kompressoren nach Abb. 161 u. 162 (30 cbm/min auf 200 at, 750 mm Hub). Der eine Zylinder enthält die I. (doppeltwirkend) und II. Stufe, sowie am hinteren Deckel angeschlossen

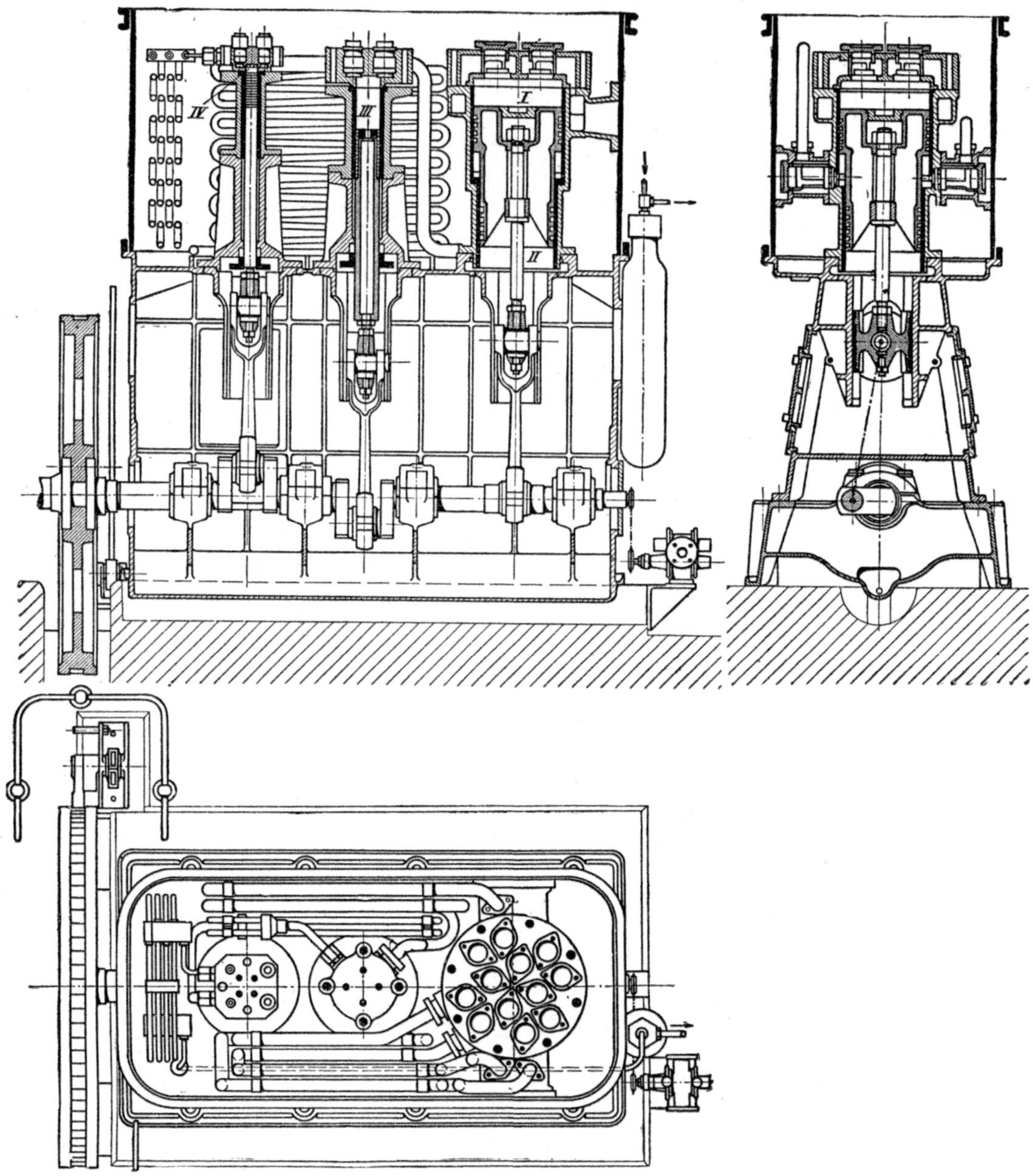

Abb. 158 bis 160.

die IV., im zweiten Zylinder folgen sich von vorn nach hinten die III. Stufe, der Ausgleichsraum *a* und die V. Stufe. Den Antrieb besorgt eine Zwillingsdampfmaschine mit versetzten Kurbeln. Alle Zwischenkühler und der Nachkühler sind als Rohrschlangen ausgebildet und liegen in offenen Wasserkästen über den beiden

Zylindern. Dadurch gestaltet sich der Aufbau übersichtlich, außenliegende Rohrleitungen können fast ganz vermieden werden. In Abb. 162 ist *b* der Saugstutzen, *c* Druckleitung, *d* Zwischenkühler vor der V. Stufe, *e* Zwischenkühler vor der III. Stufe, *f* Kühlwasserzufluß, *g* Kühlwasserabfluß.

In Abb. 163 ist das Schema einer kombinierten Hoch- und Niederdruckanlage dargestellt, die Schwartzkopff für die Gewinnung von Sauerstoff nach dem Linde-Verfahren ausgeführt hat. Im normalen Betrieb, d. h. wenn der Linde-Apparat bereits Sauerstoff erzeugt, saugen beide Seiten 1 *N* und 1 *H* des zweiachsigen Kompressors Frischluft an. Die Niederdruckseite (535/415 mm Durchm., 500 mm Hub, 126 Uml./min) preßt ihre Luft auf 5 bis 6 at (11,25 cbm/min.) und bringt diese Luft zum Laugetopf. Die Hochdruckseite (375/313/112/56 mm Durchm.) drückt die aus dem Laugetopf kommende Luft (5 cbm/min) in den Stufen 1 *H* bis 4 *H* auf 200 at.

In der Anlaufperiode muß der Linde-Apparat die tiefe Temperatur durch fortgesetzte Drosselung erzeugen, dabei wird der Kompressor so geschaltet, daß die von 1 *N* angesaugte Luft (11,25 cbm/min) in den Stufen I bis V auf 200 at gepreßt wird. Während dieser Arbeitsperiode ist die erste Stufe 1 *H* durch Offenhalten des Saugventils ausgeschaltet, was durch Einwärtsschrauben der Greifer *c*

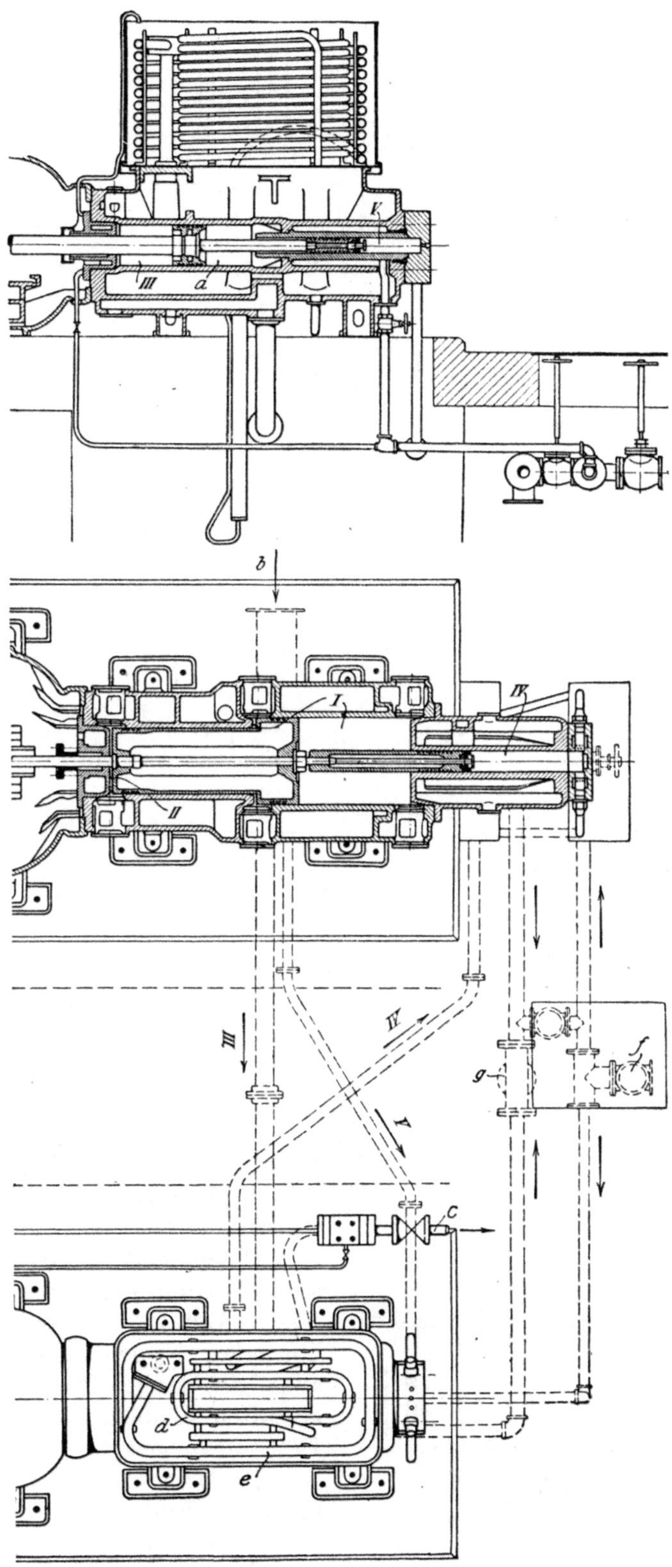

Abb. 161 u. 162.

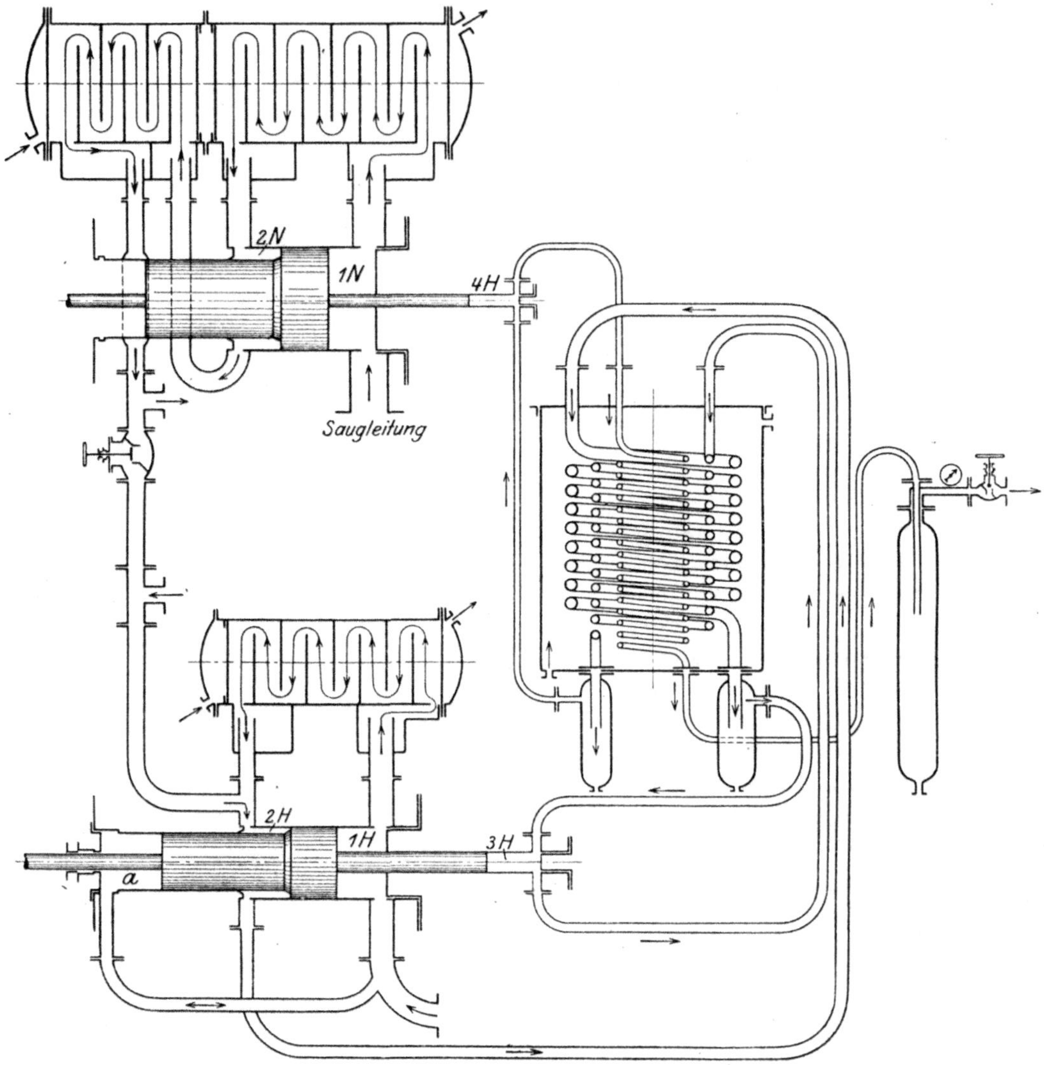

Abb. 163.

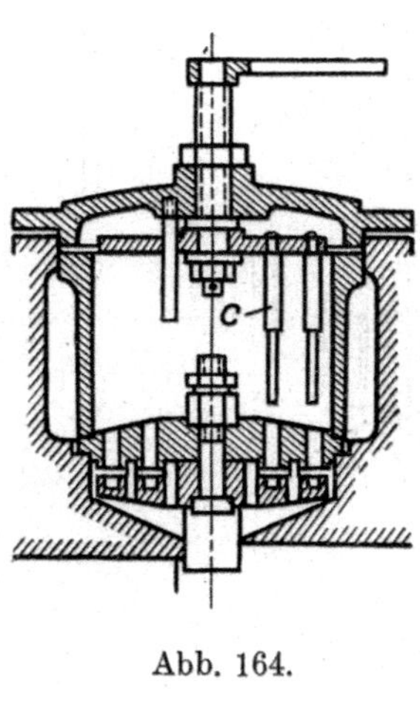

Abb. 164.

(Abb. 164) gegen die Ventilplatten geschieht. Das Schema gibt die Kühler und die in jeder Druckleitung eingesetzten Öl- und Wasserabscheider an.

Einen eigenartigen Zusammenbau zeigt der vierstufige Kompressor der Maschinenfabrik Burkhardt in Basel (Abb. 165). Die erste Stufe vollzieht sich in einem normalen doppeltwirkenden Zylinder mit Scheibenkolben; auch die zweite Stufe wirkt auf beiden Seiten des abgestuften Kolbens, an den vorn die III. und hinten die IV. Stufe angesetzt ist.

Die Maschinenfabrik Eßlingen stellt Kompressoren für 200 at Enddruck her (Abb. 166), deren III. und IV. Stufe am Deckel des Niederdruck-Zylinders angebracht sind.

Zu den größten Hochdruck-Kompressoren (50 cbm/min auf 175 at) gehört der von der deutschen

Maschinenfabrik Duisburg (Demag) gebaute Maschine (Abb. 167). Auf der einen Seite befinden sich die drei ersten Druckstufen und der Niederdruck-Dampfzylinder, auf der andern Seite die IV. und die V. Stufe mit dem Hochdruck-Dampfzylinder und dem Ausgleichsraum, dessen Anordnung der Firma durch Patent geschützt ist.

Die Hauptabmessungen dieser Maschinen sind

Hub 1000 mm, Drehzahl 81

Durchm. I. Stufe 815/595 und 815/340, II. Stufe 595/150 mm
„ III. Stufe 340, IV. Stufe 235/120, V. Stufe 120 mm
„ Dampfzylinder . . 760/1350 mm
Dampfdruck . . . 9 bis 10 at.

Die an der Anlage vorgenommenen Abnahmeversuche haben zu folgenden Ergebnissen geführt:

		Garantie	Versuch
Indiz. Saugleistung	cbm/h	3000	3076
„ Leistung der Dampfm. . .	PS	895	874
Mech. Wirkungsgrad der Anlage	v. H.	86	87,9
Angesaugte Luftmenge auf 1 PS	cbm/h	3,35	3,53
Kühlwasserbedarf bei 12° . .	cbm/h	27	20,1
Dampfdruck	at	9	10
Dampfverbrauch auf 1 cbm Luft .	kg	1,55	1,41

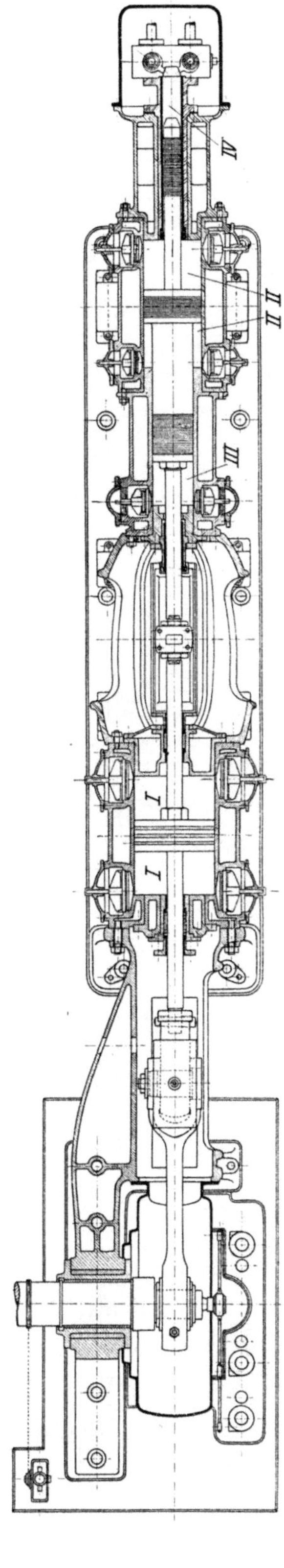

Abb. 165.

E. Kompressoren mit rotierenden Zellen.

49. Allgemeines.

Dem unmittelbaren Antrieb der Kolbenkompressoren durch raschlaufende Elektromotoren steht der Umstand hindernd entgegen, daß die Drehzahl des Kompressors in mäßigen Grenzen gehalten werden muß, um nicht unzulässig hohe Kolbengeschwindigkeit zu erhalten. Allerdings sind Schnelläufer gebaut worden mit 600 bis 1000 Uml./min, sie besitzen aber zufolge der kleinen Abmessungen nur eine beschränkte Leistungsfähigkeit und sind starker Abnützung unterworfen.

Bei den Turbokompressoren ist die unmittelbare Kupplung mit dem raschlaufenden Antriebsmotor möglich und allgemein verwendet; diese Maschinen sind aber für Endpressungen von 6 bis 8 at nur dann ausführbar, wenn auch eine große Liefermenge verlangt wird.

Für kleinere Liefermengen tritt nun der Kompressor mit umlaufenden Zellen in die Lücke. In seinem zylindrischen Gehäuse ist ein walzenförmiger Körper aus Gußeisen exzentrisch gelagert. Dadurch entsteht ein sichelförmiger Arbeitsraum, der durch eine Anzahl radial gerichteter Schieber aus Stahlblech in Zellen eingeteilt wird. Die Schieber können sich in ihren Schlitzen leicht passend bewegen und schmiegen sich in allen Stellungen stets an die innere Mantelfläche des Zylinders an. Bei der Drehung

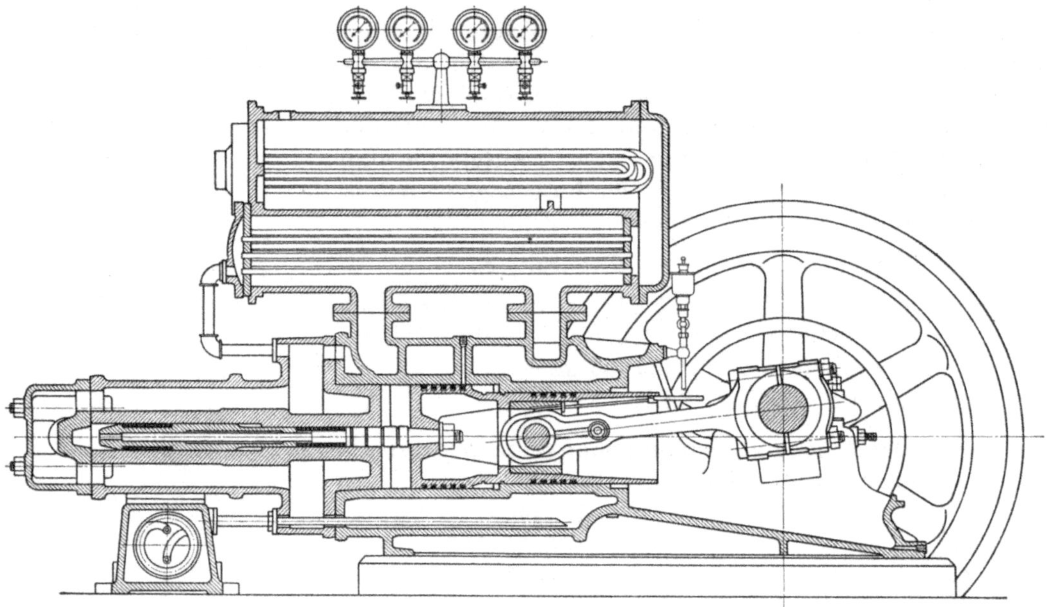

Abb. 166.

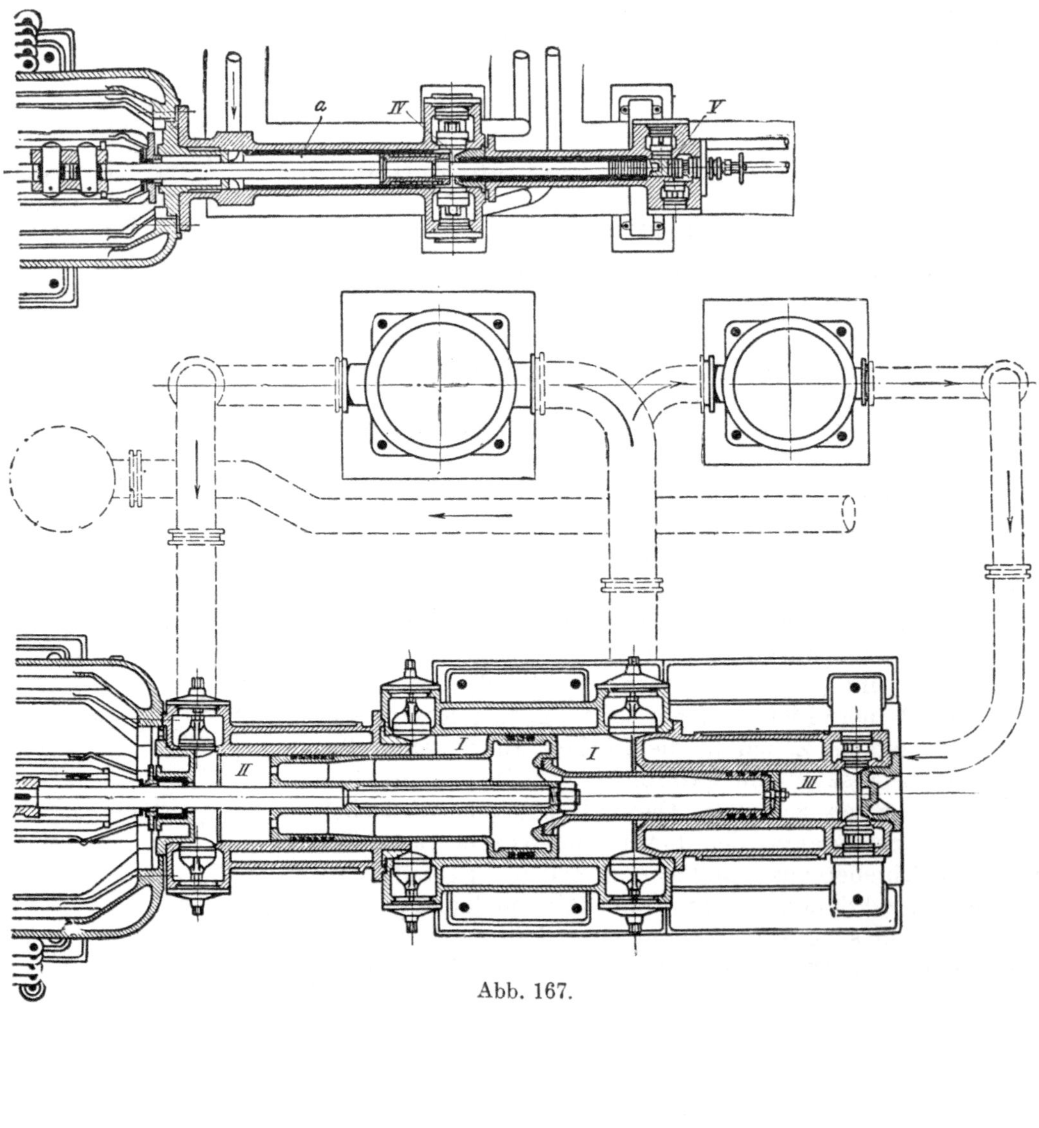

Abb. 167.

nehmen zunächst die Zellen an Volumen zu, wodurch ein Ansaugen oder Einfüllen erfolgt, solange die betreffenden Zellen mit dem Saugraum verbunden sind. Sobald die Schieber diese Verbindung aufheben, verkleinern sich die Zellen und die Verdichtung setzt ein bis zu dem Augenblick, wo die Eröffnung gegen den Druckstutzen zu beginnt.

Dem Prinzip nach vollzieht sich der Verdichtungsvorgang in gleicher Weise, wie bei den Kompressoren mit hin und her gehendem Kolben. Die doppelte Exzentrizität $2m$ ist als Hub und die nutzbare Mantelfläche an Stelle des Kolbenquerschnittes zu setzen; mit D als innerer Zylinderdurchmesser und l als Länge ergibt sich die theoretische Ansaugemenge

$$v = l(\pi D - sz)2mn \text{ cbm/min} \quad \ldots\ldots\ldots \quad (19)$$

worin s die Dicke eines Schiebers und z die Anzahl bedeutet. Man kann auch die theoretische Ansaugemenge dadurch bestimmen, daß man einen Schieber gerade zum Abschneiden der Zelle an die Gehäusewand (oben Abb. 169) bringt; der Inhalt der jetzt vom Ansaugen abgeschnittenen Zelle ist ihr Ansaugevolumen für eine Umdrehung. Stellt man einen Schieber gerade vor das Eröffnen der entsprechenden Gehäusekante am Auslaß, so gibt der noch eingeschlossene Zelleninhalt vor diesem Schieber das Endvolumen; aus diesen beiden Volumen am Anfang und am Ende der Verdichtung berechnet sich das erreichbare Druckverhältnis.

Als besonderer Vorteil dieser rotierenden Kompressoren ist hervorzuheben, daß mit Ausnahme der Regelungsorgane eigentliche Steuerventile fehlen und die Förderung stoßfrei erfolgt, wodurch Windkessel überflüssig werden.

50. Ausführungen.

a) Rotierender Kompressor, System Wittig.

In den Abb. 168 u. 169 ist der nach Patent Wittig (Zell, Baden) ausgeführte Kompressor mit rotierenden Zellen dargestellt, er zeigt die Bauart der schweizerischen Lokomotiv- und Maschinenfabrik Winterthur, die zur Herstellung berechtigt ist.

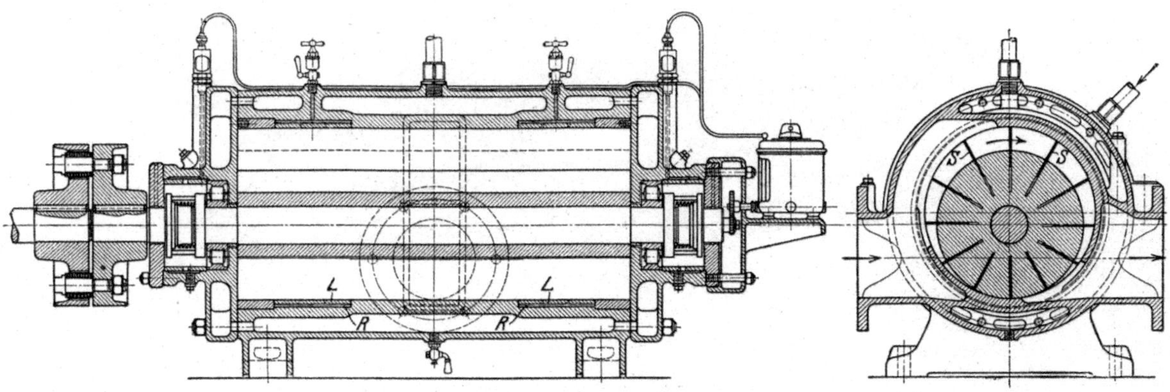

Abb. 168 u. 169.

Das zylindrische Gehäuse ist mit Mantelkühlung versehen, auch die Stirnwände sind zu diesem Zweck hohl ausgeführt. Die Zahl der radial beweglichen Schieber s ist verhältnismäßig groß gewählt, um kleine Druckunterschiede zwischen je zwei Zellen zu erhalten. Damit bleibt die Belastung auf die Schieber in zulässigen Grenzen und die Abdichtung des Schiebers ist gesichert. Zur Vermeidung großer

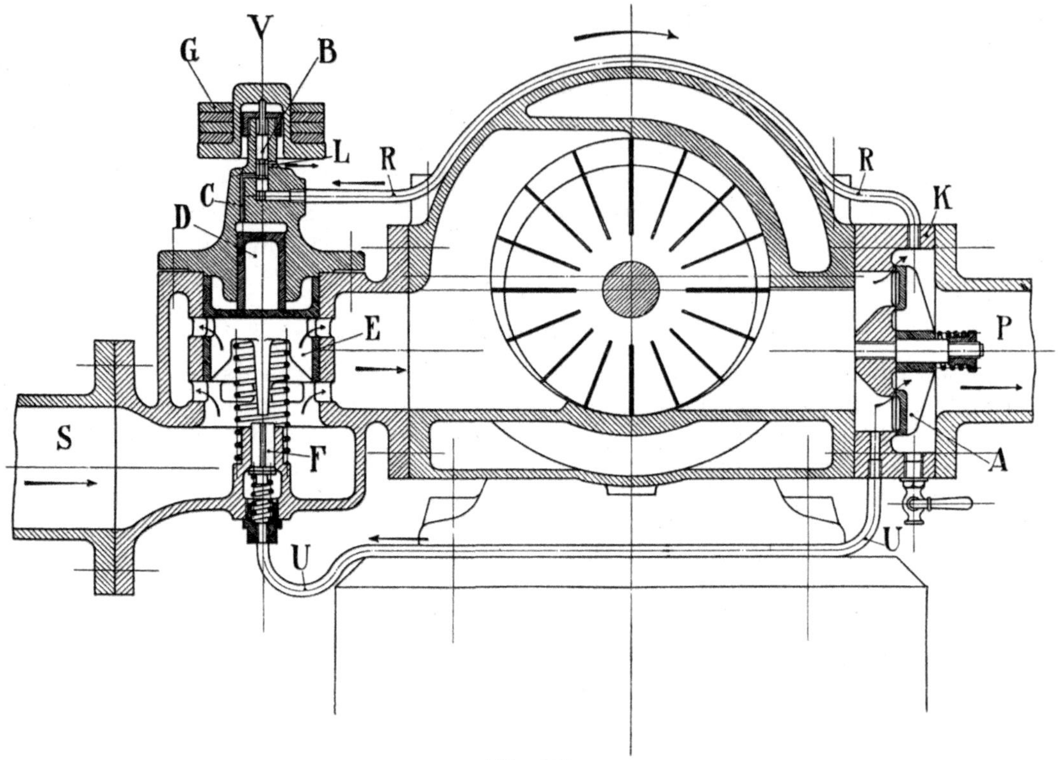

Abb. 170.

Abb. 171.

Fliehkräfte sind die Stahlschieber dünn gehalten (1—3 mm). Trotzdem hat es sich als zweckmäßig gezeigt, die auftretenden Fliehkräfte zum größten Teil durch Laufringe L abzubinden, die über die Schieber gelegt sind und mitlaufen. Dabei besteht das Bestreben, einen Restteil der Fliehkräfte zum Anpressen der Schieber an die Gehäusewand zu benützen, um die Abdichtung an jenen Stellen zu gewährleisten. Diese Laufringe besitzen gegen die Gehäusewand zu radiales Spiel; der dadurch gebildete Ringraum R wird durch kleine Schieber in Kammern unterteilt, die durch Bohrungen in den Laufringen mit den Zellen des Arbeitsraumes in Verbindung stehen, damit an jeder Stelle des Laufringes innen und außen derselbe Druck herrscht. Diese feinen Schieberplättchen stecken leicht beweglich in radialen Schlitzen der Laufringe.

Abb. 172.

Der Rotor wird getragen durch Rollen- oder Kugellager, federnd gelagerte Linsen nehmen allfällige Seitendrücke auf und besorgen die Wellenabdichtung. Eine Schmierpumpe preßt das Öl durch die Lagerkammern und von dort längs den Stirnflächen des Rotors in das Innere, wo es durch die Luft fein verteilt wird. Der Ölverbrauch ist geringer als bei gewöhnlichen Kolbenkompressoren. Der Rotor läuft meistens mit Umfangsgeschwindigkeiten von 11 bis 12 m/sek.

Abb. 173.

Die Herstellung der Maschine verlangt sehr genaue Arbeit; Zylinder und Rotor werden geschliffen und in ihrer gegenseitigen Länge derart bemessen, daß die im Betrieb auftretenden Wärmeausdehnungen keine schädlichen Einflüsse ausüben können. Das Einfräsen der Schlitze geschieht auf besonderen Maschinen und verlangt für den Rotor eine geeignete Legierung des Gußeisens.

Eine Aussetzer-Regelung kommt selbsttätig zur Wirkung, wenn der Enddruck den gewünschten Betrag überschreitet (Abb. 170). In diesem Fall pflanzt sich der Druck durch die Leitung *R* auf die Unterseite des Kölbchens *B* fort, das mit seinem Gewicht *G* steigt; damit wird der Umlaufkanal *C* abgedeckt und die Druckluft kann den Kolben *D* abwärts bewegen, so daß der Schieber *E* die Saugleitung schließt. Gleichzeitig wird das Ventil *F* geöffnet, um die in der Maschine noch befindliche Druckluft durch die Leitung *U* zur Saugleitung zu führen. Zufolge des entstehenden Druckunterschiedes schließt sich nun auch die Rückschlagklappe und der Kompressor läuft leer bis der Druck in der Leitung *P* so weit gesunken ist, daß das Kölbchen *B* wieder abwärts geht und den Umlaufkanal *C* mit der ins Freie führenden Öffnung *L* verbindet. Nun kann die Druckluft über dem Kolben *D* entweichen und die Feder vermag den Schieber *E* zu öffnen, *F* schließt sich und der Betrieb ist wieder hergestellt.

Einen einstufigen Kompressor mit Antrieb durch Elektromotor zeigt Abb. 171. Um hohe Endtemperaturen und Spaltverluste zu vermeiden, empfiehlt es sich, das Druckverhältnis in einem Zylinder nicht über 5 ansteigen zu lassen. Größere Druckverhältnisse (6 bis 11) werden durch Hintereinanderschalten von zwei Zylindern erreicht (Abb. 172), wobei die Grundplatte den Zwischenkühler aufnimmt.

Die schweizerische Lokomotiv- und Maschinenfabrik Winterthur baut ihre Kompressoren nach den in Zahlentafel 14 angegebenen Größen.

Mit Vorteil werden die rotierenden Kompressoren auf elektrischen Lokomotiven der Vollbahnen verwendet, um Preßluft zur Betätigung der Bremsen und der pneumatischen Steuerungen zu liefern. Eine derartige Type zeigt Abb. 173, sie zeichnet sich durch kleinen Platzbedarf und erschütterungsfreien Gang aus.

Die gleichen Modelle können als Vakuumpumpen laufen, in einer Stufe kommt eine Luftleere von 95 v. H. zustande, mit zwei Stufen entsteht ein Druck von nur 2 mm Quecksilbersäule.

Zahlentafel 14.

Einstufige Kompressoren.													
Drehzahl (max)		2850	2850	1450	980	980	725	725	580	485	485	485	485
Ansaugemenge cbm/h bei Überdruck	2 at	31	39	182	255	365	475	615	695	1125	1600	2010	2405
	4 at	20	27	145	215	310	405	530	595	1000	1420	1770	2120
Leistungsbedarf PS bei Überdruck	2 at	3,4	3,9	14,5	19	26	33,5	42	47	77	103	128	159
	3 at	4,1	4,8	17,5	23,5	33	41,5	52	59	95	129	161	200
	4 at	4,6	5,6	20	27,5	38	48,5	62	69	114	155	195	243
Zweistufige Kompressoren													
Drehzahl (max)		2850	2850	1450	980	980	725	580	580	485	485	485	420
Ansaugemenge cbm/h bei Überdruck	7 at	39	68	186	263	368	620	708	822	1622	2060	2490	4840
	10 at	37	65	181	253	355	598	680	790	1565	1990	2410	4670
Leistungsbedarf PS bei Überdruck	7 at	7	11,6	28,5	38	53	81	89	103	197	250	303	589
	10 at	8,1	13,7	35	46	65	100	108	126	240	305	372	715

In Zahlentafel 15 sind Versuchsergebnisse mitgeteilt, die am rotierenden Kompressor (580 Uml./min) bei einem Barometerstand 725 mm QS vorgenommen wurden. Das spezifische Gewicht der Außenluft betrug 1,14 kg/cbm.

Zahlentafel 15.

Einstufiger Kompressor Nr. 95					
Erzeugter Überdruck	Atm.	1,25	1,5	2,0	2,5
Angesaugtes Volumen	cbm/h	865	855	830	810
Volumetrischer Wirkungsgrad	v. H.	87	86	84	82
Energiebedarf	PS	48	51	57	64
Isothermischer Wirkungsgrad	v. H.	54	57	59	58
Vakuumpumpe Nr. 80					
Erzeugtes Vakuum	v. H.	27,5	55,2	69,0	82,8
Fördervolumen (Zustand im Saugstutzen)	cbm/h	845	795	730	555
Energiebedarf	PS	25	20	17,5	15,0
Zweistufiger Kompressor Nr. 80/55					
Erzeugter Überdruck	Atm.	3	4	5	6
Druck im Zwischenkühler	„	1,4	1,48	1,55	1,6
Angesaugtes Volumen	cbm/h	720	715	710	705
Volumetrischer Wirkungsgrad	v. H.	84,0	83,5	83,0	82,0
Energiebedarf	PS	66	71	76	81
Isothermischer Wirkungsgrad	v. H.	56,0	59,5	61,5	62,0

b) Rotierender Kompressor der Reavel Co. Ipswich.

Eine einfache Bauart zeigt der rotierende Kompressor Abb. 174 u. 175. Die Fliehkräfte der radial gerichteten Schieberplatten werden aufgenommen von einer zylindrischen Büchse, die den festen Zylinder einhüllt und durch Kugellager leicht getragen ist. Zufolge des Anpressungsdruckes der Schieber wird die Büchse mitgenommen und

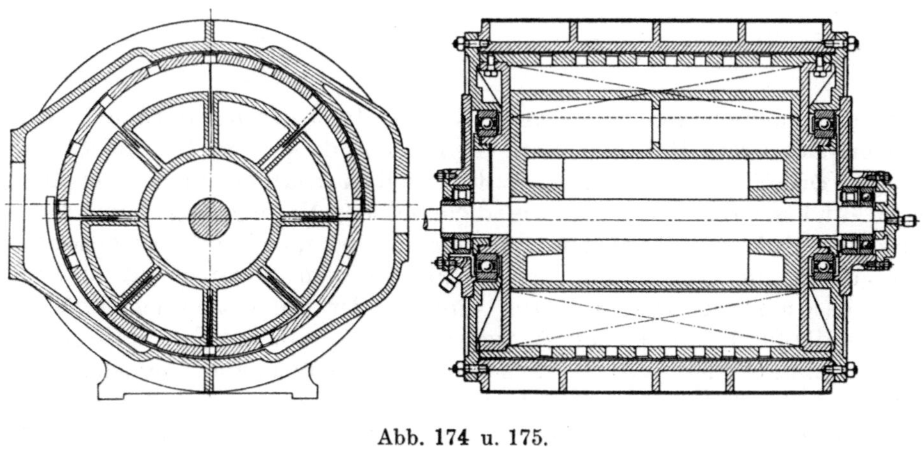

Abb. 174 u. 175.

dreht sich, ohne Reibung zu verursachen. Zahlreiche Löcher befinden sich an der Mantelfläche nach Schraubenlinien versetzt und ermöglichen das Ein- und Austreten der Luft. Die Maschine läuft mit hoher Drehzahl (bis 2500 Uml./min) und liefert Luft von 0,9 Atm. Druckerhöhung.

F. Förderung von Gasen aus Räumen mit Unterdruck. (Vakuumpumpen.)

51. Arbeitsvorgang der Kolbenpumpen ohne Druckausgleich.

Soll ein Raum dauernd unter einem Druck gehalten werden, der kleiner ist als der äußere Luftdruck, so ist aus diesem Raume die ihm zufließende Gasmenge fortwährend abzusaugen und in die freie Atmosphäre auszustoßen. Da bei diesem Vorgang in den meisten Anwendungsfällen Luft als Fördermittel auftritt, findet sich für diese Maschinengattung häufig die Bezeichnung Luftpumpen oder Vakuumpumpen. Die in den Raum einfallende Liefermenge kann sich zusammensetzen aus der absichtlich zugeführten Gasmenge und aus der durch Undichtheiten eintretenden Luft.

Die Vakuumpumpe läßt sich demnach als ein Kompressor auffassen, dessen Aufgabe darin besteht, eine unter kleinem Druck befindliche sich stets gleichbleibende Liefermenge auf den Druck der äußeren Atmosphäre zu fördern. Bei den vorerst zu betrachtenden Kolbenpumpen dieser Art ist der im Zylinder hergestellte Ausstoßdruck tatsächlich noch etwas größer als der äußere Luftdruck, da die Widerstände in den Steuerorganen beim Ausfließen aus dem Zylinder zu überwinden sind.

Die Gleichartigkeit der Arbeitsverhältnisse ist aber noch augenfälliger, wenn daran erinnert wird, daß für den Kompressionsvorgang das Druckverhältnis maßgebend ist. Nun bleibt aber dieses Verhältnis gleich groß, ob z. B. die Förderung von 1 Atm. auf 10 Atm. abs. erfolgt, oder von 0,1 Atm. auf 1 Atm. abs. Im ersteren Falle erhält man Druckluft, im zweiten Fall zeigt sich im Saugraum eine Luftleere 90 v. H. Zur Förderung von 1 kg Luft ist in beiden Fällen dieselbe Arbeit nötig unter Annahme derselben Zustandsänderung. Daher lassen sich die Formeln zur Berechnung der adiabatischen oder polytropischen Kompressionsarbeit ohne weiteres auf die Vakuumpumpen anwenden.

Im Ausdruck für die Entropie

$$S_2 - S_1 = c_p(T_2 - T_1) - A R \ln \frac{p_2}{p_1}$$

bedeutet das zweite Glied den wagrechten Abstand zweier p-Linien, der somit einzig vom Druckverhältnis abhängt. Man kann daher den Kompressionsvorgang vom tiefen Druck auf Außendruck mit derselben Klarheit im Entropiediagramm verfolgen und sichtbar machen, wie dies bei der Verdichtung vom Außendruck aufwärts der Fall ist. Eine neue Entropietafel ist nicht nötig zu entwerfen, sondern es genügt, die Bezeichnung der p- und v-Linien entsprechend zu ändern.

Man bestimmt zu diesem Zweck eine in der Tafel ziemlich links liegende p-Linie als die für 1 Atm. gültige, wozu sich z. B. die in der Tafel mit $p = 10$ Atm. bezeichnete Linie eignet. Von ihr aus sind nach rechts laufend die eingeschriebenen Zahlenwerte aller p-Linien mit 0,1 und aller v-Linien mit 10 multipliziert zu denken. Damit erhält z. B. die mit 1 Atm. bezeichnete p-Linie die Bedeutung von 0,1 Atm. und die mit 0,1 Atm. bezeichnete p-Linie die Bedeutung von 0,01 Atm.

Genau genommen ist diese Verschiebung nur richtig bei konstantem Wert c_p; seine Veränderlichkeit zwischen 10 und 1 Atm. ist aber so gering, daß daraus kein nennenswerter Fehler entsteht.

Auf die Darstellung des Kompressionsvorganges mit Verdichtung nach der Adiabate oder nach einer anders verlaufenden Kurve hat diese Änderung der Bezeichnung keinen Einfluß. Die Bestimmung des Arbeitsbedarfes für 1 kg Gas ist demnach genau dieselbe, wie dies für die Kompressoren gezeigt worden ist. Dagegen fällt der Energiebedarf, bezogen auf die Zeiteinheit (PS), meistens doch viel kleiner aus. Der Grund liegt darin, daß die eingesaugte Menge zufolge des kleinen Druckes ein großes spezifisches Volumen aufweist, so daß das bei jedem Hub geförderte Gewicht, trotz großer Zylinderabmessungen, recht klein ist.

Wird die Maschine als sog. Luftpumpe bei Kondensationseinrichtungen benützt, so hat sie ein Gemisch von Luft und trocken gesättigtem Dampf anzusaugen; der letztere wird im Verlauf der Kompression überhitzt. In diesem Fall läßt sich der Einfluß des Wasserdampfes mit genügender Genauigkeit dadurch berücksichtigen, daß statt der Adiabate eine Polytrope mit dem Exponenten $m = 1{,}3$ gewählt wird. Mit diesem Wert kann man mit genügender Genauigkeit eine geradlinige Polytrope in das Entropiediagramm einzeichnen, die schräg nach links aufsteigt.

Der Arbeitsbedarf für 1 kg des angesaugten und ausgestoßenen Gasgewichts ist um so größer, je größer der herzustellende Unterdruck ist. Für eine Kompressoranlage von bestimmten Abmessungen ist aber nicht das in der Zeiteinheit zu hebende Gewicht maßgebend, sondern das Ansaugevolumen, dessen Größe selbst wieder vom Unterdruck abhängig ist. Deshalb ist der Arbeitsbedarf auf 1 cbm der Ansaugemenge zu berechnen. Man kann sich darunter diejenige Arbeit vorstellen, die ein Zylinder mit dem Hubvolumen von 1 cbm benötigt. Dabei ist es gleichgültig den Zylinder klein oder groß, einfach- oder doppeltwirkend anzunehmen; die Arbeit gilt dann für diejenige Zeit, welche der Kolben braucht, um das Volumen von 1 cbm zu beschreiben.

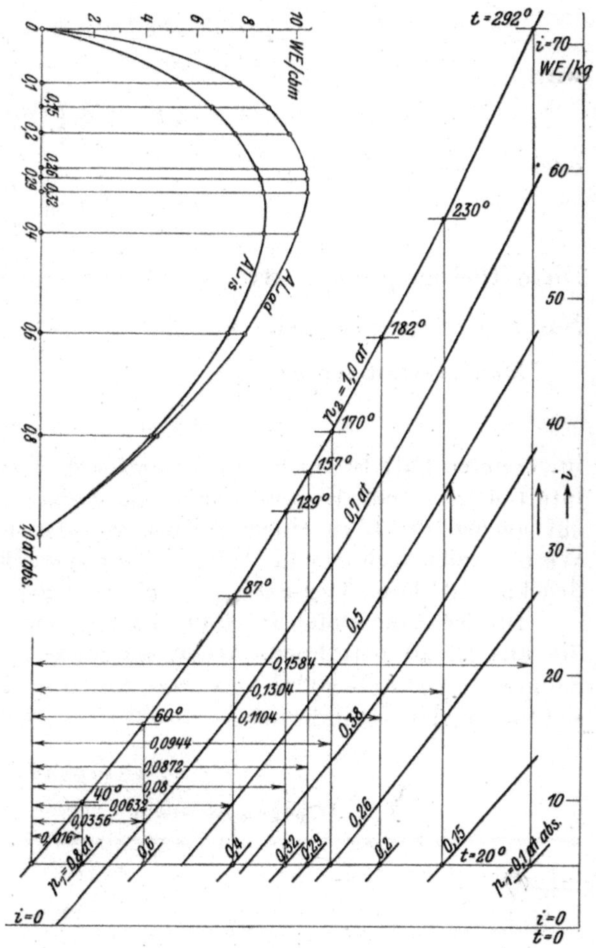

Abb. 176.

Nehmen wir zur Berechnung dieser Arbeit adiabatische Kompression an, deren Arbeit im Wärmemaß

$$A L = c_p (T_2 - T_1) \quad \ldots \ldots \ldots \ldots (20)$$

auf 1 kg beträgt, so findet sich der entsprechende Wert für 1 cbm des Ansaugevolumens, wenn der genannte Betrag durch das spezifische Volumen v_1 geteilt wird. Es ist daher

$$A L' = \frac{c_p}{v_1} (T_2 - T_1) \quad \ldots \ldots \ldots \ldots (21)$$

Diese Arbeit ist für verschiedene Unterdrücke zu bestimmen, und zwar nicht nur deshalb, weil eine solche Maschine bei verschieden großen Druckverhältnissen laufen soll, sondern weil sich beim Anlaufen der Unterdruck allmählich einstellt und vorher alle Werte von Null an durchläuft.

Die Ermittlung dieser Größen erfolgt vorteilhaft unter Verwendung der Entropietafel statt der umständlichen Rechnung mit gebrochenen Exponenten. Man erhält aus der Tafel zu dem vorgeschriebenen Anfangsdruck und dem Enddruck (1 Atm. oder etwas höher) die Temperatur T_2 am Ende der adiabatischen Kompression (Abb. 176). Das spezifische Volumen v_1 kann aus der Tafel ebenfalls abgelesen werden, wenn man nicht vorzieht, diesen Wert aus der Zustandsgleichung zu rechnen. Mit

$$p_1 v_1 = R T_1 \quad \text{und} \quad c_p = A R \frac{k}{k-1}$$

wird

$$A L' = \frac{c_p}{R} \frac{p_1}{T_1} (T_2 - T_1)$$

oder

$$L' = \frac{k}{k-1} p_1 \left(\frac{T_2}{T_1} - 1 \right) \qquad (22)$$

Diese Gleichung zeigt, daß die Arbeit bezogen auf 1 cbm unabhängig von der Natur des Gases ist, falls sich das Verhältnis $k = \frac{c_p}{c_v}$ nicht ändert.

Man erkennt ferner, daß

$$L' = 0 \quad \text{für} \quad p_2 = p_1 \quad \text{und für} \quad p_1 = 0,$$

im ersteren Fall ist noch kein Unterdruck vorhanden, der andere Fall gilt für absolute Luftleere, bei der eine Förderung aufhört. Zwischen diesen Werten von p_1 liegt ein solcher, der L' zu einem Höchstwert ansteigen läßt; durch Ausrechnen einzelner Werte ergibt sich die in Abb. 176 dargestellte Kurve, deren Abszissen die Saugdrücke und deren Ordinaten die zugehörigen Arbeiten AL' bedeuten.

In der Zahlentafel 16 sind die aus der Entropietafel abgelesenen Werte und die aus Gl. 20 berechnete Arbeit aufgeführt, mit Annahme einer Temperatur im Saugraum von $t_1 = 20^0$ C und eines Enddruckes von $p_2 = 1$ Atm. abs. unter Berücksichtigung der veränderlichen spezifischen Wärme.

Zahlentafel 16.

Anfangstemperatur $t_1 = 20^0$ C, Enddruck $p_2 = 1$ Atm.

p_1 kg/qcm	$T_2 - T_1$ ^{0}C	v_1 cbm/kg	$A L_{ad} = i_2 - i_1$ kcal/kg	$A L'_{ad}$ kcal/cbm	$A L_{is}$ kcal/kg	$A L'_{is}$ kcal/cbm
1,0	0	0,86	0	0	0	0
0,8	20	1,07	4,8	4,49	4,69	4,38
0,6	40	1,43	11,4	7,99	10,40	7,27
0,4	67	2,14	21,4	10,0	18,50	8,65
0,32	109	2,68	28,0	10,46	23,4	8,74
0,29	137	2,96	31,1	10,51	23,5	8,62
0,26	150	3,31	34,2	10,32	27,6	8,35
0,20	162	4,30	41,8	9,71	32,3	7,50
0,15	210	5,72	51,4	9,0	38,2	6,68
0,10	292	8,58	66,4	7,47	46,4	5,40
0,00	—	—	0	0	0	0

Die Zahlentafel zeigt das rasche Ansteigen des spezifischen Volumens mit abnehmendem Druck; besonders zu betonen ist der Umstand, daß der Höchstwert des Arbeitsbedarfs nicht bei hoher Luftleere auftritt, sondern bei einem ganz bestimmten Wert, der für vorliegende Annahmen etwa bei 0,3 kg/qcm liegt. Die Wahl des Motors hat demnach in Rücksicht auf diese Höchstleistung zu geschehen und nicht in Rücksicht auf den verlangten Betriebszustand.

Für die Berechnung der Energiezufuhr gilt hier

$$Ne = \frac{V(AL')\,427}{3600 \cdot 75 \cdot \eta_m} = \frac{V(AL')}{632 \cdot \eta_m},$$

wobei V das in der Stunde wirklich angesaugte Volumen und η_m den mechanischen Wirkungsgrad bedeutet.

Die aus Gl. 21 bestimmte Arbeit L' darf auch bei gekühltem Zylinder mit hinreichender Genauigkeit aus der adiabatischen Kompressionslinie ermittelt werden. Die Rückexpansion des Restes aus dem schädlichen Raum kann hierbei unberücksichtigt bleiben.

Dagegen beeinflußt der schädliche Raum das Liefervolumen in weit höherem Maße, als bei den normalen Kompressoren, da die Vakuumpumpen gewöhnlich mit einem bedeutend größeren Druckverhältnis arbeiten.

Setzt man für die Expansion der Restluft dieselbe Zustandsänderung im umgekehrten Sinne voraus, wie für die Kompression, so findet sich der volumetrische Wirkungsgrad aus

$$\lambda_0 = 1 - \varepsilon_0 \left(\frac{v_1}{v_2} - 1\right).$$

Beträgt z. B. der schädliche Raum 5 v. H. und $v_2 = 0{,}86$ cbm/kg, so ist bei einem absoluten Druck von $p_1 = 0{,}1$ kg/qcm das spezifische Volumen $v_1 = 8{,}6$; damit ist

$$\lambda_0 = 1 - 0{,}05 \left(\frac{8{,}6}{0{,}86} - 1\right) = 0{,}55\,.$$

Die Lieferung der Pumpe ist also bereits stark vermindert und hört ganz auf, wenn

$$\lambda_0 = 1 - 0{,}05 \left(\frac{v_1}{v_2} - 1\right) = 0\,,$$

woraus $v_1 = 18{,}06$ cbm/kg entsprechend einem Druck von $p_1 = 0{,}0475$ kg/qcm.

Die in Zahlentafel 16 enthaltenen Ergebnisse sind demnach dahin zu verbessern, daß unter Berücksichtigung des schädlichen Raumes eine Förderung schon vor $p_1 = 0$ Atm. aufhört. Die Liefermenge einer Vakuumpumpe ist keineswegs konstant, sondern sinkt mit abnehmendem Saugdruck. In den Preislisten sollte daher mit der Ansaugemenge zugleich der Unterdruck angegeben werden, für den die gewährleistete Lieferung gilt.

Wichtig ist es bei dem Entwurf einer solchen Maschine, den schädlichen Raum recht klein zu halten, falls sein Einfluß nicht durch besondere Maßnahmen unwirksam gemacht wird.

35. Beispiel: Eine doppeltwirkende Ventil-Vakuumpumpe mit 370 mm Zylinderbohrung und 310 mm Hub hat auf einer Kolbenseite eine dicke Stange von 100 mm Durchmesser, um Spannringe zum Abdichten verwenden zu können (Metallstopfbüchse).

Das vom Kolben beschriebene Volumen beträgt bei 180 Uml./min, wenn F' und F'' die wirksamen Kolbenflächen bedeuten:

$$V_h = (F' + F'')\,S n = 0{,}2075 \cdot 0{,}31 \cdot 180 = 11{,}58 \text{ cbm/min}\,.$$

Die Pumpe soll bei einem schädlichen Raum von 2 v. H. ein Vakuum von 90 v. H. dauernd herstellen.

Setzt man wieder eine Temperatur von $t_1 = 20^0$ C im Saugraum und einen Enddruck von $p_2 = 1$ kg/qcm voraus, so ist

$$\lambda_0 = 1 - 0{,}02\left(\frac{8{,}6}{0{,}86} - 1\right) = 0{,}82.$$

Damit ergibt sich das Ansaugevolumen

$$V = \lambda_0 V_h = 0{,}82 \cdot 11{,}58 = 9{,}5 \text{ cbm/min}.$$

Schätzt man $\eta_m = 0{,}9$, so beträgt der Energiebedarf bei dem verlangten Druck von $p_1 = 0{,}1$ kg/qcm

$$Ne = \frac{9{,}5 \cdot 7{,}1 \cdot 427}{60 \cdot 75 \cdot 0{,}9} = 7{,}1 \text{ PS}.$$

Der Höchstbetrag tritt aber bei $p_1 = 0{,}3$ kg/qcm auf mit

$$Ne = \frac{9{,}5 \cdot 9{,}79 \cdot 427}{60 \cdot 75 \cdot 0{,}9} = \sim 10 \text{ PS}.$$

Das Ansaugevolumen und das Fördergewicht bezogen auf die Minute zeigen für verschiedene Drücke folgende Werte:

p_1	0,4	0,2	0,1	0,05	0,0195	kg/qcm
λ	0,97	0,92	0,82	0,62	0	
V	11,2	10,7	9,5	7,2	0	cbm/min
G	5,23	2,5	1,1	0,42	0	kg/min

Mit abnehmendem Saugdruck nimmt das Fördergewicht nicht nur wegen des sinkenden volumetrischen Wirkungsgrades ab, sondern besonders wegen des stark zunehmenden spezifischen Volumens.

52. Der Druckausgleich für Vakuumpumpen mit Schiebersteuerung.

Ein wirksames Mittel zur Vergrößerung des Ansaugevolumens, d. h. des volumetrischen Wirkungsgrades ist der sog. Druckausgleich. Durch diese Maßnahme kann eine befriedigende Leistung trotz großem Druckverhältnis und großem schädlichen Raum erzielt werden.

Wird am Schlusse des Druckhubes die im schädlichen Raum zusammengepreßte Restluft rasch auf die andere Kolbenseite geleitet, wo der kleine Saugdruck herrscht, so gleichen sich die beiden Spannungen aus. Der neue Druck ist nur wenig höher als der Unterdruck im Saugraum, daher braucht sich die im schädlichen Raum noch verbleibende Restluft nur noch von dieser Ausgleichspannung auf die Saugspannung auszudehnen, bis das Ansaugen beginnen kann. Dadurch vergrößert sich der Nutzhub bedeutend.

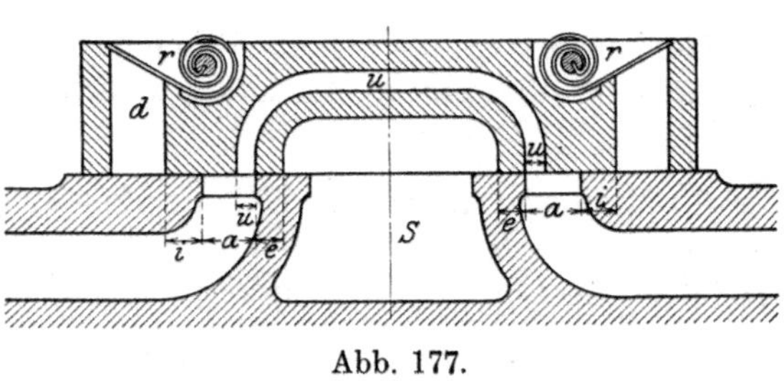

Abb. 177.

Für die Ausführung dieses Mittels eignet sich besonders die Schiebersteuerung, da im Schieber ein Überströmkanal leicht eingegossen werden kann. Dagegen ist die Einrichtung bei Ventilsteuerungen nicht so einfach anzubringen. Für die Verwendung von Schiebern ergibt sich der weitere Vorteil, daß der Zeitpunkt des Druckausgleiches genau eingestellt werden kann, was bei der Ventilbewegung nicht so gut möglich ist.

Die meisten Vakuumpumpen zeigen dem Wesen nach die von F. Weiß in Basel eingeführte Konstruktion Abb. 177. Der muschelförmige Schieber schließt mit seinem Hohlraum die mittlere Zylinderhöhlung S ab, die ihrerseits den Saugstutzen enthält. Die beiden Kanäle a—a führen zu den beiden Zylinderseiten und sind bei der gezeichneten Mittelstellung des Schiebers zu beiden Seiten überdeckt, innen um e, außen um i. Zur Förderung der verdichteten Luft in den Schieberkasten dienen die Druckkanäle d—d im Schieber; sie sind abgedeckt durch federbelastete Rückschlagklappen r—r, die sich nach außen öffnen.

Diese Klappen stellen selbsttätig die Verbindung mit der Außenluft her, wenn die Kompression im Zylinder den atmosphärischen Druck überschritten hat, die Klappen werden um so später geöffnet, je größer der Unterdruck im Zylinder ist. Würden diese Organe fehlen oder undicht sein, so könnte während der Kompression Luft von außen in den Zylinder treten und den Gegendruck unnötigerweise erhöhen, ohne im übrigen den Unterdruck im Saugraum zu beeinflussen. Die Klappen oder Ventile haben demnach die Aufgabe, den Arbeitsaufwand möglichst klein zu halten.

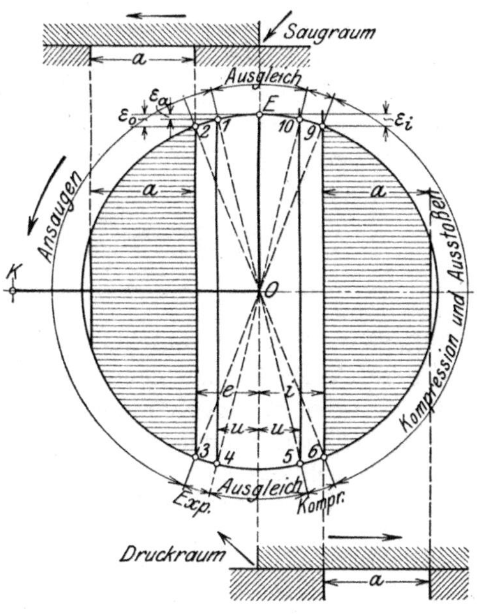

Abb. 178.

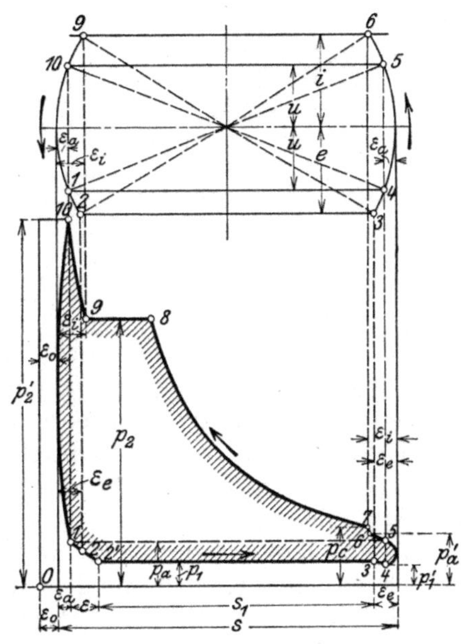

Abb. 179.

Die eigentliche Verteilung besorgt der Schieber, und zwar soll er auf jeder Zylinderseite abwechselnd den Saugkanal etwas nach Beginn des Hubes öffnen und etwas vor Ende des Hubes schließen. Der Druckkanal d im Schieber wird gegen den Zylinderkanal a zu geschlossen, bevor das Ende des Druckhubes erreicht ist, und während des Saugens nicht mehr geöffnet, so daß die Rückschlagklappe r entlastet ist.

Zur Herstellung des Druckausgleichs in der Nähe des toten Punktes dient der Überströmkanal u, dessen Breite etwas kleiner als die Überdeckung e oder i gehalten wird. Vom Beginn des Überströmens bis zum Schluß beschreibt der Kolben einen zusätzlichen Raum ε_a, der eine schädliche Wirkung besitzt, denn er füllt sich mit Gas von Ausgleichsspannung. Je größer dieser Raum, desto größer ist der vom Kolben zurückzulegende Weg, um den Saugdruck zu erreichen, von dem aus erst ein neues Ansaugen erfolgen kann. Dieser während des Überströmens durchlaufene Raum wird — wie Köster zuerst gezeigt hat[1] — am kleinsten,

[1] Zeitschr. d. V. d. Ing. 1895, S. 1085.

wenn das Exzenter EO für die Schieberbewegung rechtwinklig zur Kurbel OK steht; dann ist während der Überströmung die Schiebergeschwindigkeit am größten und die Zeit zum Druckausgleich klein. Unter dieser Voraussetzung ist das in Abb. 178 dargestellte Schieberdiagramm entworfen; mit ihm läßt sich der Vorgang deutlich überblicken und das pv-Diagramm Abb. 179 entwerfen. Die gezeichnete Figur gilt für die Deckelseite des Zylinders, dessen Lage auf der linken Seite der Hauptwelle O zu denken ist.

Im linken Totpunkt der Kurbel OK steht das Exzenter OE und der Schieber in der Mittellage, wie er in Abb. 178 gezeichnet ist. Der Überströmkanal ist alsdann links und rechts voll eröffnet, so daß der Ausgleich von der Deckelseite auf die andere Seite stattfindet und sich der Ausgleichsdruck p_a bildet. Beim Drehen aus dem Totpunkt wird zunächst der Kanal u abgeschnitten (Punkt 1);

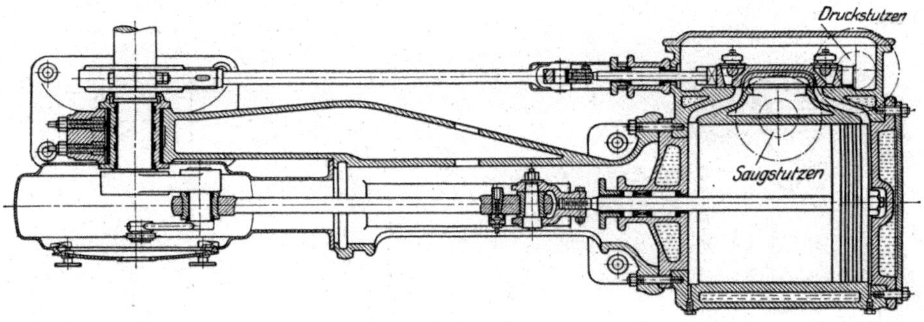

Abb. 180.

es erfolgt eine kurze Expansion der im schädlichen Raum ε_0 und im Zylinderraum ε_a zurückgebliebenen Luft von p_a auf p_1; im Verlaufe derselben öffnet der Schieber in Punkt 2 die Saugseite. Nun ist die Verbindung des Zylinders mit der Muschel hergestellt; wird sie durch den zurückkehrenden Schieber wieder unterbrochen (3), so ist die Saugperiode zu Ende. Daran schließt sich eine ganz kurze Expansion bis zu Punkt 4, hervorgerufen durch den Unterschied der beiden Strecken e und u. Zwischen 4 und 5 erfolgt der Ausgleich von der Kurbelseite her im Sinne einer Druckerhöhung für die betrachtete Deckelseite, dabei überschreitet der Schieber seine Mittellage und der Kolben den rechten Totpunkt. Da i größer als u ist, ergibt sich weiter eine kleine Kompression 5—6, bevor in 6 der Druckkanal d des Schiebers mit dem Zylinder verbunden wird. Da in diesem Raum d vom vorangehenden Spiel der Außendruck herrscht, findet ein zweiter Ausgleich statt mit Druckerhöhung, wodurch der Anfangspunkt 7 der Kompression etwas höher zu liegen kommt. Ist in 8 der Außendruck etwas überschritten, so wird die Rückschlagklappe aufgestoßen, wobei der Kanal 8 vom Schieber noch offen gehalten wird; er schließt erst bei Punkt 9. Bis zum Beginn des Ausgleichs (10) für das neue Spiel erfolgt eine kleine Kompression der im Zylinder eingeschlossenen Menge (9—10).

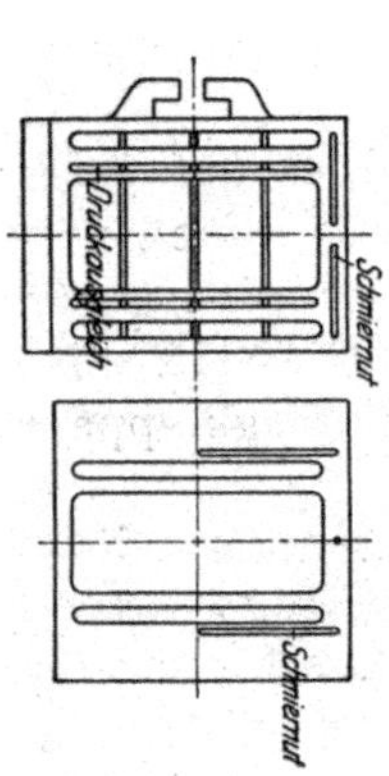

Abb. 181 u. 182.

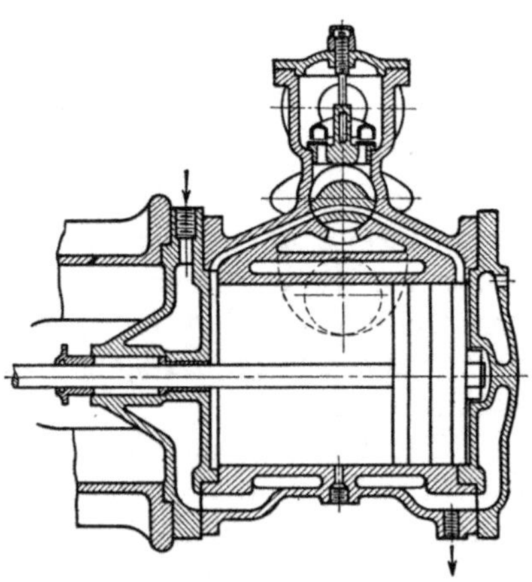
Abb. 183.

Die Ausführung einer solchen Vakuumpumpe zeigt Abb. 180 in der Bauart der Maschinenfabrik Burckhardt A.-G., Basel. Vom Schieber mit dem Ausgleichskanal und den beiden federnden Rückschlagventilen ist die Ansicht der Gleitfläche in Abb. 181 gezeichnet, ferner die Ansicht des Schieberspiegels Abb. 182.

Eine einfache Steuerung mit gleicher Wirkung erhält man mit dem häufig verwendeten Drehschieber Abb. 183 (G. A. Schütz, Wurzen i. S.). Der Überströmkanal ist hier sehr kurz und sein Einfluß auf das Diagramm ganz unbedeutend; dafür fällt der schädliche Raum zufolge der langen Kanäle recht groß aus. Als Antrieb des Schiebers genügt ein Exzenter mit Stange und Schwinge. Aus dem Saugstutzen geht das Gas durch die Muschel in den Zylinder; nach der Verdichtung durchströmt das Gas das Ringventil, bevor der Austritt in das Druckrohr erfolgt.

53. Der volumetrische Wirkungsgrad der Schieberluftpumpen mit Druckausgleich.

Wie früher erwähnt, ist der volumetrische Wirkungsgrad das Verhältnis des aus dem pv-Diagramm ermittelten Ansaugevolumens zum Hubvolumen. Dieser Wert läßt sich aus dem Indikatordiagramm abstechen

$$\lambda_0 = \frac{s_1}{s}.$$

Da er hauptsächlich vom Ausgleichsdruck abhängt, muß zunächst dieser Druck berechnet werden. Wir führen zu diesem Zweck folgende Verhältnisse zwischen den in Frage kommenden Volumen zum Hubvolumen ein:

$\varepsilon_0 = \frac{s_0}{s}$ das Verhältnis des schädlichen Raumes,

ε_u das Verhältnis des Überströmkanales zum Hubvolumen,

ε_e „ „ „ Zylindervolumens entsprechend der Überdeckung e,

ε_i „ „ „ Zylindervolumens entsprechend der Überdeckung i,

ε_a „ „ „ Hubvolumens während der Überströmung.

ε „ „ „ Zylindervolumens während der Expansion vom Ausgleichsdruck an,

ε_d „ „ „ Druckkanales im Schieber.

Bei dieser Rechnung ist zu beachten, daß der Ausgleichskanal auf zweierlei Arten angeordnet werden kann, entweder in der Weise, daß der Kanal bei Mittelstellung des Schiebers sich links und rechts an die innere Zylinderkanalkante anlehnt, oder aber an die äußere Kante des Kanals im Schieberspiegel. Da das Volumen des Ausgleichskanals auf die Ergebnisse von Einfluß ist, müssen beide Fälle gesondert behandelt werden.

a) Der Ausgleichskanal lehnt sich bei Mittelstellung des Schiebers links und rechts an die innere Kanalkante an, wie dies Abb. 184 zeigt.

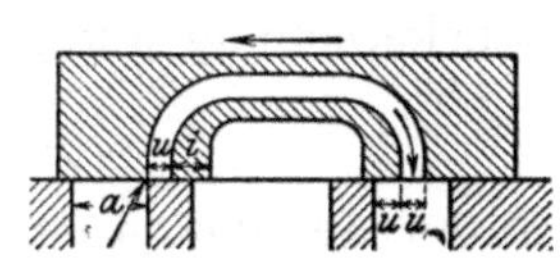

Abb. 184.

In diesem Fall ist der Ausgleichskanal vor seiner Eröffnung mit der Saugseite des Pumpenzylinders verbunden, wobei selbstredend die Überdeckung e kleiner als die Kanalbreite a vorausgesetzt ist.

Um zum Ausgleichsdruck p_a zu gelangen, muß der Enddruck p_1' der kleinen Expansion von 3 nach 4 und der Enddruck p_2' der kleinen Kompression von 9 nach 10 berechnet werden (Abb. 179), da vom Punkt 4 auf der einen Seite und vom Punkt 10 auf der anderen Seite der Ausgleich beginnt. Beide Zustandsänderungen dürfen der Einfachheit halber isothermisch angenommen werden.

Bei Beginn der Expansion in 3 beträgt das Volumen $1+\varepsilon_0-\varepsilon_e+\varepsilon_u$ und der Druck p_1; am Ende ist das Volumen $1+\varepsilon_0-\varepsilon_a+\varepsilon_u$ und der Druck p_1', daher ist

$$p_1' = p_1 \frac{1+\varepsilon_0-\varepsilon_e+\varepsilon_u}{1+\varepsilon_0-\varepsilon_a+\varepsilon_u} \quad \ldots\ldots\ldots\ldots (23)$$

Für den Enddruck der Kompression von 9 nach 10 ist

$$p_2' = p_2 \frac{\varepsilon_0+\varepsilon_i}{\varepsilon_0+\varepsilon_a} \quad \ldots\ldots\ldots\ldots (24)$$

Zwischen 4 und 5 einerseits und zwischen 10 und 1 andererseits findet der Druckausgleich statt, wofür die Mischungsgleichung gilt

$$p_2'(\varepsilon_0+\varepsilon_a)+(1+\varepsilon_0-\varepsilon_a+\varepsilon_u)p_1' = (1+2\varepsilon_0+\varepsilon_u)p_a.$$

Setzt man für p_1' und p_2' die Werte ein, so folgt

$$p_a = \frac{p_1(1+\varepsilon_0+\varepsilon_u-\varepsilon_e)+p_2(\varepsilon_0+\varepsilon_i)}{1+2\varepsilon_0+\varepsilon_u} \quad \ldots\ldots\ldots (25)$$

Nach vollendetem Ausgleich dehnt sich das Volumen $\varepsilon_0+\varepsilon_u+\varepsilon_a$ vom Druck p_a auf p_1 aus, und zwar ist

$$p_a(\varepsilon_0+\varepsilon_u+\varepsilon_a) = p_1(\varepsilon_0+\varepsilon_u+\varepsilon_a+\varepsilon),$$

woraus

$$\varepsilon = \left(\frac{p_a}{p_1}-1\right)(\varepsilon_0+\varepsilon_u+\varepsilon_a) \quad \ldots\ldots\ldots\ldots (26)$$

Genau genommen fällt der Druck von der Stellung 2 an (Abb. 178) weniger rasch auf den Wert p_1, da in 2 der Saugraum geöffnet wird, doch darf die Isotherme unbedenklich von 1 über 2 nach 2′ verlängert gedacht werden.

Damit findet sich endlich der gesuchte volumetrische Wirkungsgrad

$$\lambda_0 = \frac{s_1}{s} = 1-(\varepsilon+\varepsilon_a+\varepsilon) \quad \ldots\ldots\ldots\ldots (27)$$

Um das pv-Diagramm endgültig zeichnen zu können, sind nur noch die Punkte 6 und 7 Abb. 179 einzutragen. Von 5 bis 6 erhöht sich der Druck durch Kompression auf p_a', und zwar ist

$$p_a(1+\varepsilon_0-\varepsilon_a) = p_a'(1+\varepsilon_0-\varepsilon_e) \quad \ldots\ldots\ldots (28)$$

In 6 öffnet sich der Druckkanal d im Schieber gegen den Zylinderkanal a, daher findet zwischen dem Zylindervolumen und demjenigen in d ein Ausgleich mit Druckerhöhung auf p_c statt und es ist

$$p_a'(1+\varepsilon_0-\varepsilon_e)+p_2\cdot\varepsilon_d = p_c(1+\varepsilon_0-\varepsilon_e+\varepsilon_d) \quad \ldots\ldots (29)$$

Damit ist der Anfangspunkt der eigentlichen Kompressionslinie 7—8 bestimmt und das Diagramm geschlossen.

36. Beispiel:			
	$\varepsilon_0 = 0{,}05$	$\varepsilon_a = 0{,}015$	$p_1 = 0{,}1$ kg/qcm
	$\varepsilon_i = 0{,}04$	$\varepsilon_u = 0{,}01$	$p_2 = 1{,}1$ „
	$\varepsilon_e = 0{,}032$	$\varepsilon_d = 0{,}01$	
	$i = 13$ mm	$u = 8$ mm	Schieberhub 70 mm
	$e = 12$ „	$a = 21$ „	

Mit diesen aus den Abmessungen des Schiebers und aus dem Steuerungsdiagramm ermittelten Werten folgt:

$$p_1' = p_1 \frac{1 + \varepsilon_0 - \varepsilon_e + \varepsilon_u}{1 + \varepsilon_0 - \varepsilon_a + \varepsilon_u} = 0{,}1 \frac{1{,}028}{1{,}045} = 0{,}0984 \text{ kg/qcm}$$

$$p_2' = p_2 \frac{\varepsilon_0 + \varepsilon_i}{\varepsilon_0 + \varepsilon_a} = 1{,}1 \frac{0{,}09}{0{,}065} = 0{,}152 \text{ kg/qcm}$$

$$p_a = \frac{p_1 (1 + \varepsilon_0 + \varepsilon_u - \varepsilon_e) + p_2 (\varepsilon_0 + \varepsilon_i)}{1 + 2\varepsilon_0 + \varepsilon_u} = \frac{0{,}1 \cdot 1{,}028 + 1{,}1 \cdot 0{,}09}{1{,}11} = 0{,}182 \text{ kg/qcm}$$

$$p_a' = p_a \frac{1 + \varepsilon_0 - \varepsilon_a}{1 + \varepsilon_0 - \varepsilon_e} = 0{,}182 \frac{1{,}035}{1{,}018} = 0{,}185 \text{ kg/qcm}$$

$$p_c = \frac{p_a' (1 + \varepsilon_0 - \varepsilon_e) + p_2 \varepsilon_d}{1 + \varepsilon_0 - \varepsilon_e + \varepsilon_d} = \frac{1{,}085 \cdot 1{,}018 + 1{,}1 \cdot 0{,}01}{1{,}028} = 0{,}194 \text{ kg/qcm}$$

$$\varepsilon = \left(\frac{p_a}{p_1} - 1\right)(\varepsilon_0 + \varepsilon_u + \varepsilon_a) = \left(\frac{0{,}182}{0{,}1} - 1\right) 0{,}075 = 0{,}0615 \text{ kg/qcm}$$

$$\lambda_0 = 1 - (\varepsilon + \varepsilon_a + \varepsilon_c) = 1 - 0{,}1085 = 0{,}8915 \text{ kg/qcm}\,.$$

Der volumetrische Wirkungsgrad λ_0 würde bei etwas kleineren Werten von e, i und u noch günstiger ausgefallen sein.

b) Der Ausgleichskanal lehnt sich bei Mittelstellung des Schiebers links und rechts an die äußere Kanalkante an.

In diesem Fall ist der Ausgleichskanal vor Beginn des Überströmens mit dem Druckraum verbunden, wie dies in Abb. 185 dargestellt ist. Der Raum ε_u hat demnach für die Saugseite keinen Einfluß.

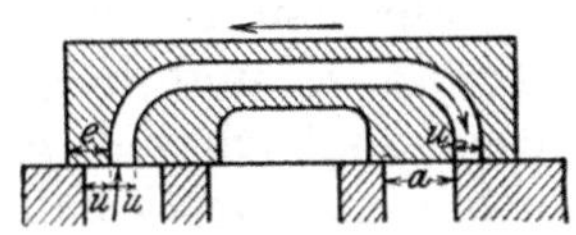

Abb. 185.

Man erhält unter Benützung derselben Zeichnungen

$$p_1' = p_1 \frac{1 + \varepsilon_0 - \varepsilon_e}{1 + \varepsilon_0 - \varepsilon_a}$$

$$p_2' = p_2 \frac{\varepsilon_0 + \varepsilon_i + \varepsilon_u}{\varepsilon_0 + \varepsilon_a + \varepsilon_u}$$

$$p_a = \frac{p_1' (1 + \varepsilon_0 - \varepsilon_a) + p_2' (\varepsilon_0 + \varepsilon_a + \varepsilon_u)}{1 + 2\varepsilon_0 + \varepsilon_u} = \frac{p_1 (1 + \varepsilon_0 - \varepsilon_e) + p_2 (\varepsilon_0 + \varepsilon_i + \varepsilon_u)}{1 + 2\varepsilon_0 + \varepsilon_u}$$

$$\varepsilon = \left(\frac{p_a}{p_1} - 1\right)(\varepsilon_0 + \varepsilon_a)$$

$$\lambda_0 = 1 - (\varepsilon + \varepsilon_a + \varepsilon_e)\,.$$

37. Beispiel: Mit diesen Gleichungen und den Zahlenwerten des vorigen Beispiels folgen die Ergebnisse:

$$p_1' = 0{,}1 \frac{1{,}018}{1{,}035} = 0{,}0983 \text{ kg/qcm},$$

$$p_2' = 1{,}1 \frac{0{,}10}{0{,}075} = 1{,}466 \quad \text{„}$$

$$p_a = \frac{0{,}1 \cdot 1{,}035 + 1{,}1 \cdot 0{,}075}{1{,}11} = 0{,}168 \text{ kg/qcm},$$

$$\varepsilon = \left(\frac{0{,}168}{0{,}1} - 1\right) 0{,}065 = 0{,}044$$

$$\lambda_0 = 1 - (0{,}044 + 0{,}015 + 0{,}032) = 0{,}909.$$

54. Energiebedarf der Schieberpumpen mit Druckausgleich.

Die Berechnung des volumetrischen Wirkungsgrades aus dem Steuerungsdiagramm hat im vorigen Abschnitt zur Bestimmung der Eckpunkte für das pv-Diagramm geführt, wie es in Abb. 179 dargestellt ist. Mit der erhaltenen Fläche ist der indizierte Arbeitsbedarf gefunden.

Nun sind aber die Überdeckungen e und i gegenüber der Breite u des Überströmkanals viel weniger verschieden, als in Abb. 178 der Deutlichkeit halber angenommen worden ist, so daß die Berechnung der Betriebsarbeit vereinfacht werden kann. Insbesondere ist die Annahme gestattet, die kleine Expansion (3—4) und die kleinen Kompressionen (5—6) und (9—10) seien zu vernachlässigen; ferner soll sich der Ausgleich augenblicklich an den toten Punkten vollziehen; endlich ist der Arbeitsgewinn durch Expansion der Restluft vom Ausgleichsdruck p_a auf p_1 so gering, daß er für die praktische Rechnung nicht in Betracht fällt.

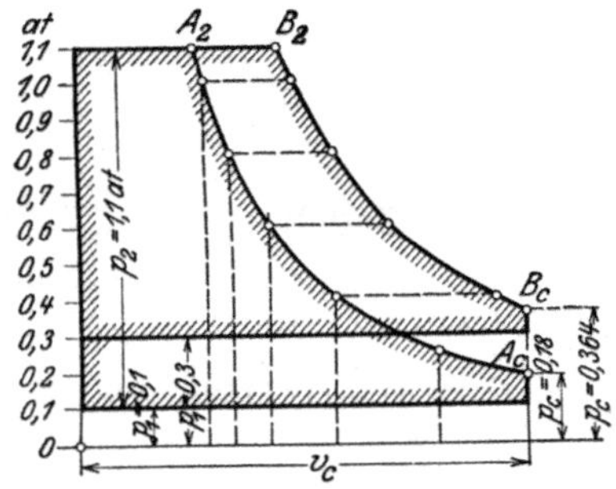

Abb. 186.

Mit diesen Annahmen vereinfacht sich das pv-Diagramm auf die in Abb. 186 dargestellte Form.

Für den ersten Druckausgleich auf p_a ist nun das Volumen des schädlichen Raumes ε_0 und dasjenige des Ausgleichskanals ε_u von Einfluß, für den zweiten Druckausgleich auf p_c das Volumen des Kanales d im Schieber. Dabei können auch wieder zwei Fälle unterschieden werden:

a) Der Überströmkanal lehne sich bei Mittelstellung des Schiebers links und rechts an die innere Kanalkante im Schieberspiegel an (Abb. 184), vor Beginn des Überströmens ist daher der Ausgleichskanal mit derjenigen Zylinderseite verbunden, in der angesaugt wird. Daher ist

$$p_a = \frac{p_1(1+\varepsilon_0+\varepsilon_u)+p_2\,\varepsilon_0}{1+2\,\varepsilon_0+\varepsilon_u} \quad \ldots\ldots\ldots\ldots (30)$$

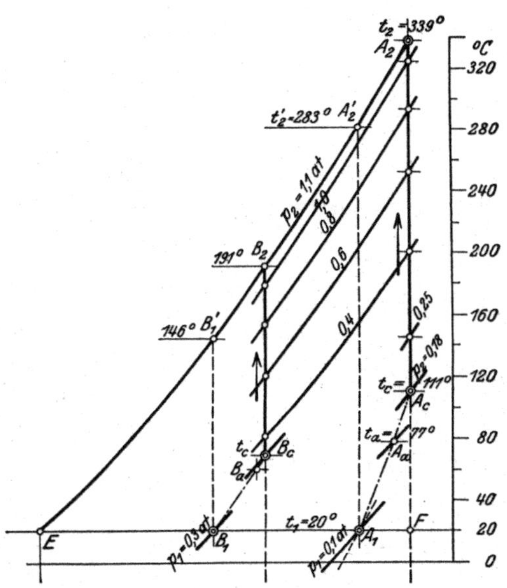

Abb. 187.

Der zweite Druckausgleich findet statt, wenn der Druckkanal d mit dem Zylinderkanal a verbunden ist. Da im ersteren Raum der äußere Druck p_2 vom vorangegangenen Spiel vorhanden ist, während der Raum $1+\varepsilon_0$ den Druck p_a aufweist, folgt

$$p_c = \frac{p_a(1+\varepsilon_0)+p_2\,\varepsilon_d}{1+\varepsilon_0+\varepsilon_d} \quad . \; . \; (31)$$

Nun ist der Anfangszustand der eigentlichen Kompression bestimmt und der mittlere Druck des pv-Diagramms kann berechnet werden.

Einfacher fällt die Bestimmung der Arbeit aus durch Benützung der Entropietafel. Zur Darstellung des Vorganges sind vorerst die beiden Mischtemperaturen zu berechnen, die sich nach dem Druckausgleich bilden.

Die Ansaugemenge vom Druck p_1 hat die Außentemperatur T_1 (Punkt A_1, Abb. 187); die im schädlichen Raum zum Ausgleich gelangende Restluft vom Druck p_2 hat eine Temperatur T_2', die etwas tiefer liegt als die Temperatur T_2 am Ende der Kompression. Der Grund dieser Senkung besteht in der geringfügigen Abkühlung während der Ausstoßperiode. Man findet T_2' mit genügender Genauigkeit aus der Entropietafel als Endtemperatur der Kompressionslinie $A_1 - A_2'$.

Nun ist die Temperatur nach der Mischung

$$T_a = \frac{p_1(1+\varepsilon_0+\varepsilon_u)+p_2\,\varepsilon_0}{\dfrac{p_1(1+\varepsilon_0+\varepsilon_u)}{T_1}+\dfrac{p_2\,\varepsilon_0}{T_2'}} \quad \ldots\ldots\ldots\ldots (32)$$

Durch Eintragen von p_a und T_a erhält man den Zustandspunkt A_a nach dem ersten Druckausgleich.

Am Ende des zweiten Ausgleichs entsteht die Temperatur

$$T_c = \frac{p_a(1+\varepsilon_0)+p_2\,\varepsilon_d}{\dfrac{p_a(1+\varepsilon_0)}{T_a}+\dfrac{p_2\,\varepsilon_d}{T_2'}} \quad \ldots\ldots\ldots\ldots (33)$$

Mit p_c und T_c ist der Anfangspunkt A_c der Kompressionslinie A_cA_2 in Abb. 187 bestimmt.

Bei den verhältnismäßig kleinen Energiemengen dieser Maschinengattung hat es keinen Zweck, eine andere Kombination als die adiabatische zugrunde zu legen, auch dann, wenn durch Kühlung des Zylindermantels und der Deckel tatsächlich eine polytropische Zustandsänderung erfolgt. Eine solche könnte übrigens in genau derselben Weise eingezeichnet werden, wie dies früher für die Kompressoren gezeigt worden ist.

Man erkennt aus der Darstellung im Entropiediagramm, daß durch den Druckausgleich nicht nur die Anfangspressung für die Kompression, sondern auch die Temperatur wesentlich steigt. Würde kein Ausgleich stattfinden, so wäre A_1 der Ausgangspunkt und A_2' der Endpunkt der Kompression. Die Fläche unter der Strecke $A_2' - E$ stellt die Arbeit auf 1 kg der Fördermenge dar und beträgt $c_p(T_2' - T_1)$. Nun ist aber infolge des Ausgleichs der Druck auf p_c und die Temperatur auf T_c gestiegen. Diese nicht umkehrbare Zustandsänderung kennzeichnet sich durch den Entropiezuwachs des Punktes A_1 gegenüber F, d. h. um das wagrechte Stück A_1F. Man kann daher den Vorgang ersetzt denken durch einen solchen ohne Druckausgleich, wenn statt des Ausgangspunktes A_1 der wagrecht nach rechts verschobene Punkt F angenommen wird. Der Arbeitsbedarf auf 1 kg der Liefermenge ist demnach dargestellt durch den ganzen Flächenstreifen unter A_2E und beträgt $c_p(T_2 - T_1)$ im Wärmemaß. Bei dieser einfachen Bestimmung der Arbeit läßt sich die Veränderlichkeit der spezifischen Wärme berücksichtigen.

Um aus dem gefundenen Wert die Betriebsarbeit zu berechnen, ist zu beachten, daß am Ende des Saughubes Gas vom Druck p_c, der Temperatur T_c und dem zugehörigen spezifischen Volumen v_c für die Kompression zur Verfügung steht. Auf welche Weise dieser Zustand erreicht wurde, ist für die Größe der Arbeit gleichgültig; man kann daher den Zustand in A_c dadurch hervorgebracht denken, daß Gas vom spezifischen Volumen v_c angesaugt worden ist. Daher beträgt die Arbeit auf 1 cbm des wirklichen Ansaugevolumens

$$A\,L' = \frac{c_p(T_2 - T_1)}{v_c}$$

und der Energiebedarf

$$N_c = \frac{A\,L' \cdot V}{632 \cdot \eta_m},$$

worin η_m den mechanischen Wirkungsgrad und V das stündliche Ansaugevolumen bedeutet.

Der Liefergrad λ kann in diesem Fall mit dem volumetrischen Wirkungsgrad gleichgesetzt werden; ferner ist das Fördergewicht wie früher

$$G = \frac{V}{v_1} = \frac{V_h \cdot \lambda}{v_1}.$$

b) Der Ausgleichskanal lehnt sich bei Mittelstellung des Schiebers links und rechts an die äußere Kanalkante (Abb. 185). Vor Beginn des Überströmens ist der Ausgleichskanal mit demjenigen Zylinderraum verbunden, in welchem die Druck- und Ausstoßperiode stattfindet. Man erhält daher

$$p_a = \frac{p_1(1+\varepsilon_0) + p_2(\varepsilon_0 + \varepsilon_u)}{1 + 2\,\varepsilon_0 + \varepsilon_u}$$

$$T_a = \frac{p_1(1+\varepsilon_0) + p_2(\varepsilon_0+\varepsilon_u)}{\dfrac{p_1(1+\varepsilon_0)}{T_1} + \dfrac{p_2(\varepsilon_0+\varepsilon_u)}{T_2'}}.$$

Die übrigen Werte und die Bestimmung der Arbeit erleiden keine Änderung gegenüber Fall a).

38. Beispiel: Eine Vakuumpumpe mit Druckausgleich nach Fall a) habe einen verhältnismäßig großen schädlichen Raum von $\varepsilon_0 = 0{,}05$ und einen großen Druckraum zwischen Schieberspiegel und Rückschlagventil $\varepsilon_d = 0{,}04$.

Die Pumpe soll $V = 2000$ cbm/st von 0,1 auf 1,1 Atm. abs. fördern. Es ist der Arbeitsbedarf bei diesem verlangten Unterdruck sowie der Höchstwert zu berechnen.

Nimmt man unter Benützung der Verhältnisse des vorigen Abschnittes $\lambda = 0{,}89$, so ist das vom Kolben zu beschreibende Volumen $V_h = \frac{2000}{0{,}89} = 2250$ cbm/st, was einen Zylinder von 600 mm Hub und 600 mm Bohrung bei 110 Uml./min erfordert.

Aus $p_1 = 0{,}1$ Atm. und $t = 20^0$ C ist A_1 (Abb. 187) bestimmt, ferner A_2' mit $t_2' = 283^0$ C; daher folgt mit $\varepsilon_0 = 0{,}05$, $\varepsilon_u = 0{,}01$, $\varepsilon_d = 0{,}04$

$$p_a = \frac{1000 \cdot 1{,}06 + 11\,000 \cdot 0{,}05}{1{,}11} = 1450 \text{ kg/qm} \quad (0{,}145 \text{ Atm.})$$

$$T_a = \frac{1000 \cdot 1{,}06 + 11000 \cdot 0{,}05}{\dfrac{1000 \cdot 1{,}06}{293} + \dfrac{11000 \cdot 0{,}05}{556}} = 350^0, \quad t_a = 77^0 \text{ C}$$

$$p_c = \frac{1450 \cdot 1{,}05 + 11\,000 \cdot 0{,}04}{1{,}09} = 1800 \text{ kg/qm} \quad (0{,}18 \text{ Atm.})$$

$$T_c = \frac{1450 \cdot 1{,}05 + 11\,000 \cdot 0{,}04}{\dfrac{1450 \cdot 1{,}05}{350} + \dfrac{11\,000 \cdot 0{,}04}{556}} = 384^0, \quad t_c = 111^0 \text{ C}$$

$$v_c = \frac{29{,}27 \cdot 384}{1800} = 6{,}25 \text{ cbm/kg}.$$

Damit läßt sich der Anfangspunkt A_c der eigentlichen Kompression in das Entropiediagramm eintragen (Abb. 187). Der Endpunkt A_2 liegt bei adiabatischer Zustandsänderung senkrecht darüber mit $t_2 = 339^0$ C; für die Arbeit folgt

$$A\,L = 0{,}241 \cdot (339 - 20) = 67{,}1 \text{ kcal/kg}$$

oder auf 1 cbm

$$A\,L' = \frac{67{,}1}{6{,}25} = 12{,}3 \text{ kcal/cbm.}$$

Nimmt man für den mechanischen Wirkungsgrad $\eta_m = 0{,}9$, so ist der Energiebedarf

$$N_e = \frac{A\,L' \cdot V \cdot 428}{3600 \cdot 75 \cdot \eta_m} = \frac{12{,}3 \cdot 2000}{632 \cdot 0{,}9} = 43{,}2 \text{ PS}$$

und das Fördergewicht

$$G = \frac{2000}{0{,}86} = 2330 \text{ kg/h.}$$

Wiederholt man die Rechnung für den Saugdruck $p_1 = 0{,}3$ Atm. abs., bei dem der Arbeitsbedarf ungefähr am größten ist, so folgt aus dem Entropiediagramm Abb. 187

$$p_a = \frac{3000 \cdot 1{,}06 + 11000 \cdot 0{,}05}{1{,}11} = 3360 \text{ kg/qm} \quad (0{,}336 \text{ Atm.}$$

$$T_a = \frac{3000 \cdot 1{,}06 + 11000 \cdot 0{,}05}{\frac{3000 \cdot 1{,}06}{293} + \frac{11000 \cdot 0{,}05}{419}} = 333^0, \quad t_a = 60^0 \text{ C}$$

$$p_c = \frac{3360 \cdot 1{,}05 + 11000 \cdot 0{,}04}{1{,}09} = 3640 \text{ kg/qm} \quad (0{,}364 \text{ Atm.})$$

$$T_c = \frac{3360 \cdot 1{,}05 + 11000 \cdot 0{,}04}{\frac{3360 \cdot 1{,}05}{333} = \frac{11000 \cdot 0{,}04}{419}} = 341^0, \quad t_c = 68^0 \text{ C}$$

$$v_c = \frac{29{,}27 \cdot 341}{3640} = 2{,}75 \text{ cbm/kg.}$$

Für den Endpunkt der Adiabate $B_c B_2$ ist $t_2 = 191^0$ C, daher

$$A\,L = 0{,}24\,(191 - 20) = 41 \text{ kcal/kg}$$

$$A\,L' = \frac{41}{2{,}75} = 14{,}9 \text{ kcal/cbm.}$$

Infolge des kleineren Vakuums steigt der Liefergrad auf etwa $\lambda = 0{,}93$, somit beträgt das Ansaugevolumen

$$V = 0{,}93 \cdot 2250 = \sim 2100 \text{ cbm/h}$$

und der größte Energiebedarf

$$N_e = \frac{14{,}9 \cdot 2100}{632 \cdot 0{,}9} = 55 \text{ PS.}$$

Würde der Liefergrad von $\lambda = 0{,}89$ ohne Druckausgleich erreicht werden können, so würde sich der größte Energiebedarf entsprechend der Kompression $B_1 B_2'$ ermäßigen auf

$$N_e = \frac{0{,}24 \cdot (146 - 20) \cdot 200}{632 \cdot 0{,}9 \cdot 2.86} = 37{,}1 \text{ PS.}$$

Man erkennt den Mehraufwand an Energie zufolge des Druckausgleichs. Liest man für einige gewählte Zwischenpressungen die Ordinaten der entsprechenden Punkte der Kompressionslinie ab und berechnet mit ihnen aus der Zustandsgleichung die spezifischen Volumen v, so erhält man aus dem Diagramm Abb. 187 folgende Werte (Zahlentafel 17).

Mit diesen Beträgen läßt sich das pv-Diagramm darstellen, wie dies in Abb. 186 geschehen ist.

Das Diagramm mit dem Ansaugedruck 0,1 Atm. kann nach Wahl der beiden Maßstäbe unmittelbar aufgezeichnet werden; für das andere Diagramm mit 0,3 Atm. Ansaugedruck sind vorerst die Abszissen auf dieselbe Diagrammlänge zu beziehen, um den Vergleich zu ermöglichen. Die größere Arbeitsfläche im zweiten Fall ist deutlich ersichtlich.

Zahlentafel 17.

Punkt	Ansaugedruck 0,1 Atm.				Ansaugedruck 0,3 Atm.			
	Druck p	Temperaturen t	T	Spez. Vol. v	Druck p	Temperaturen t	T	Spez. Vol. v
A_e	0,18	111	384	6,29				
2	0,25	146	419	4,9	0,364	68	341	2,75
3	0,4	202	475	3,48	0,4	81	354	2,59
4	0,6	253	526	2,56	0,6	122	395	1,93
5	0,8	293	566	2,07	0,8	153	426	1,56
6	1,0	325	598	1,75	1,0	179	452	1,32
A_2	1,1	339	612	1,6	1,1	191	464	1,24

Zur Erzeugung eines hohen Vakuums empfiehlt es sich, die Verdichtung in zwei Stufen zu vollziehen. Dabei ist die Hauptarbeit dem Hochdruckzylinder vorbehalten, der einzig mit einem Kühlwassermantel versehen ist. Die durch Undichtheiten einfallenden kleinen Luftmengen werden vom Niederdruckzylinder gesammelt und etwas verdichtet; bei der kleinen Leistungsfähigkeit der dünnen Luft hätte eine Kühlung keine Wirkung.

Eine derartige Ausführung der Maschinenfabrik Burckhardt, Basel, zeigt zwei gleich große, doppeltwirkende Zylinder (375 mm Durchm., 200 mm Hub, 160 Uml./min) für beide Stufen; sie erzeugt einen absoluten Druck von 1 mm Quecksilbersäule. Die Laterne zwischen beiden Zylindern dient als Ölabschluß der Stopfbüchsen gegen Luftaustritt. Eine Zwischenkühlung findet nicht statt.

Dritter Teil.

Turbokompressoren.

55. Einleitung.

Mit der Bezeichnung Turbokompressor ist ein System von hintereinander geschalteten Schaufelrädern zu verstehen, die in einem entsprechend geformten Gehäuse in Drehbewegung versetzt werden, um Luft oder andere Gase auf höheren Druck zu bringen. Zur Erzielung der bei normalen Kolbenkompressoren üblichen Endpressungen laufen zahlreiche Schaufelräder nach Art der Hochdruck-Kreiselpumpen mit hoher Umfangsgeschwindigkeit, deren obere Grenze nur durch die Festigkeit der Räder gegenüber der Fliehkraft ihrer eigenen Masse bedingt ist.

Diese Maschine eignet sich besonders vorteilhaft für mäßige Pressungen und große Liefermengen, wie sie der Hüttenbetrieb verlangt. Sie wird in diesem Fall als Turbogebläse bezeichnet und tritt an Stelle der großen Kolbengebläse. Gegenüber den Turbokompressoren besteht ein Unterschied nur in der Verwendung einer beschränkten Stufenzahl und dem Fehlen einer Kühlung während der Verdichtung. Bei genügend hoher Umfangsgeschwindigkeit kann häufig ein einziges Rad den gewünschten Druck zustande bringen.

Ihrer Wirkung nach gehören auch die Ventilatoren zu dieser Maschinengattung. Man verlangt von diesen einstufigen Schaufelrädern eine verhältnismäßig geringe Drucksteigerung der in Bewegung gesetzten Luftmasse und kommt daher mit mäßigen Umfangsgeschwindigkeiten aus (30 bis 50 m/sec).

Da die genannte Einteilung nur durch die Zahlenwerte von Pressung und Liefermenge bedingt ist, besteht kein grundsätzlicher Unterschied und keine scharfe Grenze zwischen den drei Gruppen. Dagegen verlangt die Ausbildung der Einzelteile besondere Maßnahmen und eine um so sorgfältigere Werkstattausführung, je größer die Geschwindigkeit der Räder ist. Hierin haben sich die Erfahrungen des Dampfturbinenbaues fruchtbar erwiesen und können sinngemäß übertragen werden.

Vergleicht man die Turbokompressoren mit den Kolbenkompressoren, so zeigen sich ähnliche Unterschiede im Aufbau und in der Verwendung, wie zwischen Kreiselpumpen und Kolbenpumpen; in gewissen Beziehungen lassen sich selbst Vergleiche anstellen wie mit Dampfturbinen und Kolbendampfmaschinen.

Die einfache Bauart und der daraus folgende sichere Betrieb, die geringe Wartung, der unmittelbare Antrieb mittels Elektromotor oder Dampfturbine sichern dem Turbokompressor zunehmende Bedeutung. Dazu kommen als weitere Vorteile die Erzeugung eines völlig gleichmäßig austretenden Gasstromes, der frei von Schmierölbeimengungen ist, ferner seine Regulierfähigkeit, namentlich beim Antrieb durch Dampfturbinen.

Bedeutend ist die Platzersparnis, die sich auch bei der rasch laufenden Antriebsmaschine in hohem Maße geltend macht, damit verbunden ist die große Übersichtlichkeit der Anlage, die wenig Bedienungsmannschaft erfordert.

In bezug auf den Wirkungsgrad des Prozesses ist auf die Versuchsergebnisse zu verweisen; bei großen Einheiten kommt der Wirkungsgrad demjenigen der Kolbenkompressoren nahe. Für solche Vergleiche muß als Bedingung gelten, daß die Meßmethoden für beide Arten auf gleichen Grundlagen aufgebaut sind und mit gleichen Mitteln ausgeführt werden.

Für die Bewertung eines Maschinensystems darf aber der Wirkungsgrad nicht als einzig maßgebend zum Vergleich herangezogen werden. Die Bedeutung der Turbokompressoren wird hauptsächlich bedingt durch die Möglichkeit des Antriebes mittels Dampfturbinen oder rasch laufenden Elektromotoren. Dadurch kommen alle genannten Vorteile auch für die Antriebsmaschine zur Geltung; die ganze Anlage ist unübertroffen in ihrer Einfachheit und läßt sich in Größenverhältnissen ausführen, die bei Kolbenmaschinen unbekannt sind.

Sehr deutlich treten diese Verhältnisse beispielsweise im besonderen Fall der Verwertung der Gichtgase hervor. Will man diese brennbaren Gase mit größtem Wirkungsgrad zur Erzeugung von Gebläseluft benützen, so geschieht dies in der Großgasmaschine, an die unmittelbar ein Kolbengebläse angeschlossen ist. Die Erstellungskosten einer solchen Anlage sind aber sehr groß, ebenso die Kosten für Ersatzteile, Schmieröl und Wartung. Eine viel einfachere und billigere Anlage entsteht, wenn die Gichtgase unter Dampfkessel zur Verbrennung gelangen und der Dampf zum Betrieb einer Dampfturbine mit angekuppeltem Turbokompressor dient. Obschon sich in diesem Fall der Wirkungsgrad der ganzen Umsetzung kleiner ergibt, kann es leicht möglich sein, daß diese Anlage wirtschaftlich und betriebstechnisch im Vorteil ist gegenüber der Kolbenmaschine.

Durch Steigerung der Drehzahl lassen sich die Herstellungskosten der umlaufenden Maschinen stark vermindern. Diesem Bedürfnis paßt sich der Dampfturbinenantrieb in vorzüglicher Weise an. Bei Elektromotoren ist in gewissen Fällen die übliche Drehzahl schon zu klein, dann schaltet man Zahnradvorgelege ein.

Bezüglich der Größe der einzelnen Stufen besteht eine untere Grenze für die Liefermenge, die durch die Ausführbarkeit der Laufradabmessungen gegeben ist. Namentlich kann die Breite der Schaufeln nicht unter ein gewisses Maß vermindert werden (8 bis 10 mm).

Eine obere Grenze besteht in Rücksicht auf die in jedem Rad zu erzeugende Druckhöhe, d. h. bezüglich der zulässigen Umfangsgeschwindigkeit. Man wendet zur Zeit Umfangsgeschwindigkeiten von 120 bis 200 m/sek an; bei besonders sorgfältig ausgeführten Rädern ist man sogar schon bis zu 240 m/sek gekommen. Auf alle Fälle ist man bestrebt, möglichst hohe Drehzahlen zuzulassen, damit die Durchmesser der Räder nicht sehr groß ausfallen. Dadurch wird dem großen Verlust der Radscheibenreibung gesteuert.

A. Der Energieumsatz im Turbokompressor.

56. Spaltüberdruck.

Von der Welle aus wird dem Kreiselrad Energie zugeführt und an die Flüssigkeit übertragen; deshalb besitzt das Gas beim Austritt aus dem Rad einen Überdruck gegenüber seinem Zustand am Eintritt. Man erhält eine einfache Bestimmung dieses Überdruckes, wenn man ihn auffaßt als hervorgegangen durch den Einfluß der Fliehkraft auf die umlaufende Flüssigkeit und durch die Änderung der Geschwindigkeit in den Kanälen des Schaufelrades.

Um sich die Wirkungsweise der Fliehkraft auf einfache Art zu erklären, denke man sich zunächst ein radial gerichtetes Rohrstück (Abb. 188) in gleichförmige Drehbewegung versetzt. Dieses Rohr sei mit Flüssigkeit gefüllt und am innern sowie am äußern Endquerschnitt mit reibungslosen Kolben abgeschlossen.

Im folgenden wird vorausgesetzt, daß der Einfluß der Schwerkraft auf die Flüssigkeit nicht vorhanden sei; ferner, daß das spezifische Gewicht der Flüssigkeit sich vom innern zum äußern Querschnitt nicht ändere. Die erstere Voraussetzung gilt genau bei wagrechter Lage des Rohres, die andere bei tropfbaren Flüssigkeiten. Für Gase sind die praktisch auftretenden Druckunterschiede innerhalb eines Rades so klein, daß mit einem mittleren spezifischen Gewicht gerechnet werden darf.

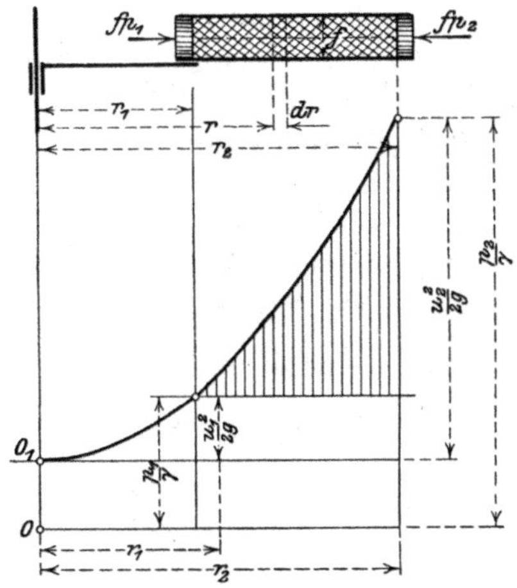

Abb. 188.

Halten sich die beiden von außen auf die Kolben wirkenden Kräfte $f p_1$ und $f p_2$ das Gleichgewicht, wobei die auf dem inneren Kolben lastende Kraft $f p_1$ in beliebiger Größe gedacht sei, so hat die andere nicht nur $f p_1$ aufzuheben, sondern außerdem die Fliehkraft der Flüssigkeit aufzunehmen.

Ein Massenelement vom Querschnitt f und der Höhe dr hat den Wert

$$m = f \frac{\gamma}{g} dr,$$

wenn γ das spezifische Gewicht (Gewicht der Volumeneinheit) der betreffenden Flüssigkeit ist.

Dieses Element entwickelt die Fliehkraft

$$dC = m\,\omega^2 r = \frac{f\gamma\,\omega^2}{g} r\,dr.$$

Daher lautet die Gleichgewichtsbedingung

$$(p_2 - p_1) f = \int_{r_1}^{r_2} dC = f \frac{\gamma}{g} \omega^2 \cdot \frac{r_2^2 - r_1^2}{2},$$

woraus

$$\frac{p_2 - p_1}{\gamma} = \frac{u_2^2 - u_1^2}{2g} \quad \ldots \ldots \ldots \ldots \quad (1)$$

Der Einfluß der Fliehkraft besteht demnach darin, daß der Flüssigkeitsdruck nach außen zu wächst, und zwar im geraden Verhältnis mit dem Quadrat der Umfangsgeschwindigkeit.

Diese Zunahme der Druckhöhe wird durch eine Parabel (Abb. 188) dargestellt, deren Achse mit der Drehachse zusammenfällt. Ihre Ordinaten haben im Abstand r_1 den Wert $\frac{u_1^2}{2g}$, im Abstand r_2 den Wert $\frac{u_2^2}{2g}$. Der Unterschied beider Ordinaten ist die Zunahme der Druckhöhe (senkrecht schraffiert).

Der senkrecht unter dem inneren Kolben nach abwärts eingetragene Anfangsdruck $p_1 : \gamma$ gibt die Nullinie durch O, von der aus die absoluten Pressungen zu zählen sind.

Aus Gl. 1 ist ersichtlich, daß am Ergebnis nichts geändert wird, wenn die Rohrachse nicht geradlinig, sondern in der Drehebene abgebogen gedacht wird. Auch verschieden große Querschnitte des Rohres sind ohne Einfluß, da nicht Kräfte, sondern Druckhöhen in Betracht fallen. Man kann daher Abb. 188 als Meridianschnitt eines Schaufelrades auffassen, gefüllt mit Flüssigkeit, mit verschlossenem Eintritt und Austritt. Die Gl. 1 gilt somit für kreisende Kanäle, wie sie bei Schaufelrädern auftreten, falls das Druckrohr abgesperrt ist.

Das Ergebnis der Gl. 1 bleibt bestehen, wenn der Stoff relativ zum Rohr in Bewegung ist, solange der Rohrquerschnitt unverändert bleibt. Statt der Kolbenkräfte sind die Flüssigkeitspressungen p_1 und p_2 zu denken. Der Durchfluß durch den Kanal kann nun so betrachtet werden, als ob das Rohr stillstehen und der Stoff während seinem Durchfluß einem Druck ausgesetzt würde, der nach der Parabel zunimmt. Meistens erweitern sich aber die Kanäle nach außen zu; die Durchflußgeschwindigkeit nimmt deshalb von einem Anfangswert w_1 auf einen Endwert w_2 ab, d. h. es wird Geschwindigkeit in Druck umgesetzt. Abgesehen von irgendwelchen Verlusten beträgt die Zunahme der Druckhöhe $\frac{w_1^2 - w_2^2}{2g}$, so daß sich Gl. 1 erweitert auf

$$H' = \frac{p_2 - p_1}{\gamma} = \frac{u_2^2 - u_1^2}{2g} + \frac{w_1^2 - w_2^2}{2g} \quad \ldots \ldots \ldots (2)$$

Man nennt diese Größe den Spaltüberdruck oder die im Laufrad erzeugte statische Druckhöhe H'. Sie läßt sich aber auch auffassen als die von einem Kilogramm des Stoffes aufgenommene Energie (mkg). Die gleichwertige Wärme $H'A$ ist die Zunahme des Wärmeinhaltes, die im Laufrad an das Gas übertragen worden ist.

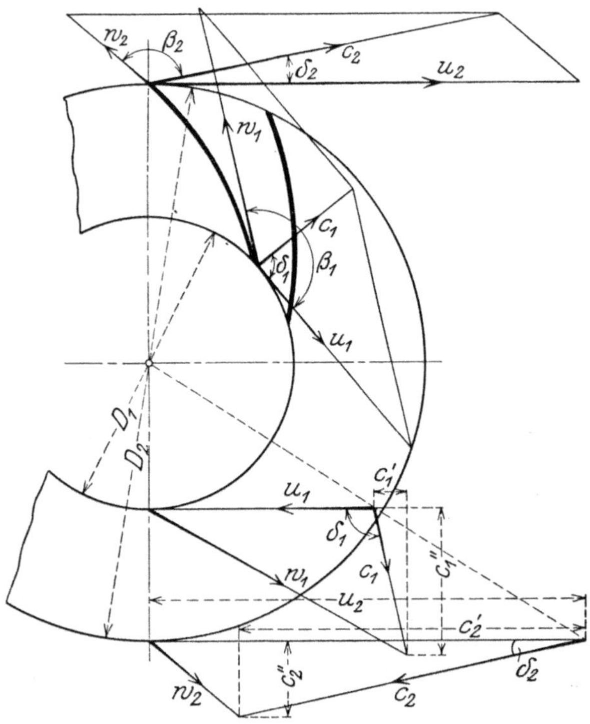

Abb. 189.

Die in Gl. 2 genannten Geschwindigkeiten w_1 und w_2 beziehen sich auf die Bewegung im Kanal, sind also die relativen Geschwindigkeiten am Ein- und Austritt. Setzt man sie mit den zugehörigen Umfangsgeschwindigkeiten zusammen, so ergeben sich die absoluten Geschwindigkeiten c_1 und c_2 am Ein- und Austritt (Abb. 189).

Soll der Eintritt ohne Stoß erfolgen, so muß die Richtung von w_1 zusammenfallen mit der Richtung der innersten Tangente an die Bahn. Die Richtung von w_2 ist diejenige der äußersten Tangente an die Bahn.

Als Bahn ist der Weg eines mittleren Flüssigkeitsfadens gedacht; dabei sind die Kanäle so eng vorauszusetzen (oder die Schaufelzahl so groß), daß die gezeichneten Geschwindigkeitsdreiecke über den ganzen Kanalquerschnitt ihre Richtigkeit mit genügender Annäherung beibehalten.

Bezeichnet man den Winkel zwischen der positiven Richtung der Umfangsgeschwindigkeit u (im Sinne der Drehbewegung) und der absoluten Geschwindigkeit c mit δ (am Eintritt δ_1, am Austritt δ_2) und den Winkel zwischen u und w mit β (am Eintritt β_1, am Austritt β_2), so ergeben sich aus Abb. 189 die Beziehungen:

$$w^2 = u^2 + c^2 - 2\,u\,c\cos\delta \quad \ldots \ldots \ldots (3)$$

$$c^2 = u^2 + w^2 + 2\,u\,w\cos\beta \quad \ldots \ldots \ldots (4)$$

Zerlegt man c in die Richtung des Umfanges und in die Richtung des Radius, so sind die Komponenten

$$c' = c \cos\delta$$

$$c' = u - c'' \cot(180 - \beta) = u + c'' \cot\beta \quad \ldots \ldots \ldots (5)$$

$$c' = u - w \cos(180 - \beta) = u + w \cos\beta \quad \ldots \ldots \ldots (6)$$

57. Theoretische Druckhöhe, Arbeitsbedarf.

Vergleichen wir den Zustand der Fördermenge in der Zuleitung unmittelbar vor dem Eintritt in das Laufrad mit dem Zustand hinter dem Rad, so ist nicht nur der berechnete Pressungsunterschied maßgebend, sondern die Vergrößerung der Geschwindigkeit c_2 hinter dem Rad gegenüber dem Wert c_1 vor dem Eintritt. Hier besitzt 1 kg Gas die Energie $\frac{p_1}{\gamma} + \frac{c_1^2}{2g}$, hinter dem Rad $\frac{p_2}{\gamma} + \frac{c_2^2}{2g}$. Jedes Kilogramm der Durchflußmenge hat demnach an Energie empfangen.

$$H = \left(\frac{p_2}{\gamma} + \frac{c_2^2}{2g}\right) - \left(\frac{p_1}{\gamma} + \frac{c_1^2}{2g}\right)$$

oder

$$H = \frac{p_2 - p_1}{\gamma} + \frac{c_2^2 - c_1^2}{2g} \quad \ldots \ldots \ldots \ldots (7)$$

Diese Arbeit ist von außen aufzuwenden, um das Rad in Bewegung zu halten. In diesem Ausdruck sind bereits die Verluste der Arbeitsübertragung enthalten mit Ausnahme der mechanischen Verluste, hervorgerufen durch Reibung der umlaufenden Scheibe, der Lager und Stopfbüchsen.

Der in Gl. 7 dargestellte Wert kann aber auch als Druckhöhe aufgefaßt werden, bestehend aus dem statischen Anteil H' und dem dynamischen Anteil H''. Man erkennt, daß die Umsetzung der Geschwindigkeit (von c_2 auf c_1) in Druck im feststehenden Leitkanal vor sich geht, der den Austritt des Laufrades mit dem Eintritt des nächstfolgenden Rades verbindet. Diese Druckhöhe H ist nur im Idealfall erreichbar, wenn keine inneren Verluste durch Stoß und Reibung der Flüssigkeit auftreten, sie muß daher als theoretische Druckhöhe bezeichnet werden. Die erreichbare Druckhöhe ist kleiner.

Mit Gl. 2 ergibt sich aus Gl. 7 die Hauptgleichung

$$H = \frac{u_2^2 - u_1^2}{2g} + \frac{w_1^2 - w_2^2}{2g} + \frac{c_2^2 - c_1^2}{2g} \quad \ldots \ldots \ldots (8)$$

Eine andere Form entsteht unter Benützung der Gl. 3 durch Ausscheiden von w_1 und w_2, nämlich

$$H = \frac{1}{g}(u_2 c_2' - u_1 c_1') \quad \ldots \ldots \ldots \ldots (9)$$

(Leonhard Euler, 1754).

Benützt man dagegen Gl. 5 und führt die Durchmesser D_1 und D_2 sowie die freien Mantelflächen F_1 und F_2 am Eintritt bzw. am Austritt ein, so läßt sich bei Verwendung der Stetigkeitsgleichung

$$F_1 c_1'' = F_2 c_2''$$

die Gl. 5 schreiben

$$c_2' = u_2 + c_2'' \cot\beta_2$$

$$c_1' = u_1 + c_1'' \cot\beta_1 = u_2 \frac{D_1}{D_2} + c_2'' \frac{F_2}{F_1} \cot\beta_1 .$$

In Gl. 9 eingesetzt

$$H = \frac{u_2^2}{g}\left[1 - \left(\frac{D_1}{D_2}\right)^2\right] + \frac{u_2}{g} c_2''\left[\cot\beta_2 - \frac{D_1}{D_2}\frac{F_2}{F_1}\cot\beta_1\right] \quad . \; . \; . \; . \quad (10)$$

In dieser Form eignet sich die Gleichung zur Berechnung von H, wenn das Schaufelrad in seinen Abmessungen durch die Zeichnung gegeben oder wenn es vorhanden ist.

Die Radialkomponente c_2'' steht im geraden Verhältnis zum Ansaugevolumen V. Ist v_0 das spezifische Volumen des Gases vor dem Schaufelrad und G das in jeder Sekunde zu fördernde Gasgewicht, so folgt

$$V = G \cdot v_0 .$$

Das Gewicht G nimmt in der Mantelfläche F_2 (Spalt) das spezifische Volumen v_2 an und damit das Gesamtvolumen $G \cdot v_2$, daher ist

$$c_2'' = \frac{G \cdot v_2}{F_2} = \frac{V \cdot v_2}{F_2 v_0} \quad . \; . \; . \; . \; . \; . \; . \; . \; . \; . \quad (11)$$

und

$$c_1'' = \frac{F_2}{F_1} c_2'' .$$

Für das Querschnittsverhältnis kann gesetzt werden

$$\frac{F_2}{F_1} = \frac{D_2 b_2 \mu_2 \mu_{02}}{D_1 b_1 \mu_1 \mu_{01}}, \quad . \; . \; . \; . \; . \; . \; . \; . \; . \; . \; . \quad (12)$$

worin μ_1 und μ_2 Vorzahlen bedeuten, um die Verengung der Mantelflächen durch die Schaufeldicken s_1 bzw. s_2 zu berücksichtigen; ferner stellen die Zahlen μ_{01} und μ_{02} den Einfluß der Kontraktion dar, da die Flüssigkeit weder am Eintritt in die Laufradkanäle, noch am Austritt in allen Teilen parallele Bewegungsrichtungen aufweist. Ist z_2 die Schaufelzahl am äußeren Umfang und b_2 die Schaufelbreite, so folgt

$$F_2 = \left(\pi D_2 - \frac{z_2 s_2}{\sin\beta_2}\right) b_2 \mu_{02} ,$$

daher

$$\mu_2 = 1 - \frac{z_2 s_2}{\pi D_2 \sin\beta_2} \quad . \; . \; . \; . \; . \; . \; . \; . \; . \; . \; . \; . \quad (13)$$

Dieser Wert liegt meistens zwischen 0,95 und 0,85.

In gleicher Weise folgt für den Eintritt

$$\mu_1 = 1 - \frac{z_1 s_1}{\pi D_1 \sin\beta_1} \quad . \; . \; . \; . \; . \; . \; . \; . \; . \; . \; . \; . \quad (14)$$

Dieser Wert ist meistens etwas kleiner als μ_2. Gewöhnlich erstrecken sich alle Schaufeln vom äußern zum inneren Umfang, so daß $z_1 = z_2$.

Setzt man Gl. 11 in Gl. 10 ein, so erhält die Hauptgleichung die Form

$$H = C_1 \frac{u_2^2}{g} + C_2 \frac{u_2}{g} V \quad . \; . \; . \; . \; . \; . \; . \; . \; . \; . \quad (15)$$

Hierin ist

$$C_1 = 1 - \left(\frac{D_1}{D_2}\right)^2 \quad . \; . \; . \; . \; . \; . \; . \; . \; . \; . \; . \; . \quad (16)$$

$$C_2 = \frac{v_2}{v_0}\frac{1}{F_2}\left(\cot\beta_2 - \frac{D_1}{D_2}\frac{F_2}{F_1}\cot\beta_1\right) \quad . \; . \; . \; . \; . \; . \; . \; . \quad (17)$$

Für ein bestimmtes Rad können C_1 und C_2 als konstant angesehen werden, da $\frac{v_2}{v_0}$ sehr nahe an 1 liegt und sich bei verschiedenen Betriebsbedingungen nur wenig ändert.

Aus Gl. 15 folgt, daß sich H bei Verwendung einer bestimmten Umfangsgeschwindigkeit nur mit V ändert. Trägt man die Fördervolumen V als Abszissen, H als Ordinaten ab, so erhält man als Bild der Abhängigkeit eine Gerade. Das erste Glied in Gl. 15 bedeutet den Abschnitt der Geraden auf der Ordinatenachse, d. h. die theoretische Druckhöhe bei geschlossenem Druckrohr.

Die Gerade kann steigen, in gleicher Höhe verlaufen oder fallen, je nachdem die Vorzahl $C_2 \gtreqless 0$ ist.

Da der Zähler von C_2 eine Differenz enthält, können alle drei Fälle eintreten, je nach Wahl der Winkel und der Größe von $\frac{D_1 F_2}{D_2 F_1}$.

Im besonderen ist $C_2 = 0$, wenn $\cot\beta_2 = \frac{D_1}{D_2}\frac{F_2}{F_1}\cot\beta_1$

oder

$$\frac{\cot\beta_2}{\cot\beta_1} = \frac{b_2 \mu_2}{b_1 \mu_1} \quad . \; . \; . \; . \; . \; . \; . \; . \; . \; . \; . \; . \; . \quad (18)$$

Für eine bestimmte Fördermenge ist c_2'' proportional mit u_2. Die Druckhöhe H ist dann nur von $\frac{u_2^2}{g}$ abhängig. In diesem Falle läßt sich schreiben

$$H = \varphi_1 \frac{u_2^2}{g}, \quad . \; . \; . \; . \; . \; . \; . \; . \; . \; . \; . \; . \; . \quad (19)$$

worin die Vorzahl φ_1 nur von den Hauptabmessungen des Rades bedingt ist.

Wie die Gleichungen für die theoretische Druckhöhe H zeigen, sind in ihnen keine Größen enthalten, die sich auf die Natur der zu fördernden Flüssigkeit beziehen. Die Druckhöhe H ist also unabhängig von der Art der Flüssigkeit, ferner unabhängig von der Eintrittstemperatur. Dabei ist aber wohl zu unterscheiden zwischen der Druckhöhe H, gemessen in Meter der betreffenden Flüssigkeitssäule (Luft, Kohlensäure, Wasserstoff) und dem Druck H_p, gemessen in kg/qm (oder in Millimeter Wassersäule). Erst bei der Umrechnung

$$H_p = H \cdot \gamma = \frac{H}{v}$$

tritt das spezifische Gewicht als Faktor auf, das von der Natur der Flüssigkeit und von der Temperatur derselben abhängt, bei Gasen außerdem noch vom absoluten Druck am Eintritt in das Rad.

39. Beispiel: Das vorhandene Laufrad eines Turbogebläses zeige folgende Hauptabmessungen:

Eintritt: $D_1 = 320$ mm, $b_1 = 55$ mm, $\beta_1 = 146^0$, $z_1 = 9$, $s_1 = 5$ mm
Austritt: $D_2 = 750$ mm, $b_2 = 40$ mm, $\beta_2 = 122^0$, $z_2 = 18$, $s_2 = 5$ mm.

Es soll der Energiebedarf berechnet werden für verschiedene Liefermengen bei einer Umlaufzahl von $n = 2900$ in der Minute.

Wegen Kontraktion am Eintritt und am Austritt seien die Durchflußziffern nach Erfahrung gewählt zu

$$\mu_{01} = 0{,}85 \qquad \mu_{02} = 0{,}92.$$

Mit den gegebenen Zahlen finden sich folgende Werte:

$$\mu_1 = 1 - \frac{9 \cdot 5}{0{,}56 \cdot 3{,}14 \cdot 320} = 0{,}920 \qquad \mu_2 = 1 - \frac{18 \cdot 5}{0{,}85 \cdot 3{,}14 \cdot 750} = 0{,}955$$

$$F_1 = 3.14 \cdot 0{,}32 \cdot 0{,}055 \cdot 0{,}92 \cdot 0{,}85 = 0{,}0435 \text{ qm}$$

$$F_2 = 3{,}14 \cdot 0{,}75 \cdot 0{,}04 \cdot 0{,}955 \cdot 0{,}92 = 0{,}0825 \text{ „}$$

$$\frac{D_2}{D_1} = 2{,}344, \quad \frac{b_2}{b_1} = 0{,}73, \quad \frac{F_2}{F_1} = 1{,}9, \quad u_1 = 48{,}6 \text{ m/sek}, \quad u_2 = 114 \text{ m/sek}$$

$$\cot\beta_2 - \frac{D_1 F_2}{D_2 F_1} \cot\beta_1 = -0{,}625 + \frac{1{,}9}{2{,}344} \cdot 1{,}48 = 0{,}575.$$

Damit folgt für den Arbeitsbedarf auf 1 kg Fördermenge (theoretische Druckhöhe)

$$H = 0{,}818 \frac{u_2^2}{g} + 0{,}575 \frac{u_2}{g} c_2''.$$

Nimmt man

$$\frac{v_2}{v_0} = \frac{0{,}83}{0{,}86} = 0{,}966,$$

so wird

$$c_2'' = \frac{G v_2}{60 \cdot F_2} = \frac{V \cdot v_2}{60 \cdot v_0 F_2} = 0{,}196\, V$$

und

$$H = 1084 + 1{,}31\, V \quad \text{(m Luftsäule).}$$

Das Bild des Verlaufs von H gegenüber V ist eine schwach ansteigende Gerade. Der Energiebedarf, abgesehen von der Reibung der Radscheibe und der Lager sowie der Spaltverluste, berechnet sich aus

$$N = \frac{H \cdot G}{60 \cdot 75}.$$

Mit jedem gewählten Wert des Ansaugevolumens können die Radialgeschwindigkeiten c_1'' und c_2'' berechnet werden, worauf sich die Geschwindigkeitsdreiecke zeichnen lassen. Die Zahlentafel 18 gibt eine Übersicht dieser Verhältnisse.

Zahlentafel 18.

Belastungsart		I	II	III	IV	V
Ansaugevolumen V	cbm/min	50	75	100	120	140
Fördergewicht G	kg/min	58,2	87,3	116,2	140	163
Geschwindigkeit, Austritt c_2''	m/sek	9,8	14,7	19,6	23,5	27,4
„ „ c_2'	„	108	105	102	99	97
„ „ c_2	„	108,5	106,2	103,9	101,8	100
„ „ w_2	„	11,5	17,3	23,1	27,7	32,3
Geschwindigkeit, Eintritt c_1''	„	18,6	27,9	37,3	44,6	52,1
„ „ c_1'	„	21,0	7,3	— 6,6	— 17,4	— 28,6
„ „ c_1	„	28,1	28,8	37,8	47,8	59,4
„ „ w_1	„	32,2	50,0	66,5	79,6	93,2
Winkel δ_2 (c_2/u_2)		5° 32′	7° 52′	10° 52′	13° 22′	15° 13′
„ δ_1 (c_1/u_1)		41° 30′	75° 20′	100°	111° 20′	118° 50′
Theoretische Druckhöhe H	m LS.	1149	1181	1214	1240	1266
Statischer Anteil H'	„	589	652	738	826	933
Dynamischer Anteil H''	„	560	529	476	414	333
Energiebedarf N	PS	14,9	22,9	31,4	38,6	45,9

Man erkennt aus der Zahlentafel 18 und aus den Geschwindigkeitsdreiecken (Abb. 190), daß zwischen der Lieferung 75 und 100 cbm/min die absolute Eintrittsgeschwindigkeit senkrecht zum Umfang gerichtet ist. Bei kleinen Belastungen ist der Winkel δ_2 der absoluten Austrittsgeschwindigkeit so klein, daß die geförderte Luft Gefahr läuft, in den Spalt und das Laufrad zurückgetrieben zu werden. Die theoretische Druckhöhe ist nach Gl. 10 berechnet und in ihre beiden Bestandteile nach Gl. 7 zerlegt. Mit wachsender Belastung nimmt der statische Teil zu, der dynamische ab, die Umsetzung im Diffusor vermindert sich demnach. Der Energiebedarf gilt ohne Berücksichtigung der Radscheibenreibung in der mit Luft gefüllten Kammer und ohne die mechanischen Verluste.

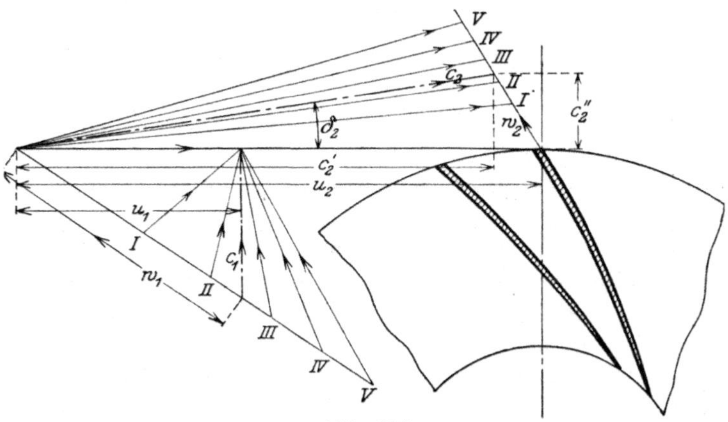

Abb. 190.

58. Theoretische Druckhöhe für radialen Eintritt.

Von einem Kompressor wird je nach Bedarf innerhalb gewisser Grenzen eine verschieden große Liefermenge verlangt. In demselben Verhältnis wie die Liefermenge ändern sich die Radialkomponenten der absoluten Geschwindigkeiten. Soll nun die relative Geschwindigkeit am Eintritt ihre Richtung, d. h. die Richtung der Schaufeltangente beibehalten, so ist dies nur möglich, wenn sich die Richtung der absoluten Eintrittsgeschwindigkeit ändern kann.

Nun ist aber die radiale Richtung dieser Geschwindigkeit die natürliche Fortsetzung der Bewegung vom Saugrohrkrümmer zur Eintrittsmantelfläche des Schaufelrades, falls nicht besondere Leitschaufeln die Eintrittsrichtung beeinflussen. Dieser radiale Eintritt ist nur bei einer einzigen Liefermenge derart beschaffen, daß die zugehörige relative Geschwindigkeit mit der Schaufeltangente zusammenfällt.

Für alle andern Liefermengen ist dies nicht mehr möglich, der Eintritt erfolgt dann unter Stoß. Diejenige Liefermenge, die bei radialem Eintritt gefördert wird, bedingt unter sonst gleichen Verhältnissen den günstigsten Gang der Maschine und wird als die „normale" bezeichnet. Für diesen Fall ist das Geschwindigkeitsdreieck am Eintritt rechtwinklig, daher

$$\delta_1 = 90^0 \qquad c_1' = 0.$$

Deshalb vereinfacht sich die Gl. 9 auf

$$H = \frac{u_2 c_2'}{g} = \frac{u_2 c_2 \cos \delta_2}{g} \quad \ldots \ldots \ldots \ldots \quad (20)$$

Setzt man nach Gl. 5

$$c_2' = u_2 + c_2'' \cot \beta_2$$

in Gl. 20 ein, so ist

$$H = \frac{u_2^2}{g} + \frac{u_2}{g} c_2'' \cot \beta_2 \quad \ldots \ldots \ldots \ldots \quad (21)$$

Man erkennt, daß die Größe des zweiten Gliedes bei bestimmter Fördermenge, also bestimmtem c_2'' und gegebenem u_2 nur noch von β_2 abhängig ist.

Hierbei lassen sich drei Fälle unterscheiden:

a) $\beta_2 < 90^0$ $H > \frac{u_2^2}{g}$ (vorwärts gekrümmte Schaufelenden)

b) $\beta_2 = 90^0$ $H = \frac{u_2^2}{g}$ (radial gerichtete Schaufelenden)

c) $\beta_2 > 90^0$ $H < \frac{u_2^2}{g}$ (rückwärts gekrümmte Schaufelenden).

Trotzdem vorwärts gekrümmte Schaufeln eine größere theoretische Druckhöhe ergeben, werden für Gebläse und Turbokompressoren radial oder noch besser nach rückwärts gekrümmte Schaufeln vorgezogen. Es ist zweckmäßiger, den Druck zu einem möglichst großen Teil im Laufrad zu erzeugen, da die Umsetzung von Geschwindigkeit in Druck außerhalb des Laufrades (im Diffusor) größere Verluste mit sich bringt.

Stark rückwärts gekrümmte Schaufeln eignen sich aus Festigkeitsgründen wenig für hohe Umfangsgeschwindigkeiten.

Ist das Laufrad in seinen Hauptabmessungen bekannt, so läßt sich aus ihm H auf folgende Weise berechnen: Es ist

$$c_1'' = c_1 = u_1 \operatorname{tg}(180 - \beta_1) = -\frac{D_1}{D_2} u_2 \operatorname{tg}\beta_1,$$

damit ergibt Gl. 5

$$c_2' = u_2 + \frac{F_1}{F_2} c_1'' \cot\beta_2 = u_2 - u_2 \frac{F_1}{F_2}\frac{D_1}{D_2} \cdot \frac{\operatorname{tg}\beta_1}{\operatorname{tg}\beta_2},$$

in Gl. 20 eingesetzt

$$H = \frac{u_2^2}{g}\left[1 - \frac{F_1}{F_2}\frac{D_1}{D_2}\frac{\operatorname{tg}\beta_1}{\operatorname{tg}\beta_2}\right] \quad \ldots \ldots \ldots \ldots \quad (22)$$

Wird das Laufrad von einem Leitschaufelkranz umgeben, so müssen die Schaufeltangenten mit dem Umfang dieselben Winkel δ_2 einschließen, die die absolute Austrittsgeschwindigkeit mit dem Umfang bildet, falls der Übertritt vom Laufrad zum feststehenden Leitrad ohne Stoß erfolgen soll.

Mit dieser Voraussetzung wird unter Benützung von Gl. 20

$$c_2'' = c_2' \operatorname{tg}\delta_2 = \frac{gH}{u_2}\operatorname{tg}\delta_2.$$

Ferner nach Gl. 5

$$c_2' = u_2 + c_2'' \cot\beta_2 = u_2 + \frac{gH}{u_2}\frac{\operatorname{tg}\delta_2}{\operatorname{tg}\beta_2}$$

in Gl. 20 eingeschaltet

$$H = \frac{u_2^2}{g}\frac{\operatorname{tg}\beta_2}{\operatorname{tg}\beta_2 - \operatorname{tg}\delta_2} \quad \ldots \ldots \ldots \ldots \quad (23)$$

Wie aus Gl. 22 und Gl. 23 ersichtlich, läßt sich H stets auf die Form

$$H = \varphi_1 \frac{u_2^2}{g}$$

bringen, wobei die Vorzahl φ_1 nur von den Abmessungen, in Gl. 23 nur von Winkeln abhängig ist.

Meistens ist φ_1 etwas kleiner als 1 und ändert für die in Betracht kommenden Ausführungen seinen Wert nur wenig.

Die Zahlentafel 19 gibt für die gebräuchlichen Winkel β_2 und δ_2 die zugehörigen Werte der Winkelfunktion

$$\varphi_1 = \frac{\operatorname{tg}\beta_2}{\operatorname{tg}\beta_2 - \operatorname{tg}\delta_2} \quad \ldots \ldots \ldots \ldots \quad (24)$$

Zahlentafel 19.

Werte der Winkelfunktion φ_1.

$\delta_2 =$	10	14	16	18	20	24	28
$\beta_2 = 40$	1,26	1,42	1,52	1,63	1,77	2,13	2,39
$= 60$	1,05	1,16	1,2	1,23	1,265	1,347	1,39
$= 90$	1	1	1	1	1	1	1
$= 100$	0,98	0,96	0,95	0,945	0,94	0,929	0,921
$= 110$	0,94	0,92	0,91	0,897	0,885	0,864	0,852
$= 120$	0,91	0,875	0,86	0,845	0,828	0,797	0,782
$= 130$	0,874	0,83	0,81	0,787	0,768	0,728	0,71
$= 140$	0,826	0,77	0,745	0,72	0,696	0,653	0,633

40. Beispiel: Es soll der Arbeitsbedarf und die Liefermenge des in Beispiel 39 behandelten Laufrades berechnet werden unter der Voraussetzung des radialen Eintritts der Luft.

Da das Geschwindigkeitsdreieck am Eintritt rechtwinklig ist, ergibt sich für die Umlaufzahl von $n = 2900$

$$c_1 = c_1'' = u_1 \operatorname{tg}(180 - \beta_1) = 48{,}6 \cdot \operatorname{tg} 34 = 32{,}7 \text{ m/sek},$$

daher ist

$$c_2'' = \frac{F_1}{F_2} c_1'' = \frac{32{,}7}{1{,}9} = 17{,}2 \text{ m/sek}$$

$$H = \frac{u_2^2}{g} + \frac{u_2}{g} c_2'' \cot \beta_2 = 1324 - \frac{114 \cdot 17{,}2 \cdot 0{,}625}{9{,}81} = 1199 \text{ m LS.}$$

und das Verhältnis

$$\varphi_1 = \frac{1199}{1324} = 0{,}905.$$

Ferner ist

$$c_2' = u_2 - c_2'' \cot(180 - \beta_2) = 114 - 17{,}2 \cdot 0{,}625 = 103{,}2 \text{ m/sek}$$

$$c_2 = \sqrt{17{,}2^2 + 103{,}2^2} = 104{,}9 \text{ m/sek}$$

$$w_2 = \frac{c_2''}{\sin \beta_2} = \frac{17{,}2}{0{,}848} = 20{,}3 \text{ m/sek.}$$

Für die Liefermenge kann benützt werden

$$V = 60 \cdot c_2'' F_2 \frac{v_0}{v_2} = \frac{17{,}2}{0{,}196} = 88{,}2 \text{ cbm/min}$$

$$G = \frac{88{,}2}{0{,}86} = 102{,}5 \text{ kg/min},$$

endlich folgt für den Energiebedarf

$$N = \frac{H \cdot G}{60 \cdot 75} = \frac{1199 \cdot 102{,}5}{60 \cdot 75} = 27{,}1 \text{ PS.}$$

59. Wirkliche Druckhöhe im einstufigen Turbogebläse.

Die im einstufigen Turbogebläse wirklich erreichbare Druckhöhe h ist um die Summe der Verlusthöhen kleiner als die theoretische Druckhöhe H. Das Verhältnis $\eta_p = \frac{h}{H}$ nennt man bei den Kreiselpumpen den „hydraulischen“ oder „Druck“-Wirkungsgrad. Er kann als Vorzahl zur Korrektur des theoretischen Druckes auf den wirklichen Meßwert angesehen werden.

Da bei der Förderung von Gasen die Ursachen der Verluste der Hauptsache nach dieselben sind, kann die Bezeichnung beibehalten werden. Diese Ursachen bestehen in der Reibung des Fördermittels in den Kanälen des Lauf- und Leitrades, ferner in Stoß und Wirbel beim Ein- und Austritt, namentlich bei der Umsetzung von Strömungsenergie in Druck im Diffusor oder Leitrad.

Eine Bestimmung dieser Einflüsse in ihrer Gesamtheit geschieht durch unmittelbare Messung der nutzbaren Druckhöhe h, womit der Druckwirkungsgrad zu berechnen ist. Dagegen ist eine Aufteilung der Verluste in ihre Bestandteile nicht sicher durchführbar.

Nach dem Vorgehen bei der Berechnung der Dampfturbinen lassen sich die Verluste in zwei Gruppen ausscheiden; der eine Verlust bezieht sich auf das Laufrad, und zwar bringt er eine Verminderung der dort erzeugten statischen Druckhöhe h' hervor. Man kann in bezug auf die entwickelte Hauptgleichung setzen

$$h' = \frac{u_2^2 - u_1^2}{2g} + \frac{w_1^2 - w_2^2}{2g} - \zeta_1 \frac{w_2^2}{2g}, \quad \ldots \ldots \quad (25)$$

wobei das Glied $\zeta_1 \frac{w_2^2}{2g}$ die Summe der Druckhöhenverluste vom Eintritt in das Laufrad bis zum Austritt bedeutet. Bei verlustloser Maschine würde demnach unter sonst gleichen Verhältnissen eine größere Endgeschwindigkeit w_{20} erreichbar sein, als dies tatsächlich der Fall ist, und zwar wäre

$$\frac{w_{20}^2}{2g} = \frac{w_2^2}{2g} + \zeta_1 \frac{w_2^2}{2g}$$

oder

$$w_{20} = w_2 \sqrt{1 + \zeta_1} \quad \ldots \ldots \quad (26)$$

Die zweite Verlustgruppe gibt eine Verminderung des dynamischen Anteils h'' der theoretischen Druckhöhe, die sich außerhalb des Laufrades im Diffusor bildet:

$$h'' = \frac{c_2^2 - c_1^2}{2g} - \zeta_2 \frac{c_2^2}{2g} \quad \ldots \ldots \quad (27)$$

Diese dynamische Druckhöhe könnte bei verlustloser Maschine durch eine kleinere Geschwindigkeit c_{02} erreicht werden, und zwar wäre

$$\frac{c_{02}^2}{2g} = \frac{c_2^2}{2g} - \zeta_2 \frac{c_2^2}{2g}$$

oder

$$c_{20} = c_2 \sqrt{1 - \zeta_2} \quad \ldots \ldots \quad (28)$$

Die ganze erreichbare Druckhöhe einer Stufe schreibt sich nun

$$h = H - \left(\zeta_1 \frac{w_2^2}{2g} + \zeta_2 \frac{c_2^2}{2g}\right) \quad \ldots \ldots \quad (29)$$

Vergleicht man diesen Wert mit der theoretischen Höhe H (Gl. 8), so findet sich der Druckwirkungsgrad

$$\eta_p = \frac{h}{H} = 1 - \frac{\zeta_1 w_1^2 + \zeta_2 c_2^2}{2gH} \quad \ldots \ldots \quad (30)$$

Nun sind allerdings die Ziffern ζ_1 und ζ_2 noch nicht mit genügender Sicherheit bekannt, allein es läßt sich doch der Einfluß der Schaufelform auf den Wirkungsgrad feststellen.

Eine einfache Form der Gleichung ergibt sich, wenn der günstigste Gang der Maschine vorausgesetzt wird, d. h. radialer Eintritt. In diesem Fall ist

$$H = \frac{u_2 c_2 \cos \delta_2}{g}.$$

Ferner

$$w_2{}^2 = c_2{}^2 + u_2{}^2 - 2\,c_2\,u_2 \cos\delta_2$$

$$\frac{c_2}{u_2} = \frac{\sin\beta_2}{\sin(\beta_2 - \delta_2)}$$

eingesetzt, gibt

$$\eta_p = 1 - \left[\frac{(\zeta_1 + \zeta_2)\sin\beta_2}{2\sin(\beta_2 - \delta_2)\cos\delta_2} + \frac{\zeta_1 \sin(\beta_2 - \delta_2)}{2\sin\beta_2\cos\delta_2} - \zeta_1\right] \quad . \; . \; . \; (31)$$

Der Wirkungsgrad ist demnach wesentlich abhängig von den Winkeln β_2 und δ_2, wie dies Zahlentafel 20 zeigt, die für $\zeta_1 = 0{,}4$ und $\zeta_2 = 0{,}36$ berechnet ist. Vorwärts gekrümmte Schaufeln ergeben wohl große Druckhöhen, aber kleineren Wirkungsgrad. Für Turbokompressoren sind häufig benützte Winkel

$$\beta_2 = 120^0 \text{ bis } 140^0 \qquad \delta_2 = 14^0 \text{ bis } 18^0.$$

Die berechneten Wirkungsgrade erscheinen mit den gewählten Zahlen ζ_1 und ζ_2 etwas hoch, doch sind solche Werte bei guten Ausführungen von Kreiselpumpen wiederholt gemessen worden. Es liegt kein Grund zur Annahme vor, daß die Förderung von Gasen unter ungünstigeren Bedingungen vor sich gehen sollte. Allerdings hängen die Verluste auch von den Abmessungen der Räder, d. h. vom Fördervolumen gegenüber der Druckhöhe ab; die günstigsten Verhältnisse sind deshalb an Versuchsrädern herauszufinden, um sie für neue Entwürfe zu verwerten.

Zahlentafel 20.

Hydraul. Wirkungsgrad des Schaufelrades ($\zeta_1 = 0{,}4$, $\zeta_2 = 0{,}36$).

$\delta_2 =$	10	14	16	18	20	24	28°
$\beta_1 =$ 40°	0,747	0,684	0,644	0,592	0,527	0,336	0
= 60°	0,784	0,774	0,739	0,720	0,697	0,637	0,557
= 90°	0,809	0,798	0,788	0,779	0,770	0,745	0,711
= 100°	0,814	0,805	0,797	0,790	0,782	0,762	0,736
= 110°	0,819	0,810	0,807	0,80	0,794	0,775	0,751
= 120°	0,825	0,817	0,812	0,808	0,802	0,786	0,766
= 130°	0,828	0,824	0,820	0,814	0,808	0,794	0,773
= 140°	0,834	0,829	0,825	0,820	0,813	0,796	0,774

Im ungekühlten Kompressor ist die verlustfreie Verdichtung als adiabatische Zustandsänderung anzusehen, die sich im Entropiediagramm (Abb. 191) als Senkrechte $A_1 A_2'$ kennzeichnet zwischen dem Anfangsdruck p_1 und dem Enddruck p_2. Tatsächlich muß aber mehr Energie zugeführt werden, als zur adiabatischen Verdichtung nötig ist. Der Unterschied zwischen der theoretischen und der erreichten Druckhöhe kann als Energieverlust aufgefaßt werden, der sich in Wärme umsetzt; hierzu kommen noch Spaltverluste und die Reibung der Radscheibe.

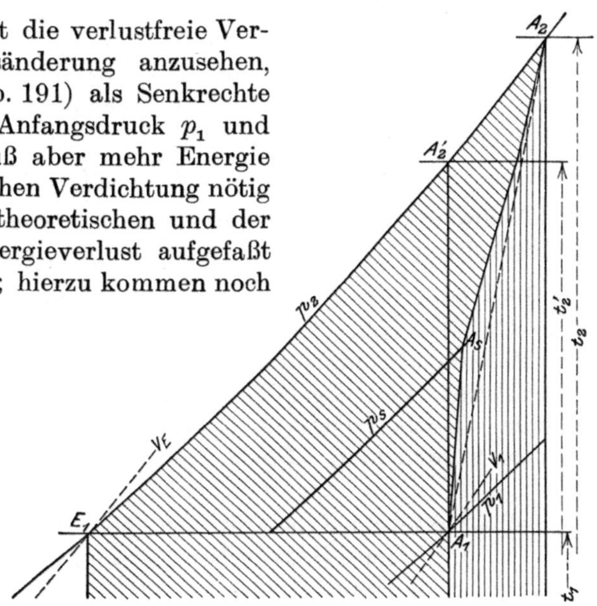

Abb. 191.

Alle diese zusätzlichen Arbeiten verwandeln sich in Wärme; der tatsächliche Verlauf der Verdichtung geht demnach gerade so vor sich, als ob die Maschine von außen geheizt würde. Diese Wärme wird allerdings in Form von Arbeit zugeführt.

Die Verdichtung mit Wärmezufuhr zeichnet sich in der TS-Tafel als eine vom Anfangspunkt A_1 schräg nach rechts aufsteigende Linie A_1A_2, da aus den angeführten Gründen die Temperatur t_2 am Ende des Vorganges größer ist als die Temperatur t_2' am Ende der Adiabate.

Ist man imstande, Druck und Temperatur (p_s, t_s) im Spalt zwischen Laufrad und Leitrad zu messen, so wird man allerdings finden, daß der entsprechende Zustandspunkt A_s nicht auf der Geraden A_1A_2 liegt, sondern links von ihr (Abb. 191). Der Grund besteht darin, daß die Verluste im Laufrad kleiner sind als bei der Umsetzung der Strömungsenergie in Druck im Leitrad. Die Zustandslinie A_1A_s bezieht sich auf das Laufrad und weicht wenig von der Adiabate ab; das Stück A_sA_2 bedeutet den Vorgang im Leitrad und neigt sich zufolge der Stoß- und Wirbelverluste mehr nach rechts als das untere Teilstück.

Bei den auftretenden kleinen Druckunterschieden einer Stufe ist aber die Strecke A_1A_2 kurz, so daß es für die Anwendungen zulässig ist, die ganze Zustandslinie nach der Geraden A_1A_2 zu zeichnen. Für die Berechnung der Betriebsarbeit ist dieser Umstand ohne Einfluß.

Die Verlustwärme des Prozesses zeigt sich im Entropiediagramm als Flächenstreifen unter A_1A_2 (senkrecht gestrichelt); der Arbeitswert dieser Wärme wird zur Überwindung der Widerstände aufgezehrt. Teilt man nämlich die Fläche in schmale, senkrechte Streifen ein, so schneiden die einzelnen Ordinaten auf A_1A_2 eine Punktreihe ab, und es läßt sich jeder Übergang von einem zum benachbarten Punkt als Summe einer adiabatischen Verdichtung und einer isothermischen Ausdehnung auffassen. Die dazu nötige Wärmezufuhr wird durch den Streifen zwischen zwei Punkten dargestellt, die ganze Fläche unter A_1A_2 stellt also in der Tat die Verlustwärme dar. Durch sie ist die Entropie um die Breite des Flächenstreifens gewachsen.

Die Abweichung der wirklichen Kompression nach A_1A_2 von der verlustfreien adiabatischen kennzeichnet sich durch das Verhältnis der Wärmezunahmen beider Prozesse. Man führt deshalb den Wirkungsgrad η_{ad} gegenüber der adiabatischen Verdichtung ein:

$$\eta_{ad} = \frac{c_p(t_2' - t_1)}{c_p(t_2 - t_1)} = \frac{t_2' - t_1}{t_2 - t_1} \quad \ldots \ldots \ldots \quad (32)$$

Dieser adiabatische Wirkungsgrad kann durch Messung der Temperaturen t_1 und t_2 an der laufenden Maschine bestimmt werden; die Temperatur t_2' ist aus der TS-Tafel abzustechen. In diesem adiabatischen Wirkungsgrad sind alle Verluste zum Ausdruck gebracht. Er ist kleiner als der Druckwirkungsgrad und kann höchstens in die Nähe desselben gelangen.

Die ganze Zunahme des Wärmeinhaltes vom Anfangs- zum Endwert ist durch Arbeit erzeugt worden und beträgt

$$AL = c_p(t_2 - t_1)\ \text{kcal/kg} \quad \ldots \ldots \ldots \quad (33)$$

Würden im Turbokompressor nur Strömungsverluste bei der Förderung des Gases auftreten, so wäre

$$L = H,$$

da die früher berechnete theoretische Druckhöhe zugleich den Arbeitsaufwand auf 1 kg Gas bedeutet. Nun wurde aber bei der Betrachtung des Arbeitsbedarfes H die Reibung der umlaufenden Radscheibe außer Betracht gelassen; diese zusätzliche Arbeit wird ebenfalls in Wärme umgesetzt und an das Gas abgegeben; dazu kommen Druckverluste im Spalt durch zurückfließendes Gas, das von neuem verdichtet werden muß. Die gesamte Betriebsarbeit ist demnach

$$L > H.$$

Derselbe Unterschied besteht zwischen dem Druckwirkungsgrad, der sich auf H bezieht, und dem adiabatischen Wirkungsgrad, der das Güteverhältnis für die ganze Umsetzung darstellt. Daher ist stets

$$\eta_{ad} < \eta_v.$$

Für den Energiebedarf ergibt sich wie bei Kolbenkompressoren

$$N_e = \frac{A\,L \cdot 427 \cdot G}{75 \cdot \eta_m}, \quad \ldots \ldots \ldots \ldots \quad (34)$$

worin G das in der Sekunde geförderte Gasgewicht und η_m den mechanischen Wirkungsgrad bedeutet. Da für letzteren nur die Lagerreibung in Betracht fällt, kann gesetzt werden

$$\eta_m = 0{,}97 \text{ bis } 0{,}98 .$$

Es empfiehlt sich, bei jeder Berechnung den Wärmewert AL der Kompressionsarbeit für 1 kg gesondert zu ermitteln, da die Zahlenwerte zu Vergleichen Veranlassung geben. Ferner ist es zweckmäßig, aus der gegebenen oder gemessenen Liefermenge in cbm stets das in der Sekunde zu fördernde Gewicht G zu berechnen, das beim Durchfließen durch alle Querschnitte des Kompressors seinen Wert beibehält.

Soll ein Gebläse entworfen werden, so ist nach früherem durch Annahme der Umfangsgeschwindigkeit u_2 und der Schaufelform (Zahlentafel 19) die theoretische Druckhöhe einer Stufe bestimmt. Entnimmt man aus Zahlentafel 20 den zugehörigen Druckwirkungsgrad, so erhält man die erreichbare Druckhöhe h. Nun muß dieser Wert durch die mittleren spezifischen Volumen während der Verdichtung dividiert werden, um die Druckzunahme in kg/qm oder mm Wassersäule zu erhalten.

60. Diffusor und Leitrad.

Betrachtet man die Bewegung des Gases vom Austritt aus dem Laufrad bis zum Druckstutzen oder bis zum Eintritt in das nächstfolgende Laufrad, so sind zwei Gruppen von Ausführungsformen zu unterscheiden; bei der einen wird ein sog. Diffusor angewendet, bei der anderen ein das Laufrad umschließendes Leitrad.

a) Diffusor. Dieser durch die Gehäusewandung seitlich begrenzte Ringraum umfaßt das Laufrad und nimmt das aus ihm austretende Gas auf, das bei der Strömung nach außen größeren Querschnitt findet und dadurch Geschwindigkeit in Druck umsetzt. Bei einstufigem Gebläse schließt an den Diffusor häufig das Spiralgehäuse an; die neueren Ausführungen vermeiden ein solches und setzen den Druckstutzen an den ringförmigen Kanalwulst, in den der Diffusor ausmündet.

Das Gas hat am Eintritt A_2 (Abb. 192) in den Diffusor eine Geschwindigkeit, die nach Größe und Richtung mit der absoluten Antrittsgeschwindigkeit c_2 übereinstimmt. Am Austritt A_3 ist diese Geschwindigkeit auf den wesentlich kleineren Betrag c_3 gesunken, der zur Fortbewegung des Fördermittels dient. Dafür ist der Druck im Diffusor gestiegen um den Betrag

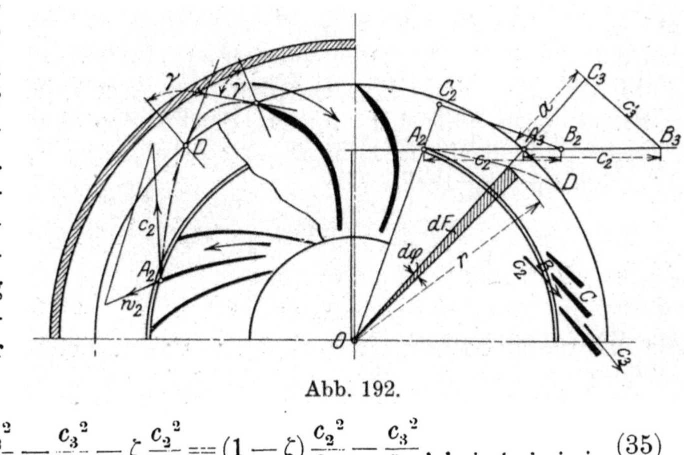

Abb. 192.

$$h_d = \frac{c_2^2}{2g} - \frac{c_3^2}{2g} - \zeta\,\frac{c_2^2}{2g} = (1-\zeta)\frac{c_2^2}{2g} - \frac{c_3^2}{2g}, \quad \ldots \ldots \quad (35)$$

worin das Glied $\zeta\,\frac{c_2^2}{2g}$ die bei der Umsetzung verlorene Druckhöhe bedeutet.

Ist c_3' die tangentiale, c_3'' die radiale Komponente von c_3, so folgt mit

$$c_3^2 = c_3'^2 + c_3''^2$$

$$h_d = \frac{1}{2g}[(1-\zeta)c_2^2 - c_3'^2 - c_3''^2] \quad \ldots \ldots \ldots \quad (36)$$

Der nach außen zu wachsende Durchflußquerschnitt des Diffusors besteht aus einer Reihe von konzentrischen Zylindermantelflächen, die sich in Abb. 192 als Kreise um den Mittelpunkt O zeichnen lassen. Diese Mantelflächen werden von der Flüssigkeit schräg durchlaufen; für die Umsetzung von Geschwindigkeit in Druck ist aber nur die radiale Richtung maßgebend, denn eine Drucksteigerung in der Umfangsrichtung kann nicht stattfinden, sie würde nur zu Unregelmäßigkeiten führen. Die Kreise sind daher für den Diffusor sog. Niveaulinien; auf die Flüssigkeitselemente können deshalb nur Kräfte einwirken, die durch den Mittelpunkt O gehen. Ein solches Element besitzt somit eine Zentralbewegung, bei der die während der Zeit dt beschriebene Fläche dF proportional dieser Zeit ist. Der Ausdruck $\frac{dF}{dt}$ ist demnach konstant. Nun ist diese Fläche als ein Dreieck anzusehen (Abb. 192)

$$dF = \frac{r}{2} r \cdot d\varphi$$

oder

$$\frac{r}{2} \cdot r \frac{d\varphi}{dt} = \frac{dF}{dt} = \text{Konst.}$$

Mit

$$r \cdot \frac{d\varphi}{dt} = c' \quad \text{ist} \quad r c' = \text{Konst. (Flächensatz)},$$

daher

$$c_3' = c_2' \frac{r_2}{r_3}, \quad \ldots \ldots \ldots \ldots \quad (37)$$

d. h. die tangentiale Komponente der Geschwindigkeit im Diffusor nimmt nur mit zunehmendem Radius ab, die Querschnittsform hat weiter keinen Einfluß auf diese Abnahme.

Man erhält dieses Ergebnis auch unmittelbar aus der Hauptgleichung (9); sie gilt für den Diffusor ebenfalls, da hier die Flüssigkeit eine Radialgeschwindigkeit und eine Geschwindigkeit in der Richtung des Umfanges besitzt, wie dies im Laufrad der Fall ist. Der Unterschied besteht aber darin, daß die Flüssigkeit völlig frei durch den Diffusor strömt, eine Arbeitsübertragung demnach nicht stattfindet. Die Druckhöhe H in der Gleichung (9) kann als Arbeitsübertragung auf 1 kg der Flüssigkeit im Laufrad betrachtet werden, daher heißt die Bewegungsgleichung für den Diffusor

$$H = \frac{\omega}{g}(r_2 c_2' - r_1 c_1') = 0,$$

woraus wie früher

$$r_2 c_2' = r_1 c_1' = r c' = \text{konst.}$$

Die Radialkomponente folgt aus der Stetigkeitsgleichung, und zwar ist am äußeren Umfang

$$c_3'' = \frac{G v_3}{F_3} = \frac{G v_3}{2\pi r_3 b_3} \quad \ldots \ldots \ldots \quad (38)$$

oder für irgendeine Stelle im Diffusor mit dem Radius r

$$c'' = \frac{G v}{2\pi r b}.$$

Nehmen wir unveränderliche Kanalbreite an und vernachlässigen die unbedeutende Veränderlichkeit des spezifischen Volumens, so gilt auch hier

$$r c'' = \text{konst.}$$

Die Tangente der absoluten Bahn hat einen Neigungswinkel α mit der Umfangsrichtung

$$\operatorname{tg} \alpha = \frac{c''}{c'}.$$

Mit der Voraussetzung einer unveränderlichen Breite ist für verlustfreie Strömung

$$\operatorname{tg} \alpha = \frac{r c''}{r c'} = \text{konst.}, \quad \ldots \ldots \ldots \ldots \quad (39)$$

d. h. die Flüssigkeitsbahn schneidet alle Zylinderschnitte unter dem gleichen Winkel; die Bahn im schauffellosen Diffusor ist demnach eine logarithmische Spirale.

Nimmt die Breite nach außen etwas zu, was die meisten Ausführungen zeigen, so nimmt c'' rascher ab, die Kurve verläuft also flacher als die logarithmische Spirale. Die gegenteilige Wirkung hat die Reibung, sie vermindert c' in stärkerem Maß als c''; die tatsächliche Flüssigkeitsbahn kann daher bei mäßiger Verbreiterung des Kanals nicht stark von der logarithmischen Spirale abweichen.

Mit dem gefundenen Wert für c_3' ergibt sich für die Druckhöhe

$$h_d = \frac{1}{2g}\left[(1-\zeta)\, c_2^2 - \left(c_2' \frac{r_2}{r_3}\right)^2 - c_3''^2\right].$$

Wird die Radialkomponente c_3'' vernachlässigt, ebenso die Verlusthöhe, so ist die theoretisch nutzbare Druckhöhe im günstigsten Fall

$$h_d' = \frac{1}{2g}\left[c_2^2 - \left(c_2' \frac{r_2}{r_3}\right)^2\right] \quad \ldots \ldots \ldots \ldots \quad (40)$$

Für diesen Wert kann eine einfache Konstruktion gefunden werden, wenn man sich die Umsetzung der Geschwindigkeit c_2 statt allmählich am äußeren Umfang des Diffusors auf einmal durchgeführt denkt. Trägt man c_2 von A_3 an in der angenommenen Richtung ab und zerlegt $c_2 = A_3 B_3$ nach $A_3 C_3$ und $B_3 C_3$, zieht man ferner $OE = r_0$ senkrecht zu $A_2 A_3$, so ist

$$\Delta A_3 B_3 C_3 \sim \Delta E O A_3, \quad \text{daher} \quad B_3 C_3 = \frac{c_2 \cdot r_0}{r_3},$$

$$\Delta A_2 B_2 C_2 \sim \Delta E O A_2, \quad \text{daher} \quad c_2' = c_2 \cdot \frac{r_0}{r_2},$$

damit ist

$$B_3 C_3 = c_2' \frac{r_2}{r_3} = c_3'.$$

Setzt man die radiale Komponente $A_3 C_3 = a$, so folgt

$$h_d' = \frac{c_2^2}{2g} - \frac{c_3'^2}{2g} = \frac{a^2}{2g},$$

d. h. im Diffusor kann theoretisch nur diejenige Radialkomponente a in Druck umgesetzt werden, die c_2 unter Annahme unveränderter Größe und Richtung beim Verlassen des Diffusors haben würde. Die Tangentialkomponente c_2' der Geschwindigkeit wird selbst im günstigsten Fall nicht in Druck umgesetzt.

Dieser nicht umsetzbare Teil läßt sich nur verkleinern durch Verminderung des Wertes $r_2 : r_3$, denn der andere Faktor c_2' ist nicht viel kleiner als c_2.

Die Bedingung für eine günstige Diffusorwirkung besteht somit darin, den äußeren Durchmesser möglichst groß auszuführen.

Da am äußeren Umfang des Diffusors die Tangentialkomponente c_3' noch verhältnismäßig groß ist, c_3'' dagegen infolge der bedeutenden Querschnittszunahme stark abgenommen hat, so verläuft die Bewegung eines jeden Flüssigkeitselementes nach einer Kurve A_2D, Abb. 192, die im Sinne der Drehbewegung nach vorwärts geneigt ist.

Die Bewegung ist geradlinig, wenn kein Umsatz von Geschwindigkeit in Druck stattfindet. Ferner ergibt sich auch bei Umsetzung von Geschwindigkeit in Druck eine geradlinige Bewegung durch den Diffusor, wenn die absolute Austrittsgeschwindigkeit c_2 aus dem Laufrad radial gerichtet ist. Beide Fälle kommen daher für die Anwendungen nicht in Betracht.

Die Ausflußgeschwindigkeit c_3 aus dem Diffusor kann im Spiralgehäuse bis zum Eintritt in das Druckrohr beibehalten werden. Bei Gebläsen wird der Anfang des Druckrohres konisch erweitert, so daß eine weitere teilweise Umsetzung der Geschwindigkeit c_3 in Druck erfolgen kann. Bei mehrstufigen Turbokompressoren biegen die Gase am äußeren Umfang des Diffusors um und können mit der Geschwindigkeit c_3 gegen die Achse zum nächsten Laufrad geleitet werden.

Zur Herabminderung der Bewegungswiderstände im Diffusor empfiehlt es sich, beide Seitenwandungen glatt abzudrehen, was durch geeignete Trennung des Gehäuses in Ebenen senkrecht zur Drehachse ermöglicht wird.

Verfolgt man die Bewegung der Flüssigkeit am Diffusor einer Stufe bis zum Eintritt in das nachfolgende Laufrad, so erkennt man bei allen mehrstufigen Gebläsen am äußeren Ende des Diffusorraumes einen Ringwulst, der von der Flüssigkeit überschritten wird, um in die Rücklaufkanäle zu gelangen. Die Bewegung über diesen Wulst geschieht schraubenartig und bringt eine Richtungsänderung im Meridianschnitt um 180^0 hervor. Nun fließt die Flüssigkeit den Rückleitschaufeln entlang gegen die Achse zu. Durch die Formgebung dieser Schaufeln sollen auch bei dieser Bewegung möglichst allmähliche Querschnittsänderungen angestrebt werden, damit sich die Steigerung der Geschwindigkeit bis zur Nabe des folgenden Rades stetig vollzieht.

Am Eintritt in diese Kanäle wird der Winkel γ beibehalten (Abb. 192), mit dem die Flüssigkeit den Diffusor verlassen hat. Am Ende der Rückleitkanäle kann die Richtung der Schaufeltangente mit der Richtung der absoluten Eintrittsgeschwindigkeit c_1 zusammenfallen; vor dem Eintritt in das folgende Rad ist im Meridianschnitt eine Umkehr um 180^0 zu vollziehen, bis die Flüssigkeit von neuem radial auswärts fließen kann.

Kleine Abweichungen von diesen Winkeln können keinen schädlichen Einfluß ausüben, denn am Eintritt in die Rückleitkanäle ist die Geschwindigkeit recht klein und beim Verlassen dieser Kanäle bis zum Übertritt in das folgende Rad hat die Flüssigkeit bereits eine kleine kreisende Bewegung angenommen und wird vom Laufrad zu einem richtigen Eintritt gezwungen, der ohne nennenswerten Stoß vor sich geht.

Aus diesem Grunde empfiehlt es sich, die Enden der Rückleitschaufeln nicht ganz zum Wellenumfang zu führen, damit sich dort im schaufellosen Teil die Bewegungsrichtung für stoßfreien Eintritt von selbst einstellen kann, auch dann, wenn die Rückleitschaufeln nicht in der Lage sind, dem Druckmittel diese Richtung von sich aus zu erteilen.

b) Leitrad. Das Laufrad wird auf seiner äußeren Mantelfläche von einem feststehenden Leitradkranz umgeben; der unter a) besprochene Ringraum ist ebenfalls vorhanden, enthält aber Leitschaufeln (Abb. 192 links). Damit das Gas möglichst stoßfrei in die festen Leitkanäle gleitet, gibt man der mittleren Bahn die Richtung der absoluten Austrittsgeschwindigkeit c_2 aus dem Laufrad.

Sind die Schaufeln aus glattem Stahlblech hergestellt und in die Seitenwandungen des Diffusors eingegossen, so werden sie eben ausgeführt und bilden demnach eine Art Druckrohre mit allmählich zunehmenden, rechtwinkligen Querschnitten, in denen die Umsetzung von Geschwindigkeit in Druck vollkommener vollzogen wird, als dies im gewöhnlichen Diffusor (ohne Leitschaufeln) geschehen kann.

Eine einfache Herstellung geben Schaufeln aus Gußeisen oder Stahlguß, die mit den beiden Seitenwänden zu einem Kranz vereinigt sind. Da die Gehäuse doch stets in der wagrechten Mittelebene geteilt werden müssen, lassen sich die beiden Kranzhälften leicht in das Gehäuse einsetzen. Allerdings sind größere Reibungswiderstände zu erwarten, da die Kanalwände nicht so glatt sind als bei Stahlschaufeln, dafür ist aber die Verbindung mit den Seitenwänden besser.

Am Eintritt entstehen Wirbel, da dort den Gasteilchen eine richtige Führung fehlt. Die unmittelbar vor der Schaufelkante B (Abb. 192) in den Kanal geschleuderten Gasteile finden noch ihre Führung im Kanal, die in der Nähe von A einfließenden werden aber zurückzudrängen gesucht, so daß im Bereich des Dreieckes ABC Wirbel entstehen, verbunden mit starkem pfeifenden Geräusch.

Zur Einschränkung dieses Übelstandes sind die Kanäle ziemlich eng zu halten, eine große Schaufelzahl ist vorteilhaft. Ferner hat sich zur Vermeidung des Lärmes als sehr wirksam erwiesen, wenn der radiale Abstand zwischen Lauf- und Leitschaufeln recht groß ausgeführt wird. Gute Erfahrungen sind gemacht worden mit Abständen von 50 bis 80 mm. Selbstverständlich ist der radiale Spalt zwischen laufenden und feststehenden Seitenwänden so klein als irgend angängig zu halten. Durch den freien Zwischenraum zwischen Lauf- und Leitschaufeln verwischt sich der Einfluß der Schaufeldicken, es entsteht ein geschlossener Gasstrom, der nun ohne Wirbel und ohne starkes Geräusch in die Leitkanäle eintritt.

Dort ist die erreichbare Druckhöhe

$$h_d = \frac{(1-\zeta)\,c_2^2}{2\,g} - \frac{c_3^2}{2\,g} \quad \ldots\ldots\ldots\ldots \quad (41)$$

Hierin ist c_3 die Geschwindigkeit am Austritt aus dem Leitrad; bei einstufigen Maschinen tritt c_3 auch im wulstförmigen Ringraum und im Druckstutzen auf. Es ist zweckmäßig, c_3 niedrig zu halten, um eine große Druckhöhe zu erzielen (30 bis 50 m/sek).

Bei mehrstufigen Gebläsen findet in den Rückführkanälen, die von den Leitradkränzen zu den Naben der nachfolgenden Räder führen, eine Rückbildung von Druck in Geschwindigkeit statt, falls die Geschwindigkeit c_3 am Anfang des Kanals kleiner ist als c_1 am Eintritt in das folgende Rad. Dadurch steigt auch die erreichbare Druckhöhe weniger hoch, da in Gl. 41 statt c_3 der größere Wert c_1 einzusetzen ist. In diesem Fall stimmt h_d der Form nach völlig überein mit dem in Abschnitt 59 behandelten dynamischen Anteil der erreichbaren Druckhöhe h''.

Über die Größe der Verlustziffer liegen wenige Versuche vor, die an konisch sich erweiternden Rohren mit rechtwinkligem Querschnitt vorgenommen worden sind[1]). Diese Verluste sind um so kleiner, je mehr sich der Rechteckquerschnitt an jeder Stelle dem Quadrat nähert. Daher sollte die Erweiterung nach beiden Seiten hin möglichst gleichmäßig verteilt werden. Diese Bedingung verlangt Seitenwände des Leitradkranzes, die nicht parallel laufen, sondern nach außen etwas auseinandergehen[2]). Gegenüber der theoretischen Druckhöhe

$$h_d' = \frac{c_2^2 - c_3^2}{2\,g}$$

[1]) Andres, Forschungsarbeiten 1909, Heft 76.

[2]) Riffart, Zeitschr. d. Ver. d. Ing. 1921, S. 918.

ergibt sich ein Wirkungsgrad der Umsetzung von

$$\eta_d = 1 - \frac{\zeta}{1 - \left(\frac{c_3}{c_2}\right)^2} = 1 - \frac{\zeta}{1 - \left(\frac{f_2}{f_3}\right)^2} \quad \ldots\ldots\ldots \quad (42)$$

Die Umsetzung stellt sich um so günstiger, je kleiner c_3 gegenüber c_2 oder je stärker die Querschnittszunahme ist.

Bei mehrstufigen Kompressoren ist $c_3 = c_1$ zu setzen.

Andres fand an einem Rohr von 205 mm Länge, das sich bei quadratischem Querschnitt von $13{,}2 \times 13{,}2$ mm auf 38×38 mm erweiterte, einen Wirkungsgrad von 77 v. H., was einem Wert $\zeta = 0{,}225$ entspricht. Bei rechteckigem Querschnitt wird diese Zahl größer ausfallen, ganz abgesehen von Wirbel- und Stoßverlusten.

Ist z. B. für ein Gebläse $c_1 = 40$ m/sek, $c_2 = 88$ m/sek und $\zeta = 0{,}3$, so ergibt sich

$$\eta_d = 1 - \frac{0{,}3}{0{,}794} = 0{,}622\,.$$

Dieser Wirkungsgrad gilt aber nur für die eigentliche Umsetzung im Leitrad allein. Bei dem vollständigen Gebläse hat man nun noch die Stoß- und Wirbelverluste beim Übertritt und die Verluste in den Rücklaufkanälen mit ihren Umbiegungen in Rechnung zu setzen, was am einfachsten dadurch geschieht, daß die Verlustziffer ζ eine entsprechende Erhöhung erfährt. Damit geht die Verlustziffer ζ des eigentlichen Leitrades über in die bereits in Abschnitt 59 eingeführte Ziffer ζ_2. Sie ist in Zahlentafel 20 mit $\zeta_2 = 0{,}36$ eingeführt, kann aber noch größer ausfallen, wie nachfolgende Beispiele zeigen werden, die neueste Versuche behandeln.

61. Mehrstufige Turbogebläse ohne Kühlung.

Zur Verdichtung großer Luftmengen auf mäßig großen Überdruck, wie er für Hüttenbetrieb verlangt wird, schaltet man zwei bis drei Schaufelräder hintereinander, ohne Wasserkühlung anzuwenden. In Abb. 193 ist das Entropiediagramm eines dreistufigen Gebläses entworfen, das Luft vom Anfangszustand A_0 auf den Enddruck p_3 zu bringen hat.

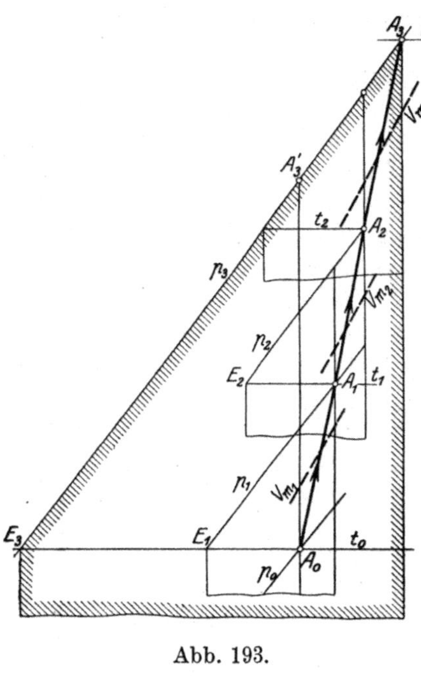

Abb. 193.

Laufen die Räder auf derselben Welle mit der gleichen Umfangsgeschwindigkeit und besitzen sie gleiche Schaufelformen, so darf innerhalb der vorausgesetzten mäßigen Druckerhöhung angenommen werden, der Wirkungsgrad der Druckumsetzung ändere sich in den einzelnen Rädern nicht. Jedes Rad erzeugt daher dieselbe nutzbare Druckhöhe

$$h = \varphi\,\eta_p \frac{u^2}{g} = m\,\frac{u^2}{2g}, \quad \ldots \quad (43)$$

wenn zur Abkürzung $m = 2\varphi\eta_p$ als Druckhöhenziffer eingeführt wird. Trotzdem sind im Gegensatz zu den Kreiselrädern für Wasser die erzeugten Druckerhöhungen nicht die gleichen, sondern nehmen von Stufe zu Stufe ab. Der Grund liegt in der Abnahme des spezifischen Volumens im Verlaufe der Verdichtung.

Eine einfache Lösung mit genügender Genauigkeit gibt die Annahme, das spezifische

Volumen ändere sich innerhalb einer Stufe nicht. Dies ist zulässig, wenn man zur Umrechnung der Höhe h in Druck den jeweiligen Mittelwert aus dem spezifischen Volumen des Anfangs- und des Endzustandes einsetzt. Nun ist aber vorerst nur der Anfangszustand (p_0, t_0, v_0) bekannt, es läßt sich aber leicht in erster Annäherung ein Mittelwert $v_{m1} < v_0$ abschätzen, wenn man die TS-Tafel zu Hilfe zieht (Abb. 193). Dann ist

$$p_1 = p_0 + \frac{h}{v_{m1}} \quad \ldots \ldots \ldots \ldots \quad (44)$$

Zeichnet man zu diesem Enddruck die entsprechende p-Linie in die Tafel und bestimmt mit Hilfe des angenommenen Wirkungsgrades den Endpunkt A_1 der Zustandsänderung, so zeigt sich, ob die erste Schätzung des Mittelwertes v_{m1} als v-Linie ungefähr in der Mitte zwischen A_0 und A_1 läuft. Wäre dies nicht der Fall, so müßte p_1 mit einem zweiten, besser gewählten Wert v_{m1} nochmals ermittelt werden. Auf gleiche Weise erhält man die weiteren Drücke

$$p_2 = p_1 + \frac{h}{v_{m2}},$$

$$p_3 = p_2 + \frac{h}{v_{m2}}.$$

Würde die dritte Stufe mit kleinerer Umfangsgeschwindigkeit und etwas höherem Wirkungsgrad laufen, so wäre für h ein anderer Wert zu berechnen.

Die Betriebsarbeit setzt sich als Summe der Arbeiten jeder einzelnen Stufe zusammen

$$AL = c_p(t_1 - t_0) + c_p(t_2 - t_1) + c_p(t_3 - t_2)$$
$$= c_p(t_3 - t_0) \quad \ldots \ldots \ldots \ldots \quad (45)$$

Dieser Wärmewert der Arbeit ist in der Darstellung Abb. 193 als ganzer schraffierter Flächenstreifen vorhanden, der von der Linie A_3E_3 abwärts läuft. Die Wirkung der drei Stufen ist demnach die gleiche, als ob die ganze Druckerhöhung von p_0 nach p_3 in einem einzigen Schaufelrad bewältigt würde.

Die unter der Zustandslinie A_0A_3 liegende Fläche stellt die Reibungsarbeit dar, die zufolge Radreibung und Wirbelverluste von außen zugeführt werden muß und die im Verlauf der Kompression in Wärme umgesetzt wird. Außer dieser Reibungsarbeit kommt zur Arbeit der Adiabate das Dreieck $A_0A_3A_3'$; diese Vergrößerung ergibt sich wegen der durch die Reibung höher getriebenen Temperatur.

41. Beispiel: An einem dreistufigen Gebläse ohne Wasserkühlung der Firma Brown, Boveri & Cie. in Baden hat der Verfasser in mehrstündigem Dauerversuch folgende Werte unter Benutzung sorgfältig geprüfter Instrumente bestimmt:

Energie, durch die Kuppelung eingeführt $N = 200$ PS,
Umlaufzahl in der Minute $n = 3200$,
Barometerstand $B = 9930$ mm WS,
Unterdruck im Saugrohr $= 160$ mm WS,
Druck im Saugrohr $p_0 = 9770$ mm WS,
Temperatur im Saugrohr $t_0 = 20{,}2^0$ C,
Überdruck im Druckrohr $= 3490$ mm WS,
Druck im Druckrohr $p_3 = 13420$ mm WS,
Temperatur im Druckrohr $t_3 = 59{,}5^0$ C,
Überdruck vor Düse $= 640$ mm WS,
Druck vor Düse $p_d = 10570$ mm WS,
Temperatur vor Düse $t_d = 57{,}6^0$ C,
Durchmesser der gut abgerundeten Mündung $d = 200$ mm.

Zur Bestimmung der Ausflußmenge trägt man den Zustand $p_d t_d$ auf der in vergrößertem Maßstab gezeichneten TS-Tafel ein und zieht die Adiabate bis zum Außendruck $B = 0{,}993$ Atm. Die dort abgelesene Temperatur beträgt 51,6° C, so daß die Ausflußgeschwindigkeit den Betrag annimmt (siehe Abschnitt 22)

$$c = 91{,}5 \sqrt{0{,}239\,(57{,}6 - 51{,}6)} = 109 \text{ m/sek},$$

folglich ist die Ausflußmenge

$$V = \mu f c = 0{,}99 \cdot 0{,}0314 \cdot 109 \cdot 60 = 203 \text{ cbm/min}.$$

In der Mündung hat die Luft das spezifische Volumen

$$v_{ad} = 0{,}956 \text{ cbm/kg},$$

somit findet sich das Fördergewicht zu

$$G = \frac{203}{0{,}956} = 212 \text{ kg/min}.$$

Das vom Kompressor angesaugte Volumen beträgt

$$V_0 = G v_0 = 212 \cdot 0{,}877 = 187 \text{ cbm/min}.$$

Trägt man Anfangs- und Enddruck p_0 und p_3 in die TS-Tafel, so bestimmt sich die Endtemperatur der adiabatischen Kompression zu

$$t_3' = 48{,}4^0 \text{ C},$$

folglich ist der adiabatische Wirkungsgrad

$$\eta_{ad} = \frac{t_3' - t_0}{t_3 - t_0} = \frac{48{,}4 - 20{,}2}{59{,}5 - 20{,}2} = 0{,}722.$$

Setzt man für rückwärtsgekrümmte Schaufeln $\varphi = 0{,}85$ und für den Druckwirkungsgrad $\eta_p = 0{,}71$, so ist bei $u_2 = 125{,}6$ m/sek (Raddurchmesser 750 mm) die Druckhöhe für jede Stufe

$$h = \frac{0{,}71 \cdot 0{,}85 \cdot 125{,}6^2}{9{,}81} = 971 \text{ m LS},$$

damit ergibt sich folgende Druckverteilung:

I. Stufe: $p_0 = 9770 \qquad v_m = 0{,}84 \qquad \Delta p = \frac{971}{0{,}84} = 1158$ kg/qm

$p_1 = 9770 + 1158 = 10\,928$ kg/qm.

II. Stufe: $p_1 = 10\,928 \qquad v_m = 0{,}80 \qquad \Delta p = \frac{971}{0{,}80} = 1214$ kg/qm

$p_2 = 10\,928 + 1214 = 12\,142$ kg/qm.

III. Stufe: $p_2 = 12\,142 \qquad v_m = 0{,}75 \qquad \Delta p = \frac{971}{0{,}75} = 1298$ kg/qm

$p_3 = 12\,412 + 1298 = 13\,440$ kg/qm.

Der berechnete Enddruck stimmt mit dem gemessenen Wert fast genau überein, demnach ist der adiabatische Wirkungsgrad in guter Übereinstimmung mit den Versuchsergebnissen.

Eine andere Kontrolle über die Zuverlässigkeit der Messungen folgt mit der Berechnung des Energiebedarfes aus der entstandenen Wärme. Man erhält

$$A L = 0{,}239\,(59{,}5 - 20{,}2) = 9{,}36 \text{ kcal/kg}$$

$$N = \frac{G\,(A L)\,427}{60 \cdot 75} = \frac{212 \cdot 9{,}36 \cdot 427}{60 \cdot 75} = 189 \text{ PS}.$$

Dieser Betrag ist nur um 11 PS kleiner als der gemessene Arbeitsbedarf. Als Grund dieses Unterschiedes muß die Wärme angesehen werden, die von der Oberfläche des Gehäuses an die Umgebung abfließt; ferner ist die Lagerreibung nicht berücksichtigt, wodurch der gefundene Unterschied völlig erklärt ist.

Die ideale isothermische Verdichtung verlangt eine Entropieänderung von

$$\Delta S = 0{,}0216,$$

daher ist die Arbeit

$$A L_{is} = 0{,}0216 \cdot 293{,}2 = 6{,}32 \text{ kcal/kg}$$

$$N_{is} = \frac{217 \cdot 6{,}32 \cdot 427}{60 \cdot 75} = 127{,}5 \text{ PS}$$

und schließlich der isothermische Wirkungsgrad

$$\eta_{is} = \frac{127{,}5}{200} = 0{,}637 .$$

62. Entwurfsberechnung von Turbogebläsen ohne Kühlung.

Zur raschen Beantwortung der Hauptfragen ist es wertvoll, eine Beziehung zwischen Druck- und Temperaturverhältnis zu benützen, womit der Zusammenhang zwischen Enddruck, Stufenzahl uud Arbeitsbedarf leicht übersehen werden kann, namentlich wenn dazu ein Kurvenblatt verwendet wird.

Nach dem Verfahren von Flügel[1]) läßt sich eine einfache Beziehung entwickeln, wenn man sich die Verdichtung in unendlich vielen, hintereinander geschalteten Stufen vollzogen denkt. Bedeutet $\Delta T'$ die bei adiabatischer Kompression entstehende Temperaturerhöhung, entsprechend der Druckerhöhung Δp, so lautet die Gleichung der Adiabate

$$\frac{T + \Delta T'}{T} = \left(\frac{p + \Delta p}{p}\right)^{\frac{k-1}{k}} .$$

Da $\frac{\Delta p}{p}$ klein ist, darf der binomische Satz angewendet werden

$$1 + \frac{\Delta T'}{T} = \sim 1 + \frac{k-1}{k}\frac{\Delta p}{p} .$$

Um die wirkliche Temperaturerhöhung ΔT zu erhalten, führen wir den adiabatischen Wirkungsgrad ein

$$\Delta T' = \eta \cdot \Delta T$$

und erhalten

$$\frac{\Delta T}{T} = \frac{k-1}{k\eta}\frac{\Delta p}{p} .$$

Gehen wir nun von der endlichen zur unendlich kleinen Stufe, so kann geschrieben werden

$$\frac{dT}{T} = \frac{k-1}{k\eta}\frac{dp}{p} .$$

Der Wirkungsgrad ändert sich dabei so wenig, daß er für Entwurfsrechnungen unveränderlich angenommen werden darf.

Die Integration ergibt die bekannte Gleichung der Polytrope

$$\frac{T}{T_0} = \left(\frac{p}{p_0}\right)^m , \qquad (46)$$

[1]) Z. d. V. d. Ing. 1918, S. 662.

worin der Exponent

$$m = \frac{k-1}{k\eta} \quad \ldots \ldots \ldots \ldots \ldots \quad (47)$$

Hierin sind T_0, p_0 Werte für den Anfangszustand, T, p solche für einen beliebigen andern im Verlauf oder am Ende der Kompression. Da der Arbeitsbedarf den Wert

$$A\,L = c_p(T - T_0) = c_p\,T_0\left(\frac{T}{T_0} - 1\right)$$

besitzt, also sich proportional mit $\left(\frac{T}{T_0} - 1\right)$ ändert, läßt er sich aus einer Kurve ablesen, die den Verlauf von $\frac{T}{T_0}$ in Funktion von $\frac{p}{p_0}$ darstellt. Das Temperaturverhältnis einer ganzen Gruppe (Abb. 194, Ordinate A_3B_3) ist in gleiche Stücke zu unterteilen, um die Werte für jede Stufe zu erhalten.

Jedem adiabatischen Wirkungsgrad entspricht eine besondere Kurve.

42. Beispiel: Es soll ein Turbokompressor für eine Ansaugemenge von 1200 cbm/min entworfen werden, der Luft von 1 Atm. abs. und 15° C auf den Enddruck von 8 Atm. abs. bringt unter Verwendung von drei Zwischenkühlern, in denen jedesmal die Anfangstemperatur wieder erreicht wird.

Die Maschine ist demnach in vier Gruppen zu unterteilen, deren Druckverhältnisse man zweckmäßigerweise etwas abnehmen läßt, um der kleineren Leistungsfähigkeit der Hochdruckgruppen Rechnung zu tragen. Wir teilen daher das ganze Druckverhältnis auf in

$$1{,}9 \cdot 1{,}8 \cdot 1{,}7 \cdot 1{,}4 = 8.13,$$

wobei ein Überschuß ganz zweckmäßig erscheint, um im Behälter 8 Atm. zu gewährleisten. Nach Wahl des adiabatischen Wirkungsgrades $\eta = 0{,}76$ zeichnen wir die Kurve $\frac{T}{T_0}$ in Funktion von $\frac{p}{p_0}$ auf und betrachten nun jede Gruppe für sich, da eine Kühlung innerhalb einer Gruppe nicht stattfindet.

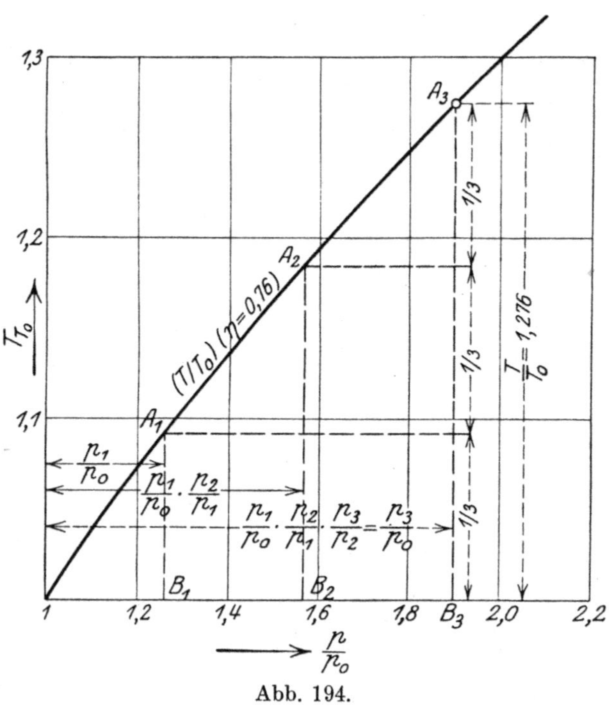

Abb. 194.

Für die I. Gruppe $\left(\frac{p}{p_0} = 1{,}9\right)$ gibt die Ordinate $\frac{T}{T_0} = 1{,}276$ somit als Arbeit

$$A\,L = 0{,}239 \cdot 288 \cdot 0{,}276 = 19{,}0 \text{ kcal/kg}.$$

Wählen wir drei Stufen, so ist die Ordinate A_3B_3 (Abb. 194) in drei gleiche Teile zu zerlegen, die Wagrechten durch die Teilpunkte schneiden auf der Kurve Punkte A_2, A_1 ab, deren Abszissen die Druckverhältnisse der Einzelstufen sind. Man erhält auf diese Weise für alle Gruppen:

Gruppen Nr.	Stufen Nr.	Druckverhältnisse	Enddruck bei $p_0 = 1$ Atm.	Temperaturverhältnisse
I	1	1,26	1,26	$\frac{T}{T_0}$
	2	$1{,}26 \cdot 1{,}25 = 1{,}575$	1,575	
	3	$1{,}575 \cdot 1{,}21 = 1{,}9$	1,9	1,276
II	4	1,23	$1{,}90 \cdot 1{,}23 = 2{,}34$	
	5	$1{,}23 \cdot 1{,}22 = 1{,}5$	$2{,}34 \cdot 1{,}22 = 2{,}85$	
	6	$1{,}50 \cdot 1{,}20 = 1{,}8$	$2{,}85 \cdot 1{,}20 = 3{,}42$	1,250
III	7	1,21	$3{,}42 \cdot 1{,}21 = 4{,}14$	
	8	$1{,}20 \cdot 1{,}20 = 1{,}45$	$4{,}14 \cdot 1{,}20 = 4{,}95$	
	9	$1{,}45 \cdot 1{,}17 = 1{,}70$	$4{,}95 \cdot 1{,}17 = 5{,}79$	1,220
IV	10	1,19	$5{,}79 \cdot 1{,}19 = 6{,}90$	
	11	$1{,}19 \cdot 1{,}175 = 1{,}4$	$6{,}90 \cdot 1{,}175 = \underline{\underline{8{,}13}}$	1,138

Die Kompressionsarbeit beträgt

$$A L = 0{,}239\,(0{,}276 + 0{,}25 + 0{,}22 + 0{,}138) \cdot 288 = 60{,}8 \text{ kcal/kg}.$$

Bei einer Ansaugemenge von 1200 cbm/min beträgt das Luftgewicht 1200/0,86 = 1395 kg/min damit der Energiebedarf

$$N = \frac{61 \cdot 1395 \cdot 60}{632} = 8100 \text{ PS}.$$

Die Darstellung in Abb. 194 zeigt deutlich die Verteilung der Stufen auf die I. Gruppe; bei der Eintragung der IV. Gruppe wird ersichtlich, daß man mit nur zwei Stufen auskommt, wobei auch dann noch die Einzeldruckverhältnisse etwas kleiner ausfallen, als bei den anderen.

63. Einwirkung der Wasserkühlung innerhalb einer Stufe.

Werden die Trennungswände zwischen den einzelnen Radkammern hohl ausgeführt und für kräftigen Wasserumlauf in den gebildeten Räumen gesorgt, so findet ein Wärmeentzug während der Verdichtung statt. Allerdings wird sich diese Wirkung zum größten Teil auf das feststehende Leitrad oder den Diffusorraum beschränken, da das Laufrad durch eine Luftschicht von der gekühlten Seitenwand getrennt ist und deshalb wenig Wärme durchläßt.

Die Zustandsänderung verläuft nun ähnlich wie bei Kolbenkompressoren mit Mantelkühlung nach der gekrümmten Linie $A_1 A_2$ Abb. 195, die sich nach links von der senkrechten Adiabate entfernt. Ist die Anfangstemperatur in A_1 nur wenig höher als die Kühlwassertemperatur, so findet im ersten Teile der Verdichtung überhaupt keine Kühlung statt, die Zustandslinie steigt daher zuerst rechts von der Senkrechten und biegt alsdann mit steigender Temperatur allmählich nach links ab, da nun die Kühlung im Leitrad mehr und mehr zur Wirkung gelangt (gestrichelte Linie).

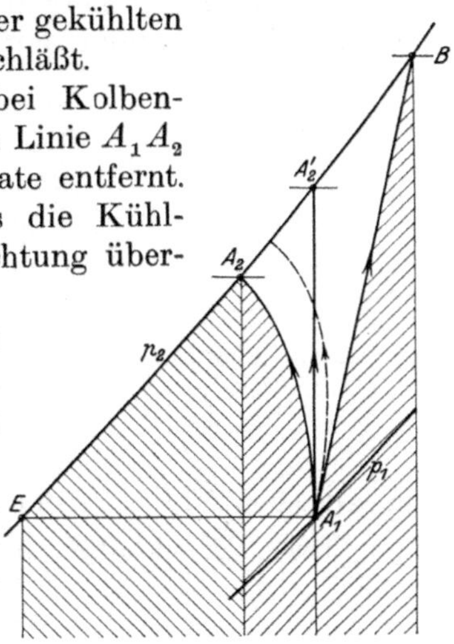

Abb. 195.

Vergleicht man diesen Vorgang mit demjenigen im ungekühlten Gebläse, bei dem die Verdichtung nach der schräg rechts ansteigenden Linie $A_1 B$ erfolgt, so ist ohne weiteres zu erkennen, daß die Reibung und die sonstigen Energieverluste durch die Kühlung nicht beeinflußt werden; in beiden Fällen ist demnach die Reibungswärme gleich groß und im TS-Diagramm durch den Flächenstreifen unter A_1B dargestellt. Soll die Zustandsänderung statt nach A_1B nach A_1A_2 vor sich gehen, so muß nicht nur diese Reibungswärme im Verlaufe der Verdichtung durch Kühlwasser abgeführt werden, sondern auch die unter der Linie A_1A_2 liegende Wärmefläche, d. h. die Summe der beiden Streifen unter A_1B und A_1A_2 (//////).

In A_2 besitzt das Gas einen Wärmeinhalt, der gegenüber A_1 um die Fläche unter A_2E zugenommen hat. Soll das Gas am Ende der Verdichtung auf die Anfangstemperatur abgekühlt werden (Zustand E), so ist diese Wärme, nämlich die Fläche unter A_2E (\\\\\\\\ ) auch noch vom Kühlwasser zu entfernen. Entweicht hingegen das Gas mit der Temperatur des Punktes A_2, so nimmt das Gas diese Wärme mit sich fort. Im ersteren Fall wird eine weitergehende Abkühlung nach der Verdichtung dadurch ermöglicht, daß die nach dem Leitrad folgenden Abkühlungsflächen noch recht groß ausgeführt werden, was zu großen Gehäusedurchmessern führt.

Wie Abb. 195 zeigt, bewirkt die Kühlung innerhalb einer Stufe eine Verminderung der Kompressionsarbeit um das (nicht gestrichelte) Flächenstück A_1A_2B. Im Vergleich zur ganzen Arbeitsfläche ist dieser Gewinn so klein, daß er in der Berechnung unbedenklich außer acht gelassen werden kann. Man erhält damit das Ergebnis, daß die Kühlung im einstufigen Gebläse wenig Wirkung hat, jedenfalls den Energiebedarf nur unmerklich vermindert. Aus diesem Grunde ist es zulässig, wenn bei zwei- und selbst bei dreistufigen Gebläsen eine Kühlung weggelassen wird, was die Maschine vereinfacht.

64. Mehrstufiger Turbokompressor mit vollkommener Zwischenkühlung.

Obschon die Wärmeableitung innerhalb einer Stufe den Arbeitsbedarf dieser Stufe nur wenig vermindert, besitzt die Kühlung doch große Bedeutung, sobald viele Räder hintereinander geschaltet sind. Man erkennt diese Wirkung am besten, wenn das Entropiediagramm unter der Voraussetzung gezeichnet wird, das Gas vermöge sich zwischen je zwei Stufen bis zur Anfangstemperatur der ersten Stufe abzukühlen, die im Saugstutzen herrscht. Ob dieser Wärmeentzug zum Teil schon innerhalb einer Stufe geschieht, oder ob die ganze entstandene Wärme wirklich erst zwischen zwei Stufen abfließt, ist nach den gegebenen Erklärungen ohne Belang.

Das Bild des Vorganges ist die in Abb. 196 gezeichnete Zickzacklinie. Sind die Durchmesser und damit die Umfangsgeschwindigkeiten aller Räder gleich groß und besitzen alle dieselben Schaufelformen, so erzeugt jedes Rad dieselbe Druckhöhe h, daher ist für die erste Stufe

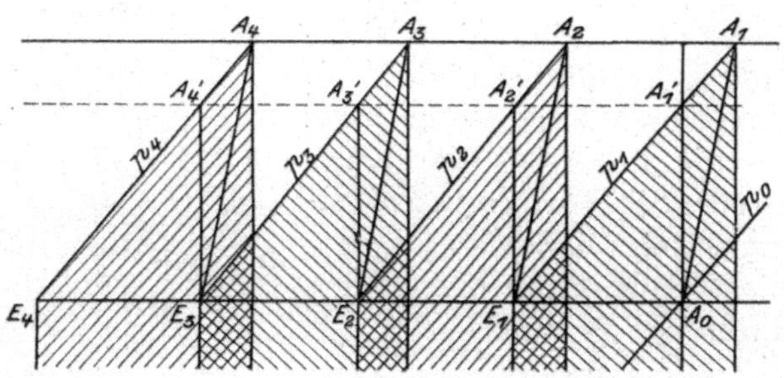

Abb. 196.

$$h = (p_1 - p_0)\, v_{m1} = \left(\frac{p_1}{p_0} - 1\right) p_0 v_{m1},$$

für die zweite Stufe

$$h = (p_2 - p_1)\, v_{m2} = \left(\frac{p_2}{p_1} - 1\right) p_1 v_{m2},$$

worin v_{m1}, v_{m2} usw. die mittleren spezifischen Volumen der einzelnen Stufen bedeuten.

Diese Druckhöhen sind einander gleich, wenn

$$\frac{p_1}{p_0} = \frac{p_2}{p_1} = \ldots = \frac{v_{m1}}{v_{m2}} = \frac{v_{m2}}{v_{m3}} = \ldots = x .$$

Die erhaltenen Bedingungen lassen sich nur einhalten, wenn die Temperaturen am Anfang einer jeden Stufe einander gleich sind; ferner ist die wagrechte Entfernung je zweier p-Linien unverändert zu halten:

$$A_0E_1 = E_1E_2 = E_2E_3 = \ldots$$

Man hat demnach nur nötig, die Gesamtentropie A_0E_4 zwischen der ersten und letzten p-Linie in z Abschnitte zu teilen, um das gezeichnete Bild der z Stufen zu erhalten.

Durch Rechnung ergibt sich, wenn x das Verhältnis zweier aufeinanderfolgender Drücke bedeutet,

$$p_1 = xp_0, \qquad p_2 = xp_1 = x^2 \cdot p_0, \qquad p_3 = x^3 p_0, \qquad p_z = x^z p_0$$

oder

$$x = \left(\frac{p_z}{p_0}\right)^{\frac{1}{z}} \quad \ldots \ldots \ldots \ldots \quad (64)$$

Diese Rechnung wird bei Benützung der Entropietafel erspart; man erhält die Einzeldrücke einfach durch Zerlegen der Gesamtentropie in so viel gleiche Teile, als Stufen vorgesehen sind. Bei gleichen Reibungswärmen in jedem Rad sind die Wärmestreifen unter den Strecken A_0A_1, E_1A_2, E_2A_3, E_3A_4 gleich groß, diese Geraden haben also dieselbe Neigung und die Endpunkte der Kompression liegen auf gleicher Höhe.

Jeder Kühler hat die Wärme $c_p(T_1 - T_0)$ abzuleiten, damit die Anfangstemperatur wieder erreicht wird. Am Schluß der Kompression hat es meistens keinen Zweck mehr, das Gas zu kühlen, da dies in der Druckleitung und im Behälter ohne weiteres geschieht. Die ganze in das Kühlwasser abzuführende Wärme ist daher um die Wärme der letzten Stufe kleiner als die durch Arbeit erzeugte Gesamtwärme. Da in jedem Rad der gleiche Temperaturunterschied entsteht, beträgt die Arbeit bei z Stufen

$$AL = zc_p(T_1 - T_0) \text{ kcal/kg}$$

und die im Kühlwasser abzuführende Wärme

$$Q = (z - 1)\, c_p(T_1 - T_0).$$

Wie aus Abb 196 ersichtlich, liegen die Wärmeflächen zum Teil übereinander, und zwar um so mehr, je größer der Entropiewert der Verlustwärme ist.

Für die Bewertung der gekühlten Turbokompressoren ist die isothermische Verdichtung als Idealvorgang maßgebend. Je größer die Stufenzahl zur Erreichung eines bestimmten Enddruckes gewählt wird, desto kleiner fallen zufolge der Zwischenkühlung die einzelnen Zacken des ganzen Linienzuges aus, desto näher schmiegt sich die ganze Zustandsänderung an die Isotherme an. Darin zeigt sich der große Wert der Zwischenkühlung. Allerdings ist eine bedeutende Stufenzahl mit Schwierigkeiten der Ausführung verbunden, und man ist daher bestrebt, die Stufenzahl in mäßigen Grenzen zu halten, was aber nur durch die Annahme großer Umfangsgeschwindigkeiten möglich ist.

65. Entwurfsberechnung von Turbokompressoren mit Mantelkühlung.

Statt der behandelten Methode ist es in vielen Fällen erwünscht, für das Entwerfen von Kompressoren eine einfache Beziehung zu benützen, die den Zusammenhang von Kompressionsverhältnis, Umfangsgeschwindigkeit und Stufenzahl wenigstens annähernd gibt; es ist dies namentlich dann zweckmäßig, wenn eine Entropietafel nicht zur Verfügung steht und doch ein rascher Einblick in die Verhältnisse gewonnen werden soll.

Dabei darf man sich bei Kompressoren mit Mantelkühlung die Annäherung erlauben, die Verdichtung geschehe bei einer mittleren konstanten Temperatur T.

Benützen wir wie früher die Gleichung für die wirkliche Druckerhöhung unter Voraussetzung einer unendlich kleinen Stufe, so kann geschrieben werden

$$dp = \gamma \varphi \eta_p \cdot \frac{d(u^2)}{g} = \frac{m\gamma}{2g} d(u^2)$$

oder mit $\gamma = \frac{p}{RT}$ $\qquad \frac{dp}{p} = \frac{m}{2gRT} d(u^2)$.

Die Integration ergibt auf der linken Seite das Druckverhältnis $x = \frac{p_2}{p_1}$ zwischen der letzten und ersten Stufe (oder der Gruppe) und auf der rechten Seite die Summe der Quadrate der Umfangsgeschwindigkeiten von der ersten bis zur letzten Stufe, also $\sum(u^2) = zu^2$. Man erhält damit die Hauptgleichung

$$\ln x = \frac{m}{2gRT} z u^2 \quad \ldots \ldots \ldots \ldots \ldots (48)$$

Der Energiebedarf bestimmt sich am raschesten unter Annahme eines isothermischen Wirkungsgrades aus

$$L = \frac{p_1 V_1}{\eta_{is}} \ln \frac{p_2}{p_1} \quad \ldots \ldots \ldots \ldots \ldots (49)$$

43. Beispiel: Es soll ein Turbokompressor mit Mantelkühlung entworfen werden, der 450 cbm/min von 1 auf 8 Atm. abs. bringt bei 3400 Uml./min.

Wir wählen

$$\varphi = 0{,}74, \qquad \eta_p = 0{,}76, \qquad m = 2 \cdot 0{,}74 \cdot 0{,}76 = 1{,}125.$$

Dann wird mit

$$T = 320^0 \text{ abs.}, \qquad x = \frac{p_2}{p_1} = 8, \qquad R = 29{,}3, \qquad \log 8 = 0{,}904$$

$$z \cdot u^2 = \frac{2{,}303 \cdot 0{,}904 \cdot 9{,}81 \cdot 2 \cdot 29{,}3 \cdot 320}{1{,}125} = 340\,000.$$

Bei $z = 14$ Stufen wird $\quad u = 156$ m/sek $\quad D = 0{,}875$ m

Bei $z = 10$ Stufen $\quad u = 184$ m/sek $\quad D = 1{,}03$ m.

Zur Probe kann mit gleicher Annäherung die Druckerhöhung Δp der ersten Stufe berechnet werden aus

$$\frac{p_1 + \Delta p}{p_1} = \left(\frac{p_2}{p_1}\right)^{\frac{1}{z}} = 8^{\frac{1}{14}} = 1{,}16,$$

damit wird $\qquad \Delta p = 0{,}16$ Atm. $= 1600$ kg/qm.

Mit $\gamma = \frac{1}{0{,}86}$ ergibt sich aus $\Delta p = \varphi \eta_p \gamma \frac{u^2}{g}$

$$u = \sqrt{\frac{1600 \cdot 9{,}81 \cdot 0{,}86}{0{,}74 \cdot 0{,}76}} = 155 \text{ m/sek},$$

was bei $z = 14$ mit dem Wert für $z u^2$ übereinstimmt.

Nimmt man für den Entwurf $\eta_{is} = 0{,}65$ an, so stellt sich der Energiebedarf auf

$$N = \frac{450 \cdot 10\,000 \cdot 2{,}303 \cdot 0{,}904}{60 \cdot 75 \cdot 0{,}65} = 3200 \text{ PS}.$$

66. Unvollkommene Kühlung.

Beim Entwurf eines Kompressors mit Mantelkühlung wird es kaum gelingen, die Kühlfläche und den Wasserumlauf derart auszubilden, daß die in jeder Stufe gebildete Wärme vollständig abgeführt und die Anfangstemperatur jedesmal wieder erreicht wird, auch wenn das Kühlwasser vom Mantel und den hohlen Seitenwänden aus auf die Stufe wirken kann. Der Grund liegt hauptsächlich darin, daß sich der Wärmedurchgang um so kräftiger vollzieht, je größer der Temperaturunterschied des Gases gegenüber dem Kühlwasser ist.

Das anfänglich nur schwach erwärmte Gas kann nur wenig Wärme abgeben, erst wenn die Temperatur auf etwa 40 bis 50° gestiegen ist, kommt eine genügende Kühlwirkung zustande. Ferner verbessert die fortwährende Verkleinerung des Gasvolumens den Wärmedurchgang, da die Kühlfläche in jeder Stufe ungefähr gleich

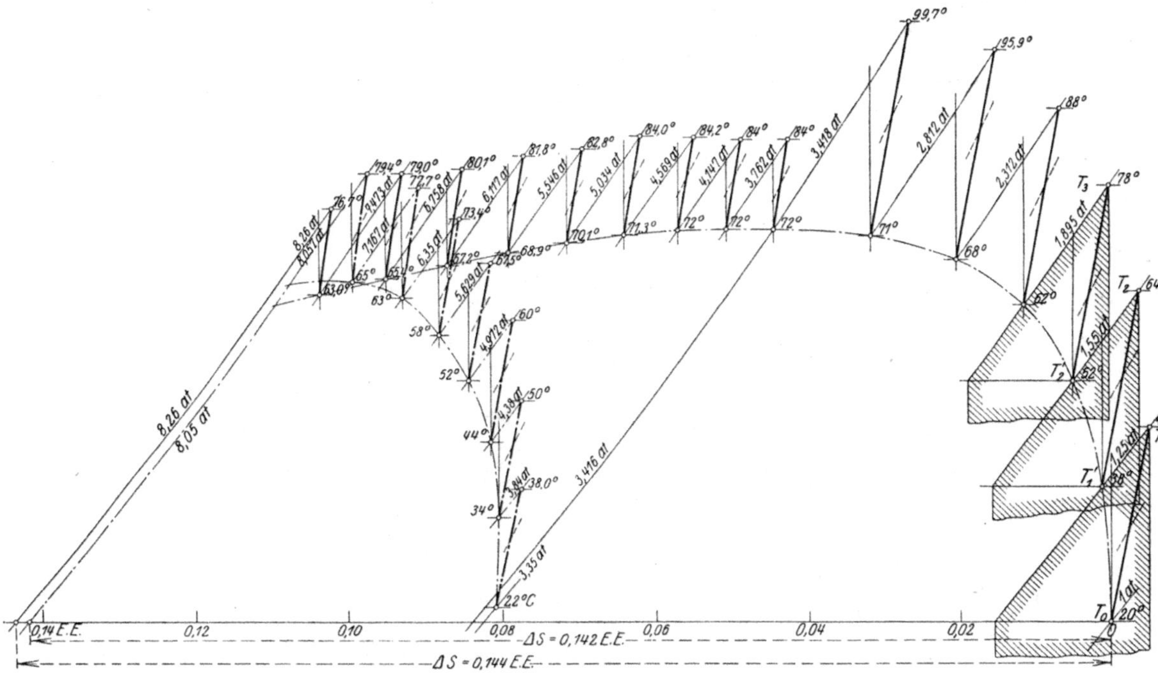

Abb. 197.

groß bleibt, die Kanalbreiten aber nach und nach abnehmen. Im Verlauf der Verdichtung kommen daher immer mehr Gasteilchen mit den Wandungen in Berührung, die Wärmedurchgangsziffer steigt mit zunehmendem Druck.

Diese Verhältnisse machen sich im Entropiediagramm bemerkbar, wenn man die in den einzelnen Stufen gemessenen Temperaturen und Pressungen einträgt. Die Zacken steigen anfänglich steil aufwärts, bis die Kühlung wirksam wird, und biegen dann nach links ab. Die Verbindungslinie der Anfangspunkte für die Einzelverdichtungen (Abb. 197) bleibt nach dem Umbiegen für einige Stufen in gleicher Höhe und senkt sich gegen die letzten Stufen sogar, da die Kühlwirkung ständig wächst.

Der Wärmewert der Betriebsarbeit ist gleich der Summe der Wärmen, die in jeder Stufe durch die Arbeitsumsetzung entstehen. Die einzelnen Wärmeflächen sind anfänglich stark ineinander verschoben, wie dies in Abb. 197 für die ersten drei Stufen gezeigt ist. Man erhält mit den dortigen Bezeichnungen

$$AL = c_p(T_1 - T_0) + c_p(T_2 - T_1') + c_p(T_3 - T_2'),$$

oder durch Umformung

$$A L = c_p [(T_1 - T_1') + (T_2 - T_2')] + c_p (T_3 - T_0) \quad \ldots \ldots (50)$$

für den dreistufigen Kompressor.

In dieser Form bedeutet das erste Glied die vom Kühlwasser aufgenommene Wärme, das zweite Glied die im Gas abfließende Wärme. Im Betrieb lassen sich beide Teile unmittelbar messen und dienen zur Kontrolle der Energiemessung.

In Abb. 197 ist ferner der Verdichtungsvorgang dargestellt, um 1 kg Luft von 1 auf 8 Atm. abs. zu bringen. Dabei ist die Annahme gemacht, in jeder der sechs ersten Stufen werde eine Druckhöhe von $h = 2000$ m Luftsäule erreicht, in den folgenden je $h = 1000$ m. Mit den aus der Tafel entnommenen mittleren spezifischen Volumen v_m ergeben sich die Druckzunahmen $\Delta p = h/v_m$ und zu den gewählten Anfangstemperaturen die Endtemperaturen unter Annahme eines adiabatischen Wirkungsgrades ($\eta_{ad} = 0{,}74$) für jede Stufe. Die gefundenen Werte sind in Zahlentafel 21 zusammengestellt.

Zahlentafel 21.

Stufe	v_m	p_1 Atm.	Δp Atm.	p_2 Atm.	p_2/p_1	t_1 °C	t_2 °C	$t_2 - t_1$ °C
			I. Gruppe, $h = 2000$ m Luftsäule.					
1	0,80	1,000	0,250	1,250	1,250	20	46	26
2	0,67	1,250	0,300	1,550	1,24	38	64	26
3	0,58	1,55	0,345	1,895	1,225	52	78	26
4	0,48	1,895	0,417	2,312	1,219	62	88	26
5	0,40	2,312	0,500	2,812	1,219	68	95,9	27,9
6	0,33	2,812	0,606	3,418	1,218	71	99,7	28,7
								160,6
			II. Gruppe, $h = 1000$ m Luftsäule.					
7	0,290	3,418	0,344	3,762	1,1	72	84	12,0
8	0,260	3,762	0,385	4,147	1,1	72	84	12,0
9	0,237	4,147	0,422	4,569	1,1	72	84,2	12,2
10	0,215	4,569	0,465	5,034	1,1	71,3	84,0	12,7
11	0,195	5,034	0,512	5,546	1,1	70,1	82,8	12,7
12	0,175	5,546	0,571	6,117	1,105	68,9	81,8	12,9
13	0,156	6,117	0,641	6,758	1,106	67,2	80,1	12,9
14	0,140	6,758	0,715	7,473	1,107	65,4	79,0	13,6
15	0,125	7,473	0,787	8,260	1,107	63,0	76,7	13,7
								114,7
			II. Gruppe, $h = 1200$ m Luftsäule.					
7	0,245	3,350	0,490	3,840	1,15	22,0	38,0	16,0
8	0,222	3,840	0,540	4,380	1,142	34,0	50	16,0
9	0,203	4,380	0,492	4,972	1,137	44	60	16,0
10	0,183	4,972	0,657	5,629	1,132	52	67,5	15,5
11	0,167	5,629	0,721	6,350	1,130	58	73,4	15,4
12	0,147	6,350	0,817	7,167	1,128	63	77,7	14,7
13	0,135	7,167	0,890	8,057	1,125	65	79,4	14,4
								108,0

Bei unvollkommener Kühlung bleibt das Druckverhältnis der Einzelstufen nicht ganz konstant. Es verkleinert sich für diejenigen Einzelverdichtungen, die in höheren Temperaturgrenzen verlaufen. Jede Temperaturerhöhung $t_2 - t_1$ ist proportional der Arbeit für die betreffende Stufe, daher ergibt sich aus der Zahlentafel 21 für die gesamte Kompressionsarbeit

$$A L = (160{,}6 + 114{,}7)\, 0{,}239 = 65{,}7 \text{ kcal/kg}.$$

Die Abb. 197 enthält noch eine Abänderung der Aufgabe, und zwar ist am Ende der 6. Stufe ein Zwischenkühler vorausgesetzt, der die Druckluft auf 22° abkühlt. Dabei ist der Spannungsabfall berücksichtigt, den die Luft während des Durchfließens erleidet. Ferner ist vorausgesetzt, jedes Rad der zweiten Gruppe vermöge eine Druckhöhe von $h = 1200$ m Luftsäule zu erzeugen, womit sich die in Zahlentafel 21 eingeschriebenen Werte ergeben. Bei der ersten Annahme sind 15 Stufen nötig, bei der zweiten 13 Stufen, um den Enddruck von 8 Atm. abs. zu erreichen. Für die zweite Annahme ist

$$A\,L = (160{,}6 + 108{,}0)\,0{,}239 = 64{,}3 \text{ kcal/kg}.$$

44. Beispiel: Es soll der Einfluß der Kühlung auf ein Turbogebläse untersucht werden, das 400 cbm/min auf 1,2 Atm. Überdruck bringen soll.

Rechnet man als Druckverlust vom Kompressor zum Behälter 6 v. H., so beträgt das zu erzeugende Kompressionsverhältnis $2{,}2 + 0{,}13 = 2{,}33$. Mit

$$\beta_2 = 130^0 \quad \text{und} \quad \delta_2 = 14^0 \quad \text{wird} \quad \varphi_1 = 0{,}83.$$

Erfahrungsgemäß beträgt der Druckwirkungsgrad $\eta_p = 0{,}77$ im besten Fall, der adiabatische Wirkungsgrad sinkt zufolge der Radreibung auf $\eta_{ad} = 0{,}68$.

Für die Kühlung sollen zwei Annahmen gemacht werden:

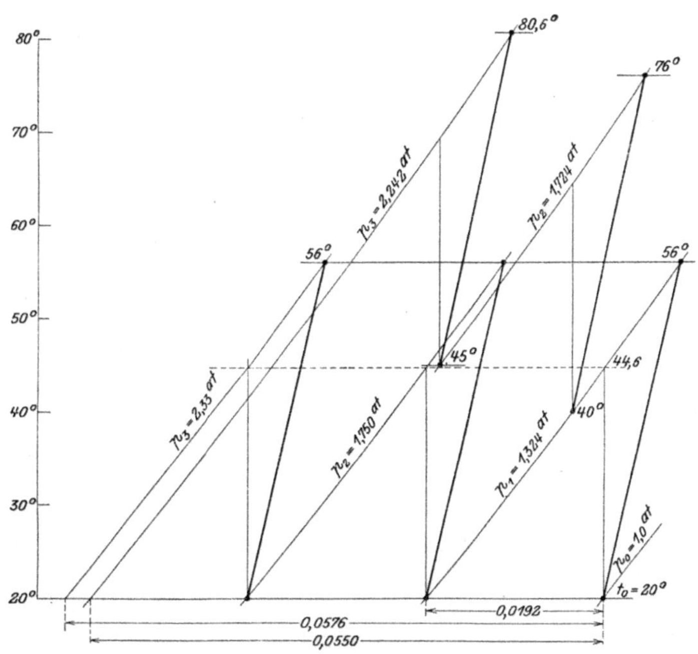

Abb. 198.

a) Vollkommene Kühlung auf die Anfangstemperatur von 20^0. Mit drei Stufen ist das Einzeldruckverhältnis

$$x = \sqrt[3]{2{,}33} = 1{,}324.$$

Mit $p_0 = 10000$ kg/qm ist $p_1 = 13420$ kg/qm,

$$p_1 - p_0 = 3240.$$

Trägt man diese Werte in die Tafel Abb. 198 und teilt die Gesamtentropie in drei gleiche Abschnitte, so kann abgelesen werden

$$p_0 = 1, \quad p_1 = 1{,}324, \quad p_2 = 1{,}750, \quad p_3 = 2{,}33 \text{ Atm. abs.}$$

Schätzt man das mittlere spezifische Volumen der ersten Stufe zu $v_{m1} = 0{,}8$, so folgt aus

$$h = (p_1 - p_0)\,v_{m1} = 3240 \cdot 0{,}8 = 2592 \text{ m LS},$$

$$u_2 = \sqrt{\frac{g \cdot h}{\varphi \cdot \eta_p}} = \sqrt{\frac{9{,}81 \cdot 2592}{0{,}83 \cdot 0{,}77}} = 200 \text{ m/sek}.$$

Der Arbeitsbedarf ist

$$A\,L = \frac{3 \cdot 0{,}239}{0{,}68}\,(44{,}6 - 20) = 25{,}9 \text{ kcal/kg}.$$

Mit dem Fördergewicht $G = 465$ kg/min und einem mechanischen Wirkungsgrad von $\eta_m = 0{,}97$ kommt der Energiebedarf auf

$$N = \frac{465 \cdot 60 \cdot 25{,}9}{632 \cdot 0{,}97} = 1180 \text{ PS}.$$

b) Unvollkommene Kühlung. Nach der ersten Stufe soll die Temperatur auf 40^0, nach der zweiten auf 45^0 sinken.

Die erste Stufe ändert sich nicht, ferner bleibt die in jedem Rad erzeugte Druckhöhe $h = 2592$ m LS dieselbe.

Man findet aus der Entropietafel

$$\text{II. Stufe:} \quad v_{m2} = 0{,}65, \quad p_2 - p_1 = \frac{2592}{0{,}65} = 4000, \quad p_2 = 17240 \text{ kg/qm},$$

$$\text{III. Stufe:} \quad v_{m3} = 0{,}50, \quad p_3 - p_2 = \frac{2592}{0{,}50} = 5180, \quad p_3 = 22420 \text{ kg/qm}.$$

Die unvollkommene Kühlung bringt also eine kleinere Endpressung hervor, die Betriebsarbeit ist dagegen fast gleich groß:

$$\begin{array}{lll} \text{I. Stufe:} & AL' = 0{,}239\,(56 - 20) & = 8{,}6 \text{ kcal/kg}, \\ \text{II. Stufe:} & AL'' = 0{,}239\,(76 - 40) & = 8{,}6 \quad \text{"} \\ \text{III. Stufe:} & AL''' = 0{,}239\,(80{,}6 - 45) & = 8{,}52 \quad \text{"} \\ \hline & AL & = 25{,}72 \text{ kcal/kg}. \end{array}$$

67. Reibung der rotierenden Radscheibe.

Jedes Laufrad ist von feststehenden Seitenwänden umgeben, die im Spielraum zwischen Wand und rotierender Scheibe befindliche Gasschicht bringt eine bremsende Wirkung hervor und verursacht einen Arbeitsverlust.

Nach Versuchen von Stodola berechnet sich der Energiebedarf N_r zur Überwindung dieses Widerstandes aus

$$N_r = \frac{\beta}{10^6} D^2 u^3 \gamma, \qquad \ldots \ldots \ldots \ldots (51)$$

wo D der Durchmesser des Rades in m, u die äußerste Umfangsgeschwindigkeit in m/sek und γ das spezifische Gewicht des Gases bedeutet, das sich im Zwischenraum befindet.

Der Festwert β liegt zwischen $\beta = 2{,}0$ und $2{,}6$ und kann im Mittel zu $2{,}3$ veranschlagt werden, falls er nicht durch besondere Versuche bestimmt worden ist.

Wie aus der Gleichung hervorgeht, ändert sich die Radreibung proportional dem spezifischen Gewicht des umgebenden Gases. Verändert sich die Leistung eines Gebläses gemäß seiner Kennlinie, so ändert sich mit jedem anderen Betriebspunkt das spezifische Gewicht und damit die Radreibung, sie beeinflußt also auch den Wirkungsgrad der Umsetzung.

Um die Größe der Reibungsarbeit bewerten zu können, vergleichen wir sie mit der Nutzleistung, d. h. mit dem Produkt aus Fördergewicht G (kg/sek) und der im Rad erzeugten Druckhöhe h (m Gassäule). Dieser verhältnismäßige Reibungsverlust beträgt

$$R = \frac{N_r \cdot 75}{G h} \qquad \ldots \ldots \ldots \ldots (52)$$

Er ist um so kleiner, je größer G, je größer also die Abmessungen des Gebläses sind. Für kleine Gewichte besteht eine untere Grenze, für die sich der Betrieb nicht mehr lohnt, da die Reibung den größten Teil der Energie wegfrißt.

Eine große Rolle spielt ferner der Durchmesser, was besonders ersichtlich ist, wenn die Gleichung auf die Form gebracht wird

$$N_r = \left(\frac{\pi n}{60}\right)^2 \frac{\beta}{10^6} D^5 \gamma \qquad \ldots \ldots \ldots \ldots (53)$$

Da bei vielstufigen Maschinen γ im Verlauf der Verdichtung stark zunimmt, ist es zweckmäßig, den Durchmesser der Laufräder gegen das Ende abnehmen zu lassen, damit nicht die Reibungsarbeit zu viel anschwillt, ganz abgesehen davon, daß auch die Radbreite diese Maßnahme erfordert.

Mit der Zustandsgleichung wird

$$N_r = \frac{\beta}{10^6} D^2 \frac{u^3}{R} \left(\frac{p}{T}\right) \qquad \ldots \ldots \ldots \ldots (54)$$

Da T bei gekühlten Kompressoren sich nur wenig ändert, ist die Radreibung einer Stufe der Hauptsache nach proportional dem absoluten Druck in der betreffenden Radkammer. Die Reibung wächst demnach in gleicher Progression wie der Druck bei Rädern mit gleichem Durchmesser.

45. Beispiel: Der in Beispiel 42 berechnete Turbokompressor hat in seiner I. Stufe das Druckverhältnis 1,26 zu erzeugen ($t_0 = 15^0$, $p_0 = 1$ Atm., $v_0 = 0{,}86$) und der Druckunterschied ist $p_1 - p_0 = 0{,}26$ Atm. $= 2600$ kg/qm. Mit dem mittleren spezifischen Volumen der I. Stufe $v_{m1} = 0{,}77$ ergibt sich als Druckhöhe

$$h = \varDelta p \cdot v_{m1} = 2600 \cdot 0{,}77 = 2000 \text{ m LS}, \qquad \gamma = 1{,}3 .$$

Mit $\varphi_1 = 0{,}81$, $\eta_p = 0{,}75$, $G = 23{,}2$ kg/sek, $\beta = 2{,}3$

wird

$$u = \sqrt{\frac{2000 \cdot ,981}{0{,}75 \cdot 0{,}81}} = 180 \text{ m/Sek}.$$

Bei $n = 2150$ wird $D = 1{,}6$ m und

$$N_r = 2{,}3 \cdot 1{,}6^2 \cdot 1{,}8^3 \cdot 1{,}3 = 44{,}3 \text{ PS}.$$

Der Verlust im Vergleich zur Nutzleistung beträgt

$$R = \frac{N_r 15}{Gh} = \frac{44{,}3 \cdot 75}{23{,}2 \cdot 2000} = 0{,}0715 \text{ (7,15 v. H.)}.$$

Wiederholen wir diese Rechnung für die 11. Stufe, wo

$$\gamma = 8{,}5, \quad p_1 - p_0 = 8{,}13 - 6{,}90 = 1{,}23 \text{ Atm.} = 12300 \text{ kg/qm}, \quad v_m = 0{,}133 ,$$

$$h = 1650 \text{ m LS}, \quad \text{bei } \eta_p = 0{,}70 \quad \text{wird} \quad u = \sqrt{\frac{1640 \cdot 9{,}81}{0{,}7 \cdot 0{,}81}} = 168 \text{ m/sek}.$$

Bei $n = 2150$ wird $D = 1{,}5$ m,

damit $N_r = 2{,}3 \cdot 1{,}5^2 \cdot 1{,}68^3 \cdot 8{,}5 = 204$ PS

oder im Verhältnis zur Nutzleistung des Rades

$$R = \frac{204 \cdot 75}{23{,}2 \cdot 1640} = 0{,}388 \text{ (38,8 v. H.)}.$$

Rechnet man die Reibungsarbeit für alle 11 Stufen dieses Beispiels, wobei man die Drücke in den Radkammern etwas tiefer schätzt als in den Leiträdern, so ergibt sich folgendes Bild:

	$D = 1{,}6$ m			$u = 180$ m/sek			$D = 1{,}5$ m			$u = 168$ m/sek	
Gruppe		I			II			III		IV	
Stufe	1	2	3	4	5	6	7	8	9	10	11
Temp. abs.	310	330	350	310	330	350	310	330	350	310	330
p Atm. abs.	1,2	1,5	1,8	2,3	2,8	3,4	4,0	4,9	5,7	6,9	8,0
N_r PS	45	53	60	68	99	113	108	125	137	187	204

Der Kompressor verlangt daher im ganzen 1030 PS zur Überwindung der Radreibung. Man erkennt, daß die Reibung der letzten Stufen trotz kleinerem Durchmesser stark zugenommen hat.

68. Spaltverluste.

Die Laufräder eines Turbokompressors sind an ihrem äußeren Umfang gegen die Wandungen des Diffusors zu nicht besonders abgedichtet, im Gegenteil läßt man einen ziemlich beträchtlichen radialen Spalt zwischen Laufrad und Gehäusewand zu. Daher pflanzt sich der Spaltüberdruck vom äußeren Radumfang auf beide Zwischenräume fort, die zur seitlichen Begrenzung der Radkammer dienen.

Gegen die Saugseite zu sucht dieser Druck einen Ausgleich, so daß ein kleiner Teil der im Laufrad verdichteten Luft durch die Labyrinthdichtung am Wulst des Deckbleches in den Raum vor dem Rad zurückströmt und von neuem verdichtet werden muß. An der gegenüberliegenden Wand der Kammer findet das Gegenteil statt, dort tritt Gas von der nächstfolgenden Stufe durch die Dichtung an der Welle in die betrachtete Kammer zurück. Für den Diffusor kommt daher kaum ein nennenswerter Verlust in Frage; denn was ihm von der einen Seite weggenommen wird, erhält er zum größten Teil von der anderen Seite der Zwischenwand ersetzt, falls weitere Stufen nachfolgen.

Die konstruktive Ausführung solcher Dichtungen läßt sich in zwei Arten gliedern, die wegen ihrer verschiedenartigen Wirkung gesondert zu behandeln sind.

a) Labyrinthdichtung mit Nuten im rotierenden und im festen Teil. Das durch Eindrehen der Nuten stehenbleibende Material bildet an beiden Teilen Kämme, die bis auf den kleinen Radialspalt $s = 0{,}2$ bis $0{,}4$ mm in die Nuten hineinreichen (siehe Abb. 297 u. 298). In jedem Spalt entsteht eine große Geschwindigkeit w, die im nachfolgenden ringförmigen Hohlraum durch Stoß und Wirbel vollständig vernichtet wird und sich dort wieder in Wärme zurückbildet. Von dieser Erweiterung aus muß sich die Geschwindigkeit w im nächstfolgenden Spalt von neuem bilden. Dadurch entsteht in jedem Spalt die Druckabnahme

$$\Delta p = \frac{w^2}{2g}\gamma = \frac{w^2}{2gv} \quad \text{. . . . . (55)}$$

Mit dem Spaltquerschnitt f und dem Durchflußgewicht G ergibt sich die Geschwindigkeit zu

$$w = \frac{Gv}{\mu f},$$

wo μ die Durchflußziffer bedeutet, die zufolge der Kontraktion < 1 ist. Da der ganze Verlauf als Drosselung aufzufassen ist, gilt für die Zustandsänderung $pv =$ konst., man kann daher für v den Mittelwert aus

$$v\,\frac{p_1 + p_2}{2} = p_1 v_1$$

einsetzen. Für die ganze Druckabnahme bei z Spalten erhält man damit

$$p_1 - p_2 = z \cdot \Delta p = \left(\frac{G}{\mu f}\right)^2 \frac{p_1 v_1}{g(p_1 + p_2)}$$

und hieraus den Verlust

$$G = \mu f \sqrt{\frac{(p_1^2 - p_2^2) g}{z p_1 v_1}} \quad \text{. . . . . (56)}$$

Benützt man diese Formel zur Berechnung der Verlustmenge auf der Saugseite eines Laufrades, so muß das Ergebnis zum nutzbaren Fördergewicht addiert werden, um das im Laufrad zu verdichtende Gesamtgewicht zu erhalten. Der Energieverlust ist das Produkt des im Laufrad benötigten Teiles der Kompressionsarbeit mit dem Verlustgewicht. Da die Druckunterschiede und damit die Verlustgewichte von Stufe zu Stufe wachsen, vermehrt sich der Verlust an Energie fortwährend und ist in höheren Stufen recht fühlbar.

Die gleiche Formel dient zur Berechnung des zweiten Verlustes an der Wellendichtung. Die in die vorangehende Kammer zurückfließende Menge trifft auf die Radscheibe und wird von ihr dem Diffusor zugeschleudert.

Zu den besprochenen Konstruktionen gehören ferner die Abdichtungen beim Austritt der Welle aus dem Gehäuse. Auf der Saugseite erhält dieser Abschluß nur dann Bedeutung, wenn im Saugstutzen ein Unterdruck herrscht (Gassauger), oder wenn ein anderes Gas als Luft gefördert werden soll. Auf der Druckseite sind dagegen zahlreiche Labyrinthnuten nötig, um das große Druckgefälle nach

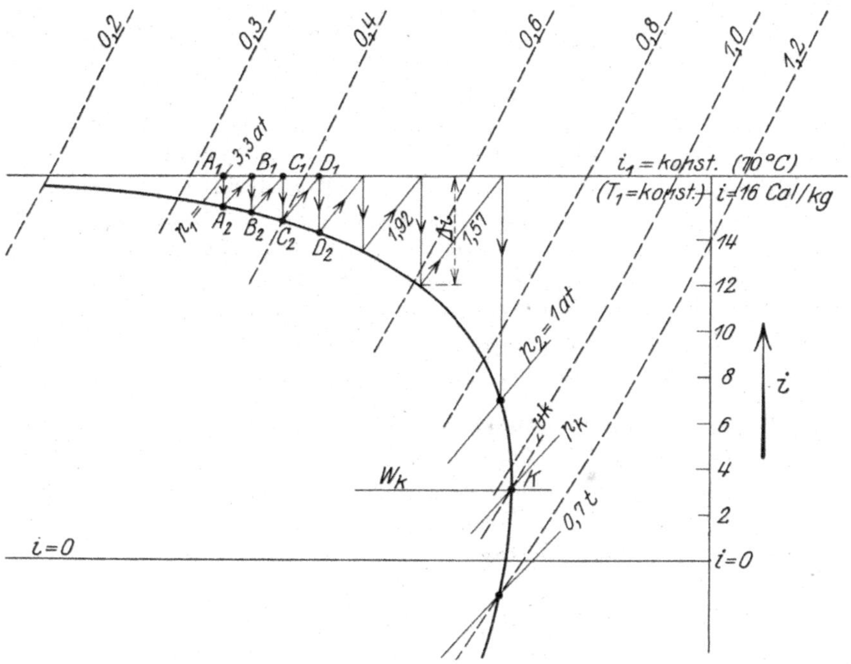

Abb. 199.

außen zu unschädlich zu machen. Bei Turbokompressoren finden sich auf der Druckseite meistens Entlastungskolben verwendet, die den Achsdruck zum größten Teil aufheben. Diese Kolben sind sorgfältig mit Labyrinthdichtungen auszurüsten.

Die Gl. 55 ist nur bei kleinen Druckunterschieden $p_1 - p_2$ mit genügender Genauigkeit anzuwenden, wie dies in Abschnitt 22 klargelegt worden ist. Im Verlauf des Durchflusses nehmen nämlich die Geschwindigkeiten von Spalt zu Spalt fortwährend zu trotz konstanten Querschnitten f, und ergeben bei zahlreichen Labyrinthen sehr große Werte, die bis in die Nähe der kritischen Geschwindigkeit gelangen können. Man hat daher zu untersuchen, ob dies im letzten Spalt der Fall ist, indem man

$$v_2 = \frac{p_1 v_1}{p_2} \quad \text{und} \quad w_2 = \frac{G v_2}{\mu f}$$

ausrechnet.

Erreicht die so bestimmte Geschwindigkeit im letzten Spalt den kritischen Wert (Schallgeschwindigkeit), so geht die ihr entsprechende Gasmenge durch die Dichtung nach außen und eine Vergrößerung der Nutenzahl ist zwecklos.

Diese Verhältnisse lassen sich genauer auf graphischem Wege verfolgen unter Benützung der Entropietafel, wenn es sich um große Druckunterschiede handelt[1]).

Zu diesem Zwecke berechnet man mit den gegebenen Werten G und f sowie von μ für eine größere Zahl beliebig gewählter spezifischer Volumen v die zugehörigen Geschwindigkeiten aus $\mu w f = G v$ und erhält für jede Annahme v das entsprechende Wärmegefälle

$$i_1 - i = \Delta i = \frac{w^2}{2g} A = \left(\frac{w}{91{,}5}\right)^2 \quad \ldots\ldots\ldots (57)$$

Trägt man nun in der Entropietafel von der wagrechten Drossellinie $i_1 =$ konst. die Wärmegefälle senkrecht nach unten zu derart ab, daß die Endpunkte auf den zugehörigen v-Linien liegen, so gibt die Verbindungslinie A_2—B_2—C_2—D_2 K, Abb. 199 (Kurve von Fanno), die Begrenzung der in Geschwindigkeit umsetzbaren Wärmegefälle. In der TS-Tafel ist die gegebene Drossellinie eine wagrechte Gerade $T_1 =$ konst. Vom Anfangszustand A_1 ausgehend (Zustand auf der Innenseite der Dichtung), gibt die Adiabate $A_1 A_2$ die erste Geschwindigkeitsumsetzung und die p-Linie durch A_2 zeigt den Druck in der ersten Nute an. Dort setzt sich die Strömungsenergie durch Stoß und Wirbel in Wärme um, und zwar bei gleichbleibendem Druck; deshalb liegt der Anfangspunkt B_1 für die Bildung der Strömung im zweiten Spalt im Schnittpunkt der p-Linie durch A_2 mit der Drosselkurve $i_1 =$ konst. Zeichnet man den Verlauf dieser beiden Zustandsänderungen als Zickzacklinie weiter, bis der Außendruck p_1 erreicht ist, so erhält man die dazu nötige Zahl der Spalte und man erkennt, daß das Wärmegefälle in den letzten Stufen und damit die Geschwindigkeiten recht groß ausfallen können. Wird eine Adiabate zur Tangente an die Kurve, so bedeutet die p-Linie durch ihren Berührungspunkt K den kritischen Druck. Über ihn hinaus ist die Labyrinthdichtung unwirksam.

46. Beispiel: Ein Turbokompressor mit einer Ansaugemenge von 840 cbm/min besitze einen Entlastungskolben von 800 mm Durchmesser mit 0,3 mm Spalt zwischen Kammern und Nuten; die Dichtung soll gegen einen Innendruck von 3,3 Atm. abs. abdichten und nur 1,5 v. H. der Ansaugemenge durchlassen.

Der Verlust an Druckluft beträgt

$$G = \frac{840 \cdot 0{,}015}{0{,}86 \cdot 60} = 0{,}245 \text{ kg/sek}$$

und der Spaltquerschnitt

$$f = \pi \cdot 0{,}8 \cdot 0{,}0003 = 0{,}00075 \text{ qm}.$$

Nehmen wir zur Sicherheit $\mu = 1$, so ist

$$\left(\frac{G}{\mu f}\right) = \frac{0{,}245}{0{,}00075} = 326.$$

Der Anfangszustand A_1, Abb. 199, ist bestimmt durch

$$p_1 = 3{,}3 \text{ Atm. abs.}; \quad t_1 = 70^0; \quad v_1 = 0{,}305.$$

Für verschiedene Werte v ergeben sich

v	0,2	0,3	0,4	0,6	0,8	1,0	1,2
w	65,2	97,8	130,4	195,6	260,8	326,0	391,2
Δi	0,505	1,14	2,04	4,58	8,13	12,7	18,3

[1]) s. Stodola, Dampfturbinen, IV. Aufl., S. 321.

Damit läßt sich die Kurve A_2—K zeichnen und die Zickzacklinie $A_1 A_2 B_1 B_2 C_1 C_2 D_1 D_2$ eintragen. Der Endpunkt $p_2 = 1$ Atm. wird mit 7 Stufen erreicht. Dort ist

$$v_2 = \frac{p_1 v_1}{p_2} = 3{,}3 \cdot 0{,}305 = \sim 1{,}0 \text{ cbm/kg},$$

$$w_2 = \frac{G v_2}{f} = 326 \text{ m/sek},$$

die kritische Geschwindigkeit beträgt

$$w_k = 3{,}39 \sqrt{p_1 v_1} = 339 \text{ m/sek}$$

und der Berührungspunkt der senkrechten Tangente liegt um

$$\Delta i_k = \left(\frac{339}{91{,}5}\right)^2 = 13{,}7 \text{ kcal/kg}$$

unter der Linie $i_1 = $ konst. Die angenäherte Formel ergibt für das Durchflußgewicht

$$G = 0{,}00075 \sqrt{\frac{(33000^2 - 10000^2)\,9{,}81}{7 \cdot 33000 \cdot 0{,}305}} = 0{,}28 \text{ kg/sek},$$

also etwas mehr als die genaue Methode.

Würde der Ausgleichskolben gegen 7 Atm. abs. abzudichten haben, so ergibt die Eintragung in die Tafel eine Stufenzahl von 40, d. h. man müßte 20 Nuten im Kolben und 20 in die feststehende Büchse eindrehen. Die angenäherte Formel 56 würde ergeben

$$z = \frac{9{,}81 \cdot (70000^2 - 10000^2)}{326^2 \cdot 70000 \cdot 0{,}144} = 44,$$

falls eine Kontraktion des Strahles in den Spalten unberücksichtigt bleibt.

b) Labyrinthdichtung mit einseitigen Nuten (siehe Abb. 324, S. 281). Dreht man nur in die feststehende Büchse Nuten ein und läßt den umlaufenden Teil glatt mit dem kleinen radialen Spiel s, so wirkt diese Dichtung ungünstiger, da die Kämme nicht ineinandergreifen und die Nuten nicht imstande sind, die in den Spalten auftretenden Geschwindigkeiten zu vernichten. Der Durchfluß wird sich gleichmäßig vom Eintritt zum Austritt vollziehen, wobei die einseitig angebrachten Nuten den Widerstand erhöhen. Man kann daher $w = \sqrt{2g(p_1 - p_2)v}$ als theoretische Geschwindigkeit auffassen und den Widerstand mit der Durchflußziffer μ berücksichtigen

$$G = \mu f \frac{w}{v} = \mu f \sqrt{\frac{2g(p_1 - p_2)}{v}}.$$

Das mittlere spezifische Volumen v liest man am einfachsten aus der Entropietafel ab.

69. Bestimmung des Energieverbrauches aus der entstandenen Wärme.

Die in den Turbokompressor eingeleitete Leistung wird wie in einer Bremsvorrichtung vollständig in Wärme umgesetzt. Gelingt es, diese Wärme genau zu messen, so ist mit ihr der Energieverbrauch auf einfache Weise bestimmt. Man erhält damit eine willkommene Kontrolle über die Richtigkeit der durch andere Mittel gefundene Leistungsaufnahme.

Die erzeugte Wärme setzt sich aus folgenden Teilen zusammen:

a) Wärme der abziehenden Gase. Bedeutet t_a die Temperatur im Druckstutzen und t_s die Temperatur im Saugstutzen, so beträgt diese Wärme

$$Q_1 = c_p (t_d - t_s) G \text{ kcal/sek} \quad \ldots \ldots \ldots \quad (58)$$

b) Wärme vom Gas an das Kühlwasser abgegeben.

Durch Messung der Kühlwassermenge G_w und der Temperaturerhöhung $t_a - t_e$ des Wassers ist die abfließende Wärme als Produkt beider Größen bestimmt. Nun muß aber wenigstens bei Luftkompressoren wohl beachtet werden, daß sich in den Zwischenkühlern Wasser aus der stets etwas feuchten Luft ausscheidet. Die Zwischenkühler übernehmen die Rolle von Wasserabscheidern. Bei Kompressoren mit Mantelkühlung müssen die tiefsten Stellen der Kanäle mit einem besonderen Wasserabscheider verbunden werden. Durch die Kondensation dieser Wassermenge G_k wird die Wärme $G_k \cdot \Delta i$ frei, wenn Δi der Unterschied der Wärmeinhalte von Dampf und Kondensat bedeutet. Diese Wärme wird nicht von der Kompressionsarbeit geleistet, geht aber mit dem Kühlwasser fort, daher hat die Luft nur abzugeben

$$Q_2 = G_w (t_a - t_e) - G_k \cdot \Delta i \quad \ldots \ldots \ldots \quad (59)$$

Sind mehrere Zwischenkühler vorhanden, so ist für jeden die Wärme besonders zu messen.

c) Wärmewert der Strömungsenergie der abfließenden Gase

$$Q_3 = \frac{c_d^2}{2g} \frac{G}{427} \text{ kcal/sek}, \quad \ldots \ldots \ldots \quad (60)$$

worin c_d die Gasgeschwindigkeit in der Druckleitung bedeutet. Dieser Betrag ist nur bei Gebläsen mit kleinen Druckhöhen nennenswert, bei Turbokompressoren kann er vernachlässigt werden.

d) Wärme von der Oberfläche der Maschine an die Umgebung abfließend. Ist $t - t_0$ der Temperaturunterschied zwischen Gehäusemantel F und der Luft im Maschinensaal, so ist

$$Q_4 = \frac{k F (t - t_0)}{3600} \text{ kcal/sek}, \quad \ldots \ldots \ldots \quad (61)$$

wobei die Wärmeübergangsziffer $k = 3{,}7$ gesetzt werden kann.

e) Wärmewert der Lagerreibung. Wird das Schmieröl mit Wasser (G_w' kg/sek) gekühlt, das von t_e' auf t_a' erwärmt wird, so ist

$$Q_5 = G_w' (t_a' - t_e') \text{ kcal/sek} \quad \ldots \ldots \ldots \quad (62)$$

Wird das Schmieröl nicht gekühlt, so kann die Reibungsarbeit nach den Versuchsergebnissen von Lasche berechnet werden. Häufig werden die Wärmen Q_2 und Q_5 miteinander gemessen, wenn nämlich die Kühlung des Zylindermantels und die des Schmieröls durch einen gemeinsamen Wasserdurchfluß besorgt wird.

70. Auswertung von Leistungsproben an Turbokompressoren.

Die im nachfolgenden mitgeteilten Versuchsergebnisse sollen benutzt werden, um die Methoden der Auswertung der gewonnenen Zahlen klarzulegen. Ferner geben diese Untersuchungen die Mittel zur Prüfung der Erfahrungsziffern, die zum Entwurf neuer Maschinen unentbehrlich sind. Sie sind als Bindeglieder zur entwickelten Theorie zu betrachten. Es gilt dies namentlich für die Größen, die als adiabatischer und als „Druck"-Wirkungsgrad auftreten, ebenso für die Berichtigungsziffern bei der Energieumsetzung im Lauf- und Leitrad, endlich für die Frage der Kühlung.

Zur weiteren Förderung in der Erkenntnis der inneren Vorgänge ist eine Fortsetzung dieser Untersuchungen wünschenswert.

a) Versuche an einem fünfstufigen Turbokompressor mit Mantelkühlung.

Der in Abb. 319 bis 330 zur Darstellung gebrachte Turbokompressor für ein Stahlwerk ist auf dem Versuchsfeld der Firma Gebrüder Sulzer A.-G. in Winterthur eingehenden Leistungsproben unterworfen worden, von welchen die Ergebnisse des Hauptversuches bei normaler Belastung besprochen werden sollen.

Da die Messung der Drücke und der Temperaturen sowie der Kühlwassermengen in jeder Stufe mit besonderer Sorgfalt geschah, eignen sich die gefundenen Zahlen in Verbindung mit den bekannten Abmessungen der Maschine ganz besonders zur Berechnung der Erfahrungswerte, die wir für den Entwurf nötig haben.

Als Hauptwerte hat der Versuch ergeben:

Angesaugte Liefermenge $V = 6450$ cbm/h.
Umlaufzahl in der Minute $n = 3010$.
Energie, vom Kompressor aufgenommen $N = 149{,}5$ PS.
Druck im Saugrohr $p_0 = 0{,}9708$ Atm. abs.
Temperatur im Saugrohr $t_0 = 20{,}59^0$ C.

	Stufe	I	II	III	IV	V
Enddrücke (gemessen)	Atm. abs.	1,061	1,1485	1,2460	1,3570	1,4735
Endtemperaturen °C		30,54	37,22	44,51	50,04	54,78

Die an den Manometern und Thermometern abgelesenen Zahlen sind in die TS-Tafel Abb. 200 eingetragen; das Bild zeigt recht deutlich den Einfluß der Mantelkühlung. Die erste Stufe hat kein Kühlwasser erhalten; in die Hohlräume der vier folgenden Radstufen und in den hohlen Deckel auf der Druckseite des Gehäuses tritt das Wasser von unten gleichzeitig ein und steigt in den Hohlkörpern jeder Stufe getrennt aufwärts, um sich in einem Sammelrohr über dem Gehäuse wieder zu vereinigen.

Diese Anordnung erweist sich für die Beurteilung der einzelnen Stufen besonders günstig. Mit der ersten Stufe erhalten wir durch einfache Messung von Druck und Temperatur den adiabatischen Wirkungsgrad, der auch für die folgenden Räder gleich groß angenommen werden kann:

$$\eta_{ad} = \frac{28{,}2 - 20{,}59}{30{,}54 - 20{,}59} = 0{,}765\,.$$

Man erkennt aus Abb. 200, daß die Endpunkte A_2 und A_3 der beiden nächsten Stufen beinahe genau in der Senkrechten durch A_1 liegen, die folgenden Endpunkte A_4 und A_5 verschieben sich nach links.

Betrachten wir zunächst den Kompressor als Ganzes und berechnen den Energiebedarf aus der entstandenen Wärme, so ergibt sich aus der Messung der Kühlwassermenge:

Stufen	Temperaturen Eintritt °C	Temperaturen Austritt °C	Kühlwasser-Menge kg/h	Wärme WE/h
II	10,2	16,6	753	4819
III	10,2	16,7	837	5440
IV	10,2	17,6	903	6682
V	10,2	20,1	792	7841
Deckel	10,2	14,7	672	3024
				27806
Ölkühler	10,2	16,65	537	3464

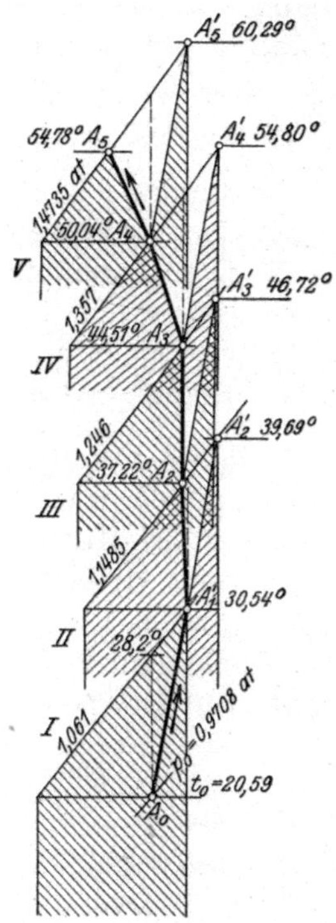

Abb. 200.

Spezifisches Volumen vor erster Stufe $v_0 = 0{,}885$ cbm/kg.

Fördergewicht $G = \frac{6450}{0{,}885} = 7290$ kg/h.

Zunahme des Wärmeinhaltes der Luft

$$0{,}239\,(54{,}78 - 20{,}59)\,7290 = 59\,590 \text{ kcal/h}.$$

Im ganzen erzeugt $27\,806 + 59\,590 = 87\,396$ kcal/h.

Entsprechende Energie $\frac{87\,396}{632} = 138{,}3$ PS.

Im Ölkühler abgeführte Wärme $537\,(16{,}65 - 10{,}2) = 3464$ kcal/h.

Entsprechende Energie $N_2 = \frac{3464}{632} = 5{,}5$ PS.

Oberfläche des Gehäuses $F = 7{,}2$ qm.

Wärmeleitungsziffer $K = 3{,}7$.

Durch Leitung abfließende Wärme $Q_4 = 3{,}7 \cdot 7{,}2\,(44 - 20) = 635$ kcal/h.

Entsprechende Energie $\frac{635}{632} = \sim 1{,}0$ PS.

Summe der Energien $138{,}3 + 5{,}5 + 1 = 144{,}8$ PS (3,1 v. H. weniger als gemessen).

Mechanischer Wirkungsgrad $\eta_m = \frac{149{,}5 - 5{,}5}{149{,}5} = 0{,}965$.

Arbeit der Isotherme $A\,L_{is} = 0{,}0285 \cdot 293{,}6 = 8{,}37$ kcal/kg.

Energiebedarf $N_{is} = \frac{8{,}37 \cdot 7290}{632} = 96{,}4$ PS.

Isothermischer Wirkungsgrad $\eta_{is} = 0{,}645$.

Spaltverluste: Da alle Abdichtungen nur einseitige Nuten aufweisen, Abb. 321, ist nach Fall b) Abschnitt 68 zu rechnen. Im Spalt an der Deckscheibe der Laufräder wird die Durchflußgeschwindigkeit von der Druckzunahme im betreffenden Laufrad erzeugt, d. h. von etwa 70 v. H. der ganzen Druckzunahme der Stufe.

Mit den Werten $d = 435$ mm, $s = 1$ mm, $\mu = 0{,}8$, $f = 0{,}00137$ zeigen sich folgende Ergebnisse:

Stufe	I	II	III	IV	V
Spez. Volumen cbm/kg	0,86	0,78	0,75	0,70	0,67
Druckzunahme im Laufrad kg/qm	485	610	683	775	820
Gasgewicht kg/h	415	490	525	580	635
Energieverlust PS	1,11	1,32	1,41	1,56	1,70
Energieverlust im ganzen PS	7,1.				

Für die Verluste an den Wellenabdichtungen sind die in den Diffusoren entstehenden Druckzunahmen maßgebend (30 v. H.); nun bewirkt aber die Radscheibenreibung ein Mitrotieren der Gasmasse zwischen Radscheibe und Wandung, und die Fliehkraft dieser Masse bringt eine Druckverminderung an der Welle hervor. Daher ist es gerechtfertigt, diesen Umstand wenigstens auf der Druckseite zu berücksichtigen, indem man mit dem gleichen Druckabfall rechnet wie auf der Saugseite des Rades. Man erhält mit

$$d = 185 \text{ mm}, \quad s = 0{,}5 \text{ mm}, \quad \mu = 0{,}8, \quad f = 0{,}00029 \text{ qm}.$$

Stufen	I	II	III	IV	V
Durchflußgewicht kg/h	88	104	112	124	136
Energieverlust PS	0,23	0,28	0,30	0,33	0,36
Energieverlust im ganzen PS	1,50.				

Wir berechnen nun die Zunahmen der Wärmeinhalte in jeder Stufe aus den gemessenen Temperaturen. Hierbei müssen für die Stufen II bis V die Zustandsänderungen so eingetragen werden, als ob keine Kühlung stattfinden würde, unter Benutzung der adiabatischen Wirkungsgrades, wie er in der ersten Stufe gemessen wurde. Für die vierte und fünfte Stufe müßte, genau genommen, von der Wärmefläche $c_p \Delta t$ das Dreieck $A_3 A_4 A_4'$ bzw. $A_4 A_5 A_5'$ (Abb. 195) abgezogen werden; der Inhalt ist aber gegenüber der ganzen Fläche verschwindend klein und kann vernachlässigt werden. Man erhält:

Stufe	Temperaturen			Wärme kcal/kg
	Anfang °C	Ende °C	Zunahme °C	
I	20,59	30,54	9,95	2,38
II	30,54	39,69	9,15	2,19
III	37,22	46,72	9,50	2,27
IV	44,51	54,80	10,29	2,46
V	50,04	60,29	10,25	2,45
	Gesamtzunahme der Wärme . . .			11,75

Energiebedarf aus den Temperaturen berechnet: $\frac{11{,}75 \cdot 7290}{632} = 135{,}5$ PS.
Spaltverluste . . . . $7{,}1 + 1{,}5 = 8{,}6$ „
Lagerreibung . . . . $= 5{,}5$ „
Energiebedarf insgesamt . . . . $N = 149{,}6$ PS.

Dieses Ergebnis ist in völliger Übereinstimmung mit dem gemessenen Energiebedarf, der also auch aus dem Entropiediagramm bestimmt werden kann mit Benutzung sorgfältiger Temperatur- und Druckmessungen.

Wir untersuchen nun die Druck- und Geschwindigkeitsverhältnisse der ersten Stufe unter Annahme des senkrechten Eintritts für die gemessene Normalleistung. Das Schaufelrad zeigt folgende Verhältnisse:

Durchmesser $D_1 = 435$ mm, $D_2 = 730$ mm.
Umfangsgeschwindigkeit $u_1 = 68{,}5$ m/sek, $u_2 = 115$ m/sek.
Schaufelwinkel im Rad $\beta_1 = (180 - 30^0)$, $\beta_2 = (180 - 40)^0$.
Schaufelwinkel im Diffusor $\delta = 17^0$.
Winkelfunktion $\varphi_1 = \frac{\operatorname{tg}\beta_2}{\operatorname{tg}\beta_2 - \operatorname{tg}\delta_2} = \frac{0{,}839}{0{,}839 + 0{,}306} = 0{,}732$.
Theoretische Druckhöhe $H = \varphi_1 \frac{u_2^2}{g} = \frac{0{,}732}{9{,}81} \cdot 115^2 = 985$ m Luftsäule.
Druckunterschied, gemessen $p_1 - p_0 = 10601 - 9708 = 893$ kg/qm.
Mittleres spez. Volumen $v_{m1} = 0{,}86$.
Erreichte Druckhöhe $h = 893 \cdot 0{,}86 = 768$ m Luftsäule.
„Druck"-Wirkungsgrad $\eta_p = \frac{768}{985} = 0{,}78$.

Diese Zahl ist bedingt durch die Druckverluste im Lauf- und Leitrad. Im adiabatischen Wirkungsgrad kommt noch die Reibung der Radscheibe zur Geltung, die ebenfalls zur Temperaturerhöhung der Luft beiträgt. Daher ist es erklärlich, daß der gefundene adiabatische Wirkungsgrad 0,765 kleiner ist als der Druckwirkungsgrad. Aus demselben Grunde ist der aus der theoretischen Druckhöhe berechnete Arbeitsbedarf

$$H \cdot A = \frac{985}{427} = 2{,}3 \text{ kcal/kg}$$

kleiner als der aus den Temperaturzunahmen berechnete 2,38 kcal/kg.

Es soll ferner der Anteil von Laufrad und Leitrad an der Energieumsetzung ausgeschieden werden. Aus den Geschwindigkeitsdreiecken ist

$$w_2 = 40{,}2 \text{ m/sek}, \quad u_2 = 115 \text{ m/sek}, \quad \frac{u_2^2 - u_1^2}{2g} = 434 \text{ m Luftsäule},$$

$$w_1 = 79 \text{ m/sek}, \quad u_1 = 68{,}5 \text{ m/sek}, \quad \frac{w_1^2 - w_2^2}{2g} = 235 \text{ m} \quad \text{„}$$

Theoretische Druckhöhe im Laufrad $H' = 669$ m Luftsäule.

Theoretische Druckhöhe im Leitrad $\frac{c_2^2 - c_1^2}{2g} = \frac{88^2 - 39{,}5^2}{19{,}62} = 316$ m LS.

Zunahme des Wärmeinhaltes im Laufrad $\frac{669}{427} = 1{,}56$ kcal/kg.

Entsprechende Temperaturzunahme $\Delta t = \frac{1{,}56}{0{,}239} = 6{,}51^0$ C.

Zunahme des Wärmeinhaltes im Leitrad $\frac{316}{427} = 0{,}74$ kcal/kg.

Entsprechende Temperaturzunahme $\Delta t = \frac{0{,}74}{0{,}239} = 3{,}1^0$ C.

Endtemperatur der Kompression im Laufrad $t' = 20{,}59 + 6{,}51 = 27{,}1^0$ C.
Endtemperatur der Kompression im Leitrad $t'' = 27{,}1 + 3{,}1 = 30{,}2^0$ C.
(Etwas kleiner als die gemessene, was aus dem Unterschied der Wirkungsgrade η_p und η_{ad} hervorgeht.)

Anteil der Energieumsetzung im Laufrad $\frac{H'}{H} = \frac{669}{985} = 0{,}68$ (68 v. H.).

Anteil der Energieumsetzung im Leitrad $\frac{H''}{H} = \frac{316}{985} = 0{,}32$ (32 v. H.).

Nun sind die Verluste auf Lauf- und Leitrad zu verteilen. Wir wählen als Verlustziffern:

Laufrad $\psi = 0{,}8$, $\quad \zeta_1 = \left(\frac{1}{\psi^2} - 1\right) = 0{,}56$, $\quad w_{20} = \frac{40{,}2}{0{,}8} = 50{,}2$.

Leitrad $\varphi = 0{,}76$, $\quad \zeta_2 = 1 - \varphi^2 = 0{,}421$, $\quad c_{20} = 0{,}76 \cdot 88 = 66{,}9$.

Erreichte Druckhöhe im Laufrad $h' = \frac{u_2^2 - u_1^2}{2g} + \frac{w_1^2 - w_{20}^2}{2g}$

$= 433 + 186 = 619$ m LS.

Erreichte Druckhöhe im Leitrad $h'' = \frac{c_{20}^2 - c_2^1}{2g}$ $= 149$ m „

Erreichte Druckhöhe im ganzen (wie gemessen) $h = 768$ m LS.

Die Verlustziffern sind demnach richtig in ihrer Gesamtwirkung gewählt worden. Eine weitergehende Messung auf die einzelnen Anteile konnte nicht stattfinden.

Anteil der Druckzunahme im Laufrad $\frac{h'}{h} = \frac{619}{768} = 0{,}805$ (80,5 v. H.).

Anteil der Druckzunahme im Leitrad $\frac{h''}{h} = \frac{149}{768} = 0{,}195$ (19,5 v. H.).

Bei der Bewertung des Diffusors ist zu berücksichtigen, daß der entsprechende Verlust gezählt wird vom Übergang in das Leitrad an durch die Rückführkanäle bis zum Eintritt in das nächste Laufrad; hierin sind zwei Richtungsänderungen um 180° ebenfalls eingeschlossen. Alle diese Verluste gehen auf Kosten der Diffusorwirkung.

Um von den Druckhöhen zu den Drücken zu gelangen, sind die mittleren spezifischen Volumen im Lauf- und im Leitrad getrennt zu berechnen:

Mittlere absol. Temperatur im Laufrad $T_m = 273 + \frac{27{,}1 + 20{,}6}{2} = 296{,}8^0$.

Mittleres spez. Volumen im Laufrad $v_m' = 0{,}864$ cbm/kg.

Druckzunahme im Laufrad $\Delta p' = \frac{619}{0{,}864} = 716$ kg/qm.

Absol. Enddruck im Laufdruck $p' = 9708 + 716 = 10424$ kg/qm.

Mittlere absol. Temperatur im Leitrad $T_m = 301{,}6^0$.

Mittleres spez. Volumen im Leitrad $v_m'' = 0{,}84$ cbm/kg.

Druckzunahme im Leitrad $\Delta p'' = \frac{149}{0{,}84} = 177$ kg/qm.

Absol. Enddruck im Leitrad $p'' = 10424 + 177 = 10601$ kg/qm (übereinstimmend mit dem gemessenen Wert p_1).

Mit Druck und Temperatur zwischen Lauf- und Leitrad läßt sich nun der entsprechende Zustandspunkt in die TS-Tafel eintragen, womit alle Verhältnisse der Energieumsetzung klargestellt sind. Die zum Laufrad gehörige Kompressionslinie $A_0 A_s$ steigt steiler auf, als die zum Leitrad gehörige $A_s A_1$.

Zur Bestätigung der Druckzunahme in der ersten Stufe können die übrigen Stufen in die Rechnung einbezogen werden. Nimmt man gleichen Wirkungsgrad, gleiche Winkel und gleiche Raddurchmesser an, so liefert jede Stufe die gleiche Druckhöhe $h = 768$ m Luftsäule. Benutzen wir die TS-Tafel zum Ablesen der mittleren spezifischen Volumen in jeder Stufe, so kann man die Druckzunahmen und damit den Enddruck berechnen:

Stufe		II	III	IV	V
Mittlere Temperatur	°C	33,9	40,86	48,00	52,41
Spezifisches Volumen	cbm/kg	0,811	0,765	0,715	0,674
Druckzunahme	kg/qm	948	1004	1075	1140
Anfangsdruck	"	10601	11549	12553	13628
Enddruck	"	11549	12553	13628	14768

Diese Rechnung ergibt demnach einen Enddruck von 1,4768 Atm., während die Messung 1,4733 Atm. gezeigt hat. Der unbedeutende Unterschied kann durch eine ganz kleine Verschiedenheit in der Ausführung der Räder begründet sein, wodurch φ_1 und η_p sich etwas verändern. Die gleiche Begründung gilt für kleine Abweichungen in den berechneten Zwischendrücken gegenüber den gemessenen Werten.

Mit den gegebenen Radabmessungen läßt sich die Stetigkeitsgleichung für den Durchfluß des Fördervolumens auf ihre Richtigkeit prüfen, d. h. die Durchflußziffer μ_0 berechnen.

Für die Schaufeln ist

$$z_1 = z_2 = 20\,, \qquad s_1 = s_2 = 3 \text{ mm},$$
$$\sin\beta_1 = 0{,}5\,, \qquad \sin\beta_2 = 0{,}643\,.$$

Damit sind die Vorzahlen für die Schaufelverengerung

$$\mu_2 = 1 - \frac{z_2 s_2}{\pi D_2 \sin\beta_2} = 0{,}96\,,$$

$$\mu_1 = 1 - \frac{z_1 s_1}{\pi D_1 \sin\beta_1} = 0{,}91\,.$$

Im Übertritt zwischen Laufrad und Leitrad ist

$$p' = 10\,424 \text{ kg/qm}, \qquad t' = 37{,}2^0, \qquad v' = 0{,}844.$$

Zum Fördervolumen muß die aus dem Spalt an der Eintrittsseite zurückfließende Menge zugerechnet werden

$$V = 7290 \cdot 0{,}844 + 545 = 6695 \text{ cbm/h}.$$

Nun ist die Radbreite $b_2 = 0{,}034$ m, $c_2' = 25{,}8$ m/sek,

damit folgt aus der Stetigkeitsgleichung

$$V = \mu_{02}\, \pi\, D_2\, b_2\, c_2'' \cdot \mu_2 \cdot 3600,$$

$$\mu_{02} = 0{,}963.$$

Die Kontraktion hat demnach am Austritt nur geringen Einfluß.

Ohne Spaltverluste hätte das Rad nur 6150 cbm/h zu fördern oder 7,8 v. H. weniger; die Durchflußziffer würde sich dann auf $\mu_{02} = 0{,}885$ stellen.

Für den Eintritt ist

$$b_1 = 0{,}58 \text{ m}, \qquad c_1 = 39{,}5 \text{ m/sek},$$

$$V = 7290 \cdot 0{,}885 + 545 = 6995 \text{ cbm/h},$$

$$\mu_{01} = \frac{6995}{\pi \cdot 0{,}435 \cdot 0{,}058 \cdot 39{,}5 \cdot 0{,}91 \cdot 3600} = 0{,}683.$$

Die vorliegende Radausführung ist am Eintritt besonders breit gehalten, da der Übergang von der axialen zur radialen Richtung schroff vor sich geht. Die Breite b_1 wird sich anfänglich gar nicht völlig mit fließender Luft ausfüllen, was im kleinen Wert der Durchflußziffer zum Ausdruck kommt. Solche Verhältnisse trifft man auch häufig bei Ventilatoren.

b) Versuche an einem 28stufigen Turbokompressor.

Von der Gutehoffnungshütte Oberhausen sind an einem Turbokompressor von 133,3 cbm/min Ansaugevolumen Versuche durchgeführt worden zur Bestimmung von Druck und Temperatur in den einzelnen Stufen.

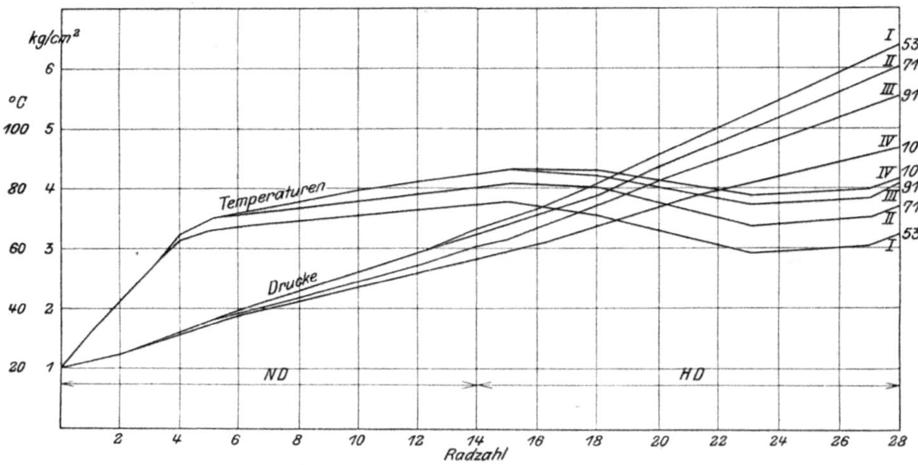

Abb. 201.

Die Ergebnisse der vier Versuchsreihen sind in Abb. 201 dargestellt, in der als Abszissen die Stufenzahlen, als Ordinaten die Drücke und die Temperaturen aufgetragen sind.

Die Hauptablesungen und die Ergebnisse enthält Zahlentafel 22.

Zahlentafel 22.
Versuche an einem Kompressor 8000 cbm/st normaler Ansaugeleistung.

Versuchsnummer		I	II	III	IV
Zeit		3^{21}—3^{36}	3^{53}—4^{23}	4^{47}—5^{08}	5^{21}—5^{48}
Barometerstand	mm QS.	758,2	758,0	757,8	757,6
Ansaugedruck	Atm. abs.	1,03	1,03	1,03	1,03
Ansaugetemperatur	°C	20,1	20,8	20,5	20,5
Druck hinter der ersten Radgruppe	Atm. abs.	2,0	1,96	1,93	1,92
Druck zwischen ND und HD	„	3,35	3,26	3,12	2,9
Druck hinter der dritten Radgruppe	„	4,70	4,5	4,2	3,8
Ausblasedruck hinter dem HD	„	6,53	6,1	5,6	4,75
Ausblasetemperatur hinter dem HD	°C	63	72,2	79,5	84
Druck vor der Düse	mm WS.	95	172	290	385
Temperatur vor der Düse	°C	50	56,8	63,9	69,5
Kühlwassermenge	kg/st	38 960	39 010	39,260	39 160
Kühlwassertemperatur beim Eintritt	°C	22,85	23,67	23,62	24,41
Kühlwassertemperatur beim Austritt	„	31,22	33,20	34	34,80
Ausgeblasene Luftmenge bezogen auf Ansaugeverhältnisse	cbm/st	5270	7040	9030	10 300
Angesaugte Luftmenge	„	5395	7195	9180	10 485
Gesamtdruckverhältnis		6,34	5,92	5,44	4,61
Isothermische Leistung	PS	380	489	595	610
Spez. Gewicht der angesaugten Luft	kg/cbm	1,20	1,198	1,20	1,20
Durch die Luft abgeführte Wärme	kcal/h	65 700	104 900	153 900	190 000
Durch die Luft abgeführte Leistung	PS	104	165	242	298
Durch das Kühlwasser abgeführte Wärme	kcal/h	326 000	372 000	407 000	406 000
Durch das Kühlwasser abgeführte Leistung	PS	512	585	640	639
Gesamte abgeführte Leistung	„	616	750	882	937
Wirkungsgrad	%	61,8	65,1	67,4	65,1
Umdrehungen		3630	3624	3623	3619

Die Messung der Luftmenge geschah mittels einer gut abgerundeten Ausflußdüse von 225,5 mm l. Weite, eingebaut in die Druckleitung. Sie wurde durch eine vom Verein deutscher Ingenieure eingesetzte Kommission geeicht, indem die ausströmende Luft mit einem Gasometer von 5000 cbm Inhalt auf der Eisenhütte Oberhausen gemessen wurde; dabei ergaben sich für die Ausflußziffer Werte, die zwischen 0,99 und 0,997 schwankten. Die so bestimmte Menge findet sich in Zahlentafel 22 unter der Bezeichnung „Ausgeblasene Luftmenge, bezogen auf Ansaugeverhältnisse“. Da aber die Maschine etwas Luft aus dem Entlastungskolben verliert, ist zu den gemessenen Mengen ein erfahrungsgemäß festgesetzter Zuschlag zu machen, dessen Größe sich nach dem erzielten Enddruck richtet. Dieser vergrößerte Wert ist als „Angesaugte Luftmenge“ in der Zahlentafel bezeichnet; er dient zur Berechnung der eingeführten Betriebsleistung aus den Temperaturunterschieden oder aus der entstandenen Wärme.

Letztere Berechnungsart ist für diese Versuche angewendet und in Zahlentafel 22 eingeschrieben worden.

Die angegebene Kühlwassermenge enthält die Wärme zweier Lager, die der beiden anderen dagegen nicht. Der isothermische Wirkungsgrad ist also tatsächlich um etwa 1 v. H. kleiner als der gefundene. Er erfährt eine weitere kleine Verminderung, wenn zur Berechnung der isothermischen Leistung das geförderte Luftgewicht eingesetzt wird.

Der Kompressor besteht aus 28 Laufrädern, die in zwei Gehäusen untergebracht sind. In jedem derselben lassen sich zwei verschiedenen Durchmessern entsprechend zwei Gruppen unterscheiden. Die normale Drehzahl beträgt 3850 in der Minute.

Da ein Zwischenkühler fehlt, steigt die Temperatur in der ersten Stufe des Hochdruckgehäuses (Stufe 15) auf den Höchstwert, um von da wieder zu sinken. Bei vorliegenden Versuchen wurde für die letzten Stufen absichtlich eine Temperaturzunahme dadurch herbeigeführt, daß die Kühlung des letzten Diffusorringes ausgeschaltet wurde. Man wollte die Luft in warmem Zustand zur Arbeitsstelle führen, um ein Einfrieren der Motoren zu verhindern.

Es sollen nun für die Versuche I und IV die gemessenen Werte in das Entropiediagramm eingetragen werden, um auf diese Weise die Betriebsarbeit zu berechnen.

Da in vorliegendem Fall das Druckverhältnis einer Stufe klein ist, darf es als unveränderlich innerhalb einer der vier Gruppen angenommen werden. Dasselbe kann für den adiabatischen Wirkungsgrad gelten.

Man erhält aus den Werten der Abb. 202 die in Zahlentafel 23 aufgeschriebene Verteilung.

Zahlentafel 23.

Erste Gruppe (Niederdruckgehäuse).

Versuch Nr.	Stufen-Nr.	Anfang	1	2	3	4	5	6	Druckverhältnis
I	Druck . . .	1,03	1,15	1,284	1,434	1,600	1,79	2,00	1,117
I	Temperatur	20	33	43	53	63	66	67	
IV	Druck . . .	1,03	1,143	1,27	1,409	1,564	1,730	1,92	1,11
IV	Temperatur	20	32	43	53	65	70	73	

Zweite Gruppe (Niederdruckgehäuse).

Versuch Nr.	Stufen-Nr.	Anfang	7	8	9	10	11	12	13	14	Druckverhältnis
I	Druck . . .	2,0	2,14	2,29	2,45	2,62	2,80	2,95	3,15	3,36	1,068
I	Temperatur	—	69	70	71	72	73	74	75	76	
IV	Druck . . .	1,92	2,02	2,13	2,24	2,36	2,49	2,61	2,75	2,90	1,052
IV	Temperatur	—	74	76	78	80	82	83	84,5	86	

Dritte Gruppe (Hochdruckgehäuse).

Versuch Nr.	Stufen-Nr.	Anfang	15	16	17	18	19	20	Druckverhältnis
I	Druck . . .	3,3	3,5	3,71	3,93	4,17	4,42	4,69	1,06
I	Temperatur	—	77	75	73	72	69	67	
IV	Druck . . .	2,86	3,0	3,142	3,3	3,46	3,63	3,8	1,05
IV	Temperatur	—	86,5	87	87	87	85	84	

Vierte Gruppe (Hochdruckgehäuse).

Versuch Nr.	Stufen-Nr.	Anfang	21	22	23	24	25	26	27	28	Druckverhältnis
I	Druck . . .	4,69	4,88	5,08	5,3	5,52	5,76	6,00	6,25	6,52	1,041
I	Temperatur	—	64	62	59,5	60	61	61,5	62	66	
IV	Druck . . .	3,8	3,90	4,01	4,13	4,25	4,37	4,50	4,63	4,76	1,029
IV	Temperatur	—	82	81	79	79	80	81	82	85	

Trägt man diese Werte in die Entropietafel ein, so ergibt sich das in Abb. 202 dargestellte Bild der beiden Prozesse.

Der Enddruck der ersten Gruppe ist zugleich der Anfangsdruck für die zweite, dasselbe ist der Fall zwischen der dritten und vierten Gruppe. Man erkennt dies

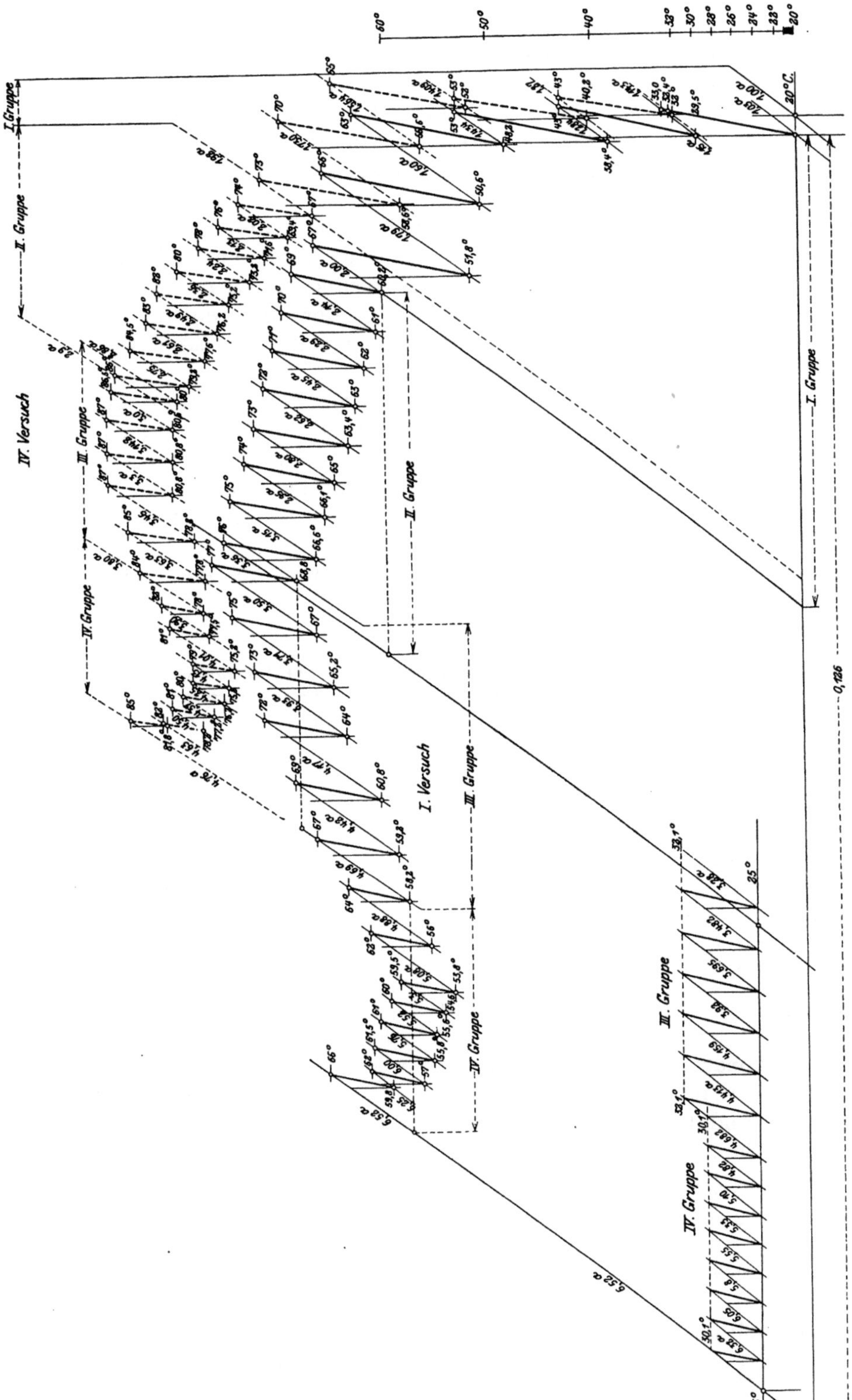
IV. Versuch
I. Versuch
I. Gruppe
II. Gruppe
III. Gruppe
IV. Gruppe
0,126

Abb. 202.

durch Einteilen der Entropie einer Gruppe in so viel gleiche Teile, als die Gruppe Stufen hat.

Trägt man aber den Abstand zweier p-Linien der dritten Gruppe rückwärts von der 15. Stufe ab, so zeigt sich, daß die entsprechende p-Linie (3,3 Atm.) rechts von der p-Linie der 14. Stufe (3,36 Atm.) liegt. Die Wärmflächen überdecken sich also an dieser Stelle etwas. Der Unterschied der beiden Drücke 0,06 Atm. ist der Drosselungsverlust der Luft beim Überfließen von der 14. zur 15. Stufe, d. h. vom Niederdruck- zum Hochdruckgehäuse. Bei Versuch IV ergibt sich der Unterschied zu 0,04 Atm.

Aus Abb. 202 ist ersichtlich, daß anfänglich die Kühlung fast ohne Wirkung bleibt, die Temperatur steigt in der ersten Gruppe rasch auf 67°; in der zweiten Gruppe ist die Zunahme klein; die Temperatur sinkt etwas in der dritten Gruppe, um schließlich aus den angegebenen Gründen wieder anzusteigen.

Die Temperaturen am Anfang jeder Stufe sind nicht gemessen worden. Es läßt sich dies nur für das erste Rad durchführen.

Man kann nun aber diese Anfangstemperaturen für jede Stufe sofort eintragen, wenn der adiabatische Wirkungsgrad bekannt ist, wie er sich aus der Untersuchung des ersten Einzelrades ergeben hat.

In vorliegendem Beispiel ist bei Versuch I für jede Einzelstufe $\eta_{ad} = 0{,}7$ und bei Versuch IV $\eta_{ad} = 0{,}76$ angenommen, und damit die Zeichnung Abb. 202 entworfen worden.

Zur Berechnung der Betriebsarbeit entnehmen wir die Temperaturunterschiede aus dem Entropiediagramm und erhalten:

I. Versuch.

Ansaugevolumen 5395 cbm/h. Spez. Gewicht 1,2 kg/cbm.

Temperaturunterschiede							
Gruppe I		II		III		IV	
1.	33 — 20 = 13,0	7.	69 — 60,2 = 8,8	15.	77 — 68,8 = 8,2	21.	64 — 58,2 = 5,8
2.	43 — 29,5 = 13,5	8.	70 — 61 = 9,0	16.	75 — 67 = 8,0	22.	62 — 56 = 6,0
3.	53 — 38,4 = 14,6	9.	71 — 62 = 9,0	17.	73 — 65,2 = 7,8	23.	59,5 — 53,8 = 5,7
4.	63 — 48,2 = 14,8	10.	72 — 63 = 9,0	18.	72 — 64 = 8,0	24.	60 — 54,6 = 5,4
5.	66 — 50,6 = 15,4	11.	73 — 63,4 = 9,6	19.	69 — 60,8 = 8,2	25.	61 — 55,6 = 5,4
6.	67 — 51,8 = 15,2	12.	74 — 65 = 9,0	20.	67 — 59,2 = 7,8	26.	61,5 — 55,8 = 5,7
	86,5	13.	75 — 66,1 = 8,9		48,0	27.	62 — 57 = 5,0
		14.	76 — 66,6 = 9,4			28.	66 — 51,8 = 6,2
			72,7				45,2

An der Abnahme der vier Summen erkennt man bereits die Abnahme der Leistungsfähigkeit der Gruppen.

Gruppe I und II verlangen bei gleicher Stufenzahl eine größere Arbeit, was hauptsächlich durch die größeren Druckverhältnisse der Einzelstufen bedingt wird.

Für die ganze Betriebsarbeit auf 1 kg Luft ist

$$AL = 0{,}239\,(86{,}5 + 72{,}7 + 48{,}0 + 45{,}2) = 60{,}3 \text{ kcal/kg}$$

Angesaugtes Gewicht . . . . $G = \dfrac{5395 \cdot 1{,}2}{3600} = 1{,}799$ kg/sek

Energiebedarf ohne Lagerreibung . $N = \dfrac{60{,}2 \cdot 1{,}799 \cdot 427}{75} = 619$ PS

Isothermische Kompression . . . $AL_{is} = 0{,}126 \cdot 293 = 37$ kcal/kg

Isothermischer Wirkungsgrad . . . $\eta_{is} = \dfrac{37}{60{,}3} = 0{,}614.$

Bei diesen Versuchen ist das Wasser für die Zylinderkühlung und die Kühlung der beiden Lager gemessen worden. Man kann daraus die gefundene Energie nachprüfen.

Für den Versuch I wurde gefunden:

Kühlwassermenge . . . . 38960 kg/h

Temperaturerhöhung des Wassers von 22,85° auf 31,22° C

Abgeleitete Wärme . . . . $Q_2 = \frac{38960}{3600}(31{,}22 - 22{,}85) = 90{,}5$ kcal/sek

Entsprechende Energie . . $N_2 = \frac{90{,}5 \cdot 427}{75} = 515$ PS

Ausgestoßenes Luftgewicht . $G' = \frac{5270 \cdot 1{,}2}{3600} = 1{,}76$ kg/sek

Temperaturzunahme vom Saug- zum Druckstutzen von 20,1° auf 63° C

Erzeugte Wärme . . . . . $Q_1 = 0{,}239\,(63 - 20{,}1) \cdot 1{,}799 = 18{,}0$ kcal/sek

Entsprechende Energie . . $N_1 = \frac{18{,}0 \cdot 427}{75} = 105$ PS

Im ganzen an Energie abgeleitet $105 + 515 = 620$ PS.

Dieser Wert stimmt mit dem berechneten befriedigend überein.

II. Versuch.

Ansaugevolumen 10485 cbm/h. Spez. Gewicht 1,2 kg/cbm.

Temperaturunterschiede							
	Gruppe I		II		III		IV
1.	32,4 — 20 = 12,4	7.	74 — 67 = 7,0	15.	86,5 — 80 = 6,5	21.	82 — 78 = 4,0
2.	43 — 32 = 11,0	8.	76 — 69,4 = 6,6	16.	87 — 80,6 = 6,4	22.	81 — 77,5 = 3,5
3.	53 — 40,2 = 12,8	9.	78 — 71,6 = 6,4	17.	87 — 80,8 = 6,2	23.	79 — 75,2 = 3,8
4.	65 — 52 = 13,0	10.	80 — 73,2 = 6,8	18.	87 — 80,8 = 6,2	24.	79 — 75,8 = 3,2
5.	70 — 56,6 = 13,4	11.	82 — 75,2 = 6,8	19.	85 — 78,8 = 6,2	25.	80 — 76,2 = 3,8
6.	73 — 58,6 = 14,4	12.	83 — 76,2 = 6,8	20.	84 — 77,8 = 6,2	26.	81 — 77,2 = 3,8
	77,0	13.	84,5 — 77,6 = 6,9		37,7	27.	82 — 78,2 = 3,8
		14.	86 — 79,2 = 6,8			28.	85 — 81,8 = 3,2
			54,1				29,1

Wärmewert der Betriebsarbeit auf 1 kg Luft

$$AL = 0{,}239\,(77{,}0 + 54{,}1 + 37{,}7 + 29{,}1) = 47{,}2 \text{ kcal/kg}$$

Angesaugtes Gewicht . . . . . $G = \frac{10485 \cdot 1{,}2}{3600} = 3{,}495$ kg/sek

Energiebedarf ohne Lagerreibung $N = \frac{47{,}2 \cdot 427 \cdot 3{,}495}{75} = 941$ PS

Isothermische Kompression . . $AL_{is} = 0{,}1042 \cdot 293 = 30{,}5$ kcal/kg

Isothermischer Energiebedarf . $N_{is} = 610$ PS

Isothermischer Wirkungsgrad . . $\eta_{is} = 0{,}65$

Kühlwassermenge . . . . 39160 kg/st

Temperaturzunahme des Wassers von 24,41° auf 34,80° C

Abgeleitete Wärme . . . . . . $Q_2 = \frac{39160}{3600} \cdot (34{,}80 - 24{,}41) = 113$ kcal/sek

Entsprechende Energie . . . . $N_2 = \frac{113 \cdot 427}{75} = 643$ PS

Ausgestoßenes Luftgewicht . . $G' = \frac{10300 \cdot 1{,}2}{3600} = 3{,}43$ kg/sek

Temperaturzunahme der Luft von 20,5° auf 84° C

Erzeugte Wärme . . . . $Q_1 = 0{,}239\,(84-20{,}5)\cdot 3{,}43 = 52{,}5$ kcal/sek

Entsprechende Energie . . . . $N_1 = \frac{52{,}5\cdot 427}{75} = 298$ PS

Im ganzen abgeleitet . . $N_1 + N_2 = 643 + 298 = 941$ PS.

71. Förderung verschiedenartiger Gase.

Die Turbokompressoren finden am meisten Verwendung zur Förderung großer Luftmengen auf mäßige Pressungen. In neuerer Zeit mehrt sich die Benutzung der Maschine zur Förderung anderer Gasarten.

Da die Ergebnisse der Energieumsetzung im Gebläse ganz abweichend sind von den Verhältnissen bei Kolbenkompressoren, ist es notwendig darauf einzugehen und Vergleiche zu ziehen.

Auf alle Fälle ist der Wirkungsgrad der Umsetzung unabhängig von der Natur des Gases; daher ist es bei Abnahmeversuchen gestattet, zur Ermittlung des Wirkungsgrades Luft als Fördermittel zu benutzen. Hieraus folgt ferner, daß ein Gebläse von bestimmten Abmessungen und unveränderlicher Drehzahl eine Druckhöhe erzeugt, die von der Natur des Gases unabhängig ist. Dabei ist diese Druckhöhe als Flüssigkeitssäule (in Meter gemessen) desjenigen Stoffes zu denken, der gefördert wird.

Lassen wir z. B. ein Schaufelrad mit einer äußeren Umfangsgeschwindigkeit von etwa 125 m/sek laufen, so kann es ungefähr eine wirkliche Druckhöhe von $h = 1000$ m der betreffenden Flüssigkeitssäule erzeugen, unabhängig davon, ob diese Säule aus Luft oder aus einem andern Gas besteht.

Um auf einfache Weise einen richtigen Einblick in die Verhältnisse zu gewinnen, der uns vollständig genügende Aufklärung gibt, legen wir ein Gebläse mit 6 Rädern und vollkommener Zwischenkühlung zugrunde, jedes Rad erzeuge eine Druckhöhe von $h = 1000$ m; dann erhalten wir die in Zahlentafel 24 angegebenen Werte für die Druckverhältnisse. Für alle Gase soll der Anfangsdruck 1 Atm. abs. und die Anfangstemperatur 20° betragen.

Zahlentafel 24.

Druckerhöhung bei Förderung verschiedener Gase in einem sechsstufigen Gebläse.

Erzeugte Druckhöhe 1000 m. Gassäule in jeder Stufe.

Art der Gase		Schwefl. Säure SO_2	Kohlensäure CO_2	Luft	Ammoniak NH_3	Wassergas	Wasserstoff H
Gaskonstante R		13,2	19,25	29,27	49,6	54	422
Verhältnis von R (Luft) zu R (Gas)		2,22	1,52	1	0,59	0,54	0,0695
Spez. Volumen, Ansaugen v_0 . . .	cbm/kg	0,387	0,565	0,86	1,45	1,58	12,38
Druckzunahme I. Stufe	kg/qm	2590	1770	1160	690	633	81
Druckverhältnis einer Stufe . . .		1,258	1,177	1,116	1,069	1,063	1,0081
Enddruck bei 6 Stufen	Atm.abs.	3,963	2,659	1,932	1,492	1,443	1,049
Enddruck, Verhältnis zu Luft . .		2,05	1,376	1	0,772	0,746	0,54

Für die Berechnung der Druckzunahme in der ersten Stufe aus der angenommenen Druckhöhe $h = 1000$ m ist als spezifisches Volumen der Anfangswert eingesetzt worden, da er sich vom mittleren spezifischen Volumen während der

Kompression nur ganz wenig unterscheidet und es hier nur auf den Vergleich ankommt. Aus der Gleichung

$$p_1 - p_0 = \frac{h}{v_0} = \frac{h p_0}{T_0 R}$$

zeigt sich, daß die Druckzunahme in der ersten Stufe umgekehrt proportional der Gaskonstante ist. Der Enddruck ist nach der Gleichung

$$p_6 = \left(\frac{p_1}{p_0}\right)^6$$

berechnet worden. Es ist besonders aufmerksam zu machen auf die große Verschiedenheit des Enddruckes, der in derselben Maschine mit verschiedenen Gasen erzielt wird. Will man das Gas auf denselben Enddruck bringen, wie die geförderte Luft, so ist dies nur durch entsprechende Änderung der Stufenzahl möglich.

Zur Bestimmung des Arbeitsbedarfes kann die Entropietafel für Luft auch hier benutzt werden. Zu diesem Zweck ist nur nötig, zur p-Linie des Anfangsdruckes die p-Linie des vom betreffenden Gas erreichbaren Enddruckes in die TS-Tafel einzutragen. Dann erhält man auf bekannte Weise den Wärmewert der Kompressionsarbeit auf 1 kg Luft, die nötig ist, um das mit Gas erreichbare Druckverhältnis mit Luft herzustellen. Da sich die Arbeiten zweier verschiedener Gase wie ihre Gaskonstanten verhalten, hat man die Arbeit der Luft mit dem Verhältnis der Gaskonstanten zu vermehren, um die Gasarbeit zu erhalten.

Die folgende Ausrechnung zeigt, daß die Kompressionsarbeiten auf 1 kg Gas für ganz verschiedene Gasarten nur wenig verschieden sind. Der Grund liegt darin, daß der Einfluß der verschiedenen Druckverhältnisse und derjenige der Gaskonstanten einander entgegenlaufen, so daß sich beide Einflüsse zum größten Teil aufheben.

In bezug auf die Fördermenge zeigt das Turbogebläse dasselbe Verhalten wie bei den Kolbenkompressoren. Das Ansaugevolumen ist für alle Fördermittel gleich groß, das Fördergewicht ändert sich dagegen mit der Gaskonstante.

Da der Arbeitsbedarf auf 1 kg Gas beinahe unveränderlich bleibt, wächst der Energiebedarf (PS) ungefähr im umgekehrten Verhältnis zur Gaskonstante.

In Zahlentafel 25 ist die Arbeit bei isothermischer Verdichtung berechnet, und zwar für die in Zahlentafel 24 mitgeteilten Druckverhältnisse. Für die Berechnung des Fördergewichts und des Energiebedarfs ist ein Ansaugevolumen von 100 cbm/min zugrunde gelegt.

Zahlentafel 25.

Energiebedarf und Fördergewicht bei 100 cbm/min Ansaugevolumen.

Art der Gase		Schwefl. Säure SO_2	Kohlensäure CO_2	Luft	Ammoniak NH_3	Wassergas	Wasserstoff H
Kompr.-Verhältnis der 6 Stufen .		3,963	2,659	1,932	1,492	1,443	1,049
Isothermische Arbeit (Luft) . . .	kcal/kg	27,7	19,63	13,26	8,02	7,36	0,96
Isothermische Arbeit (Gas) . . .	„	12,46	12,9	13,26	13,60	13,61	13,85
Fördergewicht (Gas)	kg/min	259	177	116,3	69,0	63,3	8,07
Isothermischer Energiebedarf . .	PS	306	218	146,5	89,1	82	10,6
Energiebedarf, Verhältnis zu Luft		2,09	1,49	1	0,61	0,56	0,0723

72. Gleichwertige Öffnung der Gebläse.

Im Grubenbetrieb ist es üblich, den äußeren Drosselwiderstand, den das ganze Kanalnetz der Grube dem Gebläse entgegensetzt, zu vergleichen mit derjenigen Öffnung in dünner Wand (zugeschärften Kanten), die dieselbe Luftmenge unter

Bewältigung desselben Druckes durchläßt. Diese Öffnung setzt dem Durchfluß des Gases denselben Widerstand entgegen wie das angeschlossene Leitungsnetz, sie kennzeichnet deshalb jenen später auftretenden Widerstand und damit den Betriebszustand des Gebläses vollständig.

Ist $p_2 - p_1$ die Druckerhöhung zwischen Saug- und Druckstutzen, so strömt aus der Öffnung f die Menge V

$$V = \mu f \sqrt{\frac{2g(p_2 - p_1)}{\gamma}} \quad \text{. . . . . (63)}$$

Streng genommen gilt diese Gleichung nur für sehr kleine Druckunterschiede. Da es sich hier nur um Vergleiche der verschiedenen Öffnungen handelt, darf diese Rechnung auch auf Gebläse mit größeren Druckerhöhungen angewendet werden.

Für die Vergleichung ist es nach **Murgue** üblich zu setzen:

für das spezifische Gewicht . . . $\gamma = 1{,}2$ kg/cbm,
für die Ausflußziffer . . . . . . $\mu = 0{,}65$.

Damit ergibt sich die bekannte Formel für die gleichwertige Öffnung

$$f = 0{,}38 \frac{V}{\sqrt{p_2 - p_1}} \quad \text{. . . . . (64)}$$

Um die Willkür in der Wahl von μ zu beseitigen, wird empfohlen, $\mu = 1$ zu setzen und die neue Größe mit dem Namen „gleichwertige Düse“ zu bezeichnen.

Denkt man sich an einem Gebläse auf dem Versuchsstand eine gleichwertige Öffnung angebracht, so ist die Wirkung dieselbe, wie sie bei einer bestimmten Stellung des früher erwähnten Drosselschiebers auftritt. Liefermenge und Druck können alsdann nur noch durch Veränderung der Umlaufzahl geändert werden; das Bild dieses Zusammenhanges ist durch eine parabelähnliche Kurve dargestellt, wie in Abb. 203 gezeichnet.

Jeder anderen Öffnung, d. h. jeder anderen Schieberstellung entspricht eine andere Parabel mit demselben Scheitelpunkt. Auf jeder Parabel liegt ein Zustandspunkt, dem der größte Wirkungsgrad für die betreffende gleichwertige Öffnung zugehört. Zu

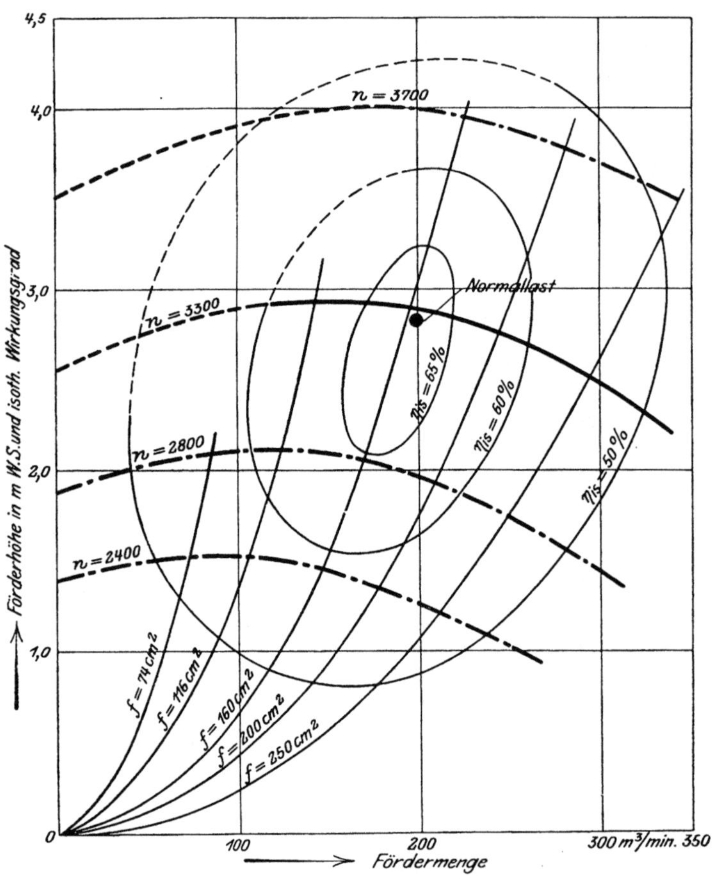

Abb. 203.

beiden Seiten dieses Punktes liegen auf der Parabel zwei Betriebspunkte mit gleich großem Wirkungsgrad.

Bei den Turbokompressoren sind die Verhältnisse verwickelter als bei den eigentlichen Gebläsen, so daß der Begriff der gleichwertigen Öffnung seine Bedeutung verliert.

73. Die Kennlinien der Schaufelräder.

Läßt man das Turbogebläse bei verschiedenen Eröffnungen (Beaufschlagungen), aber gleichbleibender Drehzahl laufen, so steht jeder erzeugte Druck in ganz bestimmtem Zusammenhang mit dem jeweils geförderten Volumen. Das Bild dieses Zusammenhanges zeigt sich in der Druckvolumenkurve oder Kennlinie des Schaufelrades (Charakteristik).

Alle Versuche bestätigen, daß diese Kurve von einem Punkt der Ordinatenachse zuerst etwas ansteigt, um alsdann von einem höchsten Punkt an gegen die Abszissenachse zu fallen (Abb. 203). Der Schnittpunkt mit der Ordinatenachse zeigt den Druck im Gehäuse bei geschlossenem Schieber am Auspuffstutzen. Da die eingeleitete Energie größtenteils als Wärme zurückbleibt, steigt die Temperatur in der Maschine, bis die erzeugte Wärme gleich der durch Leitung und Strahlung abfließenden ist. Meistens darf der Versuch gar nicht solange ausgedehnt werden, da die Maschine zu heiß würde.

Ein zweiter hervorstechender Punkt ist der als normaler Betriebspunkt bezeichnete Zustand, für welchen das Gebläse berechnet worden ist und der den größten Wirkungsgrad aufweisen soll. Ein dritter Punkt der Kennlinie ist erhältlich durch volles Eröffnen des Schiebers, die erzeugte Druckhöhe besteht alsdann nur aus der Höhe entsprechend der Ausflußgeschwindigkeit und der Zustandspunkt liegt beinahe auf der Abszissenachse.

Kann die Drehzahl der Antriebsmaschine verstellt werden, so gilt für jede Drehzahl eine besondere Kennlinie. Innerhalb enger Grenzen der Verstellbarkeit darf der Wirkungsgrad als unveränderlich gelten, dann folgt aus der Hauptgleichung für die Druckhöhe

$$\frac{h_1}{h_2} = \frac{n_1^2}{n_2^2}, \qquad (65)$$

wenn n_1 und n_2 zwei Drehzahlen bei derselben Schiebereröffnung bedeuten. Da die Liefermengen sich verhalten wie die Durchflußgeschwindigkeiten und diese wie die Umfangsgeschwindigkeiten, folgt weiter

$$\frac{V_1}{V_2} = \frac{n_1}{n_2} \qquad (66)$$

Aus diesen beiden Beziehungen zeigt sich, daß das Verhältnis $V/\sqrt{h}$ für jede Schieberstellung einen bestimmten Wert besitzt, der unabhängig von der Drehzahl ist.

Versteht man unter den Ordinaten h nicht die Höhen, sondern die Druckzunahmen, so sind diese Beziehungen nur richtig, wenn von der Veränderlichkeit der spezifischen Gewichte abgesehen wird. (Siehe hierüber Abschnitt 76.)

Trägt man diese Werte $V = \text{konst}\,\sqrt{h}$ für einen Querschnitt f des Schiebers und verschiedene Umlaufzahlen in das Kurvenblatt der Kennlinie ein, so ergibt sich eine aus dem Nullpunkt ansteigende Parabel, deren Achse mit der Ordinatenachse zusammenfällt (Abb. 203).

Zur Vervollständigung des Betriebsbildes läßt sich die eingeleitete Energie N sowie der auf isothermische Kompression bezogene Wirkungsgrad $\eta_{is} = N_{is}/N$ eintragen. Aus diesen Darstellungen ist jederzeit ersichtlich, ob das Gebläse mit vorteilhafter Belastung arbeitet und wie groß der Energieverbrauch ist. In Abb. 203 sind in die Zeichnung der Kennlinien die Punkte gleichen Wirkungsgrades miteinander verbunden, womit die Darstellung an Übersichtlichkeit gewinnt.

74. Untersuchungen der Firma Brown, Boveri über die Abweichungen der wirklichen Kennlinie von der theoretischen.

Wie aus den Betrachtungen über die Druckhöhe hervorgeht (Abschnitt 57), verläuft die theoretische Kennlinie geradlinig und bei genügend rückwärts gekrümmten Schaufeln schwach abwärts (Linie a—a Abb. 210). Um zur wirklichen Kennlinie zu gelangen, hat man sich bis jetzt mit der Einführung des hydraulischen Wirkungsgrades beholfen. Dieses Verhältnis der erreichbaren zur theoretischen Druckhöhe kann für verschiedene Liefermengen nur durch unmittelbare Messung an der laufenden Maschine bestimmt werden. Für den Entwurf neuer Räder ist es aber wichtig, den Verlauf der Kennlinie zum voraus rechnungsmäßig festzustellen.

Zur Klärung der verwickelten Verhältnisse muß den Ursachen der starken Abweichungen nachgeforscht werden. Zu diesem Zweck soll der Druckverlauf in einem Kanal des rotierenden Rades untersucht werden, und zwar unter drei verschiedenen Gesichtspunkten.

a) Druckverlauf für unendlich lange, ganz gefüllte Kanäle.

Das Flüssigkeitselement von der Länge ds, der Dicke dn und der Breite b bewege sich mit der Relativgeschwindigkeit w auf der Bahn s (Abb. 204), die am gezeichneten Ort den Krümmungsradius ϱ aufweist. Die Masse des Elementes beträgt demnach

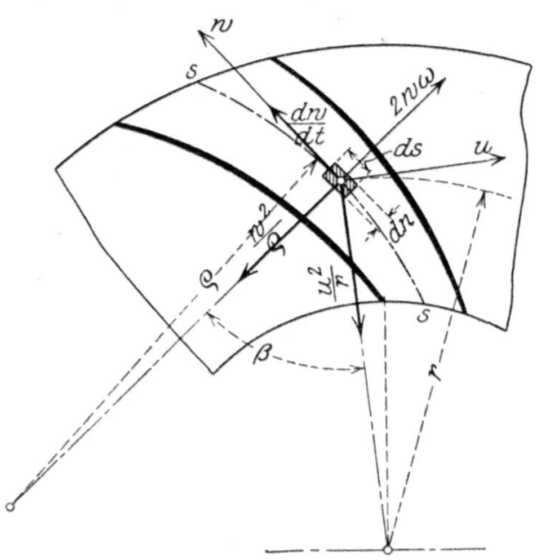

Abb. 204.

$$m = \frac{\gamma}{g} b \cdot dn \cdot ds .$$

Erfahrungsgemäß darf das spezifische Gewicht γ der Flüssigkeit im Kanal mit genügender Genauigkeit als unveränderlich angesehen werden, was die weitere Verfolgung der Aufgabe vereinfacht.

Nach dem Satz von Coriolis wirken die Relativbeschleunigungen $\frac{dw}{dt}$ und $\frac{w^2}{\varrho}$ in der Richtung von w und senkrecht zur Bahn, in der zu letzterer Beschleunigung entgegengesetzten Richtung wirkt die Coriolis-Beschleunigung $2w\omega$ und endlich die Zentripetalbeschleunigung $\frac{u^2}{r}$, wobei ω die Winkelgeschwindigkeit des Systems und $u = r\omega$ die Umfangsgeschwindigkeit am Orte des Elementes bedeuten.

Diesen Beschleunigungen entsprechen Kräfte, die mit der im Element entwickelten Druckzunahme im Gleichgewicht stehen. Die Summe der Kraftkomponenten in der Richtung der Bahn beträgt demnach

$$\frac{\partial p}{\partial s} ds \cdot dn \cdot b + m \frac{dw}{dt} - m \frac{u^2}{r} \sin\beta = 0 ,$$

oder mit

$$w = \frac{ds}{dt}, \qquad \sin\beta = \frac{dr}{ds}$$

$$\frac{\partial p}{\partial s} = \frac{\gamma}{g}\left(r\,\omega^2 \frac{dr}{ds} - w\frac{dw}{ds}\right).$$

Für die Summe der Kraftwirkungen normal zur Bahn kann gesetzt werden

$$\frac{\partial p}{\partial n} \cdot dn \cdot ds \cdot b + 2\, m w \omega - m \frac{w^2}{\varrho} - m \frac{u^2}{r} \cos\beta = 0$$

oder mit $\cos\beta = \frac{dr}{dn}$

$$\frac{\partial p}{\partial n} = \frac{\gamma}{g}\left(\frac{w^2}{\varrho} + r\omega^2 \frac{dr}{dn} - 2\, w\omega\right).$$

Differenziert man die Gleichung für $\frac{\partial p}{\partial s}$ nach dn und die Gleichung für $\frac{\partial p}{\partial n}$ nach ds, so können beide Ergebnisse einander gleichgesetzt werden, und man erhält

$$\frac{d}{ds}\left(r\omega^2 \frac{dr}{dn}\right) - \frac{d}{ds}\left(w \frac{dw}{dn}\right) = \frac{d}{ds}\left(\frac{w^2}{\varrho} + r\omega^2 \frac{dr}{dn} - 2\, w\omega\right)$$

oder nach Integration

$$2\,\omega - \frac{dw}{dn} - \frac{w}{\varrho} = 0 \quad \dots\dots\dots\dots (67)$$

Diese Gleichung gibt den Zusammenhang zwischen der Relativgeschwindigkeit und dem Krümmungsradius des Flüssigkeitsfadens. Ist ϱ veränderlich, so läßt sich die Gleichung nach der Methode von Flügel graphisch integrieren.

Für $\varrho = \infty$ ist die Gleichung unmittelbar integrierbar und ergibt

$$w = 2\,\omega n + w_0 \quad \dots\dots\dots\dots (68)$$

Die Integrationskonstante w_0 erhält man mit der bekannten Durchflußmenge

$$V = \int_0^n w \cdot b \cdot dn = b \int_0^n 2\,\omega n\, dn + b w_0 \int_0^n dn$$

$$V = b\omega n^2 + b w_0 n,$$

woraus

$$w_0 = \frac{V - b\omega n^2}{bn} \quad \dots\dots\dots\dots (69)$$

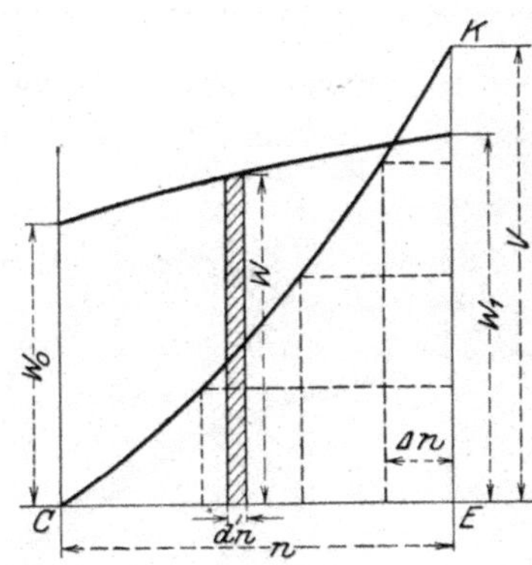

Abb. 205.

Da die sehr schwachen Krümmungen der Schaufeln meistens ohne Bedeutung sind, lassen sich die Gl. 68 und 69 benützen, um einen Kanal in Stromfäden einzuteilen, von denen je zwei eine gleich große Durchflußmenge begrenzen.

Trägt man z. B. die Breite $CE = n$ des Kanals als Abszisse und die berechneten Geschwindigkeiten w und w_0 als Ordinaten (Abb. 205) ein, so ergibt die graphische Integration der Geschwindigkeitskurve die Kurve CK, deren Ordinate EK die ganze Durchflußmenge darstellt. Teilt man die Ordinate EK in vier gleiche Stücke, so schneiden die Wagrechten durch die Teilpunkte auf der Kurve CK Abszissenstücke Δn ab, die in den Querschnitt CE des Kanals als Verteilung der Stromfäden eingetragen werden. In jedem anderen Querschnitt läßt sich dieses Verfahren wiederholen.

b) Druckverteilung in endlich langen Kanälen (Schrägabschnitt).

Die gefundene Verteilung ist nur bei unendlich langem Kanal richtig, d. h. zwischen den Querschnitten AF und CE (Abb. 206), und zwar nur dann, wenn der Kanal durch die strömende Flüssigkeit vollständig angefüllt ist.

Die Verhältnisse ändern sich, auch wenn diese letztere Bedingung beibehalten wird, sobald man den unendlich langen Kanal durch den äußeren Radkreis abschneidet. Da der statische Druck (Spaltdruck) längs des Radumfanges offenbar gleich groß für alle Stromfäden ist, so zeigt die Gleichung für den Spaltüberdruck

$$\frac{p_2}{\gamma}+\frac{w_2^2}{2g}-\frac{u_2^2}{2g}=\frac{p_1}{\gamma}+\frac{w_1^2}{2g}-\frac{u_1^2}{2g}=\text{konst}, \quad \ldots\ldots (69\text{a})$$

daß auch die relative Austrittsgeschwindigkeit w_2 für alle Stromfäden am Radumfang konstant sein muß. Die Stromfäden werden demnach abgelenkt und es entsteht eine Krümmung mit dem Radius ϱ, der durch Integration aus Gl. 67 gewonnen wird. Unter der Voraussetzung eines konstanten Radius ϱ ergibt diese Rechnung

$$-\frac{dn}{\varrho}=\frac{dw}{w-2\,\omega\varrho}$$

integriert
$$-\frac{n}{\varrho}=\ln(w-2\,\omega\varrho)+C,$$

für $n=0$ ist im allgemeinen $w=w_0$ und $C=-\ln(w_0-2\,\omega\varrho)$ eingesetzt, gibt

$$-\frac{n}{\varrho}=\ln\frac{w-2\,\omega\varrho}{w_0-2\,\omega\varrho},$$

woraus
$$w=e^{-\frac{n}{\varrho}}(w_0-2\,\omega\varrho)+2\,\omega\varrho \quad \ldots\ldots (70)$$

Setzen wir hierin für die konstante Geschwindigkeit am äußeren Umfang

$$w=w_0=w_2,$$

so wird
$$w_2\left(1-e^{-\frac{n}{\varrho}}\right)=2\,\omega\varrho\left(1-e^{-\frac{n}{\varrho}}\right)$$

oder
$$w_2=2\,\omega\varrho \quad \ldots\ldots (71)$$

Zwischen den einzelnen Stromfäden herrscht demnach Gleichgewicht, wenn ihr Krümmungsradius der Gleichung $\varrho=\frac{w}{2\,\omega}$ genügt.

Mit diesem Ergebnis kann die wirkliche Verteilung der Stromfäden am Radaustritt gezeichnet werden, unter Annahme, daß durch jeden Teilstrang die gleiche Luftmenge fließt (Abb. 206). In CE besteht noch die Verteilung, wie sie für den unendlich langen Kanal gefunden wurde. Für den Umfang BC ergeben sich Geschwindigkeit w_2 und Krümmungsradius ϱ unter Berücksichtigung der Bedingung, daß das Volumen jeden Stromfadens Platz zum Durchströmen des Querschnittes finden muß.

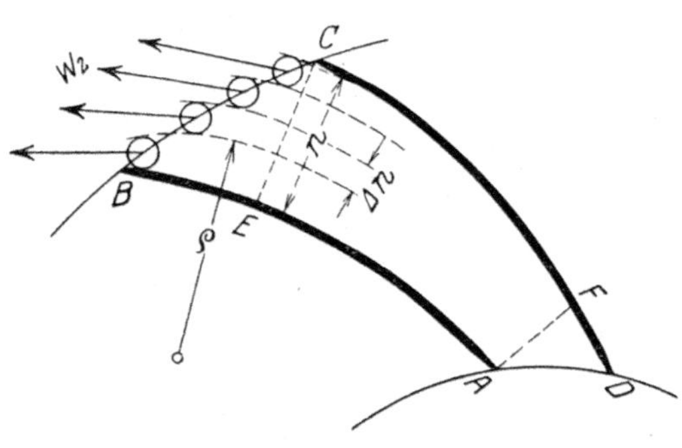

Abb. 206.

Die Gesamtenergie, die das Rad an die Flüssigkeit abgibt, erhält man als Summe der Energien der einzelnen Stromfäden. Der in einem Stromfaden erzeugte Spaltüberdruck ist wie früher zu berechnen.

Da nun jetzt w_2 bedeutend größer ausfällt als nach der alten Theorie, ergibt sich ein kleinerer Spaltüberdruck. Darin ist die Wirkung der Strahlablenkung durch den Schrägabschnitt deutlich zum Ausdruck gekommen. In Abb. 210 ist die damit verbundene Verschiebung der Kennlinie nach b—b ersichtlich.

c) Strömung im teilweise gefüllten Kanal.

Bis jetzt ist angenommen worden, die Kanäle seien mit strömender Flüssigkeit vollständig angefüllt. Dies trifft aber in den meisten Fällen nicht zu, sondern es bildet sich neben der eigentlichen Strömung eine neutrale Zone, in der statt der fortschreitenden und nützlichen Bewegung nur Wirbel auftreten. Die Ursachen für diese Erscheinung sind verschieden: sie tritt ein, wenn die Richtung der relativen Eintrittsgeschwindigkeit nicht mit der Richtung der Schaufeltangente an jener Stelle übereinstimmt, oder wenn die Divergenz der Schaufeln von innen nach außen zu groß ist. Namentlich zeigt sich diese Wirbelbildung, wenn das Rad statt der normalen Liefermenge ein stark verkleinertes Volumen zu fördern hat.

Die Wirbelzone steht wohl im statischen Gleichgewicht mit der aktiven Zone, nimmt aber an der Strömung nicht teil. Für sie ist an allen Orten die Relativgeschwindigkeit $w = 0$. Damit folgt aus Gl. 69a, daß in der neutralen Zone der statische Druck mit u^2 nach außen zu wächst. Nun muß aber auf der ganzen Länge der Begrenzung zwischen den beiden Zonen Gleichgewicht herrschen, folglich wächst auch in der aktiven Zone der statische Druck mit u^2, was nur möglich ist, wenn die Relativgeschwindigkeit w_1 auf der ganzen Kanallänge konstant bleibt.

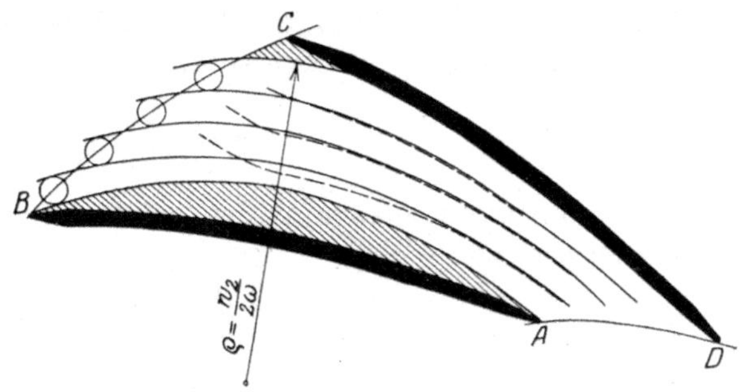

Abb. 207.

Mit diesem Ergebnis läßt sich die konstante Breite der neutralen Zone berechnen. Zwischen aktiver und neutraler Zone kann man sich eine Wand denken, da auf beiden Seiten der gleiche statische Druck besteht. Nun wendet man die unter a) und b) entwickelten Methoden für die aktive Zone allein an.

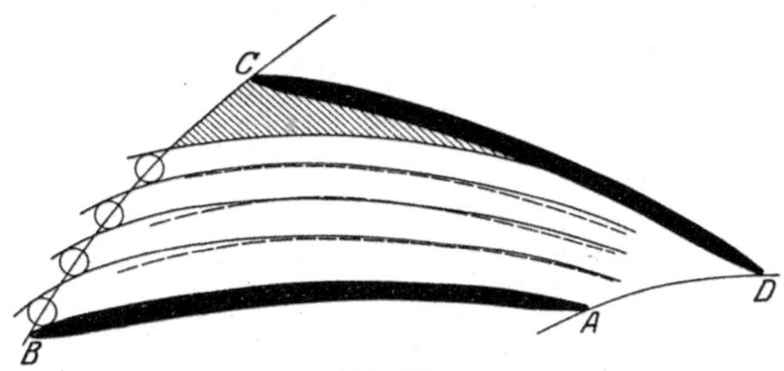

Abb. 208.

Um die neue Berechnungsart auf ihre Zuverlässigkeit zu prüfen, hat die Firma Brown, Boveri & Cie. in Baden an einem Versuchsrad sorgfältige Messungen vorgenommen, von welchen zwei Gruppen mitgeteilt werden können.

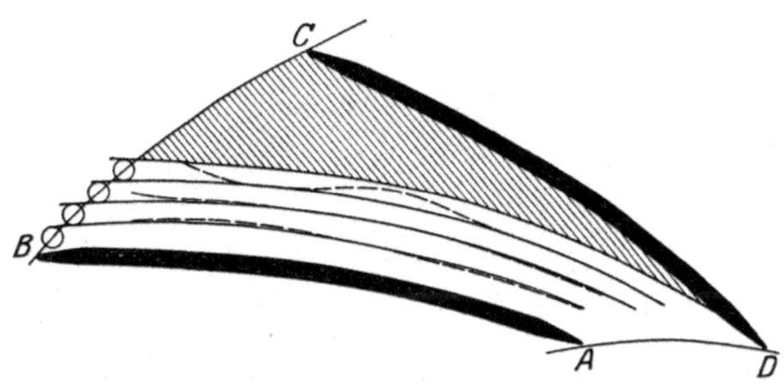

Abb. 209.

Die eine Gruppe enthält Messungen der Drücke im bewegten Radkanal durch eingebaute Pitotröhrchen. Die erhaltenen Werte sind in den Abbildungen 207 bis 209 zur Darstellung gebracht, und zwar bedeuten die gestrichelten Kurven die gemessene Stromverteilung, die ausgezogenen dagegen sind nach der entwickelten Methode berechnet. Man erkennt die befriedigende Übereinstimmung von Messung und Berechnung.

Eine zweite Versuchsreihe erstreckte sich auf die Messung der Gesamtenergie unmittelbar am Radaustritt mit feststehenden Pitotröhren im Spalt.

Bei diesen Versuchen lief das Rad mit 4850 Uml./min

für $D_1 = 300$ mm und $D_2 = 550$ mm

ist $u_1 = 67{,}4$ m/sek $u_2 = 140$ m/sek, $\omega = 507{,}6$.

Die Druckverteilung nach Abb. 207 ist mit einer Liefermenge von 1,14 cbm/sek entstanden (Überlast). Besitzt das Rad 14 Schaufeln, so geht durch einen Kanal $V = 0{,}0815$ cbm/sek. Für die Verhältnisse am Eintritt ist mit $b = 0{,}02$ m und $n = 0{,}035$ m

$$w_0 = \frac{0{,}0815 - 0{,}02 \cdot 507{,}6 \cdot 0{,}035^2}{0{,}02 \cdot 0{,}035} = 98{,}7 \text{ m/sek}$$

und

$$w = 2 \cdot 507{,}6 \cdot 0{,}035 + 98{,}7 = 134{,}2 \text{ m/sek}.$$

Die Verteilung in anderen Querschnitten zeigt, daß sich eine neutrale Zone an den Schaufeln A-B (Abb. 207) bildet; längs dieser Begrenzung ist demnach w konstant und am Austritt entsteht die Geschwindigkeit $w_2 = w_0 = 98{,}7$ m/sek, der Krümmungsradius beträgt somit

$$\varrho = \frac{98{,}7}{2 \cdot 507{,}6} = 0{,}097 \text{ m}$$

und die Kontinuitätsgleichung ist erfüllt, wenn die Stromfäden am Austritt eine Dicke besitzen von

$$\Delta n = \frac{1}{4} \frac{0{,}0815}{0{,}02 \cdot 98{,}7} = 0{,}0102 \text{ m}.$$

Eine zweite Verteilung zeigt Abb. 208 für die normale Durchflußmenge von 0,7 cbm/sek, bei der sich bereits auf der Schaufelseite C-D eine kleine neutrale Zone bildet; sehr stark tritt diese Erscheinung erst in Abb. 209 hervor (0,46 cbm/sek) und man erkennt am unregelmäßigen Stromverlauf in der Nähe der neutralen Zone den Einfluß der Wirbel auf die Strömung.

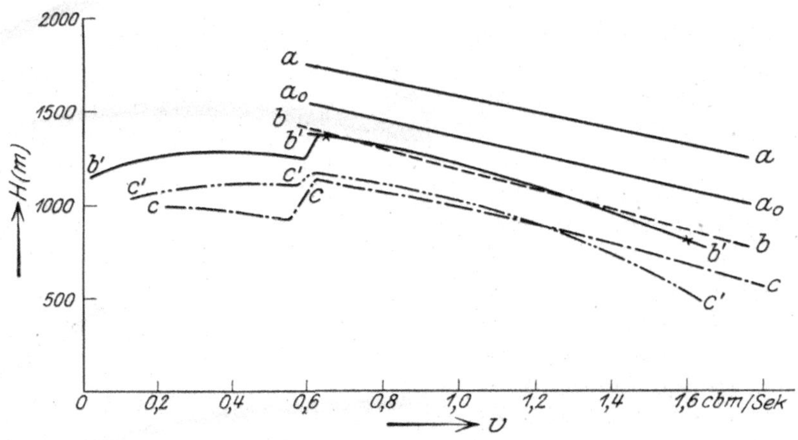

Abb. 210.

In Abb. 210 sind die berechneten und die gemessenen Werte in das Druck-Volumen-Diagramm eingetragen. Hierin bedeutet a—a den Verlauf der theoretischen Druckhöhe nach der gewöhnlichen Berechnungsart, a_0—a_0 die theoretische Druckhöhe des Laufrades allein, Linie b—b die nach der neuen Rechnung erhaltene Energie und b'—b' die mit Pitotröhren im Laufrad gemessenen Werte; sie weichen innerhalb eines weiten Bereiches nur wenig voneinander ab. Der bei Abszisse 0,6 cbm/sek auftretende Kurvensprung erklärt sich von der stark nach außen zu klaffenden neutralen Zone, die von dieser Liefermenge an abwärts einsetzt. Für Betriebspunkte rechts von dieser Stelle läuft der Kanal voll, abgesehen von den durch die Krümmungen hervorgerufenen kleinen Wirbelräumen.

Vom Radaustritt bis zum Austritt aus der Maschine geht ein Teil der Strömungsenergie bei der Umsetzung im Diffusor verloren, ferner sind noch die Reibungswiderstände beim Durchfluß in Rechnung zu setzen, um den erzeugten Enddruck zu erhalten. Dadurch rücken die Kurven $b—b$ bzw. $b'—b'$ weiter abwärts nach $c—c$ bzw. $c'—c'$, die endlich die wirkliche Kennlinie darstellt. Sie zeigt immer noch die deutliche Knickung mit Absenkung der Drucklinie für kleine Liefermengen; die Erscheinung tritt von dem Moment an ein, wenn die Durchflußmenge zur Füllung der Kanäle nicht mehr ausreicht (siehe Abschnitt 84). Unter Umständen mag sich dieser Kurvensprung mehr oder weniger verwischen; er kann aber bei allen Schaufelformen beobachtet werden, wenn die Kennlinie mit genügender Sorgfalt aufgenommen worden ist.

75. Verwertung der Kennlinie im Betrieb.

Die auf dem Versuchsstand ermittelte Kennlinie eines Turbokompressors gibt ein unentbehrliches Mittel, die eigenartigen Arbeitsverhältnisse im Betrieb zu erkennen, nachdem die Maschine in ihre bleibende Verwendungsstelle eingebaut worden ist. Der Verdichter ist an ein Netz oder eine Verbrauchsstelle angeschlossen und von dort einem Gegendruck unterworfen, der sich als Widerstand der Kompressorwirkung entgegensetzt.

Soll die Maschine eine verlangte Liefermenge bei vorgeschriebenem Wirkungsgrad fördern, so muß der zugehörige von ihr erzeugte Druck gerade mit dem Gegendruck p des Netzes übereinstimmen. Ist dies nicht der Fall, so arbeitet der Kompressor nicht unter den gewünschten Betriebsbedingungen, auch wenn er auf dem Versuchsstand die vorgeschriebenen Werte erfüllt hat.

Der Charakter des Gegendruckes richtet sich nach der Verwendung des Kompressors. Der Widerstand ist konstant, wenn das Gas durch eine Flüssigkeit durchgedrückt werden muß. (Durchpressen von Gas oder Luft durch Bäder, in chemischen Fabriken oder in Eisenwerken.) Im Druck-Volumen-Diagramm zeichnet sich diese Widerstandslinie p als Gerade GA parallel der Abszissenachse, wenn von der Reibung zwischen Gas und Flüssigkeit abgesehen wird (Abb. 211).

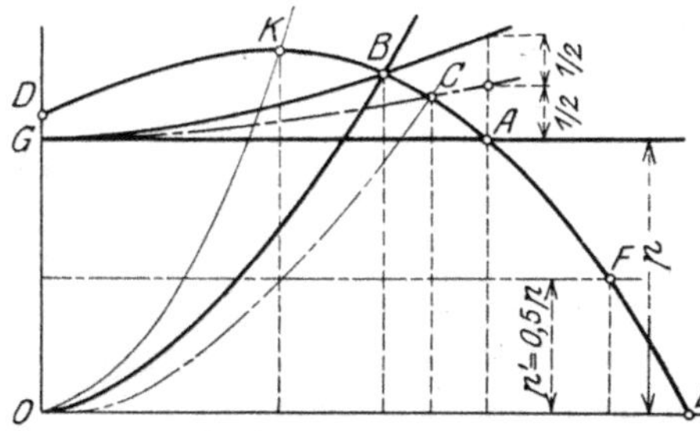

Abb. 211.

Veränderliche Widerstände entstehen, wenn Gase durch lange Leitungen getrieben werden müssen, die mit allerlei örtlichen Widerständen behaftet sind. Diese Reibungs- und Stoßwiderstände wachsen ungefähr mit dem Quadrat der Fördermenge, daher zeigt sich die Gegendrucklinie als Parabel OB mit dem Nullpunkt 0 als Scheitel.

Häufig finden sich beide Arten vereinigt, dann ergibt sich als Gegendrucklinie eine Parabel GB, deren Scheitel um den Betrag des Flüssigkeitsdruckes p über dem Nullpunkt liegt. In Koksofenanlagen wird z. B. das Rohgas durch Kühl- und Waschapparate gedrückt, bevor es in langen Leitungen an die Verbrauchsstellen fließt.

Wird dem Verdichter im Betrieb ein anderer Widerstand entgegengesetzt, als der von ihm bei günstigstem Wirkungsgrad erzeugte Druck, so kann er nicht mit den gewährleisteten Bedingungen laufen, obschon er auf dem Versuchsstand den

Anforderungen Genüge geleistet hat. Sinkt z. B. der konstante Widerstand p auf $p' = 0{,}5\,p$, so verschiebt sich der Betriebspunkt A nach F, das Volumen steigt beträchtlich (um etwa 70 v. H.), ebenso der Energiebedarf N, während der Wirkungsgrad sinkt.

Würde der durch GB dargestellte Reibungswiderstand in der Ordinate durch A Abb. 211 auf den halben Wert sinken, so wäre C der Betriebspunkt, und das Volumen würde gegenüber dem Betriebspunkt B ebenfalls zunehmen, wenn auch nicht so stark wie bei konstantem Widerstand.

Man ersieht hieraus, wie wichtig für den Betrieb eine reichliche Bemessung der Antriebsmaschine ist, um den Anforderungen an veränderliche Verhältnisse gewachsen zu sein.

Wächst der Gegendruck, so ist damit eine Verkleinerung der Fördermenge verbunden. Bei konstantem Widerstand ist eine obere Grenze erreicht, wenn der Betriebspunkt auf dem Scheitelpunkt K der Kennlinie angelangt ist. Wächst der Widerstand noch mehr, so hört die Lieferung auf, da der Verdichter den Gegendruck nicht mehr überwinden kann. Bei reinem Reibungswiderstand wird auch dann noch die Förderung nicht unterbrochen, dagegen erfolgt sie stoßweise, da der Betriebspunkt auf dem linken Ast der Kennlinie liegt (siehe Abschnitt 78).

76. Einfluß der Ansaugeverhältnisse auf den Betrieb.

a) Änderung des spezifischen Gewichtes im Saugstutzen.

Wie aus früherem hervorgeht, ist sowohl die Druckzunahme als auch der Energiebedarf proportional dem spezifischen Gewicht im Saugstutzen. Auch bei gleichbleibender Natur des Gases ist diese Zahl veränderlich, sie steht im geraden Verhältnis zum Druck (p_0) und im umgekehrten Verhältnis zur Temperatur (T_0).

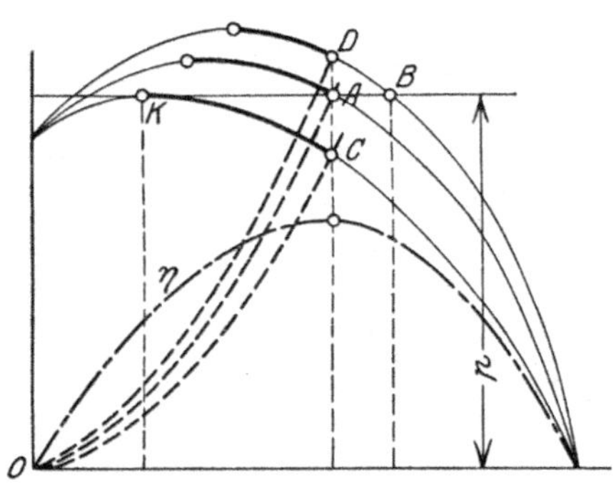

Abb. 212.

Eine Änderung des spezifischen Gewichtes äußert sich in einer Verschiebung der Kennlinie und der Kurve des Energiebedarfes. Die Wirkung auf den Betrieb ist am größten bei konstantem Widerstand p. Da die widerstehende Flüssigkeitssäule nach Höhe und spezifischem Gewicht unveränderlich bleibt, rückt der Betriebspunkt von A auf der Geraden p nach links (K) oder nach rechts (B), verkleinert oder vergrößert das Fördervolumen, ja es kann sogar im ersteren Fall eine Förderwirkung ganz verschwinden (Abb. 212). Vor Anschaffung eines Gebläses ist daher sehr darauf zu sehen, welchen Veränderungen Druck und Temperatur im Saugstutzen ausgesetzt sind.

Bei reinem Reibungswiderstand sind die Verhältnisse günstig, da sich die Gegendruckkurve ebenfalls proportional dem spezifischen Gewicht verschiebt. Deshalb rückt der Betriebspunkt A Abb. 212 auf der Senkrechten nach aufwärts (D), wenn das spezifische Gewicht zunimmt, im andern Fall abwärts nach C. Liefermenge und Wirkungsgrad bleiben unverändert. Bei gemischtem Widerstand verläuft die Verschiebung zwischen den beiden betrachteten Grenzfällen.

b) Veränderlicher Ansaugedruck (Drosselung auf der Saugseite).

Soll die Förderung bei veränderlichem Ansaugedruck stattfinden, was z. B. durch Einbau einer Drosselvorrichtung auf der Saugseite erreicht wird, so bleibt die Temperatur fast unbeeinflußt. Das Verhältnis $\frac{p_0}{\gamma_0} = R\,T_0$ wird daher auch nicht verändert. Da die Drehzahl die gleiche bleibt, wird das Druckverhältnis und das Ansaugevolumen unverändert belassen.

Aus der Gleichung für den Energiebedarf

$$G(A\,L) = G\,c_p\,(T - T_0) = V_0\,\gamma_0\,c_p\,T_0\left(\frac{T}{T_0} - 1\right) = \frac{V_0\,p_0}{R}\,c_p\left(\frac{T}{T_0} - 1\right)$$

folgt weiter, daß die aufgenommene Energie sich proportional dem absoluten Druck p_0 im Saugstutzen ändert.

Gestützt auf diese Überlegungen führt die in Abb. 213 angegebene Konstruktion zu einer neuen Kennlinie $D\,A'\,E'$, wenn die alte Kennlinie $D\,A\,E$ gegeben ist, falls sich der Ansaugedruck nach irgendeinem Gesetz ändert[1]). Es sei $D\,A\,E$ die Kennlinie im ungedrosselten Zustand des Gebläses, wenn der Ansaugedruck den konstanten Betrag $p_0 = 1$ Atm. aufweist. Wird dieser Druck durch eine Drosselvorrichtung derart verändert, daß er durch die Kurve O_1—d gegeben ist, so erhält man den neuen Enddruck p_1', d. h. die Ordinate der neuen Kennlinie zur Ordinate p_1 aus der Bedingung, daß

$$\frac{p_1}{p_0} = \frac{p_1'}{p_0'} = \text{konst.}$$

Die Konstruktion dieser Proportion erfolgt mit Hilfe der ähnlichen Dreiecke $A\,B\,O$ und $A'B'O$. Zieht man daher die Strahlen BO und $A\,O$, so schneidet der erste auf der Kurve O_1—d den Druck p_0' ab, auf dem zweiten Strahl liegt senkrecht über p_0' der entsprechende Punkt A' der neuen Kennlinie $D\,A'E'$, die zur Saugkurve O_1—d gehört.

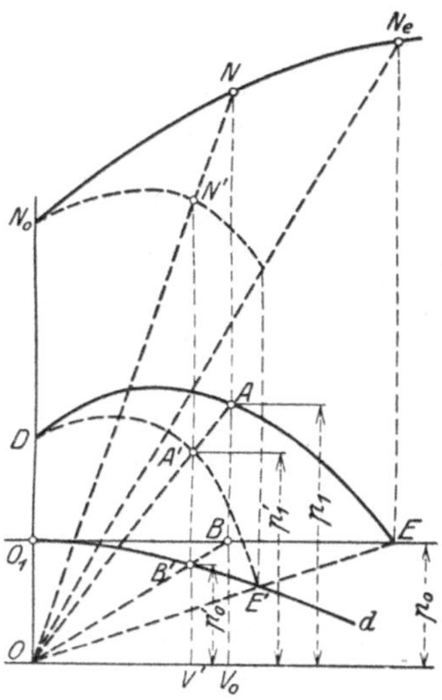

Abb. 213.

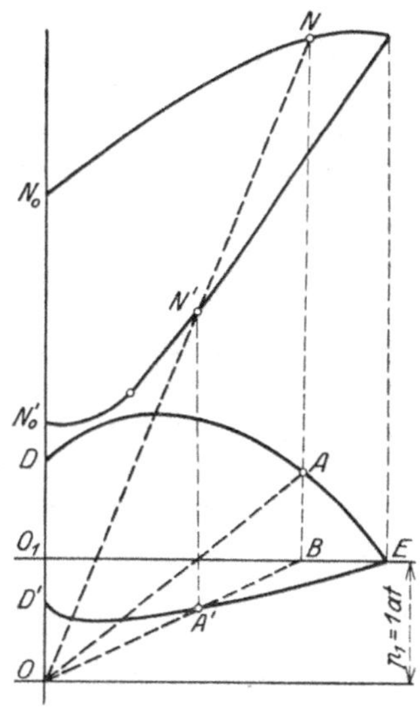

Abb. 214.

Das Gebläse kann demnach nach den Kurven $D\,A\,E$ oder $D\,A'E'$ arbeiten. Das dem Druck p_1' entsprechende Volumen V' gilt für ungedrosselte Saugleitung oder für die Verhältnisse vor der Drosselstelle, da alle Abszissen für diesen Zustand aufgetragen sind. Dieses Volumen ist nur scheinbar kleiner geworden, dasjenige nach der Drosselstelle ist größer, und zwar verhalten sich diese beiden Volumen wie die absoluten Drücke, somit

$$\frac{V'}{V_0} = \frac{p_0'}{p_0} \quad \text{oder} \quad V'\frac{p_0}{p_0'} = V_0,$$

d. h. das Volumen ist durch die Drosselung nicht verändert worden, wie dies auch die Bedingung eines konstanten Druckverhältnisses verlangt.

In ähnlicher Weise läßt sich aus der Energiekurve N_0—N—N_e des ungedrosselten Gebläses diejenige für gedrosselten Zustand ableiten, da

$$\frac{N}{N'} = \frac{p_0}{p_0'}.$$

[1]) Siehe „Brown Boveri-Mitteilungen“ 1919, S. 272.

Verlängert man die Ordinate durch V_0 bis zur gegebenen Energiekurve N_0—N_e, so schneidet der Strahl NO auf der Ordinate V' den gesuchten Punkt N' der neuen Energielinie ab.

In Abb. 214 ist das Verfahren wiederholt unter der Voraussetzung, der Enddruck p_1 am Austritt aus dem Gebläse sei konstant, z. B. $p_1 = 1$ Atm. abs. Dies ist der Fall bei einem sog. Gassauger, der nur auf der Saugseite Widerstände zu überwinden hat und gegen die Atmosphäre ausstößt. In diesem Fall verwandelt sich die normale Kennlinie DAE in die neue Linie $D'A'E$ und der Energiebedarf verläuft nach $N_0'N'$ statt nach der ursprünglichen Kurve N_0N. Wie ersichtlich, steigt die Energiekurve sehr stark an. Man muß daher bei solchen Anlagen den Motor stark genug wählen, damit er bei Abnahme des Unterdruckes nicht überlastet wird. Es empfiehlt sich Drosselventile einzubauen, die einen unveränderlichen Saugdruck einstellen (Getreidesauger).

77. Kennlinie mehrstufiger Kreiselverdichter.

Die Kennlinie eines Turbokompressors entsteht aus der Gesamtwirkung der einzelnen Stufen, von denen jede ihre besondere Kennlinie aufweist. Will man die Kurven der Einzelstufen aufeinander legen, so decken sie sich nicht, wie dies z. B. bei mehrstufigen Kreiselpumpen für Wasser der Fall ist. Der Grund liegt darin, daß im Verlauf der Verdichtung das Fördervolumen fortwährend abnimmt, ferner ändert sich die in jeder Stufe erzeugte Druckerhöhung. Selbst die Wirkungsgradkurven verlaufen für jede Stufe anders, so daß die Verhältnisse viel verwickelter sind als bei Kreiselpumpen. Dazu kommt noch, daß sich die ganze Kurvenschar verschiebt, sobald eine Änderung der Drehzahl oder des spezifischen Gewichtes am Radeintritt vorkommt.

Man kann diese Kurven auf eine einfache Form bringen, indem statt der Druckzunahme Δp die Druckhöhenziffer $m = 2\varphi\eta_p$ als Ordinate abgetragen wird, ferner als Abszisse statt des Volumens V das Verhältnis gegenüber der normalen Liefermenge V_0, das als Beaufschlagung oder Eröffnungsverhältnis $\varepsilon = \frac{V}{V_0}$ eingeführt werden mag[1]. Die erhaltenen Kurven der Einzelstufen weichen nun wenig voneinander ab, so daß an ihre Stelle eine einzige Grundkennlinie gezeichnet werden kann.

Die so definierte Beaufschlagung gilt für eine einzige Drehzahl und die bei Normallast geförderte Menge V_0 bei höchstem Wirkungsgrad ($\varepsilon_0 = 1$). Ändert sich nun auch die Drehzahl, so ist

$$\varepsilon = \frac{V}{V_0}\frac{n_0}{n} \quad \text{(72)}$$

Die so erhaltene Grundkennlinie ist unabhängig von der Drehzahl, von der Dichte des Mittels, von der Durchflußmenge und von der Lage einer Stufe.

Man kann damit das allgemeine Verhalten jeder Art von Turbokompressoren bei verschiedenen Betriebsbedingungen behandeln. Da die Beaufschlagung der einzelnen Stufen erfahrungsgemäß nur in sehr geringem Maß von der Temperatur beeinflußt wird, darf angenommen werden, die Verdichtung geschehe bei unveränderlicher Temperatur.

Bei normaler Belastung — entsprechend größtem Wirkungsgrad — ist ε_0 und m_0 in allen Stufen gleich groß, da für alle die gleiche Grundkennlinie gilt. Für eine beliebig andere Belastung ist

$$\varepsilon = \varepsilon_0 \frac{V}{V_0}\frac{n_0}{n} = \varepsilon_0 \frac{G}{G_0}\frac{\gamma_0}{\gamma}\frac{n_0}{n}.$$

[1]) Siehe Flügel, Zeitschr. d. Ver. d. Ing. 1920, S. 1030.

Mit den Kompressionsverhältnissen

$$x_0 = \frac{p_0}{p_{01}}, \qquad x = \frac{p}{p_1}$$

folgt

$$\varepsilon = \varepsilon_0 \frac{n_0}{n} \frac{G}{G_0} \frac{p_0}{p} \frac{T}{T_0} = \varepsilon_0 \frac{n_0}{n} \frac{G}{G_0} \left(\frac{p_0}{p}\right)_1 \frac{T}{T_0} \left(\frac{p}{p_1}\right)_0 \frac{p_1}{p}, \quad . \quad . \quad . \quad . \quad . \quad (73)$$

hierbei ist im allgemeinen vorausgesetzt, die Temperatur T und der Anfangsdruck p_1 seien von den Normalwerten T_0 und p_{01} verschieden. Bezeichnet

$$\varepsilon_1 = \varepsilon_0 \frac{n_0}{n} \frac{G}{G_0} \left(\frac{p_0}{p}\right)_1 \frac{T}{T_0}$$

die Beaufschlagung der ersten Stufe, so ist

$$\varepsilon = \varepsilon_1 \frac{x_0}{x}.$$

Der in Abschnitt 65 entwickelte Ausdruck für das Druckverhältnis gilt hier bei normalem Gang (Index 0) und lautet mit $x_0 = \left(\frac{p}{p_1}\right)_0$

$$\ln x_0 = m_0 \frac{z u_0^2}{2 g R T_0}, \quad . \quad . \quad . \quad . \quad . \quad . \quad . \quad . \quad . \quad . \quad . \quad (74)$$

für eine andere Belastung ist

$$\ln x = m \frac{z u^2}{2 g R T} = \frac{m}{2 g R T} \left(\frac{n}{n_0}\right)^2 z u_0^2, \quad . \quad . \quad . \quad . \quad . \quad . \quad . \quad (75)$$

hierin darf die Druckhöhenziffer m für alle Stufen gleich groß vorausgesetzt werden, sie entspricht der mittleren Beaufschlagung ε_m, für die ungefähr der Ausdruck

$$m = \sqrt{\varepsilon_1 \cdot \frac{\varepsilon_1 + \varepsilon_2}{2}}$$

angesetzt werden darf, wenn ε_1 und ε_2 die Beaufschlagungen der ersten und letzten Stufe des Kompressors (oder einer Gruppe) bedeuten. Sie finden sich aus

$$\varepsilon_1 = \varepsilon_0 \frac{V}{V_0} \frac{n_0}{n} = \varepsilon_0 \frac{G}{G_0} \frac{p_{01}}{p_1} \frac{T}{T_0} \frac{n_0}{n},$$

$$\varepsilon_2 = \varepsilon_0 \frac{V_2}{V_{02}} \frac{n_0}{n} = \varepsilon_0 \frac{G}{G_0} \frac{p_{02}}{p_2} \frac{T}{T_0} \frac{n_0}{n} = \varepsilon_1 \frac{x_0}{x}.$$

Diese Werte eingesetzt, gibt

$$\varepsilon_m = \varepsilon_1 \sqrt{\frac{1 + \frac{x_0}{x}}{2}},$$

womit sich schließlich die Ansaugemenge des anderen Betriebszustandes ergibt

$$V = V_0 \frac{n}{n_0} \frac{\varepsilon_1}{\varepsilon_0} = V_0 \frac{\varepsilon_m}{\varepsilon_0} \frac{n}{n_0} \sqrt{\frac{2}{1 + \frac{x_0}{x}}} \quad . \quad . \quad . \quad . \quad . \quad . \quad . \quad . \quad (76)$$

46. Beispiel: Der in Beispiel 43 berechnete Turbokompressor laufe statt mit 3400 mit 3300 oder mit 3200 Umdrehungen, es soll das neue Kompressionsverhältnis, die Ansaugemenge und der Energiebedarf berechnet werden.

a) Normalbelastung: $n_0 = 3400$, $m_0 = 2 \cdot 0{,}74 \cdot 0{,}76 = 1{,}125$, $\varepsilon_0 = 1$,
$T_0 = 320^0$, $x_0 = 8$, $V_0 = 450$ cbm/min,
$z = 14$, $u_0 = 156$ m/sek.

b) Betrieb mit $n = 3300$.

Aus der gegebenen Grundkennlinie sei $m = 1{,}10$ abgelesen. Ferner sei

$$T = 273 + 40 = 313^0 \text{ C abs.},$$

damit ergibt sich das neue Druckverhältnis

$$\ln x = \frac{1{,}1 \cdot 340000}{19{,}62 \cdot 29{,}3 \cdot 313} \left(\frac{3300}{3400}\right)^2,$$

$$x = 6{,}95.$$

Da sich die Drehzahl nicht stark verändert hat, darf ungefähr $\varepsilon_m = \varepsilon_0 = 1$ gesetzt werden, damit wird

$$\sqrt{\frac{2}{1 + \frac{x_0}{x}}} = 0{,}966$$

und das Ansaugevolumen

$$V = 450 \frac{3300}{3400} 0{,}966 = 425 \text{ cbm/min}.$$

Mit $\eta_{is} = 0{,}63$ ist der Energiebedarf

$$N = \frac{425 \cdot 10000 \cdot 2{,}303 \cdot 0{,}842}{60 \cdot 75 \cdot 0.63} = 2910 \text{ PS}.$$

Mit den gewöhnlichen Proportionalitätsgesetzen würde sich ergeben

$$x = 8 \left(\frac{3300}{3400}\right)^2 = 7{,}54, \qquad V = 450 \frac{3300}{3400} = 437 \text{ cbm/min}.$$

Diese Gleichungen führen demnach bei mehrstufigen Turbokompressoren zu falschen Ergebnissen.

c) Betrieb mit $n = 3200$.

Es sei $m = 1{,}07$, $T = 313^0$, $\varepsilon_m = 1{,}03$, $\sqrt{\frac{2}{1 + 1{,}33}} = 0{,}93$,

damit ist

$$\log x = \frac{1{,}07 \cdot 340000}{19{,}62 \cdot 29{,}3 \cdot 313} \left(\frac{3200}{3400}\right)^2 = 0{,}778,$$

$$x = 6{,}0,$$

$$V = 450 \frac{3200}{3400} 0{,}93 \cdot 1{,}03 = \sim 400 \text{ cbm/min}.$$

Diese Werte entsprechen dem in Abb. 299 u. 300 dargestellten Kompressor der Gutehoffnungshütte.

78. Labile Zustände in der Förderung (Pumpen).

Wie bereits erwähnt, zeigt die Kennlinie eines Kreiselrades einen höchsten Punkt K, der sie in einen aufsteigenden Ast DK Abb. 215 und einen absteigenden Ast KAB teilt. Für stabilen Betrieb ist nur der absteigende Ast brauchbar; bewegt sich dagegen der Betriebspunkt auf dem aufsteigenden Ast, so erfolgt die Förderung stoßweise und mit starken Schwankungen im Energiebedarf. Man nennt diese Erscheinung das „Pumpen" des Verdichters.

Zur Erklärung dieses labilen Zustandes muß man sich den Verdichter an einen Behälter angeschlossen denken, aus dem bald mehr, bald weniger Gas zur Verbrauchsstelle abfließt. Der normale Betrieb in der Nähe des günstigsten Wirkungsgrades wird sich abspielen, wenn der Betriebspunkt etwa in A steht; die Ordinate dieses Punktes bedeutet den erzeugten Druck, der mit dem Gegendruck der Leitung gleich groß ist. Solange der Verbrauch mit der Fördermenge V_a übereinstimmt, bleibt der Betriebspunkt an derselben Stelle im Beharrungszustand.

Nimmt der Verbrauch an Druckluft zu, so entleert sich naturgemäß der Behälter etwas, sein Druck nimmt ab und verlangt auch einen kleineren Druck vom Gebläse. Das letztere wird also befähigt, eine größere Liefermenge V_b in die Leitung zu schicken. Der neue Beharrungszustand B stellt sich somit dem Bedarf entsprechend selbsttätig ein.

Nimmt der Verbrauch an Druckluft ab, so fördert das Gebläse zuviel, der Druck im Behälter steigt und der Betriebspunkt verschiebt sich nach links. Diese Anpassung an den Verbrauch geschieht bis zum höchsten Punkt K, der dem Volumen V_k entspricht.

Sinkt der Verbrauch weiter, so kommt der Betriebspunkt auf den linken Ast der Kennlinie, der Verdichter kann aber den eben noch erzeugten Höchstdruck nicht mehr halten, sondern hört plötzlich auf zu fördern (Abschnappen), indem der Betriebspunkt auf den Leerlaufspunkt D überspringt.

Von jetzt an kann der Druck im Behälter nicht mehr auf gleicher Höhe bleiben, da der Verbrauch nicht aufgehört hat; sobald der Behälterdruck auf die Höhe des Punktes D gesunken ist, springt der Verdichter wieder ein und vergrößert die Fördermenge fast augenblicklich bis zum Betriebspunkt E. Der Behälter wird neuerdings aufgefüllt, da jetzt die Lieferung größer ist als der Bedarf, der Gegendruck steigt bis zum kritischen Punkt K; nun fällt der Kompressor wieder ab und das Spiel beginnt von neuem.

Besonders deutlich erkennt man das labile Verhalten der Kreiselräder im linken Ast der Kennlinie, wenn man die Tatsache berücksichtigt, daß die Antriebsmaschine häufig kleinen ungewollten Schwankungen der Drehzahl ausgesetzt ist. Nimmt die Drehzahl etwas zu, so verschiebt sich die Kennlinie DK Abb. 215 nach $D'K'$ und der Betriebspunkt bei momentan gleichbleibender Widerstandshöhe von C nach C'. Die Luftmenge nimmt damit ab, während doch die Verbrauchsmenge gleich geblieben ist; dies hat eine Druckabnahme zur Folge, die sich fortsetzt und zum Unterbruch der Förderung im Punkt D' führt.

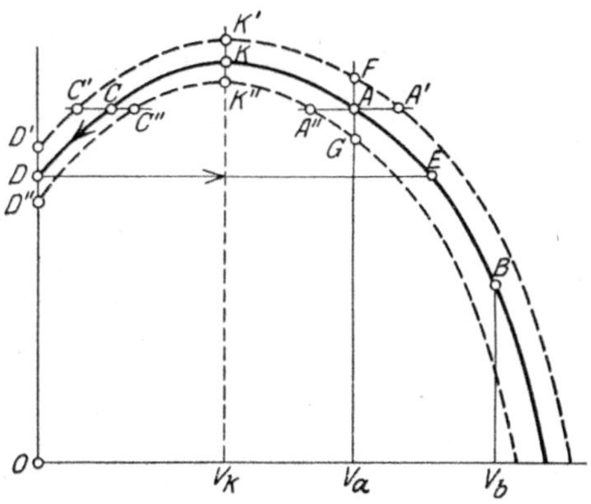

Abb. 215.

Fällt umgekehrt die Drehzahl etwas, so gilt die Kennlinie $D''K''A''$. Der neue Betriebspunkt zeigt eine Zunahme an Volumen, der Verbrauch hat sich aber nicht verändert, somit steigt der Druck bis zum kritischen Punkt K'', wo eine weitere Steigerung nicht mehr möglich ist. Von da an kann das Gebläse den groß gewordenen Behälterdruck nicht mehr erzeugen, die Lieferung hört plötzlich auf und der Betriebspunkt fällt auf den Leerlaufpunkt D''.

Wiederholt man diese Betrachtung für einen Punkt A des absteigenden Astes, so ist das stabile Verhalten ersichtlich. Kommt durch plötzliches Steigen der Drehzahl A nach A', so steigt das Fördervolumen gegenüber der gleichbleibenden Verbrauchsmenge. Der Behälter wird demnach etwas angefüllt, sein Druck steigt und der Betriebspunkt kommt von A' nach F, wo die geförderte Menge mit dem Verbrauch wieder übereinstimmt und Beharrungszustand eintritt. Das gleiche ist der Fall, wenn die Drehzahl etwas sinkt, A schiebt sich nach A'', durch die Abnahme der Förderung entleert sich der Behälter so weit, bis der Druck dem neuen Beharrungszustand im Punkt G entspricht.

Auf dem absteigenden Ast der Kennlinie findet somit eine Selbstregelung in den Förderverhältnissen statt, durch welche sich der Verdichter stets wieder auf das ursprüngliche Volumen einstellt und dort verharrt, auf dem linken Ast ist das Gegenteil der Fall. Die dort auftretenden Pendelungen (Entleeren des Behälters D—E, Wiederauffüllen E—K) vollziehen sich zeitlich in verschieden großen Perioden. Bei großen Leitungsnetzen und großen Behältern dauert das Entleeren und Wiedernachfüllen länger und die Pumperscheinung verläuft langsamer als bei Druckbehältern von kleinem Inhalt.

Auf dem Versuchsstand sind gewöhnlich kurze Leitungen angeschlossen, deshalb vollzieht sich das Pumpen mit großer Periodenzahl. Diese Pendelungen breiten sich überhaupt nicht auf die ganze Länge des Netzes aus, sondern es bildet sich während der Entleerungsperiode eine neutrale Zone im Netz; vor derselben fließt das Gas zum Verdichter zurück, hinter ihr an die Verbrauchsstelle weiter, so daß dort keine völlige Unterbrechung der Förderung eintritt.

Arbeitet der Kompressor gegen einen Flüssigkeitswiderstand, so bewirkt die Pumperscheinung einen völligen Unterbruch in der Förderung.

Das Rückströmen kann zum großen Teil durch Anbringen einer Rückschlagklappe in der Druckleitung vermieden werden, die möglichst nahe an der Maschine anzubringen ist. Bei kurzen Druckleitungen kommt es vor, daß die Zeitdauer für das Entleeren des Netzes kürzer ist als diejenige des Abhängens (von K nach D). In diesem Fall holt der Leitungsdruck den Verdichterdruck schon in einem Punkt C ein, bevor der Verdichter auf den Leerlaufszustand angelangt ist. Die Maschine kommt dann schon im Punkt C wieder zum Fördern und der Betriebspunkt springt von C sofort nach A auf den stabilen Ast über. Dadurch treten nur kleine Druckschwankungen auf und das Pumpen macht sich in geringem Maß fühlbar. Unter Umständen hört überhaupt die Rückströmung auf, die Bewegung wird nur unruhig (Schnaufen des Gebläses) und kommt vielleicht zum Stillstand, ohne Zeit zum Umkehren zu finden.

79. Wirkung der Saugdrosselung auf das labile Arbeitsgebiet.

Wird der Turbokompressor mit einer Drosselvorrichtung im Saugstutzen versehen, so entstehen die im Abschnitt 76 beschriebenen Kennlinien. Jeder Stellung des Drosselorgans entspricht im Druckvolumendiagramm eine parabelähnliche Kurve d, d', d'', ihre Abstände von der atmosphärischen Linie zeigen den durch Drosselung erzeugten Unterdruck, der ungefähr mit dem Quadrat der Liefermenge wächst. Aus diesen Drosselkurven lassen sich die entsprechenden Kennlinien konstruieren, wie dies in Abb. 213 gezeigt worden ist.

Alle diese Kurven p, p', p'' laufen auf den gemeinsamen Leerlaufpunkt D (Abb. 216). Die Scheitelpunkte K rücken mit zunehmender Drosselung nach links; ihre Verbindungslinie KD gibt die Grenze für den labilen Zustand (Pumpen). Durch Drosselung auf der Saugseite kann demnach das Pumpen vermieden werden, solange der Betriebspunkt nicht links der Linie KD zu liegen kommt.

Zu diesen kritischen Punkten auf der Grenzkurve KD gehören Punkte der Drosselkurven, die senkrecht unter den Scheitelpunkten K liegen. Sie lassen sich zu einer unteren Grenzkurve K_0D' verbinden. Will man dafür sorgen, daß die obere Grenzkurve KD nicht nach links überschritten wird, so muß die Drosselung im Saugstutzen im Punkt K_0 einsetzen; der Unterdruck hat nach der Linie K_0D' zu verlaufen. Bei Abnahme des Volumens nimmt er zuerst zu, dann ab bis auf Null im Leerlauf, wobei das Drosselorgan allmählich auf Schließen einzustellen ist.

Diese zur Vermeidung des Pumpens nötige kleine Drosselung verursacht nur eine kleine Verminderung des Wirkungsgrades in jenem Gebiet.

In den Anwendungen kommt es vor, daß der Saugdruck auch bei abnehmender Liefermenge gleich groß bleibt, sein Verlauf wird dann durch die Gerade d', Abb. 217, angegeben. Mit ihr läßt sich zu einer gegebenen Kennlinie p für ungedrosselten Zustand die neue Kennlinie p' auf bekannte Art konstruieren.

Sie geht nun nicht mehr durch denselben Leerlaufpunkt D wie bei Abb. 216, sondern liegt ganz unterhalb der ungedrosselten Kennlinie.

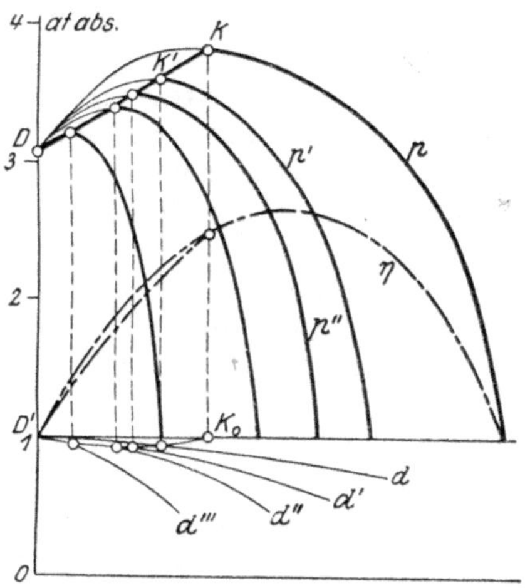

Abb. 216.

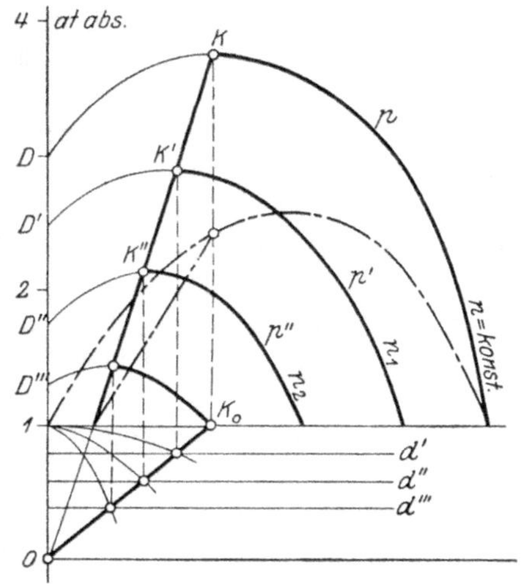

Abb. 217.

Nimmt der Saugdruck stufenweise ab und ist er innerhalb der Stufen konstant, so wiederholt sich dieser Vorgang und man erhält für jede geradlinige Drossellinie d', d'', d''' die entsprechende Kennlinie, Abb. 217. Ihre Scheitelpunkte liegen auf der Geraden $K—O$, die nun als Grenze für das labile Verhalten gilt.

Die den Scheitelpunkten entsprechende Begrenzung $K_0 O$ der Drossellinien geht durch den Achsenschnittpunkt.

In diesem Fall ist das labile Gebiet recht groß und die starke Drosselung bewirkt eine bedeutende Verminderung des Wirkungsgrades in jenem Gebiet.

Die beschriebene Erscheinung stellt sich z. B. ein, wenn der Saugraum zwischen Drosselorgan und Gebläse verhältnismäßig groß ist, so daß eine Änderung des Saugdruckes beim Betätigen der Drosselung nur ganz allmählich erfolgt.

B. Die Regelung der Turbokompressoren.

80. Allgemeines.

Die Regelungsverfahren lassen sich in verschiedene Klassen unterteilen, je nach den Betriebsbedingungen, denen der Turbokompressor unterworfen ist. Berücksichtigt man in erster Linie den Zweck der Anlage, so sind zweierlei Einstellungen in Gebrauch, nämlich:

Regelung auf gleichbleibenden Enddruck bei veränderlichem Fördervolumen,
Regelung auf gleichbleibende Liefermenge bei veränderlichem Druck.

Die Aufgabe der Turbokompressoren besteht in den meisten Fällen darin, Druckluft von unveränderlicher Spannung zu liefern, obschon die darin aufgespeicherte Energie in unregelmäßiger Weise gebraucht wird. Unter Umständen wird auch konstanter Druck im Saugstutzen verlangt.

Die Regelung auf konstante Liefermenge findet Verwendung an Gebläsen für Hochöfen und Kuppelöfen. Das Einschmelzen eines Einsatzes erfordert eine bestimmte Luftmenge, während sich der Druck je nach den Widerständen ändert, die ihrerseits von der Beschickungssäule und von der Düsenöffnung abhängen.

Besondere Regelungseinrichtungen verlangen Kompressoren, die zwei verschiedenartige Gase unter der Bedingung anzusaugen haben, daß das Mischungsverhältnis unverändert bleibe.

In Rücksicht auf die Antriebsmaschine ist die Regelung mit unveränderlicher Drehzahl von der mit verstellbarer Drehzahl zu unterscheiden. Als Antriebsmaschinen kommen fast ausschließlich zwei Arten in Betracht: der Elektromotor oder die Dampfturbine. Beide Arten eignen sich vorzüglich für diese Verwendung, da die hohen Drehzahlen unmittelbar brauchbar sind. Dem elektrischen Betrieb steht meistens Drehstrom zur Verfügung, der eine unveränderliche Drehzahl ergibt. Bei den Dampfturbinen läßt sich die Drehzahl dem Bedürfnis entsprechend mit Leichtigkeit verändern, wodurch eine genaue Regelung von großer Einfachheit und Wirtschaftlichkeit entsteht.

Zu den Regeleinrichtungen gehören die besonderen Maßnahmen zur Verhütung des sog. „Pumpens“, dessen Ursache in der Gestalt der Kennlinie zu suchen ist. Diese Erscheinung ist allen Kreiselverdichtern eigentümlich, wie dies in Abschnitt 78 erklärt worden ist.

Die Mittel zur Anpassung der Turbokompressoren an diese verschiedenartigen Verhältnisse sind z. T. bereits in den Abschnitten 79 erwähnt. Bei unveränderlicher Drehzahl ist die Drosselung in der Saugleitung oder im Druckrohr allgemein in Gebrauch, was in einfachster Weise von Hand geschieht. Auch die Einstellung auf verschiedene Drehzahlen kann insbesondere bei Dampfturbinenantrieb von Hand bequem vor sich gehen.

Statt der Handregelung sind eine Reihe von selbsttätigen Einrichtungen entworfen worden, um den Enddruck oder das Fördervolumen unverändert zu halten. Sie beruhen der Hauptsache nach darauf, daß eine kleine Änderung des konstant zu haltenden Wertes benützt wird, um einen Hilfsmotor einzuschalten, der den Druck bzw. das Volumen wieder auf den ursprünglichen Wert zurückführt.

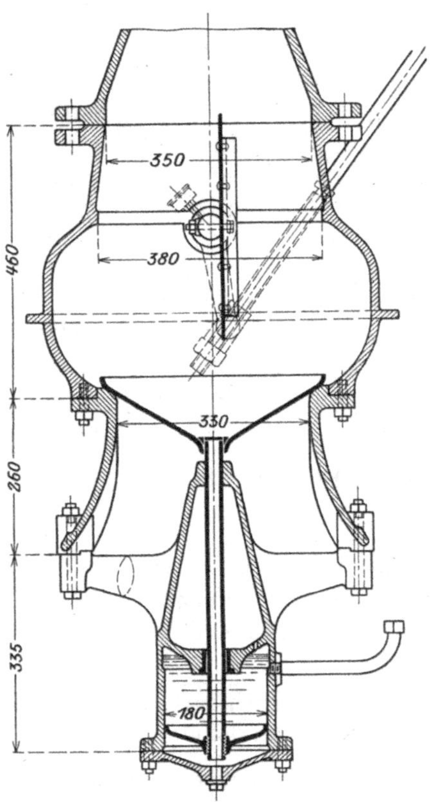

Abb. 218.

81. Regelungseinrichtungen für gleichbleibende Drehzahl.

Das einfachste Mittel zur Beeinflussung der Liefermenge ist die Drosselung im Saug- oder im Druckrohr. Wie in Abschnitt 78 gezeigt wurde, verändert die Saugdrosselung den Verlauf der Kennlinie. Alle Kennlinien gehen von demselben Leerlaufspunkt aus und senken sich um so rascher, je stärker die Drosselung einsetzt.

Ein Ausführungsbeispiel einer Drosselklappe zeigt Abb. 218 (Gebr. Sulzer, A.-G., Winterthur). Die von Hand einstellbare Klappe besteht aus Stahlblech mit Versteifungen aus Winkeleisen. Am Eintritt der Luft in die Saugleitung befindet sich ein Rückschlagventil aus gepreßtem Stahlblech, das im Luftstrom schwimmt und seine Erhebung der Durchflußmenge selbständig anpaßt. Ein kleiner Zylinder mit Sperröl dämpft die Bewegung. Das Gewicht des Schwimmers wird aufgehoben durch den dynamischen Druck der durchfließenden Luft; mit zunehmender Luftmenge wächst somit der freie Querschnitt an der Drosselstelle, so daß dieses Ventil die Wirkung der Klappe selbsttätig unterstützt.

Eine selbsttätig wirkende Regelung für elektrisch betriebene Kompressoren ist in Abb. 219 dargestellt (C. H. Jaeger & Cie., Leipzig). Der Kolbenschieber in der Saugleitung hängt an einem Hilfsmotor, dessen Kolben beidseitig durch Drucköl

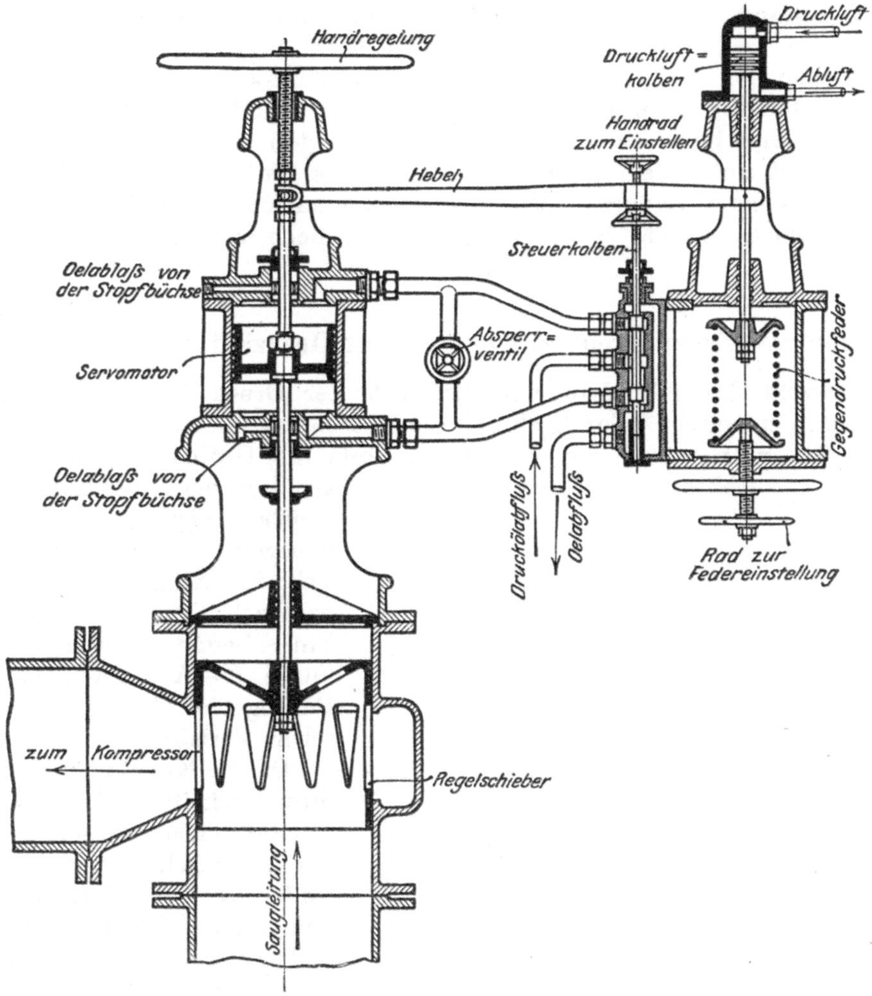

Abb. 219.

belastet ist. Der wagrechte Hebel für den Steuerkolben stützt sich links auf die Kolbenstange des Hilfsmotors (Rückführung) und rechts auf die Kolbenstange des Druckluftkolbens, der im normalen Betrieb durch eine Feder im Gleichgewicht gehalten wird. Steigt bei abnehmender Luftentnahme der Druck im Kompressor, so sinkt der Druckluftkolben und damit der rechte Endpunkt des Hebels; der Steuerkolben geht abwärts und läßt Drucköl auf die untere Seite des Hilfsmotors eintreten und auf der oberen Seite abfließen. Dadurch steigt der Regelschieber in der Saugleitung und bringt dort eine Drosselung zustande, so daß der Enddruck wieder zu sinken beginnt. Die zur Betätigung der Regelung verwendete Druckerhöhung ist nur klein; bei der beschriebenen Bewegung steigt das linke Hebelende und führt den Steuerschieber wieder gegen seine Mittellage zurück.

Wendet man die Drosselung im Druckstutzen an, so wird die Gestalt der Kennlinie nicht beeinflußt. Das Drosselorgan tritt in Tätigkeit, wenn ein Überschuß zwischen dem im Kompressor erzeugten Druck und dem Gegendruck der Leitung vorhanden ist. Die Druckdrosselung ist wirtschaftlich ungünstig, da der ganze Druckunterschied am Drosselorgan als verloren anzusehen ist. Auch die Grenze für das labile Gebiet (Pumpen) liegt ungünstig, sie ist als Ordinate durch den Scheitelpunkt K der Kennlinie zu ziehen.

Bei der Erstellung neuer Werke kann es vorkommen, daß der Turbokompressor für einen Anfangsbetrieb zu groß gewählt wurde, um einer späteren Vergrößerung gewachsen zu sein. Statt einer ständigen Drosselung des zu hohen Druckes empfiehlt sich der Ausbau eines oder mehrerer Laufräder. Wird das letzte Rad entfernt, so bleibt das Ansaugevolumen unbeeinflußt und nur der Enddruck nimmt ab. Dadurch verschiebt sich die Kennlinie nach unten und der neue Betriebspunkt liegt senkrecht unter dem alten. Wird das erste Rad entfernt, so empfängt das zweite mit kleinerer Radbreite das Ansaugevolumen, und zwar in kleinerer Menge als vorher; die Kennlinie verschiebt sich daher nicht nur abwärts, sondern etwas nach links.

82. Regelungsvorrichtungen mit verstellbarer Drehzahl auf konstanten Druck.

Da sowohl das Fördervolumen als auch der Druck von der Drehzahl abhängig sind, entspricht jeder Drehzahl eine besondere Kennlinie. Ihre Abszissen sind ungefähr proportional der ersten Potenz und ihre Ordinaten proportional dem Quadrat der Drehzahlen. Punkte gleichen Wirkungsgrades liegen annähernd auf Parabeln, deren Scheitel sich im Schnittpunkt der Ordinatenachse mit der atmosphärischen Linie befinden. Auch die Grenzkurve K—K, Abb. 220, für das Pumpgebiet hat einen parabolischen Verlauf.

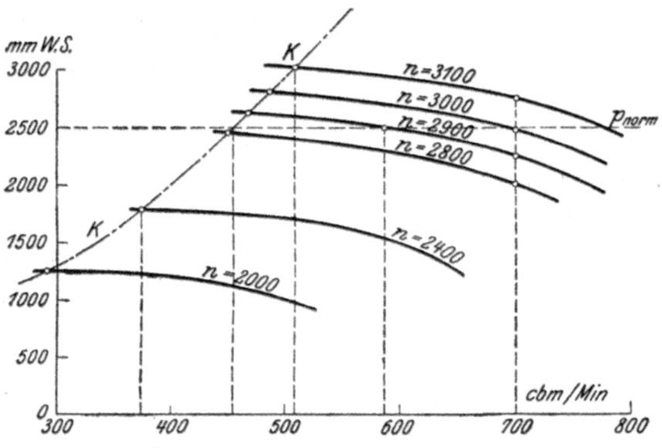

Abb. 220.

Da die Kennlinien in der Nähe ihrer Scheitelpunkte gewöhnlich ziemlich flach verlaufen, ergibt die Drehzahlregelung eine empfindliche Änderung der Liefermenge. Bei den in Abb. 220 dargestellten Versuchswerten verursacht beispielsweise die Abnahme der Drehzahl von 3000 auf 2900 (um 3,3 v. H.) eine Verminderung der Menge von 700 cbm/min auf 588 cbm/min (um 16 v. H.), falls der Druck (2500 mm WS) konstant gehalten wird. Weniger stark ändert sich der Druck. Soll das Ansaugevolumen konstant bleiben, so ergibt die Erhöhung der Drehzahl von 2900 auf 3000 eine Druckzunahme von 2240 mm WS auf 2500 mm (um 11,6 v. H.), und bei

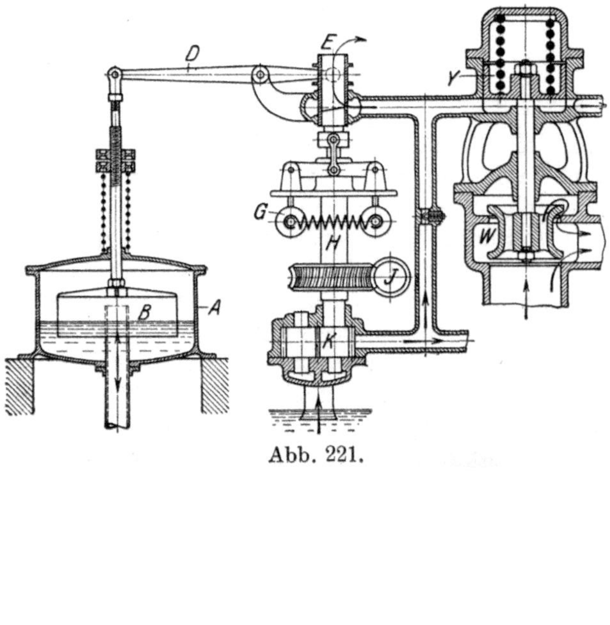

Abb. 221.

3100 Uml/min steigt der Druck um weitere 10,4 v. H. an. Man erkennt damit den großen Einfluß der Drehzahlverstellung.

Die konstruktive Lösung der Aufgabe gestaltet sich besonders einfach, wenn die Dampfturbine den Antrieb besorgt. Will man statt der Verstellung von Hand

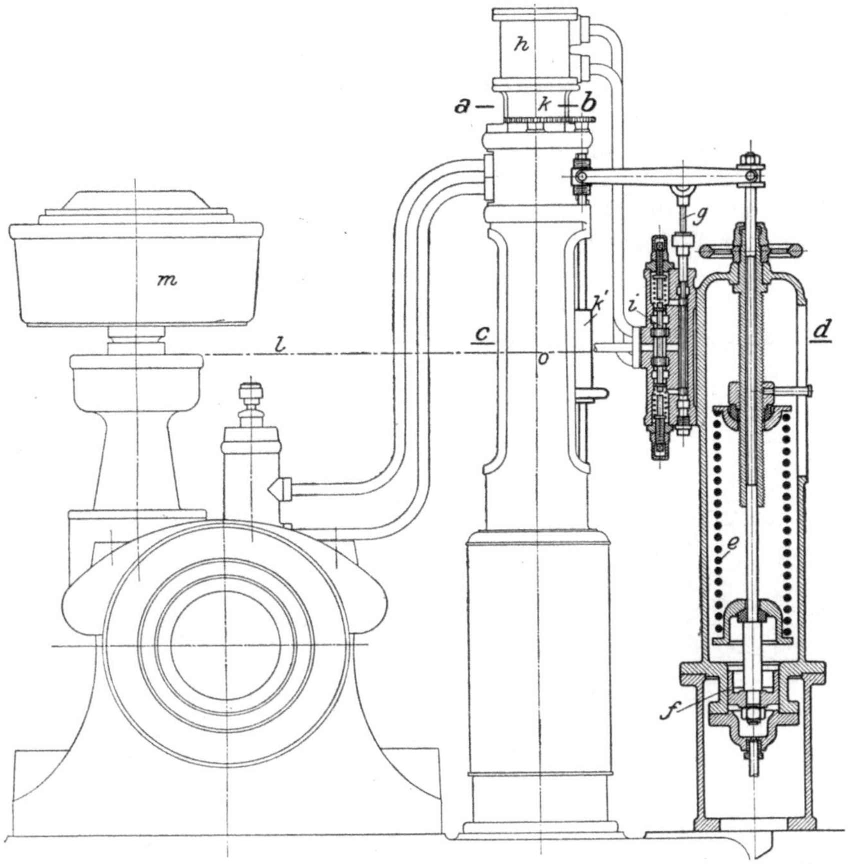

Abb. 222.

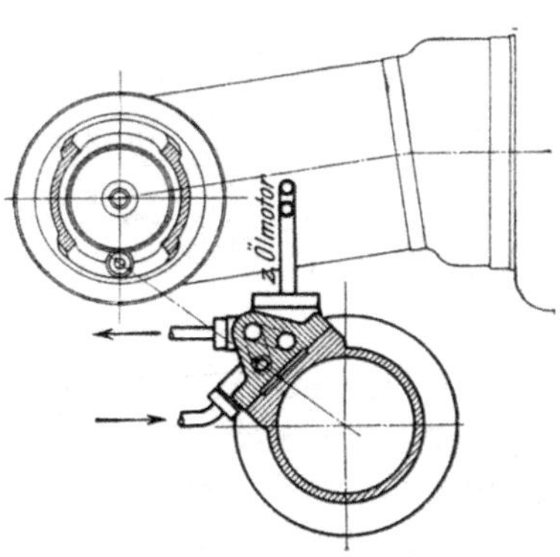

Abb. 223.

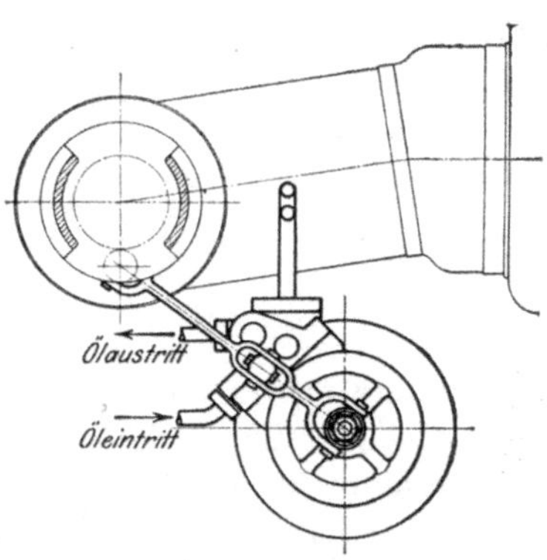

Abb. 224.

eine selbsttätige Änderung des Volumens, so wird dazu ein Hilfszylinder benützt, dessen eine Seite mit dem Druckrohr des Kompressors verbunden ist, die andere dagegen offen steht. Steigt der Druck im Gebläse, so hebt sich der Hilfskolben und verändert die Mittellage des Reglerhebels an der Dampfturbine, wodurch sich ihre Drehzahl vermindert und den Enddruck des Kompressors zum Sinken bringt.

Das Steuerschema für konstanten Ansaugedruck bei Gassaugern nach der Bauart der Firma Brown, Boveri & Cie. in Baden (Schweiz) zeigt Abb. 221. Statt des Hilfskolbens wird ein Schwimmer verwendet, wobei der Tauchraum der Glocke B durch ein Rohr mit der Saugleitung verbunden ist. Die Glocke selbst wird durch den Unterdruck nach abwärts gezogen und durch eine Feder im Gleichgewicht gehalten. Vergrößert sich der Unterdruck etwas, so zieht er die Glocke nach unten, die Büchse E geht aufwärts und vergrößert die Austrittsöffnung für das Drucköl, das den federbelasteten Kolben Y und damit das Dampfeinlaßventil W in der Schwebe hält. Durch das Sinken des Druckes unter diesem Kolben Y entsteht eine Abwärtsbewegung des Einlaßventils, der Dampfzufluß und damit die Drehzahl vermindern sich, so daß ein weiteres Sinken des Unterdruckes im Gassauger nicht mehr eintritt. Die Ungleichförmigkeit im Unterdruck beträgt nur wenige Millimeter Wassersäule.

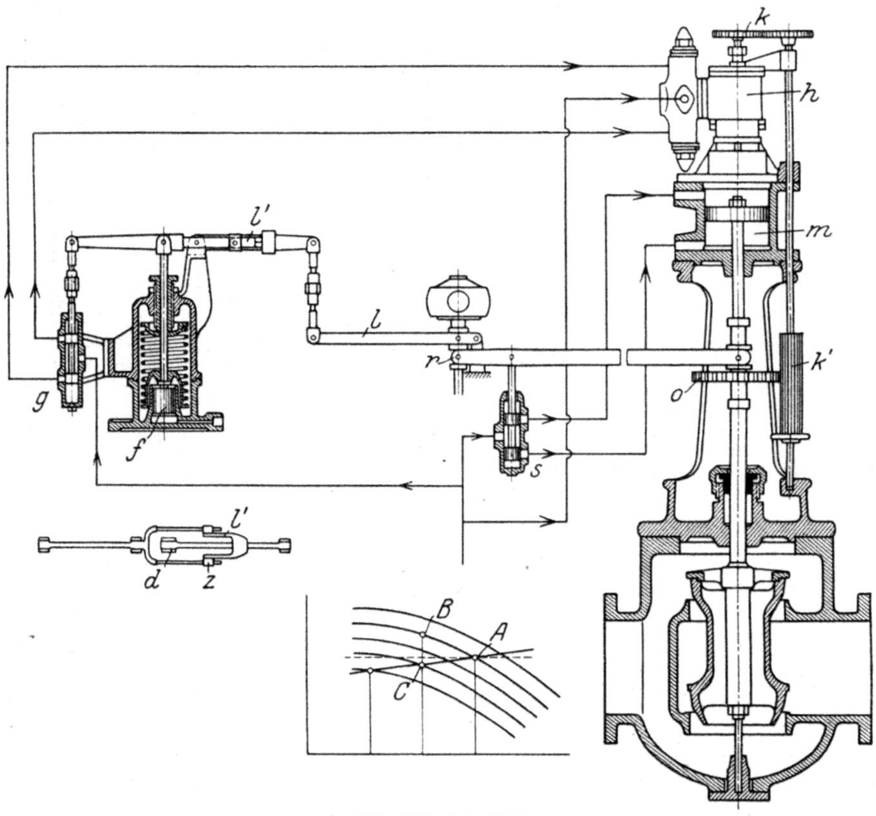

Abb. 225 bis 227.

Die Firma Escher, Wyß & Cie. in Zürich baut für ihre Hochdruckkompressoren die in Abb. 222 bis 224 gezeichnete Regelung, die sich an die bekannte Regelungsvorrichtung der Zoelly-Dampfturbine anpaßt. Auf der Unterseite des Hilfskolbens f wirkt der Förderdruck und hält die Feder e im Gleichgewicht. Nimmt der Druck etwas zu, so geht f aufwärts und bewegt den Hilfsschieber g ebenfalls aufwärts, wobei sich der Hebel auf sein linkes Ende stützt. Diese Vorsteuerung g lenkt Drucköl auf die untere Seite des schwebenden Hauptsteuerschiebers i, der die Verteilung des Drucköles für den Hilfsmotor h besorgt. Dieser Motor ist nach Art der Kapselpumpen gebaut und besitzt zwei um 90° versetzte Kolben. Kommt er in Drehung, so bringt er die Spindel k' mit den Zahnrädern k in Umlauf und verstellt so den Angriffspunkt des Reglerhebels der Dampfturbine, der in

o mit der Stange des Einlaßventils verbunden ist. Dadurch wird das Einlaßventil vom Kapselmotor aus in gleicher Weise beeinflußt, wie dies beim Verstellen der Drehzahl von Hand geschehen müßte.

Bei Hochdruckkompressoren mit langer Druckleitung ist es zweckmäßig, wenn an der weit entfernten Verbrauchsstelle der Druck auf konstanter Höhe gehalten werden kann. Nun ist aber eine unmittelbare Beeinflussung der Kompressorenanlage von einem weit entfernten Punkt nicht gut durchführbar. Man erhält indessen die gleiche Wirkung, wenn die Regelung derart wirkt, daß bei abnehmender Fördermenge auch der Druck an der Maschine sinkt, womit der Einfluß des Druckverlustes in der Rohrleitung ausgeschaltet werden kann.

Nach diesen Gesichtspunkten ist von Escher, Wyß & Cie. in Zürich die in den Abb. 225 bis Abb. 227 dargestellte Regelung entworfen. Zu ihrer Erklärung nehmen wir an, der Verbrauch an Druckluft sinke, dann zeigt der Kompressor zunächst das bekannte Verhalten, und zwar rückt der ursprüngliche Betriebspunkt A, Abb. 227, auf der Kennlinie nach B aufwärts, da noch keine Ursache zur Änderung der Drehzahl vorliegt. Der höher gestiegene Druck der Luft hebt den Kolben f

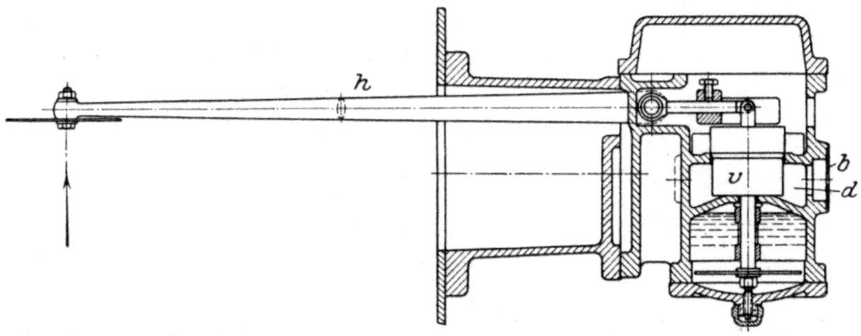

Abb. 228.

und mit ihm den Steuerschieber g, dessen Hebel sich um den rechten Endpunkt dreht. Dadurch kommt der Ölmotor h zur Drehung, schraubt die Hülse o mit Hilfe der Zahnräder k und k' nach aufwärts und hebt damit den Steuerschieber s. so daß der Hilfsmotor m das Dampfeinströmventil zur Turbine auf Schließen bewegt. Jetzt sinkt die Drehzahl und mit ihr der Förderdruck, der Betriebspunkt im Druckvolumendiagramm rückt daher von B nach C. Das Sinken der Reglermuffe bringt ein weiteres Steigen des Kolbens f hervor. Diese negative Rückführung setzt erst ein, nachdem die Verminderung der Drehzahl durch den Ölmotor h zur Geltung gekommen ist, was die Stetigkeit des Vorganges erhöht. In Wirklichkeit liegen die Betriebspunkte A, B und C sehr nahe beisammen.

Der Verbindungshebel l zwischen Reglermuffe r, Luftkolben f und Steuerschieber g ist unterteilt, wie dies Abb. 226 im Grundriß zeigt. Das einstellbare Stück l' kann auf der Stange verschoben werden, wodurch sich der Zusammenhang zwischen Förderdruck und Drehzahl verändern läßt; dies kommt im Druckvolumendiagramm durch eine verschieden große Neigung der Kurve $A-C$ zum Ausdruck, Je weiter die Zapfen z vom festen Drehpunkt d entfernt werden, desto steiler verläuft die Kurve $A-C$.

Im Betrieb ist es häufig erwünscht, an der Regelungseinrichtung die augenblicklich durchfließende Liefermenge ablesen zu können. Eine solche der Firma Escher, Wyß & Cie. geschützte Meßeinrichtung ist in Abb. 228 dargestellt. Sie kann an beliebiger Stelle in die Druckleitung eingesetzt werden, wenn die Leitung auf eine genügende Länge geradlinig verläuft. Der in die Strömung einragende Widerstandsteller ist durch den ungleicharmigen Hebel h mit dem Ventil v ver-

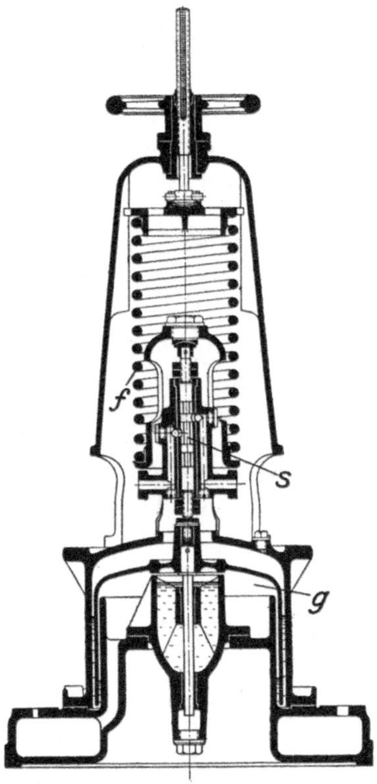

Abb. 229.

bunden, das den Ausfluß von Luft aus dem Druckraum *d* regelt. Dabei stellt sich bei jeder Fördermenge ein ganz bestimmter Gleichgewichtszustand ein, dem ein Druck im Raum *d* zugehört. Das auf das Ventil *v* wirkende Druckmittel (Luft) wird vom Gebläse oder von einer anderen Maschine geliefert und vorerst durch die Blende *b* auf den geeigneten Druck gebracht. Der Verbrauch an Druckluft ist verschwindend gering, z. B. beträgt er bei einem großen Gebläse noch nicht 0,02 v. H.; auch der Druckverlust ist unbedeutend, da der Teller nicht groß zu sein braucht. Durch Messung des Druckes im Raume *d* ist die Fördermenge mit Hilfe der Eichkurve ablesbar.

Die von Escher, Wyß & Cie. ausgebildete Druckvolumenregelung (Abb. 229) zeigt eine in Quecksilber eintauchende Glocke *g*, die von unten auf den Ölsteuerschieber *s* drückt. Von oben her ist dieser Schieber durch die Feder *f* belastet, er beeinflußt ein beliebiges Regelorgan, z. B. einen rotierenden Ölmotor wie in Abb. 222, der die Drehzahl der Antriebsturbine verändert. Der Raum unter der Glocke wird mit dem in Abb. 228 dargestellten Volumenmeßapparat verbunden falls die Regelung auf konstante Liefermenge gewünscht wird. Soll dagegen die Einrichtung zur Regelung des Druckes dienen, so wird die Verbindung mit dem Volumenmeßapparat abgestellt und der Raum unter der Glocke mit dem Druckstutzen des Kompressors verbunden unter Einschaltung einer genügenden Druckverminderung.

83. Einschränkung der Pumpgrenze mittels Saugdrosselung.

Im Abschnitt 79 wurde bereits die Grenzkurve festgelegt, die vom wandernden Betriebspunkt nicht nach links überschritten werden darf, wenn die Liefermenge fortwährend abnimmt. Die Saugdrosselung gibt für jede Stellung des Drosselorgans eine besondere Kennlinie, deren Scheitelpunkte auf dieser Grenzkurve liegen. In Abb. 216 ist die Grenzkurve *K—D* für den Antrieb mit gleichbleibender Drehzahl gezeichnet, wie sie im günstigsten Fall sich einstellt. Sie gilt unter der Annahme, daß sich der Unterdruck am Drosselorgan augenblicklich parabolisch ändere in dem Maß, wie das Volumen abnimmt. Häufig ändert sich aber der Saugdruck nur allmählich; dann gestalten sich die Verhältnisse ungünstiger und die Grenzkurve *K—O* verläuft nach der in Abb. 217 gezeichneten Weise.

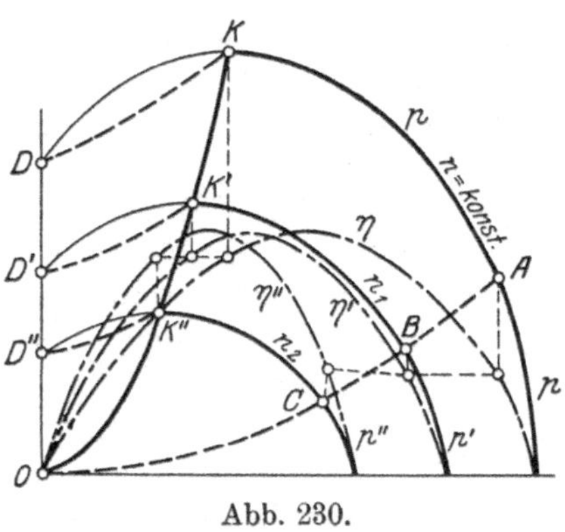

Abb. 230.

Bei der Regelung durch Veränderung der Drehzahl können günstiger liegende Grenzkurven erreicht werden. Aus den Grundeigenschaften der Kreiselverdichter folgt, daß Betriebspunkte gleichen Wirkungsgrades annähernd auf einer Parabel liegen (Abb. 230, Parabel *A—B—C—O*). Dies gilt auch für die kritischen Punkte

K, K', K''; die Parabel $K—O$ ist demnach die Grenzkurve für das Pumpen. Die zu den Punkten K, K', K'' gehörigen Wirkungsgrade liegen ebenfalls auf gleicher Höhe. Man erkennt darin den Vorteil, wonach der Kompressor mit Drehzahlregelung in weiten Grenzen mit günstigem Wirkungsgrad arbeitet.

Für die Anwendungen ist die Pumpgrenze nach der Parabel $K—O$ nur zulässig, wenn mit abnehmendem Volumen auch der Gegendruck stark abnimmt und beide Werte gleichzeitig auf Null zurückgehen. Sollen aber noch Betriebspunkte links der Parabel benützbar sein, so muß man neben der Drehzahlregelung die Saugdrosselung anwenden. Die Grenzkurve verschiebt sich dann für jede Drehzahl nach $K—D$, $K'—D'$, $K''—D''$ und man erhält damit bereits eine befriedigende Lösung, falls sich der Saugdruck augenblicklich dem vermindernden Volumen entsprechend einstellt.

84. Verhütung des labilen Betriebes durch das Ausblaseventil.

Ein wirksames Mittel zur Vermeidung des „Pumpens" ist die Anwendung eines Ausblaseventils, das die Druckleitung öffnet, sobald die Liefermenge unter den kritischen Wert zu sinken beginnt. Der Unterschied zwischen der Fördermenge im kritischen Punkt und der Verbrauchsmenge wird ins Freie abgelassen. Dadurch ist es möglich, den Druck bei beliebig kleinem Luftverbrauch V auf der Höhe des Scheitelpunktes K zu belassen. Für alle Verbrauchsvolumen $V < V_K$ bleibt K, Abb. 231, der Betriebspunkt und V_K das vom Gebläse verarbeitete Volumen, wobei $V_K—V$ ins Freie abfließt. Für den Verbrauch kann A als Betriebspunkt angesehen werden.

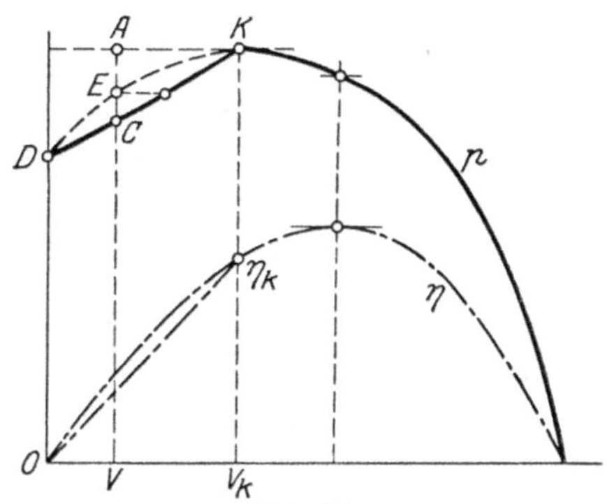

Abb. 231.

Dieses Mittel läßt sich mit der Saugdrosselung zusammen anwenden. In diesem Fall ist KD die Grenzkurve, der Betriebspunkt C (Abb. 230) ist noch ohne Eröffnung des Ausblaseventils erreichbar, dagegen ist der Betrieb in A oder E nur mit eröffnetem Ventil möglich.

Zufolge des Ausblasens sinkt der Wirkungsgrad, was zwar bei der Saugdrosselung auch der Fall ist. Dagegen darf erwähnt werden, daß das Ausblaseventil im Hüttenbetrieb nur ausnahmsweise zur Wirkung kommt, z. B. bei Schichtwechsel, Hängen des Hochofens usf. Während des Anlassens ist das Ventil nützlich, besonders wenn die Maschinen auf eine unter Druck stehende Leitung zugeschaltet werden soll.

Für viele Anwendungen genügt eine Betätigung des Abblaseventils von Hand. Das selbsttätig gesteuerte Abblaseventil erhält eine Vorsteuerung, die unter dem Einfluß der Fördermenge oder des Druckes steht.

Die Bauart ist in Abb. 232 dargestellt nach Ausführung der Gutehoffnungshütte, Oberhausen. Das in der Druckleitung befindliche Rückschlagventil a ist mit dem Doppelsitz-Ausblaseventil b derart kraftschlüssig verbunden, daß b aufgestoßen wird, sobald a dem Sitz nahe kommt. Die Anordnung des Doppelsitzventils ist so getroffen, daß sich der ankommende Luftstrom symmetrisch gabelt und zum gemeinsamen Abfluß strömt, wodurch schädliche Strömungsdrücke auf das Ventil vermieden sind. Bei offenem Rückschlagventil a wird b durch eine Feder geschlossen gehalten. Steht beim Anlassen oder Zuschalten die Netzleitung c unter Druck, so ist a geschlossen und das mit dem Stutzen d verbundene Gebläse schafft

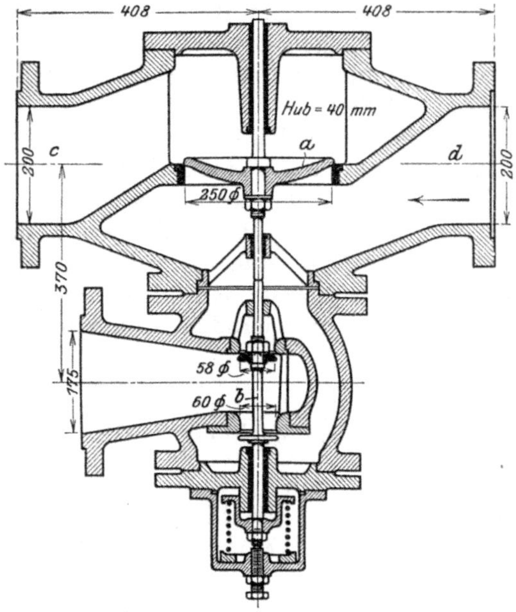

Abb. 232.

die Luft durch *b* ins Freie, bis der Druck zufolge der zunehmenden Fördermenge genügend gestiegen ist, um *a* aufzustoßen. In diesem Augenblick wird die Ventilstange von *b* freigegeben und die Feder schließt den Auspuff, worauf der normale Betrieb beginnt.

Um eine von der Liefermenge abhängige Steuerung des Ausblaseventils zu erhalten, wird an das untere Ende der Ventilstange der federbelastete Kolben *k* (Abb. 233) angebracht und der Raum über dem Kolben mit der engsten Stelle eines Multiplikators verbunden. Bei normaler Liefermenge entsteht über dem Kolben *k* ein beträchtlicher Unterdruck, so daß die Feder den Kolben aufwärts drückt und das Ventil geschlossen hält. Sinkt die Liefermenge in die Nähe des kritischen Wertes, so vermindert sich der Unterdruck und das Ausblaseventil öffnet sich. Bei großen Leitungen empfiehlt es sich, das Rückschlagventil mit Luftpuffer zu versehen und das Eigengewicht durch eine Feder teilweise auszugleichen. In Abb. 234 ist das Gehäuse mit dem Auspuffstutzen sichtbar.

Die Firma Brown, Boveri & Cie., Baden (Schweiz), verwendet für das Ausblasen das in Abb. 235 u. 236 gezeichnete Doppelsitzventil mit symmetrischem Durchfluß. An der verlängerten Ventilstange ist der Kraftkolben *k* befestigt, der mit Spannringen gegen die Bronzebüchse des Zylinders abdichtet. Der Kolben empfängt auf seiner oberen Seite den veränderlichen Luftdruck, dem von unten eine Feder entgegenwirkt und das Gleichgewicht herstellt. Der kleine Hahn *H* an der oberen Zylinderseite dient zur Feineinstellung. Abb. 237 gibt die Ansicht des Ventils.

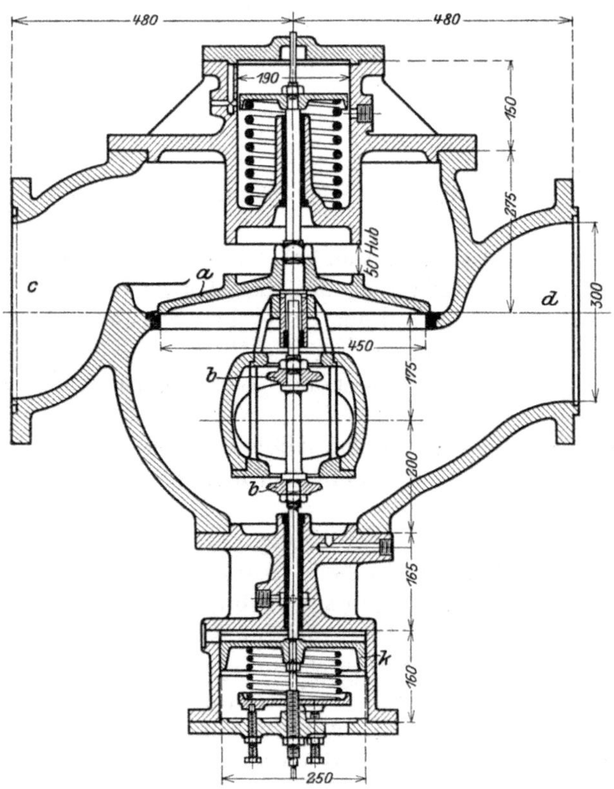

Abb. 233.

Zur Steuerung des Hilfsmotors am Ausblaseventil hat Brown, Boveri & Cie. einen besonderen Vorsteuerapparat gebaut, der ganz getrennt vom Ventil auf dem Maschinenboden aufgestellt wird und auch für andere Regelungsaufgaben benützt werden kann. Abb. 238 bis 242.

Die senkrechte Welle trägt zwei Kraftkolben, die in zwei voneinander unabhängigen Zylinderräumen laufen. Der obere Kolben *a* steht unter dem Einfluß des Kompressor-Enddruckes, und zwar ist seine untere Zylinderseite durch die Leitung 6 mit dem Druckrohr des Gebläses verbunden, während die obere Seite mit Rohr 7 ins Freie mündet. Der Membrankolben *b* steht unter dem Einfluß der Liefermenge; auf seine obere Seite wirkt nämlich ein etwas größerer Druck als auf die untere, der Unterschied wird im Druckrohr mittels einer kleinen Einschnürung oder einer Blende erzeugt, die vor dem Anschluß an das Ausblaseventil eingesetzt ist. Führt man das

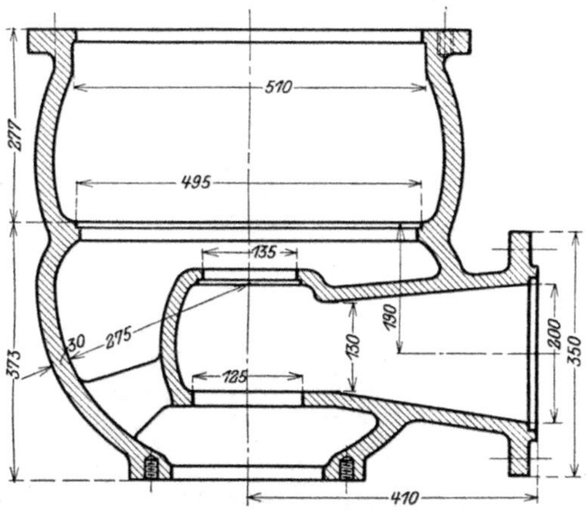

Abb. 234.

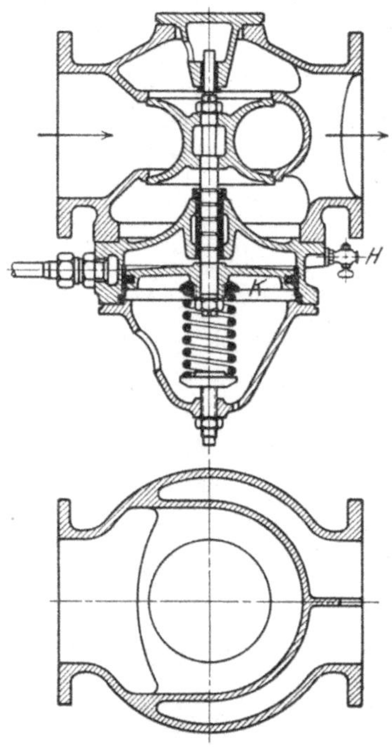

Abb. 235 u. 236.

Verbindungsrohr 5 der oberen Zylinderseite mit einer pitotartigen Abbiegung gegen die Blende hinter ihrer Mündung und das untere Verbindungsrohr 4 ohne Abbiegung in die Strömung des engsten Querschnittes im Druckrohr, so ergibt sich ein abwärts wirkender Überdruck am Kolben *b*, dessen Wert von der Liefermenge abhängt. In Abb. 243 ist die Außenansicht erkenntlich.

Der Durchmesser des Membrankolbens ist so gewählt, daß auch ein kleiner Druckunterschied eine genügend große Verstellkraft ergibt. Die beiden entgegengesetzt wirkenden Verstellkräfte der Kolben *a* und *b* sind durch die Feder *f* im Gleichgewicht gehalten. Durch Verwendung der Ledermembran am Kolben *b* wird eine sichere reibungslose Dichtung erzielt, die auch von Schmutz nicht beeinflußt wird (Abb. 240).

Der eigentliche Steuerschieber *s* befindet sich am unteren Ende der Kolbenstange; er besorgt die Verteilung des Kraftmittels (Druckluft oder Drucköl) zur Betätigung des Kraftkolbens am Abblaseventil oder an irgendeinem anderen Regelungsorgan.

Abb. 237.

Der obere Ringraum um diesen Steuerschieber *s* ist durch Rohr 2 mit der Kraftquelle verbunden, der mittlere 1 führt zur Hilfsmaschine (obere Seite des Kraftkolbens am Abblaseventil) und der untere Ringraum 3 regelt den Auspuff. Geht der Schieber aufwärts und beginnt er die obere Öffnung freizugeben, so hält vorerst die untere Schieberkante den Auspuff noch offen. Der Druck im Hilfsmotor steigt deshalb nur allmählich und erhält seinen vollen Betrag erst, wenn beim weiteren Steigen des Schiebers *s* die Auspufflöcher sich

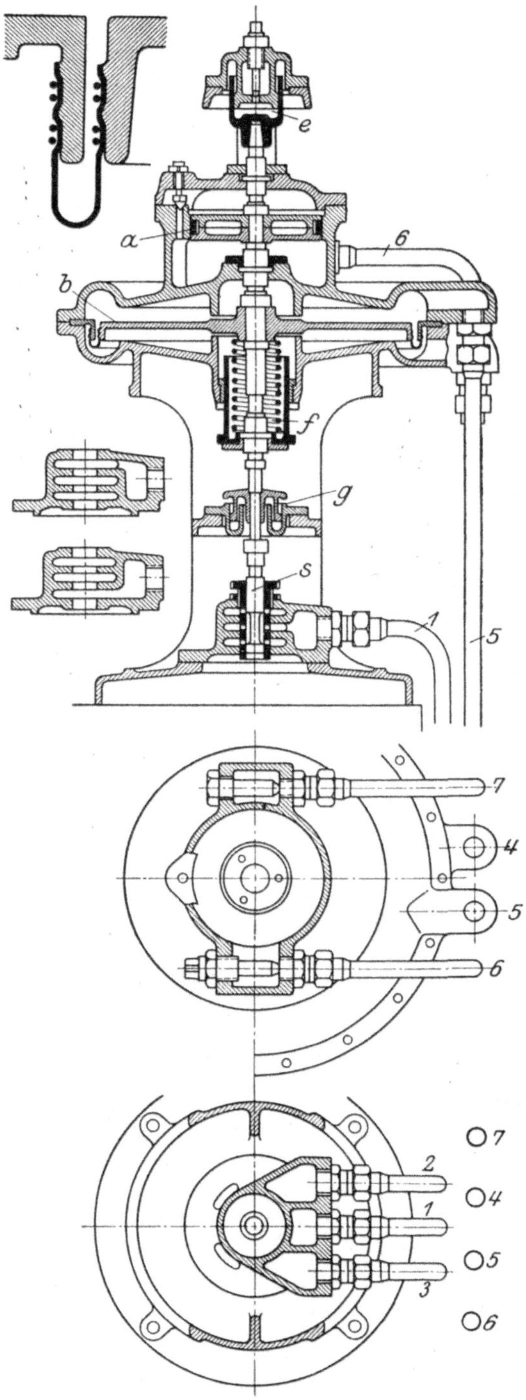

Abb. 238 bis 242.

Abb. 243.

schließen. Durch eine richtige Verteilung der Durchflußquerschnitte läßt sich ein mit dem Hub proportionales Steigen des Druckes erzielen.

Bei Gebläsen, die nur eine Druckerhöhung unter 0,4 Atm. erzeugen, ist als Treibmittel für den Hilfsmotor des Ausblaseventils Drucköl vorzuziehen, damit der Kolbendurchmesser nicht unbequem groß gemacht werden muß.

Häufig ist die Blende in der Druckleitung nicht nötig, da sich die normale Geschwindigkeit im Pitotrohr in einen genügend großen Druck umsetzt. Bei gekühlten Kompressoren werden die Anschlußrohre zu dem Membrankolben vor und nach dem ersten Kühler angeschlossen, womit auch hier die Blende wegfällt.

Die Kolbenstange des Vorsteuerapparates besitzt zwei Führungen *e* und *g*, die vollständig in Öl stehen, die obere ist als Ölbremse ausgebildet, wobei die Ölbehälter von der Spindel nicht durchbrochen werden, um Ölverluste zu vermeiden.

Die Anschlußrohre an die beiden Kolben *a* und *b* können verschieden geschaltet werden, ebenso der Anschluß an den Kraftkolben des Ausblaseventils, wie dies an zwei schematischen Anordnungen Abb. 244 und Abb. 246 gezeigt ist. In jedem Fall muß sich aber das Ausblaseventil öffnen, wenn der Druck im Kompressor zunimmt oder das Volumen abnimmt, wobei vorausgesetzt ist, daß die Anfangswerte der beiden Größen einem Punkte entsprechen, der auf der Pumpgrenze liegt. Wie ersichtlich, genügen beide Schaltanordnungen dieser Bedingung.

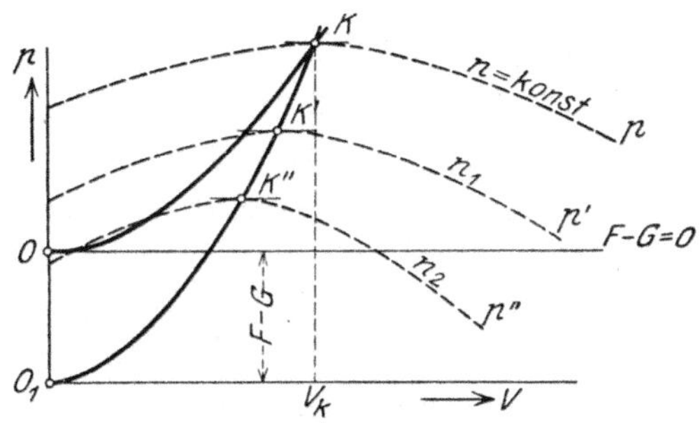

Abb. 245.

Ferner muß die ganze Steuerung derart wirken, daß sich die Kräfte in der Kolbenstange das Gleichgewicht halten, solange der Betriebspunkt eine verlangte Grenzkurve nicht überschreitet. Dies läßt sich durch Wahl der Größenverhältnisse der Federkraft *F*, der Gewichte *G* der bewegten Teile sowie der Kräfte *Q* und *P* auf den Membrankolben und auf den Druckkolben erreichen.

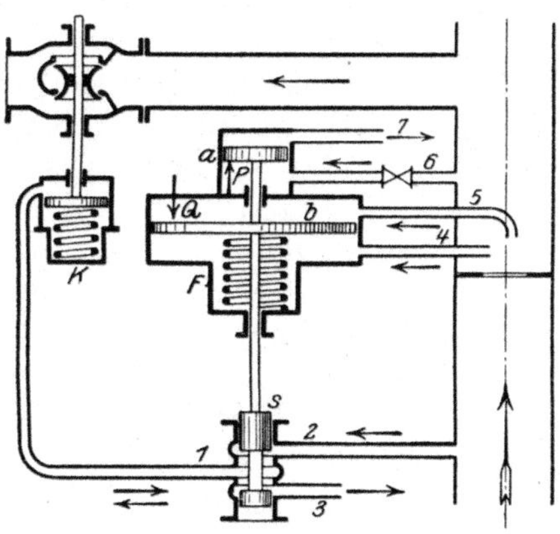

Abb. 244.

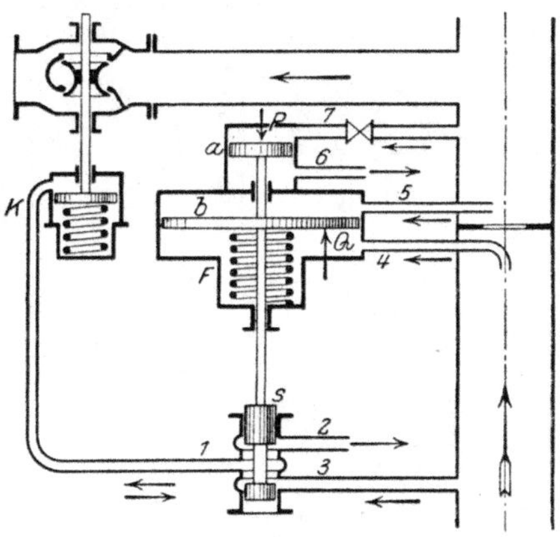

Abb. 246.

Bei der Anordnung nach Schema Abb. 244 ist für Gleichgewicht

$$P - Q - G + F = 0.$$

Trägt man die auf die Fläche 1 (qcm) des Druckkolbens reduzierten Kräfte in Funktion des Volumens ab, so gibt die für Erhaltung des Gleichgewichts nötige Kraft *P* den Verlauf der Eröffnungskurve für das Ausblaseventil im Druck-Volumendiagramm (Abb. 245).

Bei Veränderungen von Druck und Volumen längs der Eröffnungskurve bleibt der Steuerschieber an Ort und Stelle, d. h. er muß den Durchfluß der Druckluft zum Hilfskolben des Abblaseventils gerade noch abschließen. Die Federkraft bleibt konstant, da noch keine Bewegung stattfindet, dagegen ändert sich die Kraft *Q* auf den Membrankolben ungefähr proportional dem Quadrat der Fördervolumen, falls von der Veränderlichkeit des spezifischen Gewichtes der Druckluft abgesehen wird. Die Eröffnungskurve ist demnach eine Parabel *OK* (Abb. 245), wobei vorausgesetzt

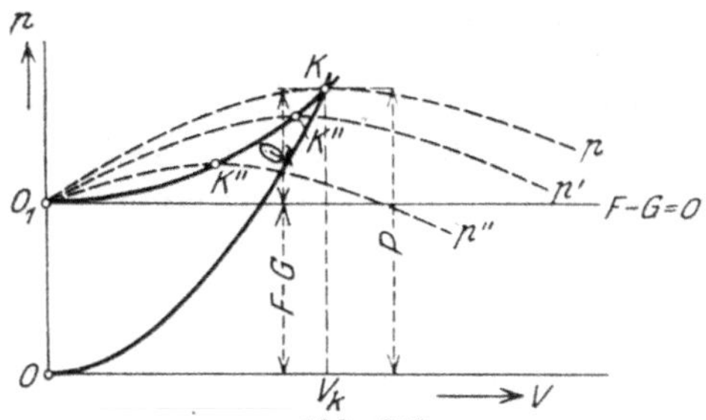

Abb. 247.

ist, das Gewicht G sei gerade durch die Federkraft aufgehoben. Ist dagegen die Federkraft größer als das Gewicht G, so entsteht die Parabel O_1K (Abb. 245). Die Parabel steigt um so steiler, je stärker die Feder gespannt wird.

Die in Abb. 244 dargestellte Schaltung läßt sich zweckmäßig für Drehzahlregelung verwenden, ebenso für die untere Saugdrosselung. Die Schaltung nach Abb. 246 gibt die Gleichgewichtsbedingung vor der Eröffnung $P - Q - F + G = 0$.

Für $F - G = 0$ liegt die parabolische Eröffnungskurve OK (Abb. 247) gleich wie bei der ersten Schaltung. Für $F - G > 0$ liegt die Parabel O_1K höher; durch stärkeres Spannen der Feder in Verbindung mit einem Anwachsen von P und einem Abnehmen von Q wird ein flacherer Verlauf der Eröffnungskurve bewirkt. Sie lassen sich damit den früher besprochenen Grenzlinien (KD, Abb. 216, Abschnitt 79) anpassen. Diese Schaltung eignet sich daher zur Einhaltung der oberen Grenzkurve bei dem Saugdrosselverfahren.

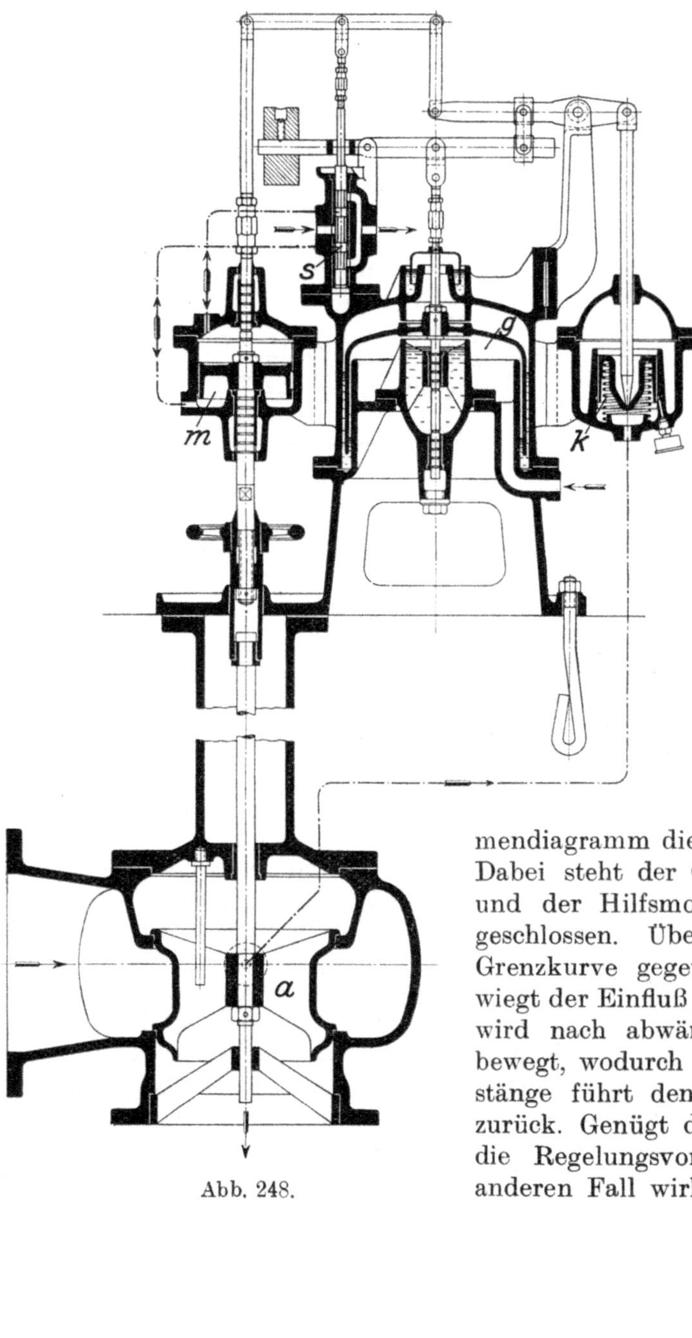

Abb. 248.

Der Firma Escher, Wyß & Cie. ist die in Abb. 248 dargestellte Steuerung des Abblaseventils geschützt. Auf die untere Seite des Kolbens k wirkt der Förderdruck des Kompressors, eine zweite Kraftwirkung liefert der von der Fördermenge abhängige Volumen-Meßapparat, dessen Meßdruck unter die Glocke g geleitet wird. Beide Kraftwirkungen halten sich an den entsprechenden Hebeln das Gleichgewicht, solange die Zustandspunkte im Druckvolumendiagramm die Grenzkurve nicht erreicht haben. Dabei steht der Ölschieber s in seiner Mittellage und der Hilfsmotor m hält das Abblaseventil a geschlossen. Überschreitet der Betriebspunkt die Grenzkurve gegen das labile Gebiet zu, so überwiegt der Einfluß des Druckkolbens k, der Schieber s wird nach abwärts und der Kolben m aufwärts bewegt, wodurch sich das Ventil a öffnet. Das Gestänge führt den Schieber nun in die Mittellage zurück. Genügt diese Eröffnung von a, so kommt die Regelungsvorrichtung ins Gleichgewicht, im anderen Fall wirkt sie weiter.

85. Regelung durch verstellbare Leitschaufeln.

Die beiden bis jetzt üblichen Verfahren zur Verhinderung des Pendelns (Pumpen) — die Saugdrosselung und das Ausblaseventil — haben den Nachteil, daß der Betrieb mit kleinen Fördermengen bei stark vermindertem Wirkungsgrad vor sich geht. Dies ist namentlich der Fall, wenn die Kennlinie links vom Scheitelpunkt eine Knickung aufweist, wie sich dies häufig zeigt. In Abb. 249 ist p die Kennlinie im ungedrosselten Gebläse und KD diese Einknickung. Wird die Saugdrosselung verwendet, so rücken die Kennlinien nach p', p'', p''', sie erhalten in der Nähe der Scheitel ebenfalls entsprechende Einknickungen. In der Gegend dieser Knickungen ist der Betrieb unzulässig, deshalb liegt die Grenzkurve KD recht tief, und es muß eine starke Drosselung angewendet werden, damit der Betriebspunkt nicht über der Grenzkurve liegt und die Pumperscheinung einsetzt. Die Saugdrosselkurve d senkt sich demnach tief, ebenso der Wirkungsgrad in diesem Gebiet.

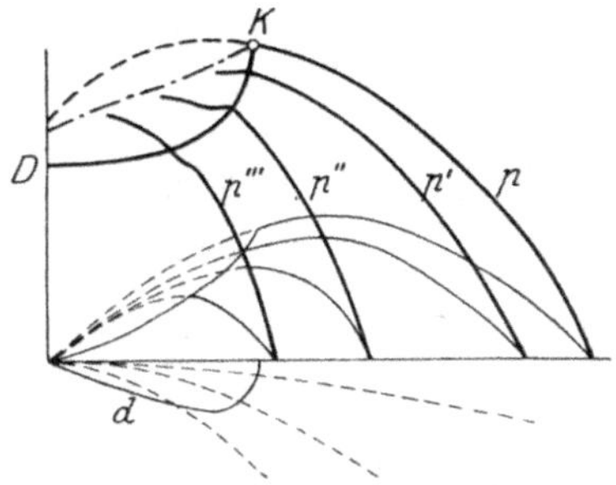

Abb. 249.

Um diese Verhältnisse günstiger zu gestalten, ist von der Firma Brown, Boveri, Baden (Schweiz), ein neues Verfahren eingeführt worden (DRP. Nr. 337315), bestehend in der Verwendung beweglicher Leitschaufeln im Diffusor, womit die Durchtrittsöffnungen der Leitkanäle bei abnehmender Liefermenge verkleinert werden. Da diesem Verfahren eine große Bedeutung zukommt, soll näher darauf eingetreten werden.

Der bei dieser Verstellung sich abspielende Vorgang ist in Abb. 250 dargestellt. Die normale Kennlinie p erhält vom Punkt K an die durch Rechnung mit Hilfe des Saugdrosselverfahrens bestimmte Verlängerung a nach links. Für drei verschiedene Stellungen der Leitschaufeln gelten die Kennlinien p', p'', p''', die an ihren Scheiteln von der Kurve a umhüllt werden. Die zugehörigen Wirkungsgradkurven zeigen die Verbesserung der inneren Strömungsverhältnisse. Rechnung und Messung haben ergeben, daß die Wirkungsgradkurve gegen die Nullieferung zu bedeutend weniger stark abfällt, außerdem läßt sich ein höherer Druck erreichen, ohne daß das Pendeln eintritt. Die Grenzkurve ist durch die Verbindungslinie a' der Knickstellen dargestellt.

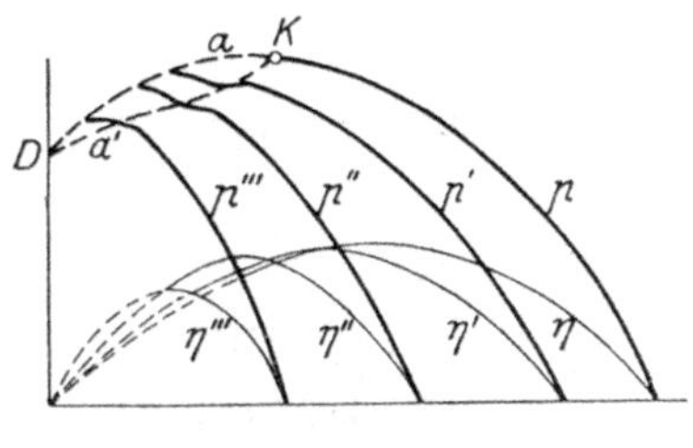

Abb. 250.

Die Verstellung der Drehschaufeln erfolgt wie bei den Francis-Wasserturbinen dadurch, daß jede Schaufel an einen konzentrisch um das Rad gelegten Ring angehängt wird.

Die Verstellung dieses Ringes geschieht entweder von Hand oder selbsttätig durch einen Kraftkolben, der unter dem Einfluß des Kompressor-Enddruckes oder der Fördermenge oder beider steht. Man kann damit die Kennlinie von einem gewissen Punkt an nach Bedarf gestalten.

Bei einstufigen Gebläsen ist die Aufgabe verhältnismäßig leicht durchzuführen. Mehrstufige Kompressoren erhalten meistens Gruppen mit gleichen Abmessungen der Laufräder und der Diffusoren. Man kann nun die Leitschaufelregelung benützen, um die Öffnungen jedes Rades einer Gruppe entsprechend der fortschreitenden Verdichtung verschieden einzustellen, und erhält so eine Feineinstellung innerhalb einer Gruppe gleicher Räder.

Diese Korrektur gilt für den normalen Betriebspunkt. Da aber alle Leiträder gegen die Nullförderung zu gleichzeitig fast geschlossen sein müssen, haben die Verstellringe der Einzelräder in der gleichen Zeit verschieden große Wege zurückzulegen.

Diesen Forderungen genügt die von Brown, Boveri & Cie. geschaffene Einrichtung (DRP. Nr. 338721). Jeder Schaufelkranz erhält eine besondere Hilfsmaschine *a* (Abb. 251 bis 254), deren Steuerschieber *b* von einem Reglerkolben *e*

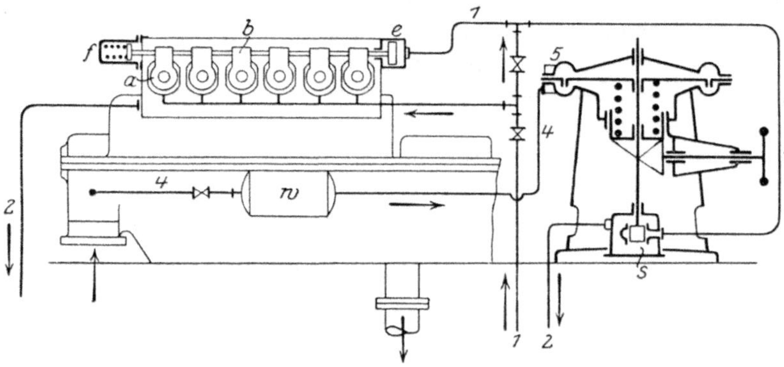

Abb. 251.

entgegen der Wirkung der Feder *f* verstellt wird. Jeder Steuerschieber *b* wird in der Achsrichtung zwangsläufig und ohne gegenseitiges Spiel mitgenommen, ist aber für sich von der Wirkung thermischer Ausdehnungen befreit.

Der auf den Reglerkolben *e* wirkende Öldruck steht unter dem Einfluß des Kompressors; zu diesem Zweck wird die früher beschriebene Vorsteuerung mit Membrankolben benützt. Die obere Seite 5 des Kolbens steht nach außen offen, die untere Seite ist durch Leitung 4 mit dem Saugstutzen des Kompressors verbunden. Der am Membrankolben hängende Vorsteuerschieber *s* öffnet oder schließt die Leitung 1, die zum Reglerzylinder *e* führt, sobald sich der Druck im Saugstutzen ändert; damit verändern auch *e* und *b* ihre Lagen. Um eine gewisse Verzögerung in dieser Wirkung zu erhalten, ist in die Luftleitung 4 ein kleiner Windkessel *w* geschaltet.

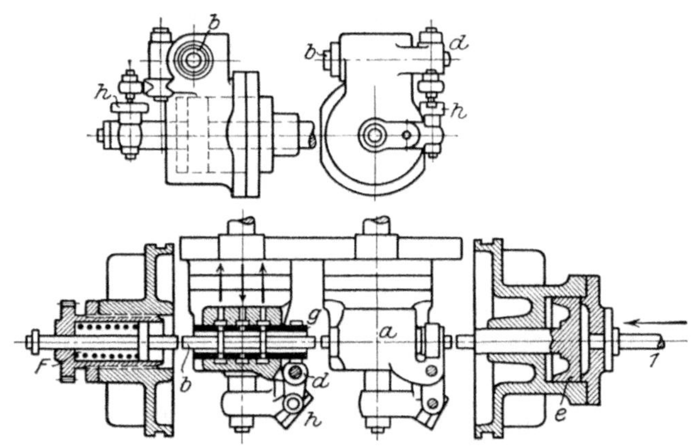

Abb. 252 bis 254.

Die Hilfsmaschinen *a* sind doppelwirkend und stehen unter dem konstanten Druck der Ölpumpe, den Rückfluß des Öles besorgen die Leitungen 2.

Das Drucköl tritt bei Verkleinerung der Liefermenge auf die Vorderseite des Kolbens, damit sich die Diffusorschaufeln schließen. Jeder Kraftkolben ist mit einer Rückführung versehen, und zwar folgt die Schieberbüchse *g* (Abb. 253) dem Steuerschieber nach, sobald der Kraftkolben in Bewegung kommt. Zu diesem Zweck befindet sich an der herausragenden Kolbenstange eine Führung *h*, die dem Drehhebel *d* den nötigen Ausschlag zur Verschiebung der Büchse *g* erteilt.

Der Hub jedes Kraftkolbens läßt sich den besonderen Verhältnissen der betreffenden Stufe anpassen, obschon alle Steuerschieber den gleichen Verstellweg erhalten. Dies wird erreicht, indem die zur Zylinderachse schräg gestellten Schlitze h in ihrer Neigung verstellt werden. Ist die Führung parallel zur Achse gerichtet, so findet keine Rückführung statt; steht dagegen die Führung h unter 45^0, so ist bei gleicharmigem Hebel der Büchsenhub gleich dem Kraftkolbenhub. Mit der Rückführung läßt sich somit jeder Leitschaufelring den besonderen Betriebsverhältnissen anpassen.

Bei Verwendung einer Vorsteuereinrichtung kann die Kennlinie von der Leitschaufelregelung selbsttätig derart beeinflußt werden, daß von einem Punkt K an die Kennlinie ungefähr geradlinig gegen die Nullförderung abfällt. In Abb. 255 sind solche Kennlinien für verschiedene Drehzahlen gezeichnet unter Voraussetzung des Antriebes durch Dampfturbine.

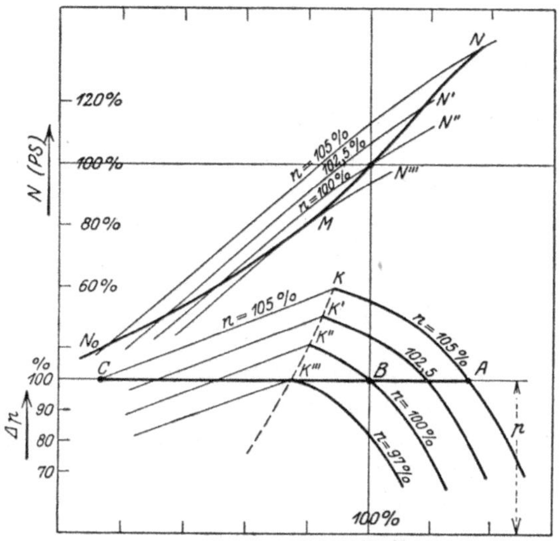

Abb. 255.

Soll beispielsweise der Druck konstant erhalten bleiben (Strecke $A—B—K'''$), so läßt sich dies durch alleinige Verminderung der Drehzahl von 105 auf 97 v. H. des normalen Wertes erreichen (Strecke ABK'''), wobei das Fördervolumen von 135 auf 75 v. H. des normalen Betrages abnimmt. Nun setzt zur Vermeidung des Pumpens die Leitschaufelregelung ein, wobei gleichzeitig die Drehzahl wieder erhöht wird (Strecke $K'''C$); dadurch ist der Kompressor imstande, mit sehr kleinen Volumen zu arbeiten.

In Abb. 255 sind auch die Veränderungen des Energiebedarfes zur Darstellung gebracht. Die parallel laufenden Linien N, N', N'', N''' geben die eingeleiteten Energien, wenn der Druck nach den entsprechenden Kennlinien verläuft, die gekrümmte Linie $N—M—N_0$ entspricht der eingeleiteten Leistung bei Regelung auf konstanten Druck.

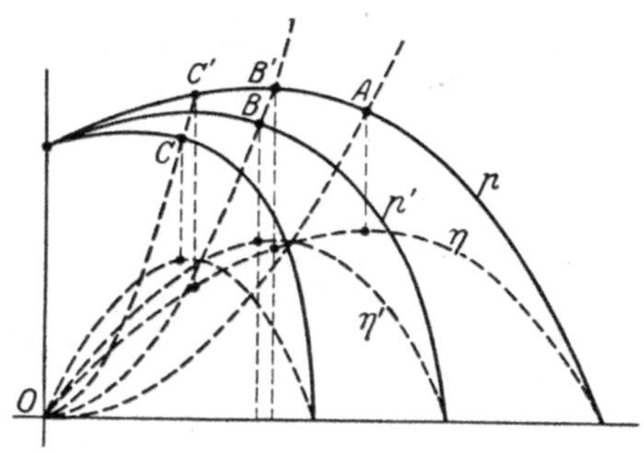

Abb. 256.

Die vorteilhafte Wirkung der beschriebenen Regelungsart ist in Abb. 256 für eine Maschine mit unveränderlicher Drehzahl sichtbar. Hier sollen die Parabeln AO, $B'O$, $C'O$ als Gegendruckkurven angesehen werden. Im Betriebspunkt A sei der Höchstwert des Wirkungsgrades erreicht. Nimmt die Liefermenge ab, so ist ohne Leitschaufelverstellung B' der neue Betriebspunkt und der Wirkungsgrad gemäß dem Verlauf der Kurve η gesunken. Setzt aber die neue Regelungsart ein, so gilt für eine bestimmte Verengung der Kanäle die neue Kennlinie p' und die neue Wirkungsgradkurve η'. Der Betriebspunkt gelangt nun nach B und die Maschine läuft mit dem größten Wirkungsgrad für diese Stellung, er ist nur wenig kleiner als der Wirkungsgrad für den Betriebspunkt A.

Die konstruktive Ausbildung der Drehschaufeln und ihr Einbau in den Diffusorring wird von Brown, Boveri & Cie. derart vorgenommen, daß jede Schaufel gleichzeitig eine drehende und eine fortschreitende Bewegung erhält (Abb. 257) (DRP. Nr. 337179). Jede Schaufel ist aus einem Stück mit ihrem Hebel h hergestellt; das äußere Ende des Hebels greift als Zahn in die Lücke des Verstellringes r und wälzt sich darin ab. Der Ring *r* liegt nur auf den Köpfen der Hebel *h* auf und ist sehr leicht zu drehen.

Zur Lagerung der Hebel dient der innere feste Ring *q*, er bildet zugleich die Begrenzungsfläche für den Leitkanal, so daß die Hebel *h* nicht im Luftstrom liegen.

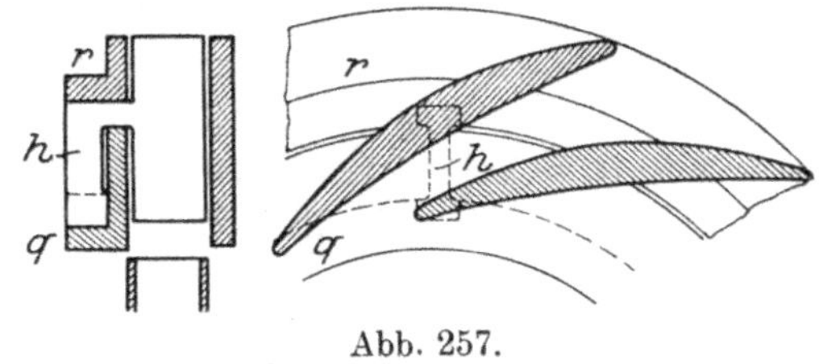

Abb. 257.

Wie aus diesen Entwicklungen hervorgeht, ist es leicht möglich, die beschriebene Regelung auch derart zu verwenden, daß der Gebläsedruck am Ende einer langen Leitung konstant bleibt, der Enddruck am Austritt aus der Maschine muß alsdann mit wachsender Fördermenge entsprechend der zunehmenden Rohrreibung steigen.

86. Regelungseinrichtungen auf konstante Liefermenge.

Zum Betrieb der Hochöfen und der Kuppelöfen sind Gebläse nötig, deren Regelung eine gleichbleibende Windmenge selbständig einstellen soll. Der zu überwindende äußere Widerstand ist je nach der Beschickungssäule veränderlich, die Luftmenge zum Einschmelzen eines bestimmten Einsatzes soll dagegen unveränderlich bleiben.

Allgemein ist die Aufgabe dadurch lösbar, daß eine kleine zulässige Änderung der Liefermenge in eine Druckänderung umgesetzt wird, die den Energiezufluß zum Motor verstellt. Besonders einfach gestaltet sich die Vorrichtung bei Antrieb durch eine Dampfturbine. Auch bei dieser Regelungsart steht der Dampfzufluß unter dem Einfluß zweier Organe. Das eine ist der übliche Fliehkraftregler, der hier nur die höchste Drehzahl begrenzt, das andere Organ ist der federbelastete Kolben, dessen Lage durch eine Änderung der Liefermenge verschoben wird. Gegenüber der Regelung auf konstanten Druck besteht nun die Verschiedenheit nur darin, daß die eine Kolbenseite unter dem statischen Verdichtungsdruck steht, während dieser Druck auf der anderen Seite durch den dynamischen Teil vergrößert wird, wie er durch Einsetzen eines Pitotrohres in die Leitung erhältlich ist. Die Feder hebt daher nur den dynamischen Anteil auf, der sich proportional dem Quadrat der Liefermenge ändert. Eine kleine Zunahme der Liefermenge leitet daher eine Bewegung des Hilfskolbens ein, wodurch der Dampfzufluß gedrosselt wird.

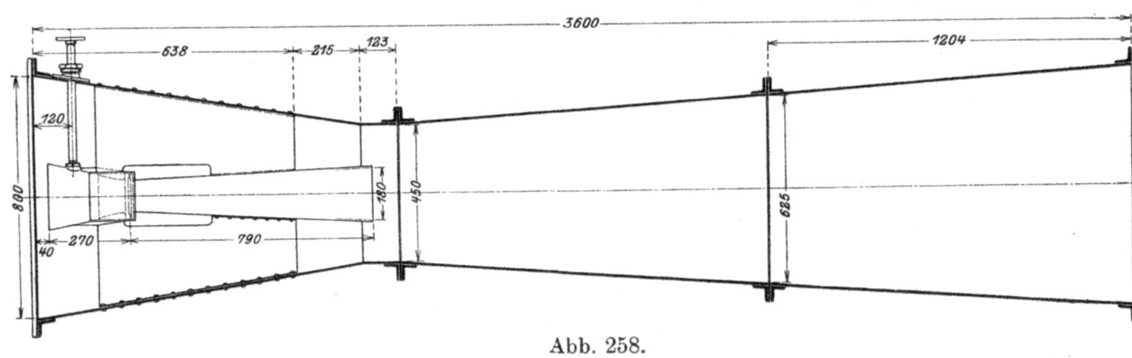

Abb. 258.

Da die Geschwindigkeitshöhe in der Leitung gegenüber den auftretenden Pressungen ungemein klein ist, hat es sich als zweckmäßig gezeigt, die dynamische Druckhöhe durch starke oder mehrfache Einschnürungen der Förderleitung zu vergrößern, wie dies die unter dem Namen Venturimeter bezeichneten Meßeinrichtungen zeigen.

Eine solche Aufgabe hat der sog. Multiplikator von Rateau, Bauart Gutehoffnungshütte, Oberhausen (Abb. 258). Das Saugrohr besitzt eine Einschnürung

(800/450 mm), wodurch an jener Stelle ein Unterdruck entsteht. Dort endigt die Mündung eines zweiten Rohrstückes, das an seiner Einschnürung (180/100 mm) einen bedeutend kleineren Druck aufweist. Das Verfahren wiederholt sich zum drittenmal, um einen recht großen Druckunterschied hervorzubringen, der sich mit der Liefermenge empfindlich ändert. In Abb. 259 erkennt man die Ausführung der Düse, in Abb. 260 ist das Gesamtbild dargestellt.

Der mit dem Einbau dieser Vorrichtung verbundene Widerstand ist gering, zumal nur ein kleiner Teil der ganzen Liefermenge diese Druck- und Geschwindigkeitsänderungen erfährt. Nach Messungen bei verschiedenen Anlagen betrug er bis zu 25 mm WS.

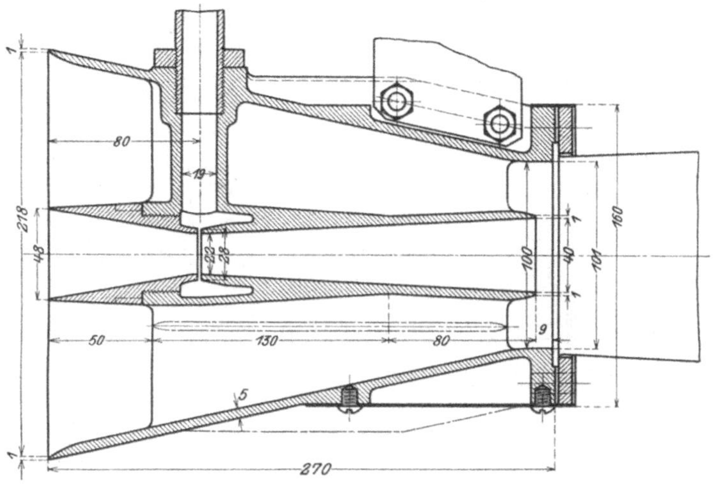

Abb. 259.

Der vom Multiplikator erzeugte Unterdruck kann wie bei jedem andern Venturimeter mit Vorteil zum Messen der Liefermenge benutzt werden. Läßt man den Unterdruck auf ein Quecksilbervakuummeter wirken, so erhält man durch die

Abb. 260.

Eichung der Skala ein bequemes und genaues Mittel, um die Liefermenge unmittelbar abzulesen. Bei einer Lieferung von 1000 cbm/min entspricht eine Quecksilbersäule von 1 mm einer Luftmenge von etwa 10 cbm/min; diese Meßmethode ist also sehr genau, besonders auch deshalb, weil sie von Abnutzungen in der Maschine unabhängig ist. Im Hochofenbetrieb ist es von großer Wichtigkeit, in jedem Augenblick die Liefermenge zu kennen.

Bei Kolbengebläsen wird die Luftmenge aus dem Zylindervolumen und der Hubzahl berechnet unter Annahme eines Liefergrades, der aber vom Betriebszustand der Maschine abhängt. Man ist daher nicht immer sicher, ob die berechnete Menge mit der wirklich gelieferten übereinstimmt.

Die von Brown, Boveri & Cie. für Turbogebläse gebaute Regelungsvorrichtung auf konstantes Volumen ist in Abb. 261 im Schema gezeichnet und dabei Dampfturbinenantrieb vorausgesetzt. Das Dampfeinlaßventil D wird in bekannter Weise durch den Hilfskolben K gesteuert, dessen untere Seite Drucköl erhält. Durch zwei verschiedene Einflüsse entsteht eine Druckverminderung unter dem Kolben K; die eine erfolgt durch den Fliehkraftregler R in der bei allen Dampfturbinen üblichen Weise, indem die Büchse C bei zunehmender Drehzahl abwärts gezogen und dadurch Öl abgelassen wird. Den gleichen Zweck verfolgt der Vorsteuerschieber s, der am Membrankolben b hängt. Beide Seiten dieses Kolbens sind in der in Abb. 261 sichtbaren Weise durch Leitungen 4 und 5 mit dem Druckrohr des Gebläses verbunden.

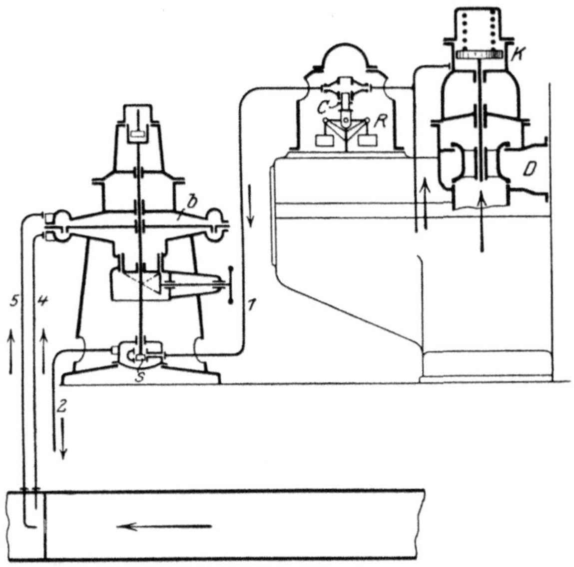

Abb. 261.

Nimmt das Fördervolumen etwas zu, so erhöht sich der Überdruck über dem Membrankolben, der Schieber s geht abwärts und läßt etwas Drucköl aus der Leitung l entweichen, so daß das Einlaßventil D sich gegen den Sitz zu bewegt und den Dampfeintritt stärker drosselt. Dadurch vermindert sich die Drehzahl und die Liefermenge kommt wieder auf den alten Betrag. Für diese Regelung kann man dasselbe Modell der Vorsteuerung benützen wie bei der Steuerung des Ausblaseventils Abb. 238, wobei der Druckkolben a wegfällt.

87. Regelungsvorrichtungen für Parallelbetrieb.

Wie bereits erwähnt, sind die labilen Bewegungszustände besonders unangenehm fühlbar, wenn ein stillstehendes Gebläse zu einem bereits im Betrieb befindlichen angeschlossen werden soll. Dieselben Erscheinungen treten auf, wenn der in Tätigkeit zu setzende Kompressor Luft in einen Behälter pressen soll, der bereits unter dem vollen Druck steht.

Die Zuleitung zu diesem Behälter verlangt ein Rückschlagventil, das sich erst öffnet, wenn der Druck im Gebläse mindestens auf denjenigen im Behälter gestiegen ist. Vor Erreichung dieses Druckes wird keine Luft gefördert, sie flutet hin und her und die Maschine erwärmt sich nutzlos.

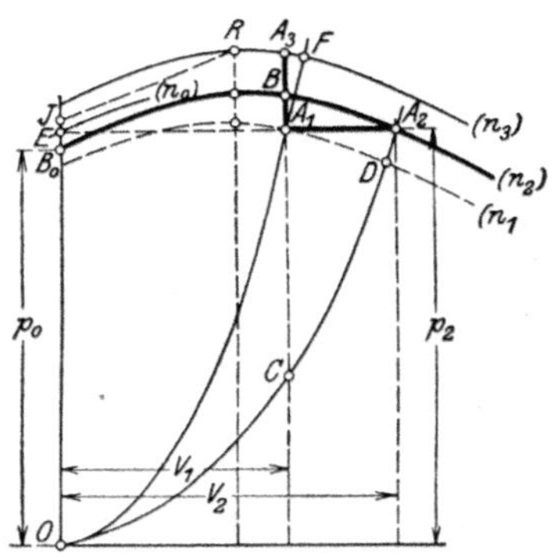

Abb. 262.

Man erkennt den Grund dieser Erscheinung aus der Kennlinie (Abb. 262). Der Kompressor soll gegen den Druck p_2 im Windkessel arbeiten und verlange dazu die Drehzahl n_2, der einer gezeichneten Kennlinie entspricht. Wird die Maschine in Gang gesetzt, so erreicht sie bei normaler Drehzahl n_2 und geschlossenem Schieber höchstens den Druck p_0 (Abschnitt auf der Ordinatenachse). Ein Zuschalten ist daher noch nicht möglich, sondern die Drehzahl muß weiter auf n_0 erhöht werden (Punkt E), damit der erzeugte Druck etwas höher ist als im Windkessel. Nun beginnt sich das Rückschlagventil zu heben und der Kompressor fängt an, Druckluft in den Windkessel zu fördern. Wie die Kennlinie zeigt, hat dies eine sofortige weitere Drucksteigerung zur Folge; sie bringt in Verbindung mit der einsetzenden Lieferung eine Vergrößerung des Energiebedarfes und eine Verlangsamung der Motorbewegung hervor.

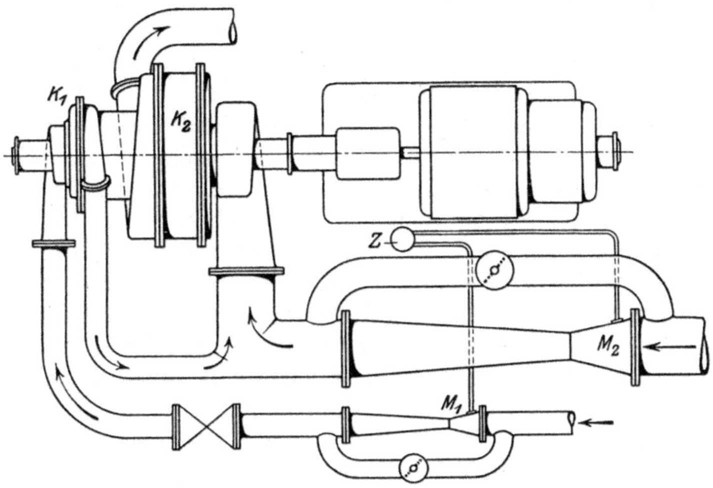

Abb. 263.

Der Druck sinkt daher wieder etwas gegen den Anfangswert zu, bis die fortschreitende Förderung von neuem ein Anwachsen des Druckes bedingt. Der Kompressor befindet sich demnach in einem labilen Zustand, bei dem ein fortwährendes Schwanken des Druckes auftritt; erst nach Überschreiten der kritischen Liefermenge treten stabile Verhältnisse in der Förderung auf.

Diese Erscheinungen beim Parallelschalten von Gebläsen lassen sich vermeiden, wenn das Rückschlagventil in Verbindung mit dem Ausblaseventil gesetzt wird, wie dies bereits im vorigen Abschnitt erklärt worden ist. Es seien nun noch einige andere Hilfsmittel genannt, die denselben Zweck erfüllen.

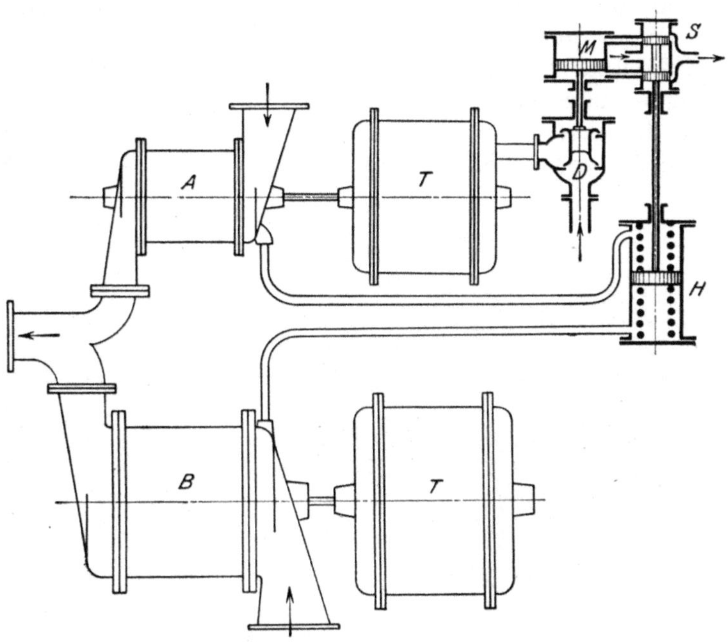

Abb. 264.

Sollen zwei verschiedene Gasarten verdichtet und derart gemischt werden, daß das Mischungsverhältnis trotz veränderlichem Bedarf der Mischung stets dasselbe bleibt, so kann hierzu der früher beschriebene Multiplikator benützt werden. Zu diesem Zweck wird in jeden Gasstrom ein Multiplikator eingesetzt und dessen engste Stelle mit je einer Seite eines Hilfszylinders verbunden. Dieser Zylinder enthält zwei bewegliche Kolben, jeder derselben ist der entsprechenden Druckverminderung unterworfen.

Bei der von Rateau vorgeschlagenen Anordnung (Abb. 263) saugt der Kompressor K_1 eine Gasart an und drückt sie in die Saugleitung eines zweiten Kompressors K_2, der das Gemisch fortdrückt. Die Gasleitungen von den beiden Multiplikatoren M_1 und M_2 führen zum Regelungszylinder Z. Eine Änderung der Liefermenge besorgt, wie gewohnt, ein Drosselschieber in jeder Saugleitung; jeder Multiplikator erhält eine Umlaufleitung mit verstellbarer Klappe, um seine Wirkung dem Bedürfnis anpassen zu können.

Eine Zusammenstellung zu demselben Zweck zeigt die Anordnung Abb. 264, die der Firma Escher, Wyss & Cie. geschützt ist. Soll der Kompressor A zum Kompressor B parallel geschaltet werden und z. B. halb so viel Luft liefern als B so werden die Saugstutzen beider Maschinen mit dem Hilfszylinder H verbunden, so daß der Kolben bei gleichem Unterdruck in den beiden Saugstutzen in der Mittellage bleibt. Dieser federbelastete Kolben dient zur Betätigung der Steuerung S für den normalen Hilfsmotor M, der das Haupteinlaßventil D der Dampfturbine verstellt. Wachsen beide Fördermengen gleichmäßig, so vergrößert sich der Unterdruck auf beiden Seiten des Hilfskolbens, der sich nicht bewegt. Vergrößert sich aber aus irgendeinem Grunde vorerst nur die Liefermenge des großen Kompressors B, so sinkt der Druck unter dem Kolben H, die Steuerung S wird abwärts gezogen und bewirkt ein Heben des Dampfeinlaßventils D. Der zweite Kompressor kann nun seine Liefermenge ebenfalls vergrößern, der Druck über dem Hilfskolben sinkt und bringt dadurch den Kolben wieder in seine Mittellage Durch diese Bewegung wird aber die Turbinensteuerung und das Dampfventil in der neuen Lage festgehalten, bis sich die Fördermenge im ersten Kompressor von neuem ändert. Jedem andern Beharrungszustand von A schmiegt sich demnach ein solcher für B an bei nahezu gleichbleibendem Verhältnis der Liefermengen.

Bei parallel arbeitenden Gebläsen sind Rückschlagklappen in den Druckleitungen unentbehrlich; sie müssen zufolge der großen Rohrdurchmesser und der bedeutenden Kraftwirkungen mit

Abb. 265.

Abb. 266.

besonderer Sorgfalt entworfen werden. Die für Wasserleitungen gebräuchlichen Klappen lassen sich meistens nicht verwenden.

Wie bereits betont, wird die Klappe in Verbindung gebracht mit dem Ablaßventil, sie kann aber auch unabhängig davon eingebaut werden. In Abb. 265 ist eine Klappe nach Bauart Brown, Boveri & Cie. in Baden abgebildet, die für kleinere Rohrdurchmesser gebraucht wird; Abb. 266 zeigt eine zweiteilige Klappe für große lichte Weite. Diese Klappen sind mit Luftbremsen versehen, um Schläge abzuschwächen, die bei raschen Bewegungen entstehen können.

C. Ausgeführte Turbokompressoren.

88. Brown, Boveri & Cie. A.-G. Baden (Schweiz).

Im Abschnitt über die Regelungsvorgänge ist bereits die große Anteilnahme dieser Firma an der Entwicklung der Turbokompressoren erkennbar. Dieser Erfolg prägt sich auch in den übrigen Einzelheiten und im Aufbau ganzer Aggregate aus, worüber im folgenden berichtet werden soll.

Von maßgebendem Einfluß auf die Wirkung der Druckbildung ist die Konstruktion des Laufrades (Abb. 267 und Abb. 268). Die Radscheibe ist auf besonderer

Abb. 267.

Nabe aufgenietet, die Deckscheibe auf der Saugseite erhält an ihrem inneren Umfang einen aufgenieteten starken Stahlwulst, der mit eingedrehten Nuten für die Labyrinthdichtung versehen ist. An den nach rückwärts gekrümmten Schaufeln sind auf den Seitenflächen Nietbolzen angefräst, die zur Verbindung der beiden

Abb. 268.

Scheiben dienen. Die Schaufelzahl ist so gewählt, daß die Kanäle genügend lang ausfallen und sich nur ganz allmählich gegen den äußeren Umfang zu erweitern, wodurch günstige Durchflußverhältnisse geschaffen werden.

Den Zusammenbau der Elemente zu einem dreistufigen Gebläse zeigt Abb. 269. Dieser sog. Gassauger (700 cbm/min, 3000 Uml./min) erzeugt einen Unterdruck von 1700 mm WS. Zum Ausgleich des Achsdruckes dient ein mitlaufender Kolben, dessen Außenseite mit dem Saugstutzen verbunden ist. An den tiefsten Stellen befinden sich Ablaßrohre für Wasser und Teer, sie führen zum selbsttätig wirkenden Abscheider.

Die Gehäuse mehrstufiger Maschinen sind in der wagrechten Mittelebene geteilt, alle Rohre schließen am unteren Statorteil an, damit der obere leicht abhebbar ist. Die Wellen werden starr ausgeführt, für die beschriebenen Gassauger beträgt die kritische Drehzahl 4200 Uml./min.

Das Äußere eines derartigen Gebläses mit der seitlich angehängten Dampfturbine ist in Abb. 270 sichtbar (400 cbm/min, 3300 bis 3750 Uml./min, 0,35 bis

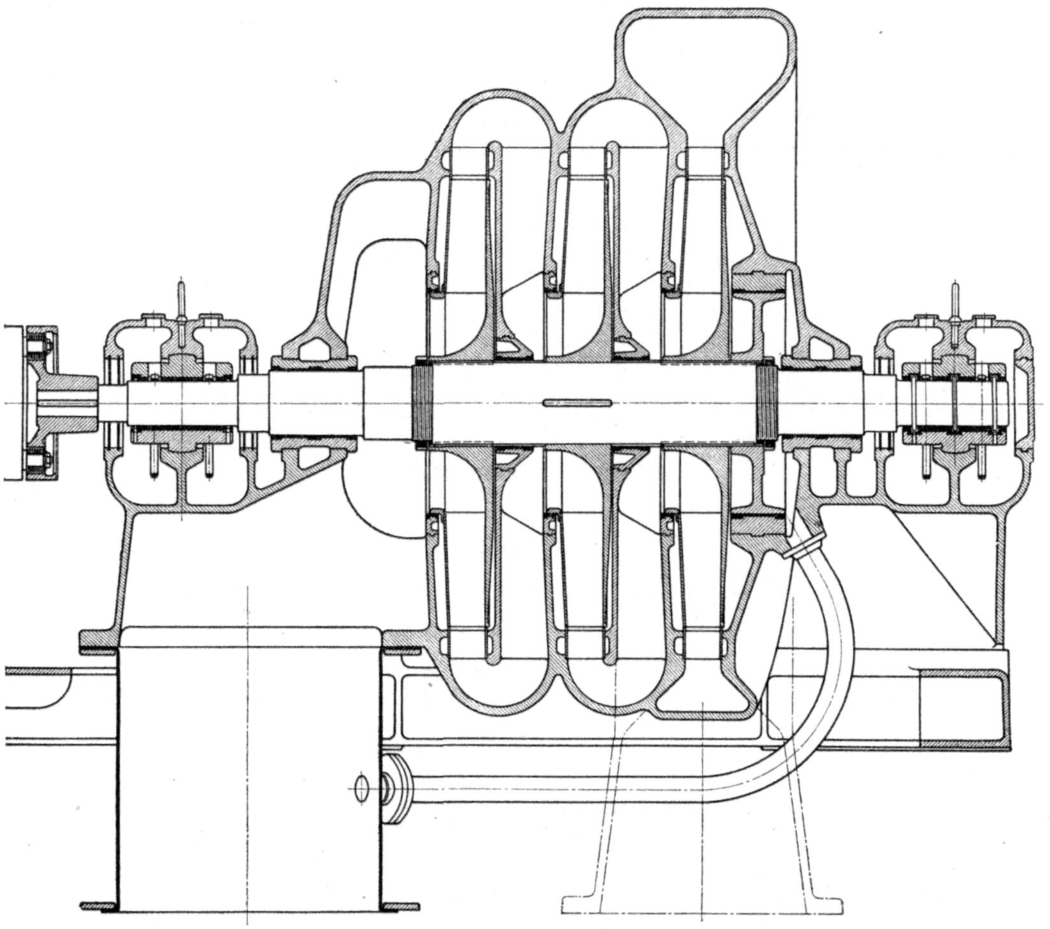

Fig. 269.

0,5 Atm. abs. Saugdruck). Im Vordergrund ist die Regelungsvorrichtung auf konstanten Luftdruck mittels Quecksilber-Schwimmer zu erkennen. Lagerkörper und Gehäuseunterteil sind zu einem kräftigen Ganzen vereinigt.

Für Hochofengebläse mit ihren großen Liefermengen und mäßigen Enddrücken empfiehlt sich die Gabelung der Saugleitung und Einführung der Luft von beiden Stirnseiten. Diesen Aufbau zeigt Abb. 271 (700 cbm/min auf 0,7 at. Überdruck, 2900 Uml./min). Für vorliegenden Zweck hat es sich als nützlich gezeigt, die beiden Gebläseseiten nicht nur parallel, sondern auch hintereinander arbeiten zu lassen (Abb. 272 und 273). Das spiralförmige Druckgehäuse erhält in der Mitte eine senkrechte Scheidewand und der Druckstutzen eine Verbindung mit dem einen Saugrohr. Eine stellbare Klappe schließt entweder das Verbindungsrohr oder die eine

Hälfte des Druckrohres; in letzterem Fall ist noch die Klappe im Saugrohr zu schließen, um die beiden Hälften hintereinander zu schalten. Damit ist es möglich, beim Hängen des Hochofens den verlangten höheren Druck zu erreichen,

ohne die Antriebsmaschine stark zu überlasten. Die Kennlinien eines solchen doppelseitigen Gebläses (Abb. 274) enthalten Kurven gleichen (adiabatischen) Wirkungsgrades und den Energiebedarf bei verschiedenen Drehzahlen.

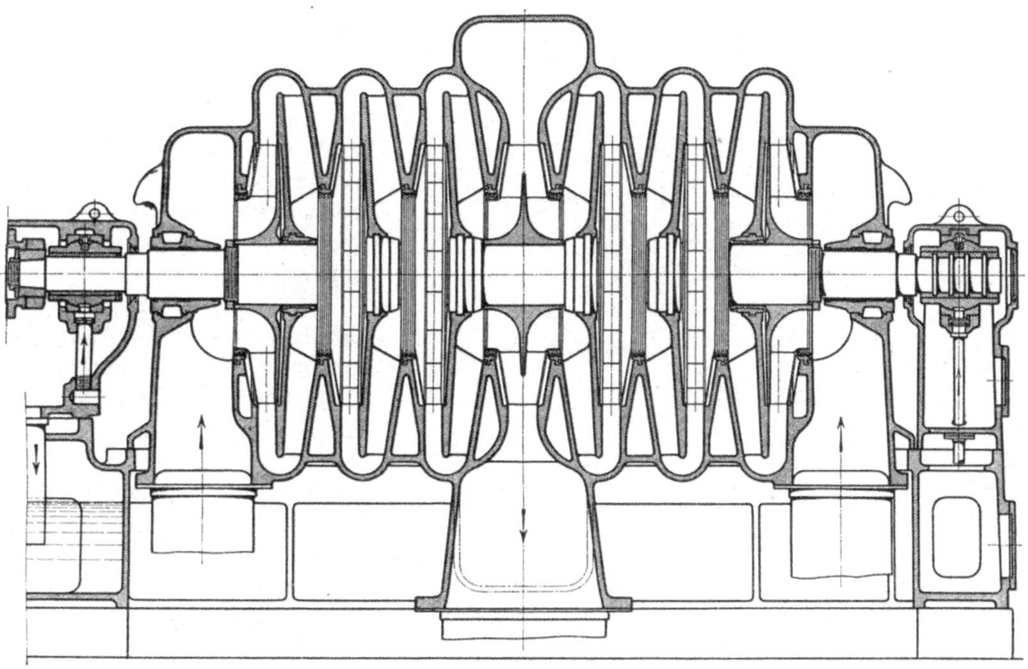

Abb. 271.

Das in Abb. 275 dargestellte Gebläse zur Verdichtung von Kohlensäure (60 cbm/min auf 4 Atm. Überdruck, 4200 Uml./min) zeigt den Zusammenbau mit der Antriebsturbine im Schnitt. Diese Gegendruckturbine von 80 PS erhält Dampf von 12 Atm. abs. und 300° und gibt ihn mit 3 Atm. wieder ab. In jeder Stufe des Ge-

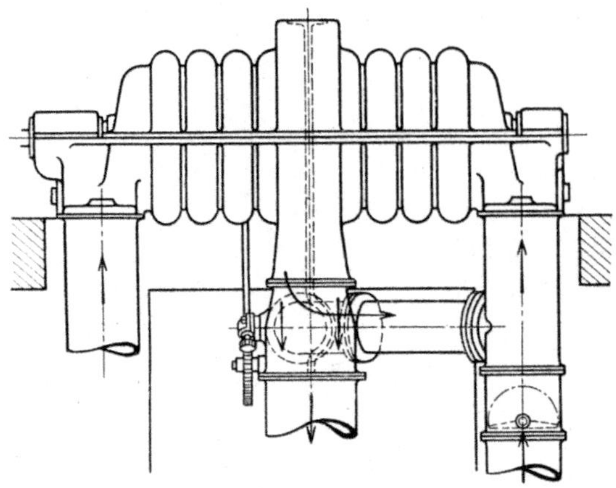

Abb. 272.

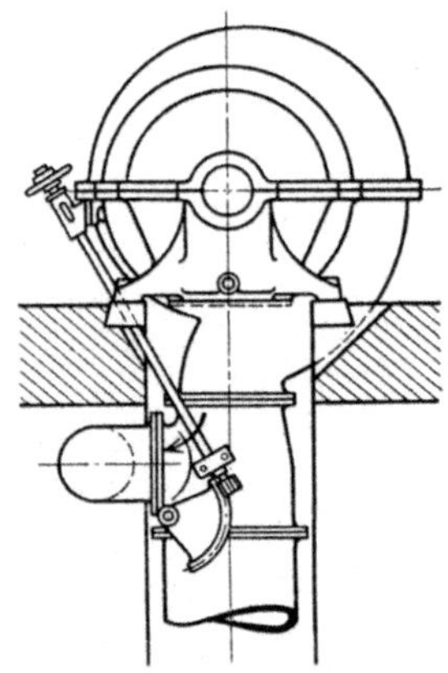

Abb. 273.

bläses wird Wasser eingespritzt, um das Innere von Niederschlägen zu reinigen. Zum Ausgleich des Achsdruckes ist eine der Firma geschützte Vorrichtung gebaut, bestehend aus einer Scheibe, die an ihren beiden Seiten konisch verlaufende Labyrinth-Dichtungen besitzt. Die Scheibe läuft zwischen dem ruhenden Gehäuseteil und der von außen verstellbaren Büchse. Vom letzten Laufrad her wirkt der Spaltdruck auf die Scheibe und pflanzt sich stark vermindert auf die andere Seite fort. Sobald sich die Welle dadurch etwas nach rechts verschiebt, erweitert sich der Durchgangsquerschnitt auf der linken Seite und verengt sich rechts, wodurch sich der Druck links vermindert und rechts vermehrt, bis die Welle wieder in ihre vorherige Stellung zurückgekehrt ist. Die Verschiebung ist äußerst gering.

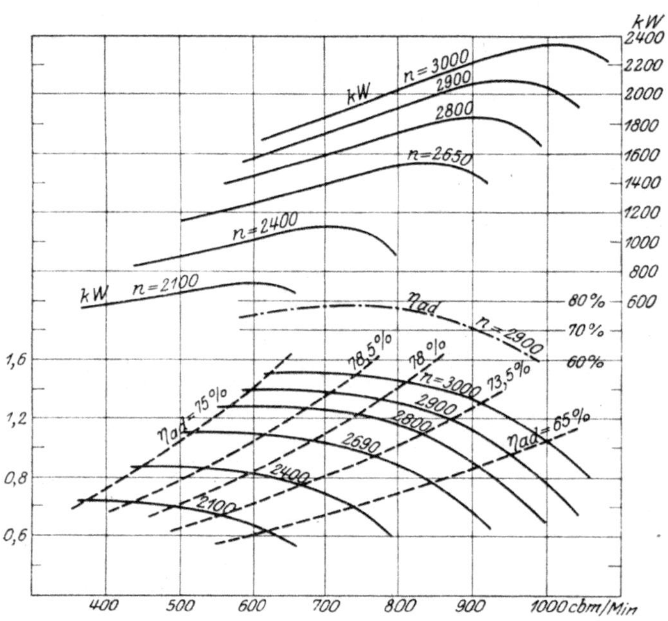

Abb. 274.

In neuerer Zeit wird die Spülluft großer Zweitakt-Dieselmotoren in einstufigen Gebläsen hergestellt, die unmittelbar mit Elektromotor gekuppelt sind. Dadurch entsteht eine bedeutende Platzersparnis und ein einfacher Betrieb. Dieser Vorteil ist namentlich bei Schiffsmotoren ins Gewicht fallend. Abb. 276 zeigt die sehr gedrängte Anordnung, die für Unterseeboote gebaut worden ist; Abb. 277 gibt die Kennlinien für ein solches Gebläse (300 cbm/min auf 1,3 Atm. abs. 3200 Uml./min, Energiebedarf 195 kW) mit den isothermischen Wirkungsgraden und der aufgenommenen Energie.

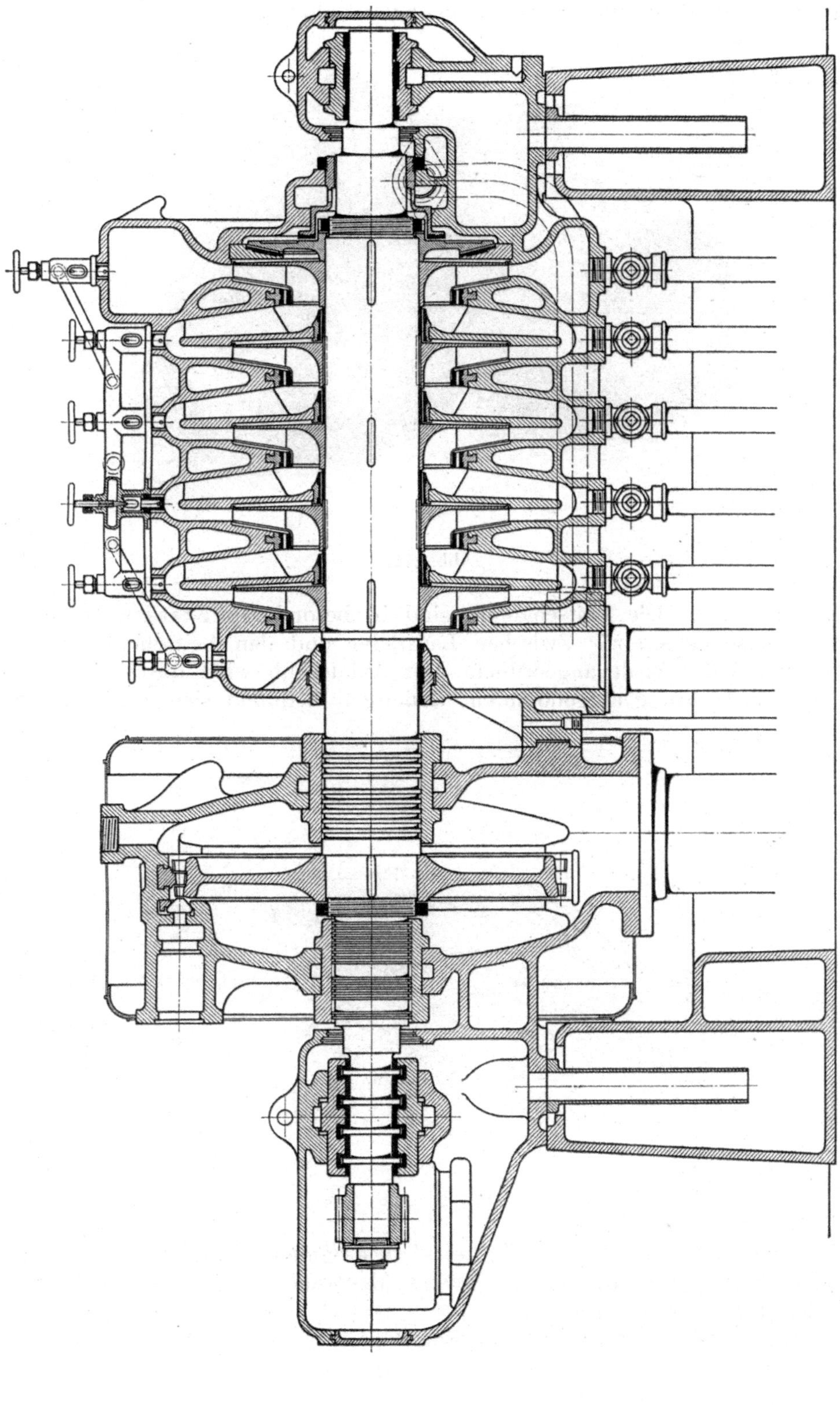

Abb. 275.

Die vielstufigen Hochdruck-Kompressoren in ihrer jetzigen Bauart sind in den Abb. 278 und 279 ersichtlich. Die gezeichnete Maschine ist einer der größten Turbokompressoren, deren Räder in einem einzigen Gehäuse gefaßt sind und zwischen

Abb. 276.

zwei Lager laufen. Die Leitschaufeln sind in besonderen Kränzen gegossen und in das Gehäuse eingesetzt. Zwischen Laufräder und den Leitschaufelkränzen ist ein breiter radialer Spalt angeordnet. Der Axialschub wird durch einen Kolben mit Labyrinth-Dichtung aufgenommen, außerdem befinden sich auf beiden Seiten

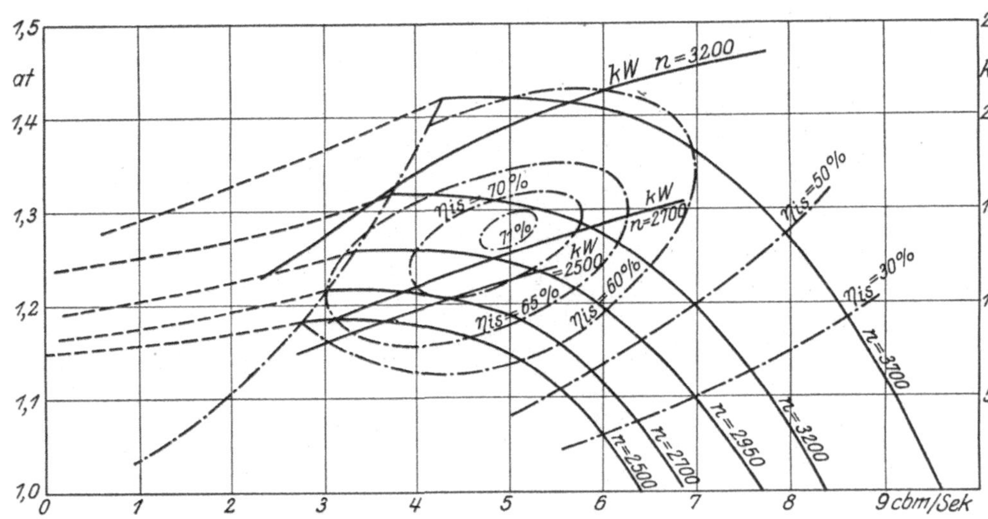

Abb. 277.

des einen Lagers Kämme, die sich auf Drucksegmente am Lagerkörper stützen. Zur gleichmäßigen Verteilung des Druckes übertragen die Segmente ihre Kräfte mittels Kugeln auf die Lagerkörper

Besondere Beachtung verdient der Bau des Gehäuses mit den Zwischenkühlern, die nach der ersten, zweiten und dritten Gruppe des 11stufigen Kompressors eingesetzt sind. Um das Kühlwasser von den eigentlichen Kompressionsräumen fern

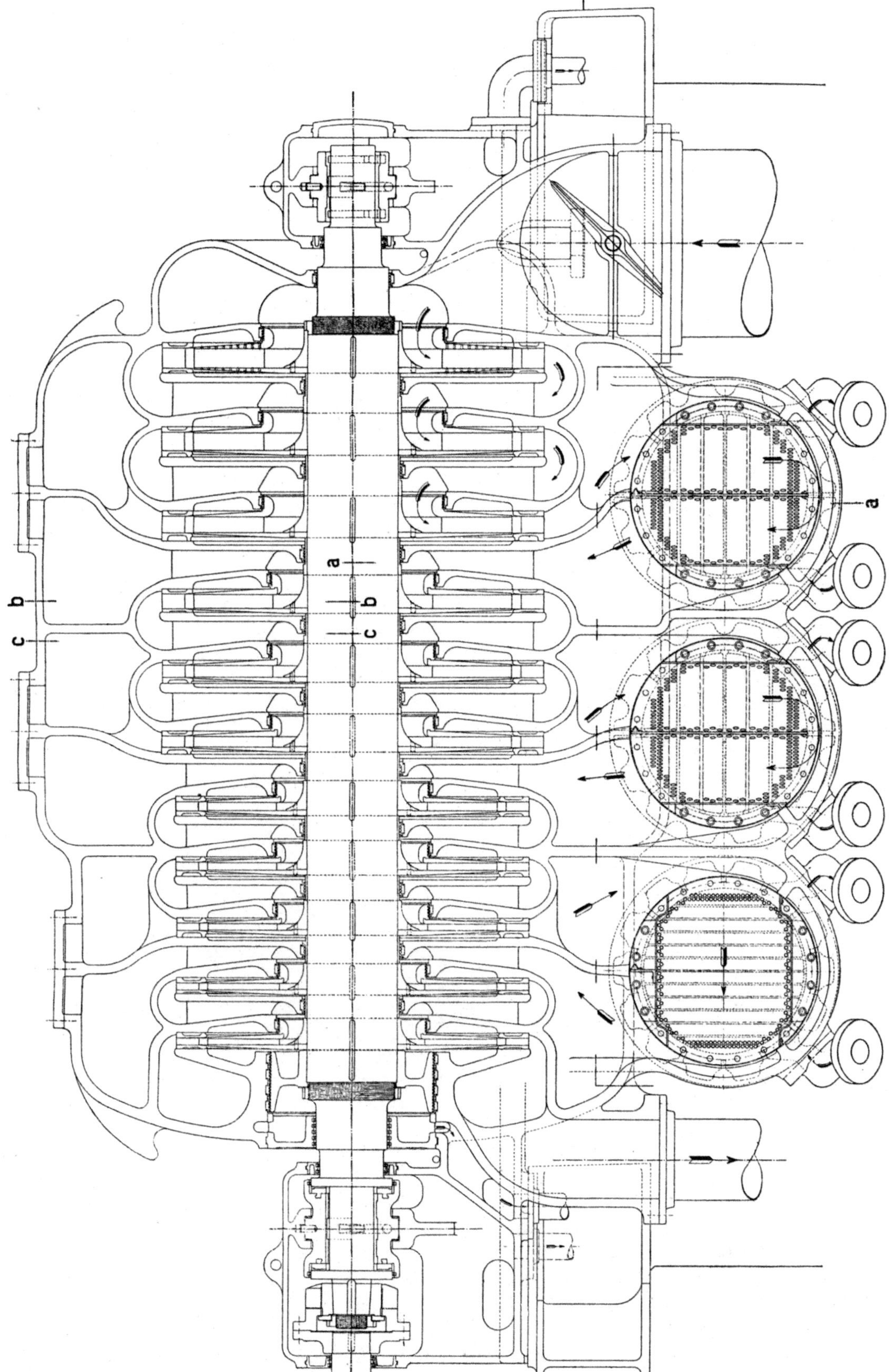

Abb. 278.

zu halten, sind die Kühler paarweise schräg seitlich an das Gehäuse angeschlossen. Sie sind daher leicht zugänglich und können genügend groß ausgeführt werden, um eine gute Kühlwirkung zu erzielen. Die Zu- und Abführung der Luft erfolgt

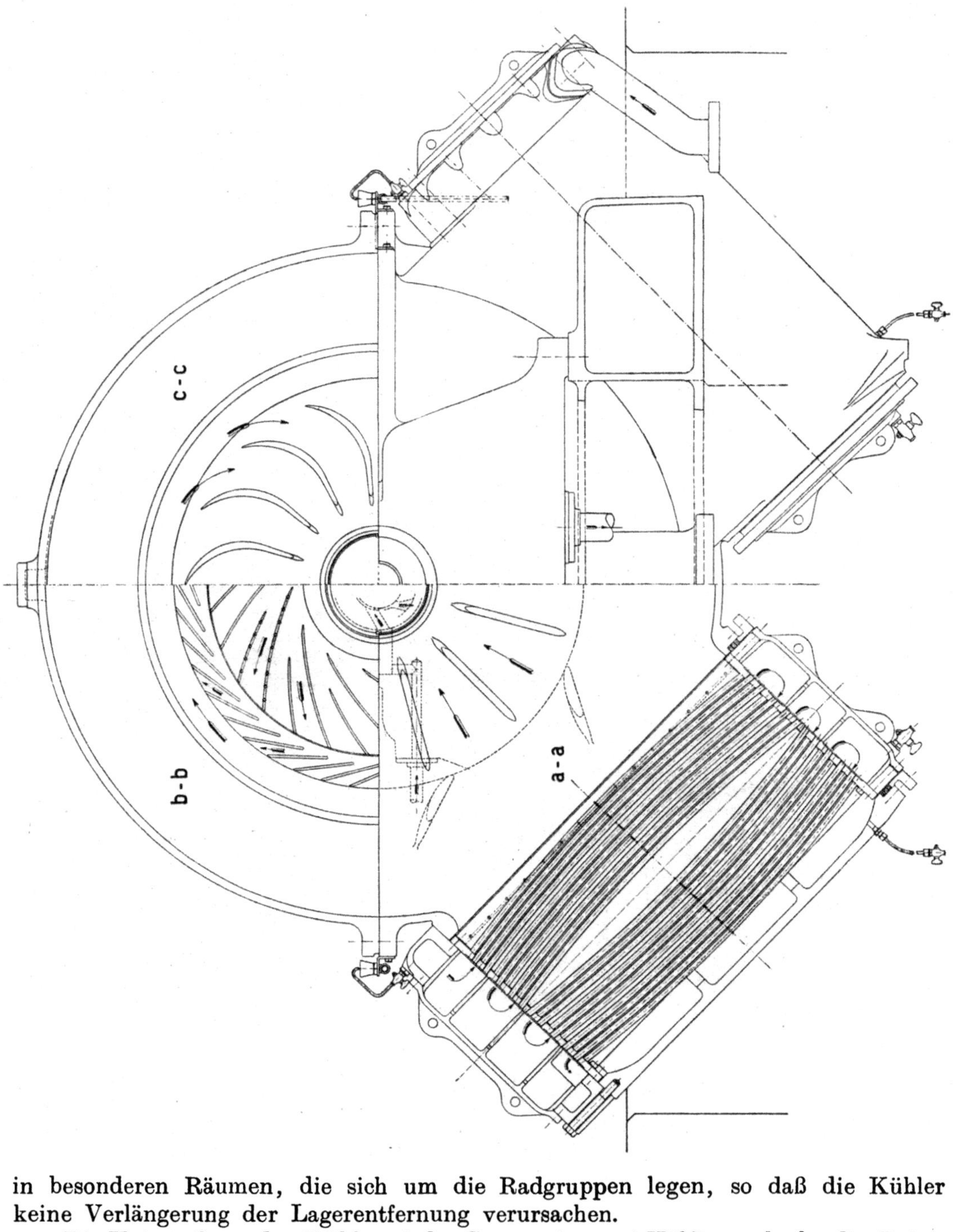

Abb. 279.

in besonderen Räumen, die sich um die Radgruppen legen, so daß die Kühler keine Verlängerung der Lagerentfernung verursachen.

Die Unterteilung des Kühlers jeder Gruppe in zwei Hälften erlaubt die Reinigung jeder Hälfte während des Betriebes wenigstens auf der Wasserseite der Kühlfläche.

Für die Rohrbündel werden meistens runde Messingrohre verwendet, die in dicke Bronzeböden eingelötet und mit Dorn nachgedichtet werden. Der obere Boden mit der zugehörigen Wasserkammer ist mit dem Zylinder fest verschraubt, der untere dagegen mit seinem runden Endstück in einer Stopfbüchse geführt. Man darf auch beide Böden fest einklemmen, wenn die Rohre etwas ausgebogen werden, um der Längenausdehnung Rechnung zu tragen.

Abb. 280.

Die Befestigung durch Löten gestattet, die Rohre eng aneinander zu setzen, damit die Luft mit genügend großer Geschwindigkeit durchströmt und die Kühlwirkung steigert. Bei Kühler mit ovalen Rohren strömt die warme Luft von oben nach unten in die erste Bündelhälfte, kehrt unten in einer Aussparung des Gehäusemantels um und fließt durch die zweite Hälfte oben ab, wo das kalte Wasser in die erste Rohrgruppe eingeführt wird. Das Wasser durchströmt die Rohre gruppenweise mit mehrmaligem Richtungswechsel, und zwar zuerst in der zweiten Kühlbündelhälfte, um die Gegenstromwirkung zu wahren. Bei Kühlern mit runden Röhren fließt die Luft ohne Richtungswechsel durch den ganzen Kühler.

Nach der beschriebenen Bauart sind vor kurzem in Baden drei Kompressoren hergestellt worden, die wohl zu den größten Maschinen dieser Art gehören. Sie sind für eine englische Kohlenzeche bestimmt. Jeder Kompressor empfängt die gewaltige Luftmenge von 70000 cbm/h und bringt sie von 1 auf 7 Atm. abs. Der Zylinderunterteil ist aus Abb. 280 ersichtlich und läßt die bedeutenden Abmessungen des Stückes erkennen, das 27000 kg wiegt. Das Gewicht des Rotors beträgt 7800 kg und das des ganzen Kompressors 83000 kg.

Der eine dieser Kompressoren ist vom Verfasser am 2. November 1921 auf seine Leistungsfähigkeit untersucht worden; zu diesem Zweck wurde die Maschine auf dem Versuchsfeld der Badener Fabrik aufgestellt und als Kupplung mit der Antriebsturbine ein Torsions-Dynamometer der Firma Amsler & Cie., Schaffhausen, benützt. Mit der ablesbaren Winkelverdrehung mißt man das eingeleitete Drehmoment. Die Bestimmung der Drehzahl erfolgte mittels Zählers, der seinen Antrieb von der Hauptwelle aus mit Schneckenübersetzung 1:10 erhielt.

Zur Messung der Ansaugemenge war vor dem Saugstutzen eine Düse (Abrundung nach Normen V. D. I.) von 600 mm Lochdurchmesser angesetzt; der hinter der Düse entstehende Unterdruck gibt das einströmende Volumen (Düsenziffer 0,99). Am Schluß der Versuche sind die benützten Instrumente, insbesondere Dynamometer und Manometer einer Nacheichung unterzogen worden.

Die Mittelwerte der Ablesungen und die daraus folgenden Ergebnisse sind in Zahlentafel 26 für zwei Hauptversuche zusammengestellt. Versuch I gilt für normale Vollast mit 2890 Uml./min. Dabei wurde eine Menge von 19,4 cbm/sek angesogen und das Druckverhältnis 7,19 erzielt. Der gemessene Wirkungsgrad der Energie-Umsetzung bezogen auf isothermische Kompression darf mit 70 v. H. zu den günstigsten Ergebnissen gezählt werden, die bis jetzt erreicht worden sind.

Zahlentafel 26.

Versuch		I	II
Barometerstand	kg/qm	10015	10015
Ansaugedruck abs.	„	9717	9840
Enddruck im Druckrohr	kg/qcm	6,98	6,65
Druckverhältnis		7,19	6,76
Temperatur im Druckstutzen	°C	52,6	51,4
Temperatur vor Düse	„	22,0	21,7
Unterdruck hinter Düse	mm WS	274	162
Ansaugevolumen	cbm/sek	19,4	14,8
Ausgleichskolben Luftverlust	„	0,240	0,239
„ „	%	1,25	1,61
Drehzahl/min		2890	2713
Drehmoment am Dynamometer	mkg	1752	1374
Leistung eingeleitet	kW	5195	3825
Isothermischer Wirkungsgrad	%	70,1	71,3
Wärme im Wasser abgeführt	kW	4393	3220
Wärme in der Luft abgeführt	„	667	500
Wärme der Lager	„	20	20
Wärmeleitung und Strahlung	„	40	40
Summe der Wärmen	„	5120	3780
Unterschied Dynamometer-Wärmemessung	„	75	45
„ „ „	%	1,44	1,2

Durch die Labyrinth-Dichtung des Ausgleichskolbens auf der Druckseite geht etwas Luft verloren; sie wurde gefaßt und mittels einer Ausflußdüse gemessen. Dieser Verlust beträgt bei Versuch I 1,25 v. H. der Ansaugemenge.

Zum II. Versuch wurde die Maschine auf kleinere Drehzahl eingestellt und die Lieferung derart gedrosselt, daß der Betrieb an der Pumpgrenze stattfand.

Eine Kontrolle der gewonnenen Ergebnisse ist durch Berechnung der eingeleiteten Leistung aus den erzeugten Wärmen erhalten worden. Zu diesem Zweck wurde die aus jedem Kühler fließende Wassermenge und ihre Temperaturzunahme gemessen, ferner das in den Lufträumen der Kühler abgeschiedene Kondensat (siehe Abschnitt 69), damit der zur Kondensation nötige Wärmeverbrauch abgezogen werden kann. Berücksichtigt man noch die mit der Druckluft abfließende Wärme, ferner die Lagerreibung und die Wärmeleitung der Oberfläche und rechnet die

Wärmen in Kilowatt um, so führen die Summen ganz in die Nähe der am Dynamometer abgelesenen Leistungen, womit die beiden unabhängig voneinander geführten Messungen die Zuverlässigkeit der Untersuchung zeigen. In Abb. 281 sind die Kurven für das Druckverhältnis, die eingeführte Leistung und für den isothermischen Wirkungsgrad dargestellt.

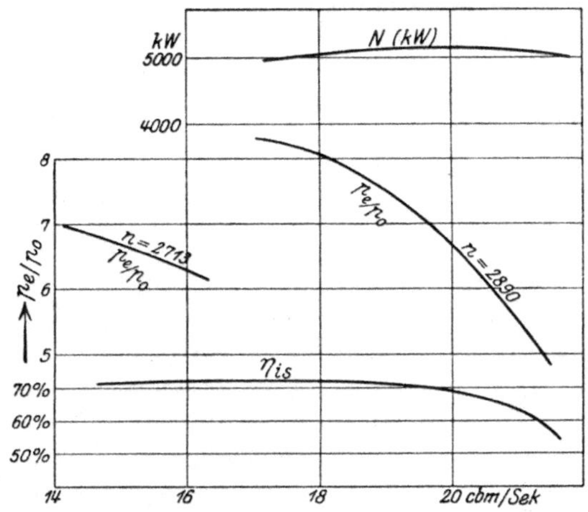

Abb. 281.

Eine von **Brown, Boveri** in Vorschlag gebrachte und durch Patente geschützte Anordnung (Abb. 282) bezweckt, die Verluste der Radreibung zu vermindern. Statt besonderer Räder für jede Druckstufe sind mehrere Räder zu einem einzigen Körper vereinigt. Er besitzt nur zwei Seitenwände, die Reibung verursachen, sie sind durch die Laufschaufeln mit den Zwischenwänden und mit der Nabenscheibe verbunden. Die Anordnung läßt sich auf mehr als zwei Stufen anwenden, ferner kann ein gleiches Rad symmetrisch neben das bestehende aufgekeilt und mit ihm entweder parallel oder hintereinander geschaltet werden.

Nun sind aber die nebeneinanderliegenden Stufen in den Spalten zwischen den umlaufenden Wänden A und den festen Wänden B (Abb. 283) des anschließenden Gehäuses sorgfältig abzudichten, soll nicht der erhaltene Vorteil durch den Druckausgleich wieder verschwinden. Der Spalt s der gewöhnlichen Anordnung (Fall I) muß möglichst klein gehalten werden, kann aber trotzdem den Verlust zufolge des Druckunterschiedes $p_2 - p_1$ nicht genügend verhindern, für Labyrinth-Dichtungen ist nicht Platz genug vorhanden.

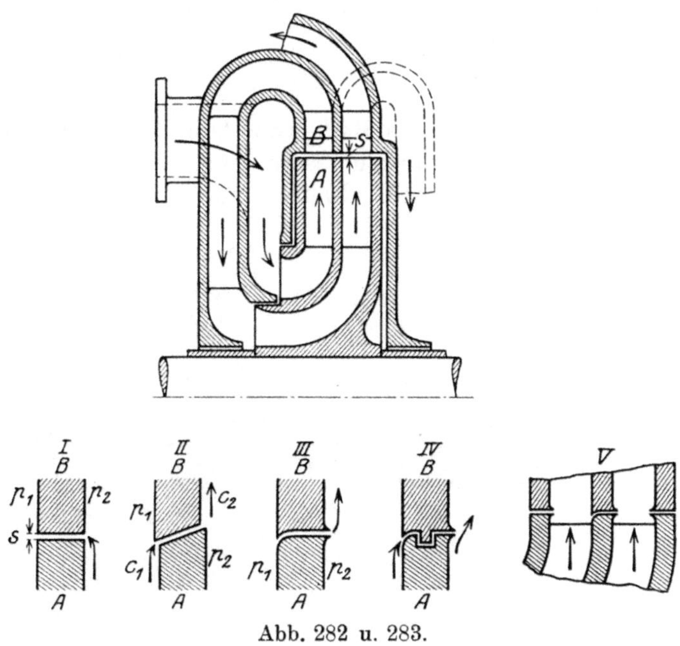

Abb. 282 u. 283.

Dagegen läßt sich die Strömungsenergie des an den Wandungen fließenden Gases ausnützen, um die Spaltverluste zu vermindern. Verläuft z. B. der Spalt schräg zur Wandung (Fall II), und versetzt man die Wandungen etwas gegenseitig, so bläst das Gas auf der Seite des höheren Druckes p_2 über den Spalt hinweg und übt auf den Spaltinhalt eine Saugwirkung aus, während der Luftstrom auf der andern Seite der Wand in den Spalt hineinbläst und auf den Inhalt eine Druckwirkung ausübt. Dieselbe Wirkung nach Art des Pitot-Rohres entsteht nach Ausführung III und IV. In Fall V ist diese Wirkung für die Saug- und die Druckseite sowie für die Zwischenwand des Laufrades benutzt. Auf der Seite des größeren Druckes wirkt demnach $p_2 - \frac{c_2^2}{2g}\gamma$ auf der anderen Seite $p_1 + \frac{c_1^2}{2g}\gamma$. Im Grenzfall ist es möglich, daß diese beiden einander entgegengesetzten Drücke gleich groß sind, dann ist eine Strömung im Spalt vermieden.

Für kleine Liefermengen hat sich bis jetzt das Kreiselrad nicht verwenden lassen. Nun sind aber auch bei kleinen Radabmessungen genügend große Drücke

Abb. 284.

zu erzielen, wenn das Rad große Drehzahl erhält (10000 bis 20000 Uml./min). Der kleine äußere Raddurchmesser gibt mäßige Scheibenreibung und der Wirkungsgrad ist befriedigend. Dabei wird auch der innere Durchmesser des Schaufel-

Abb. 285.

kranzes sehr klein, folglich läßt sich der Querschnitt am Eintritt nur unterbringen, wenn die Welle dünn ausgeführt wird, so daß sie nach Art der biegsamen Welle von „de Laval" über der kritischen Drehzahl läuft.

Ein kleines Gebläse dieser Art für 30 cbm/min und 18000 Uml./min zeigt Abb. 284, der abgenommene Gehäusedeckel läßt Diffusor und Lagerung erkennen, die biegsame Welle mit Rad ist in Abb. 285 sichtbar. Diese Bauart eignet sich hauptsächlich zur Verdichtung der Dämpfe in Anlagen von Wärmepumpen.

Abb. 286.

Wie bereits in Abschnitt 85 klargelegt, ermöglicht die Regelung durch Verstellen der Leitschaufeln eine starke Verminderung der Fördermenge ohne das Pumpen befürchten zu müssen. In Abb. 286 ist ein solcher Leitschaufelkranz zu erkennen.

Die Leitschaufeln (Abb. 287) ruhen auf Ringen und greifen mit ihren Kurbeln in Verstellungsringe ein,

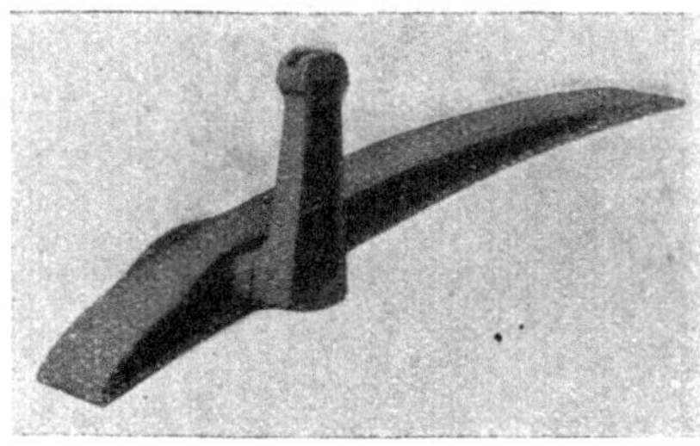

Abb. 287.

beide Ringarten müssen aus einem Stück hergestellt werden, sie sind daher mit den Laufrädern auf die Welle zu setzen, wie dies Abb. 288 zeigt, erst dann ist das Ganze in den abgedeckten Unterteil des Gehäuses einzusenken.

Abb. 288.

Die Abb. 289 und 290 geben das Äußere eines kleineren Kompressors (100 bis 170 cbm/min auf 9 Atm. abs.), wobei die Steuerwelle mit den einzelnen Hilfsmotoren sichtbar ist, die Wirkungsweise dieser Regelung ist in Abschnitt 85 erklärt. Neueste

Abb. 289.

Abb. 290.

Versuche haben gezeigt, daß die beabsichtigte Wirkung auch dann erreicht wird, wenn nur eine Stufe in jeder Gruppe mit der Leitschaufel-Regelung versehen wird, wodurch die Ausführung eine Vereinfachung erfährt.

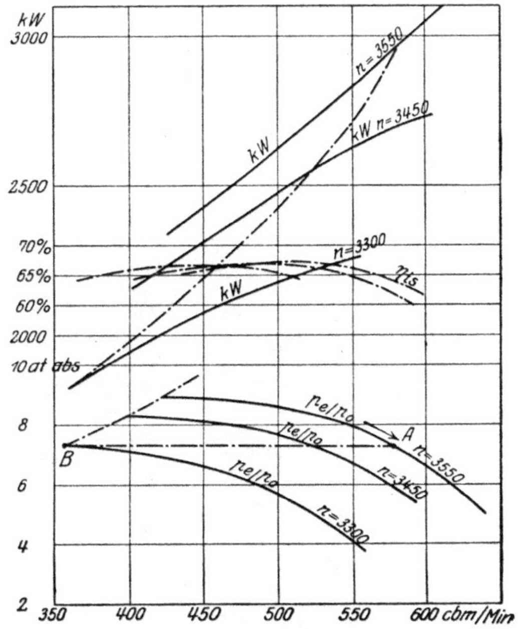
Abb. 291.

In Abb. 291 sind die durch Versuche aufgenommenen Kennlinien eines solchen Kompressors mit den Wirkungsgradkurven und der aufgenommenen Energie sichtbar. Man erkennt, daß der isothermische Wirkungsgrad innerhalb des Regelungsbereiches für konstanten Druck sich nur wenig ändert. Die Versuche sind an einem Kompressor mit 10 Rädern vorgenommen und die dabei erhaltenen Druckverhältnisse als Ordinaten der Kennlinien aufgetragen. Für ein konstantes Druckverhältnis 7,25 liegt der Regelungsbereich A—B zwischen 582 und 358 cbm/min, wenn die Drehzahl von 3550 auf 3300 vermindert wird. Der Energiebedarf in Kilowatt bei der Regelung auf den genannten konstanten Druck ist durch die obere strichpunktierte Linie angegeben.

Von Einzelheiten verdient die Kupplung Erwähnung, wie sie von Brown, Boveri & Cie. für Dampfturbinenantrieb verwendet wird (Abb. 292 und 293). Die beiden an den Wellenenden festsitzenden Kupplungsteile sind durch ein mit Klauen eingreifendes Zwischenstück derart gelenkartig miteinander verbunden, daß kleine Verschiebungen der beiden Wellen nach jeder Richtung ohne Einfluß auf die Lagerung bleiben. Solche Verschiebungen können im Bergwerksbetrieb durch einseitiges Senken der Fundamente leicht eintreten.

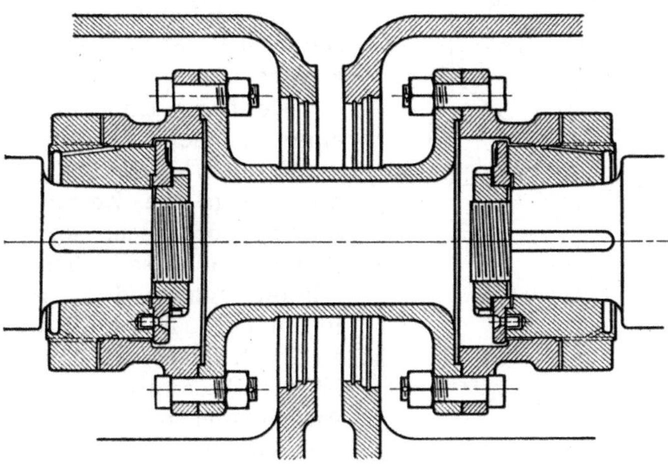
Abb. 292.

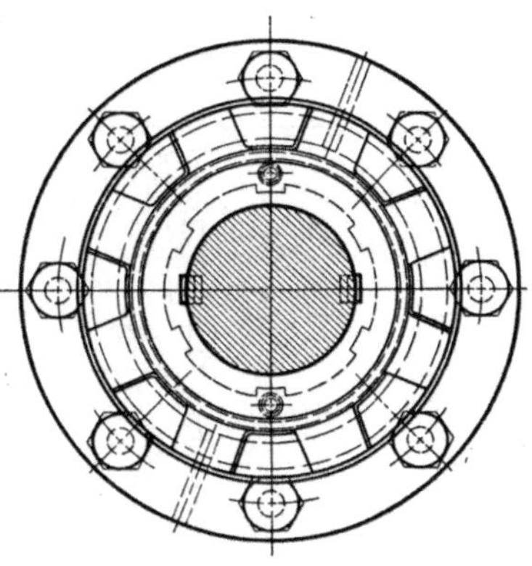
Abb. 293.

89. Allgemeine Elektrizitätsgesellschaft Berlin.

Die Turbinenfabrik der A. E. G. Berlin hat ihre früher mit Gehäusekühlung versehenen Kompressoren umgebaut und verwendet nur noch außenliegende Zwischenkühler, wodurch die Reinigung erleichtert wird. Die Verdichtung erfolgt für Enddrücke von 6 bis 9 Atm. abs. in 11 bis 12 Stufen, die in vier Gruppen unterteilt sind, zwischen denen je ein Kühler eingeschaltet ist. Innerhalb einer Gruppe wird für jede Stufe das gleiche Laufrad verwendet. Die Abstufung der Laufraddurchmesser, der Drehzahlen und der Leistungen ist nach D. R. P. 317774 so getroffen, daß beispielsweise die Räder der ersten Gruppe einer Type für die zweite Gruppe der nächstgrößeren Type und für die dritte Gruppe der übernächsten Type usw. verwendet werden können, womit sich eine erhebliche Vereinfachung in der Herstellung erzielen läßt. Auf diese Weise wird das ganze Gebiet von 5000 bis 40000 cbm/h durch „Normaltypen" zusammengesetzt, wobei das Leistungsverhältnis benachbarter Typen 1:1,21 beträgt und die entsprechenden Drehzahlen von 6000 bis auf etwa 3500 Uml./min sinken.

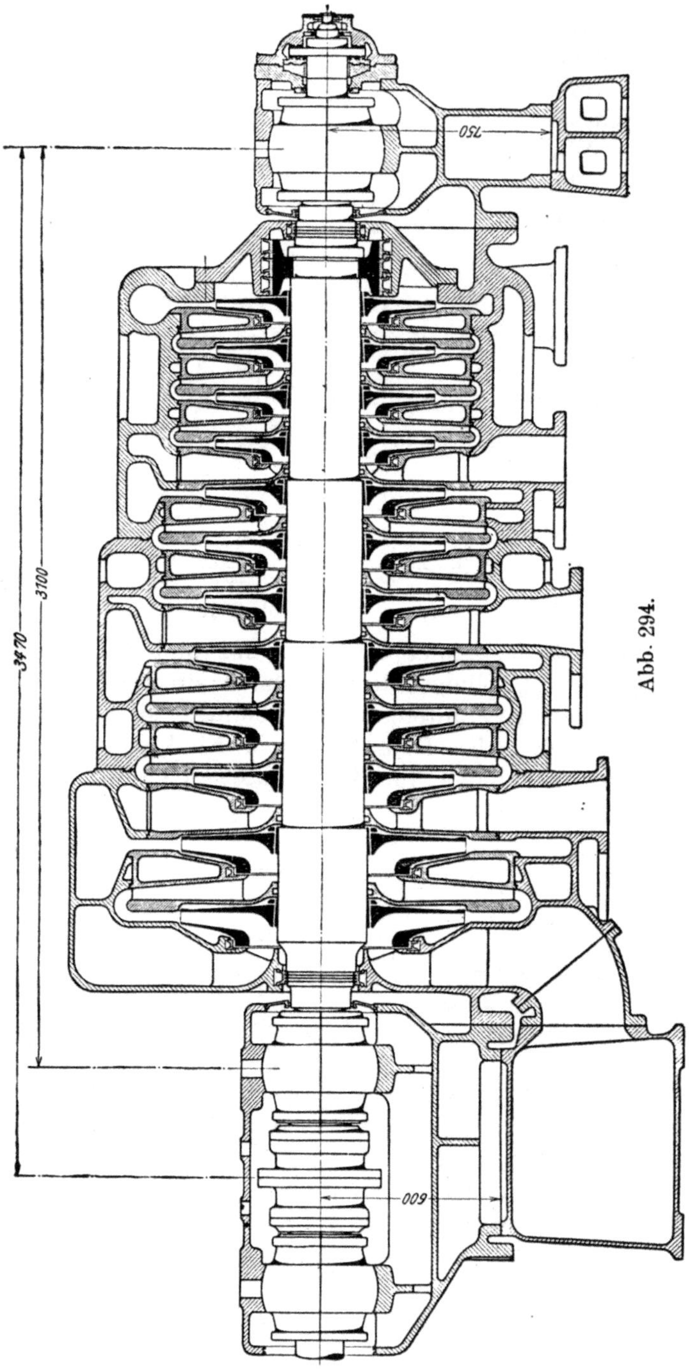

Abb. 294.

Die drei Zwischenkühler sind in einem besonderen, unterhalb des Kompressors liegenden Gehäuse vereinigt und lassen sich bequem reinigen, besonders da bei der gewählten Bauart weite Kühlrohre verwendet werden können.

Der Längsschnitt Abb. 294 eines solchen Kompressors (28000 cbm/h auf 8 bis 9 Atm. abs.) zeigt die Zusammensetzung des Gehäuses aus drei Teilen mit seitlichen Verschraubungen und den unten liegenden Anschlußstutzen zu den Kühlern. In Abb. 295 ist der Querschnitt mit den Anschlüssen an das Gehäuse der Kühler zu erkennen.

Das in Abb. 296 dargestellte Hochofengebläse (50000 cbm/h auf 0,5 bis 1 Atm. Überdr.) ist mit Mantelkühlung ausgerüstet und besitzt einen Ausgleichskolben hinter dem dritten Rad. Die Laufräder sind auf schwach konischen Büchsen aufgezogen und auf beiden Seiten durch Muttern gegen Verschieben gesichert. Dadurch kann jedes Rad in seiner Lage genau eingestellt werden.

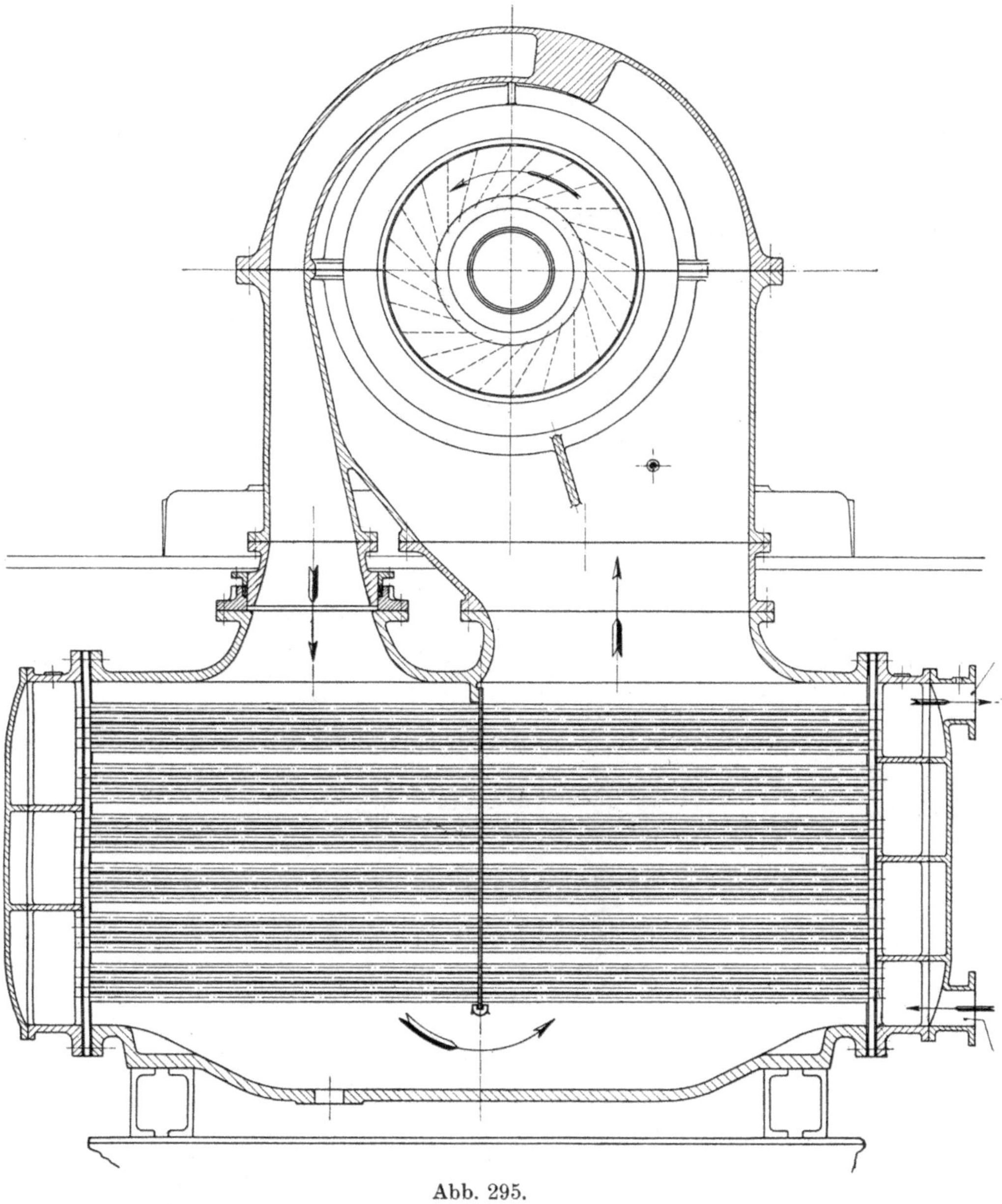

Abb. 295.

90. „Gutehoffnungshütte" A. V. für Bergbau und Hüttenbetrieb.

Oberhausen (Rheinland).

Von den Einzelheiten der Turbokompressoren dieser Firma ist in Abb. 297 das für jede Stufe nötige Konstruktionselement dargestellt, bestehend aus Laufrad und den eng anschließenden Seitenwänden mit dem Umkehrkanal. Die hohlen Wände sind vom Kühlwasser durchflossen, das durch innenliegende Rippen zu einem geordneten Aufsteigen von unten nach oben gezwungen wird; diese Ausbildung der Ringkörper ergibt eine große wasserberührte Kühlfläche. In Abb. 298 ist ferner die Labyrinthdichtung am Verstärkungsring des Deckbleches auf der Saugseite sichtbar sowie die Dichtung der Zwischenwände an der Welle.

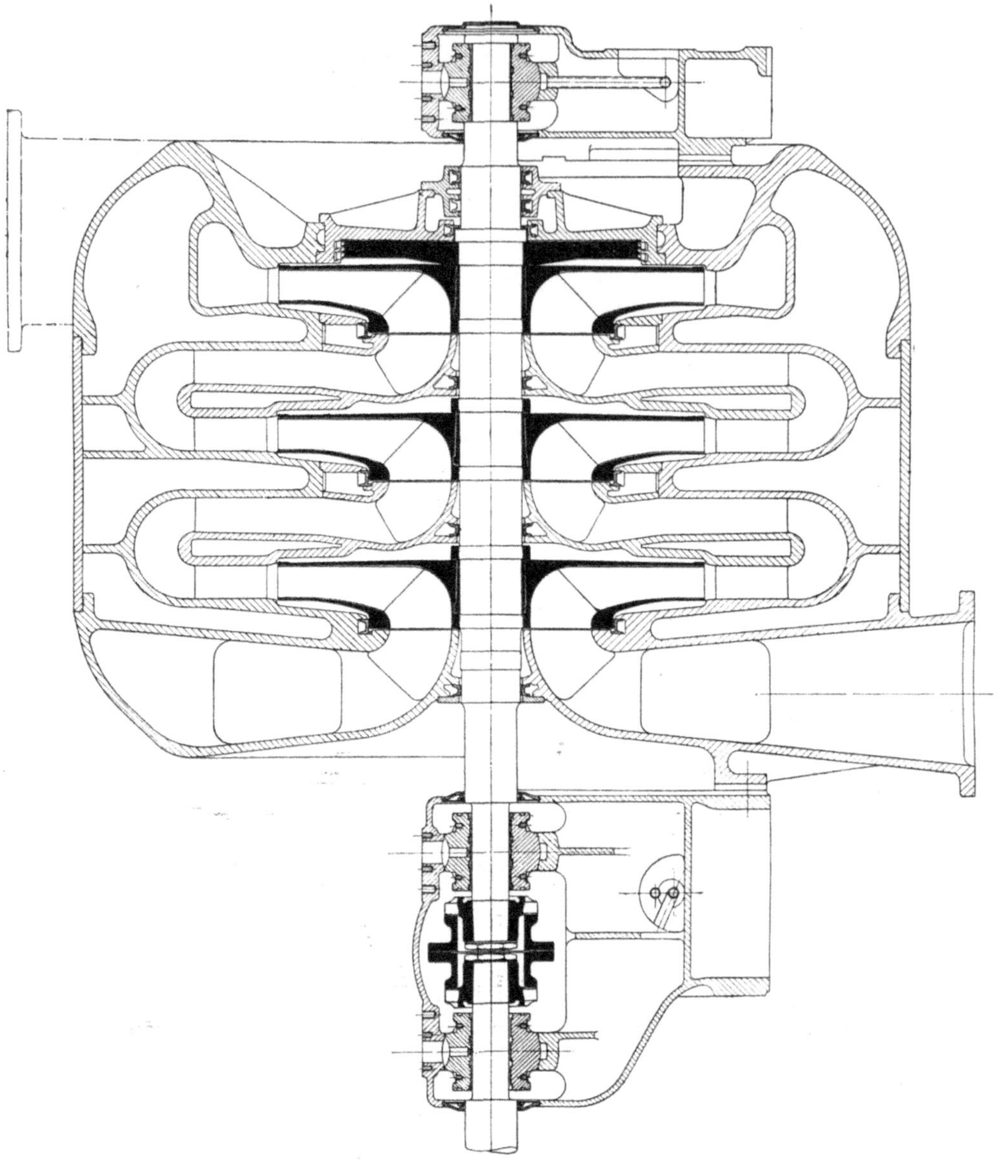

Abb. 296.

Abb. 296.

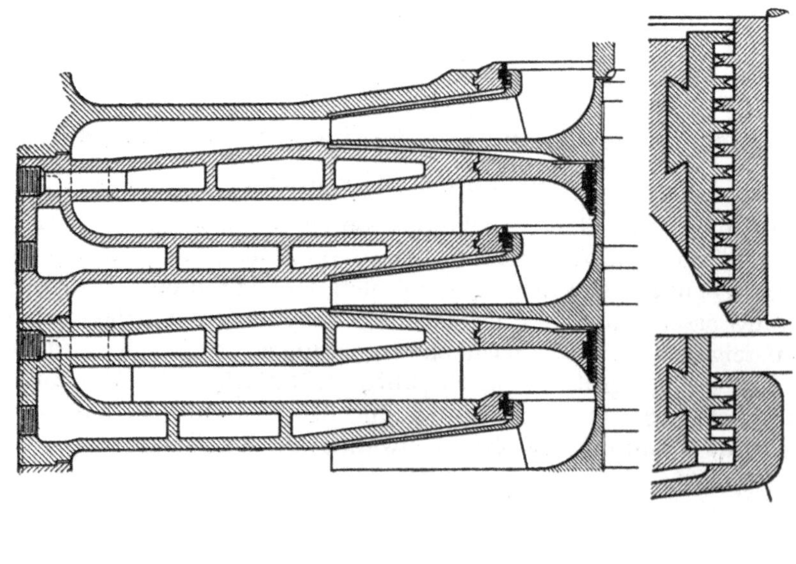

Abb. 297. Abb. 298.

Der Zusammenhang dieser Elemente zu einem Turbokompressor ist in Abb. 299 erkenntlich, worin insbesondere der große Durchmesser des Gehäuses auffällt, der mehr als das Doppelte des Laufraddurchmessers beträgt. Mit den dadurch verfügbaren großen Kühlflächen ist eine recht wirksame Wärmeableitung nach jeder

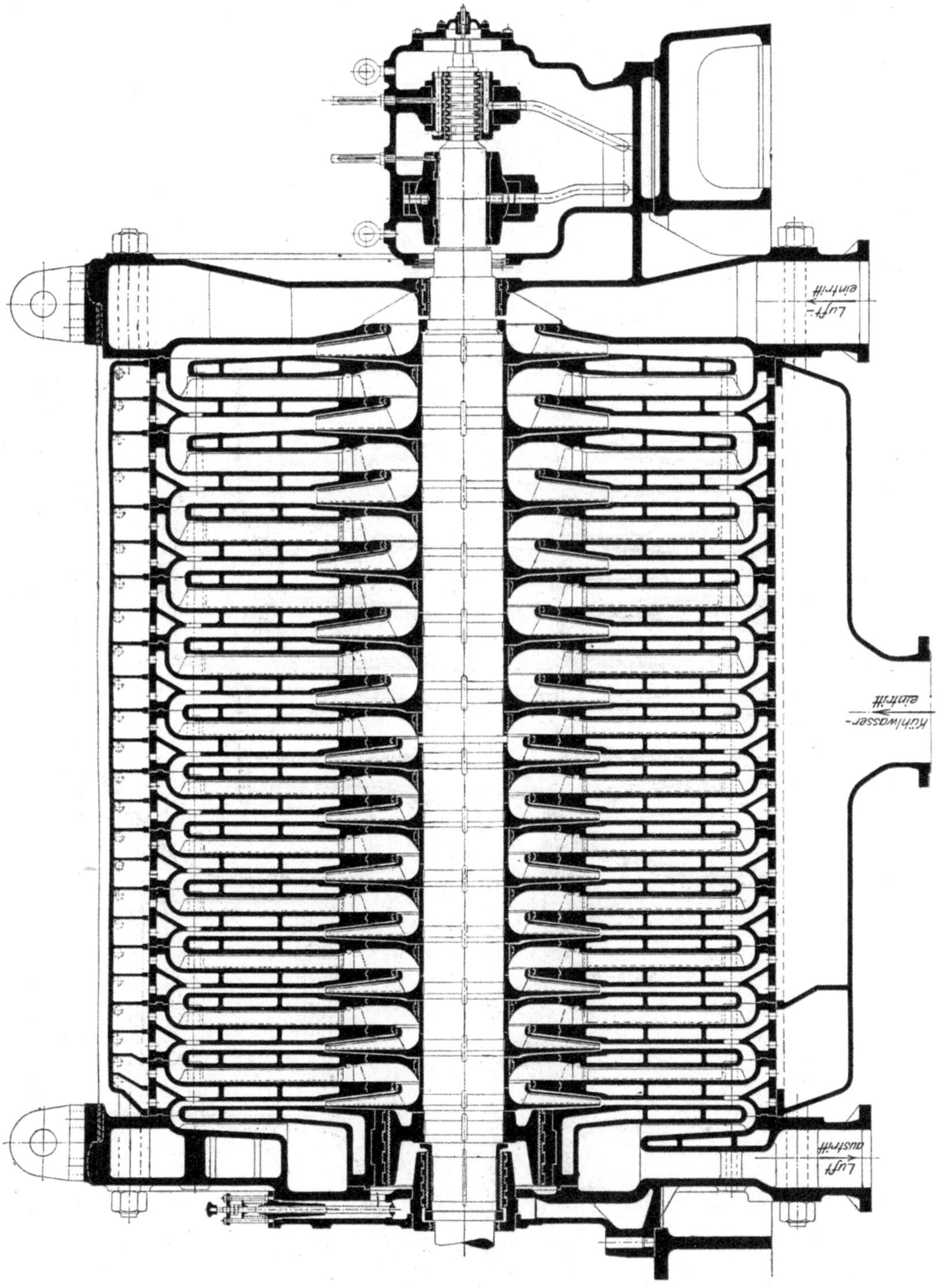

Abb. 299.

Stufe erreichbar. Die Kennlinien eines solchen Kompressors für ein Ansaugevolumen von 30000 cbm/h auf 8 bis 9 Atm. abs. ist in Abb. 300 gegeben.

Für große Mengen und geringe Drucksteigerungen sind Turbogebläse nach Bauart Abb. 301 in Gebrauch (90000 cbm/h, 1,65 Atm. abs.). Auch hier sind die Seitenwände in den Gehäusemantel besonders eingesetzt. Ein vierstufiger Gassauger Abb. 302 u. 303 (Koksofengas, spez. Gewicht 0,47 cbm/kg, 30000 cbm/h, Druck-

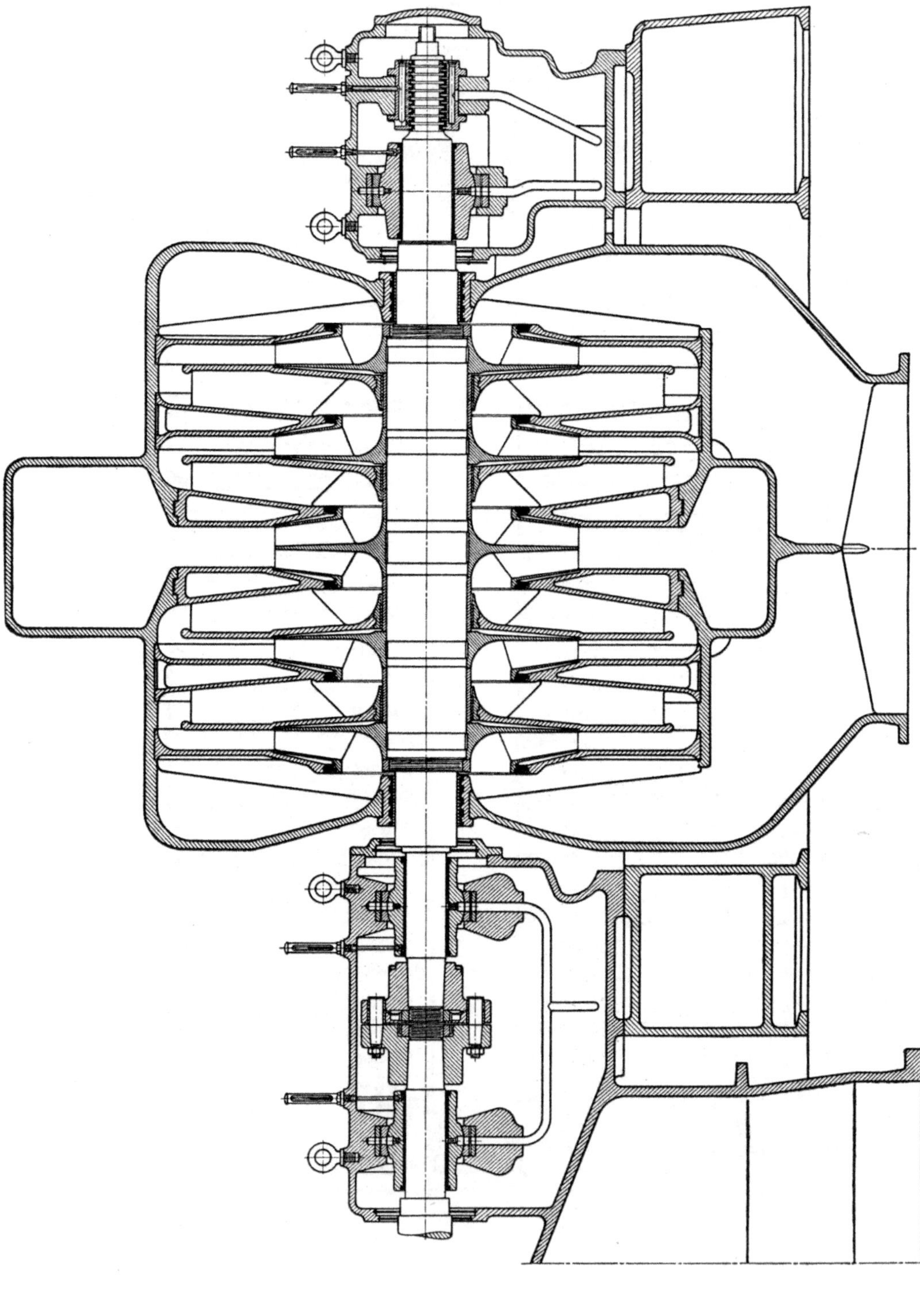

Abb. 301.

zunahme 1900 mm WS) besitzt Laufräder mit beidseitigen Labyrinthdichtungen, um den Achsdruck aufzuheben.

Erfolgt der Antrieb eines Gebläses mittels Dampfturbinen, so kann die Drehzahl hoch genug gewählt werden, um die erforderliche Druckzunahme in einer Stufe zu bewältigen. Bei sehr großen Liefermengen sind dann mehrere Räder mit symmetrischem

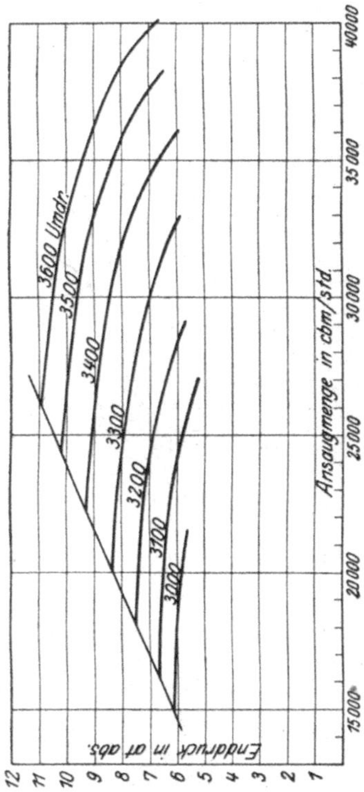

Abb. 300.

Doppeleinlauf parallel zu schalten. Eine derartige Anlage ist in Abb. 304 für eine Liefermenge von 180000 cbm/h gezeichnet (Druckerhöhung 1000 mm WS). Da die Schaufelbreiten der Laufräder sehr groß ausfallen, sind die Breiten durch Radialbleche unterteilt; im Saugraum sorgen besondere Zuführungsbleche für einen geordneten Eintritt in die einzelnen Abteilungen der Räder.

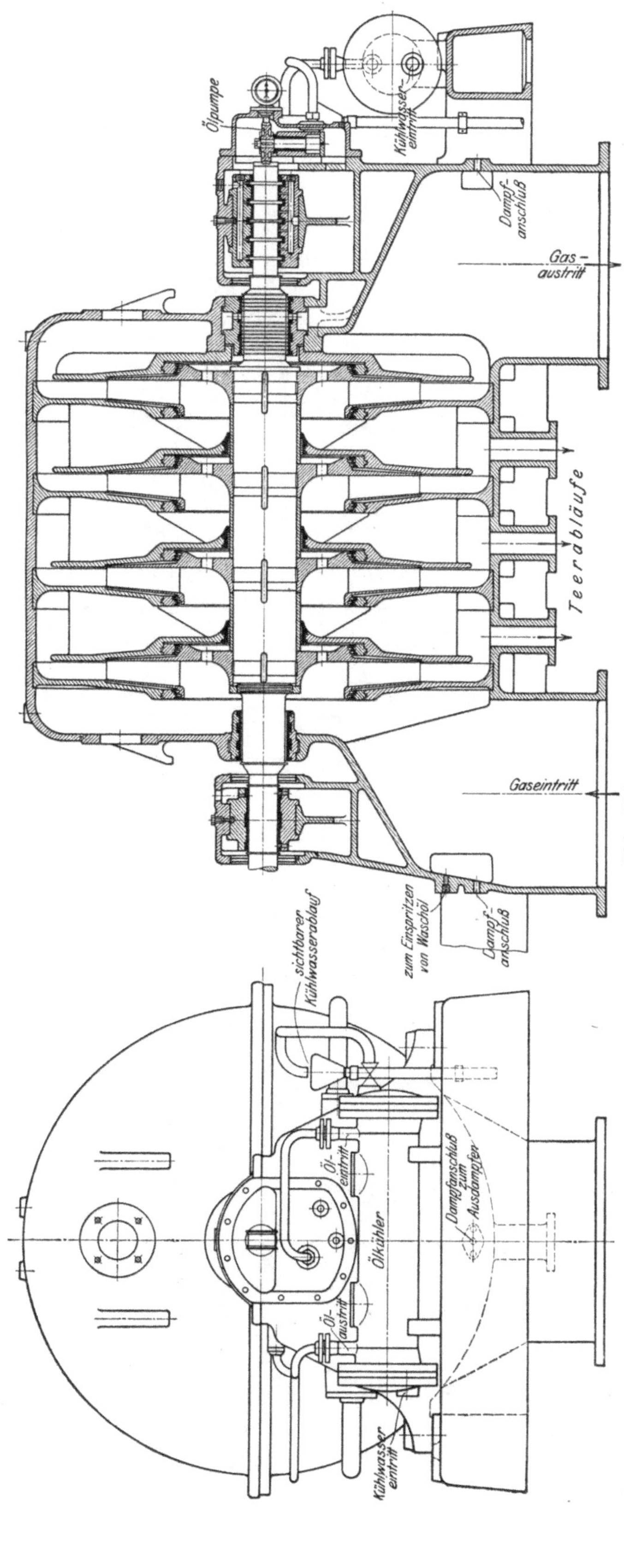

Abb. 302 u. 303.

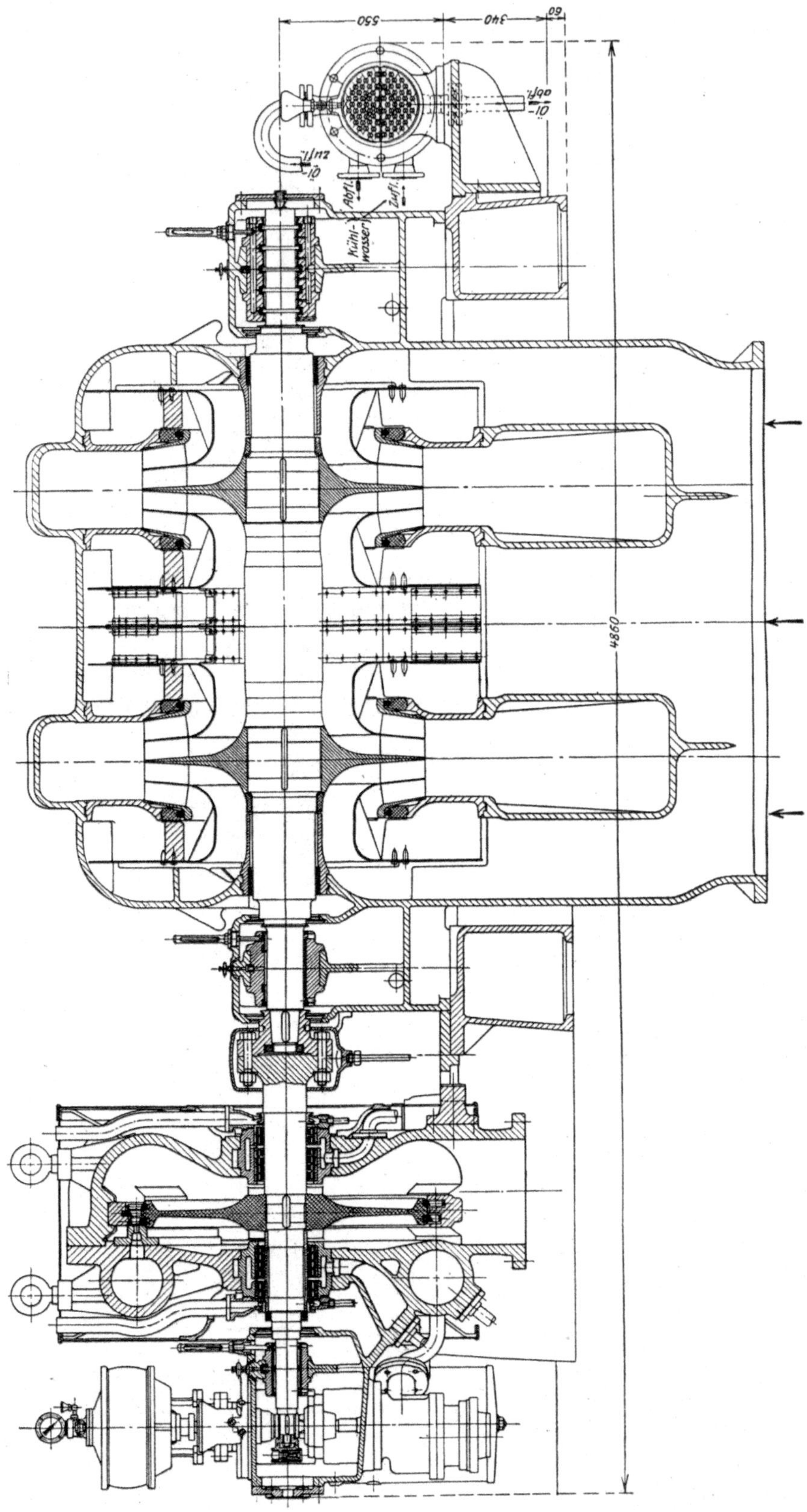

Abb. 304.

91. Frankfurter Maschinenbau A.G., vorm. Pokorny & Wittekind.

Der Aufbau mehrstufiger Gebläse kennzeichnet sich durch die besonderen Rückkehrkanäle Abb. 305, die in den zylindrischen Gehäusemantel eingesetzt sind; gegen die Naben zu sind Einsatzstücke angeschlossen, die mit Schaufeln zur Beeinflussung des Lufteintrittes in die Laufräder versehen sind.

Die Räder des zweistufigen Gebläses Abb. 306 (833 cbm/min von 1,0 auf 1,4 Atm. abs., 3000 Uml./min) sind aus Nabe und Scheibe zusammengesetzt. Meistens wird aber doch Nabe und Scheibe aus einem Stück Stahl geschmiedet, auch die Deckelscheibe besteht mit ihrem Ringwulst aus einem Stück. Diese in Abb. 305 gezeichnete Bauart gehört zu einem fünfstufigen Gebläse (133 cbm/min von 1,0 auf 3,0 Atm. abs.), das durch eine Dampfturbine angetrieben wird (5100 Uml./min). Die Räder aller 5 Stufen besitzen gleiche Durchmesser (840 mm) und laufen daher

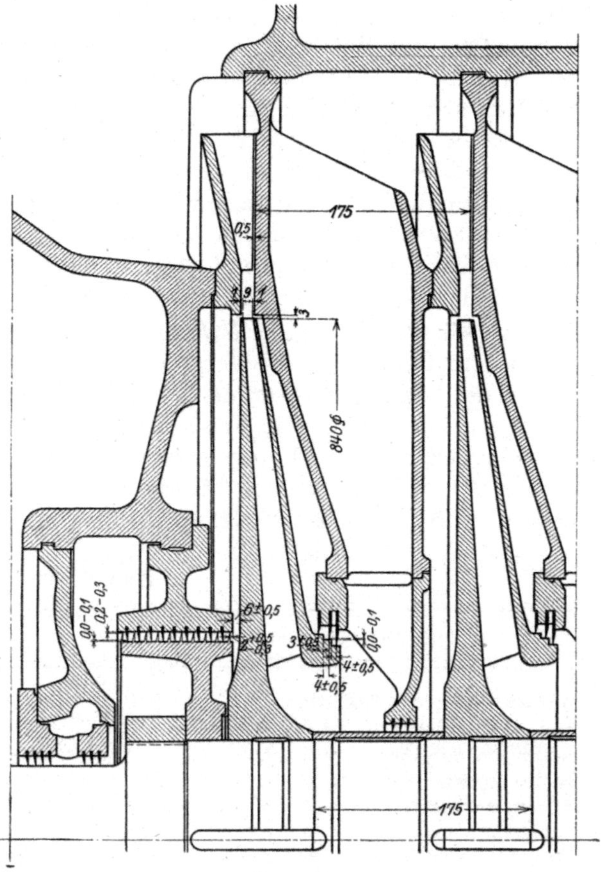

Abb. 305.

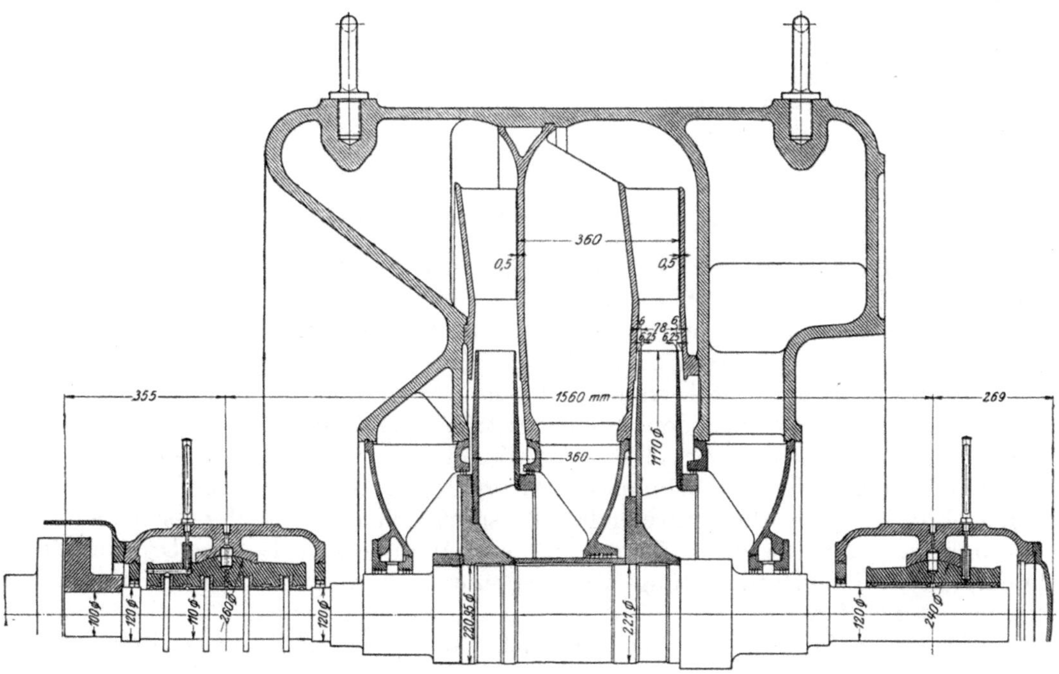

Abb. 306.

mit einer Umfangsgeschwindigkeit von 224 m/sek; außen betragen die Schaufelbreiten der ersten drei Räder 14 und der andern zwei Räder nur 9 mm.

Aus Abb. 307 ist die Bauart der Hochdruckkompressoren ersichtlich (9000 cbm/h, 8,5 Atm. abs., 4900 Uml./min), deren Innenkühlung der hohlen Zwischenwände besondere Beachtung verdient. Das ankommende Wasser wird unter dem Gehäuse auf alle Zwischenwände gleichmäßig verteilt und steigt durch abschließbare Öffnungen zu dem obenliegenden Sammelraum. Der Wasserzufluß zu den einzelnen Zwischenwänden kann durch Ventile eingestellt oder ganz unterbrochen werden, um die Kühlflächen während des Betriebes zu reinigen. Die oberen Abschließungen des Kühlwasserumlaufes dienen gleichzeitig zur Entlüftung der Wasserkammern.

An einem derartigen Kompressor mit einer Ansaugemenge von 10000 cbm/h auf 6 Atm. Überdr. (oder 5000 cbm/h auf 5,5 Atm.) hat der Dampfkesselüberwachungsverein des Bezirkes Dortmund die in Zahlentafel 27 enthaltenen Ergebnisse gefunden. Zum Antrieb diente eine Frischdampf-Abdampfturbine. Für erste Dampfart gelten die Versuche I und II, für letztere III und IV. Bei dieser Anlage wird der Abdampf der Antriebsturbine für die Kondensation in die Zuführungsleitung des arbeitenden Abdampfes zur Hauptturbine geleitet.

Zahlentafel 27.

Nr. des Versuches		I	II	III	IV
Anfangsdruck der Luft	Atm. abs.	1,01	1,006	1,005	1,008
Temperatur der Luft im Saugstutzen	°C	31,5	30,4	29,4	29,9
Enddruck der Luft	Atm. Überdr.	6,0	6,0	6,1	6,1
Endtemperatur der Luft	°C	74,5	81,5	77,1	74,3
Ansaugevolumen	cbm/h	10128	11379	10831	10070
Drehzahl		4360	4511	4477	4388
Dampfüberdruck	Atm.	11,3	11,0	—	—
„	mm WS	—	—	136	173
Dampftemperatur	°C	252	260	—	—
Dampfdruck im Auspuffstutzen	Atm. abs.	0,070	0,064	0,082	0,079
Dampfverbrauch	kg/h	6852	7628	13942	12825
Dampfverbrauch auf 1 cbm Luft	kg	0,676	0,670	1,287	1,286
Adiabatisches Wärmegefälle des Dampfes	kcal/kg	196	200	89	89
Dampfverbrauch auf Garantie umgerechnet	kg	0,694	0,702	—	1,29
Dampfverbrauch garantiert	kg	0,8	—	1,4	1,4

92. C. H. Jaeger & Cie., Leipzig.

Die jetzige Bauart der Turbokompressoren dieser Firma ist durch den Längsschnitt Abb. 308 gekennzeichnet, worin als besonderes Merkmal die Führung der Luft nach dem Verlassen der Laufräder hervorzuheben ist. Zwischen Radumfang und Diffusor klafft ein radialer Spalt von beträchtlicher Breite. Das Deckblech eines Laufrades liegt nicht in radialer Ebene, sondern verläuft kegelförmig nach außen zu, so daß die dort dem Rade entströmende Luft eine saugende Wirkung auf den Raum zwischen Deckplatte und Wandung ausübt und damit das Rückströmen in den Saugraum behindert. An der Seite der Nabenscheibe entsteht die umgekehrte Wirkung, die austretende Luft staut sich etwas an der festen Wandung, wodurch im Raum zwischen Radscheibe und Wandung sich eine Druckerhöhung bildet, damit Labyrinthdichtung am Wellenumfang einem kleineren Druckunterschied unterworfen ist.

Die Firma Jaeger & Cie ist nun auch zur Verwendung von Zwischenkühlern übergegangen, die unmittelbar an beiden Seiten des Gehäuseunterteils in senkrechter

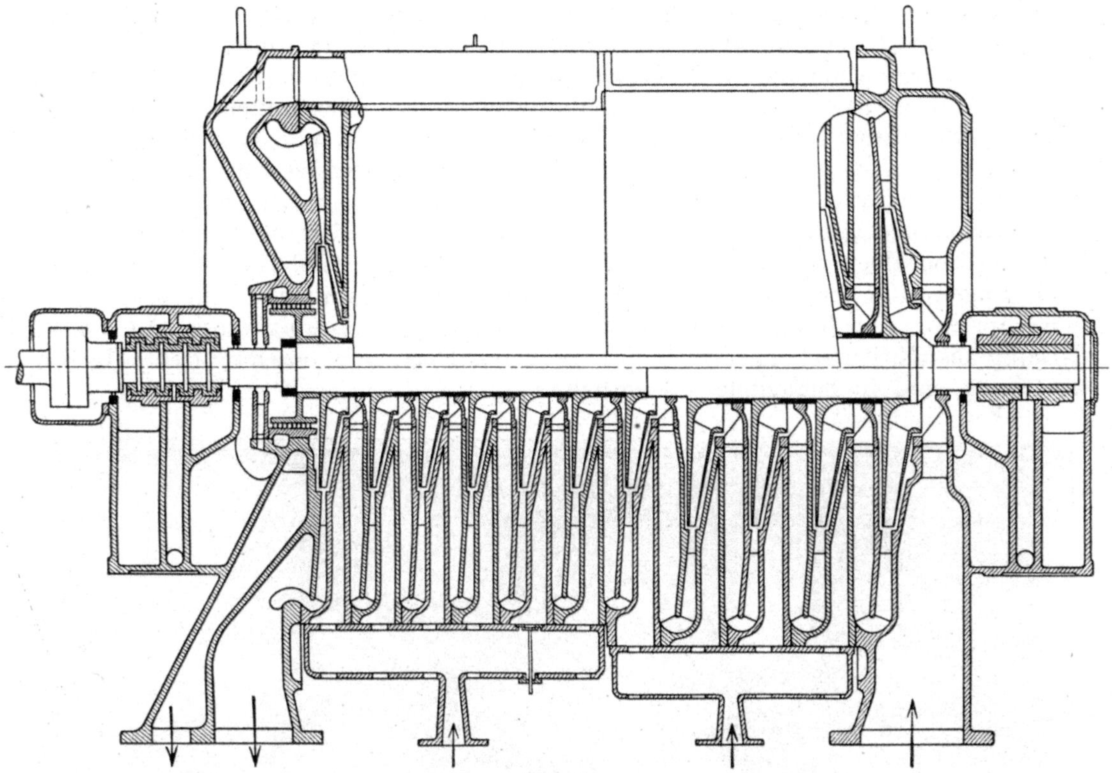

Abb. 307.

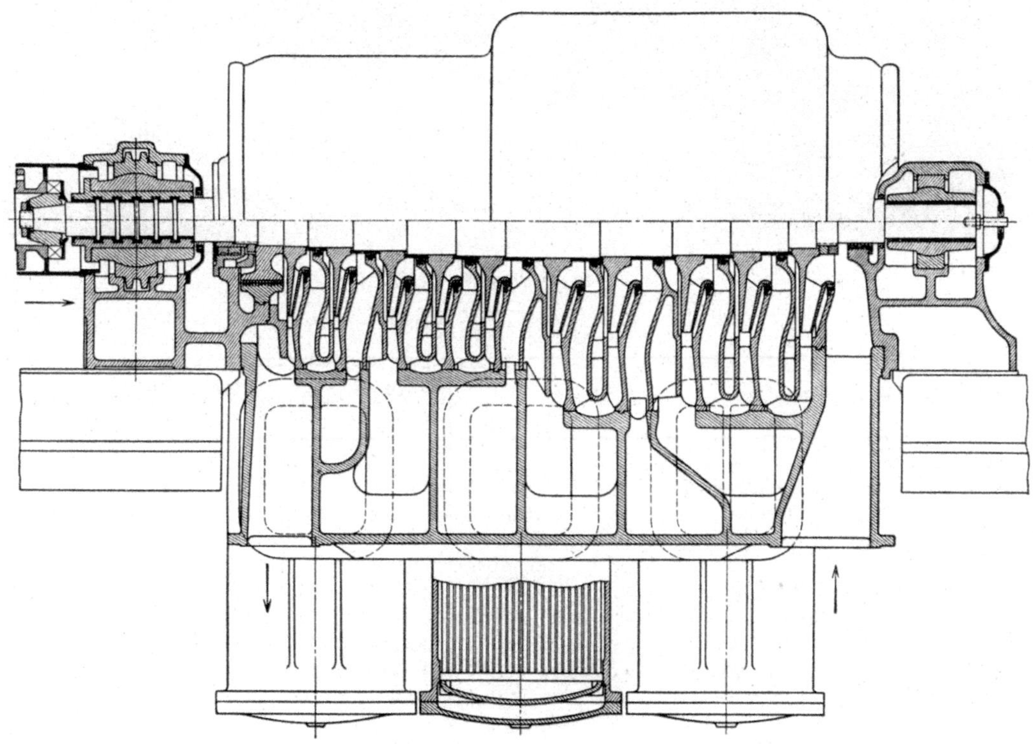

Abb. 308.

Stellung angeschraubt sind; ihre Oberteile ragen über Maschinenhausflur hervor und die Rohrbündel können mit dem Kran herausgezogen werden.

Die Ausführung Abb. 309 ist bestimmt für eine Liefermenge von 15000 cbm/h auf 8 Atm. abs., der Antrieb erfolgt unmittelbar mit Elektromotor (2060 PS 2970 Uml./min), diese verhältnismäßig kleine Drehzahl führt zu vielen Stufen, die in zwei Gehäusen untergebracht werden müssen. Jedes derselben erhält zwei Kühler, außerdem ist zwischen Hoch- und Niederdruckgehäuse ein Kühler eingeschaltet.

Erfolgt der Antrieb durch eine Dampfturbine Abb. 310, so liegen die verwendbaren Drehzahlen zwischen 6000 für die kleinsten und 3500 für die größten Ausführungen; alle Stufen können nun in einem Gehäuse untergebracht werden. Der Kompressor Abb. 310 hat drei Paare Zwischenkühler. Die an dieser Anlage vom Dampfkesselüberwachungsverein des Bezirkes Dortmund ausgeführten Abnahmeversuche sind in Zahlentafel 28 enthalten.

Abb. 309.

Zahlentafel 28.

Art des Betriebes		Normallast	4200 Uml.	Kleinste Ansaugemenge	Überlast
Drehzahl		4416	4208	4135	4490
Dampfüberdruck vor Einlaßventil	Atm.	10,50	10,90	11,20	10,58
„ „ Düsen	Atm.	9,86	9,97	9,95	9,20
Dampftemperatur an der Turbine	°C	274,6	273,75	273,0	271,6
Druck im Kondensator	Atm. abs.	0,094	0,082	0,074	0,099
Stündlicher Dampfverbrauch	kg/h	13557	10767	9820	14937
Überdruck der Preßluft	Atm. Überdr	6,13	6,03	5,85	5,96
Ansaugevolumen	cbm/h	21385	17090	14830	22740
„ (25°, 760 mm Hg)		20970	16860	14700	22200
Dampfverbrauch auf 1 cbm Luft (25°, 760 mm)		0,647	0,639	0,670	0,673
„ auf Garantie umger.		0,618	0,620	0,660	0,650
Garantierter Dampfverbrauch		0,636	—	—	—

Eine Anlage mit 15000 cbm/h Ansaugevolumen, 7,5 Atm. abs. Enddruck, 4200 Uml./min; 1850 PS ergab die in Zahlentafel zusammengestellten Werte:

Zahlentafel 29.

Drehzahl		4211	4261
Dampfüberdruck v. Einlaßventil	Atm.	6,47	5,80
Dampftemperatur	°C	179,8	166,9
Vakuum im Auspuff	v. H.	92,3	89,3
Stündlicher Dampfverbrauch	kg/h	9896	13636
Temperatur der Außenluft	°C	3,3	2,3
„ „ Druckluft	°C	117,0	115,0
Überdruck im Druckrohr	Atm.	6,5	5,61
Ansaugevolumen	cbm/h	15309	17919
Dampfverbrauch auf 1 cbm Luft	kg	0,646	0,761
„ „ Garantie umgerechnet	kg	0,606	—
„ garantiert	kg	0,632	—

Abb. 310.

93. Escher, Wyss & Cie. A. G., Zürich.

Die Turbokompressoren dieser Firma haben seit der Einführung dieses Zweiges eine stetige und eigenartige Entwicklung erfahren, wie sich dies bereits bei der Besprechung der Regelungseinrichtungen gezeigt hat.

Wie aus den nachfolgenden Darstellungen Abb. 311 und 312 ersichtlich, sind die beiden Deckbleche eines Laufrades genau symmetrisch zur Mittelebene angeordnet und sind miteinander durch die U-förmigen Schaufeln verbunden. Zufolge dieser Symmetrie entwickeln die Fliehkräfte gleiche Beanspruchungen auf die beiden kräftigen Ringe, die auf den Innenseiten der Bleche angenietet sind. Die Verbindung des einen Ringes mit der Nabe erfolgt durch axial gerichtete Büchsen, in denen Bolzen zur seitlichen Befestigung an den Naben stecken. Die Mittellinien dieser Büchsen liegen genau auf der Trennungsfuge zwischen Nabe und Ring, daher kann der ganze äußere Teil des Rades mit den Ringen der radialen Ausdehnung frei folgen, nachdem die Schrumpfkraft der Ringe überwunden ist. Die Büchsen dienen somit zur Übertragung der Umfangskraft wie bei einer Kupplung. Da die Nabe durch radiale Kräfte nicht wesentlich beansprucht wird, sind keine so hohen Anforderungen an die Güte des Materials zu stellen, als wie bei den Blechen und Ringen.

Ein solches Laufrad zeigt das einstufige Gebläse Abb. 311, das zur Förderung von Leuchtgas vom Gaswerk an die weit entfernten Verbrauchsstellen dient. Seine Leistungsfähigkeit paßt sich dem Bedarf in weiten Grenzen dadurch an, daß sich

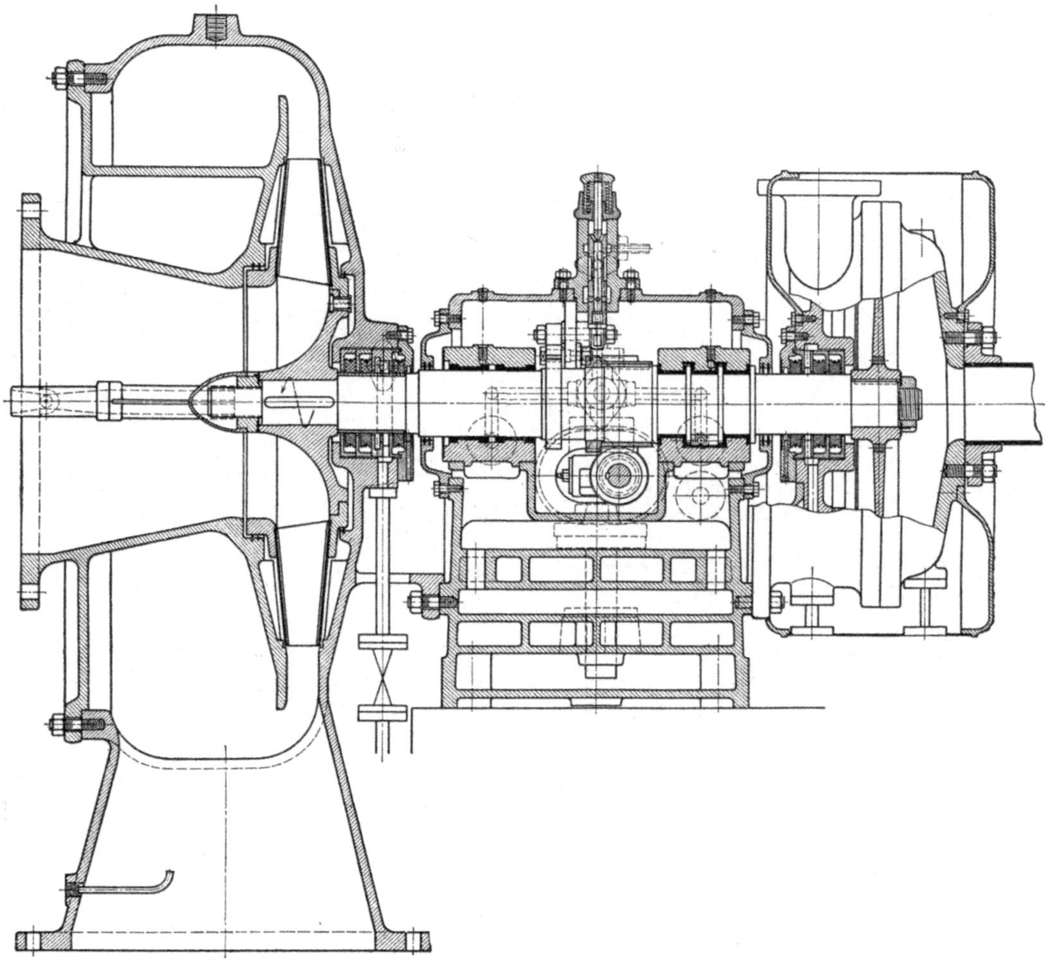

Abb. 311.

die Drehzahl selbsttätig von 500 auf 4000 ändert. Der Antrieb erfolgt durch eine Gegendruckdampfturbine, die wie das Gebläserad fliegend auf der starren Welle sitzt. Zwischen beiden Lagern befindet sich der Schneckenantrieb für die Ölpumpe, ferner der Sicherheitsregler, der den Abschluß des Dampfes besorgt, sobald die Drehzahl die obere Grenze überschreiten will. Um die Wellenabdichtung gegen Gasaustritt zu sichern, befindet sich zwischen den zwei inneren und dem äußeren Kohlenring eine Wasserkammer; der Druck wird darin so eingestellt, daß kein Wasser in das Gebläse eintritt, sondern mit dem ganz geringen Gasverlust unschädlich durch die Leitung abfließt.

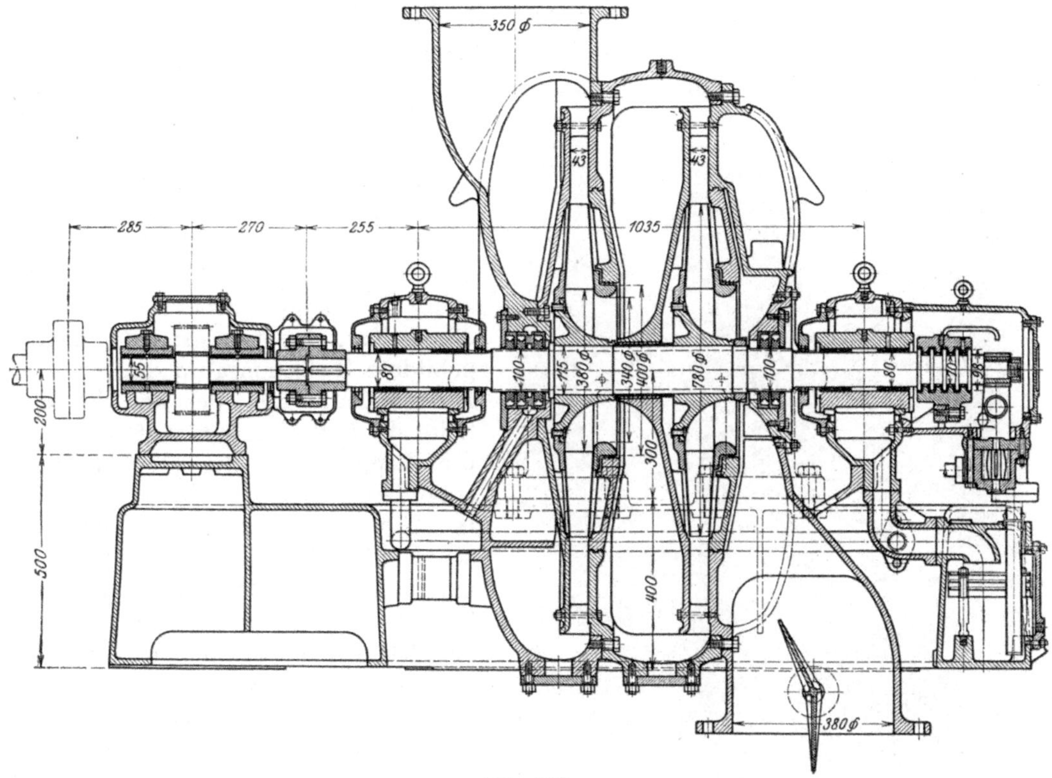

Abb. 312.

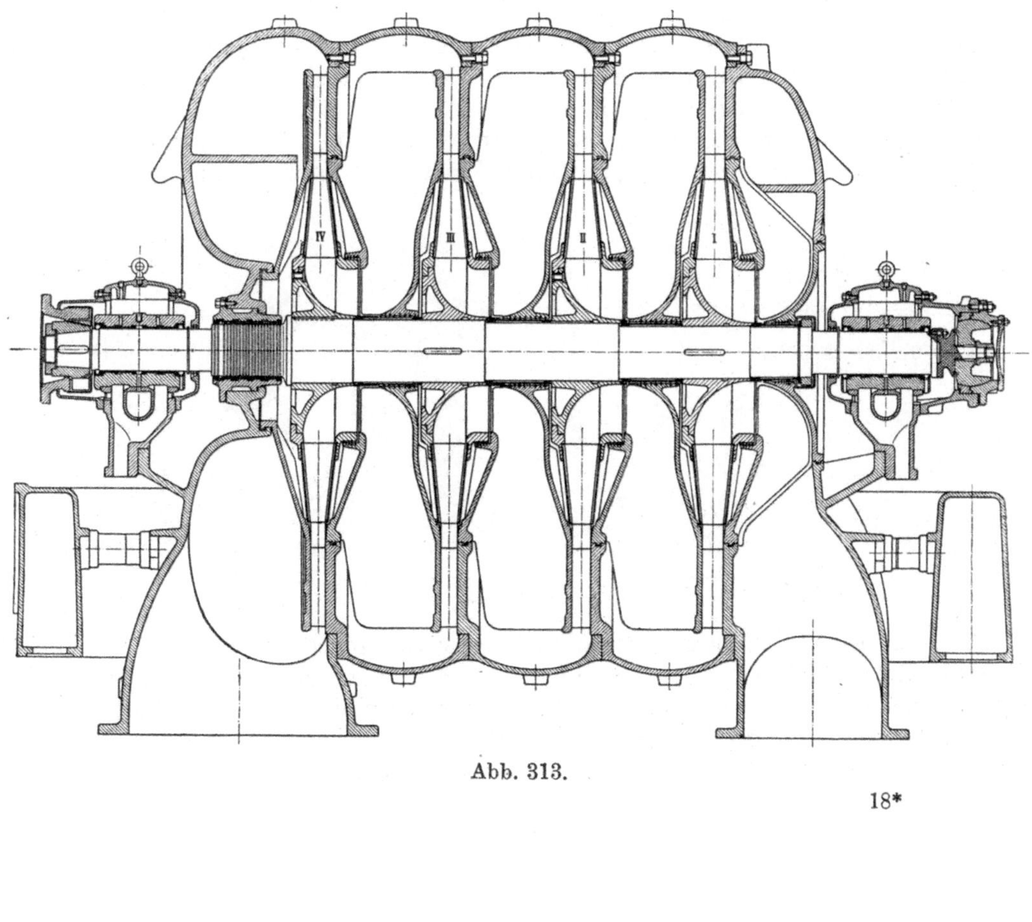

Abb. 313.

Das zweistufige Gebläse, Abb. 312, für Koksofengas (200 cbm/min auf 0,176 Atm. Überdruck) erhält als Antrieb einen 140 PS-Drehstrommotor, dessen Drehzahl 1450 mittels Zahnradgetriebes auf 4100 für das Gebläse erhöht wird.

Abb. 314.

Das Gehäuse mehrstufiger ungekühlter Gebläse, Abb. 313, besteht aus dem Saug- und dem Druckstutzen mit den angegossenen Stirnwänden sowie einer Reihe von Zwischenteilen, deren Zahl um 1 kleiner ist als die Stufenzahl. Sie sind durch Schrauben zu einem Mantel vereinigt; jeder dadurch gebildete Zwischenraum nimmt einen Diffusorkranz auf, der auf der einen Seite die Leitschaufeln, auf der andern die Rippen für die Rücklaufkanäle trägt (Abb. 313). Dieses Gußstück ist in Abb. 314 erkenntlich. Der Achsschub wird durch ein Drucklager aufgenommen, dessen feste Linse kugelförmig ausgebildet ist, damit sich die Reibflächen senkrecht zur Drehachse einstellen können.

In neuerer Zeit baut die Firma Escher, Wyss & Cie. Verdampfungsanlagen, die insbesondere in chemischen Betrieben große Verbreitung finden. Der beim Eindampfen von Laugen frei werdende Brüdendampf wird abgefangen und vom Gebläse angesaugt. Die erzeugte Druckerhöhung muß ausreichen, um den Dampf durch die Heizschlangen des Laugenkessels zu schicken, wo er seine Verdampfungswärme abgibt und in flüssigem Zustand wegfließt. Dort wird also die sonst gänzlich verlorene Verdampfungswärme nutzbar gemacht, zudem gibt der Dampf den im Kompressor empfangenen Wärmewert der Kompressionsarbeit ab.

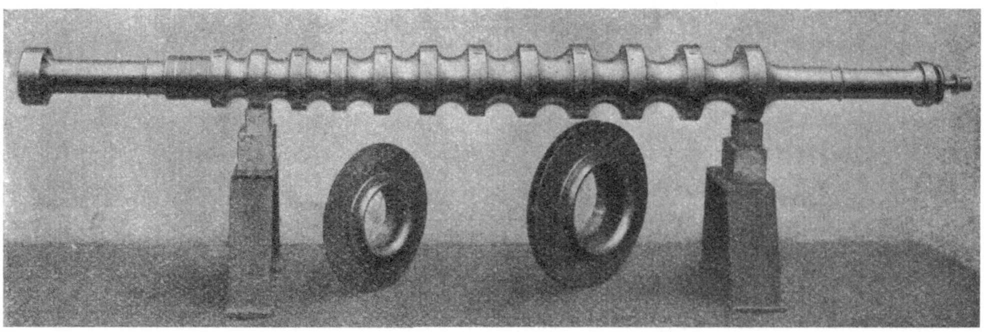

Abb. 316.

Ein solches fünfstufiges Gebläse für Wasserdampf zeigt Abb. 315 (29 cbm/min auf 0,65 Atm. Überdruck, Leistungsbedarf 58 PS), worin die verhältnismäßig kleinen Abmessungen auffallen. Zwischen Elektromotor und Gebläse befindet sich ein Zahnradgetriebe, das die Drehzahl von 2350 auf 7650 erhöht.

Durch die Kompression wird der Dampf überhitzt. Will man zur Ersparung

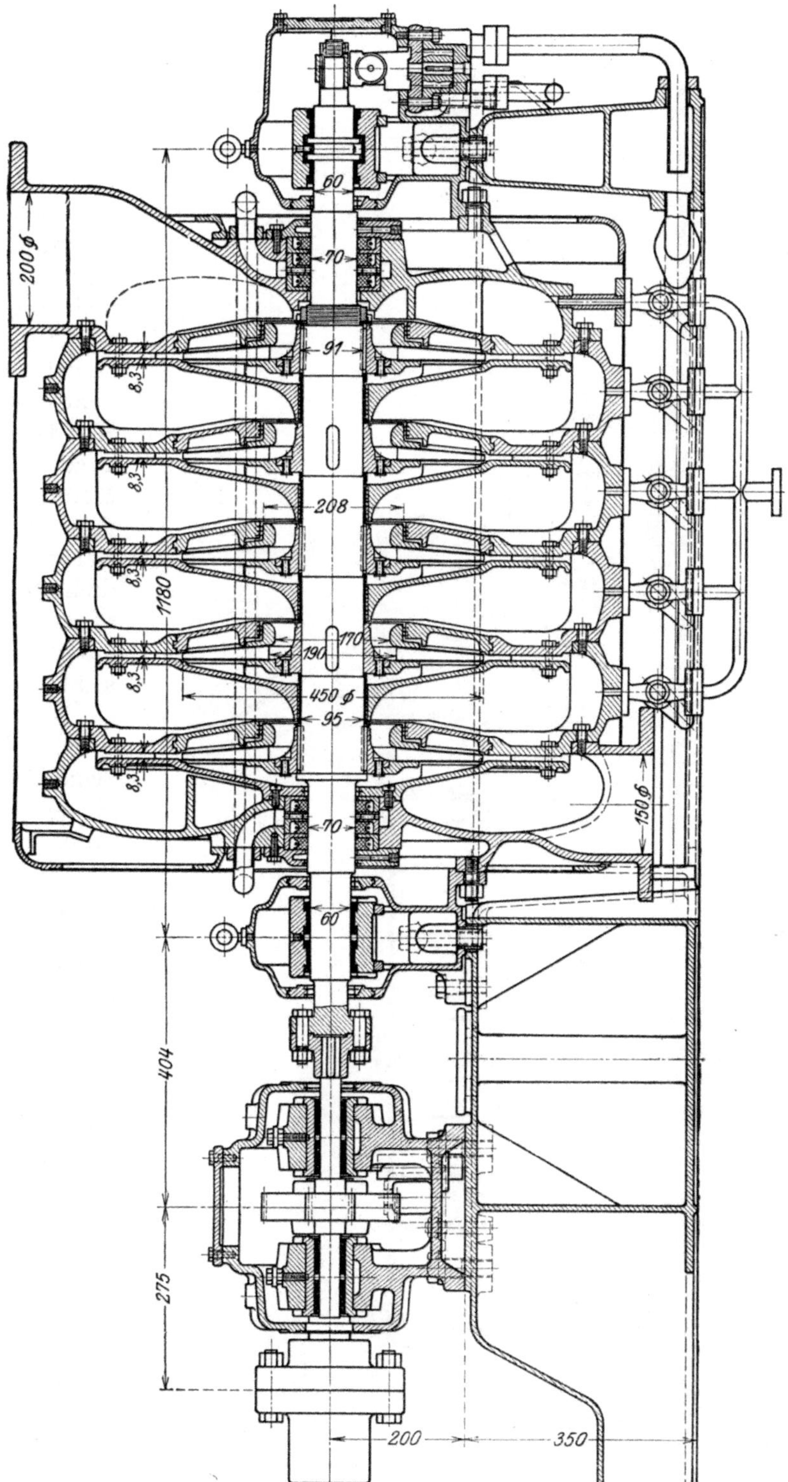

Abb. 315.

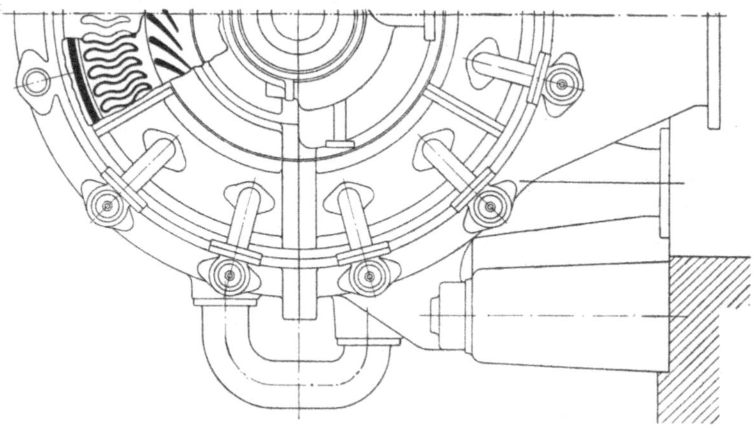

Abb. 318.

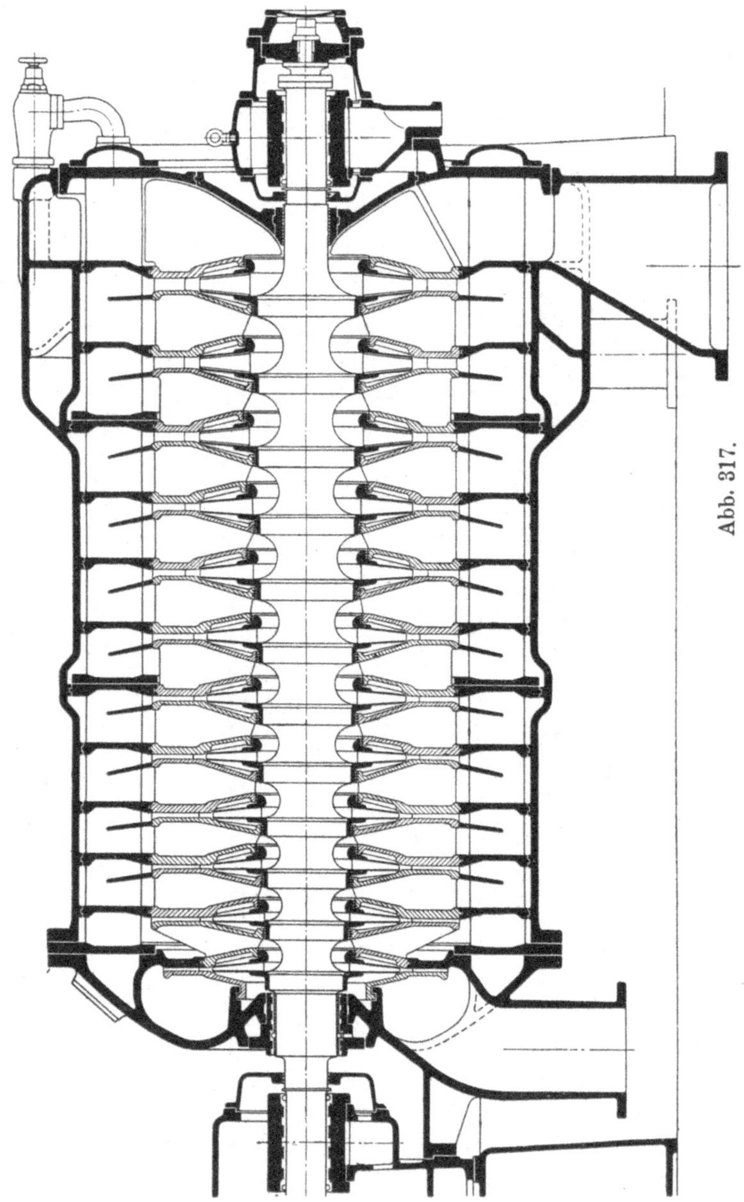

Abb. 317.

von Energie die Überhitzung einschränken, so kann man in die Rückführkanäle zwischen den Stufen etwas Wasser (3 v. H.) einspritzen, am besten in feiner Verteilung als Hohlstrahl. Dadurch läßt sich eine Druckerhöhung (etwa 6 v. H.) und eine Dampf-Vermehrung erzielen (3—5 v. H.). Zur Einführung eignet sich das auf dem Wege entstandene Kondensat, das bereits angewärmt ist. Die Menge des Wassers muß derart eingestellt werden, daß der verdichtete Dampf höchstens auf seine Sättigungstemperatur abgekühlt wird.

Die neuen Hochdruck - Kompressoren zeigen bemerkenswerte Einzelheiten. Wie aus Abb. 316 ersichtlich, besitzt die Welle Eindrehungen zwischen je zwei Sitzen von Laufrädern, sie bilden die inneren Begrenzungsflächen der Einlaufkanäle. Diese Kanäle können daher näher an die Wellenmittel herangeschoben werden, als ohne Eindrehung der Welle. Diese Anordnung gestattet die Förderung verhältnismäßig großer Mengen bei großer Drehzahl, ohne daß die Welle unzulässig geschwächt wird. Da auch die Außendurchmesser kleiner ausfallen, vermindert sich

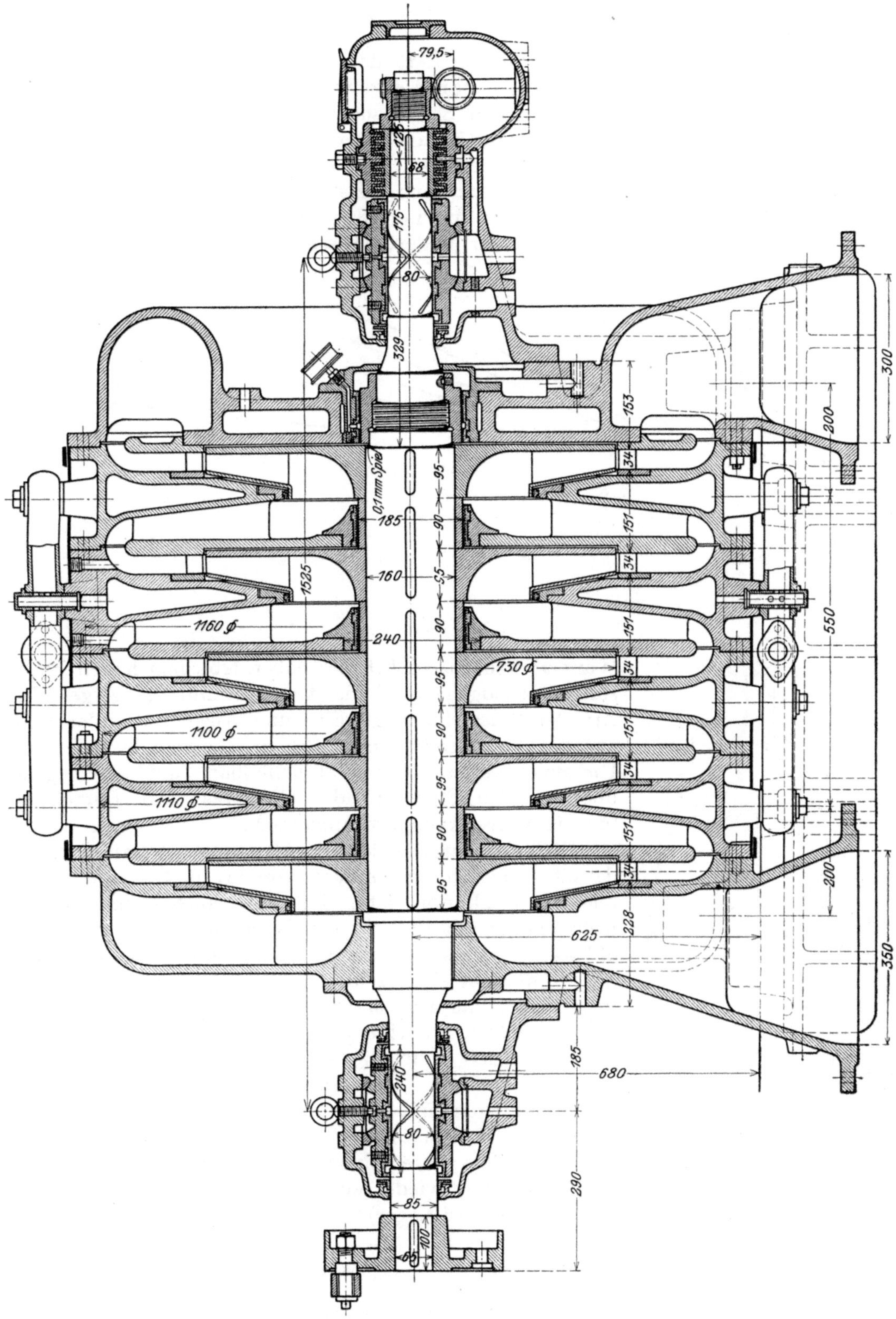
79,5
68
80
329
153
300
200
0,1 mm Spiel
185
160
240
95
90
55
34
151
1525
1160 ⌀
730 ⌀
1100 ⌀
1110 ⌀
550
200
625
228
350
185
680
240
80
290
85
100
65

Abb. 319.

die Radreibung, was besonders bei vielstufigen Kompressoren zur Geltung kommt.

Eine besondere Neuerung ist in der Art der Kühlung zu erkennen. Rings um die Diffusorkränze laufen parallel zur Achsrichtung Kanäle mit S-förmig gekrümmten Querschnitten, die in einem Stück aus hochwertigem Guß hergestellt sind. Die Längen der einzelnen Gußstücke sind vorerst soweit beschränkt, daß der ganze Kühler nur in 2—3 Teile zerfällt. Durch die Formgebung der hohlen Kühlrippen wird eine gute Wärmeübertragung erzielt, sie wird erhöht zufolge der bedeutenden Geschwindigkeit, mit der die Luft den Rippen entlang streicht, die eine Fortsetzung der Diffusorschaufeln bilden. Diese Rippen sind mit kleinen

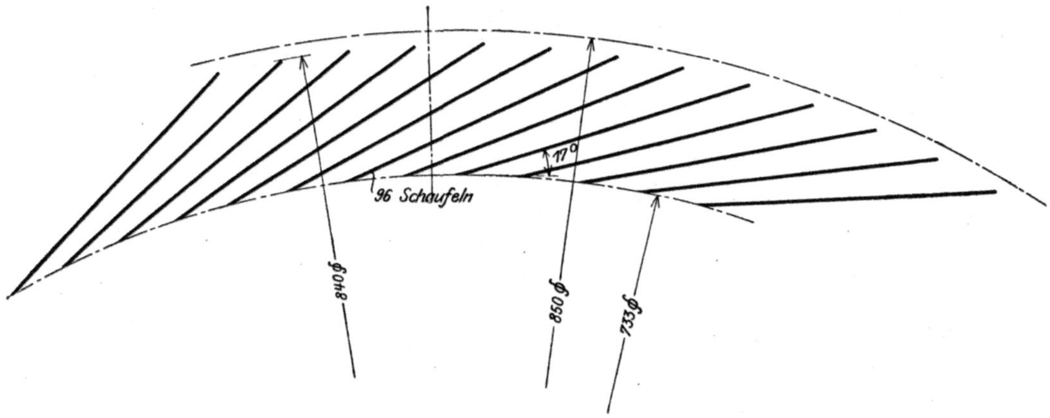

Abb. 320.

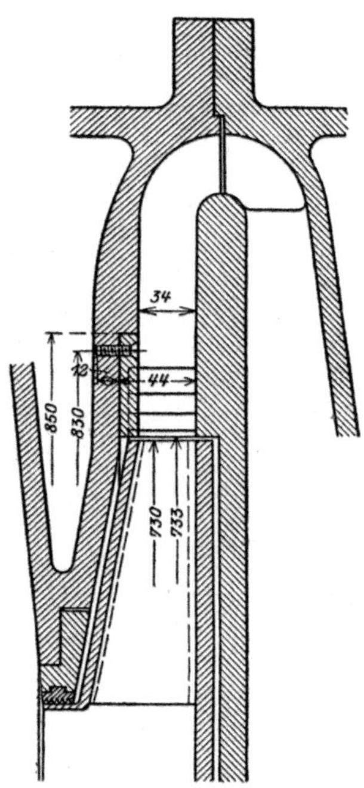

Abb. 321.

Wandstärken ausgeführt und haben trotzdem hohen Pressungen standgehalten. Die Abb. 317 und 318 zeigen die Art der Wasserführung: Ein- und Auslauf befinden sich auf der Vorderseite, und zwar zu je einem Sechstel des Umfanges gesondert und abschließbar, auf der gegenüberliegenden Stirnseite des Gehäuses sind Putzlöcher für die Wasserkammern angebracht.

Bei der dargestellten Konstruktion ist mit Sorgfalt darauf Rücksicht genommen worden, daß sich die verschieden stark erwärmten Teile frei ausdehnen können; insbesondere gilt dies für den Kühlkörper, der um etwa 50^0 kälter ist als die anderen Teile. Deshalb ist der Kühlkörper nur auf einer seiner Stirnseite (am Druckstutzendeckel) fest mit dem Mantel verbunden, an den übrigen Tragstellen ist für eine genügende Axialverschiebbarkeit gesorgt. Auch beim Gießen des Kühlkörpers kann sich das Stück während des Abkaltens frei zusammenziehen, Gußspannungen sind also nicht zu befürchten. Der Platzbedarf des Kompressors ist gering, da die Kühlung im Gehäuse selbst untergebracht ist. Zur Übertragung des Axialschubes ist wieder ein neuzeitliches Drucklager verwendet (Ferranti-Lager).

94. Gebrüder Sulzer A.-G., Winterthur.

Die Bauart der Turbokompressoren dieser Firma wird erkenntlich durch Abb. 319, die den Längsschnitt eines fünfstufigen Kompressors zeigt. Er ist berechnet für

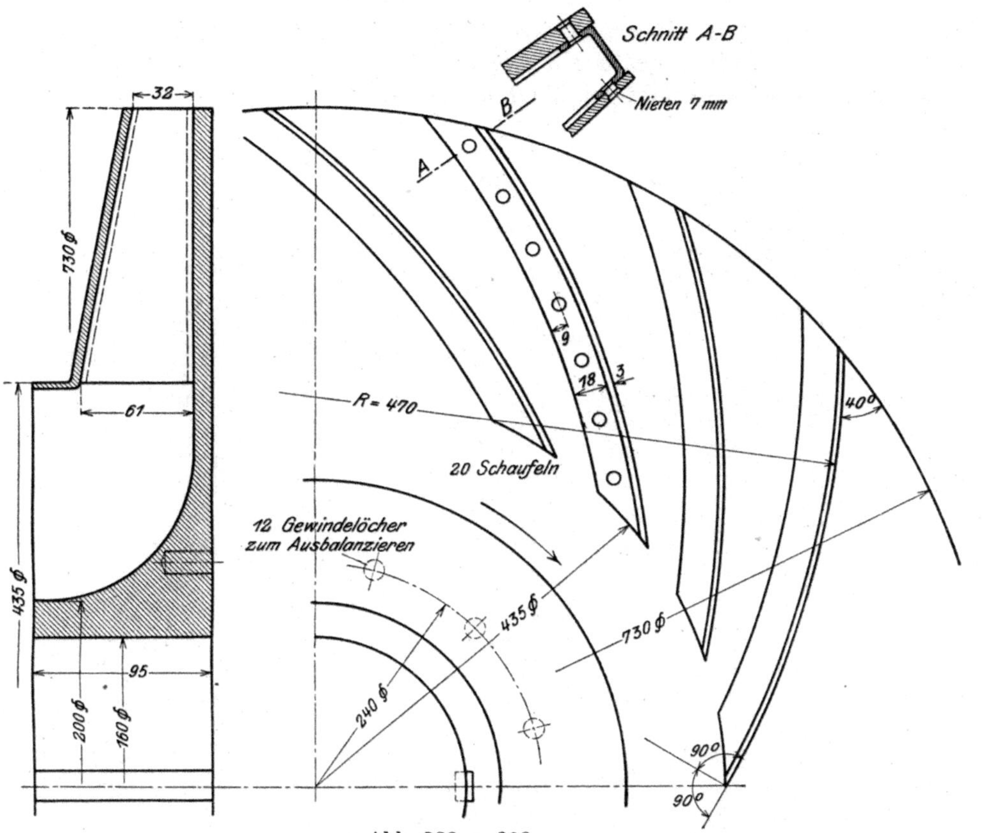

Abb. 322 u. 323.

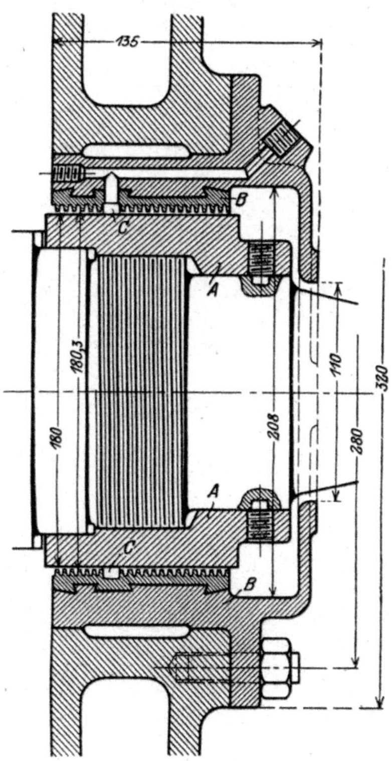

Abb. 324.

eine Ansaugemenge von 6500 cbm/st und einem Überdruck von 5 m Wassersäule bei 3000 Uml./min und wird durch einen Elektromotor angetrieben.

Von den Einzelheiten dieser Maschine zeigen die Abb. 320 und 321 das Leitrad mit der Art der Befestigung im Gehäuse. Die Schaufeln des Lauf-

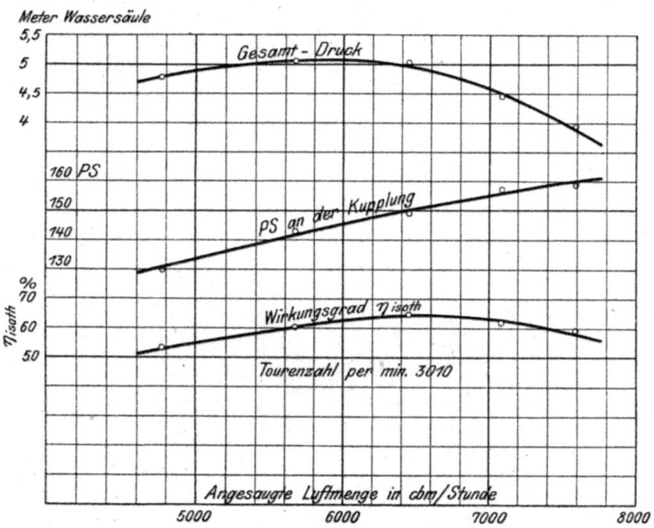

Abb. 330.

rades (Abb. 322 u. 323) besitzen eine stetig verlaufende Krümmung. Der Leitradkranz ist auf der einen Seite am Gehäuse befestigt, an der anderen Seite lehnen sich die Stahlblechschaufeln an die blank gedrehte Seitenwand.

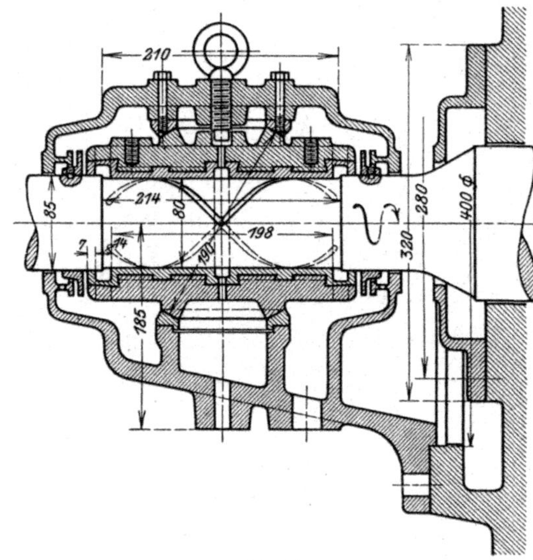

Abb. 325.

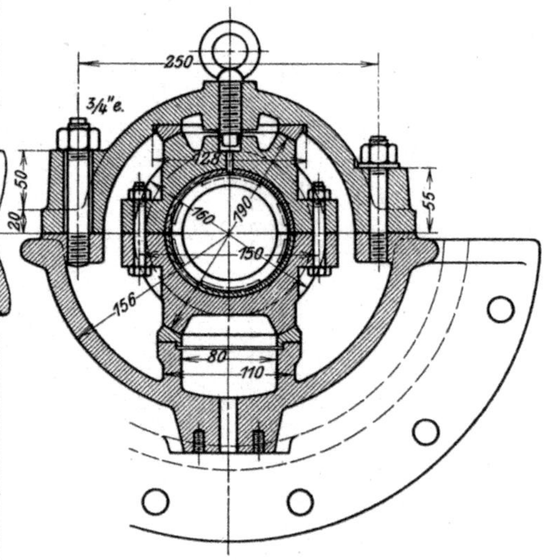

Abb. 326.

Das Gehäuse besteht aus einzelnen verschraubten Elementen und ist in der wagrechten Mittelebene geteilt. Die Wasserkühlung ist derart eingerichtet, daß jedes hohle Gehäuseelement für sich kaltes Wasser empfängt, das von unten zufließt und oben abgeleitet wird. Dadurch kann in jeder Stufe der Temperaturunterschied zwischen Ein- und Austritt angenähert auf demselben Betrag erhalten bleiben.

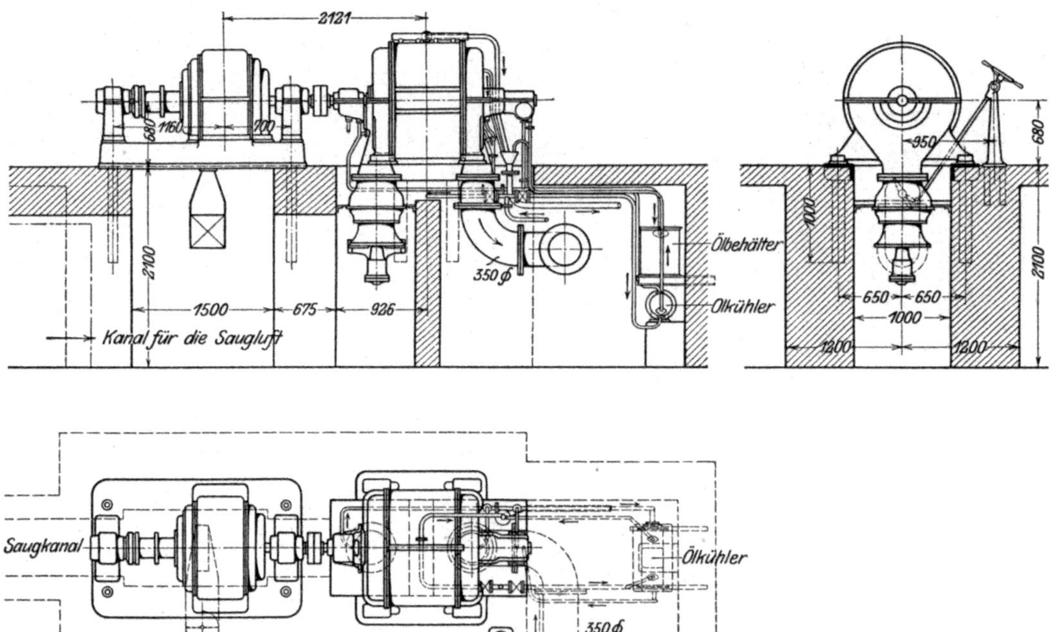

Abb. 327 bis 329.

In Abb. 324 ist die Abdichtung der starren Welle auf der Druckseite abgebildet; sie besteht im wesentlichen aus einer glatten Hülse A, die auf der Welle aufgeschraubt ist, und einer mit Weißmetall ausgegossenen Buchse B, die am Gehäuse festsitzt. Im Weißmetallfutter sind Rillen von 3 mm Tiefe und 2,5 mm Teilung eingedreht. Das Futter umfaßt die umlaufende Welle mit 0,15 mm Spiel und empfängt in der Aussparung C etwas Fett. Eine ähnliche Dichtung mit Weißmetallfutter besitzen auch die Zwischenwände.

Das Traglager ist in den Abb. 325 und 326 dargestellt. Es wird mit Druckölschmierung versorgt, ebenso das Kammlager. Den Aufstellungsplan zeigen die Abb. 327 bis 329 für zwei Aggregate. Über die Versuche gibt Kurvenblatt Abb. 330 (S. 281) Auskunft, im übrigen sei auf die Auswertung der Versuche Abschnitt 70 verwiesen.

D. Einige Konstruktionseinzelheiten der Turbokompressoren.

95. Über Kühlvorrichtungen.

Es sollen in diesem Abschnitt einige Mittel zur Kühlung vielstufiger Kompressoren besprochen werden, soweit dies nicht schon bei der Behandlung ausgeführter Turbokompressoren geschehen ist.

Wie die Berechnung der vielstufigen Kompressoren gezeigt hat, ist eine wirksame Kühlung des Gases im Verlaufe des Verdichtungsvorganges von größtem Nutzen; der Prozeß kann nur dadurch der isothermischen Verdichtung genähert werden. Für Hochdruckgebläse mit mehr als vier Stufen wird sich eine Kühlung stets lohnen.

Die Einrichtung hierzu ist verhältnismäßig einfach, da das Gehäuse des Kompressors benutzt werden kann. Die Wände zwischen den einzelnen Stufen werden hohl ausgeführt, häufig auch die Rippen oder Rücklaufschaufeln in den Kanälen vom Diffusor einer Stufe zum Eintritt in das folgende Rad, wie dies in den vorangegangenen Abschnitten gezeigt worden ist.

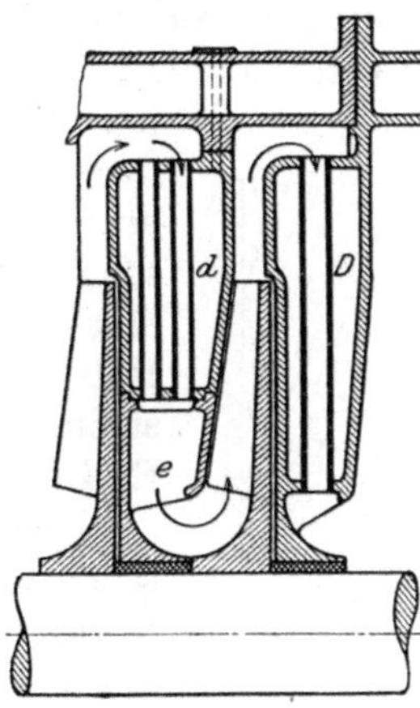

Abb. 331.

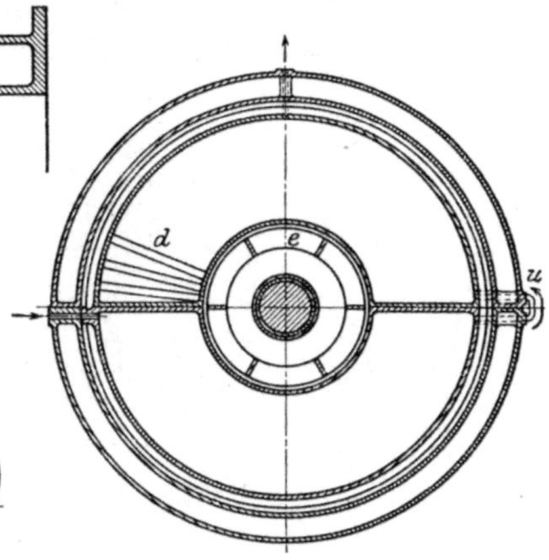

Abb. 332.

Für die Herstellung einer guten Kühlwirkung sind wie bei den Zwischenkühlern zwei Umstände maßgebend, nämlich die Größe der Kühlflächen und zweitens die Art des Wasserumlaufs. Das Wasser soll mit möglichst großer Geschwindigkeit durchfließen, und es ist streng darauf zu achten, daß sich keine toten Räume bilden können, die vom Umlauf abgeschnitten werden und für die Kühlwirkung beinahe verloren gehen.

Um die Kühlfläche in den einzelnen Stufen möglichst zu vergrößern, wählt man als einfaches Mittel den Durchmesser des Gehäuses reichlich groß; man führt also das Gas nach dem Austritt aus den Laufrädern durch den Diffusor und von da noch weiter radial auswärts, als dies durch den Umkehrbogen notwendig bedingt ist.

Ein anderes Mittel zur Vergrößerung der Kühlfläche ohne merkliche Zunahme des Platzbedarfs besteht im Einsetzen besonderer Kühlrohre zwischen die einzelnen

Stufen. Dazu können am besten die Rücklaufkanäle benutzt werden, wie dies die Ausführung von Köster zeigt (Abb. 331 u. 332). Die verdichtete Luft fließt durch die radial auf dem ganzen Umfang eingesetzten Rohre *d* gegen die Achse zu und tritt durch das Ringstück *e* in das folgende Rad. Das zum leichten Auswechseln der Kühlrohre angeordnete Stück *e* kann auch weggelassen werden, so daß die Rohre *D* länger ausfallen. Das Wasser fließt zunächst durch die untere Hälfte des Gehäuse-

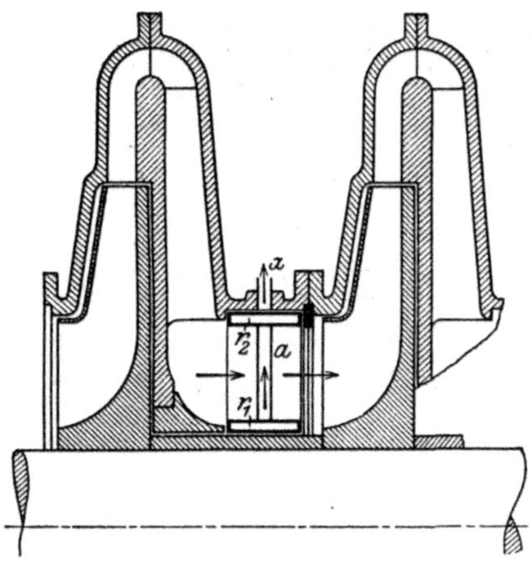

Abb. 333.

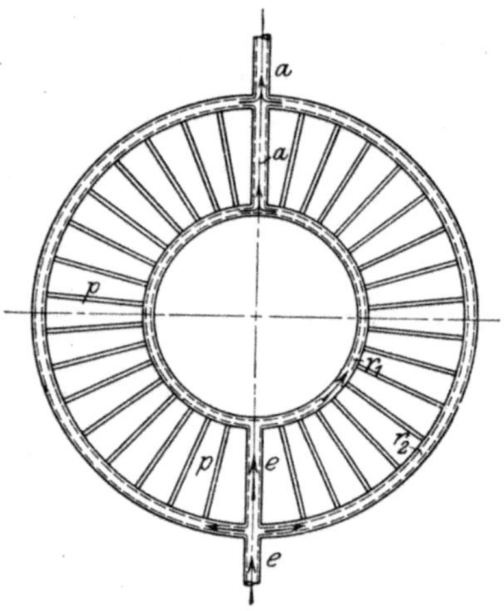

Abb. 334.

elements, wird dann durch die Umlaufleitung *u* in die obere Hälfte geleitet, von wo es oben abfließt.

Auswechselbare Kühlrohre werden von C. H. Jäger & Cie. in Leipzig vorgeschlagen. Diese Rohre sind in konzentrischen Kreisen gebogen und in zwei Kammern eingebördelt. Damit nun die kürzeren innen liegenden Rohre annähernd dieselbe Kühlwirkung aufweisen wie die äußeren Rohre, wird dafür gesorgt, daß der Durchflußwiderstand in den verschiedenen Rohrgruppen ungefähr gleich groß ist. Man erreicht dies durch Abteilen der Wasserkammern, so daß Rohre einzeln oder gruppenweise parallel geschaltet werden. Das Wasser läuft zuerst durch ein Rohr mit kleinstem Radius und schließlich in Parallelstrom durch die drei Rohre mit größtem Radius.

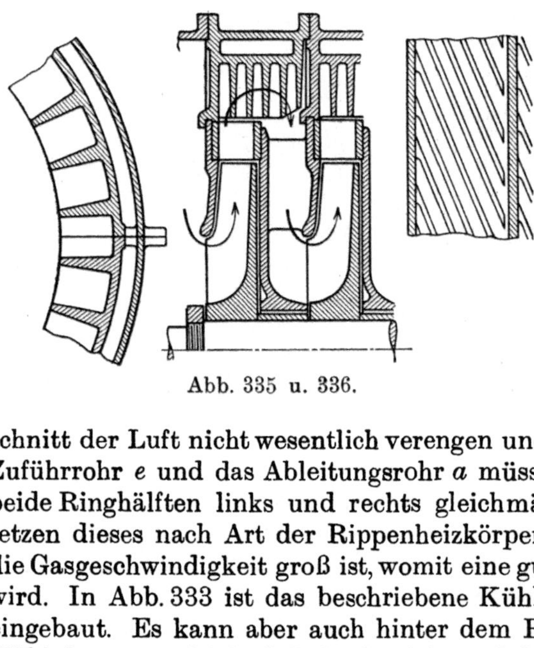

Abb. 335 u. 336.

Einen Kühler mit zwei konzentrischen hohlen Ringen r_1 und r_2 zeigt der Vorschlag von Junkers (Abb. 333 u. 334). Zwischen den beiden Ringen sind zahlreiche dünne Metallplatten *p* eingesetzt, die den Durchgangsquerschnitt der Luft nicht wesentlich verengen und die wenig Widerstände hervorrufen. Das Zuführrohr *e* und das Ableitungsrohr *a* müssen sehr genau symmetrisch liegen, wenn beide Ringhälften links und rechts gleichmäßig durchflossen werden soll. Das Einsetzen dieses nach Art der Rippenheizkörper gebauten Kühlers erfolgt an Orten, wo die Gasgeschwindigkeit groß ist, womit eine gute Ausnützung der Kühlfläche angestrebt wird. In Abb. 333 ist das beschriebene Kühlelement vor den Eintritt in ein Laufrad eingebaut. Es kann aber auch hinter dem Rad angeordnet werden; dann wirken die Kühlplatten zugleich als Leitschaufeln und die Ringe r_1 und r_2 bilden die Seitenwände.

Eine andere Vergrößerung der Kühlfläche durch wärmeaufnehmende Wände zeigen die Abb. 335 und 336. Beim Umkehren in den Rückleitungskanal durchfließt die warme Luft eine Anzahl gekühlter Wände oder Rippen, die schraubenförmig gewunden sind (Abwicklung Abb. 336) und die Luft ohne nennenswerten Stoß in die Kanäle weiter leiten.

Ein wichtiges Mittel zur Erreichung einer wirksamen Kühlung besteht in der guten Führung des Wassers innerhalb der einzelnen Kammern. Häufig ist die Bewegungsrichtung des Wassers im Gegenstrom zum Fördermittel, doch kommt auch Parallelstrom zur Anwendung. Will man die Temperatursteigerung in jeder Stufe ungefähr gleich groß erhalten, so muß die Kühlkammer jeder Stufe für sich abgeschlossen sein; das Wasser wird nun von einer Verteilerleitung aus einer jeden Kammer von unten zugeführt und fließt an der obersten Stelle desselben Raumes in eine Sammelleitung ab (Abb. 319 Seite 279).

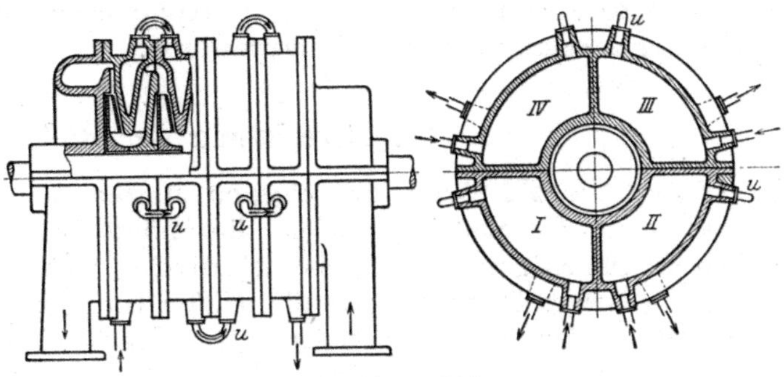

Abb. 337 u. 338.

Eine vollständig im Gegenstrom durchgeführte Kühlung zeigt die Anordnung der Abb. 337 u. 338. Das ganze Gehäuse ist seiner Länge nach in vier voneinander getrennte Kammern eingeteilt. Das Wasser tritt auf der Seite des Druckstutzens an vier Stellen in die Kammern ein (Abb. 337) und auf der Seite des Saugstutzens aus. Umlaufleitungen u bewirken den Übertritt von einem Gehäuseelement zu einem nebenan liegenden. Diese Umlaufleitungen sind versetzt, so daß das Wasser gezwungen ist, die Kammern in der Längsrichtung nach Art der Schlangenlinie zu durchfließen.

Ein zweiteiliges Gehäuseelement mit umlaufender Wasserkühlung für beide Hälften zeigt die Anordnung von W. Grun in Frankfurt a. M. (Abb. 389 u. 340). Das hohle Gehäusestück b ist durch radiallaufende Rippen in Kammern abgeteilt; durch diese Rippen werden die hohlen Rücklaufschaufeln in zwei Kanäle getrennt, die zufolge der Schrägstellung der hohlen Schaufeln eine Verbindung der einen Kammer mit der nächstliegenden ermöglicht. Die andere Wand d der Rücklaufkanäle zeigt ebenfalls einen Hohlraum, der durch radiale Rippen abgeteilt ist. Das Kühlwasser tritt am Umfang der reinen Gehäuse hälfte bei e ein und auf der gegenüberliegenden Seite desselben Gußstückes bei a aus, nachdem es die einzelnen Kammern der Reihe nach in schlangenförmigem Weg durchlaufen hat. Dadurch wird bezweckt, daß das Wasser beim Durchfließen

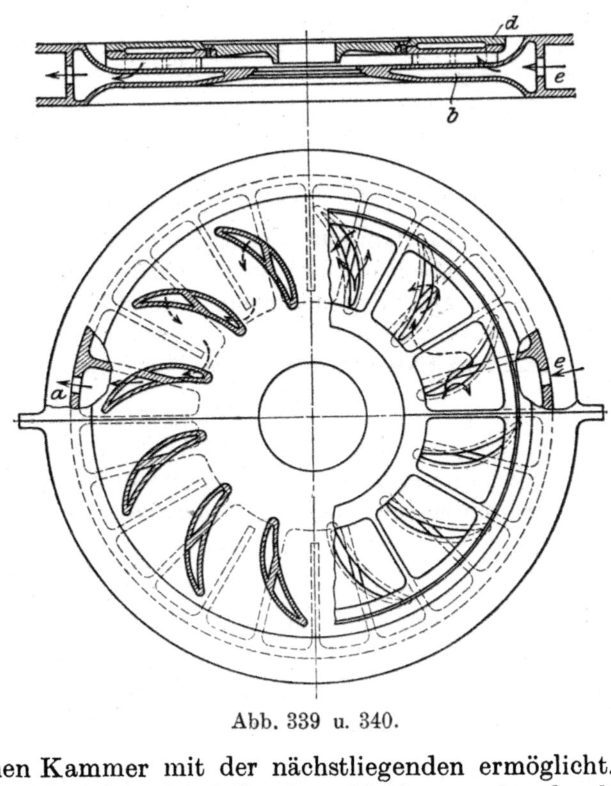

Abb. 339 u. 340.

der hohlen Schaufeln mehrmals senkrecht auf die ebenen Kühlflächen des Rücklaufkanals auftritt, anstatt an diesen Flächen entlang zu streichen. Die damit verbundene erhöhte Kühlwirkung wird außerdem durch den kräftigen Umlauf unterstützt.

Weitere Lösungen im Bau von Kühleinrichtungen finden sich bei der Besprechung ausgeführter Turbokompressoren.

96. Berechnung der Radscheiben.

Durch die Fliehkraft der eigenen Massenteile entstehen in der Scheibe zwei Spannungen, die eine in radialer, die andere in tangentialer Richtung. Sind die Schaufeln einseitig an der Scheibe befestigt, so treten außerdem biegende Kräfte auf.

Es sollen im folgenden nur die beiden Hauptspannungen in angenäherter Weise berechnet werden, wobei die Abmessungen der Scheibe als gegeben vorausgesetzt sind.

Diese Aufgabe wird erschwert durch den Umstand, daß bei den meisten Laufrädern für Turbokompressoren die Nabenmasse einseitig angeordnet ist. Zur Vereinfachung soll nun die Annahme getroffen werden, es sei von der Nabe nur so viel Material als tragfähig in Rechnung zu ziehen, als symmetrisch auf beiden Seiten der Mittelebene senkrecht zur Drehachse gelegen ist. Diese ungünstige Annahme gleicht sich mit dem Weglassen der biegenden Kräfte zum Teil aus.

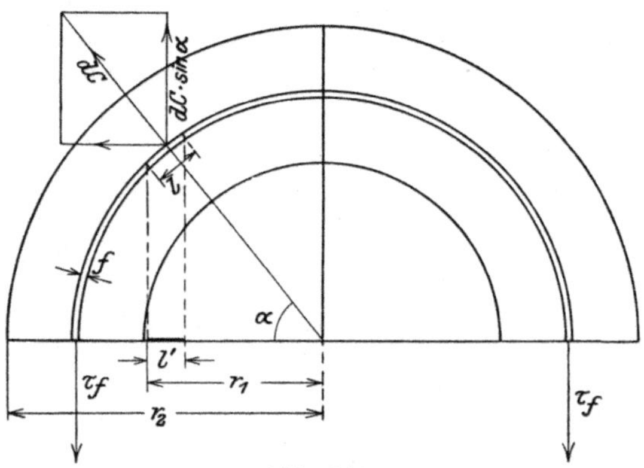

Abb. 341.

Berechnung der mittleren Tangentialspannung. Einen ersten Anhalt über die Größe der Tangentialspannung erhält man, wenn vorerst ihr Mittelwert berechnet wird.

Schneidet man aus der Scheibe einen halben Ring vom Radius r und dem Querschnitt $f = b \cdot dr$ heraus, so sind an den beiden Endflächen die Zugkräfte $f \cdot \tau$ anzubringen, die den entgegengesetzt gerichteten Fliehkraftkomponenten das Gleichgewicht halten (Abb. 341).

Für ein Massenelement von der kleinen Bogenlänge l ist

$$dm = \frac{\gamma}{g} f \cdot l,$$

wo $g = 981$ cm/sek² und γ das spezifische Gewicht des Materials bedeuten. Die von dm entwickelte Fliehkraft beträgt

$$dC = \omega^2 \cdot r \cdot dm = \frac{\gamma\,\omega^2}{g} \cdot f \cdot l \cdot r.$$

Für Gleichgewicht ist die Summe der senkrechten Kraftkomponenten Null, daher ist nach Abb. 341

$$2\,\tau f = \int dC \sin\alpha = \frac{\gamma\,\omega^2}{g} fr \int_0^\pi l \sin\alpha.$$

Das $l \sin\alpha = l'$ die Projektion des Bogenelementes auf den Durchmesser (Abb. 341) bedeutet, ist die Summe

$$\int_0^\pi l \sin\alpha = 2r$$

eingesetzt, gibt

$$\tau = \frac{\gamma\,\omega^2}{g} \cdot r^2 \quad \ldots \ldots \ldots \ldots \quad (1)$$

Wendet man die Formel der Zugfestigkeit auf den ganzen Meridianschnitt (von der Bohrung bis zum äußersten Umfang) an, so ergibt sich die mittlere Tangentialspannung in ihm

$$\tau_m = \frac{\Sigma f \cdot \tau}{\Sigma f} \quad \ldots \ldots \ldots \ldots \quad (2)$$

Hierin ist der Nenner als „Nettoquerschnitt“ aufzufassen, es ist dies derjenige, der die Spannungen aufzunehmen vermag.

Für die Größe der Fliehkraft kommen dagegen häufig außer dem tragfähigen Scheibenquerschnitt noch Querschnittsteile in Betracht, die keine Spannungen übertragen können. Das Material der Schaufeln kann seitlich an der Scheibe aufgetragen gedacht werden, die an diesen Stellen eine größere Breite b_b besitzt, während nur die „Nettobreite“ b_n tragfähig ist.

Die Gl. 2 erhält damit die Form

$$\tau_m = \frac{\gamma \omega^2}{g} \frac{\Sigma b_b \cdot r^2 \Delta r}{\Sigma b_n \cdot \Delta r} \quad \ldots \ldots \ldots \ldots \quad (3)$$

Durch Einteilen des Scheibenquerschnitts in Stücke von den radialen Abmessungen Δr lassen sich die beiden Summen leicht bestimmen und in eine Zahlentafel eintragen.

Mittels Integration kann τ_m nur berechnet werden, wenn die Scheibe unveränderliche Breite von der Bohrung bis nach außen besitzt

$$b_b = b_n = \text{konst.} = b.$$

Dann ist

$$\tau_m = \frac{\gamma \omega^2}{3 g} (r_1^2 + r_1 r_2 + r_2^2), \quad \ldots \ldots \ldots \ldots \quad (4)$$

wenn r_1 den inneren, r_2 den äußeren Radius bedeuten.

Berechnung der Spannungen in den Massenelementen. Bilden die Seitenbegrenzungen des Massenelementes den kleinen Zentriwinkel φ miteinander (Abb. 341), so ist die Länge des Elementes

$$l = \varphi \cdot r.$$

Der Querschnitt

$$f = b \cdot dr,$$

daher

$$dm = \frac{\gamma}{g} f l = \frac{\gamma}{g} \cdot b \cdot \varphi \cdot r \cdot dr$$

und die Fliehkraft

$$dC = \frac{\gamma \omega^2}{g} \cdot b \varphi r^2 dr.$$

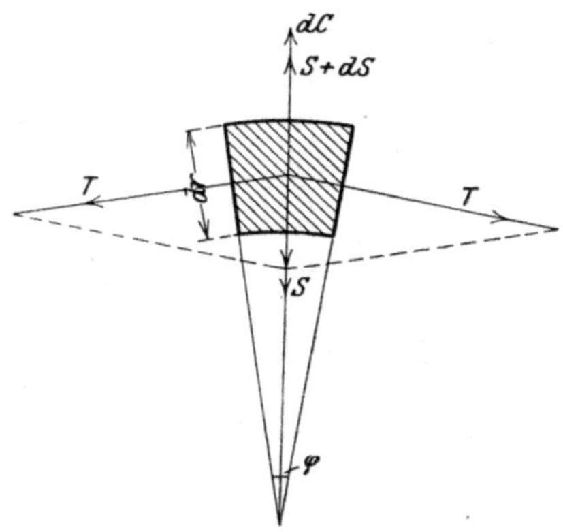

Abb. 342.

Denkt man sich das Massenelement herausgeschnitten, so müssen an allen Schnitten Normalkräfte angebracht werden, um das Gleichgewicht herzustellen.

An der inneren Begrenzungsfläche (Abb. 342) wirkt die Kraft

$$S = r \varphi \cdot b \sigma$$

und auf die äußere $S + dS$. Die Resultierende beider Kräfte ist der Unterschied dS und wird durch Differenzieren von S erhalten

$$dS = \varphi (r b d\sigma + b \sigma dr + r \sigma db).$$

Die beiden Seitenkräfte

$$T = b dr \cdot \tau$$

lassen sich zu einer radial einwärts gerichteten Resultierenden vereinigen, die mit den beiden andern Kräften dS und dC im Gleichgewicht stehen muß. Daher ist

$$dS + dC - 2T\sin\frac{\varphi}{2} = 0$$

oder mit $\sin\frac{\varphi}{2} = \sim\frac{\varphi}{2}$

$$dS + dC - T\cdot\varphi = 0\,.$$

Durch Einsetzen der Werte erhält man unter Berücksichtigung der Bruttobreite für die Fliehkraft, der Nettobreite für die Spannungen

$$r b_n d\sigma + b_n \sigma dr + r\sigma d b_n - b_n dr\tau + \frac{\gamma\omega^2}{g} b_b r^2 \cdot dr = 0$$

mit der Abkürzung $\frac{\gamma\omega^2}{g} = c$ wird die Zunahme der Radialspannung

$$\frac{d\sigma}{dr} = \frac{\tau}{r} - \frac{\sigma}{r} - \frac{1}{b_n}\frac{db_n}{dr}\cdot\sigma - cr\frac{b_b}{b_n} \quad \ldots\ldots\ldots \quad (5)$$

Um die Zunahme der Tangentialspannung zu finden, ist das Grundgesetz der Elastizität zu Hilfe zu ziehen, wonach jede Verlängerung des Materials in der einen Richtung eine Zusammenziehung in der dazu senkrechten Richtung hervorruft.

Der Kreisumfang von der Länge $2\pi r$ dehnt sich unter dem Einfluß der Tangentialspannung τ um den Betrag $2\pi r\frac{\tau}{E}$ aus (E = Elastizitätsmodul), diese Ausdehnung erfährt aber durch die Radialspannung σ eine Verminderung um $2\pi r\cdot\frac{\nu\cdot\sigma}{E}$ (für Flußeisen $\nu = 0{,}3$).

Die Gesamtverlängerung des Umfanges ist daher

$$\Delta(2\pi r) = \frac{2\pi r}{E}(\tau - \nu\sigma)\,.$$

Wird dieser Betrag durch 2π dividiert, so erhält man die zugehörige Dehnung des Radius

$$\Delta r = \frac{r}{E}(\tau - \nu\sigma)$$

und die Dehnung für das Element durch Differenzieren

$$\Delta dr = \frac{1}{E}[dr(\tau - \nu\sigma) + r(d\tau - \nu d\sigma)]\,.$$

Dieselbe Dehnung wird aber auch durch die Radialspannung hervorgerufen, für die das Grundgesetz der Elastizität heißt

$$\Delta dr = \frac{dr}{E}(\sigma - \nu\tau)\,.$$

Durch Gleichsetzen folgt

$$\frac{d\tau}{dr} = \frac{1+\nu}{r}(\sigma - \tau) + \nu\frac{d\sigma}{dr} \quad \ldots\ldots\ldots\ldots \quad (6)$$

Eine Integration der beiden Hauptgleichungen 5 und 6 ist möglich unter der Voraussetzung einer Scheibe mit gleichbleibender Dicke. Die Konstanten der Integration ergeben sich durch den Umstand, daß an der Bohrung $\sigma = 0$ ist, wenn keine „Montage"-Spannung auftritt. Ferner ist am äußeren Umfang ebenfalls $\sigma = 0$.

Für diesen Sonderfall ist

$$\tau = \frac{\gamma\,\omega^2}{8g}\left[3\left(r_1^2 + r_2^2 + \frac{r_2^2 r_2^2}{r^2}\right) - r^2\right] \quad . . . . (7)$$

$$\sigma = \frac{3\,\gamma\,\omega^2}{8g}\left[r_1^2 + r_2^2 - \frac{r_1^2 r_2^2}{r^2} - r^2\right] \quad . . . . (8)$$

Die Tangentialspannung erreicht an der Bohrung ihren Höchstwert, für $r = r_1$ ist

$$\tau_i = \frac{3\,\gamma\,\omega^2 r_2^2}{4g}\left[1 + \frac{1}{3}\left(\frac{r_1}{r_2}\right)^2\right] \quad . . . . (9)$$

Meistens kann aber Gl. 9 nicht verwendet werden, da die Dicke der Scheibe nach außen zu abnimmt und die Bruttobreite eine nicht zu vernachlässigende Rolle spielt.

Für diesen allgemeinen Fall lassen sich die Hauptgleichungen 5 und 6 unmittelbar benutzen, um die Zunahme der Spannungen $d\tau$ und $d\sigma$ von Element zu Element zu berechnen, wenn statt der Differentiale endliche Größen genommen werden.

Man teilt zu diesem Zweck den Querschnitt in Stücke ein, indem für dr nahe der Bohrung 0,5 bis 1 cm, gegen außen 2 bis 3 cm gewählt wird. An der Bohrung ist $\sigma = 0$ und τ ein Höchstwert, den man etwa zu

$$\tau_i \geqq 1{,}8\,\tau_m$$

annimmt.

Man kann die einzelnen Größen der Gl. 5 und 6 in einer Zahlentafel so zusammenstellen, daß die Rechnung übersichtlich wird.

Die Werte auf den rechten Seiten der Gl. 5 und 6 gelten für den Anfang des Elementes, am Ende desselben sind die Spannungen um die Beträge $d\sigma$ bzw. $d\tau$ größer geworden; diese neuen Spannungen gelten dann für den Anfang des nächstfolgenden Elementes usf.

Da häufig die Dicke nach außen abnimmt, so ist in Gl. 5 der Wert db_n negativ einzusetzen.

Die letzte Radialspannung am äußeren Scheibenrand muß das Ergebnis Null liefern, wenn die Anfangsspannung τ_i richtig gewählt worden ist.

Eine andere Kontrolle ergibt Gl. 3,

$$\Sigma b_n dr \cdot \tau = \tau_m \Sigma b dr,$$

deren rechte Seite bereits ermittelt ist. Diese Gleichung muß ihre Gültigkeit beibehalten, wenn für τ die aus Gl. 6 ermittelten Einzelwerte eingesetzt werden.

Stimmt die linke Seite mit der rechten nicht überein, so ist die Rechnung zu wiederholen.

Die Zerlegung des Querschnittes kann endlich dazu benutzt werden, das Scheibengewicht zu bestimmen. Es ist

$$\Delta G = 2\pi r \Delta r\, b_b \cdot \gamma$$

$$G = 2\pi\gamma\,\Sigma b_b \cdot r \cdot \Delta r \quad . . . . (10)$$

Ferner ist das Trägheitsmoment

$$\Delta J = \Delta m \cdot r^2 = \frac{2\pi r\gamma}{g} \cdot b_b \cdot \Delta r r^2$$

$$J = \frac{2\pi\gamma}{g}\Sigma b_b \cdot r^3 \Delta r \quad . . . . (11)$$

oder

$$GD^2 = \Sigma \Delta G (2r)^2 = 8\pi\gamma\,\Sigma b_b \cdot r^3 \Delta r \quad . . . . (12)$$

47. Beispiel: Die in Abb. 343 erkennbare Scheibe eines Gebläserades mit symmetrischer Nabe und abnehmender Breite dreht sich mit 4000 Uml./min; es sollen die Tangential- und Radialspannungen bestimmt werden.

Vom Radius $r = 200$ mm an ist der Einfluß der Schaufeln durch eine zusätzliche Breite von 7 mm auf beiden Seiten berücksichtigt; das Verhältnis der Bruttobreite zur Nettobreite beginnt demnach mit $\frac{32 + 14}{32} = 1{,}435$. Ferner ist

$$\gamma = 7{,}8 \text{ kg/cbm}; \qquad \omega = \frac{\pi n}{30} = 418; \qquad c = \frac{\gamma \omega^2}{g} = \frac{0{,}0078 \cdot 418^2}{981} = 1{,}39.$$

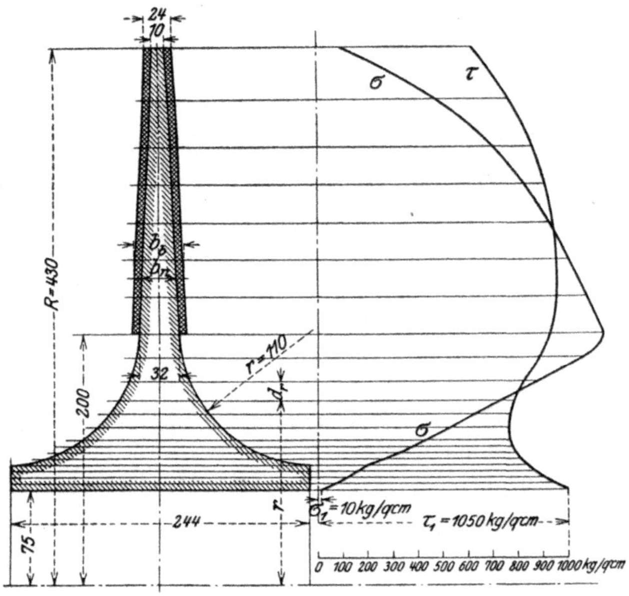

Abb. 343.

Durch Einteilen des Scheibenquerschnittes ergeben sich die in Gl. 3 auftretenden Summen zu

$$\Sigma b_b r^2 \Delta r = 96500,$$
$$\Sigma b_n \Delta r = 181,$$

daher ist eine mittlere Spannung zu erwarten von

$$\tau_m = \frac{1{,}39 \cdot 96500}{181} = 750 \text{ kg/qcm}.$$

Mit dieser Zahl wählen wir die Tangentialspannung an der Bohrung der Nabe schätzungsweise zu

$$\tau_i = 1{,}4\, \tau_m = \sim 1050 \text{ kg/qcm}$$

und als Radialspannung sei ein Montagedruck von 10 kg/qcm vorausgesetzt. Für die ersten vier Flächenelemente sind radiale Breiten von $dr = 0{,}5$ cm angenommen; da sich die axialen Breiten noch nicht ändern, ist $db = 0$ einzusetzen.

Benützt man die Gl. 5 sinngemäß und betrachtet die Differentiale $d\sigma$ und $d\tau$ als Differenzen, so sind für $\frac{d\sigma}{r}$ und $\frac{d\tau}{r}$ die Anfangswerte für ein Element einzusetzen, das dritte Glied gibt den Einfluß der Verjüngung in den Scheibenbreiten (anfangs Null) und das vierte Glied bedeutet die Fliehkraft des betreffenden Elementes, in ihm muß der Radius bis zum äußeren Umfang des Elementes gerechnet werden, die Gl. 5 lautet daher

$$\frac{d\sigma}{dr} = \frac{\tau_1}{r_1} - \frac{\sigma_1}{r_1} - \frac{db_n}{b_n}\frac{\sigma}{dr} - c\, r_2 \frac{b_b}{b_n}$$

und ergibt für das erste Element

$$\frac{d\sigma}{dr} = \frac{1050}{7{,}5} - \frac{10}{7{,}5} - 1{,}39 \cdot 8 = 127{,}6,$$
$$d\sigma = 127{,}6 \cdot 0{,}5 = 63{,}8,$$
$$\sigma_2 = \sigma_1 + d\sigma = 10 + 63{,}8 = 73{,}8,$$
$$\frac{d\tau}{dr} = \frac{1{,}3}{7{,}5}(10 - 1050) + 0{,}3 \cdot 127{,}6 = -142{,}2,$$
$$d\tau = -142{,}2 \cdot 0{,}5 = -71{,}1,$$
$$\tau_2 = \tau_1 + d\tau = 1050 - 71{,}1 = 978{,}9 \text{ kg/qcm}.$$

Für das nächste Element sind die gefundenen Spannungen σ und τ die Anfangsspannungen und die Rechnung wiederholt sich. Zweckmäßig ist es, wenn die stets wiederkehrenden Zwischenwerte in einer Tafel übersichtlich zusammengestellt werden, wie dies in Zahlentafel 30 geschehen ist. Sind die Annahmen für die Spannungen des ersten Elementes richtig gewählt worden, so müßte die Radialspannung des äußersten Elementes Null werden. Wie die Zahlentafel zeigt, ist die letzte Spannung so wenig von Null verschieden, daß die gemachten Voraussetzungen als gültig erklärt werden können. Jedenfalls sollte diese letzte Spannung zur Vorsicht eher etwas über Null herauskommen als unter Null, da das letztere ein Zeichen für zu niedrige Wahl der inneren Spannungen wäre.

In Abb. 343 ist die Spannungsverteilung für dieses Beispiel sichtbar.

Zahlentafel 30.

$\tau_i = 1050$ kg/qcm, $\sigma_i = 10$ kg/qcm, $r_i = 7,5$ cm.

r cm	dr cm	$\frac{b_b}{b_n}$	$cr\frac{b_b}{b_n}$	$\frac{\tau_1}{r_1}$	$\frac{\sigma_1}{r_1}$	$\frac{db_n}{b_n}$	$\frac{db_n}{b_n}\frac{\sigma_1}{dr}$	$\frac{d\sigma}{dr}$	$0,3\frac{d\sigma}{dr}$	$\sigma_1 - \tau_1$	$\frac{1,3}{r_1}(\sigma_1 - \tau_1)$	$\frac{d\tau}{dr}$	σ_2	τ_2
8,0	0,5	1	11,12	140,0	1,33	—	—	127,5	38,3	−1040,0	−180,5	−142,2	73,8	978,9
8,5	0,5	1	11,82	122,3	9,24	—	—	101,2	30,4	−905,1	−147,0	−116,6	124,4	920,6
9,0	0,5	1	12,51	108,2	14,60	—	—	81,1	24,3	−796,2	−122,0	−97,7	165,0	871,8
9,5	0,5	1	13,21	96,6	18,3	—	—	65,1	19,5	−706,8	−102,0	−82,5	197,5	830,6
10,0	0,5	1	13,9	87,5	20,8	−0,240	−94,5	147,3	44,2	−633,1	−86,5	−42,4	271,1	809,4
10,5	0,5	1	14,6	80,9	27,1	−0,136	−73,7	112,9	33,9	−538,3	−70,0	−36,1	327,5	791,3
11,0	0,5	1	15,3	75,5	31,1	−0,120	−78,5	107,6	32,3	−463,8	−57,4	−25,1	381,3	778,8
11,5	0,5	1	16,0	70,6	34,6	−0,114	−86,7	106,7	32,0	−397,5	−47,0	−15,0	434,6	771,3
12,5	1,0	1	17,4	67,1	37,8	−0,20	−86,9	98,8	29,6	−336,7	−38,0	−8,4	533,4	762,9
13,5	1,0	1	18,8	61,0	42,6	−0,182	−97,0	96,6	29,0	−229,5	−23,8	+5,2	630,0	768,1
14,5	1,0	1	20,15	56,9	46,6	−0,185	−116,4	106,6	32,0	−138,1	−13,3	+18,7	736,6	786,8
16	1,5	1	22,25	54,2	50,8	−0,242	−119,0	100,3	30,0	−50,2	−4,7	+25,3	887,0	824,7
18	2	1	25,0	51,6	55,4	−0,260	−115,0	86,3	25,9	+62,3	+5,1	+31,0	1059,4	886,7
20	2	1	27,8	49,2	58,8	−0,135	−71,5	34,1	10,2	+172,7	+12,5	+22,7	1127,6	932,1
23	3	1,43	43,36	46,5	56,4	−0,094	−35,3	−18,0	−5,4	+195,5	+12,7	+7,3	1073,6	954,0
26	3	1,49	54,2	41,4	46,7	−0,103	−36,8	−22,7	−6,8	+119,6	+6,7	−0,1	1005,5	953,7
29	3	1,55	62,8	36,7	38,6	−0,113	−37,8	−26,9	−8,1	+51,8	+2,6	−5,5	924,8	937,2
32	3	1,64	72,8	32,3	31,9	−0,128	−39,5	−32,9	−9,9	−12,4	−0,55	−10,5	826,1	905,7
35	3	1,72	83,6	28,3	25,8	−0,146	−40,2	−40,9	−12,3	−79,6	−3,2	−15,5	703,4	859,2
39	4	1,88	102,0	24,5	20,1	−0,22	−38,7	−59,1	−17,7	−155,8	−5,8	−23,5	467,0	765,2
43	4	2,2	132,0	19,6	12,0	−0,26	−30,4	−94,0	−28,2	−298,2	−10,0	−38,2	91,0	612,4

97. Achsdruck.

An der Übertrittsstelle vom Laufrad zum Diffusor breitet sich der Spaltdruck auf beide Seiten der Räume aus, die zwischen den Seitenwänden des Rades und der Kammer liegen. Die dort befindlichen Gase werden von den Radscheiben zufolge der Reibung mitgenommen und in Rotationsbewegung versetzt, doch kann die dadurch entstehende Fliehkraft der Gasteilchen keine große Wirkung ausüben; auf alle Fälle ist die Druckverteilung im linken und im rechten Zwischenraum als völlig gleich anzunehmen. Daher entsteht nur deshalb ein statischer Achsdruck, weil die Scheibenflächen ungleich sind. Die Fläche der Deckscheibe auf der Saugseite wird durch ein gleich großes Ringstück auf der Druckseite ausgeglichen; es entsteht daher ein statischer Achsdruck mit der Richtung nach der Saugseite hin, der sich aus der ringförmigen Durchflußfläche des Gases auf der Saugseite und dem Spaltüberdruck zusammensetzt.

Ist D_1 der äußere Durchmesser dieser Fläche (ungefähr mit dem Eintrittsdurchmesser am Laufrad zusammenfallend) und D_0 der Nabendurchmesser und rechnet man etwa 70 v. H. der Druckerhöhung Δp einer Stufe als Spaltüberdruck, so ergibt sich als Achsdruck

$$P = 0{,}7 \cdot \Delta p \left(\frac{\pi}{4} D_1^2 - \frac{\pi}{4} D_0^2\right).$$

Für Gebläse mit wenigen Stufen kann die achsiale Kraft aller Räder ohne Schwierigkeit durch ein Kammlager aufgenommen werden. Bei vielstufigen Turbokompressoren ist die Summe der Kräfte P derart groß, daß eine besondere Entlastung durch die Druckflüssigkeit selbst anzuordnen ist.

Am meisten eingebürgert hat sich der Entlastungskolben am Ende der letzten Stufe, der mit seiner Labyrinth-Dichtung zugleich den Abschluß der Welle nach außen erleichtert. Die Innenseite des Kolbens steht unter dem hohen Spaltüberdruck der letzten Stufe, während die Außenseite mit der freien Atmosphäre oder mit dem Saugstutzen verbunden ist. In den Ausführungsbeispielen finden sich derartige Konstruktionen dargestellt; ferner ist in Abschnitt 68 die Labyrinthdichtung der Entlastungskolben behandelt, wo auch der Gasverlust berechnet worden ist, den der Kolben verursacht.

Eine ähnliche bei Kreiselpumpen bekannte Achsentlastung besteht darin, die Nabenscheibe eines jeden Rades mit einer Ringdichtung auf der Druckseite auszustatten. Der Durchmesser dieser Labyrinthdichtung stimmt mit demjenigen am Ringwulst auf der gegenüberliegenden Saugseite genau überein. Damit die inneren Zwischenräume auf beiden Radseiten genau die gleichen Drücke aufweisen, muß die Nabenscheibe Ausgleichslöcher erhalten, wie dies auch bei Franzis-Turbinenrädern vielfach gebräuchlich ist. Allerdings wird die Festigkeit der Scheibe bei den jetzt vorkommenden großen Umfangsgeschwindigkeiten zu sehr geschwächt; ferner ist es fraglich, ob sich der Druck durch die Löcher allein genügend ausgleichen kann. Zufolge dieser Nachteile hat diese Bauart nicht viel Verbreitung gefunden.

98. Kritische Drehzahl.

Denkt man sich in der Mitte einer beidseitig gelagerten Welle eine möglichst vollkommen ausgewuchtete Scheibe im Ruhezustand und erteilt dem Rad einen Stoß senkrecht zur Welle, so vollführt das Ganze eine gewisse Zahl (n_k) von Eigenschwingungen in der Minute.

Die periodisch wechselnde Erregerkraft ist bedingt durch die etwas exzentrische Lage des Schwerpunktes. Stimmt die Schwingungsdauer der erregenden Ursache mit derjenigen der erzwungenen Eigenschwingung überein, so entsteht der kritische Zustand (Resonanz), wobei sich die Ausschläge fortwährend verstärken.

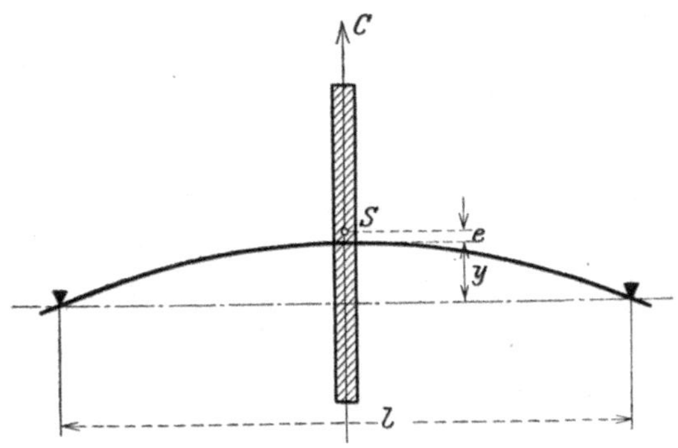

Abb. 344.

Läßt man diese Welle aus der Ruhe anlaufen, so sind ebenfalls Schwingungen zu beobachten, die sich von anfänglich unmerklichen Beträgen bei wachsender Drehzahl stetig vergrößern. Nimmt die Drehzahl einen Wert an, der mit der natürlichen Eigenschwingungszahl n_k übereinstimmt, so vergrößert sich die Exzentrizität derart ins Ungemessene, daß die Welle zum Bruch geführt wird, falls nicht irgendwelche Gegenmaßregeln ergriffen werden. Durch die Übereinstimmung der Drehzahl mit der Eigenschwingungszahl entsteht somit eine Resonanzwirkung. Nach Überschreiten dieser kritischen Drehzahl tritt Beruhigung ein; je höher die angewendete Drehzahl gegenüber der kritischen liegt, desto ruhiger läuft die Welle.

Für den in Abb. 344 dargestellten einfachen Fall läßt sich die kritische Drehzahl leicht berechnen, indem man vorerst annimmt, die umlaufende Masse sei nicht völlig ausgewuchtet, sondern ihr Schwerpunkt S liege um den Betrag e außerhalb des Durchstoßpunktes der Wellenmitte.

Bedeutet

C die Fliehkraft der Scheibe in kg,
ω die Winkelgeschwindigkeit,
y die Ausbiegung der Welle an der Angriffsstelle,
$P = \alpha y$ die rückwirkende Kraft der Welle, die zum Ausbiegen von y cm nötig ist,
α die Kraft zum Ausbiegen der Welle um 1 cm,
$G = m g$ das Gewicht der umlaufenden Masse,

dann ist

$$C = m \omega^2 (e + y).$$

Im Gleichgewichtszustand ist die Fliehkraft von der rückwirkenden Kraft P aufgehoben, daher

$$C = P$$

oder

$$m \omega^2 (e + y) = \alpha y,$$

woraus

$$y = \frac{m \omega^2 e}{\alpha - m \omega^2} \quad \ldots \ldots \ldots \ldots \quad (13)$$

Steigert sich die Geschwindigkeit, bis die Beziehung gilt

$$\alpha = m \omega^2,$$

so wächst y ins Ungemessene, d. h. die Welle muß brechen. Mit dieser Bedingung ergibt sich die kritische Geschwindigkeit

$$\omega_k = \sqrt{\frac{g \alpha}{G}} \quad \ldots \ldots \ldots \ldots \quad (14)$$

Mit $g = 981$ cm/sek² wird die kritische Drehzahl

$$n_k = \sim 300 \sqrt{\frac{\alpha}{G}} \quad \ldots \ldots \ldots \ldots \quad (15)$$

Für den in Abb. 344 vorausgesetzten Biegungsfall ist

$$y = \frac{P l^3}{48 J E},$$

wo E der Elastizitätsmodul (für Stahl $E = 2125000$ kg/qcm) und J das Trägheitsmoment der Welle bedeutet. Für $y = 1$ cm ist

$$P = \alpha \qquad \text{oder} \qquad \alpha = \frac{48 J E}{l^3}.$$

48. Beispiel: Auf einer Welle von 90 mm Durchm. sei eine Radscheibe von 300 kg aufgesetzt in der Mitte zwischen zwei Lagern, deren Entfernung 1100 mm beträgt.

Es ist $G = 300$ kg, $l = 110$ cm, $J = \frac{\pi d^4}{64} = 323$ (cm⁴).

Damit ergibt sich als kritische Drehzahl

$$n_k = 300 \sqrt{\frac{48 \cdot 323 \cdot 2125000}{300 \cdot 110^3}} = \sim 2900.$$

Vom Bewegungszustand vor Erreichung und nach Überschreitung der kritischen Drehzahl kann man eine klare Vorstellung erhalten, wenn nach dem Vorschlag von Blaess[1]) die Fliehkraft

$$C = m\omega^2(e+y) = m\omega^2 r$$

in Funktion von $r = e + y$ aufträgt. Bei einer bestimmten Geschwindigkeit ω ergibt sich eine aus dem Ursprung ansteigende Gerade (C). Sie erhebt sich um so steiler, je größer ω ist und fällt $\omega = \infty$ mit der Ordinatenachse zusammen.

Trägt man in dieselbe Abbildung auch die rückwirkende Kraft

$$P = \alpha y = \alpha(r - e)$$

in Funktion von r ein, so entsteht die Gerade (P), die in der Abszissenachse um e von O absteht. Im Schnittpunkt A beider Geraden (P) und (C) herrscht Gleichgewicht $(P = C)$, wobei sich ein bestimmter Ausschlag r des Schwerpunktes der Schwungmasse einstellt (Abb. 345).

Betrachtet man den Vorgang beim Anlassen in der angenommenen Darstellungsweise, so entspricht dem stetigen Wachsen der Geschwindigkeit ein Drehen der Geraden (C) um den Anfangspunkt O; der Ausschlag r wächst also fortwährend. Ist im Verlauf dieser Drehung die Gerade (C) parallel mit der Geraden (P) geworden, so zeigt die Abbildung den unendlich großen Ausschlag. In diesem Falle ist

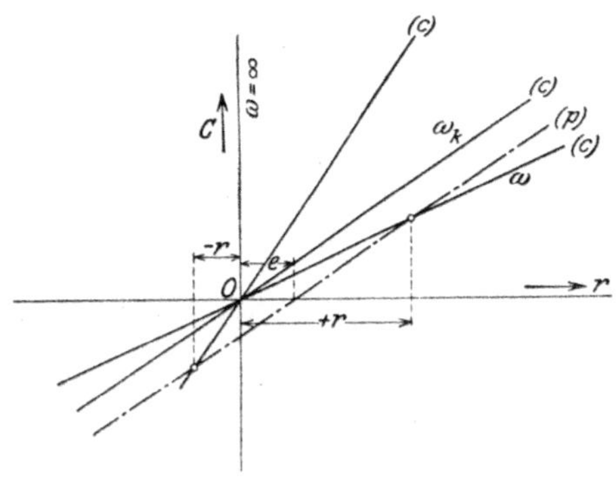

Abb. 345.

$$\frac{dC}{dr} = \frac{dP}{dr}$$

oder

$$m\omega^2 = \alpha,$$

woraus wieder der kritische Wert wie Gl. 14

$$\omega_k = \sqrt{\frac{\alpha g}{G}}$$

gefunden wird.

Nimmt aber ω weiter zu, so zeigt die Figur, daß der absolute Wert von r wieder kleiner wird, denn alsdann schneidet die Gerade (C) die andere (P) links von der Ordinatenachse im Endlichen (in B). Man erkennt, daß nunmehr tatsächlich der Ausschlag r um so kleiner ausfällt und der Gang um so ruhiger ist, je näher die Gerade (C) an die Ordinatenachse heranrückt, je höher also die Geschwindigkeit steigt.

Diese neue Lage des Schnittpunktes beider Geraden entspricht einer neuen Gleichgewichtslage der Schwungmasse, der Wellendurchstoßpunkt ist mit dem Schwerpunkt vertauscht gegenüber der früheren Lage vor der kritischen Drehzahl. Die Welle erscheint durchgeknickt, und der Schwerpunkt hat sich zur geometrischen Achse verschoben. Alsdann ist die rückwirkende Kraft

$$P = \alpha(r + e) = \alpha y.$$

Diese einfache Darstellung des ganzen Verhaltens zeigt die wichtige Tatsache, daß eine kritische Drehzahl auch dann auftritt, wenn die Exzentrizität $e = 0$ ist, wenn es also möglich wäre, die umlaufenden Massen völlig auszuwuchten. In diesem Fall geht die Gerade (P) ebenfalls durch den Ursprung O und schneidet sich dort mit der Geraden (C). Hieraus folgt, daß bei beliebig großen Auslenkungen Gleichgewicht besteht, das als indifferent bezeichnet werden kann. Die Gerade (C) fällt mit (P) zusammen, sobald die kritische Geschwindigkeit erreicht ist.

---

[1]) Siehe Zeitschr. d. V. deutsch. Ing. 1914, S. 183.

Auf dieser Tatsache beruht das bekannte Verfahren, beliebig abgesetzte und beliebig belastete Wellen auf ihre kritische Drehzahl zu untersuchen.

Denkt man sich zunächst eine gewichtslose Welle nur mit einer Masse $m = \frac{G}{g}$ belastet und an dieser Belastungsstelle um die Pfeilhöhe y durchgebogen, so ist unter Annahme einer beliebigen Winkelgeschwindigkeit ω die Fliehkraft $C = m\omega^2 y$ bestimmt. Wird nun die Welle mit dieser Kraft an der Belastungsstelle beansprucht und würde sie sich gerade um die angenommene Pfeilhöhe y durchbiegen, so wäre ω bereits schon die kritische Geschwindigkeit, weil alsdann die Fliehkraft bei jeder Auslenkung mit der rückwirkenden Kraft der Welle übereinstimmen würde (indifferentes Gleichgewicht). Dies wäre aber ein seltener Zufall; die Belastung C wird im Gegenteil eine andere Durchbiegung y' hervorbringen. Damit kann aber leicht die kritische Geschwindigkeit berechnet werden unter Benutzung der Darstellungsart der Abb. 345. Man muß diejenige Gerade (C) finden, die mit der Geraden (P) zusammenfällt, daher ist

$$m\omega_k^2 y' = m\omega^2 y$$

$$\omega_k = \omega \sqrt{\frac{y}{y'}} \quad \ldots \ldots \ldots \ldots \quad (16)$$

Aus dieser Erklärung ergibt sich folgendes Verfahren zur Bestimmung der kritischen Geschwindigkeit für beliebig viele Gewichte, wenn die Welle in ihren Abmessungen entworfen ist:

Man zeichnet zu der bekannten Welle eine beliebige elastische Linie, berechnet mit den angenommenen Durchbiegungen y die Fliehkräfte unter Annahme einer beliebigen Geschwindigkeit (z. B. $\omega = 100$ m/sek). Die weitere Verfolgung der Aufgabe geschieht unter Benutzung des Mohrschen Satzes, wonach die elastische Linie eines auf Biegung beanspruchten Trägers gefunden wird, indem man den Träger mit seiner Momentenfläche belastet denkt und zu dieser neuen Belastungsart den Seilzug mit der Polentfernung JE zeichnet.

In unserer Aufgabe wird also die Momentenfläche als neue Belastungsfläche angesehen; der Seilzug derselben gibt die elastische Linie, die den Fliehkräften entspricht. Die zuerst angenommene und die nun gefundene elastische Linie sind affin zueinander. Aus der letzteren sind die Durchbiegungen y' abzustechen, die zufolge des Elastizitätsgesetzes proportional den Fliehkräften, also den Quadraten der Geschwindigkeiten sind. Da bei Erreichung der kritischen Geschwindigkeit indifferentes Gleichgewicht besteht zwischen Fliehkraft und elastischer Gegenkraft der Welle, kann die Einfederung jeden Wert annehmen, also auch den zuerst gewählten. Die Durchbiegung y entspricht daher der kritischen Geschwindigkeit ω_k, die angenommene y' der gewählten ω, und es ist

$$\frac{\omega_k^2}{\omega^2} = \frac{y}{y'}.$$

An der gewählten Stelle, etwa in der Mitte der Lagerentfernung, kommt demnach y' zur Übereinstimmung mit y, falls statt ω der kritische Wert angenommen wird. Werden andere Ordinaten an neuen Stellen mit diesem Verhältnis verändert, so müssen sie ebenfalls mit den entsprechenden Ordinaten übereinstimmen, falls die ursprüngliche elastische Linie richtig angenommen worden ist. Tatsächlich werden beide Linien etwas voneinander abweichen und das Verfahren muß wiederholt werden, indem die eben gefundene elastische Linie als neue Annahme gilt.

Die Berücksichtigung der verschiedenen Wellendicken geschieht dadurch, daß die Welle zunächst mit einem Durchmesser angenommen wird, z. B. dem größten, dessen Trägheitsmoment J_{max} sei. Für ein Wellenstück mit dem kleineren Trägheitsmoment J sind dafür die Ordinaten der Momentenfläche mit dem Verhältnis $\frac{J_{max}}{J}$ zu vermehren, damit an der Durchbiegung keine Änderung eintritt.

Der beschriebenen Methode haftet der Mangel an, daß die Aufgabe unter Umständen wiederholt werden muß, falls die Übereinstimmung der beiden elastischen Linien eine ungenügende ist. Daher besteht das Bestreben, die Aufgabe in anderer Weise zu lösen, wobei dieses Probieren wegfällt.

Eine derartige Bestimmung der kritischen Drehzahl mehrfach belasteter Wellen stützt sich auf die Formel von Dunkerley

$$\frac{1}{\omega_k^2}=\frac{1}{\omega_{k_1}^2}+\frac{1}{\omega_{k_2}^2}+\frac{1}{\omega_{k_3}^2} \quad \ldots \ldots \ldots \ldots \quad (17)$$

worin ω_{k_1}, ω_{k_2}, ω_{k_3} usw. die kritischen Geschwindigkeiten der gewichtslosen Welle bedeuten, die jedesmal dann auftreten, wenn nur die einzige Belastung G_1 oder G_2 oder G_3 vorhanden ist. Nun ist aber allgemein für eine Belastung G

$$\omega_k=\sqrt{\frac{\alpha g}{G}},$$

und mit der Durchbiegung an der Belastungsstelle $y=\frac{G}{\alpha}$ ist

$$\omega_k=\sqrt{\frac{g}{y}}.$$

Wendet man diese Formel für die kritischen Geschwindigkeiten der Einzelbelastungen an

$$\omega_{k_1}=\sqrt{\frac{g}{y_1}}, \qquad \omega_{k_2}=\sqrt{\frac{g}{y_2}}, \qquad \omega_{k_3}=\sqrt{\frac{g}{y_3}} \quad \text{usw.},$$

so nimmt die Formel von Dunkerley die Gestalt an

$$\omega_k=\sqrt{\frac{g}{\Sigma y}} \quad \ldots \ldots \ldots \ldots \quad (18)$$

Man hat demnach nur die Durchbiegungen $y_1, y_2, y_3, y_4 \ldots$ der Welle zu berechnen, die unter den Einzellasten $G_1, G_2, G_3, G_4 \ldots$ auftreten würden, dann erhält man die gesuchte kritische Geschwindigkeit.

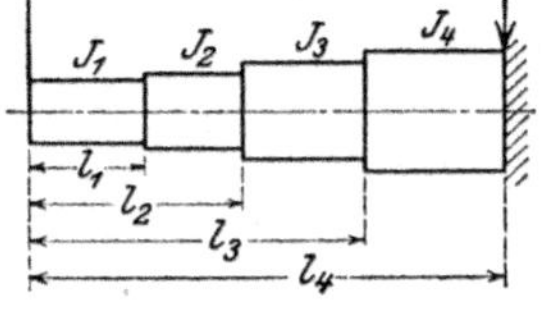

Abb. 346.

Die Berechnung der Durchbiegung einer zweifach gelagerten Welle geschieht dadurch, daß die Welle an der Belastungsstelle festgehalten wird, während am freien Ende die Auflagerkraft A wirkt (Abb. 346). Für die abgesetzte Welle ist bekanntlich

$$y'=\frac{A\,l_1^3}{3J_1E}, \qquad y''=\frac{A\,(l_2^3-l_1^3)}{3J_2E}, \qquad y'''=\frac{A\,(l_3^3-l_2^3)}{3J_3E}.$$

Die gesamte Ausbiegung des Stützpunktes A wird

$$y_A=\frac{A}{3E}\left(\frac{l_1^3}{J_1}+\frac{l_2^3-l_1^3}{J_2}+\frac{l_3^3-l_2^3}{J_3}+\ldots\right) \quad \ldots \ldots \quad (19)$$

Auf gleiche Weise bestimmt man die Durchbiegung des andern Stützpunktes zufolge der Auflagekraft B.

Trägt man nach dem Vorschlag von Krause[1]) die Durchbiegungen von A und B als Ordinaten auf und verbindet die Endpunkte miteinander, so schneidet die Verbindungslinie senkrecht unter der Belastung G die gesuchte Durchbiegung y

[1]) Siehe Zeitschr. d. V. deutsch. Ing. 1914, S. 878.

ab. Wiederholt man diese Bestimmung für jede Belastung, so ergibt sich nach Gl. 17 die kritische Drehzahl ohne probeweises Verfahren.

Für ruhigen sicheren Gang der Welle muß die wirklich anzuwendende Drehzahl unter der kritischen bleiben. Solche Wellen werden als „starr" bezeichnet, im Gegensatz zu den „elastischen" Wellen, die über der kritischen Drehzahl laufen.

Die Überführung einer elastischen Welle über das kritische Gebiet beim Anlaufen der Maschine geschieht ohne Gefahr dadurch, daß die Steigerung der Geschwindigkeit etwas rasch durchgeführt wird. Die Welle findet keine Zeit zu einer störenden Ausbiegung in der Nähe der kritischen Drehzahl, d. h. die Massenträgheit widersteht, so daß der kritische Punkt übersprungen wird. Im ferneren geben die verhältnismäßig langen Lager der Welle eine gewisse Führung, die der Ausbiegung entgegenwirkt. Immerhin ist beim Anlaufen das kritische Gebiet als plötzlich auftretende Erschütterung kurze Zeit recht fühlbar. Trotzdem hat man bei vielen Turbokompressoren elastische Wellen angeordnet, ohne daß sich Schwierigkeiten im Betrieb gezeigt haben. Meistens werden aber starre Wellen vorgezogen.

49. Beispiel: In Abb. 347 ist die Welle eines einstufigen Gebläses dargestellt, deren Gewicht 70 kg beträgt. Das Gewicht des Rades ist zu 299 kg angegeben. Vom Wellengewicht sollen 33 kg zum Radgewicht geschlagen werden, die auf die Stützpunkte entfallenden Anteile sind zu vernachlässigen. Das Gesamtgewicht beträgt somit $G = 332$ kg.

Wählt man eine beliebige elastische Linie, deren Ordinate an der Belastungsstelle

$$y = 18{,}4 \text{ mm}$$

sei, ferner eine beliebige Winkelgeschwindigkeit, z. B. $\omega = 100$ m/sek, so entsteht dadurch die Fliehkraft

$$C = \frac{G}{g}\omega^2 \cdot y = \frac{332}{9{,}81} \cdot 100^2 \cdot 0{,}0184 = 6200 \text{ kg}.$$

Damit läßt sich in Abb. 351 das Kräftepolygon mit dem Kräftemaßstab 1 cm = 500 kg und der Polentfernung $H = 200$ mm $= 20 \cdot 500 = 10000$ kg zeichnen. Daraus ergibt sich als Momentenfläche ein Dreieck. Zur Berücksichtigung der verschiedenen Wellenstärken an der Momentenfläche betragen die Trägheitsmomente

Wellendurchmesser . . .	mm	75	80	92	105	112
Trägheitsmomente	(cm^4)	156	200	353	593	780
Verhältnis $\frac{J_{max}}{J}$		5	3,9	2,2	1,31	1

Die auf das größte Trägheitsmoment bezogene Momentenfläche wird nun in eine Anzahl Flächenstreifen geteilt, deren Größen als Belastungen aufzufassen sind, die in den Schwerpunkten der Streifen angreifen.

Wählt man als Längenmaßstab 1 : 5, so ist der Flächenmaßstab 1 : 25. Wird daher 1 qcm der gezeichneten Flächenstreifen mit diesem Maßstab 25 und der Polentfernung 10000 kg multipliziert, so erhält man die Werte der Momentenflächenstreifen wie folgt:

Nr. der Fläche	f_1	f_2	f_3	f_4	f_5	f_6	f_7	f_8	f_9	f_{10}	f_{11}
Inhalt nach Zeichnung . qcm	6,60	3,15	3,45	4,14	19,40	7,37	4,80	3,28	12,00	6,60	15,80
Momentenfläche $\frac{kg \cdot qcm}{10^6}$.	1,65	0,788	0,86	1,035	4,85	1,850	1,20	0,82	3,00	1,65	3,95

Mit diesen Werten ist ein neues Kräftepolygon, Abb. 352, zu zeichnen, dessen Polentfernung

$$H' = E \cdot J_{max} = 2125000 \cdot 780 = 1{,}6575 \cdot 10^9.$$

Wählt man hierzu als Kräftemaßstab 1 cm $= 1500000 = 1{,}5 \cdot 10^6$ kg/qcm, so ist die Polentfernung aufzuzeichnen als Länge von

$$H' = \frac{1{,}6575 \cdot 10^9}{1{,}5 \cdot 10^6} = 1105 \text{ cm}.$$

Da diese Entfernung immer noch unbequem groß ist, tragen wir sie in 50facher Verkleinerung auf $\left(\frac{1105}{50} = 22{,}1 \text{ cm}\right)$, dadurch erscheinen aber die Ordinaten der neuen Momentenfläche, Abb. 350, in 50facher Vergrößerung der Zeichnung.

Diese neue Momentenfläche ist nach Mohr die richtige elastische Linie unter den obigen Voraussetzungen. Die Einfederung an der Belastungsstelle beträgt auf der Zeichnung 19 mm; dieser Wert ist 50mal zu groß, ist aber mit dem Längenmaßstab zu vermehren, so daß die Federung in wirklicher Größe

$$y' = \frac{19 \cdot 5}{50} = 1{,}9 \text{ mm}$$

beträgt. Daher ist die kritische Geschwindigkeit

$$\omega_k = \omega \sqrt{\frac{y}{y'}} = 100 \sqrt{\frac{18{,}4}{1{,}9}} = 311 \text{ m/sek}$$

oder

$$n_k = \frac{30}{\pi} \cdot 311 = 2980 \text{ Uml./min.}$$

Wendet man für dieses Beispiel die Formel von Dunkerley an und rechnet die beiden konischen Wellenstücke je zur Hälfte zum dickeren und zum dünneren Stück, so finden sich bei einem Gesamtgewicht von 332 kg die beiden Auflagerdrücke:

$$A = 176 \text{ kg}, \qquad B = 156 \text{ kg}.$$

Durchbiegung in A:

$$l_1 = 23{,}4 \text{ cm} \qquad J_1 = 156 \qquad \frac{l_1^3}{J_1} = 82$$

$$l_2 = 46{,}2 \text{ „} \qquad J_2 = 356 \qquad \frac{l_2^3 - l_1^3}{J_2} = 241$$

$$l_3 = 58{,}2 \text{ „} \qquad J_3 = 780 \qquad \frac{l_3^3 - l_2^3}{J_3} = 127$$

$$\overline{450}$$

$$y_1 = \frac{176 \cdot 450}{3 \cdot 2125000} = 0{,}0124 \text{ cm}.$$

Durchbiegung in B:

$$l_1 = 24{,}8 \text{ cm} \qquad J_1 = 156 \qquad \frac{l_1^3}{J_1} = 98$$

$$l_2 = 39{,}8 \text{ „} \qquad J_2 = 356 \qquad \frac{l_2^3 - l_1^3}{J_2} = 134{,}5$$

$$l_3 = 44{,}3 \text{ „} \qquad J_3 = 593 \qquad \frac{l_3^3 - l_2^3}{J_3} = 40{,}5$$

$$l_4 = 57{,}8 \text{ „} \qquad J_4 = 780 \qquad \frac{l_4^3 - l_3^3}{J_4} = 66{,}7$$

$$\overline{339{,}7}$$

$$y_3 = \frac{156 \cdot 339{,}7}{3 \cdot 2125000} = 0{,}0083 \text{ cm}.$$

Durchbiegung an der Belastungsstelle

$$y = 0{,}0083 + (0{,}0124 - 0{,}0083)\frac{518}{1100} = 0{,}0102 \text{ cm}.$$

Damit folgt für die kritische Geschwindigkeit

$$\omega_k = \sqrt{\frac{981}{0{,}0102}} = 310,$$

was mit der gefundenen beinahe völlig übereinstimmt.

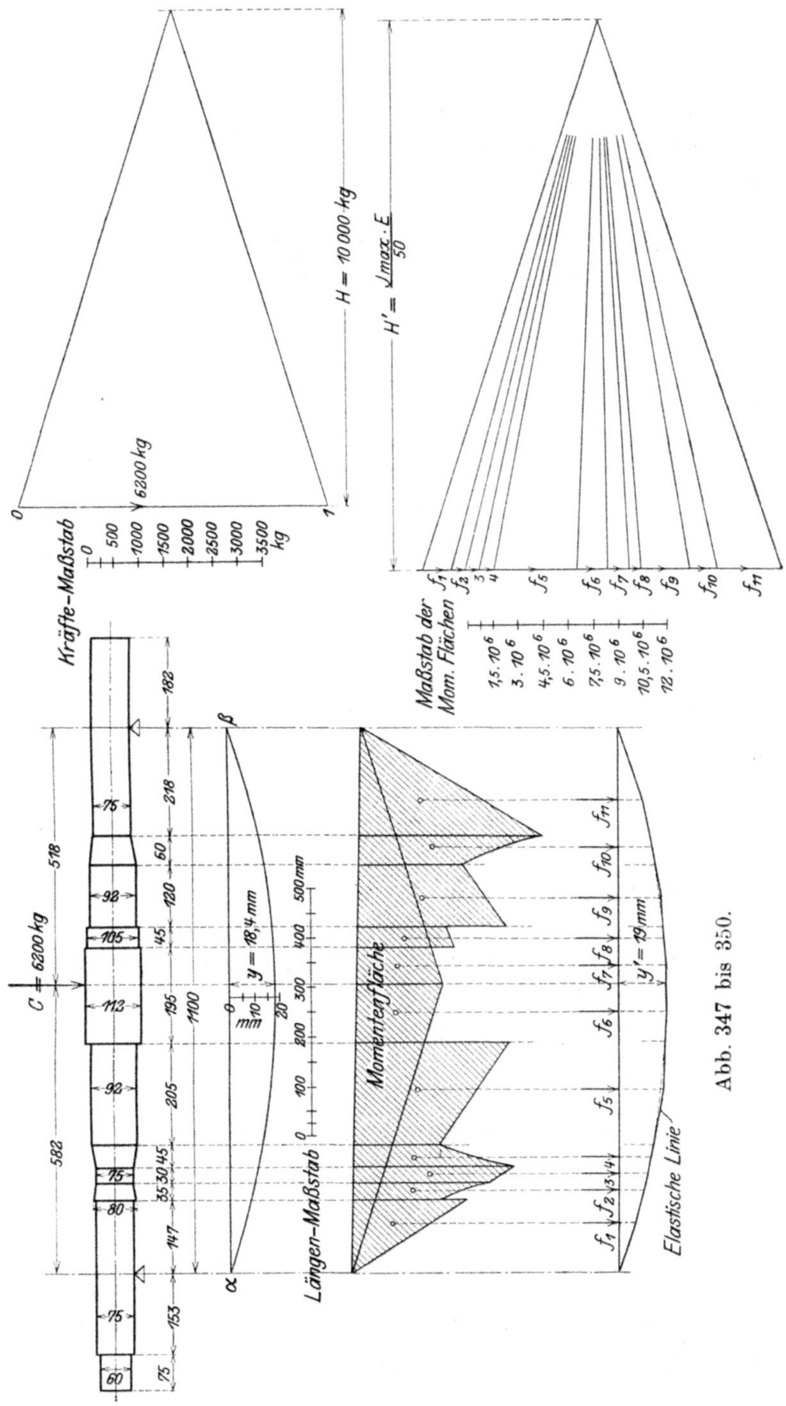

Abb. 351 u. 352.

Abb. 347 bis 350.

50. Beispiel: In Abb. 353 ist die Welle eines siebenstufigen Turbokompressors dargestellt mit Angabe der Gewichte der Räder, zu denen die Wellengewichte der betreffenden Stücke zugeschlagen sind.

Mit der gewählten elastischen Linie (Abb. 354) und einer Geschwindigkeit von $\omega = 100$ m/sek ergeben sich zu den Einfederungen folgende Fliehkräfte:

Belastungsstelle		0	I	II	III	IV	V	VI
Einfederung y	cm	1,35	1,70	1,92	1,98	1,83	1,60	1,20
Fliehkräfte	kg	663	835	943	972	899	786	590

Das Kräftepolygon (Kräftemaßstab 1 cm = 300 kg) mit der Polentfernung $H = 6000$ kg (= 20 cm) dient zur Aufzeichnung der Momentenflächen, deren Ordinaten im Verhältnis der Trägheitsmomente zu verändern sind.

Diese Verhältnisse betragen:

Wellendmtr. mm	70	86	108	146	144	142	140	138	136	134
Trägheitsmomente J	118	268	668	2220	2110	1995	1880	1780	1680	1580
Verhältnis $\frac{J_{max}}{J}$	18,81	8,28	3,32	1	1,05	1,11	1,18	1,25	1,33	1,40

Teilt man diese Momentenfläche in 13 Flächenstreifen und sieht diese als die neuen Belastungen an, so ergeben sich durch Vermehrung mit dem Flächenmaßstab und der Polentfernung ($5^2 \cdot 6000$):

Flächenstreifen Nr.	1	2	3	4	5	6	7	8	9	10	11	12	13
Momentenfl. $\frac{kg \cdot qcm}{10^6}$	5,851	1,608	1,512	0,714	1,814	2,325	2,651	2,697	2,465	1,860	1,653	1,229	2,295

Diese Werte sind die Kräfte des neuen Polygons (Kräftemaßstab 1 cm = $1,4 \cdot 10^6$ kg/qcm, dessen Polentfernung den Betrag hat

$$H' = J_{max} \cdot E = 2220 \cdot 2125000 = 4,717 \cdot 10^9 \text{ kg} \cdot \text{qcm}$$

oder im Kräftemaßstab

$$H' = \frac{4,717 \cdot 10^9}{1,4 \cdot 10^6} = 3360 \text{ cm}.$$

Trägt man hiervon nur den $^1/_{150}$-ten Teil ein, so erscheinen die Ordinaten des neuen Seilzuges 150fach vergrößert.

Für die Ordinate der wahren elastischen Linie in der Mitte der Lagerentfernung ergibt sich nach Abb. 356 29,5 mm im Maßstab der Zeichnung, also in wirklicher Größe

$$y' = \frac{29,5 \cdot 5}{150} = 0,983 \text{ mm},$$

somit ist

$$\omega_k = \omega \sqrt{\frac{y}{y'}} = 100 \sqrt{\frac{19,8}{0,983}} = 448,8 \text{ m/sek}$$

oder

$$n_k = 4287 \text{ Uml./min}.$$

Zeichnet man die übrigen Ordinaten y' mit der Reduktion $\omega_k^2 : \omega^2$ in die gewählte elastische Linie ein, so zeigt sich eine genügende Übereinstimmung mit der angenommenen. Würde dies nicht der Fall sein, so müßte mit dieser eingezeichneten Linie das Verfahren wiederholt werden.

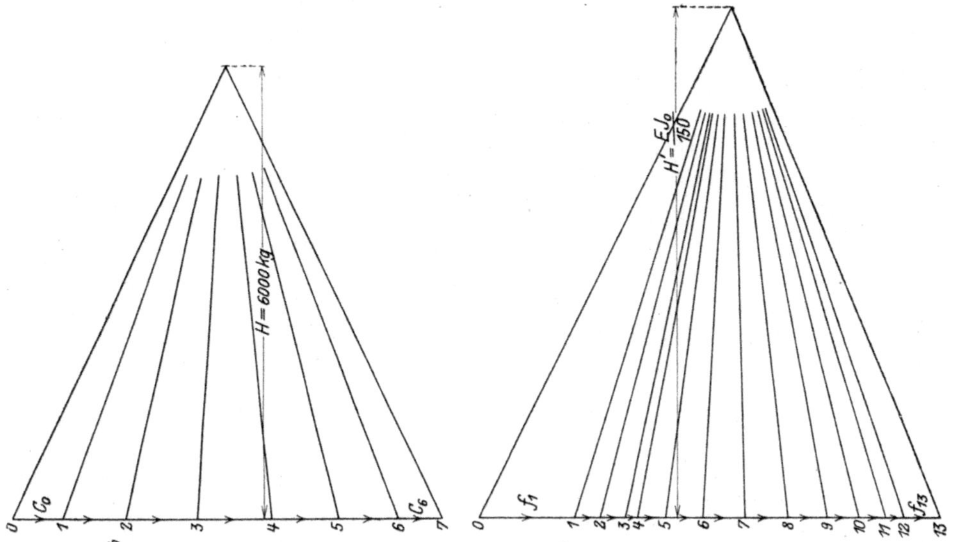

Abb. 357 u. 358.

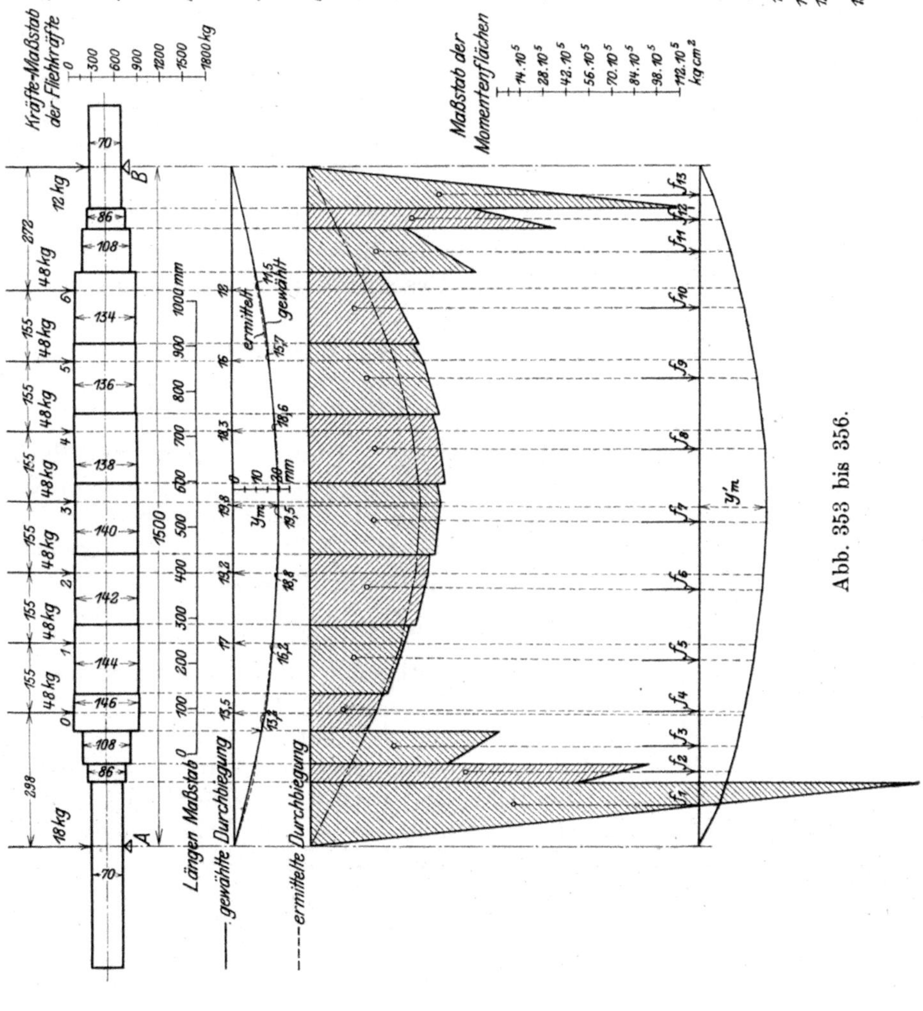

Abb. 353 bis 356.

99. Die Lagerung der Kompressorwelle.

Die Traglager der Hauptwelle sind ähnlichen Betriebsbedingungen ausgesetzt wie die Dampfturbinenlager, bei ihrem Entwurf müssen daher dieselben Gesichtspunkte beachtet werden.

Infolge der hohen Geschwindigkeit am Umfang der Welle entsteht eine große Reibungsarbeit, die in Wärme umgesetzt wird. Zur Ableitung derselben verwendet man Drucköl, das die Lager umspült und nach dem Verlassen gekühlt wird. Besonders einfach gestaltet sich diese Anordnung bei Antrieb durch Dampfturbinen, da dieselbe Druckölversorgung für alle Lager gemeinsam gebaut werden kann.

Ist P das auf ein Lager berechnete Gewicht der umlaufenden Teile, l die Länge und d der Durchmesser des Wellenzapfens in cm, so beträgt der Flächendruck

$$p = \frac{P}{l d} \quad \ldots \ldots \ldots \ldots \quad (1)$$

Zur Berechnung der sekundlichen Reibungsarbeit R ist die Gleitgeschwindigkeit w an der Zapfenoberfläche und die Reibungsvorzahl μ einzuführen:

$$R = P \cdot \mu w = l d p \mu w \text{ mkg} \quad \ldots \ldots \ldots \quad (2)$$

im allgemeinen findet man

$$p w \leqq 60 \qquad (w \text{ in m/sek}, \; p \text{ in kg/qcm}).$$

Nach Versuchen von Lasche und Stribeck ist

$$p \cdot \mu = \text{konst.} \quad \ldots \ldots \ldots \ldots \quad (3)$$

Vergleicht man Gl. 3 mit Gl. 2, so ergibt sich, daß die Reibungsarbeit für ein gegebenes Lager bei vorgeschriebener Geschwindigkeit unabhängig ist von der Belastung.

Lasche hat in Gl. 3 die Öltemperatur einbezogen und das einfache Gesetz gefunden

$$\mu p t = \text{konst.} = 2.$$

Hierbei liegt der Flächendruck zwischen 1 und 15 kg/qcm und die Temperatur zwischen 30^0 C und 100^0 C. Die Geschwindigkeit hat auf die Konstante keinen merklichen Einfluß, wenn w zwischen 5 bis 20 m/sek liegt. Über die Fähigkeit ungekühlter Lager, Wärme auszustrahlen, hat Lasche ebenfalls Versuche angestellt und für den Arbeitswert der Wärmeabgabe in der Stunde

$$R' = \varkappa (\pi d l) \cdot (t - t_0), \quad \ldots \ldots \ldots \quad (4)$$

gefunden, wenn $t - t_0$ den Temperaturunterschied zwischen Lagerschale und Außenluft bedeutet.

Werden l und d in cm eingesetzt, so darf für $\varkappa = 2$ bis 2,5 genommen werden. Aus Formel 4 läßt sich die Temperatur des Lagers im Beharrungszustand berechnen. Überschreitet die stündliche Reibungsarbeit 3600 R (Gl. 2) den nach Gl. 4 erhaltenen Wert R' wesentlich, so genügt die gewöhnliche Ringschmierung nicht mehr, sondern es muß eine Kühlung des Öles eingerichtet werden.

Die konstruktive Ausbildung der Lager ist in den zahlreichen Ausführungsbeispielen von Turbokompressoren mit aller Deutlichkeit ersichtlich.

Technische Hydrodynamik. Von Dr. **Franz Prášil,** Professor an der Eidgenössischen Technischen Hochschule in Zürich. Zweite Auflage. In Vorbereitung.

Technische Thermodynamik. Von Professor Dipl.-Ing. **W. Schüle.**

Erster Band: **Die für den Maschinenbau wichtigsten Lehren nebst technischen Anwendungen.** Vierte, neubearbeitete Auflage. Berichtigter Neudruck. Mit 225 Textfiguren und 7 Tafeln. Erscheint Ende 1922.

Zweiter Band: **Höhere Thermodynamik** mit Einschluß der chemischen Zustandsänderungen, nebst ausgewählten Abschnitten aus dem Gesamtgebiet der technischen Anwendungen. Vierte, neubearbeitete Auflage. Mit etwa 228 Textfiguren und 4 Tafeln. Erscheint Ende 1922.

Leitfaden der Technischen Wärmemechanik. Kurzes Lehrbuch der Mechanik der Gase und Dämpfe und der mechanischen Wärmelehre. Von Prof. Dipl.-Ing. **W. Schüle.** Dritte, vermehrte Auflage. Mit 93 Textfiguren und 3 Tafeln. 1922. GZ. 5

Verdampfen, Kondensieren und Kühlen. Erklärungen, Formeln und Tabellen für den praktischen Gebrauch. Von Baurat **E. Hausbrand.** Sechste, vermehrte Auflage. Mit 59 Figuren und 113 Tabellen. Unveränderter Neudruck. 1920. Gebunden GZ. 16

Kondensation. Ein Lehr- und Handbuch über Kondensation und alle damit zusammenhängenden Fragen, auch einschließlich der Wasserrückkühlung. Von Ziv.-Ing. **F. J. Weiß,** Basel. Zweite, ergänzte Auflage. Bearbeitet von Ingenieur **E. Wiki,** Luzern. Mit 141 Textfiguren und 10 Tafeln. 1910. Gebunden GZ. 12

Technische Wärmelehre der Gase und Dämpfe. Eine Einführung für Ingenieure und Studierende. Von **Franz Seufert,** Oberingenieur und Studienrat an der Staatl. Höheren Maschinenbauschule in Stettin. Zweite, verbesserte Auflage. Mit 26 Abbildungen und 5 Zahlentafeln. 1921. GZ. 2.1

Verbrennungslehre und Feuerungstechnik. Von Studienrat Oberingenieur **Franz Seufert.** Mit 19 Abbildungen, 15 Zahlentafeln und vielen Berechnungsbeispielen. 1921. GZ. 2.8

Die Wärme-Übertragung. Auf Grund der neuesten Versuche für den praktischen Gebrauch zusammengestellt von Dipl.-Ing. **M. ten Bosch** in Zürich. Mit 46 Textabbildungen. 1922. GZ. 4

Die Grundgesetze der Wärmeleitung und des Wärmeüberganges. Ein Lehrbuch für Praxis und technische Forschung. Von Oberingenieur Dr.-Ing. **Heinrich Gröber.** Mit 78 Textfiguren. 1921. GZ. 7; gebunden GZ. 9

Der Einfluß der rückgewinnbaren Verlustwärme des Hochdruckteils auf den Dampfverbrauch der Dampfturbinen. Von Dr.-Ing. **Georg Forner,** beratender Ingenieur und Privatdozent an der Technischen Hochschule zu Berlin. Mit 10 Textabbildungen und 8 Zahlentafeln. 1922. GZ. 1.5

Die Grundzahlen (GZ.) entsprechen den ungefähren Vorkriegspreisen und ergeben mit dem jeweiligen Entwertungsfaktor (Umrechnungsschlüssel) vervielfacht den Verkaufspreis. Über den zur Zeit geltenden Umrechnungsschlüssel geben alle Buchhandlungen sowie der Verlag bereitwilligst Auskunft.

GPSR Compliance

The European Union's (EU) General Product Safety Regulation (GPSR) is a set of rules that requires consumer products to be safe and our obligations to ensure this.

If you have any concerns about our products, you can contact us on ProductSafety@springernature.com

In case Publisher is established outside the EU, the EU authorized representative is:

Springer Nature Customer Service Center GmbH
Europaplatz 3
69115 Heidelberg, Germany

Batch number: 10684220

Printed by Printforce, the Netherlands